CO_2 und CO – Nachhaltige Kohlenstoffquellen für die Kreislaufwirtschaft

Manfred Kircher
Thomas Schwarz
(Hrsg.)

CO_2 und CO – Nachhaltige Kohlenstoffquellen für die Kreislaufwirtschaft

Hrsg.
Manfred Kircher
Frankfurt, Deutschland

Thomas Schwarz
Köln, Deutschland

ISBN 978-3-662-60648-3 ISBN 978-3-662-60649-0 (eBook)
https://doi.org/10.1007/978-3-662-60649-0

Die Deutsche Nationalbibliothek verzeichnet diese Publikation in der Deutschen Nationalbibliografie; detaillierte bibliografische Daten sind im Internet über ► http://dnb.d-nb.de abrufbar.

Planung/Lektorat: Stephanie Preuss
Springer Spektrum ist ein Imprint der eingetragenen Gesellschaft Springer-Verlag GmbH, DE und ist ein Teil von Springer Nature.
Die Anschrift der Gesellschaft ist: Heidelberger Platz 3, 14197 Berlin, Germany

Vorwort

Steigende Temperaturen und Trockenheit sensibilisieren breite Bevölkerungsschichten für den Klimawandel. Weltweit fordert die Jugend mit der „Fridays for future“-Bewegung Klimaschutz und die Abkehr von fossilen Rohstoffen. Auch politisch gewinnt der Klimawandel an Gewicht. Die Bundesregierung hat im September 2019 Eckpunkte für das Klimaschutzprogramm 2030 beschlossen, die u. a. eine zunehmende Belastung der Emission von Kohlendioxid vorsehen, um den Rohstoffwandel weg von Öl, Kohle und Erdgas zu beschleunigen. Damit sind der Klimawandel und seine Ursachen heute zu einem der wichtigsten Treiber für den Technologiewandel und die Umsetzung neuer Nachhaltigkeitskonzepte geworden.

Im Fokus steht dabei die Energiewirtschaft, die tatsächlich der bei Weitem größte Verbraucher fossiler Rohstoffe ist. Von ihr wird die „Dekarbonisierung“, also die Abkehr von fossilen Kohlenstoffquellen, gefordert. Auch die Chemieindustrie, deren Rohstoffspektrum heute in Deutschland zu 87 % fossilbasiert ist, ist betroffen. Dabei gibt es hier einen großen Unterschied zur Energiewirtschaft: Pharmazeutika, kosmetische Wirkstoffe, Wasch- und Reinigungsmittel, Schmiermittel, Kunststoffe und die vielen weiteren Produkte der Organischen Chemie enthalten definitionsgemäß Kohlenstoff und dieses Element kann auch nicht durch ein anderes ersetzt werden. Für die Chemie ist „Dekarbonisierung“ deshalb gar nicht möglich; das Erschließen anderer, erneuerbarer Kohlenstoffquellen ist die einzige Alternative. Dabei ist die Abkehr vom Öl für die Chemie nicht nur eine Frage des Klimaschutzes und der Nachhaltigkeit. Weil der wichtigste Rohstoff Naphtha eigentlich ein Nebenprodukt von Ölraffinerien ist, ist die Chemie auch von laufenden Raffinerien abhängig. Mit sinkendem Verbrauch von fossilen Energieträgern werden Raffinerien aber Kapazitäten abbauen, und damit wird auch Naphtha vom Markt verschwinden. Damit muss sich die Chemie zwangsläufig darauf vorbereiten, rohstoffseitig die Abhängigkeit von Ölraffinerien zu verringern.

Eine mögliche Alternative ist der Umstieg auf Biomasse, also vor allem auf pflanzliche Rohstoffe, die land- und forstwirtschaftlich angebaut werden. Damit eröffnet sich allerdings ein neues Konfliktfeld, denn hier drängt die Chemieindustrie in Märkte, die bereits vor allem die Nahrungs- und Futtermittelindustrie bedienen. Auch diese Verbrauchsfelder werden von der Öffentlichkeit sensibel beobachtet, und die Politik hat die Ernährung zur höchsten Priorität der Landwirtschaft erklärt. Für die Chemie ist es deshalb nicht nur ratsam, sondern langfristig unverzichtbar, eher auf nicht für die Ernährung geeignete Kohlenstoffquellen auszuweichen. Hier kommen Nebenprodukte aus Produktionsketten und Abfällen, die in Prozesse der Chemieindustrie eingespeist und so rezykliert werden können, infrage. Beispiele sind organische Fraktionen von Industrie- und Siedlungsabfällen, land- und forstwirtschaftliche Abfälle, städtischer Grünschnitt, Klärschlamm, Lebensmittelabfälle und – nicht zu vergessen -die Kohlenmonoxid- und Kohlendioxidemission. Die genannten Abfälle sind komplex und deshalb für Industrieprozesse zunächst wenig geeignet. Durch Gasifizierung lassen sie sich aber standardisieren und bieten dann mit Kohlenmonoxid eine für die Chemie geeignete Kohlenstoffquelle. Gasförmige Kohlenstoffquellen mit nur einem Kohlenstoffatom (C1-Moleküle) sind deshalb das Thema dieses Buches.

Siebzehn Kapitel präsentieren den Stand der Technik der Nutzung von C1-Kohlenstoffquellen sowie Forschungsentwicklungen und diskutieren das industrielle Potenzial, die Rahmenbedingungen und den möglichen Beitrag zur Regionalentwicklung. Pioniere auf dem Gebiet der C1-Kohlenstoffnutzung beschreiben in dem Buch ihre technologischen Ansätze, ihre wissenschaftlichen Entwicklungen und die ersten industriellen Umsetzungsprojekte mit Referenzcharakter. Entscheidungsträger in Wirtschaft und Politik sowie interessierte, betroffene und nach neuen Lösungen suchende Bürger sollen in gut verständlicher Darstellung und Erklärung auf Wege zur Nutzung von aus Emissionen und Abfällen generierbaren Kohlenstoffquellen aufmerksam gemacht werden. Diese Möglichkeiten zur stofflichen Kreislaufschließung wurden bislang häufig übersehen und sind einer breiten Öffentlichkeit nicht so präsent, wie es wünschenswert wäre. Die Kreislaufnutzung dieser Kohlenstoffe wird zukünftig einen wichtigen Beitrag zur nachhaltigen Rohstoffversorgung der Chemieindustrie leisten und wesentlich zum erforderlichen Technologiewandel hin zu einer nachhaltigen Wirtschaft beitragen. Dieses Buch soll dazu inspirieren, den erforderlichen Technologiewandel auf dem Gebiet der stofflichen C1-Kohlenstoffnutzung in allen gesellschaftlichen Bereichen dynamisch voranzutreiben.

Dr. Manfred Kircher
Dr. Thomas Schwarz
Frankfurt und Köln
September 2019

Inhaltsverzeichnis

Herausgeber- und Autorenverzeichnis

Über die Herausgeber

Dr. Manfred Kircher

Die Motivation von Dr. Manfred Kircher für dieses Buch speist sich aus der Erkenntnis, dass der Rohstoffwandel von fossilen zu bio-basierten Kohlenstoffquellen vorangetrieben werden muss, aber eine allein auf Biomasse setzende Bioökonomie an planetare Grenzen stoßen wird. Der Kohlenstoffkreislauf muss deshalb möglichst auch technisch geschlossen werden und dafür sind C1-Kohlenstoffquellen besonders geeignet.

Dr. Manfred Kircher kann auf umfangreiche Erfahrung in biotechnologischer Forschung und Entwicklung (Degussa AG, Deutschland), Produktion (Fermas s. r. o.; Slovakei), Venture Capital (Burrill & Company; USA) und Partnering and Branding (Evonik Industries AG; Deutschland) zurückgreifen. 2007 hat er die Konzeptentwicklung für den Cluster Industrieller Biotechnologie erfolgreich koordiniert und war als Delegierter der Evonik bis 2012 Vorsitzender des Vorstands des Cluster Industrielle Biotechnologie 2021 e. V. (CLIB). Seit 2014 ist er Vorsitzender des Beirats von CLIB (▶ www.clib-cluster.de). 2014 hat er das Beratungsunternehmen KADIB – Kircher Advice in Bioeconomy gegründet und unter anderem 2018 die Konzeptentwicklung für den Innovationsraum BioBall (Bioökonomie im Ballungsraum) erfolgreich koordiniert. Seit 2019 ist er Mitglied des Vorstands des Vereins „BioBall – Bioökonomie im Ballungsraum e. V.".

Dr. Manfred Kircher wurde in Steuerungsgremien internationaler Bioökonomie-Programme berufen und ist ein von der EU-Kommission zertifizierter Experte. Ausgebildet ist er als Mikrobiologie (Goethe-Universität, Frankfurt am Main).

Dr. Thomas Schwarz

ist seit Juli 2019 als CSO/CTO Mitglied der Geschäftsleitung der bitop AG. Zuvor war er von 1993–2009 bereits leitender Mitarbeiter der bitop AG, zuletzt als Sprecher des Vorstands. 1993 hat er mit weiteren Forschern der Universität Witten/Herdecke die bitop gegründet. Von 2009 bis 2015 war er Geschäftsführer der instrAction GmbH in Mannheim. Im Zeitraum 2016–2019 war er an der Gründung verschiedener Unternehmen der Biotechnologie beteiligt, u. a. der b.value AG, der SenseUp GmbH, der CropEvolution GmbH und der b.fab GmbH. Dr. Schwarz studierte zunächst Biologie an der RWTH Aachen und der Universität zu Köln, bevor er sein Studium an der Privaten Universität Witten/Herdecke fortführte, wo er 1993 in Biochemie promovierte. Sein fachlicher Schwerpunkt liegt in den Bereichen angewandten Mikrobiologie, der Enzymtechnologie und Downstream-Processing. Die Gründung und Entwicklung von Unternehmen im Bereich der Biotechnologie und der Chemie und die hierfür erforderliche Netzwerkarbeit stand immer im Fokus seiner Tätigkeit. Im Jahr 2000 gewann er den Innovationspreis Ruhrgebiet für die Entwicklung des Wirkstoffs Ectoin. Dr. Schwarz ist Mitbegründer und war von 2007–2019 Mitglied des geschäftsführenden Vorstandes des CLIB in Düsseldorf, zuletzt als Vorsitzender des Vorstands.

Als mehrfacher Gründer und Leiter von Unternehmen der Biotechnologie und Chemie ist Herr Dr. Schwarz davon überzeugt, dass die zwingende Notwendigkeit zukünftig schonend und nachhaltig mit den begrenzten Ressourcen der Erde umgehen zu müssen, zugleich ein sehr starker Innovationstreiber ist und viele Chancen bietet. Gerade die mögliche stoffliche Nutzung von C1-Gasen und die Kreislaufnutzung von Stoffströmen unter Einbindung regenerativer Energien bietet hier enormes Potential und exzellente Chancen für Neugründungen. Dies hat ihn u. a. dazu bewogen, die Gründung der b.fab GmbH mit zu initiieren, welche ein biotechnisches Verfahren zur Nutzung von Formiat als Speicherstoff von CO_2 und Wasserstoff entwickelt.

Dr. Cornelia Bähr
ist Bioverfahrenstechnikerin und bringt mehr als 10 Jahre Erfahrung in der Bioprozessentwicklung mit. Von 2013 bis 2018 war sie als wissenschaftliche Beraterin im Cluster- und Verbandsumfeld der industriellen Biotechnologie und Chemie (CLIB und VCI.NRW) aktiv, wo sie sich mit Entwicklungs- und Vermarktungsmöglichkeiten von biotechnologischen Prozessen und deren Produkten beschäftigt hat. In diesem Kontext galt ihr besonderes Interesse den biotechnologischen und chemischen Verwertungsoptionen von C1-haltigen Prozessgasen sowie den damit verbundenen Chancen und Herausforderungen zu deren Nutzung als nachhaltige Kohlenstoffquellen. Bei CLIB war Dr. Cornelia Bähr von 2015 bis 2018 als Projektkoordinatorin grenzüberschreitender Verbundprojekte in diesem Themenfeld zuständig. Ihre technische Expertise und Erfahrungen im internationalen Projektmanagement bringt sie seit August 2017 als Projektmanagerin und Interimsleiterin von Gründungsprojekten in die b.value AG ein, einer Beteiligungsgesellschaft mit dem Investitionsschwerpunkt der industriellen Biotechnologie.

Dr. Lena Kröninger
studierte von 2009 bis 2012 Biowissenschaften (Bachelor) in Frankfurt am Main. Bereits zu dieser Zeit setzte sie sich vor allem mit mikrobiologischen Themen auseinander und konzentrierte sich während ihrer Abschlussarbeit auf Mechanismen zur Salzresistenz bei Bakterien. Danach wechselte Lena Kröninger zur Universität Bonn und studierte Mikrobiologie (Master) zwischen 2012 und 2014. Der Fokus ihrer Forschung lag auf der Untersuchung von Schlüsselenzymen der Methanogenese von methanogenen Organismen, die beispielsweise in der Biogasanlage vorkommen. Im Anschluss an das Masterstudium führte sie ihre Forschungstätigkeiten zur Methanproduktion während der Promotion (2014 bis 2018) weiter und untersuchte einen methanogenen Organismus, der im menschlichen Darm vorkommt. Nach der erfolgreichen Promotion begann sie als Projektmanagerin bei CLIB und war dort bis August 2019 tätig.

Dr. Sarah Refai
studierte von 2006 bis 2012 Biologie (Diplom) an der Universität Bonn. Bereits zu dieser Zeit setzte sie sich vor allem mit mikrobiologischen Themen zur C1 Konversion auseinander. Der Fokus ihrer Forschung in der Diplomarbeit lag auf der Untersuchung von Schlüsselenzymen des zentralen Metabolismus von methanogenen Organismen, die beispielsweise in Biogasanlagen vorkommen. Im Anschluss führte sie umfangreiche, anwendungsbezogen Forschungstätigkeiten zur mikrobiellen Biogasproduktion während ihrer Promotion (2014 bis 2018) durch und entwickelte effiziente und wirkungsvolle Werkzeuge den Biogasprozess zu überwachen und zu verbessern. Nach der erfolgreichen Promotion und der zusätzlichen Ausbildung zur zertifizierten Projektmanagerin begann sie im April 2018 ihre Tätigkeit bei CLIB. Dort unterstützt Dr. Sarah Refai seitdem mit ihrem Wissen zur Bioprozessentwicklung und ihren wissenschaftlichen Hintergründen in der Biochemie und der angewandten Biotechnologie den Bereich der C1-Biokonversion in regionalen, nationalen und internationalen Projekten. Mit ihren umfangreichen Erfahrungen in der Projekt- und Prozessentwicklung koordiniert sie F & E-Projekte, konzentriert sich auf Förderberatung und die Bildung von Konsortien und Kooperationen von Partnern und Mitgliedern des Clusters.

Autorenverzeichnis

Katy Armstrong, B.Eng.
The University of Sheffield
Sheffield, UK

Dr. Cornelia Bähr
b.value, Deutsche Biotechnologie Beteiligungs AG, Düsseldorf, Deutschland

Prof. Dr. Thomas Bayer
Provadis, School of International Management and Technology AG, Industriepark Höchst
Frankfurt am Main, Deutschland

Dr. Frank R. Bengelsdorf
Institut für Mikrobiologie und Biotechnologie
Universität Ulm
Ulm, Deutschland

Dipl.-Kfm. Tilman Benzing
Verband der Chemischen Industrie e.V.
Frankfurt a. M., Deutschland

Dr. Michael Binder
Evonik Nutrition & Care GmbH
Hanau-Wolfgang, Deutschland

Johannes Booz, M.Sc.
Concord Blue Engineering GmbH
Herten, Deutschland

Dr. Tina Buchholz
Verband der Chemischen Industrie e.V.
Frankfurt a. M., Deutschland

Metin Bulut, Ph.D.
Separation and Conversion Technology
Flemish Institute for Technological Research (VITO)
Mol, Belgien

Dipl.-Ök. Stefan Burmester
Concord Blue Engineering GmbH
Herten, Deutschland

Freya Burton, M.A.
LanzaTech
Skokie, USA

Dipl.-Phys. Michael Carus
nova-Institut für Politische und Ökologische Innovation GmbH
Hürth, Deutschland

Robert Conrado, Ph.D.
LanzaTech
Skokie, USA

Prof. Dr.-Ing. Görge Deerberg
Fraunhofer-Institut für Umwelt-, Sicherheits- und Energietechnik UMSICHT
Oberhausen, Deutschland

Heleen De Wever, Ph.D.
Separation and Conversion Technology
Flemish Institute for Technological Research (VITO)
Mol, Belgien

Prof. Dr. Peter Dürre
Institut für Mikrobiologie und Biotechnologie
Universität Ulm
Ulm, Deutschland

Prof. Dr. Fausto Gallucci
Department of Chemical Engineering and Chemistry
Eindhoven University of Technology
Eindhoven, Niederlande

Linsey Garcia-Gonzalez, Ph.D.
Separation and Conversion Technology
Flemish Institute for Technological Research (VITO)
Mol, Belgien

Ross Gordon, M.Eng., M.Sc., MBA
Photanol B.V.
Amsterdam, Niederlande

Dr. Christoph Gürtler
Covestro Deutschland AG
Leverkusen, Deutschland

Dr. Jens Hannes
RWE Power AG
Essen, Deutschland

Prof. Dr. Thomas Happe
Fakultät für Biologie und Biotechnologie,
Lehrstuhl für Biochemie der Pflanzen
Ruhr-Universität Bochum
Bochum, Deutschland

Dipl.-Ing. Michael Hensmann
VDEh Betriebsforschungsinstitut
Düsseldorf, Deutschland

Dennis Herzberg, M.Sc.
CLIB – Cluster Industrielle Biotechnologie
Düsseldorf, Deutschland

Dr.-Ing. Dominik Höhner
Concord Blue Engineering GmbH
Herten, Deutschland

Dr. Helmut Hoppe
VDZ gGmbH
Düsseldorf, Deutschland

Dr. Christian Janke
Fraunhofer-Institut für Molekularbiologie und Angewandte Oekologie IME
Aachen, Deutschland

Shawn W. Jones, Ph.D.
White Dog Labs, Inc.
New Castle, USA

Dr.-Ing. Frank Kensy
b.fab GmbH
Dortmund, Deutschland

Dr. Manfred Kircher
CLIB – Cluster Industrielle Biotechnologie
Düsseldorf, Deutschland

KADIB – Kircher Advice in Bioeconomy
Frankfurt a. M., Deutschland
kircher@clib-cluster.de
kircher@kadib.de

Dipl.-Ing. Hans-Jürgen Körner
Fraunhofer-Institut für Umwelt, Sicherheits- und Energietechnik UMSICHT
Oberhausen, Deutschland

Dipl.-Ing. Dennis Krämer
DECHEMA e. V.
Frankfurt a. M., Deutschland

Ronnie Machielsen, Ph.D.
Photanol B.V.
Amsterdam, Niederlande

Biniam T. Maru, Ph.D.
White Dog Labs, Inc.
New Castle, USA

Dr. Christina Marx
SolarBioproducts Ruhr, WFG Herne mbH
Herne, Deutschland

Dr. Thomas Marzi
Fraunhofer-Institut für Umwelt-, Sicherheits- und Energietechnik UMSICHT
Oberhausen, Deutschland

Dr. Jose Antonio Medrano
Department of Chemical Engineering and Chemistry
Eindhoven University of Technology
Eindhoven, Niederlande

Dr. Ute Merrettig-Bruns
Fraunhofer-Institut für Umwelt, Sicherheits- und Energietechnik UMSICHT
Oberhausen, Deutschland

Christophe Mihalcea, Ph.D.
LanzaTech
Skokie, USA

Dr.-Ing. Torsten Müller
Fraunhofer-Institut für Umwelt-, Sicherheits- und Energietechnik UMSICHT
Oberhausen, Deutschland

Pradeep C. Munasinghe, Ph.D.
White Dog Labs, Inc.
New Castle, USA

Emma Palo, Ph.D.
KT – Kinetics Technology S.p.A.
Rom, Italien

Deepak Pant, Ph.D.
Separation and Conversion Technology
Flemish Institute for Technological Research (VITO)
Mol, Belgien

Dr. Jörg Rothermel
Verband der Chemischen Industrie e.V.
Frankfurt a. M., Deutschland

Dipl.-Ing. Bettina Sayder
Fraunhofer-Institut für Umwelt, Sicherheits- und Energietechnik UMSICHT
Oberhausen, Deutschland

Prof. Dr. Robert Schlögl
Max-Planck-Institut für Chemische Energiekonversion
Mülheim an der Ruhr, Deutschland

Dr. Thomas Schwarz
CLIB – Cluster Industrielle Biotechnologie
Düsseldorf, Deutschland
schwarz@clib-cluster.de

Dipl.-Ing. Kerstin Schwarze-Benning
Fraunhofer-Institut für Umwelt, Sicherheits- und Energietechnik UMSICHT
Oberhausen, Deutschland

Sean Simpson, Ph.D.
LanzaTech
Skokie, USA

Marten Sprecher
Düsseldorf, Deutschland

Bryan P. Tracy, Ph.D.
White Dog Labs, Inc.
New Castle, USA

Dr. Stefan Verseck
Hilden, Deutschland

Prof. Dr. Dirk Weuster-Botz
Lehrstuhl für Bioverfahrenstechnik
Technische Universität München
Garching, Deutschland

CO_2 und CO: nachhaltige Kohlenstoffquellen für die zirkuläre Wertschöpfung

Manfred Kircher, Cornelia Bähr, Dennis Herzberg und Thomas Schwarz

Inhaltsverzeichnis

M. Kircher und T. Schwarz (Hrsg.), *CO_2 und CO – Nachhaltige Kohlenstoffquellen für die Kreislaufwirtschaft*, https://doi.org/10.1007/978-3-662-60649-0_1

1.1 Einleitung

Derzeit wird intensiv nach Möglichkeiten zur Reduktion von Kohlenstoffemissionen – besonders in Branchen wie Energie und Stahl und weiteren energieintensiven Industrien – gesucht. Gleichzeitig bereitet sich die chemische Industrie auf die *„post-oil"*-Ära vor und erschließt alternative Kohlenstoffquellen. Die stoffliche Nutzung von (industriellen) Abgasströmen zur Herstellung von Treibstoffen und Chemikalien bietet für beide Herausforderungen großes Lösungspotenzial. Denn sie reduziert Emissionen und verringert zugleich den Verbrauch primärer fossiler Rohstoffe. Da kohlenstoffhaltige Industrieabgase in großen Volumina in Europa vorhanden sind und nicht mit der Ernährung konkurrieren, können sie einen großen Beitrag zur zuverlässigen und nachhaltigen Rohstoffversorgung leisten und helfen, Kreisläufe zu schließen.

1.2 Problemstellung

Energie- und Prozessindustrien brauchen eine zuverlässig lieferbare und ökonomisch wettbewerbsfähige Rohstoffbasis. Heute werden weltweit und auch in Deutschland Strom, Wärme, Treibstoffe und Chemikalien ganz überwiegend auf Basis fossiler Rohstoffe produziert. Gas und Kohle sind die dominierenden Quellen für Wärme und Strom. Treibstoffe (Benzin, Diesel, Kerosin) sind ganz überwiegend Produkte der Raffination von Erdöl, und in der Chemieindustrie ist der volumenmäßig bedeutendste Rohstoff die Erdölfraktion Naphtha. Dabei gehen weltweit mehr als 95 % des fossilen Kohlenstoffs in den Energiesektor (jährlich 11 Mrd. Tonnen Kohlenstoff aus Kohle, Gas, Öl). Die stoffliche Verwertung zu Chemikalien beansprucht rund 300 Mio. Tonnen Kohlenstoff (8 % des Erdöls und einen geringen Anteil von Gas und Kohle). Seit vielen Jahrzehnten hat sich eine auf diese zuverlässig in großen Mengen verfügbaren und leicht transportierbaren Rohstoffe abgestimmte Infrastruktur (Logistik, Industriestandorte etc.) entwickelt.

Trotzdem ist die Erschließung von Alternativen für die Industrie seit Langem ein Thema. Haupttreiber war zunächst die **Endlichkeit der fossilen Ressourcen** (statische Reichweite für Öl 42, für Gas 63 und für Kohle 340 Jahre [1]). In den letzten Jahren sind allerdings der Klimawandel und die damit verbundene Forderung nach einer **Reduktion der Treibhausgasemission** in den Vordergrund getreten. Sowohl die energetische als auch die stoffliche Nutzung fossiler Rohstoffe führen zur Freisetzung von CO_2, denn die energetische Nutzung (Strom, Wärme, Treibstoff) verursacht mit der Energiefreisetzung CO_2-Emission, und auch die stoffliche Nutzung in Form von Chemikalien (Kunststoffe, Lacke, Textilien etc.) setzt CO_2 in der Produktion und nach Gebrauch der Produkte, z. B. im Zuge der energetischen Verwertung in Müllverbrennungsanlagen, frei. Die Erhöhung der CO_2-Konzentration der Atmosphäre gilt als eine der Hauptursachen für den Klimawandel.

Emissionsfreie Energien und der Rohstoffwechsel zu biobasierten Kohlenstoffquellen werden deshalb als wichtige Beiträge zum **Pariser Klimavertrag** (2015) gesehen. Dieses Abkommen sieht vor, die Erderwärmung unter 2 °C zu halten und auf 1,5 °C zu beschränken. Sobald wie möglich sollen Treibhausgasemissionen ihren Scheitelpunkt erreichen und danach drastisch reduziert werden. Für die zweite Hälfte unseres Jahrhunderts wird „ein Gleichgewicht zwischen den anthropogenen Emissionen von Treibhausgasen aus Quellen und dem Abbau solcher Gase durch Senken" [2] gefordert. Am 04.11.2016 ist das Abkommen in Kraft getreten, und bis Mai 2018 haben 90 % der Staaten der Weltklimakonferenz das Abkommen ratifiziert. Es löst damit das Kyoto-Protokoll von 1997 ab, das 2020 ausgelaufen wäre. Schon auf der Basis dieses Protokolls hatte sich die EU vorgenommen, bis 2030 mindestens 40 % weniger Treibhausgase als 1990 zu emittieren. Im

Pariser Abkommen ist vereinbart, bis 2050 Treibhausgasemissionen gegenüber 1990 um mindestens 95 % zu reduzieren. Dementsprechend verändert der Gesetzgeber zunehmend die **Rahmenbedingungen.** Beispiele sind die Bevorzugung erneuerbarer Energien (EEG), Beimischungsquoten für biobasierte Treibstoffe (Bioethanol, Biodiesel) oder die Einführung von Emissionszertifikaten.

Für die Energieerzeugung wird zunehmend in kohlenstofffreie Alternativen (Wasser- und Windkraft, Solarenergie, Geothermie, in vielen Ländern auch in Kernkraft) investiert, weshalb verallgemeinernd von einer **„Dekarbonisierung der Wirtschaft"** gesprochen wird. Allerdings ist dieser eingängige Begriff stark verkürzend, denn die stoffliche Verwertung zu Produkten der Organischen Chemie ist und bleibt von Kohlenstoff abhängig. Auch für Schwerlast- und Langstreckentreibstoffe (Lkw, Schiffe, Flugzeuge) sind mittelfristig keine kohlenstofffreien Alternativen absehbar. Trotzdem kann deren Kohlenstoff-Fußabdruck durch einen Rohstoffwechsel zu biobasierten Kohlenstoffquellen abgeschwächt werden. Insbesondere pflanzliche, aber auch tierische und marine **Biomasse** wird bereits im Energiesektor (z. B. Wärme aus Holz, Treibstoff aus Zucker und Rapsöl, Strom aus Biogas) genutzt, und auch biobasierte Chemieprodukte sind auf dem Markt. Deren CO_2-Fußabdruck ist reduziert, weil das in die Atmosphäre freigesetzte CO_2 aus dem Kohlenstoff der Biomasse stammt und über den **natürlichen Kohlenstoffkreislauf** photosynthetisch wieder in pflanzliche Biomasse zurückgeführt wird. Die Kohlenstoffbilanz bleibt so (theoretisch) neutral. Theoretisch deshalb, weil auch die Kultivierung, Ernte, Logistik und Verarbeitung von Biomasse Treibhausgase freisetzt. Ein solches auf Biomasse basierendes Wirtschaftsmodell wird als **Bioökonomie** bezeichnet und inzwischen von mehr als 40 Nationen, auch der EU, angestrebt. In Deutschland hat die Bundesregierung dafür den Bioökonomierat berufen. Heute sind erneuerbare biobasierte Kohlenstoffquellen in allen Sektoren mit einem zwar überschaubaren, aber wachsenden Anteil etabliert (in Deutschland 7,4 % des Primärenergieverbrauchs [3], 4,8 % der Treibstoffe [4] und 13 % der Chemie-Kohlenstoffquellen [5]).

Für die Prozessindustrie, die weiterhin auf kohlenstoffhaltige Rohstoffe angewiesen bleiben wird, haben diese Entwicklungen außerordentliche Auswirkungen. Rein technisch gesehen können biobasierte Kohlenstoffquellen tatsächlich fossile Rohstoffe ersetzen. Auch was das Angebot betrifft, kommen zahlreiche Studien [6, 7] zu dem Ergebnis, dass die weltweite Agrarwirtschaft die Ernährung sichern und zusammen mit der Forstwirtschaft die Industrie mit Rohstoffen versorgen kann. Trotzdem muss betont werden, dass agrar- und forstwirtschaftliche Flächen begrenzt sind, die Landwirtschaft ein bedeutender Emittent von Treibhausgasen ist, der Erhalt der Biodiversität Flächenschonung verlangt und die wachsende Weltbevölkerung eine Verdoppelung der Nahrungsmittelproduktion bis 2050 erfordert. Insgesamt ist es ratsam, biobasierte Kohlenstoffquellen als nur begrenzt verfügbaren Rohstoff zu betrachten.

1.3 Konzept der zirkulären Wertschöpfung

Um den erforderliche Kohlenstoffbedarf ausreichend und nachhaltig zu decken, muss deshalb die **Rohstoffeffizienz** erhöht werden. Dabei ist es naheliegend, die bisher als Kohlenstoffquelle vernachlässigten Kohlenstoffströme der **CO- und CO_2-Emission** zu beachten, d. h. den in technischen Verfahren als Reststoff anfallenden gasförmigen Kohlenstoff in einen weiteren Prozess als Rohstoff einzuspeisen. Die Emission in die Atmosphäre wird dabei vermieden. Neben Emissionsgasen kann auch **Synthesegas,** das aus beliebigen organischen Stoffen wie beispielsweise Siedlungsabfällen hergestellt werden kann, verwendet werden. CO- und CO_2-verarbeitende Verfahren sind deshalb

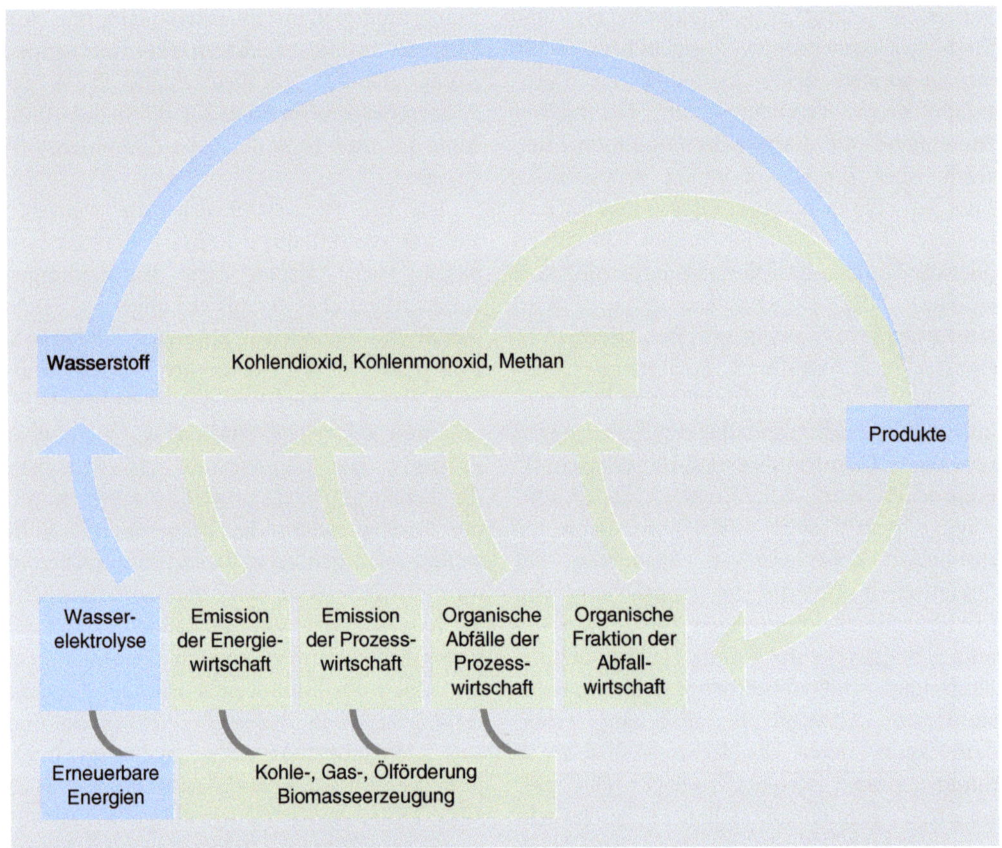

Abb. 1.1 Der technische Kohlenstoffkreislauf für Kohlenstoffdioxid (CO_2) aus Emissionsgasen der Energie- und Prozesswirtschaft und für Kohlenstoffmonoxid (CO) aus organischen Abfällen und Seitenströmen der Prozess- und Abfallwirtschaft. Der für die Reduktion von CO_2 und CO benötigte Wasserstoff wird durch Wasserelektrolyse mittels erneuerbarer Energien bereitgestellt

Kohlenstoffsenken, wie sie das Pariser Klimaabkommen fordert. Dabei ist es unerheblich, ob die Kohlenstoffquelle biobasiert oder bis zum Vollzug des Rohstoffwandels noch fossilen Ursprungs ist. Gerade deshalb haben die hier diskutierten Prozesse für die jetzige Zeit des Rohstoffwandels besonderes Potenzial. Dies gilt auch für die Bereitstellung des als Reduktionsmittel notwendigen Wasserstoffs, denn Wasserelektrolyse ist eine Nutzungsoption für die mit dem Ausbau **volatiler Energien** (Wind, Photovoltaik) einhergehenden Stromspitzen. Durch den so ermöglichten **technischen Kohlenstoffkreislauf** kann ein System der **zirkulären Wertschöpfung** geschaffen werden, das eine Weiterentwicklung des aktuell vorherrschenden Prinzips der linearen Wertschöpfung darstellt (Abb. 1.1).

Insbesondere in Deutschland und Europa sind CO- und CO_2-haltige Gasströme in großen Volumina verfügbar. Gerade für traditionelle Industriestandorte hoher Kohlenstoffemission bietet deren Nutzung große Chancen. Kohlenstoffhaltige Gase werden zu heimischen Rohstoffen, die in die bestehende Infrastruktur integriert werden können und dazu beitragen, die Zukunft hiesiger Industrieregionen zu sichern. Dies wird nicht zuletzt die **gesellschaftliche**

Akzeptanz der erforderlichen Technologien unterstützen.

Das vorliegende Buch fokussiert auf derartige Prozessgasströme zur Herstellung von Chemikalien und Treibstoffen. Diese Gasströme fallen beispielsweise bei der Energieerzeugung und Stahlherstellung an, wobei der entsprechende Kohlenstoff aus fossilen Quellen stammt, in Biogasanlagen, die biogenen Kohlenstoff bieten, oder bei der Zementherstellung und Erzgewinnung, bei denen der Kohlenstoff mineralischen Ursprungs ist. Bei der Auswahl der geeigneten Quellen sollte weniger die Herkunft des Kohlenstoffs im Mittelpunkt stehen als vielmehr die Effizienz und Nachhaltigkeit der entsprechenden Konversionsverfahren und der jeweiligen Prozesskette. Neben CO und CO_2 stellt auch Methan (CH_4) eine wichtige C1-Gasquelle dar, die in diesem Buch jedoch nur am Rande betrachtet wird.

Um die skizzierte zirkuläre Wertschöpfung zu realisieren, werden Unternehmen der produzierenden Industriesektoren oder der Energiewirtschaft künftig zugleich zu Rohstofflieferanten und treten zu Unternehmen anderer Branchen in ganz neue Geschäftsbeziehungen. Es ist leicht vorstellbar, dass sich dadurch vollkommen neue bilaterale Geschäftsmodelle eröffnen, aber auch weitaus komplexere Beziehungen entstehen. Für den Aufbau und die Ausgestaltung dieser branchenübergreifenden Beziehungen braucht es innovative Lösungen in technischer sowie ökonomischer Hinsicht. Diese reichen bis zu einer Kopplung ganzer Sektoren wie der Energiewirtschaft und der Prozessindustrie. Man spricht deshalb auch von **sektorenübergreifenden Systemlösungen.**

1.4 Ziele des Buches

Dieses Buch möchte auf die mit der Nutzung von kohlenstoffhaltigen (Prozess-)Gasen verbundenen Chancen und Limitierungen aufmerksam machen. Bislang wird insbesondere CO_2 außerhalb der Fachwelt oftmals nur als Klimakiller, nicht aber als potenzielle Kohlenstoffquelle wahrgenommen. Zur Umsetzung der skizzierten zirkulären Wertschöpfung müssen verschiedene technische und nichttechnische Fragestellungen beleuchtet und beantwortet werden. Hierzu möchte das vorliegende Buch beitragen und dabei fachlich fundiert auf die Potenziale, aber auch auf die Grenzen der stofflichen Nutzung kohlenstoffhaltiger Gasströme mittels chemischer und biotechnologischer Verfahren und die sich daraus erschließenden Optionen eingehen. Es soll auf diese Weise nicht nur Fachleuten, sondern auch interessierten Laien einen Einstieg in die Thematik bieten und eine fundierte Meinungsbildung zu Chancen und Risiken ermöglichen.

1.5 Gliederung des Buches

Nach einer **Einführung in die Möglichkeiten der chemischen und biotechnologischen Konversion von C1-Gasen** zur stofflichen und energetischen Nutzung durch ► Kap. 1 beleuchten die ► Kap. 2 bis 4 die derzeitige **Rohstoffsituation.** So beschreibt ► Kap. 2 qualitativ und quantitativ die derzeitige industrielle Nutzung von **CO- und CO_2-haltigen Gasströmen** und gibt Informationen zu eingesetzten Volumina, Verfahren, aus denen die Gasströme stammen können, Ursprung des Kohlenstoffs und derzeitige Anwendungen. CO und CO_2 besitzen ein hohes Sauerstoff-zu-Kohlenstoff-Verhältnis und müssen für ihre Anwendung als Chemikalie oder Treibstoff zu Kohlenwasserstoffen umgewandelt werden. Aus diesem Grund und wegen seines hohen Energiegehalts spielt Wasserstoff eine elementare Rolle für die Konversion von C1-Gasen – insbesondere von CO_2. ► Kap. 3 und 4 beleuchtet deshalb, aus welchen Quellen der benötigte **Wasserstoff** stammen kann und ob ausreichende Mengen für die C1-Gas-Nutzung, insbesondere zur Herstellung von großvolumigen Produkten wie Grundstoffchemikalien und Energieträgern, zur Verfügung gestellt werden können. Dabei betrachtet ▶ Kap. 3 den Stand der Technik (elektro-)chemischer Verfahren sowie deren zukünftiges technisches Potenzial und ▶ Kap. 4 den Stand biotechnologischer Verfahren. Liegt ein Gasgemisch aus Kohlenstoffmonoxid und Wasserstoff sowie weiteren Gasen wie CO_2 oder Sauerstoff vor, spricht man von **Synthesegas.** Es besitzt durch seine Zusammensetzung einen relativ hohen Energiegehalt und kann deshalb gut zur Synthese von chemischen Grundstoffen eingesetzt werden. ▶ Kap. 5 beschreibt den aktuellen technischen Stand zur Herstellung solcher Gasgemische und geht hierfür neben den Verfahren auf die eingesetzten Rohstoffe, die hergestellten Mengen sowie die typischen Gaszusammensetzungen in Abhängigkeit von den eingesetzten Verfahren und Rohstoffen ein.

Die ▶ Kap. 6 bis 9 stellen aktuelle **Umsetzungstechnologien** der chemischen Katalyse und Biotechnologie vor. Hierzu gibt ▶ Kap. 6 einen grundlegenden Überblick über die Standardverfahren der **chemisch-katalytischen Konversion** von CO und CO_2, insbesondere der Fischer-Tropsch-Synthese, welche die Messlatte für neue (biotechnologische) Verfahren darstellt. Informationen zu Größenordnungen der Anlagen und Produktionskapazitäten geben einen Eindruck von der Bedeutung der angewendeten Verfahren. Darüber hinaus werden Vorteile, aber auch die generellen Herausforderungen und Entwicklungsbedarfe beschrieben. Im Mittelpunkt stehen neben den eingesetzten und potenziellen Rohstoffen die aktuellen Wertschöpfungsketten sowie die prozessseitig zum Einsatz kommenden Katalysatoren, Verfahrensbedingungen und jeweiligen Herausforderungen. ▶ Kap. 7 gibt gemeinsam mit ▶ Kap. 8 einen grundlegenden Überblick über die Möglichkeiten der **biotechnologischen C1-Gas-Verwertung** als Alternative zu chemisch-katalytischen Verfahren. Die beiden Kapitel beschreiben den aktuellen Stand der Technik und erläutern, wo für die verschiedenen Biokatalysatorenklassen besondere Anwendungspotenziale bestehen und wo die biotechnologische Konversion Vorteile gegenüber den chemischen Verfahren, insbesondere der Fischer-Tropsch-Synthese, bietet. ▶ Kap. 7 fokussiert in diesem Kontext auf die verschiedenen **Biokatalysatoren** (Enzyme und Ganzzellkatalyse), stellt die verschiedenen infrage kommenden Mikroorganismen(klassen) vor und vergleicht deren Anwendungsmöglichkeiten. Während sogenannte photoautotrophe Organismen ihren Energiebedarf für die Nutzung von CO und CO_2 mittels Photosynthese aus Lichtenergie beziehen, nutzen Chemoautotrophe energiereiche chemische Verbindungen, die sie zur Energiegewinnung verstoffwechseln. Am Rande wird auch auf die Möglichkeiten der Methanverwertung eingegangen. Anhand der Organismengruppen Clostridien als chemoautotrophe Produzenten sowie Algen und Cyanobakterien als Photoautotrophe werden die spezifischen Eigenschaften und Grundlagen der jeweiligen C1-Gas-assimilierenden Stoffwechselwege beschrieben. Während sich chemoautotrophe Organismen eher für die Herstellung großvolumiger Chemikalien und Treibstoffe eignen, ist das Produktionsvolumen beim Einsatz von Photoautotrophen aufgrund der lichtabhängigen Reaktion begrenzt. Sie erlauben andererseits den Zugang zu komplexeren Molekülen, die als höherpreisige, aber kleinvolumigere Spezialchemikalien genutzt werden können. ▶ Kap. 8 erläutert den aktuellen **Stand der Verfahrenstechnik** hinsichtlich möglicher Verfahrenskonzepte, der Kultivierung von Chemo- und Photoautotrophen und der notwendigen Mess- und Regeltechnik. Dabei wird auch auf die Herausforderungen der Prozesse für die Produktion großvolumiger Chemikalien und Treibstoffe sowie auf die Chancen und Beschränkungen gegenüber chemischen Verfahren eingegangen. Abgerundet wird das Kapitel durch einen Überblick über den derzeitigen Entwicklungsstand und neue Reaktorkonzepte. ▶ Kap. 9 zeigt die Herausforderungen bei der **Produktaufarbeitung** aus chemischen und biotechnologischen Konversionsprozessen auf. Diese ergeben sich nicht zuletzt aus der Tatsache, dass chemische

Konversionen zumeist in der Gasphase ablaufen, während Bioprozesse in der Regel Flüssigreaktionen sind. Hierdurch ergeben sich unterschiedliche Anforderungen an die anzuwendenden Trennverfahren, wobei Bioprozesse besondere Herausforderungen aufweisen, z. B. durch die im Vergleich geringen Produktkonzentrationen.

Die ► Kap. 10 bis 12 beleuchten die **konkreten Anwendungsmöglichkeiten für eine zirkuläre Wertschöpfung auf Basis von CO- und CO_2-haltigen Gasen.** Hierzu stellt ► Kap. 10 **mögliche Quellen für gasförmige Rohstoffe aus unterschiedlichen bestehenden Industrieprozessen** vor. Betrachtet werden hierbei die Stahl- und Zementherstellung, Kraftwerke, chemische und Bioprozesse (inkl. Biogasanlagen), (Müll-)Verbrennungsanlagen (MVA), Gasifizierungsprozesse und die Massentierhaltung. Dabei werden die verschiedenen gasliefernden Prozesse vorgestellt und Integrationsmöglichkeiten von chemischen und biotechnologischen Konversionsprozessen auf Basis realistischer Mengenpotenziale und der jeweiligen Rahmenbedingungen beleuchtet. ► Kap. 11 nimmt **Siedlungs- und Industriereststoffe** unter die Lupe, durch deren Gasifizierung sich das Rohstoffspektrum erweitern lässt. Weiterhin stellt das Kapitel entsprechende Gasifizierungstechnologien vor. ► Kap. 12 beschreibt einen **Systemlösungsansatz am Beispiel der Energiespeicherung durch CO_2-Nutzung.** Volatile Energien erfordern neue Formen der Energiespeicherung. Mittels Wasserelektrolyse kann Wasserstoff zwar mithilfe erneuerbarer Energie ohne fossile Rohstoffe hergestellt werden, dessen Speicherung als Energieträger ist aber anspruchsvoll. Gleichzeitig besteht für die Nutzung insbesondere von CO_2 ein großer Bedarf an Wasserstoff. In diesem Spannungsfeld stellt die Konversion von CO_2 und regenerativ gewonnenem H_2 in kurzkettige Kohlenstoffverbindungen einen lager- und transportfähigen Energieträger zur Verfügung, der sich vielfältig als Treibstoff und/oder (Grundstoff-) Chemikalie einsetzen lässt. Auf diese Weise entstehen neue Geschäftsmodelle an der Schnittstelle zwischen Energie, Mobilität und Chemie.

Neben den genannten technischen Fragestellungen widmen sich die ► Kap. 13 bis 16 schließlich verschiedenen **Nachhaltigkeitsaspekten.** So beleuchtet ► Kap. 13 **ökologische Aspekte** wie den Fußabdruck der chemischen und biotechnologischen Konversion von C1-Gasen zu Chemikalien und Energieträgern/Treibstoffen sowie mögliche Beiträge zum Emissionsschutz. Dabei wird auf die Herausforderungen und Grenzen gängiger Bilanzierungsansätze eingegangen. Hieran schließt ► Kap. 14 mit der Untersuchung der **sozialen Dimension** an. Es wird aufgezeigt, welche Bedeutung C1-Gase als relevante heimische Rohstoffquelle für die Regionalentwicklung, insbesondere für die Schaffung und Sicherung von Arbeitsplätzen, haben können. Anhand von NRW als einer der national und europäisch führenden Regionen für Energie, Chemie und Schwerindustrie, wie der Stahl- und Zementindustrie, soll die politische Dimension der Thematik dargestellt werden – insbesondere auch vor dem Hintergrund des Strukturwandels im rheinischen Braunkohlerevier. Ein weiteres Augenmerk liegt auf der gesellschaftlichen Akzeptanz. Diese soll in groben Zügen für die betrachteten Technologieansätze, Wertschöpfungsketten und Produkte sowie die beschriebenen Systemlösungen analysiert werden. ► Kap. 15 und 16 schließen die Nachhaltigkeitsbetrachtungen mit einer **ökonomischen Potenzialabschätzung** ab. Dabei untersucht ► Kap. 16 den Einfluss der **regulatorischen Rahmenbedingungen** auf die Etablierung neuer Verfahren und Wertschöpfungsketten sowie deren Wettbewerbsfähigkeit. Zu den beleuchteten Aspekten gehören: Fördermöglichkeiten, Bedeutung von Pilot- und Demonstrationsprojekten, Anreize und Hürden durch den ordnungspolitischen Rahmen und die Gesetzgebung. ► Kap. 16 veranschaulicht anhand konkreter **Anwendungs-, Projekt- und Industriebei-**

spiele die vielfältigen Möglichkeiten einer zirkulären Wertschöpfung durch (elektro-) chemische Konversionstechnologien sowie biotechnologische Ansätze. Für die verschiedenen Beispiele werden das jeweilige Verfahrenskonzept, der aktuelle Entwicklungsstatus sowie die Zukunftspotenziale beschrieben.

Das Buch endet in ► Kap. 17 mit einer **abschließenden Bewertung und Zusammenfassung.** Hierzu werden die verschiedenen Aspekte und Sichtweisen der einzelnen Kapitel zusammengefasst, und es wird eine Einschätzung gegeben, welchen Beitrag chemische und biotechnologische Konversionstechnologien im Sinne einer zirkulären Wertschöpfung in den drei Dimensionen Ökonomie, Ökologie und Gesellschaft leisten können. Darüber hinaus wird das Potenzial von C1-Gasen als alternative Rohstoffe mit anderen Kohlenstoffquellen wie Biomasse verglichen.

Zusammenfassung

Das vorliegende Buch stellt in 16 Kapiteln das heute zur Verfügung stehende Volumen von C1-Gasströmen vor.
Die meisten Konversionsverfahren benötigen Wasserstoff, weshalb auch dessen Bereitstellung diskutiert wird. Bezüglich der Konversionsverfahren werden sowohl chemo-katalytische als auch biotechnologische Methoden und Beispiele aus der industriellen Praxis vorgestellt. Auch die Integration in ein zukünftiges Energiesystem und der mögliche Beitrag der C1-Nutzung zur Weiterentwicklung industrialisierter Regionen sowie ökologische Aspekte und die Rahmenbedingungen werden thematisiert. Abschließend werden in einem Fazit der Stand der Technik und das industrielle Potenzial zusammengefasst.

Literatur

1. BGR (2010) Reserven, Ressourcen und Verfügbarkeit von Energierohstoffen. ► https://www.wiwi.uni-muenster.de/vwt/Veranstaltungen/Ausgewaehlte_Kapitel_der_Energiewirtschaft/WS1112/02a_globale-energiemrkte.pdf. Zugegriffen: 8. Sept. 2017
2. BMUB (2015) Übereinkommen von Paris. ► http://www.bmub.bund.de/fileadmin/Daten_BMU/Download_PDF/Klimaschutz/paris_abkommen_bf.pdf. Zugegriffen: 8. Sept 2017
3. BMWi (2017) Primärenergieverbrauch in Deutschland 2016. ► http://www.bmwi.de/Redaktion/DE/Downloads/Energiedaten/energiedaten-gesamt-pdf-grafiken.pdf?__blob=publicationFile&v=18. Zugegriffen: 8. Sept. 2017
4. FNR (2016) Kraftstoffabsatz in Deutschland 2015. ► http://biokraftstoffe.fnr.de/kraftstoffe/aktuelle-marktsituation/. Zugegriffen: 8. Sept. 2017
5. VCI (2017) Rohstoffbasis der chemischen Industrie. ► https://www.vci.de/vci/downloads-vci/top-thema/daten-fakten-rohstoffbasis-der-chemischen-industrie-de.pdf. Zugegriffen: 8. Sept. 2017
6. Souza GM, Victoria RL, Joly C, Verdade L (2015) Bioenergy & sustainability: bridging the gaps. SCOPE, Paris
7. Carus M, Piotrowski S (2009) Land use for bioplastics. Bioplastics Mag 4:46–49

CO und CO_2

Dennis Krämer und Katy Armstrong

Inhaltsverzeichnis

M. Kircher und T. Schwarz (Hrsg.), *CO_2 und CO – Nachhaltige Kohlenstoffquellen für die Kreislaufwirtschaft*, https://doi.org/10.1007/978-3-662-60649-0_2

2

2.1 Einleitung

CO_2-Emissionen entstehen in der Industrie hauptsächlich durch die Verbrennung von kohlenstoffhaltigen Materialen. Aktuell sind dies vor allem fossile Rohstoffe wie Erdöl, Erdgas und Kohle. Durch die anthropogenen CO_2-Emissionen ist seit Beginn der industriellen Revolution die CO_2-Konzentration in der Atmosphäre von ca. 280 ppm auf 400 ppm angestiegen. Die Klimaforscher des zwischenstaatlichen Ausschusses für Klimaänderungen (IPCC – *Intergovernmental Panel on Climate Change*) sind sich sicher und haben die Weltgemeinschaft davon überzeugt, dass die erhöhte CO_2-Konzentration in der Atmosphäre mit den aktuellen Klimaveränderungen eng verknüpft ist. Um einen weiteren Anstieg der CO_2-Konzentration in der Atmosphäre zu verhindern, hat sich Deutschland das Ziel gesetzt, bis 2050 nahezu klimaneutral zu werden. Dies kann in der Industrie nur gelingen, indem auf die Verbrennung von fossilen Rohstoffen verzichtet wird – also eine „Dekarbonisierung" der Industrie erreicht wird. Doch die chemische Industrie lässt sich im Wortsinn nicht dekarbonisieren, da Kohlenstoff – in der Chemie mit C abgekürzt – am Anfang vieler Wertschöpfungsketten steht. Um die Rohstoffbasis dieser Wertschöpfungsketten in der chemischen Industrie zu erweitern, wird aktuell stark daran geforscht, CO_2 als Kohlenstoffquelle nutzbar zu machen. Zum einen müssen dafür CO_2-Nutzungspfade entwickelt werden, zum anderen CO_2-Quellen identifiziert und evaluiert werden, die als Kohlenstoffquellen für diese Prozesse infrage kommen. CO_2-haltige Emissionen aus Punktquellen, die Industrieprozessen zugeschrieben werden können, und die Luft aus der Atmosphäre sind die möglichen Kohlenstoffquellen.

Im Rahmen des EU-geförderten Horizon2020-Projekts „CarbonNext – The Next Generation of Carbon for the Process Industry" wurde von 2016 bis 2018 untersucht, welche alternativen Kohlenstoffquellen für die Prozessindustrie in Europa prinzipiell zur Verfügung stehen und wie hoch das Potenzial ist, diese Kohlenstoffquellen letztendlich auch für die Prozessindustrie erschließen zu können. Der Fokus lag dabei auf der stofflichen Nutzung von CO_2. Ziel des Projekts war es, die gesamte Wertschöpfungskette von Prozessen aufzuzeigen, die ein hohes Mengenpotenzial für die stoffliche Nutzung von CO_2 aufweisen, um somit fossile Rohstoffe zu substituieren. Das Ergebnis des Projekts ist eine Darstellung von verschiedenen CO_2-Nutzungpfaden, die wirtschaftlich und ökologisch als besonders überzeugend bewertet wurden. Des Weiteren wurden innerhalb des Projekts Wertschöpfungsketten verschiedener Prozesse zwischen unterschiedlichen Industriebranchen (Chemie, Zement, Stahl usw.) identifiziert. Durch das Projekt sollen Entscheidungsträger aus der Industrie und Politik über die möglichen Chancen und über das Potenzial der alternativen Kohlenstoffquellen informiert und für Handlungsoptionen sensibilisiert werden.

Im ersten Arbeitspaket des Projekts wurden CO_2-Punktquellen in Europa identifiziert und analysiert, die als Kohlenstoffquellen für die Prozessindustrie infrage kommen. Die Ergebnisse dieses Reports werden im folgenden Text dargestellt.

2.2 Erfassung von CO_2-Quellen (Datenerhebung)

Um herauszufinden, wo und in welchen Umfang CO_2-Punktquellen in Europa vorhanden sind, war im ersten Schritt eine Datenerhebung essenziell. Die Daten zu den alternativen Kohlenstoffquellen wurden genutzt, um eine Kartierung der entsprechenden Quellen vorzunehmen. Hierzu wurden Daten zu CO_2-Emissionen des Jahres 2014 aus der *European Pollutant Release Database* der *European Environmental Agency* herangezogen und in eine dreidimensionale Karte eingearbeitet. Das *European Pollutant and Release Transfer Register* (E-PRTR) der *European Environmental Agency* (EEA) erfasst alle Punkquellen von CO_2, die mindestens

Tab. 2.1 CO_2-Emissionen in der EU, kategorisiert nach Sektor, angepasst vom E-PRTP [1]

Sektor	CO_2-Emissionen in 2014 [Mt]
Energie	1065,5
Chemie	245,1
Metall (inkl. Eisen- und Stahlindustrie)	166,0
Bauwirtschaft (inkl. Zementherstellung)	144,1
Papiererzeugung	77,1
Abfall	55,5
Bergbauindustrie	7,1
Lebensmittel- und Agrarindustrie	5,9
Andere	13,1

0,1 Mt CO_2 im Jahr emittieren [1]. Die Weitergabe der Daten an die EEA ist für die entsprechenden Emittenten verpflichtend. Die Daten werden von den einzelnen Einrichtungen den Behörden in den jeweiligen Ländern gemeldet, die dann die Daten auf Qualität prüfen, bevor sie der Europäischen Kommission und der EEA gemeldet werden. Das Register enthält Daten von 30.000 industriellen Anlagen aus neun Industriesektoren, die 65 ökonomische Aktivitäten abdecken. Mithilfe der interaktiven Karte ist es möglich, die Emissionen hinsichtlich der unterschiedlichen industriellen Sektoren aufzuschlüsseln. Des Weiteren erlaubt sie die Betrachtung der Quellen einzelner Länder oder Regionen. Über die interaktive Karte können somit quantitative Aussagen über CO_2- und CO-Emissionen in Europa selektiv generiert werden [1].

2.2.1 CO_2-Quellen in Europa

Insgesamt wurden im Jahr 2014 in Europa 1779 Mt CO_2 aus 2000 industriellen Punktquellen in die Atmosphäre emittiert. Die Quellen lassen sich in die folgenden Industriesektoren aufteilen: Chemie, Bauwesen, Stromerzeugung, Agrikultur, Metall, Papier, Abfall und andere. In Tab. 2.1 werden die CO_2-Emissionen kumuliert nach den einzelnen Sektoren aufgezeigt.

Abb. 2.1 zeigt die einzelnen Punktquellen in Europa. Anhand der Verteilung wird ersichtlich, dass CO_2-Quellen über ganz Europa verteilt sind. Die größten Quellen liegen in Deutschland, den Benelux-Ländern, Großbritannien und Polen. Kohlekraftwerke sind die größten CO_2-Emittenten, wobei zu beachten ist, dass die Daten aus 2014 stammen und einige der Kohlekraftwerke mittlerweile nicht mehr in Betrieb sind. Des Weiteren fallen große Mengen an CO_2 in der Chemieindustrie, im Metallsektor, in der Bauwirtschaft und in der Papiererzeugung an.

Die Menge an CO_2, die zur Herstellung von Produkten verwendet werden könnte, wird bis 2030 in optimistischen Szenarien auf bis zu 7 Gt weltweit geschätzt (*Global CO_2 Initiative*, 2016), jedoch sind andere Szenarien und Schätzungen von etwa 1 Gt weiter verbreitet. Diese Einschätzung verdeutlicht, dass die Erwartungshaltung an die stoffliche Nutzung von CO_2 zumindest in naher Zukunft nicht zwingend auf die großen CO_2-Emittenten als Rohstofflieferanten abzielen muss, da zur heutigen Zeit kein Engpass bei der Versorgung der chemischen Industrie mit CO_2 zu befürchten ist. Selbst wenn alle Kohlekraftwerke heruntergefahren sind, wäre immer noch genug CO_2 für „*large-scale*"-Szenarien vorhanden. Aus diesem Grund kann eine Hierarchie abgeleitet werden, welche CO_2-Punktquellen aus ökonomischen und ökologischen Gesichtspunkten am ehesten geeignet sind, um für die Prozessindustrie genutzt werden zu können.

2.2.2 Auswertung

Bei der Bewertung von CO_2-Quellen kommt es zu einem großen Anteil darauf an, wie hoch die Konzentration von CO_2 im entsprechenden Rauchgas ist. Je höher

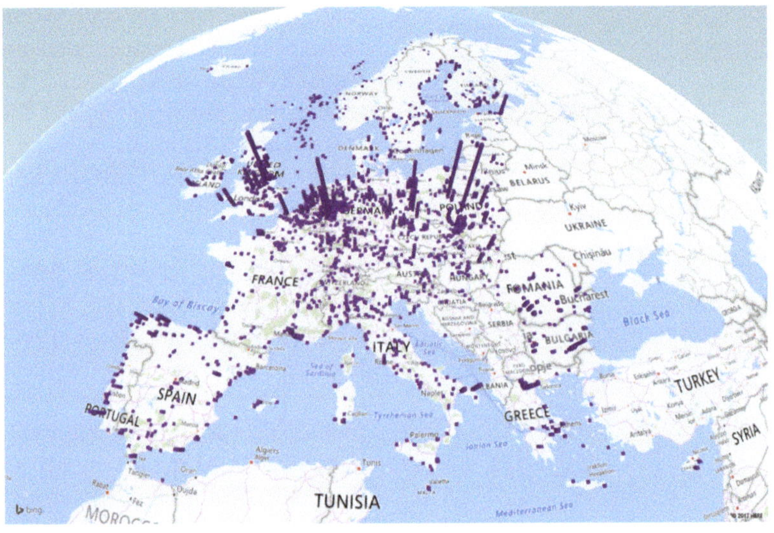

Abb. 2.1 CO_2-Punktquellen in der EU, angepasst von E-PRTR [1]

die Konzentration, desto geringer ist der energetische Aufwand bei der Abscheidung, weil kleinere Mengen an emittiertem Gas verarbeitet werden müssen, um die gleiche Menge an gereinigtem CO_2 im Vergleich zu stärker verdünnten Quellen zu erhalten. Des Weiteren bestehen unterschiedliche Ansprüche an die Gaszusammensetzung für verschiedene CO_2-Nutzungstechnologien und somit an den Aufbereitungsprozess. Diese Faktoren wirken sich auf die Kosten, den Energieaufwand und die Umwelt aus. Folglich ist möglichst reines CO_2 am attraktivsten, da infolgedessen weniger Energie für die Abtrennung von CO_2 benötigt wird und dies wiederum mit einem im Vergleich niedrigen CO_2-Fußabdruck einhergeht.

Die Emissionen aus dem Energiesektor – weltweit stammen rund 76 % der CO_2-Emissionen aus der Verbrennung von Kohle und Gas zur Stromerzeugung – werden im Sinne der stofflichen Nutzung von CO_2 vernachlässigt. Dies liegt einerseits darin begründet, dass die CO_2-Konzentration im Rauchgas nicht besonders hoch ist (12–14 %), und anderseits darin, dass die Kohlenkraftwerke, bedingt durch die aktuelle Klimapolitik, bis 2100 deutlich heruntergefahren werden sollen.

Tab. 2.2 fasst die CO_2-Konzentrationen, die Emissionsmengen pro Jahr und die geschätzten Abscheidungskosten pro Tonne CO_2 aus einer Reihe von CO_2-Emittenten zusammen. Die Daten der Tabelle bestätigen, dass die niedrigsten Abscheidungskosten die am stärksten konzentrierten CO_2-Quellen betreffen. Die folgenden Quellen weisen die höchsten CO_2-Konzentrationen auf: Wasserstofferzeugung, Erdgasveredlung, Ethylenoxidherstellung und Ammoniakproduktion.

In zwei vor Kurzem veröffentlichten wissenschaftlichen Publikationen wurde die Bewertung von CO_2-Quellen diskutiert. Die Arbeiten nutzen unterschiedliche Methoden, um die Quellen mit dem größten wirtschaftlichen Potenzial zu ermitteln. In „Economics of carbon dioxide capture and utilisation – a supply and demand perspective" [2] wird in erster Linie die Wirtschaftlichkeit als stärkstes Kriterium herangezogen. In der Veröffentlichung „Selecting CO_2 sources of CO_2 utilization by environmental-merit-order curves" [3] werden die CO_2-Quellen hauptsächlich nach Umweltaspekten bewertet. Beide Studien beruhen auf einer intensiven

Tab. 2.2 Potenzielle CO_2-Quellen in Europa (>0,1 Mt CO_2/Jahr), angepasst von E-PRTR [1] und Naims (2016; [2])

CO_2-Quelle	CO_2-Konzentration [%]	Emissionen pro Jahr [Mt CO_2/Jahr]	Kosten [€/t CO_2]	Anzahl von Punktquellen über 0,1 Mt/Jahr Emissionen
Wasserstoffproduktion	70–100	5,3	30	15
Natural Gas Production	5–70	5,0	30	10
Ethylenoxidherstellung	100	17,7	30	6
Ammoniakproduktion	100	22,6	33	27
Papierherstellung	7–20	31,4	58	35
Coal to Power (IGCC)	3–15	3,7	34	3
Eisen und Stahl	17–35	151,3	40	93
Zement	14–33	119,4	68	212
Gesamt		**356,4**		

Literaturrecherche. Naims [2] vergleicht die Kosten für die CO_2-Abtrennung mit den Kosten, die vermieden werden. Von der Assen et al. [3] vergleichen Umweltauswirklungen basierend auf vergleichender Ökobilanzierung. Es gibt zwar Überschneidungen zwischen den Studien; allerdings werden nicht die gleichen Quellen und Abscheidetechnologien betrachtet. Auch kommen beide Studien zu dem Ergebnis, dass die reinsten Quellen zuerst betrachtet werden sollten.

Des Weiteren entstehen große CO_2-Ströme bei der Eisen- und Stahlproduktion sowie in der Zementindustrie, wobei die Rauchgase hierbei geringere CO_2-Konzentrationen enthalten. Sofern sich die CO_2-Abscheidetechnologien weiterentwickeln, werden auch solche CO_2-Quellen attraktiv. In Abb. 2.2 werden CO_2-Quellen für die stoffliche Nutzung aufgeführt, die nach ihrer Reinheit sortiert wurden. Je höher die CO_2-Reinheit einer Quelle ist, desto einfacher gestalten sich die Abtrennung und Aufbereitung.

2.3 Prognosen zu den Entwicklungen der vier „wichtigsten" CO_2-Quellen

2.3.1 Wasserstofferzeugung

Gegenwärtig teilt sich der H_2-Verbrauch zu etwa gleichen Teilen auf Hydrobehandlung/Hydrocracking durch Raffinerien und die Produktion von Düngemitteln auf Ammoniak-/Stickstoffbasis durch die chemische Industrie auf [2]. Der globale H_2-Markt wird im Zeitraum 2017 bis 2021 voraussichtlich mit einer durchschnittlichen jährlichen Wachstumsrate (CAGR) von 5,99 % wachsen, was vor allem auf eine steigende Nachfrage nach Düngemitteln zurückzuführen ist [4]. Für den europäischen

2

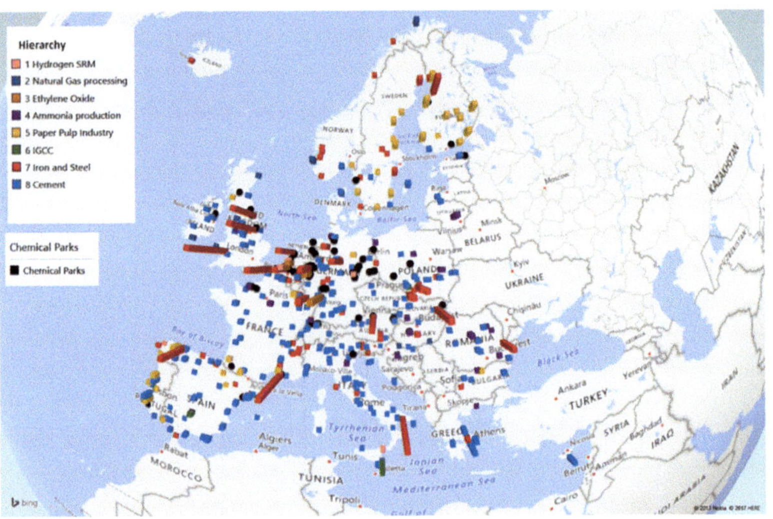

Abb. 2.2 Hierarchie der CO_2-Quellen in Europa, angepasst von E-PRTR [1]

Markt wird ein jährliches Wachstum des H_2-Marktes von 3,5 % bis 2025 bei einem Inlandsverbrauch von 7 Mio. Tonnen im Jahr 2015 erwartet [5]. Rund 96 % der weltweiten H_2-Produktion stammen aus der Dampfreformierung von Methan (SRM), sind ölbasiert oder gehen aus der Kohlevergasung hervor. In Europa gibt es 16 SRM-Anlagen, die jeweils zwischen 0,136 und 0,805 Mio. Tonnen CO_2 pro Jahr emittieren [6]. Darüber hinaus befinden sich viele dieser Anlagen in unmittelbarer Nähe zu großen europäischen Chemieparks. Die Emissionen werden voraussichtlich proportional zum Wachstum des H_2-Marktes steigen.

Ohne technologische Fortschritte ist es wahrscheinlich, dass die zukünftige Produktion von H_2 durch die Reformierung von Erdgas und durch die Elektrolyse, betrieben mit dem Strommix, der teilweise auch aus Kohlekraftwerken stammt, abgedeckt wird.

Eine Umstellung auf die Elektrolyse von Wasser ausschließlich mit erneuerbaren Energien wird jedoch dazu führen, dass die CO_2-Verfügbarkeit aus dieser Quelle deutlich abnimmt.

2.3.2 Erdgasfördermarkt

Die CO_2-Emissionen aus der Erdgasaufbereitung reichen von 0,1 bis 1 Mio. Tonnen pro Jahr und Anlage. Verantwortlich für die Emissionen sind zehn europäische Anlagen. Einige der größten Erdgasaufbereitungsanlagen befinden sich in Großbritannien sowie in unmittelbarer Nähe zu großen Chemieparks in Belgien, den Niederlanden und Deutschland. Das Roherdgas enthält je nach Herkunft des Gases unterschiedliche Konzentrationen an CO_2, jedoch wird es zur Erreichung der Pipelinequalität häufig durch ein CO_2-Abtrennungverfahren aufbereitet [7]. Erdgasveredelung gilt als eine der wichtigsten hochreinen CO_2-Quellen, die keine zusätzlichen Reinigungskosten bei der Kohlenstoffabscheidung erfordern. Die Erdgasaufbereitung (und damit die CO_2-Verfügbarkeit aus dieser Quelle) wird mittelfristig voraussichtlich zunehmen, da die Stromerzeugung aus Kohle und Erdgas zum Ausgleich der intermittierenden regenerativen Erzeugung weiterhin genutzt wird.

2.3.3 Ethylenoxidproduktion

Ethylenoxid wird als Zwischenprodukt zur Herstellung zahlreicher Industriechemikalien wie Polymere und Ethylenglykole verwendet. Ethylenoxid selbst wird als Begasungsmittel, Desinfektionsmittel und Sterilisationsmittel für medizinische Zwecke verwendet. Sechs Ethylenoxidanlagen, die mehr als 0,1 Mio. Tonnen CO_2 pro Jahr und Anlage produzieren, sind im E-PRTR gelistet und erzeugen zusammen einen Ausstoß von 17,7 Mio. Tonnen CO_2 pro Jahr [8]. Die Ethylenoxidproduktionsanlagen in Europa befinden sich in Belgien, den Niederlanden und Deutschland; diese Länder verfügen ebenfalls über große Chemieparks, die CO_2 als Rohstoff nutzen könnten. Laut Marktberichten wird bis 2022 eine hohe Nachfrage nach Ethylenoxid erwartet [9].

2.3.4 Ammoniakproduktion

Für den europäischen Düngemittelmarkt wird für den Prognosezeitraum 2017 bis 2022 eine konstante CAGR von 2,5 % erwartet [9]. Die CO_2-Emissionen aus der Ammoniakproduktion in Europa beliefen sich im Jahr 2014 auf 22,6 Mio. Tonnen, die von 27 Anlagen mit Emissionen von 0,1 bis 3,2 Mio. Tonnen pro Jahr und Anlage stammen. Einige dieser Anlagen befinden sich in der Nähe von Chemieparks. Ammoniak wird überwiegend als Düngemittel eingesetzt und nach dem Haber-Bosch-Verfahren hergestellt. CO_2 entsteht bei der Herstellung von Wasserstoff, der mit Stickstoff zu Ammoniak kombiniert wird. Ein Bericht der *International Fertiliser Association* zeigt, dass rund 36 % des bei der Reinigung aus dem Synthesegas entfernten CO_2 von der Industrie genutzt werden. Rund 33 % des CO_2 werden für die Harnstoffproduktion verwendet, während das restliche CO_2 für andere Zwecke verkauft wird [9]. Daher könnte die Verfügbarkeit von CCU im Falle von Ammoniak begrenzt sein, da es eine Konkurrenz zu den derzeitigen CO_2-Nutzungen für die Harnstoffproduktion geben würde.

Auch wenn langfristig der Einsatz von Erdgas (und damit die Verfügbarkeit von CO_2 aus der Reinigung) oder die dampfreformierte Wasserstoffproduktion abnehmen wird, geht man davon aus, dass die Mengen aus diesen vier CO_2-Quellen bis 2030 die attraktivsten bleiben werden. Außerdem wird erwartet, dass sie volumenmäßig groß genug sind, um den CCU-Bedarf zu decken.

Wie beschrieben, ist die Reinheit des CO_2 ein essenzieller Faktor. Höhere Reinheit bedeutet höhere CO_2-Konzentrationen pro gleiches Volumen und damit geringere Kosten. Die Reinheit hat auch Auswirkungen auf die Kompatibilität mit bestimmten Transport- und Lagerungsanwendungen, da Verunreinigungen Schäden an Rohrleitungen verursachen können.

Ein weiteres Kriterium bei der Auswahl von CO_2-Quellen ist die Distanz zum potenziellen CO_2-Abnehmer. Die Transportkosten hängen von der zu transportierenden Entfernung ab (was sich auf die Art des Transports auswirkt, d. h. Transport per Lkw, lokale oder Fernleitungen). Beim Pipelinetransport variieren die Kosten weiter in Abhängigkeit von der Länge und dem Durchmesser der Pipeline, dem verwendeten Baumaterial und dem Verlauf der Pipeline. Ein gemeinsames CO_2-Transportnetz kann auch Reinheitsprobleme lindern, indem es eine Mischung von Quellen erlaubt, um eine geeignete CO_2-Qualität zum Endabnehmer zu liefern. Somit sind CO_2-Quellen besonders attraktiv, die sich in der Nähe von potenziellen Abnehmern befinden. Im Idealfall kann das CO_2 in einer Pipeline transportiert werden. Mit steigender Distanz werden die Kosten – und auch der CO_2-Fußabdruck – höher.

Gegebene Infrastrukturen und kurze Distanzen sind folglich zu bevorzugen. Da aber viele CO_2-Nutzungstechnologien noch nicht im Großmaßstab verfügbar sind, kann derzeit nur vom naheliegenden Szenario ausgegangen werden, dass neue Anlagen in bereits vorhandene industrielle Umgebungen wie Chemieparks integriert werden. Die großen europäischen Chemieparks wurden somit als Top-Standorte mit vorhandener Infrastruktur für CCU-Anwendungen identifiziert.

2

2.4 Fazit

Es steht eine große Auswahl an CO_2-Quellen zur Verfügung, die das technische Potenzial haben, in der nahen Zukunft alle Optionen zur stofflichen Nutzung von CO_2 in der Prozessindustrie decken zu können. Primär sollten Quellen genutzt werden, die hohe CO_2-Konzentrationen aufweisen, da die Abscheidung von CO_2 energieintensiv und mit hohen Kosten verbunden ist. Große CO_2-Ströme entstehen bei der Eisen-, Zement- und Stahlproduktion. Diese Quellen können zu einem späteren Zeitpunkt sehr interessant werden, insbesondere da diese Branchen nach Möglichkeiten suchen, ihre CO_2-Emissionen zu senken und daher intensiv neue, effizientere Abscheidetechnologien erforschen.

Die interaktiven Karten können dazu dienen, geeignete Standorte zu identifizieren, an denen industrielle Anlagen zur stofflichen Nutzung von CO_2 bevorzugt entstehen könnten. Im Sinne der industriellen Symbiose sollten CO_2-Quellen von Chemieparks direkt vor Ort stofflich genutzt werden.

Zusammenfassung
Das Kapitel präsentiert industrielle CO_2-Emissionsorte in Europa, sogenannte Punktquellen, mit einem Volumen von mehr als 0,1 Mt CO_2. Unter diesen stellen Anlagen der Herstellung von Ethylenoxid, Ammoniak und Wasserstoff sehr reine CO_2-Ströme zur Verfügung, die entsprechend kostengünstig abgeschieden werden können. Im Sinne der industriellen Symbiose bietet es sich an, derartige in Chemieparks lokalisierte CO_2-Quellen vor Ort stofflich zu nutzen. Allerdings ist die Zahl und damit das CO_2-Angebot dieser Anlagen in Europa im Vergleich zu Quellen großer Kohlekraftwerke, der Stahlproduktion und der Herstellung von Zement relativ gering. Letztere weisen zwar Emissionsströme geringerer CO_2-Konzentration und damit höherer Abscheidungskosten auf, sind aber mit mehr Großanlagen über Europa verteilt und können damit bezüglich der Transportkosten zu zukünftigen Abnehmern Kostenvorteile ermöglichen. Insgesamt steht eine große Zahl an CO_2-Quellen mit dem technischen Potenzial der stofflichen Nutzung zur Verfügung.

Literatur

1. European Pollutant Release and Transfer Register (2019). ► http://prtr.ec.europa.eu/#/home. Zugegriffen: 18. März 2019
2. Naims H (2016) Economics of carbon dioxide capture and utilization – a supply and demand perspective. Environ Sci Pollut Res 23(22):22226–22241
3. von der Assen N, Müller LJ, Steingrube A, Voll P, Bardow A (2016) Selecting CO_2 sources for CO_2 utilization by environmental-merit-order curves. Environ Sci Technol 50(3):1093–1101
4. TechNavio (Infinity Research Ltd.) (2017) Global hydrogen generation market 2017–2021
5. CertifHy (2015) Overview of the market segmentation for hydrogen across potential customer groups, based on key application areas. ► http://www.certifhy.eu/images/D1_2_Overview_of_the_market_segmentation_Final_22_June_low-res.pdf. Zugegriffen 7. Febr. 2017
6. International Energy Agency (IEA) (2012) Energy technology perspectives 2012
7. Baker RW, Lohhandwala K (2008) Natural gas processing with membranes: an overview. Ind Eng Chem Res 47:2109–2121
8. ICIS (2013). ► https://www.icis.com/resources/news/2013/04/13/9658385/chemical-profile-europe-ethylene-oxide/. Zugegriffen: 18. März 2019
9. Mordor Intelligence (2017) ► https://www.mordorintelligence.com/industry-reports/europe-fertilizers-market?gclid=Cj0KCQjwqM3VBRCwARIsAKcekb2UeWMFz5758xh80N_17i20nRrKe0OASR0KH0Y6kVqGqOelJMrA4wQaAju-EALw_wcB. Zugegriffen: 18. März 2019

Konventionelle Verfahren zur Wasserstoffherstellung

Jose Antonio Medrano, Emma Palo und Fausto Gallucci

Inhaltsverzeichnis

M. Kircher und T. Schwarz (Hrsg.), *CO_2 und CO – Nachhaltige Kohlenstoffquellen für die Kreislaufwirtschaft*, https://doi.org/10.1007/978-3-662-60649-0_3

3

3.1 Einleitung

Nach Angaben des US-Energieministeriums [1] werden weltweit jährlich mehr als 50 Mt Wasserstoff (H_2) produziert, rund 95 % davon aus fossilen Brennstoffen. H_2 wird meist in zentralisierten Anlagen produziert, wo es üblicherweise auch direkt Verwendung findet [2]. Weltweit werden rund 90 % des gesamten erzeugten Wasserstoffs direkt wieder in den Prozessketten verbraucht: 50 % von der Ammoniakindustrie für die Herstellung von Düngemitteln, 25 % von Erdölraffinerien für Prozesse wie Hydrocracking, Hydrodesulfurierung oder -isomerisierung und 10 % für die Herstellung von Methanol, einem der wichtigsten Rohstoffe weltweit. Diese drei Prozesse verbrauchen rund 3000 MNm^3H_2/h, und weltweit sind Wasserstoffproduktionsanlagen mit Kapazitäten von 1 bis 100 t/h installiert.

Andere Sektoren verbrauchen Wasserstoff in wesentlich kleinerem Maßstab, dies sind z. B. die Lebensmittelindustrie (30–200 Nm^3H_2/h), die pharmazeutische Industrie (50–400 Nm^3H_2/h) oder die Metallindustrie (100–600 Nm^3H_2/h). Diese Sektoren verfügen im Allgemeinen nicht über eigene Anlagen zur Erzeugung von Wasserstoff vor Ort und importieren daher Wasserstoff von Zwischenhändlern, was zu erheblichen Kostensteigerungen führt.

Die Wasserstoffproduktionskosten werden in hohem Maße durch die Rohstoffkosten und -qualität sowie das gewählte Verfahren bestimmt [3]. Generell, wie auch vom US-Energieministerium ausgeführt, lassen sich Prozesse zur Wasserstoffherstellung in vier verschiedene Technologiewege klassifizieren: thermochemische, elektrolytische, photokatalytische Wasserspaltung und biologische Prozesse [1]. Lediglich die beiden ersten Prozesse sind jedoch in der weltweiten Wasserstoffproduktion relevant. Elektrolytische Verfahren sind weit entwickelt, bereits kommerzialisiert und machen etwa 5 % des gesamten, weltweit produzierten Wasserstoffs aus. Diese Technologie nutzt normalerweise Strom aus erneuerbaren Quellen und produziert CO_x-freies H_2. Thermochemische Prozesse andererseits beinhalten Technologien, bei denen Wärme benötigt wird, um Wasserstoff zu erzeugen. Derartige Technologien können eine Vielzahl von Rohstoffen, wie Erdgas, Kohle oder Biokraftstoffe, und sogar Abfälle nutzen und sind seit vielen Jahrzehnten gut entwickelt und kommerziell anwendbar.

Seit einigen Jahren wird Wasserstoff zunehmend nicht nur als Zwischenprodukt für die Herstellung der meisten Grundchemikalien angesehen. Stattdessen besteht ein wachsendes Interesse an der potenziellen Verwendung von Wasserstoff in der Stromerzeugung, als Ersatz für aktuell genutzte fossile Brennstoffe (d. h. die Verwendung von Wasserstoff als Energieträger). Die dafür relevante Technologie wurde bereits entwickelt und ist als Brennstoffzelle bekannt. Brennstoffzellen stehen im Mittelpunkt der sog. Wasserstoffökonomie, die zunehmend an Attraktivität gewinnt, da Wasserstoff im Vergleich zu herkömmlichen Kraftstoffen eine viel höhere Energiedichte aufweist, bei seiner Endnutzung (Verbrennung) lediglich Wasser und Wärme erzeugt und damit ohne Kohlenstoff-Fußabdruck an der Nutzungsstelle auskommt.

Eines der Hauptprobleme bei der H_2-Produktion ist noch immer die große Umweltbelastung, da die Produktion mit erheblichen CO_2-Emissionen als Nebenprodukt verbunden ist. Beispielsweise ist allein die Ammoniakindustrie für über 300 Mio. Tonnen CO_2-Emissionen jährlich verantwortlich [4]. Die meisten der neu installierten Anlagen zur Wasserstofferzeugung haben derzeit Wirkungsgrade erreicht, durch die der CO_2-Fußabdruck auf etwas über 10 % des theoretischen Wertes reduziert werden kann. Um diese Emissionen beim Einsatz fossiler Brennstoffe weiter zu reduzieren, sollten Technologien zur Abscheidung von Kohlendioxid (sogenanntes *carbon capture*) in den Prozess integriert werden, was wiederum zu höheren

Wasserstoffproduktionskosten führt [5, 6]. Daher überrascht es nicht, dass viele Umweltbehörden bereits kurzfristig die Produktion von Wasserstoff aus erneuerbaren Energiequellen prognostizieren.

Kap. 3 und 4 beschreiben die wichtigsten Verfahren zur Wasserstoffproduktion aus verschiedenen Rohstoffen und ziehen einen Gesamtvergleich zwischen den vorhandenen Technologien. Darüber hinaus skizziert sie einen Überblick über die Vision der wichtigsten Umweltagenturen für die Wasserstoffwirtschaft in naher Zukunft und die auf Forschungsebene beobachteten zukünftigen Trends.

3.2 Wasserstoffproduktion aus verschiedenen Rohstoffen

3.2.1 Erdgas als Brennstoffquelle für die Wasserstoffproduktion

Methan ist der Rohstoff mit dem höchsten H/C-Verhältnis, folglich ist bislang Erdgas der bevorzugte Rohstoff für die Wasserstoffproduktion. Auf der Basis dieses Rohstoffs wurden seit vielen Jahrzehnten verschiedene Technologien entwickelt und kommerzialisiert, so z. B. die Methan-Dampfreformierung (SMR), die autotherme Reformierung (ATR) und die partielle Oxidation von Methan (POX). Unter diesen ist SMR die älteste und am weitesten entwickelte Technologie zur Erzeugung von Wasserstoff. Außerdem wurden in den letzten Jahren neue Technologien für die Wasserstoffproduktion mit Methan als Einsatzmaterial vorgeschlagen. Das trockene Reformieren von Methan oder die Methanzerlegung erscheinen dabei als besonders interessante Wege, um Methan in Wasserstoff und auch, wie im Falle der Methanzerlegung, in festen Kohlenstoff, ein wichtiges Produkt mit hohem Mehrwert, umzuwandeln. Die Technologien haben jedoch noch keine kommerzielle Anwendung gefunden.

Bei der Methan-Dampfreformierung wird das Erdgas aus dem Netz zunächst in einer Hydrodesulfurierungsphase von Verunreinigungen, üblicherweise Schwefelverbindungen, gereinigt. Diese Schwefelverbindungen werden in H_2S umgewandelt, das typischerweise in einem ZnO-Bett adsorbiert wird. Anschließend wird das Erdgas mit Dampf in einem bestimmten Verhältnis von Dampf zu Kohlenstoff (S/C von 2,5–3) gemischt, um eine Kohlenstoffablagerung auf der Katalysatoroberfläche zu vermeiden. Je nach Anwendung und Rohstoffzusammensetzung kann das Gasgemisch zuerst bei mittleren Temperaturen über einem Katalysator auf Ni-Basis vorreformiert werden, um schwerere Kohlenwasserstoffe zu entfernen. Das vorreformierte Gasgemisch wird dann in den befeuerten Dampfreformerreaktor geschickt, wo das Erdgas bei hohen Temperaturen (850–920 °C) und einem Druck von 25–35 bar über einen Ni-Katalysator in Synthesegas (ein Gasgemisch aus CO und H_2) umgewandelt wird (► Gl. 3.1).

Verschiedene Reformerkonfigurationen sind kommerziell erhältlich. Die Firma KT – Kinetics Technology (KT) bietet z. B. Top-Fired-Röhrenreformer an. Bei diesen Reformern stammt die für die endotherme Reaktion zuzuführende Wärme von an der Decke des Reformerkastens installierten Brennern, die im Gleichstrom mit dem Prozessgas, das über katalytisch aktive Röhren aus hochwertigen Legierungen abwärts fließt, nach unten feuern [7]. Eine ähnliche Konfiguration wird auch von anderen Anbietern wie CB&I verwendet [8]. Andere Technologieanbieter, wie Haldor Topsoe [9], vertreiben Reformer mit Brennern an den Seiten, um eine homogenere Temperatur entlang des Reformierungsabschnitts zu erreichen. Eine andere bestehende Reformerkonfiguration sind die sogenannten Terrassenwandöfen, wie sie von Unternehmen wie Amec Foster Wheeler [10] geliefert werden. Bei dieser Konfiguration sind die Brennöfen auf verschiedenen Ebenen innerhalb des Reaktors angeordnet, um eine homogenere Verteilung des Wärmeflusses zu erhalten.

Das in der Reformierzone erzeugte Synthesegas wird im Prozessgaskessel durch Erzeugung von Hoch-/Mitteldruckdampf abgekühlt, der seinerseits teilweise als Prozessdampf zum Erreichen des gewünschten S/C Verhältnisses und als Exportdampf verwendet werden (Vorteil im Verbundprozess). Um die Wasserstoffeffizienz und die Kohlenstoffumwandlung insgesamt zu maximieren, wird im Methan-Dampfreformierungsprozess ein Wassergas-Shift (WGS; ▶ Gl. 3.2) installiert. Ähnlich wie beim Reformerabschnitt werden die Konfiguration und die Betriebsbedingungen des WGS-Abschnitts von dem jeweiligen Technologieanbieter und der endgültigen Anwendung des erzeugten Wasserstoffs beeinflusst. Haldor Topsoe installiert beispielsweise einen einzigen adiabatischen WGS-Reaktor bei mittleren Temperaturen, was für eine gute Reformiereffizienz und eine vollständige Wärmeintegration des Prozesses ausreicht. Andere Anbieter verwenden stattdessen zwei WGS-Reaktoren in Reihe. Die erste Stufe ist ein Hochtemperatur-WGS-Reaktor, der üblicherweise einen Fe-Cr-Katalysator verwendet. Die Eingangstemperatur dieses Reaktors liegt normalerweise bei 320 bis 350 °C und führt zu einer Erhöhung der Reaktionskinetik [11]. Anschließend wird das H_2-reiche Synthesegas mit Wärmerückgewinnung abgekühlt und in einen WGS-Reaktor mit niedriger Temperatur geleitet, der bei Temperaturen um 200 °C betrieben wird. Dieser Reaktor ist üblicherweise mit Cu-Zn-Katalysatoren gefüllt und verschiebt das thermodynamische Gleichgewicht in Richtung des Kohlenstoffumsatzes [12].

$$\begin{gathered}\text{Methan} - \text{Dampfreformierung:}\\ CH_4 + H_2O \rightleftharpoons\\ CO + 3H_2 \Delta H^0_{298K} = 206 \text{kJ/mol}\end{gathered} \tag{3.1}$$

$$\begin{gathered}\text{Wassergas} - \text{Shift} - \text{Reaktion:}\\ CO + H_2O \rightleftharpoons\\ CO_2 + H_2 \Delta H^0_{298K} = -41 \text{kJ/mol}\end{gathered} \tag{3.2}$$

Danach wird das H_2-reiche Gasgemisch auf Umgebungstemperatur abgekühlt, um den Dampf zu kondensieren, und anschließend zu einer Druckwechseladsorptionseinheit (PSA, *pressure swing adsorption)* geschickt, in der etwa 85 bis 90 % des Wasserstoffs mit einer Reinheit von über 99,999 % gewonnen werden können. Dieser Wasserstoff wird schließlich auf die Auslieferbedingungen komprimiert, und nur ein kleiner Teil davon wird dem Prozess für die Hydrodesulfurierungsstufe rückgeführt.

Das Abgas aus der PSA-Einheit wird in den Verbrennungsofen zurückgeführt, wo es mit Brennstoff versetzt und verbrannt wird. Die im Strahlungskasten erzeugten Rauchgase strömen durch den konvektiven Wärmerückgewinnungsabschnitt und werden weiter durch einen gemeinsamen Schornstein emittiert. Abhängig von der Konfiguration des Reformers wird dieser Abschnitt am unteren Rand des Reformers (bei Reformern mit Top-Befeuerung) oder im oberen Teil installiert. Der Wärmegehalt des Rauchgases wird teils zum Vorwärmen von Prozessströmen und teils zur Erzeugung und Erhitzung von Hoch-/Mitteldruckdampf verwendet. Eine schematische Darstellung des SMR-Prozesses ist ◘ Abb. 3.1 zu entnehmen.

Diese Technologie ist seit mehreren Jahrzehnten ausgereift und bietet daher wohl wenig Spielraum für eine bedeutende technologische Innovation oder eine Kostensenkung des Prozesses. Es ist davon auszugehen, dass sie auch in den kommenden Jahrzehnten die weltweit am meisten installierte Methode zur Wasserstoffproduktion sein wird.

Andere Technologien mit einem großen Marktanteil sind ATR und POX. Bei der autothermen Reformierung (ATR) wird Sauerstoff

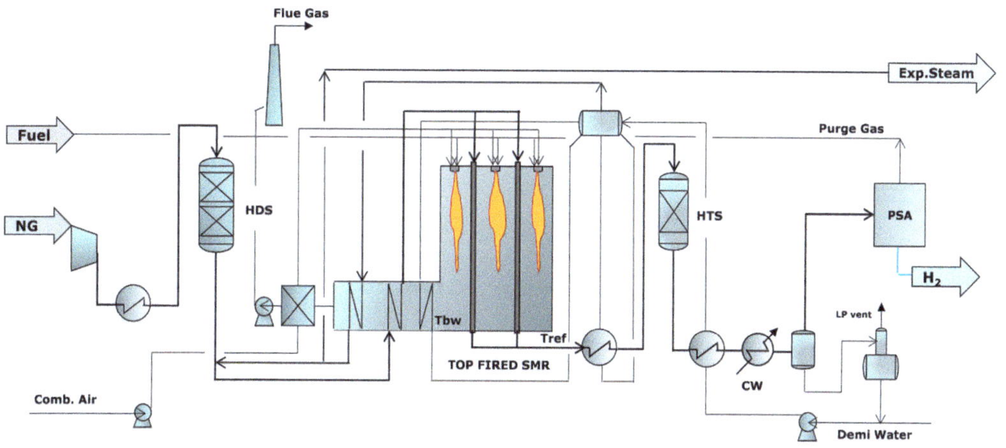

Abb. 3.1 Schematische Zeichnung des Methan-Dampfreformierungsverfahrens

in unterstöchiometrischen Mengen (reiner Sauerstoff oder Luftsauerstoff) zusammen mit Methan und Dampf von der Oberseite des Reformers einem Brenner zugeführt. In dieser thermischen Zone wird der Sauerstoff durch die Verbrennung eines Teils des Methans verbraucht und dadurch die im katalytischen Reformierungsabschnitt benötigte Hitze erzeugt. Das heiße Gas des thermischen Abschnitts strömt durch ein mit Reformierkatalysatoren gefülltes Festbett. Im Vergleich zur SMR ist der gesamte Katalysator in einer einzigen Einheit untergebracht und nicht auf mehrere Röhrenreformer verteilt. Die ATR-Technologie ist relativ einfach und reduziert die OPEX-Kosten des Prozesses erheblich, da die erforderlichen Dampf-Kohlenstoff-Verhältnisse viel niedriger sind (S/C ≈ 0,6–1), obwohl bei der Berechnung der OPEX-Kosten auch die Sauerstoffkosten berücksichtigt werden sollten. Da der vorhandene Sauerstoff die Selektivität für Wasserstoff verringert, ist das H_2/CO-Verhältnis des Synthesegases im Vergleich zur SMR niedriger, was zu einer geringeren Reformiereffizienz führt [13, 14]. Andererseits führt die kompakte Wärmeintegration von ATR zu einer wesentlich geringeren Standfläche, sodass diese Technologie heutzutage sehr gut referenziert ist. Der größte Nachteil ist der Bedarf an (fast) reinem Sauerstoff. Dieser Sauerstoff wird in einem kostspieligen Prozess in einer kryogenen Luftzerlegungsanlage (ASU) erzeugt.

Viele Lizenzgeber weltweit liefern ATR-Systeme. Haldor Topsoe bietet seinen SynCOR™ ATR-Reaktor (Abb. 3.2) [15] an, der für viele Anwendungen als Synthesegasproduktionsanlage für die weitere GtL- oder Methanolsynthese verwendet wird. Johnson Matthey ist in Zusammenarbeit mit BP (British Petroleum) ein weiteres Unternehmen, das auch ATR-Einheiten liefern kann, obwohl der Hauptzweck der Technologie die Synthesegasproduktion ist [16].

Eine ähnliche Technologie wie die ATR ist die partielle Methanoxidation (POX), bei der Sauerstoff zusammen mit Methan in der zur partiellen Oxidation (gemäß Reaktion 3) führenden Stöchiometrie eingeleitet wird, wodurch die volle Verbrennung reduziert wird. Dieser Prozess ist exotherm und wird bei hohen Temperaturen durchgeführt, was den Aufwand und den Energiebedarf für die Aufrechterhaltung der Reaktionstemperaturen und der Wärmeintegration verringert. Der Prozess wird normalerweise bei Temperaturen bis zu 1100 °C gefahren und erfordert keinen Katalysator [17]. Um jedoch die Wasserstoffeffizienz zu erhöhen und die Betriebstemperatur zu senken, wird in der Literatur häufig die Verwendung eines Katalysators vorgeschlagen, im Allgemeinen auf Nickelbasis

3

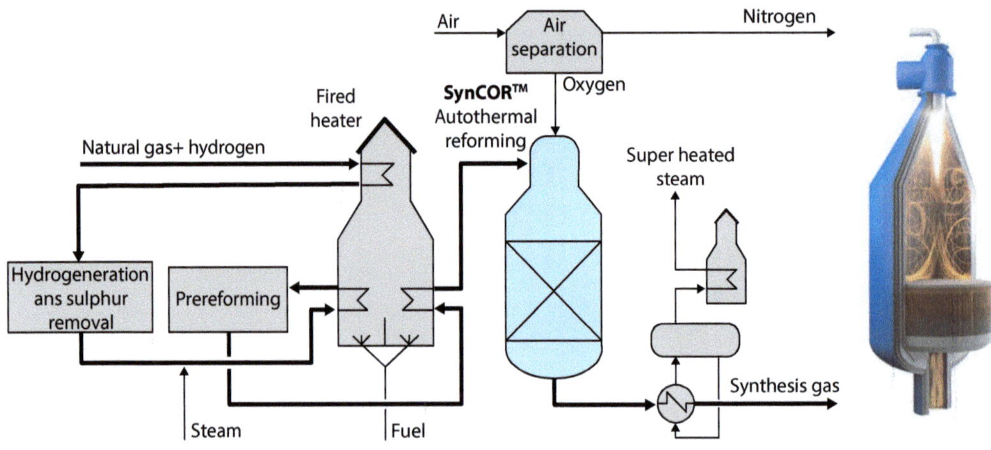

Abb. 3.2 ATR SynCOR™ Reformer von Haldor Topsoe [15]

[18]. Aufgrund der höheren Temperaturen ermöglicht dieses Verfahren, im Gegensatz zu den SMR- und ATR-Prozessen, die Verwendung unterschiedlicher Edukte, was seine Vielseitigkeit erhöht (auch aufgrund der möglichen Variante ohne Katalysator). Dennoch bleibt der Bedarf an reinem Sauerstoff der Hauptnachteil dieser Technologie, da eine an die Anlage angrenzende ASU erforderlich ist, ähnlich wie bei der ATR-Technologie. Trotz der guten Wärmeintegration, die durch diese Technologie erreicht wird, begrenzen die niedrigen Wasserstoffausbeuten ihre Wasserstoffproduktion im Vergleich zur SMR.

$$\text{Partielle Oxidation von Methan}:$$

$$CH_4 + \frac{1}{2}O_2 \rightleftharpoons CO + 2H_2 \tag{3.3}$$

$$\Delta H^0_{298K} = -35{,}6\,\text{kJ}/\text{mol}$$

Ein Vergleich der verschiedenen Strategien zeigt, dass das Methan-Dampfreformierungsverfahren ohne die Zufuhr von reinem Sauerstoff auskommt, bei niedrigeren Temperaturen arbeitet und ein Synthesegas mit höheren H_2/CO-Verhältnissen erzeugt, was höhere Wirkungsgrade bei der Wasserstoffreformierung bedeutet [14]. Da die Reformierungsreaktion jedoch endotherm ist, führt der Bedarf an externer Wärmezufuhr zu teuren Reformern und zu hohen Kohlenstoffemissionen, was den Hauptnachteil von SMR darstellt.

3.2.2 Kohle

Kohle ist die Hauptbrennstoffquelle in China, wo im Jahr 2017 so viel Kohle verbraucht wurde wie in der restlichen Welt zusammen, wie BP kürzlich in seiner statistischen Übersicht des Weltenergiemarkts berichtete [19]. Andere Länder mit großem Kohleverbrauch sind die USA, Japan oder Indien. Die hauptsächliche Verwendung von Kohle weltweit ist die Kraft-Wärme-Kopplung. In vielen Ländern gibt es jedoch bereits einen reibungslosen Übergang zu Erdgaskraftwerken zur Stromerzeugung, begünstigt durch die sinkenden Kosten für Erdgas und die geringeren CO_2-Emissionen. Dies wiederum hat zu einem vermehrten Einsatz von Kohle für die chemische Produktion geführt, wo sie als Rohstoff für die Erzeugung von Synthesegas während der Kohlevergasung oder partiellen Oxidation genutzt wird.

Die Zusammensetzung der Kohle variiert je nach Herkunftsregion und besteht aus Kohlenstoff (70–90 Gew.-%), Wasserstoff (4–6 Gew.-%) und Sauerstoff. Ihre Qualität wird durch den Anteil der flüchtigen

Bestandteile definiert. Die Technologie der Kohlevergasung umfasst Verfahren zur direkten Reaktion der Kohle mit Sauerstoff und Dampf. Sie wurde im 19. Jahrhundert als Technologie zur Erzeugung von Stadtgas entwickelt. In den 1930er-Jahren gewann sie an Reife und wurde mit verschiedenen Weiterentwicklungen bis in die 1950er-Jahre zur Herstellung verschiedenster Produkte eingeführt. Treiber dieser Entwicklung war die Fischer-Tropsch-Reaktion. Seither nutzen verschiedene Unternehmen die Kohlevergasung als Prozess für die Wasserstoffproduktion [20].

Der Vorteil der Vergasung im Vergleich zu anderen Technologien besteht darin, dass auf diese Weise jedes Ausgangsmaterial auf Kohlenstoffbasis problemlos als Edukt prozessiert werden kann. Dies bedeutet, dass man nicht nur Kohle als Ausgangsmaterial verwenden kann, sondern auch Erdölrückstände, Abfälle oder Biomasse. Das durch Vergasung erhaltene Hauptprodukt ist Synthesegas, und in geringem Umfang fallen, abhängig von den gewählten Prozessbedingungen, Nebenprodukte wie CO_2 und CH_4 an. Dieses Synthesegas wird üblicherweise zur Stromerzeugung in Gasturbinen verwendet und stellt heute die effizienteste Technologie zur kostengünstigen Stromerzeugung dar, die zudem mit Kohlenstoffbindungseinheiten gekoppelt werden kann [21]. Die zweite Hauptanwendung der Vergasung ist die Herstellung von flüssigen Brennstoffen durch die Fischer-Tropsch-Reaktion unter Verwendung des bei der Vergasung erzeugten Synthesegases. Wenn es sich bei dem Produkt nicht um Synthesegas, sondern um Wasserstoff handelt, werden eine WGS-Reaktion und eine PSA-Einheit installiert.

Bei der Kohlevergasung werden trockene Kohleteilchen in den Vergaser eingeleitet und mit Wasserdampf und Sauerstoff (rein oder aus der Luft) in Kontakt gebracht. Üblicherweise wird die Reaktion bei Temperaturen im Bereich von 950 bis 1150 °C und bei mäßigem Druck (typisch sind 5–10 bar) durchgeführt. Während des Vergasungsprozesses findet eine komplexe Chemie statt. Im ersten Teil, während die Kohle im Vergaser erhitzt wird, kommt es zu einer fortschreitenden Verdampfung der Kohle, wobei leichte Kohlenwasserstoffe, Phenole, Öle und Teer entstehen [22]. Die Umwandlung dieser Gasprodukte, unter Kontakt mit Sauerstoff und Dampf bei höheren Temperaturen, ist das Ergebnis kombinierter Methanisierung, Wassergas-Konvertierungsreaktion, Partialoxidation und Methan-Dampfreformierungsreaktionen, und die endgültige Zusammensetzung der Gasprodukte hängt stark von den Prozessbedingungen ab. Hohe Temperaturen führen zu partiellen Oxidationsreaktionen, die zur vermehrten Umwandlung zu CO und H_2 führen und die Ausbeute von Methan, CO_2 und Wasser begrenzen. Andererseits führen niedrigere Temperaturen zu höheren Mengen an CO_2 und Wasser im Produktspektrum. Das Druckniveau wird typischerweise an das benötigte Downstream Processing angepasst. Im Allgemeinen wird der Druck niedrig gehalten, wenn die Synthesegasbildung erwünscht ist. Um die Produktbildung zu stoppen, wird das Austrittsgas des Vergasers üblicherweise mit rückgeführtem Synthesegas oder Wasser abgeschreckt, um die Ausbeute in Richtung der gewünschten Produktverteilung zu erhöhen. Bei den ATR- und POX-Technologien sollte dem System Sauerstoff zugeführt werden, was eine ASU erforderlich macht.

In der Literatur wird vielfach die Verwendung eines Katalysators vorgeschlagen, um die Prozesseffizienz der Vergasung durch eine Verringerung des Teergehalts und die Erhöhung der Wasserstoffproduktion zu verbessern. Insbesondere beeinflussen Katalysatoren auf Fe- und Ca-Basis die Vergasungsrate, während Katalysatoren auf Ni-Basis die Reformierungsreaktionen begünstigen und so die Synthesegasproduktion maximieren [21]. Sie werden jedoch im Prozess schnell deaktiviert und aus dem System ausgewaschen oder setzen sich zusammen mit der Asche (Schlacke), die sich während der Vergasung bildet, ab. Diese

Schlacke sollte kontinuierlich entfernt werden, um Schäden am Vergaser zu vermeiden [23].

Das während der Vergasung erzeugte Synthesegas enthält eine große Menge an Verunreinigungen, die aus der eingesetzten Kohle stammen. Feine anorganische Partikel, flüchtige Bestandteile, H_2S, NH_3 oder HCN sind übliche Verunreinigungen, die einen nachfolgenden Reinigungsschritt der Synthesegasprodukte erforderlich machen. Die Synthesegasreinigung ist ein sehr wichtiger Teil des Prozesses und besteht aus mehreren Stufen, in denen alle Verunreinigungen entfernt werden. Das abgeschreckte Synthesegas passiert zuerst Zyklone und Filter, um die Partikel zu entfernen. Anschließend erfolgt die Gaswäsche, in der Feinstaub, Ammoniak und Chloride entfernt werden [24]. Danach sind je nach Kohlezusammensetzung Absorber erforderlich, um Spuren von Quecksilber und anderen schweren anorganischen Metallen zu entfernen. In Abhängigkeit von den Betriebsbedingungen des Vergasers liegt ein Teil des Schwefelgehalts in Form von Carbonylsulfid (COS) vor. Die Entfernung von COS erfolgt durch Hydrolyse, wobei das gesamte COS in H_2S umgewandelt wird. Nach diesem Schritt verbleiben lediglich Säuren als Verunreinigungen des Synthesegases, die in einem Abschnitt zur Entfernung von Sauergas entfernt werden. Das Synthesegas sollte maximal 1 ppm Schwefel enthalten, und für chemische Syntheseanwendungen werden physikalische Lösungsmittelverfahren gegenüber chemischen Lösungsmitteln bevorzugt. Typische physikalische Lösungsmittel sind Selexol (DME) oder Rectisol (Methanol), die bei relativ hohen Drücken und im Tieftemperaturverfahren (um 0 °C) arbeiten [25].

Weltweit sind effiziente Vergasungsanlagen für die Synthesegasproduktion auf dem Markt erhältlich. Mit dem Shell Coal Gasification Process (SCGP) [26] kann ein breites Spektrum an Kohlen in Synthesegas umgewandelt werden. Shell hat dabei insbesondere zwei SCPG-Technologien im Portfolio, abhängig von der gewählten Abkühlungstechnologie: Eine Technologie verwendet Syngas zum Abschrecken und ist aufgrund ihrer hohen Effizienz eine bevorzugte Option für die IGCC-Stromerzeugung. Wenn andererseits Syngas als Edukt für die Fischer-Tropsch-Synthese bevorzugt wird, wird Wasser zum Abkühlen verwendet, was zu niedrigeren Investitionskosten führt [27]. Shell ist einer der größten Anbieter von Vergasern. Die Technologie umfasst membranöse Reaktorwände, von denen Wasserdampf und Sauerstoff zugeführt werden, wodurch eine gute Vermischung mit dem Kohleeinstrom entsteht. Dieser Vergaser arbeitet bei etwa 1500 bis 1600 °C und bei 20 bis 35 bar, was zu einem Synthesegas führt, das lediglich sehr geringe Mengen an CO_2 und keine flüssigen oder gasförmigen Kohlenwasserstoffe enthält [27].

GE Energy produziert einen Abwärtsvergaser, der bei sehr hohen Temperaturen (1200–1500 °C) und 20 bar arbeitet, um ein reiches Synthesegas zu erzeugen [28]. CB&I liefert einen aufwärts gerichteten Druckvergaser, der als Rohstoff Aufschlämmungskohle verwendet. Im Vergleich zu anderen Vergasern verfügt der CB&I-Vergaser über ein zweistufiges Beschickungssystem. Am Boden werden etwa 70 % der Aufschlämmungskohle zusammen mit Sauerstoff (Reinheitsgrad 95 %) zugeführt und das daraus erzeugte Synthesegas wird mit der zweiten Aufschlämmungskohle in Abwesenheit von Sauerstoff gemischt, wodurch endotherme Reaktionen ausgelöst werden, die Kohlenwasserstoffe bilden [29]. Diese Kohlenwasserstoffe werden am Ende des Prozesses dem Kreislauf in der ersten Stufe zurückgeführt. Siemens benutzt eine ähnliche Technologie wie GE Energy [30], während KBR einen Reaktor mit zirkulierender Wirbelschicht verwendet [31].

Air Liquide wendet die Festbettvergasungstechnologie (Lurgi FBDB™) an, die für minderwertige Kohlen mit hohem Wasser- oder Aschegehalt, welche im Flugstromverfahren nicht wirtschaftlich genutzt werden können, geeignet ist.

Diese Technologie ist gut referenziert und wird wirtschaftlich betrieben. Sie ermöglicht Kapazitäten zwischen 40.000 und 120.000 Nm^3/h trockenem Synthesegas [32].

3.2.3 Öl

Erdöl ist in vielen Ländern der wichtigste fossile Energieträger. Es ist leicht zu transportieren und besitzt eine hohe Energiedichte. Im Jahr 2015 wurden 93 Mio. Barrel pro Tag verbraucht, wobei die USA und China die wichtigsten Verbraucherländer waren [33]. Aus Erdöl können verschiedenste Fraktionierschnitte erzielt werden. Der Großteil des Erdöls wird insbesondere für die Herstellung von Flüssiggas (LPG), Benzin, Diesel, Flugturbinenkraftstoff und Heizöl verwendet.

In den Raffinerien wird Rohöl zu verschiedenen Fraktionen destilliert. Aus der oberen Fraktion werden leichte Kohlenwasserstoffe (LPG) und eine Mischung aus Paraffinen, Naphthenen und kurzkettigen Aromaten (C4–C11) gewonnen. Diese komplexe Mischung, auch Rohbenzin (Naphtha) genannt, ist die Hauptquelle für die Benzinerzeugung und enthält eine große Menge an Verunreinigungen wie Schwefel, Salz oder Metalle, die vor einer weiteren Verwendung entfernt werden müssen.

Naphtha wird hauptsächlich für die Herstellung von Benzin mit hoher Oktanzahl reformiert, das heutzutage im Hinblick auf eine Verringerung der Kohlenstoffemissionen gegenüber Benzinen mit niedriger Oktanzahl und Dieselkraftstoffen bevorzugt wird. Während des Naphtha-Reformierungsprozesses entsteht Wasserstoff (2 Vol.-% Fraktion) zusammen mit einem Gemisch aus Aromaten, Paraffinen, Isoparaffinen und Cycloalkanen [34]. Dieser hochreine Wasserstoff wird während der verschiedenen Dehydrierungs- und Aromatisierungsreaktionen der Aromatenherstellung gebildet und im sogenannten Rückgewinnungsbereich in Flash-Trommeln gewonnen. Der so als Nebenprodukt erzeugte Wasserstoff wird anschließend in anderen Prozessen in der Raffinerie wieder direkt *in situ* verbraucht. Hydrocracking und Hydrotreating sind dabei zwei Verfahren, die große Mengen Wasserstoff erfordern, um langkettige Kohlenwasserstoffe in kürzere und hydrierte Produkte zu zerlegen und um die Produkte zu entschwefeln. Hydrocracking ist einer der wichtigsten Vorgänge bei der Herstellung des Dieselkraftstoffs, während Hydrotreating eine wichtige Grundoperation ist, um die Vergiftung der Katalysatoren zu vermeiden und um Kraftstoffe mit extrem geringen Schadstoffgehalten zu liefern.

Zudem ist Naphtha der wichtigste Rohstoff zur Herstellung von Chemikalien. Die Dampfspaltung von Naphtha, auch Steamcracking genannt, ist ein Standardverfahren, bei dem Naphtha in ein Gemisch aus kurzkettigen Kohlenwasserstoffen und insbesondere Olefinen, wie Ethylen und Propylen, umgewandelt wird. Bei dieser chemischen Umwandlung fällt eine gewisse Menge Wasserstoff als Nebenprodukt an, die anschließend in der Raffinerie zur Entfernung von Verunreinigungen oder zur Aufwertung von Erdölfraktionen geringer Qualität verwendet wird [35].

Im Gegensatz zu Kohle oder Erdgas als Rohstoffe, aus denen der Wasserstoff absichtlich erzeugt wird, ist Wasserstoff in der Erdölraffinerie nicht das Hauptprodukt des Prozesses. Stattdessen fällt es als Nebenprodukt in großen Mengen an und leistet somit einen wichtigen Beitrag zur weltweiten Wasserstoffproduktion.

In den letzten Jahrzehnten haben zum einen der zunehmende Verbrauch von Dieselkraftstoff und zum anderen die strengeren Schadstoffverordnungen zu einem massiven Anstieg des Wasserstoffbedarfs der Ölraffinerie geführt. Infolgedessen reicht die Wasserstoffproduktion der Erdölraffinerien nicht aus, um den gesamten Eigenbedarf des in den Hydrocracking- und Hydrotreating-Stufen benötigten Wasserstoffs zu decken. Daher werden derzeit neben den Raffinerien zusätzliche Dampf-Methanreformer oder

Vergasungsanlagen mit Kapazitäten von 100.000 bis 200.000 Nm^3/h für die dedizierte Wasserstoffproduktion errichtet. Dies ist in ◘ Abb. 3.3, der Gesamtübersicht einer Ölraffinerie [35], und auch in dem kürzlich veröffentlichten Bericht der in ◘ Abb. 3.4 wiedergegebenen US-Energieinformationen [36] dargestellt.

In der Erdölraffinerie wird der Wasserstoff während der Naphtha-Reformierung erzeugt, und UOP bietet mit UOP CCR Platforming™ [37] ein Verfahren zur Herstellung von hochoktanigen Produkten an, die für die Produktion von Benzinen und BTX geeignet sind. Darüber hinaus produziert die CCR-Plattform als Nebenprodukt hochreinen Wasserstoff, der in jedem anderen Teil der Prozessplattform verwendet werden kann. Die CCR-Einheit erreicht hohe Wirkungsgrade und ermöglicht eine breite Einsatzflexibilität.

Raffinerien sind weltweit in Betrieb. Die größte und in Indien gelegene Anlage ist die Jamnagar-Raffinerie im Besitz von Reliance (Indien) mit einer Rohkapazität von 1,24 Mio. Barrel pro Tag [38]. In derselben Region ist Reliance auch Eigner der sechstgrößten Raffinerie der Welt mit einer Kapazität von 580.000 Barrel Rohöl pro Tag [38]. Auf der Insel Jurong (Singapur) haben viele Unternehmen ihre Raffinerien installiert, darunter BASF [39], ExxonMobil [40], Shell [41] oder Petrochemical Complex of Singapore [42]. Nicht alle Raffineriestandorte verfügen über sehr große Kapazitäten. So besitzt Repsol (Spanien) die Raffinerie La Pampilla in Peru, die mit einer Kapazität von 117.000 Barrel pro Tag schwefelarmen Diesel liefert [43]. Shell Martinez in Kalifornien (USA) verarbeitet bis zu 165.000 Barrel pro Tag und produziert eine Vielzahl von Produkten wie Benzin, Düsentreibstoff oder LPG [44]. Diese Liste könnte noch um viele weitere Raffinerien ergänzt werden, die weltweit von verschiedenen Anbietern, wie BP (UK), ENI (Italien) oder Marathon Petroleum (USA), installiert wurden.

3.2.4 Biomasse

Die Erschöpfung fossiler Brennstoffe zusammen mit den Bedenken hinsichtlich der großen Menge anthropogener CO_2-Emissionen hat zu einem verstärkten Einsatz von Biomasse als Rohstoff für die Kraft-Wärme-Kopplung (KWK) geführt, mit der Möglichkeit einer Anpassung hin zur Wasserstoffproduktion. Die Kosten des erzeugten Stroms können jedoch noch nicht mit der konventionellen Kohlevergasung konkurrieren [45]. Da jedoch Biomasse vor Ort produziert werden kann, hat sie außerdem den Vorteil, dass weniger Öl, Kohle oder Gas importiert werden muss. Biomasse besteht aus langen Kohlenstoffverbindungen, hauptsächlich Cellulose, Lignin und Hemicellulose. Soll sie als Rohstoff für die Wasserstoffproduktion verwendet werden, müssen ihre physikalisch-chemischen Eigenschaften im Voraus bekannt sein, um die optimalen Betriebsbedingungen für das Verfahren auszuwählen. Biomasse besteht hauptsächlich aus Kohlenstoff und in geringem Umfang aus Sauerstoff, Wasserstoff und anderen Komponenten, wie Stickstoff, Calcium, Schwefel oder Chlorid. In diesem Fall bestimmt der Feuchtigkeitsgehalt die Qualität der Biomasse und beeinflusst die Gesamtenergiebilanz stark. Zum Beispiel haben nicht getrocknete Holzpellets eine im Vergleich zu Hauskohle ungefähr fünfmal niedrigere Energiedichte, im Vergleich zu Erdgas oder Kohle, wie sie in Vergasern eingesetzt wird, sogar eine bis zu zehnmal niedrigere [46].

Die Umwandlung von Biomasse in Wasserstoff kann hauptsächlich auf zwei Wegen erfolgen. Der thermochemische Weg beinhaltet die Pyrolyse und Vergasung der Biomasse, erfordert eine Vorbehandlung der Biomasse und kann hohe Wasserstoffkapazitäten bereitstellen. Die biologische Wasserstoffproduktion ist im Vergleich zu thermischen Prozessen weniger energieintensiv und noch umweltfreundlicher.

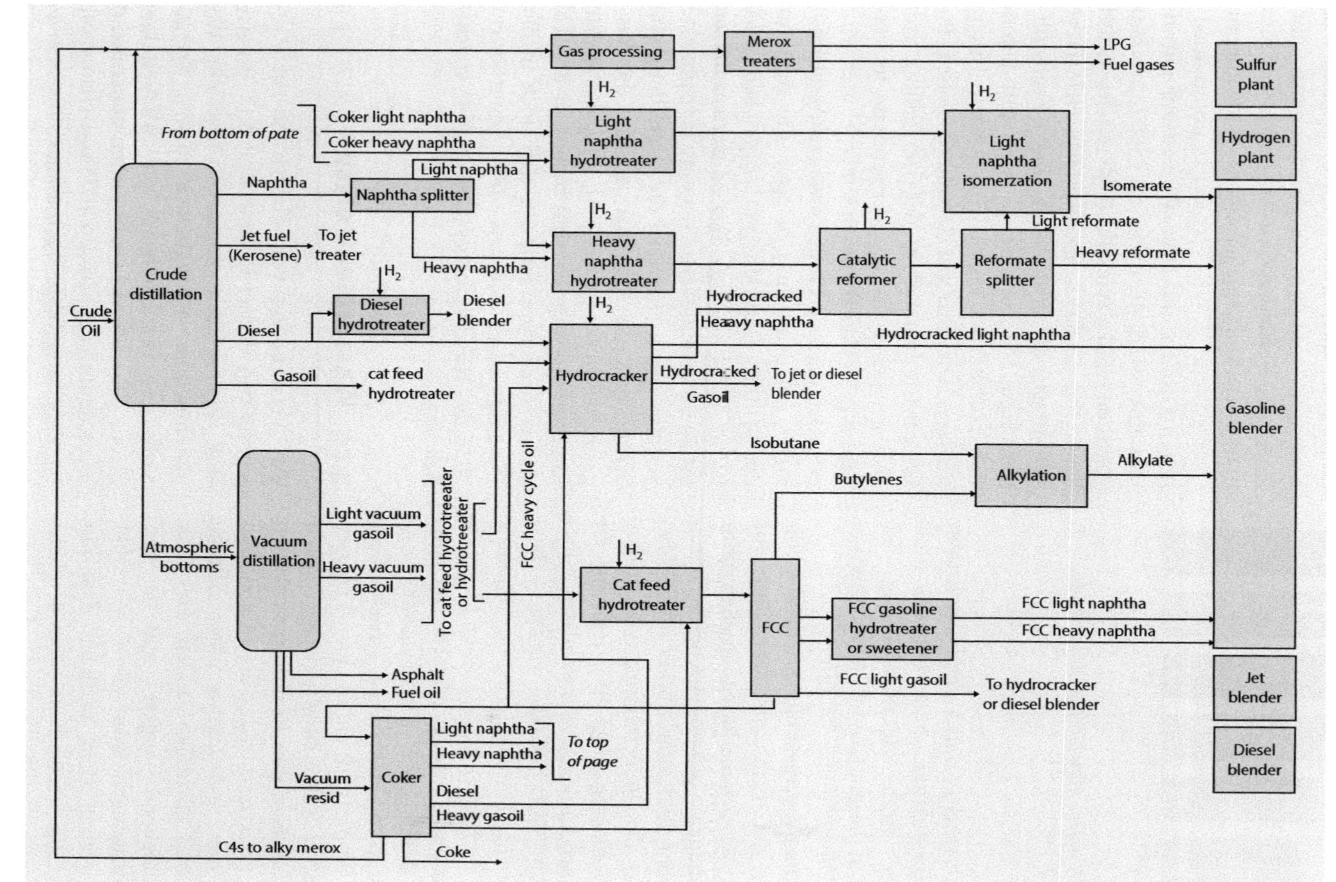

Abb. 3.3 Übersichtsschema einer Erdölraffinerie. © Elsevier

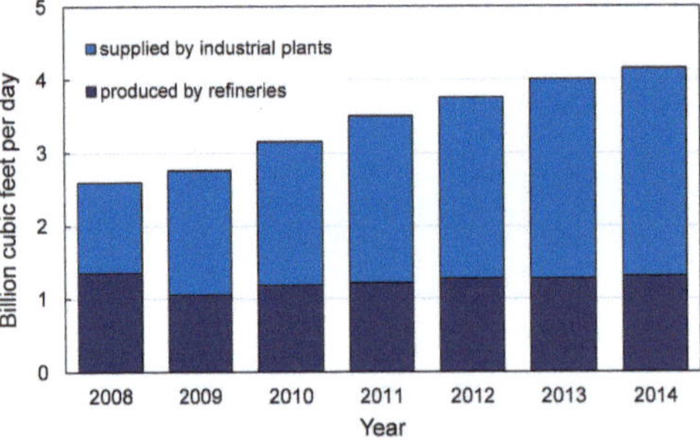

Abb. 3.4 Wasserstoffbedarf der Ölraffinerie. (Nachdruck von [36])

Die Schwierigkeit, dabei eine konstante Wasserstoffproduktion zu erreichen, stellt jedoch eine große Herausforderung dar. Daher wird in diesem Kapitel nur die thermochemische Umwandlung diskutiert.

Die Biomassevergasung ist derzeit die Technologie der Wahl zur Erzeugung von Wasserstoff aus erneuerbaren Quellen ohne einen wichtigen technologischen Durchbruch, obwohl die Kosten immer noch höher sind als bei der Reformierung von Erdgas oder der Kohlevergasung [45]. Jede für die Wasserstoffproduktion verwendete Biomasse muss vorbehandelt werden. Diese Konditionierung besteht darin, die Biomasse auf einen Feuchtigkeitsgehalt unter 15 Vol.-% zu trocknen und ein festes Material mit einer möglichst homogenen Partikelgröße und Zusammensetzung zu erhalten. Anschließend kann diese Biomasse direkt in einen Vergaserreaktor wie für Kohle eingespeist werden, in dem ähnliche chemische Reaktionen ablaufen. Zunächst zersetzen sich die Cellulosen, Hemicellulosen und Lignin unter Bildung von Koks und flüchtigen Stoffen. Der Koks wird anschließend vergast, und je nach Betriebsbedingungen kann die Gasproduktzusammensetzung stark variieren. Die Biomassevergasung ist auch in kommerziellen Vergasern eine bewährte Technologie. Die niedrigen Wasserstoffausbeuten, die durch dieses Verfahren erzielt werden, beschränken derzeit dessen Industrialisierung [47, 48, 49].

Alle kommerziellen Biomassevergasungstechnologien sind heutzutage für die Kraft-Wärme-Kopplung (KWK) vorgesehen, obwohl es auch immer mehr Projekte zur Kraftstoff- und Synthesegaserzeugung gibt. Unter den verschiedenen Anbietern von Biomassevergasungsanlagen liefert Holz Energie (Deutschland) KWK-Vergaser in unterschiedlichen Größen, die Holz als Rohstoff nutzen und eine Mindestlaufzeit von 7500 h pro Jahr vorsehen [50]. Syncraft (Österreich) liefert auch Holz an KWK-Vergaser, was elektrische Wirkungsgrade von 30 % und Kraftstoffnutzungsgrade von bis zu 92 % mit jedem CO_2-Fußabdruck ergibt [51]. Andere Unternehmen wie Prodesa (Spanien) haben ihr Hauptwirtschaftsziel in der Herstellung von Biomassepellets für die Verwendung in Vergasern [52]. Von all diesen Unternehmen wird erwartet, dass sie Biomassevergasungstechnologien auf den Markt bringen, die auch für die Synthesegasproduktion vorgesehen sind. In der IEA-Bioenergy Task 33 werden derzeit bis zu 20 verschiedene Gemeinschaftsprojekte verfolgt, deren Hauptziel die Herstellung von Synthesegas aus Biomasse mithilfe der Vergasungstechnologie ist [53]. Einige Projekte für Biomassevergaser sind bereits in Betrieb, andere wiederum befinden sich noch in der Planungsphase, wie aus dem Statusbericht 2016 der IEA-Bioenergy Task 33 [54] ersichtlich ist.

3.2.5 Wasserelektrolyse

Die Verwendung von Elektrizität zur Zerlegung von Wasser in Sauerstoff und Wasserstoff ist eine Technologie, die angesichts der abnehmenden Verfügbarkeit fossiler Brennstoffe und des Potenzials zur Nutzung von Strom aus erneuerbaren Quellen zunehmend an Bedeutung gewinnt. Die Wasserelektrolyse ist eine ausgereifte Technologie, die bereits kommerzialisiert wurde und einen Anteil von etwa 4 bis 5 % des Gesamtmarktes hält [13]. Diese Technologie wird bevorzugt, wenn ultrareiner Wasserstoff benötigt wird und kann als eine interessante Strategie für die Energiespeicherung betrachtet werden.

Bei der Wasserspaltung wird ein Gleichstrom zwischen der Anode und der Kathode angelegt, die beide mit Edelmetallen beschichtet und durch einen Elektrolyten getrennt sind. Insgesamt führt dieser Prozess zur Bildung von Ionen und Kationen, die sich an beiden Elektroden rekombinieren, wobei reines H_2 an der Kathodenseite und reiner Sauerstoff an der Anodenseite gemäß der Gesamtreaktion 4 gebildet werden. Im industriellen Maßstab sind die zwei am weitesten entwickelten Technologien für Wasserelektrolyse zum einen der alkalische Elektrolyseur unter Verwendung einer Kaliumhydroxidlösung (KOH) als Elektrolyt [55] und zum anderen der Festpolymerelektrolyt-Elektrolyseur (SPE), allgemein bekannt als Protonen-Austausch-Membran-Elektrolyseur (PEM), bei dem eine Membran als Elektrolyt verwendet wird [56]. Bei der Wasserelektrolyse können üblicherweise Wirkungsgrade im Bereich von 60 bis 80 %, bezogen auf den Heizwert, erzielt werden. Noch höhere Wirkungsgrade können unter Verwendung von Dampf (oder Wasser mit hoher Temperatur) erreicht werden. Aus thermodynamischer Sicht führt die Elektrolyse von 1 Tonne Wasser zu 888,5 kg Sauerstoff und 111,5 kg Wasserstoff [13]. Bei Atmosphärendruck entspricht diese Wasserstoffmenge 1237 m^3. Eine der Hauptbeschränkungen dieser Technologie ist immer noch die Produktion von Sauerstoff als Nebenprodukt, an dem heutzutage im industriellen Maßstab im Vergleich zu Wasserstoff ein nur begrenzter Bedarf besteht [13].

$$\text{Gesamtreaktion}: H_2O \rightarrow \frac{1}{2}O_2 + H_2 \quad (3.4)$$

Im alkalischen Elektrolyseur werden die Ionen mittels einer Membran mit Ionentransportkapazität von der Kathode zur Anode transportiert. Die beiden Hauptreaktionen (5 und 6), die in diesem System ablaufen, entsprechen der Wasserstoffproduktion an der Kathode und der Sauerstoffproduktion an der Anode. Beim PEM-Elektrolyseur fungiert eine feste Membran als Elektrolyt, wobei die Protonen von der Anoden- zur Kathodenseite transportiert werden, wo H_2 abgeschieden wird. Die Reaktionen, die in einem PEM-Elektrolyseur ablaufen, unterscheiden sich von denen des alkalischen Elektrolyseurs und werden in den Reaktionen 7 und 8 angegeben.

Alkalischer Elektrolyseur:

$$\begin{aligned}&\text{Wasserstoffproduktion an der Kathode}\\ &2H_2O + 2e^- \rightarrow H_2 + 2OH^-\end{aligned} \quad (3.5)$$

$$\begin{aligned}&\text{Sauerstoffproduktion an der Anode}\\ &2OH^- \rightarrow \frac{1}{2}O_2 + H_2O + 2e^-\end{aligned} \quad (3.6)$$

PEM-Elektrolyseur:

$$\begin{aligned}&\text{Anodenreaktion}\\ &2H_2O \rightarrow O_2 + 4H^+ + 4e^-\end{aligned} \quad (3.7)$$

$$\text{Kathodenreaktion} \quad 2H^+ + 4e^- \rightarrow H_2 \quad (3.8)$$

Im industriellen Maßstab werden mehrere Elektrolysezellen gestapelt, um die Anforderungen der vom Endverbraucher geforderten H_2-Produktion zu erfüllen. Lediglich Niedertemperatur-Elektrolysen (60–80 °C) sind marktverfügbar, darunter auch die alkalische, PEM oder AEM(Anionenaustauschmembran)-Elektrolyse. Letztere Technologie findet jedoch kaum Anwendung, da sie relativ neu ist und sowohl ihre Kapazität als auch die Reinheit des erhaltenen Wasserstoffs weit von denen der Alkali- und PEM-Elektrolyseure entfernt sind. Die Hauptmerkmale dieser Elektrolyseure wurden kürzlich von Shell in der Wasserstoffstudie 2017 [57] beschrieben und sind in ◘ Tab. 3.1 zusammengefasst.

Alkalische Elektrolyseure sind aufgrund ihrer Reife weltweit am meisten kommerzialisiert. McPhy liefert alkalische Elektrolyseure in zwei Größen. Die Einheiten mit kleiner Kapazität (bis zu 12 Nm^3/h H_2) sind für kleine Leichtbetriebe bestimmt und können H_2-Drücke von bis zu 8 bar liefern, ohne

Tab. 3.1 Kenndaten kommerziell erhältlicher Elektrolyseure, erfasst in der Shell Wasserstoffstudie [57]. n. v.: nicht vorliegend

Elektrolyseur	Temperatur [°C]	Elektrolyt	Anlagengröße [kW]	[Nm^3H_2/h]	Reinheit H_2 [%]	Systemkosten [€/kW]	Lebenserwartung [h]	Reifegrad
Alkalischer Elektrolyseur	60–80	KOH	1,8–5300	0,25–760	>99,5	1000–1200	60.000–90.000	Kommerziell seit 100 Jahren in Industrie genutzt
PEM	60–80	Feststoff-membran	0,2–1150	0,01–240	>99,9	1900–2300	20.000–60.000	Kommerziell verfügbar für mittlere und kleine Anwendungen (<300 kW)
AEM	60–80	Polymer-membran	0,7–4,5	0,1–1	≈99,4	n. v.	n. v.	Kommerziell verfügbar für limitierte Anwendungen

dass ein Kompressor erforderlich ist. Einheiten mit großer Kapazität (10–400 Nm^3/h) liefern H_2 bei einem Druck von bis zu 30 bar und eignen sich für die Stahlindustrie oder für Strom-zu-Gas-Verfahren *(power to gas)* [58]. Hydrogenics ist ein weiterer Anbieter für alkalische Elektrolyseure (HySTAT®). Die patentierte IMET®-Ionenaustauschmembran besteht aus anorganischen Materialien [59] und liefert Kapazitäten von bis zu 500 Nm^3/h. Hydrogenics bietet auch PEM-Elektrolyseure (HyLYZER™) unter Verwendung eines ionisch leitfähigen Feststoffpolymers an.

Siemens ist ein weiterer Anbieter von PEM-Elektrolyseuren für die Produktion von Reinstwasserstoff. Das SILYZER-Modul hat eine Nennleistung von 225 Nm^3H_2/h und eine Lebensdauer von über 80.000 h. Es läuft in weniger als 10 h an und liefert Wasserstoff bei Drücken bis zu 35 bar [60]. Auch ArevaH_2Gen liefert PEM-Elektrolyseure, mit Einheiten von ein bis vier Stapeln mit zwei unterschiedlichen Kapazitäten. In diesen Anlagen erreicht Wasserstoff eine Reinheit von 99,999 % und das System umfasst Wasserreinigungssysteme, die es erlauben, Leitungswasser zu verwenden [61]. ITM Power hat seinen HGAS-PEM-Elektrolyseur entwickelt, der für Gas-zu-Strom-Anwendungen gedacht ist und unter Druck (80 bar) stehendes H_2 in nur einer Sekunde liefert [62]. Vor Kurzem hat ITM Power mit Shell ein Projekt zur Installation der weltweit größten Wasserstoffelektrolyse gestartet. Der Elektrolyseur wird eine Kapazität von 10 MW haben und reines H_2 in der Rheinland Raffinerie (Standort Wesseling) in Deutschland produzieren [63].

Die Erzeugung von Wasserstoff aus Elektrizität wird noch weitgehend von den Stromkosten beeinflusst, da der benötigte Strom in der Größenordnung von 4,2 bis 4,5 kWh/Nm^3H_2 liegt [56]. Aus wirtschaftlicher Sicht werden noch immer konventionelle Technologien auf Basis fossiler Brennstoffe bevorzugt. Die Wasserelektrolyse hat jedoch ihren Markt für Anwendungen im kleinen Maßstab, mit hohen Anforderungen an die Reinheit des Wasserstoffs, gefunden.

Tab. 3.2 Überblick über mögliche Vor- und Nachteile der wichtigsten marktverfügbaren Technologien zur Wasserstoffproduktion

Technologie	Stärken	Nachteile
Erdgas als Energiequelle:		
Dampfreformierung von Methan	Gut bekannte Technologie Hohe Energieeffizienz (LHV) Hohes H_2/CO-Verhältnis nach Reformierung Günstiges Verfahren zur Wasserstoffproduktion	Hohe CO_2-Emissionen Energieintensive Technologie wegen endothermer Reaktionen Externe Wärmezufuhr nötig
Autotherme Reformierung	Keine Wärmezufuhr Geringer Methanschlupf Kompaktes Reaktordesign	Geringe Wasserstoffreformierungseffizienz ASU erforderlich
Partielle Oxidation	Geringer Methanschlupf Kein Katalysator erforderlich Geringe Reaktorvolumina Hohe Rohstoffflexibilität	ASU erforderlich Geringes H_2/CO-Verhältnis Reaktion ist schwieriger zu kontrollieren
Kohlevergasung	Hohe Effizienz Gut etablierte Technologie	Aufreinigung des Synthesegases erforderlich
Öl als Energiequelle	Wasserstoff ist ein Nebenprodukt Einfache Aufreinigung aus dem Gasgemisch	Hohe CO_2-Emissionen Geringe Produktionskapazitäten
Gasifizierung von Biomasse	Erneuerbare Energiequelle Deutlich geringere Treibhausgasemissionen Erlaubt die Modernisierung existierender Kohlevergasungsanlagen	Geringere Effizienz im Vergleich zur Kohlevergasung Rohstoff muss aufbereitet werden Operation unter Hochdruck ist limitiert [57]
Wasserspaltung	Saubere Technologie, wenn eingesetzte Elektrizität aus erneuerbaren Ressourcen stammt Möglichkeit zur Stromspeicherung als Wasserstoff Hohe Reinheit des Wasserstoffs	Stromverbrauch Höhere Kosten im Vergleich zur Reformierung von Erdgas

3.2.6 Vergleich der verschiedenen Technologien

Die für die Wasserstoffproduktion gewählte Technologie hängt stark von verschiedenen Faktoren wie den Kosten und der Verfügbarkeit der Energiequelle, der Wasserstoffproduktionskapazität oder der Wasserstoffreinheit ab. Trotz dieser Faktoren weisen alle im vorherigen Abschnitt beschriebenen Technologien jeweils spezifische Vor- und Nachteile auf, die bei der Auswahl der bevorzugten Technologie berücksichtigt werden sollten. Diese Eigenschaften sind in Tab. 3.2 wiedergegeben.

3.3 Perspektive

CO_2-Emissionen sind eine der größten Herausforderungen der Menschheit. Der Zwischenstaatliche Ausschuss für Klimaänderungen (IPCC, *Intergovernmental Panel on Climate Change*) hat angesichts der Auswirkungen persistierender Treibhausgase in der Atmosphäre verschiedene Szenarien auf Grundlage der CO_2-Konzentrationen in der Atmosphäre entwickelt und Maßnahmen zur Minderung der Emissionen treibhauswirksamer Gase empfohlen, um die Erderwärmung auf maximal 2 °C bis zum Jahr 2100 zu begrenzen [64]. Diese Szenarien basieren vor allem auf einem Wechsel von der Nutzung fossiler Brennstoffe hin zur Stromerzeugung aus erneuerbaren Quellen, einschließlich kurz- und mittelfristiger Maßnahmen zur Abscheidung und Speicherung von Kohlenstoff (CCS, *carbon capture and storage*) [65, 66]. Dies hat die Forschungsanstrengungen zur Entwicklung neuartiger Technologien für die Wasserstoffproduktion verstärkt.

Chemical-Looping-Reformierung ist eine vielversprechende Technologie für die Synthesegasproduktion und die Kohlenstoffabscheidung. Unter *chemical looping* (CL) versteht man einen Prozess, bei dem eine chemische Reaktion in zwei Schritte unterteilt wird, die in zwei unterschiedlichen Reaktoren ablaufen. Bei der CL-Reformierung zirkuliert ein festes Metalloxid zwischen zwei unter verschiedenen Reaktionsbedingungen betriebenen Reaktoren. Im sogenannten Luftreaktor wird das feste Metall mit Luft oxidiert und anschließend in einen zweiten Reaktor, den Brennstoffreaktor, übergeführt, wo es durch partielle Oxidation mit Methan reduziert wird [67, 68, 69]. Dieser Feststoff transferiert Sauerstoff von einem in den anderen Reaktor, ersetzt die Notwendigkeit eines Ofens wie bei der Dampfreformierung und vermeidet die Notwendigkeit der ASU wie bei POX- und ATR-Technologien. Der Prozess kann auch mit Kohle betrieben werden, was ihn im Vergleich zu anderen konventionellen Einheiten vielseitiger macht. Neueste Einschätzungen zu dieser Technologie finden sich in der Literatur [70, 71].

Membranreaktoren bieten eine interessante Technologie zur direkten Abtrennung von Wasserstoff aus der Reaktion. In einem Membranreaktor wird ein Reaktionsprodukt selektiv aus dem katalytischen Bett entfernt, wodurch der Prozess bei Gleichgewichtsreaktionen wie bei der Reformierung von Kraftstoffen über thermodynamische Einschränkungen hinaus gefahren werden kann [72, 73, 74]. H_2-selektive Membranen wurden in den letzten Jahrzehnten unter Verwendung von Palladium oder Pd-Legierungen entwickelt. Diese Technologie wurde bereits im Labormaßstab erprobt und von Unternehmen wie Tokio-Gas demonstriert [75]. Die direkte Rückgewinnung von H_2 aus dem Reaktor ermöglicht den Betrieb bei niedrigeren Temperaturen, was sich direkt auf den Energiebedarf auswirkt. Darüber hinaus können die nachgelagerten Einheiten (WGS und PSA) entfallen, was auch den CAPEX des Prozesses reduziert. Die technoökonomische Analyse dieses Konzepts hat ihr Potenzial aufgezeigt, und jüngste Entwicklungen und zukünftige Trends sind auch in der Literatur zu finden [6]. Eine ähnliche Strategie ist die selektive Adsorption von CO_2 an festen Adsorbermaterialien, die das thermodynamische Gleichgewicht des Prozesses modifizieren und zu höheren Wirkungsgraden bei der Wasserstoffproduktion führen [76].

Diese Technologien können mit erneuerbaren Energiequellen wie Biogas betrieben werden [77]. Biogas ist ein hauptsächlich aus CH_4 und CO_2 bestehendes Gasgemisch, das bei der anaeroben Vergärung von Abfällen anfällt. Wenn Biogas in *chemical-looping*-Systeme eingespeist wird, führt die Abscheidung des eingebrachten CO_2 zu einer insgesamt negativen Kohlendioxidemission, da dieses CO_2 aus Biomasse stammt.

Die chemische Reformierung (oder CO_2-Reformierung) von Methan ist ebenfalls eine interessante Technologie, bei der Methan direkt mit CO_2 reagiert, um H_2 und CO mit einem Molverhältnis von 1 zu 1 zu erzeugen. Sie wird als Technologie für die Zukunft angesehen, obwohl sie hohe Temperaturen erfordert und die Wasserstoffausbeute eher gering ist [78, 79]. Daher hat dieser Ansatz noch keine Anwendung im industriellen Maßstab gefunden.

Eine andere zunehmend in Betracht gezogene Alternative ist die direkte Zerlegung von Methan in Wasserstoff und festen Kohlenstoff. Dieser Prozess erfordert hohe Temperaturen und wurde bisher nur im Labormaßstab durchgeführt. Die hohe Wertschöpfung des festen Kohlenstoffs, der als Nebenprodukt entsteht, kann diesen Prozess aus wirtschaftlicher Sicht interessant machen [80, 81].

Eine weitere Strategie, um den energieintensiven Methan-Dampfreformierungsprozess zu vermeiden, ist die Weiterentwicklung der katalytischen partiellen Oxidation (CPO). Obwohl dieses Verfahren bereits länger bekannt ist, hat die schnelle Deaktivierung des Katalysators eine Kommerzialisierung bisher eingeschränkt. In letzter Zeit konzentriert sich die Forschung vermehrt auf die Entwicklung neuer Katalysatorformulierungen, die ohne Katalysatordeaktivierung hohe Wasserstoffproduktionsraten liefern [21, 82, 83].

In fast allen dieser Technologien ist Methan die Hauptenergiequelle für die Wasserstoffproduktion. Es ist daher zunehmend mit der zur Erzeugung von Biomethan entweder aus Biogas oder aus einer Methanisierungsreaktion mit dem aus Biomasse oder Synthesevergasung erzeugten Synthesegas zu rechnen. Alternativ kann, wie bereits in mehreren Ländern zur Stromerzeugung eingesetzt, Bioethanol als Energiequelle genutzt werden. Bioethanol kann durch Fermentation von Zuckern hergestellt werden und führt bei der Reformierung zu ähnlichen Synthesegaszusammensetzungen wie die SMR. Der Vorteil der Verwendung von Biomethan oder Bioethanol besteht darin, dass die bestehenden (SMR, ATR, POX) sowie die derzeit in der Entwicklung befindlichen Technologien (*chemical looping* oder Membranreaktoren) keine wesentlichen technologischen Anpassungen erfordern und daher bestehende Produktionsanlagen einfach modernisiert werden können. Eine verstärkte Nutzung biogener Ressourcen wird auch als Folge des Rückgangs der Erdölvorkommen erwartet. In diesem Fall könnte die Fischer-Tropsch-Synthese die Hauptroute für die Herstellung von Benzinen, Diesel oder Olefinen werden. Bei diesem Verfahren wird Synthesegas als Reaktionspartner verwendet, was zu einer starken Steigerung der Wasserstoffproduktion führt.

Eine Alternative zur Biomassevergasung ist die Verwendung von Abfällen zur Erzeugung von Wasserstoff. Verglichen mit der Biomassevergasung könnte dies eine günstigere Strategie darstellen, da Biomasse, wie z. B. Seitenströme aus der Forstwirtschaft, zunächst gesammelt, transportiert und vorbehandelt werden müssen, bevor sie in Vergasern eingesetzt werden können. Ein hausmüllbasiertes Verfahren ist bereits auf dem Markt verfügbar [84] und wandelt Haushaltsabfall nach der Vorbehandlung und Vergasung in Synthesegas um [85].

Was die Wasserelektrolyse angeht, so sind die hohen Kosten der Stromerzeugung immer noch der größte Nachteil. Ein weiterer Anstieg der Nutzung erneuerbarer Energiequellen, wie Solar- oder Windenergie, wird zu einer Senkung der Stromkosten und damit zu einer Senkung der Produktionskosten für Wasserstoff führen. In vielen Fällen stammt der verwendete Strom nicht aus erneuerbaren Energien, da es sich dabei um eine diskontinuierliche Energiequelle handelt. In diesem Szenario wird erwartet, dass die Wasserelektrolyse nicht nur als Quelle für die Wasserstoffproduktion dient, sondern auch als Energiespeichertechnologie. Die Verwendung von Stromüberschüssen, wie z. B. der Windenergie über Nacht, könnte durch die Erzeugung von Wasserstoff durch Wasserelektrolyse kompensiert werden. Dieser Wasserstoff könnte später bei Bedarf zur Energie- und Stromerzeugung durch Brennstoffzellen verwendet werden [86, 87].

3

3.4 Fazit

Dieses Kapitel hat einen umfassenden Überblick über die wichtigsten kommerziellen Wege zur Wasserstoffproduktion gegeben. Heutzutage stammen immer noch rund 95 % der gesamten Wasserstoffproduktion aus fossilen Brennstoffen, hauptsächlich aus der Methan-Dampfreformierung. Nur der verbleibende Anteil der gesamten Wasserstoffproduktion stammt aus alternativen Quellen, vor allem aus der Wasserspaltung. Wasserstoff wird in der chemischen Industrie hauptsächlich in den Verfahren zur Produktion von Ammoniak und Methanol verbraucht. Dieser Wasserstoff wird typischerweise über Reformierungsverfahren (SMR oder ATR) oder Partialoxidationstechnologien (POX) und in geringerem Maße durch Kohlevergasung erzeugt. Diese Technologien sind ausschließlich zur dezidierten Produktion von Wasserstoff bestimmt. In der petrochemischen Industrie, wo rund 25 % des weltweit produzierten Wasserstoffs verbraucht wird, fällt Wasserstoff als Nebenprodukt der Naphthareformierung an. Dieser Wasserstoff wird direkt in weiteren Prozessschritten der Ölraffinerie verbraucht. Aufgrund der restriktiveren Vorschriften in Bezug auf Kontaminationen und Schadstoffe in Benzin- und Dieselkraftstoffen, die zusätzliche Aufreinigungsschritte und damit Wasserstoffeintrag notwendig machen, herrscht heutzutage Wasserstoffmangel im Raffineriesektor. Ein Teil des benötigten Wasserstoffs wird von extern zugeführt, indem in der Nähe der Raffinerien Wasserstoffproduktionsanlagen installiert werden.

Mit dem Abbau fossiler Brennstoffe und der Zunahme von Treibhausgasen in der Atmosphäre sollten alternative Wege und Technologien gefunden werden, um Wasserstoff durch nachhaltigere Prozesse zu erzeugen. Membranreaktoren, *chemical looping*, trockene Reformierung oder Methanzerlegung sind die Technologien, die in den nächsten Jahrzehnten marktreif werden und die hergebrachten Technologien ersetzen können. Es ist zu erwarten, dass die bereits vorhandene oder fast schon kommerzialisierte Wasserspaltung sowie die Biomassevergasung einen immer größeren Beitrag zur weltweiten Wasserstoffproduktion leisten werden. Daher ist in den kommenden Jahrzehnten mit einem völlig anderen Szenario hinsichtlich der Wasserstoffproduktionsprozesse zu rechnen.

Zusammenfassung

Wasserstoff wird in großem Maße in der chemischen Industrie zur Herstellung von verschiedensten höherwertigen Produkten eingesetzt und findet gleichzeitig Anwendung in der Wärme- und Stromerzeugung sowie als kohlenstofffreier Energieträger.
Da Wasserstoff nicht frei auf der Erde vorkommt, muss das Gas aus fossilen oder erneuerbaren Quellen erzeugt werden. Wasserstoff wird hauptsächlich aus fossilen Brennstoffen, üblicherweise durch die Methan-Dampfreformierung (SMR, *steam methane reforming*) oder durch Kohlevergasung, in zentralen Einheiten produziert und hauptsächlich in Ammoniak- und Methanolsyntheseverfahren eingesetzt und verbraucht. In der Erdölraffinerie wird Wasserstoff in sehr geringen Mengen als Nebenprodukt der Naphthareformierung und Ölfraktionierung erzeugt und meistenteils beim Hydrocracken verbraucht, um die Qualität der Produkte zu erhöhen oder Schwefelverbindungen aus dem Erdöl zu entfernen. Wasserstoff lässt sich auch aus erneuerbaren Quellen herstellen. Insbesondere kann Wasserstoff durch Biomasse oder Abfallvergasung oder durch Wasserelektrolyse unter Verwendung von Strom aus erneuerbaren Energien erzeugt werden. Dieses Kapitel gibt einen umfassenden Überblick über die wichtigsten vorhandenen Technologien für die Wasserstofferzeugung, einschließlich der typischen

Betriebsbedingungen und Hersteller, vergleicht die existierenden Technologien und stellt die zukünftigen Trends in der Wasserstofferzeugung vor.

Literatur

1. US Department of Energy (2018) ▶ https://www.energy.gov/. Zugegriffen: 10. März 2018
2. Rostrup-Nielsen JR (2000) New aspects of syngas production and use. Catal Today 63:159–164
3. da Silva Veras T, Mozer TS, da Costa Rubim Messeder dos Santos D, da Silva César A (2017) Hydrogen: trends, production and characterization of the main process worldwide. Int J Hydrogen Energy 42:2018–2033
4. Rafiqul I, Weber C, Lehmann B, Voss A (2005) Energy efficiency improvements in ammonia production – perspectives and uncertainties. Energy 30:2487–2504
5. Ball M, Wietschel M (2009) The future of hydrogen – opportunities and challenges. Int J Hydrogen Energy 34:615–627
6. Spallina V, Pandolfo D, Battistella A, Romano MC, van Sint Annaland M, Gallucci F (2016) Techno-economic assessment of membrane assisted fluidized bed reactors for pure H_2 production with CO_2 capture. Energy Convers Manag 120:257–273
7. Kinetics Technologies (2018) KT reformers. ▶ http://www.kt-met.com/en/business/hydrogen-syngas-technology. Zugegriffen: 10. März 2018
8. McDermott (2018) Steam methane reformers. ▶ https://www.cbi.com/What-We-Do/Technology/Gas-Processing/Hydrogen-Synthesis-Gas-Production/Steam-Methane-Reformers. Zugegriffen: 10. März 2018
9. Haldor Topsoe (2018) Tubular radiant wall steam reformer. ▶ https://www.topsoe.com/products/tubular-radiant-wall-steam-reformer. Zugegriffen: 10. März 2018
10. Amec Foster Wheeler (2018) Terrace wall™ steam reformers. ▶ https://www.amecfw.com/products/fired-heaters/steam-reformers/terrace-wall-steam-reformers. Zugegriffen: 10. März 2018
11. Ratnasamy C, Wagner JP (2009) Water gas shift catalysis. Catal Rev 51:325–440
12. Holladay JD, Hu J, King DL, Wang Y (2009) An overview of hydrogen production technologies. Catal Today 139:244–260
13. Armaroli N, Balzani V (2011) The hydrogen issue. Chemsuschem 4:21–36
14. Angeli SD, Monteleone G, Giaconia A, Lemonidou A (2014) State-of-the-art catalysts for CH4 steam reforming at low temperature. Int J Hydrogen Energy 39:1979–1997
15. Haldor Topsoe (2018) Autothermal reformer. ▶ https://www.topsoe.com/products/syncortm-autothermal-reformer-atr. Zugegriffen: 10. März 2018
16. Johnson Matthey (2018) Reforming technologies (ATR, GHR, SMR). ▶ http://www.jmprotech.com/core-technologies-reforming-ATR-GHR-SMR. Zugegriffen: 10. März 2018
17. Basini L, Aasberg-Petersen K, Guarinoni A, Østberg M (2001) Catalytic partial oxidation of natural gas at elevated pressure and low residence time. Catal Today 64:9–20
18. Basile F, Basini L, Amore MD, Fornasari G, Guarinoni A, Matteuzzi D, Piero GD, Trifirò F, Vaccari A (1998) Ni/Mg/Al anionic clay derived catalysts for the catalytic partial oxidation of methane: residence time dependence of the reactivity features. J Catal 173:247–256
19. BP (2017) BP statistical review of world energy 2017. ▶ http://www.bp.com/content/dam/bp/en/corporate/pdf/energy-economics/statistical-review-2017/bp-statistical-review-of-world-energy-2017-full-report.pdf. Zugegriffen: 10. März 2018
20. DOE/NETL (2018) Gasification systems. ▶ https://www.netl.doe.gov/research/coal/energy-systems/gasification/gasifipedia/history-gasification. Zugegriffen: 10. März 2018
21. Navarro RM, Peña MA, Fierro JLG (2007) Hydrogen production reactions from carbon feedstocks: fossil fuels and biomass. Chem Rev 107:3952–3991
22. Ûarnes I (2011) Next generation coal gasification technology. CCC/187, London, UK, IEA Clean Coal Centre, 1–49
23. Kopyscinski J, Schildhauer TJ, Biollaz SMA (2010) Production of synthetic natural gas (SNG) from coal and dry biomass – a technology review from 1950 to 2009. Fuel 89:1763–1783
24. DOE/NETL (2018) Syngas contaminant removal and conditioning. ▶ https://www.netl.doe.gov/research/coal/energy-systems/gasification/gasifipedia/cleanup. Zugegriffen: 10. März 2018
25. DOE/NETL (2018) Acid gas removal. ▶ https://www.netl.doe.gov/research/coal/energy-systems/gasification/gasifipedia/syngas. Zugegriffen: 10. März 2018
26. DOE/NETL (2018) Shell gasifiers. ▶ https://www.netl.doe.gov/research/coal/energy-systems/gasification/gasifipedia/shell. Zugegriffen: 10. März 2018
27. Shell (2018) Shell gasification technology. ▶ https://www.shell.com/business-customers/global-solutions/gasification-licensing/coal-gasification.html. Zugegriffen: 10. März 2018
28. DOE/NETL (2018) GE energy gasifier. ▶ https://www.netl.doe.gov/research/coal/energy-systems/gasification/gasifipedia/ge. Zugegriffen: 10. März 2018

29. DOE/NETL (2018) CB&I E-Gas™ gasifiers. ► https://www.netl.doe.gov/research/coal/energy-systems/gasification/gasifipedia/egas. Zugegriffen: 10. März 2018
30. DOE/NETL (2018) Siemens gasifiers. ► https://www.netl.doe.gov/research/coal/energy-systems/gasification/gasifipedia/siemens. Zugegriffen: 10. März 2018
31. DOE/NETL (2018) KBR transport gasifiers, ► https://www.netl.doe.gov/research/coal/energy-systems/gasification/gasifipedia/kbr. Zugegriffen: 10. März 2018
32. Air Liquide (2018) Lurgi FBDB™ gasifier. ► https://www.engineering-airliquide.com/lurgi-fbdb-fixed-bed-dry-bottom-gasification. Zugegriffen: 10. März 2018
33. International Energy Agency Oil (2018) Öl. ► https://www.iea.org/about/faqs/oil/. Zugegriffen: 10. März 2018
34. Rahimpour MR, Jafari M, Iranshahi D (2013) Progress in catalytic naphtha reforming process: a review. Appl Energy 109:79–93
35. Fraser S (2014) Distillation in refining. In: Górak A, Schoenmakers H (Hrsg) Distillation: operation and application. Elsevier, Amsterdam, S 155–190
36. EIA (2018) USA refinery hydrogen consumption. ► https://www.eia.gov/todayinenergy/detail.php?id=24612. Zugegriffen: 10. März 2018
37. Honeywell UOP (2018) UOP CCR Platforming™ Process. ► https://www.uop.com/processing-solutions/refining/gasoline/naphtha-reforming/. Zugegriffen: 10. März 2018
38. Reliance (2018) Petroleum Refining & Marketing. ► http://www.ril.com/OurBusinesses/PetroleumRefiningAndMarketing.aspx. Zugegriffen: 10. März 2018
39. BASF Singapore (2018) ► https://www.basf.com/sg/en.html. Zugegriffen: 10. März 2018
40. ExxonMobil Jurong (2018) Singapore refinery. ► http://www.exxonmobil.com.sg/en-sg/company/business-and-operations/operations/singapore-refinery-overview. Zugegriffen: 10. März 2018
41. Shell Jurong (2018) Shell Jurong island. ► https://www.shell.com.sg/about-us/projects-and-sites/shell-jurong-island.html. Zugegriffen: 10. März 2018
42. Petrochemical Complex of Singapore (2018) Jurong island. ► http://www.pcs.com.sg/singapore-petrochemical-complex/jurong-island/. Zugegriffen: 10. März 2018
43. Repsol (2018) Peru's most important refinery: La Pampilla. ► https://www.repsol.energy/en/about-us/where-we-work/la-pampilla-refinery/index.cshtml. Zugegriffen: 10. März 2018
44. Shell (2018) Shell martinez refinery. ► https://www.shell.us/about-us/projects-and-locations/martinez-refinery/about-shell-martinez-refinery.html. Zugegriffen: 10. März 2018
45. IEA (2007) IEA energy technology essentials – biomass for power generation and CHP. High Temp 1–4
46. Balat H, Kirtay E (2010) Hydrogen from biomass – present scenario and future prospects. Int J Hydrogen Energy 35:7416–7426
47. Zhang L, Xu C, Champagne P (2010) Overview of recent advances in thermo-chemical conversion of biomass. Energy Convers Manag 51:969–982
48. Molino A, Chianese S, Musmarra D (2016) Biomass gasification technology: the state of the art overview. J Energy Chem 25:10–25
49. Sikarwar VS, Zhao M, Clough P, Yao J, Zhong X, Memon MZ, Shah N, Anthony EJ, Fennell PS (2016) An overview of advances in biomass gasification. Energy Environ Sci 9:2939–2977
50. Holz Energy (2018) Gasifier. ► http://www.holz-energie-wegscheid.de/home.html. Zugegriffen: 10. März 2018
51. Syncraft (2018) Gasifiers. ► http://syncraft.at/index.php/en/menu-products-en/menu-holzgaskraftwerk-en. Zugegriffen: 10. März 2018
52. Prodesa (2018) ► https://prodesa.net/. Zugegriffen: 10. März 2018
53. IEA Bioenergy/Task 33 (2018) Work scope, approach and industrial involvement. ► http://task33.ieabioenergy.com/content/taks_description. Zugegriffen: 10. März 2018
54. Hrbek J (2016) Status report on thermal biomass gasification in countries participating in IEA Bioenergy Task 33. Statusbericht
55. Zeng K, Zhang D (2017) Recent progress in alkaline water electrolysis for hydrogen production and applications. Prog Energy Combust Sci 36:307–326
56. Carmo M, Fritz DL, Mergel J, Stolten D (2013) A comprehensive review on PEM water electrolysis. Int J Hydrogen Energy 38:4901–4934
57. Shell (2017) Shell hydrogen study 2017. ► https://www.shell.com/energy-and-innovation/the-energy-future/future-transport/hydrogen/_jcr_content/par/textimage_1062121309.stream/1496312627865/46fec8302a3871b190fed35fa8c09e449f57bf73bdc35e0c8a34c8c5c53c5986/shell-h2-study-new.pdf. Zugegriffen: 10. März 2018
58. McPhy (2018) Electrolyzers. ► http://mcphy.com/en/our-products-and-solutions/electrolyzers/. Zugegriffen: 10. März 2018
59. Hydrogenics (2018) Electrolysis. ► http://www.hydrogenics.com/technology-resources/hydrogen-technology/electrolysis/. Zugegriffen: 10. März 2018
60. Siemens (2018) Electrolyzer. ► http://www.industry.siemens.com/topics/global/en/pem-electrolyzer/silyzer/Documents/2017-04-Silyzer200-boschure-en.pdf. Zugegriffen: 10. März 2018

61. Areva H2Gen (2018) AREVA H2Gen hydrogen generators. ► http://www.arevah2gen.com/en/products-services/hydrogen-generators. Zugegriffen: 10. März 2018
62. ITM-Power (2018) HGas. ► http://www.itm-power.com/product/hgas. Zugegriffen: 10. März 2018
63. ITM-Power (2018) Project with shell. ► http://www.itm-power.com/news-item/10mw-refinery-hydrogen-project-with-shell. Zugegriffen: 10. März 2018
64. IPCC (2014) Climate change 2014: synthesis report. Contribution of working groups I, II and III to the fifth assessment report of the intergovernmental panel on climate change
65. IPCC (2005) IPCC special report on carbon dioxide capture and storage. Cambridge University Press, Cambridge
66. IEA (2010) Energy technology perspectives: scenarios and strategies to 2050. OECD/IEA, Paris
67. Medrano JA, Potdar I, Melendez J, Spallina V, Pacheco-Tanaka DA, van Sint Annaland M, Gallucci F (2018) The membrane-assisted chemical looping reforming concept for efficient H_2 production with inherent CO_2 capture: experimental demonstration and model validation. Appl Energy 215:75–86
68. Medrano JA, Spallina V, van Sint Annaland M, Gallucci F (2014) Thermodynamic analysis of a membrane-assisted chemical looping reforming reactor concept for combined H_2 production and CO_2 capture. Int J Hydrogen Energy 39:4725–4738
69. Rydén M, Lyngfelt A, Mattisson T (2006) Synthesis gas generation by chemical-looping reforming in a continuously operating laboratory reactor. Fuel 85:1631–1641
70. Tang M, Xu L, Fan M (2015) Progress in oxygen carrier development of methane-based chemical-looping reforming: a review. Appl Energy 151:143–156
71. Adanez J, Abad A, Garcia-Labiano F, Gayan P, de Diego LF (2012) Progress in chemical-looping combustion and reforming technologies. Prog Energy Combust Sci 38:215–282
72. Gallucci F, Fernandez E, Corengia P, van Sint Annaland M (2013) Recent advances on membranes and membrane reactors for hydrogen production. Chem Eng Sci 92:40–66
73. Gallucci F, Medrano JA, Fernandez E, Melendez J, van Sint Annaland M (2017) Advances on high temperature Pd-based membranes and membrane reactors for hydrogen purification and production. J Membr Sci Res 3:142–156
74. Fernandez E, Medrano JA, Melendez J, Parco M, van Sint Annaland M, Gallucci F, Pacheco Tanaka DA (2016) Preparation and characterization of metallic supported thin Pd-Ag membranes for high temperature hydrogen separation. Chem Eng J 305:182–190
75. Shirasaki Y, Yasuda I (2013) Membrane reactor for hydrogen production from natural gas at the Tokyo gas company: a case study. In: Basile A (Hrsg) Handbook of membrane reactors. Woodhead Publishing, Cambridge, S 487–507
76. Aloisi I, Jand N, Stendardo S, Foscolo PU (2016) Hydrogen by sorption enhanced methane reforming: a grain model to study the behavior of bi-functional sorbent-catalyst particles. Chem Eng Sci 149:22–34
77. Ugarte P, Durán P, Lasobras J, Soler J, Menéndez M, Herguido J (2017) Dry reforming of biogas in fluidized bed: process intensification. Int J Hydrogen Energy 42:13589–13597
78. Usman M, Wan Daud WMA, Abbas HF (2015) Dry reforming of methane: influence of process parameters – a review. Renew Sustain Energy Rev 45:710–744
79. Abdullah B, Abd Ghani NA, Vo DVN (2017) Recent advances in dry reforming of methane over Ni-based catalysts. J Clean Prod 162:170–185
80. Upham DC, Agarwal V, Khechfe A, Snodgrass ZR, Gordon MJ, Metiu H, McFarland EW (2017) Catalytic molten metals for the direct conversion of methane to hydrogen and separable carbon. Science 358:917–921
81. Abbas HF, Wan Daud WMA (2010) Hydrogen production by methane decomposition: a review. Int J Hydrogen Energy 35:1160–1190
82. Ashcroft AT, Cheetham AK, Green MLH, Vernon PDF (1991) Partial oxidation of methane to synthesis gas using carbon dioxide. Nature 352:225–226
83. Christian Enger B, Lødeng R, Holmen A (2008) A review of catalytic partial oxidation of methane to synthesis gas with emphasis on reaction mechanisms over transition metal catalysts. Appl Catal A Gen 346:1–27
84. Enerkem (2018) ► http://enerkem.com/. Zugegriffen: 10. März 2018
85. Iaquaniello G, Centi G, Salladini A, Palo E (2017) Waste as a Source of Carbon for Methanol Production. In: Basile A, Dalena F (Hrsg) Methanol, Science and Engineering. Elsevier, Amsterdam, S 95–111
86. Kendall K (2017) Hydrogen Fuel Cells. In: Abraham MA (Hrsg) Encyclopedia of Sustainable Technology. Elsevier, Oxford, S 305–316
87. Eftekhari A, Fang B (2017) Electrochemical hydrogen storage: opportunities for fuel storage, batteries, fuel cells, and supercapacitors. Int J Hydrogen Energy 42:25143–25165

Alternative biologische und biotechnologische Verfahren zur Wasserstoffherstellung

Christina Marx und Thomas Happe

Inhaltsverzeichnis

M. Kircher und T. Schwarz (Hrsg.), *CO_2 und CO – Nachhaltige Kohlenstoffquellen für die Kreislaufwirtschaft,* https://doi.org/10.1007/978-3-662-60649-0_4

Die Sonnenenergie ist die größte Energiequelle, die der Welt derzeit zur Verfügung steht. 120.000 TW (1 TW = 10^{12} W) Solarenergie treffen pro Jahr auf die Erde, wovon abzüglich der natürlichen Reflexion etwa 70 % von der Erdoberfläche und der Atmosphäre absorbiert werden [1]. Abhängig von der geographischen Lage erreichen im Durchschnitt ca. 170 W/m^2 pro Jahr der Sonnenstrahlung die Erdoberfläche [2]. Etwa ein Viertel dieser Energie steht als photosynthetisch aktive Strahlung an der Erdoberfläche den pflanzlichen Systemen zur Verfügung [3, 4]. Damit übersteigt die jährliche Strahlung den globalen Gesamtenergiebedarf von jährlich etwa 15 TW um ein Vielfaches und bietet die ideale Voraussetzung, um als Energiequelle für die Produktion von Nahrungsmitteln, Treibstoff und Sauerstoff genutzt zu werden [5].

Für die Gewinnung von Wasserstoff mit einer Null-Emission von Treibhausgasen steht derzeit neben technischen Verfahren, wie der Biomassevergasung oder der Wasserelektrolyse mithilfe regenerativer Energieerzeugung, die photokatalytische Produktion zur Verfügung, die eine direkte Wasserstofferzeugung aus Sonnenlicht und Wasser ermöglicht. Da bei der Verbrennung von Wasserstoff als Treibstoff wiederum Wasser entsteht, ist die Solarwasserstoffproduktion in Anbetracht steigender Kohlenstoffemissionswerte und der Möglichkeit, Sonnenenergie als unerschöpfliche Ressource nutzen zu können, besonders relevant. Zudem besitzt Wasserstoff im Vergleich zu anderen Kohlenwasserstoff-Brennstoffen eine bis zu dreimal höhere Energiedichte [6]. Die Dampfreformierung von Erdgas ist mit einem Marktpreis von etwa 1 € pro kg Wasserstoff gegenwärtig die günstigste Methode zur Wasserstoffherstellung, während die Marktpreise für eine ökologische Wasserstoffproduktion aus Biomasse oder durch alkalische Elektrolyse bei 7 € bzw. 3 € pro kg Wasserstoff liegen und daher ein ähnliches Wettbewerbspotenzial wie die Solarwasserstoffproduktion aufweisen [7].

Neben der Möglichkeit, photochemische Brennstoffzellen oder Photovoltaikanlagen für eine Photokonversion von Wasser einzusetzen, können photosynthetische oder (photo-) fermentative Mikroorganismen genutzt werden. Auch die Leopoldina, die als Nationale Akademie der Wissenschaften unabhängig von wirtschaftlichen oder politischen Interessen wichtige gesellschaftliche Zukunftsthemen aus wissenschaftlicher Sicht bearbeitet, hat in ihrer Stellungnahme [7], an der auch der Verfasser dieses Kapitels mitgearbeitet hat, folgende Empfehlung abgegeben:

> » „In Anbetracht der nahezu unbegrenzten Verfügbarkeit von Wasser und Sonnenlicht könnte die Produktion von Wasserstoff durch direkte photolytische Spaltung von Wasser mit Hilfe phototropher Mikroorganismen einen idealen Energieträger liefern, der sowohl erneuerbar als auch umweltfreundlich und nachhaltig ist. Ob und wann die Bildung von Wasserstoff durch natürliche Photosynthese-Systeme technisch einsatzfähig wird, ist allerdings offen und Gegenstand laufender Grundlagenforschung."

Biologische Vorbilder von Photokatalysatoren für die Wasserstoffproduktion sind häufig in der Welt der Mikroorganismen zu finden und umfassen sowohl prokaryotische Vertreter als auch wenige eukaryotische Einzeller. ◘ Tab. 4.1 zeigt eine Übersicht über wasserstoffproduzierende Stoffwechselwege, die in verschiedenen Organismen vorzufinden sind. Da diese mikrobiellen Systeme Sonnenlicht als Energiequelle nutzen, wird wenig Gesamtenergie zur katalytischen H_2-Generierung benötigt [4]. Die biologische Wasserstoffproduktion dient vermutlich der Energiebalance innerhalb der Zelle. In den Stoffwechselwegen einiger Organismen werden Enzyme genutzt, um Protonen mithilfe überschüssiger Elektronen zu Wasserstoff zu reduzieren. Gasförmiger Wasserstoff

Tab. 4.1 Übersicht über wasserstoffproduzierende Stoffwechselwege und ihre Organismen

Art der H_2-Produktion	Energiequelle	Elektronenquelle	Organismen
H_2-Produktion während der Dunkelfermentation	Organische Moleküle (organische Säuren, Zucker)	Organische Moleküle (organische Säuren, Zucker)	Enterobakterien, Clostridien
H_2-Produktion von Organismen mit anoxygener Photosynthese	Licht	Organische Säuren, H_2S, H_2	(Schwefel-)Purpurbakterien
H_2-Produktion von Organismen mit oxygener Photosynthese	Licht	Wasser	Cyanobakterien, einzellige Grünalgen

kann wiederum bei Bedarf als Elektronenquelle verwendet werden, um Elektronen für anabole Stoffwechselwege zur Verfügung zu stellen [8].

Im Gegensatz zu Katalysatoren der chemischen Industrie sind Biokatalysatoren bei moderateren Temperaturen und Drücken aktiv und besitzen daher das Potenzial für eine klimaneutrale Wasserstoffproduktion. Das Schlüsselenzym der biologischen Wasserstoffproduktion ist die Hydrogenase, welche die simple Reaktion von Protonen und Elektronen zu molekularem Wasserstoff katalysiert.

$$2\,H^+ + 2\,e^- \rightarrow H_2 \quad (4.1)$$

Je nach Metallgehalt des aktiven Zentrums wird zwischen Eisen [Fe]-, Eisen-Eisen [FeFe]- und Nickel-Eisen [NiFe]-Hydrogenasen unterschieden [9, 10]. Da [FeFe]-Hydrogenasen zu den effizientesten Wasserstoffproduzenten innerhalb der Hydrogenasegruppen zählen, sind sie von großem biotechnologischem Interesse. Auch bei der Reduktion von atmosphärischem Distickstoff zu Ammonium wird unter Einwirkung des Schlüsselenzyms der biologischen Stickstoff(N_2)-Fixierung, die Nitrogenase, Wasserstoff in einer Nebenreaktion hergestellt.

4.1 Biologische Stoffwechselwege von Bakterien zur Wasserstoffgenerierung

4.1.1 Wasserstoffproduktion in fermentativen Bakterien

In der Natur findet man unter anoxischen Bedingungen eine Vielzahl von metabolischen Prozessen, bei denen mithilfe des Enzyms Hydrogenase entweder Wasserstoff oxidiert wird oder Protonen zu molekularem Wasserstoff reduziert werden. Ein prominentes Beispiel ist das bekannte Darmbakterium *Escherichia coli* (E. coli), das unter anaeroben Bedingungen im Rahmen der gemischten Säuregärung Wasserstoff produziert. Im fermentativen Stoffwechselweg wird Pyruvat zu Acetyl-CoA und Formiat umgewandelt, wovon Letzteres anschließend durch das Enzym Formiat-Hydrogenlyase (FHL), ein Multiproteinkomplex bestehend aus einer Formiatdehydrogenase (Fdh-H) und einer [NiFe]-Hydrogenase, zu CO_2 und H_2 verstoffwechselt wird [11, 12]. Genomisch kodiert sind in *E. coli* mehrere Hydrogenasen, wovon Hyd-3 und Hyd-4 vermutlich zusammen mit Fdh-H in zwei unterschiedlichen FHL-basierten Stoffwechselwegen agieren, deren Aktivität sowohl von der Formiatkonzentration als auch vom extrazellulären pH-Wert beeinflusst wird. Die zwei anderen Hydrogenasen, Hyd-1 und Hyd-2, oxidieren Wasserstoff während der Glukosefermentation bei neutralen oder niedrigen pH-Werten an der Außenseite der cytoplasmatischen Membran [13].

Beispiele für die H_2-Generierung mithilfe von [FeFe]-Hydrogenasen sind in strikt anaeroben Bakterien der Gattung *Clostridium* zu finden. Diese Organismen oxidieren während der Buttersäuregärung Pyruvat zunächst zu Acetyl-CoA und dann zu Acetat. Die frei werdenden Elektronen werden von der Pyruvat:Ferredoxin-Oxidoreduktase auf Ferredoxine übertragen. Anschließend überträgt das reduzierte Ferredoxin seine Elektronen auf eine Hydrogenase, wo Protonen zu elementarem Wasserstoff umgesetzt werden [14]. In einem anderen Stoffwechselweg stammen die Elektronen vom NADH, das im Rahmen der Glykolyse gebildet wird. NADH wird anschließend von einer cytosolischen Hydrogenase, die an eine NADH:Ferredoxin-Oxidoreduktase gekoppelt ist, genutzt, um Protonen zu Wasserstoff zu reduzieren [15]. Zudem wurde bereits für einige Organismen wie *C. kluyveri, Moorella thermoacetica* oder *Termotoga maritima* ein weiterer Stoffwechselweg beschrieben, in dem eine sogenannte konfurkierende Hydrogenase zwei Elektronendonoren gleichzeitig oxidiert, wobei es sich um reduziertes Ferredoxin und NADH handelt [16–18]. Die Elektronen werden dann zusammengeführt und auf Protonen übertragen, wodurch Wasserstoff produziert wird.

Die Nutzung von prokaryotischen Mikroorganismen für die Produktion von Biowasserstoff besitzt ein großes Potenzial (eine gute Übersicht findet man bei Stephen et al. 2017 [19]), da die Bakterien eine Vielzahl an Festabfällen oder Abwässern als Nährstoffquelle nutzen können [20–22]. Bei der biologischen Behandlung von festen Abfällen und Biomasse unter anaeroben Bedingungen sind Clostridien innerhalb der mikrobiellen Mischpopulation die dominanten Bakterien. Eine Vielzahl an Untersuchungen für eine mögliche Applikation des *Clostridium*-Systems zeigte, dass gemischte Kulturen eine vergleichbare Effizienz wie Reinkulturen besitzen [23]. Dabei konnte eine maximale Produktion von 437 ml H_2/g Hexose in einem semikontinuierlichen Reaktor mit einem Abfallgemisch erzielt werden [24].

4.1.2 Wasserstoffproduktion in photofermentativen Bakterien

Während acetogene thermophile oder mesophile Bakterien durch dunkelfermentative Produktionswege Wasserstoff herstellen, sind (Nichtschwefel-)Purpurbakterien in der Lage einen photofermentativen Weg für die Produktion von Wasserstoff zu nutzen. Aufgrund der anoxygenen Photosynthese, die nur ein photosynthetisches Reaktionszentrum nutzt, sind Purpurbakterien wie *Rhodobacter (R.) sphaeroides* und *R. capsulatus* Gegenstand intensiver wissenschaftlicher Untersuchungen [25, 26].

Obwohl unter anoxischen Bedingungen in dieser lichtgetriebenen Reaktion ATP-Moleküle generiert werden, ist eine zusätzliche organische Quelle notwendig, um genügend Reaktionsäquivalente für die Stickstofffixierung herzustellen [27]. Dabei können neben Glukose, Alkoholen und Glycerin auch kurzkettige und flüchtige Fettsäuren genutzt werden. Diese Bandbreite an nutzbaren Kohlenstoffquellen ermöglicht die Verwertung von Nahrungsabfällen oder Abwässern aus der Nahrungsmittelproduktion für eine nachhaltige Wasserstoffproduktion mittels Photofermentation [28]. Bei Verfügbarkeit einer Kohlenstoffquelle sowie Licht kann unter anaeroben Bedingungen Distickstoff durch die Nitrogenase zu Ammonium unter Verbrauch von 16 ATP-Molekülen reduziert werden (► Gl. 4.2). Als Nebenprodukt dieser Reaktion entsteht Wasserstoff mit einer durchschnittlichen Produktionsrate von bis zu 10,5 mmol H_2 L^{-1} h^{-1} [29]. Ist nur wenig oder kein Distickstoff verfügbar, setzt der Prozess der Stickstofffixierung durch die Nitrogenase aus. Dennoch findet eine Alternativreaktion (▶ Gl. 4.3) statt, bei der die ATP-Moleküle gänzlich zur Wasserstoffproduktion genutzt werden. Diese Reaktion der Nitrogenase ist damit deutlich effizienter für die Wasserstoffproduktion.

$$N_2 + 8\,H^+ + 8\,e^- + 16\,ATP \rightarrow 2\,NH_3 + H_2 + 16\,ADP + 16\,P \quad (4.2)$$

$$8\,H^+ + 8\,e^- + 16\,ATP \rightarrow 4\,H_2 + 16\,ADP + 16\,P_i \quad (4.3)$$

Für die photofermentative Wasserstoffproduktion ist ein hohes Kohlenstoff/Stickstoff-Verhältnis besonders wichtig. Studien zeigten, dass ein Verhältnis von 25 Kohlenstoffmolekülen zu einem Stickstoffmolekül in der höchstmöglichen Wasserstoffproduktion resultiert [30].

Der Einfluss abiotischer Faktoren auf den Gesamtmetabolismus der Nichtschwefelpurpurbakterien ist allerdings nicht zu unterschätzen. Schwankungen des pH-Wertes oder die Verwertung verschiedener Kohlenstoffquellen können bereits zu einer Veränderung des Wasserstoffmetabolismus führen [31]. Ein weiterer relevanter Faktor ist das membrangebundene Wasserstoffaufnahmesystem „Hup" *(uptake hydrogenase)*, das neben der Nitrogenase maßgeblich den Wasserstoffmetabolismus beeinflusst. Die HupSL-Hydrogenase, die zu den [NiFe]-Hydrogenasen zählt, katalysiert die Oxidation von Wasserstoff, und die daraus resultierenden Elektronen werden anschließend auf Ferredoxine und Cytochrome übertragen [32, 33]. Da die HupSL-Hydrogenase durch die Verfügbarkeit von molekularem Wasserstoff aktiviert wird, wirkt sich dessen Expression negativ auf die Gesamtbilanz der Wasserstoffproduktion aus. Genetische Manipulationen ermöglichen die Inaktivierung der *hup*-Gene und damit des gesamten Hup-Systems. Diese veränderten Stämme können im Vergleich zum Wildtyp eine deutlich höhere Wasserstoffproduktionsrate besitzen. Ziel einer solchen Manipulation kann das *hupSL*-Gen sein, aber auch alle weiteren Hilfsproteine, die für die Synthese und die Reifung der Hydrogenase essenziell sind [34, 35]. Neben diesen Faktoren ist aber auch das gesamte regulatorische Netzwerk des Wasserstoff- und Stickstoffmetabolismus zu betrachten, durch dessen Manipulation beispielsweise in *R. sphaeroides* bis über 20 % mehr Wasserstoff produziert werden kann [18]. Dies kann zusätzlich mehr als verdoppelt werden und erreicht Wasserstoffproduktionsraten von bis zu 142 ml L^{-1} h^{-1}, wenn der veränderte *R.-sphaeroides*-Stamm mit statt auf Glutamat als alleinige Stickstoffquelle angezogen wird.

Dieses komplexe Netzwerk verdeutlicht, wie viele unterschiedliche Faktoren den Wasserstoffmetabolismus beeinflussen, und zeigt somit einen attraktiven Ansatzpunkt für weitere genetische Untersuchungen auf, um die photofermentative Wasserstoffproduktion möglichst effizient zu gestalten. Besonders interessant wird dieser Ansatz durch die Möglichkeit, frei werdendes Wasserstoffgas aufgrund seiner Reinheit direkt für die Brennstoffzelle zu verwenden [36]. Großes Potenzial zeigen auch Organismen, die wie *R. palustris* Ligninmonomere als Elektronenquelle für die Wasserstoffproduktion nutzen können [37, 38].

4.2 Lichtabhängige Stoffwechselwege in Organismen mit oxygener Photosynthese

Neben den oben genannten photofermentativen Bakterien können auch viele Gattungen der gramnegativen Cyanobakterien photobiologisch Wasserstoff produzieren [39]. Welches Enzym für die Wasserstoffproduktion verantwortlich ist, hängt davon ab, ob die jeweilige Art in der Lage ist, Stickstoff zu fixieren oder nicht [40]. Wie ◘ Abb. 4.1 veranschaulicht, führt die Nitrogenaseaktivität unter Stickstoffmangelbedingungen im Rahmen der Stickstofffixierung zur Wasserstoffproduktion. Die Stickstofffixierung erfolgt innerhalb der filamentösen Cyanobakterien in sogenannten Heterozysten. Diese spezialisierten Zellen weisen eine besondere Zellwandverdickung auf, welche die Diffusion von Sauerstoff in die Zelle verhindert und ein anaerobes Mikrokompartiment innerhalb einer aeroben Umgebung bildet [41]. Der durch die Nitrogenase gebildete Wasserstoff ist nur ein Nebenprodukt und kann anschließend von dem Organismus durch eine sogenannte Aufnahme-Hydrogenase (kodiert durch das *hupSL*-Gen) oxidiert werden. Schaltet man diese Hydrogenase aus, produzieren die Zellen deutlich mehr Wasserstoff [42]. Cyanobakterien, die Stickstoff nicht fixieren können, besitzen eine bidirektionale Hydrogenase, die *in vivo* vor allem zur H_2-Produktion im Licht benutzt wird. Dabei ist das Enzym direkt mit der photosynthetischen Elektronentransportkette verbunden. Neuere Untersuchungen im Modell-Cyanobakterium *Synechocystis* sp. PCC 6803 deuten darauf hin, dass die bidirektionale Hydrogenase an Ferredoxin und Flavodoxin gekoppelt ist und unter anoxischen Bedingungen Protonen zu Wasserstoff reduziert [43].

Wie oben schon erwähnt, können die Wasserstoffproduktionsraten optimiert werden, indem die Aufnahme-Hydrogenase HupSL inaktiviert wird. Dies führt zu einer um das bis zu Siebenfache gesteigerten Wasserstoffproduktion in stickstofffixierenden Arten [42, 44, 45, 46]. Da die Prozesse der Photosynthese und der Zellatmung miteinander verknüpft sind, kann insbesondere das Fehlen der Chinonoxidase eine bis zu zwölffach erhöhte Aktivität der Hox-Hydrogenase unter Lichtbedingungen hervorrufen [47]. Vermutlich fungieren beide Enzymreaktionen als Elektronenventile, wenn unter niedrigen Sauerstoffkonzentrationen die Stoffwechselprozesse nicht ausgeglichen sind oder die PSII-Aktivität nicht im Gleichgewicht mit der des PSI ist. Eine bis zu 140-fach erhöhte Wasserstoffproduktionsrate konnte außerdem durch die Inaktivierung der Nitratassimilation hervorgerufen werden [48]. Neben der direkten Manipulation der für die Stoffwechselwege *(metabolic engineering)* relevanten Faktoren zeigt die Veränderung der Heterozystenrate eine weitere Alternative zur Steigerung der

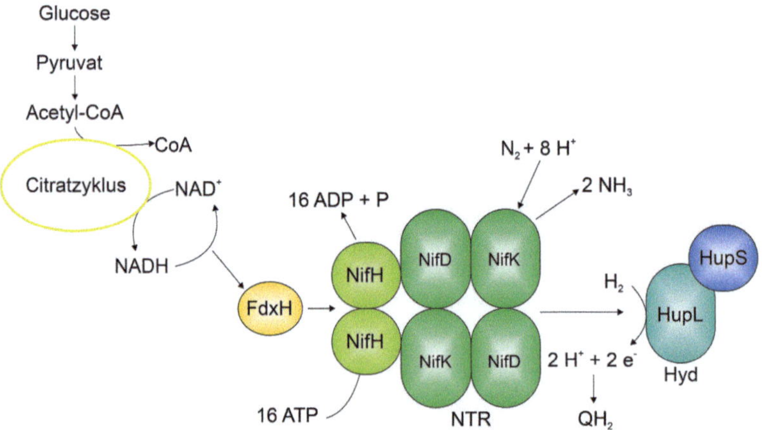

◘ **Abb. 4.1** Wasserstoffmetabolismus in stickstofffixierenden Cyanobakterien. Die Wasserstoffproduktion ist von der Aktivität der Nitrogenase (Nif) abhängig, die sich aus der Dinitrogenase-Reduktase (NifH) und der Dinitrogenase (NifDK) zusammensetzt. Bei der Umwandlung von atmosphärischem Stickstoff entsteht unter Verbrauch von 16 ATP Ammonium. Als Nebenprodukt entsteht Wasserstoff, der anschließend durch die Aufnahme-Hydrogenase HupSL recycelt werden kann

Wasserstoffproduktion auf [49]. Die optimierte Heterozysten-zu-vegetativen Zellen-Rate erlaubt eine photobiologische Wasserstoffproduktion unter Starklichtbedingungen und hohen Zelldichten. Eine Alternative stellt die Isolierung bisher unbekannter Stämme wie *Cyanothece* dar, die eine deutlich höhere Wasserstoffproduktionsrate als bekannte Stämme aufweisen und als zukünftige Modellorganismen dienen können. Der Wildtypstamm *Cyanothece* sp. ATCC51142 zeigt selbst unter aeroben Bedingungen eine hohe Wasserstoffproduktion, die zusätzlich durch hohe CO_2-Konzentrationen und Zugabe von Glycerin gesteigert werden kann. Verantwortlich für die bis zu 465 µmol H_2/mg Chl/h hohe Wasserstoffproduktionsrate ist ein besonders aktives Nitrogenase-Enzym [50]. Auch Cyanobakterien wie *Lyngbya aestuarii* und *Microcoleus chthonoplastes* sind für ihre hohen Wasserstoffproduktionsraten bekannt [51].

Die Isolierung von neuartigen Wildtypstämmen, aber auch die genetische Manipulation und Veränderungen der Stoffwechselwege bereits charakterisierter Arten erlauben eine optimierte und nachhaltige Biowasserstoffproduktion. Die Intensivierung dieser Ansätze in Kombination mit technischen Fortschritten der Kultivierung wird das Potenzial einer realisierbaren und effizienten Wasserstoffproduktion mithilfe von Cyanobakterien für eine zukünftig umweltverträgliche, aber auch wettbewerbsfähige Energiequelle weiterhin stärken.

4.2.1 Wasserstoffmetabolismus in eukaryotischen Mikroalgen

Organismen, welche die Energie aus der Photosynthese für die Wasserstoffproduktion einsetzen, nutzen das Sonnenlicht als alleinige Energiequelle und Wasser als einzige Elektronenquelle. Anastasios Melis von der Universität Berkeley machte im Jahr 2000 eine wegweisende Entdeckung zur lichtabhängigen Wasserstoffentwicklung in der Grünalge *Chlamydomonas reinhardtii* (C. reinhardtii). Er entdeckte, dass diese Alge in Abwesenheit von Schwefel in einem Photobioreaktor größere Mengen an Wasserstoff akkumuliert [52]. Damit bildet die grüne Wasserstoffgewinnung ein emissionsfreies, ökonomisch attraktives System, das deshalb von besonderem biotechnologischem Interesse und seit den letzten Jahren Gegenstand intensiver Untersuchungen ist. Auf Basis dieser Forschung können Erkenntnisse über physiologische, genetische und biochemische Prozesse in der Zelle genutzt werden, um die natürliche Wasserstoffproduktion zu optimieren. Insbesondere Untersuchungen der strukturellen und katalytischen Mechanismen der Enzyme stärken das Potenzial artifizieller oder semisynthetischer Verfahren, die für industrielle Applikationen von Interesse sind. Dieser Abschnitt widmet sich dem Wasserstoffmetabolismus photosynthetischer eukaryotischer Organismen, da es sich hierbei um einen besonders attraktiven Weg zur Gewinnung eines sauberen Energieträgers handelt.

Während die Photosynthese bei Cyanobakterien innerhalb der Thylakoide im Cytoplasma der Zelle stattfindet, ist dieser Prozess bei den grünen Mikroalgen in den Thylakoidmembranen im Chloroplasten verankert. Der photosynthetische Elektronentransportweg, der in ◘ Abb. 4.2 veranschaulicht ist, besteht aus zwei Prozessen, einer Licht- und einer Dunkelreaktion. Während bei der Lichtreaktion die Wasserspaltung am PSII zur Gewinnung von Elektronen führt, die anschließend über den Plastochinon(PQ)-Pool, den Cytochrom-b_6 f-Komplex (Cyt b_6f, auch Plastochinol-Plastocyanin-Oxidoreduktase) und das PSI an Ferredoxin zur ATP- und NADPH-Generierung übertragen werden, wird bei der Dunkelreaktion CO_2 fixiert und in Form von Stärke (oder bei Cyanobakterien Glykogen) mithilfe der Energie aus der Lichtreaktion gespeichert. Neben dem wasserspaltenden PSII ist auch das elektronenliefernde PSI für die photobiologische Wasserstoffproduktion essenziell. Die bei

4

der Wasseroxidation entstehenden Protonen und Elektronen werden anschließend durch die Hydrogenase HydA1 in Wasserstoff umgewandelt [52, 53]. Neben diesem lichtabhängigen, direkten Weg der Wasserstoffproduktion durch die photosynthetische Elektronentransportkette (PET) kann die erzeugte Energie auch zunächst in Form von Kohlenhydraten gespeichert werden und später als Substrat für die Wasserstoffproduktion dienen (◘ Abb. 4.2). Die Kopplung von oxidativem Abbau organischer Substrate mit der PET erlaubt die PSII-unabhängige Elektronenübertragung an PetF. Die Elektronen aus dem Stärkeabbau werden dabei von NADPH mittels einer Typ-II-NADPH-Dehydrogenase an den PQ-Pool übertragen [54–57]. Dieser indirekte Weg führt aber zu einer zehnfach geringeren Wasserstoffproduktionsrate [58]. Abgesehen von diesen beiden lichtabhängigen Wegen kann außerdem ein dunkelfermentativer Weg der Wasserstoffproduktion stattfinden. Hierbei werden Elektronen aus dem Stärkeabbau zur

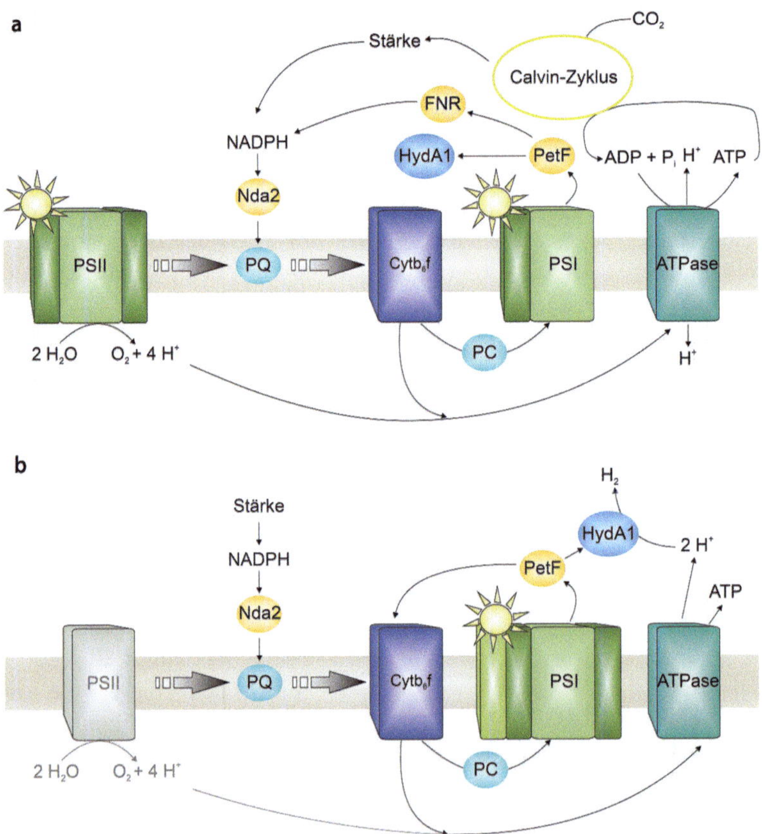

◘ **Abb. 4.2** Wege der photosynthetischen Wasserstoffproduktion in grünen Mikroalgen. (**A**) Die durch die Wasserspaltung am Photosystem II (PSII) entstehenden Reduktionsäquivalente werden innerhalb der photosynthetischen Elektronentransportkette übertragen. Das Photosystem I (PSI) reduziert Ferredoxin (PetF), das anschließend durch die Ferredoxin-$NADP^+$-Reduktase (FNR) $NADP^+$ zu NADPH reduziert. Die Elektronen aus dem Stärkeabbau werden dabei von NADPH mittels einer Typ-II-NADPH-Dehydrogenase an den Plastochinon(PQ)-Pool übertragen. (**B**) Unter anaeroben Bedingungen im Licht ist das PSII nur geringfügig aktiv. Über PSI werden Elektronen an PetF und folglich an HydA1 übertragen. Über den Stärkeabbau können zusätzlich Elektronen über den Plastochinon-Pool eingespeist werden

Verfügung gestellt, und Pyruvat wird durch die Pyruvat:Ferredoxin-Oxidoreduktase oxidiert. Anschließend wird PetF ähnlich wie im zuvor beschriebenen lichtabhängigen Weg reduziert [59–62].

Die unter oxygener Photosynthese stattfindende Wasserstoffproduktion ist nur transient, da die Hydrogenase durch Sauerstoff inaktiviert wird [63, 64]. Unter Lichtbedingungen kann allerdings die Hydrogenaseaktivität durch Spülung mit inertem Gas oder durch einen Schwefelmangel aufrechterhalten werden, da aufgrund von Lichtschädigungen und unzureichendem Recycling der D1-Hauptuntereinheit das PSII vermehrt $NADP^+$ zu NADPH reduziert [65–67]. Die mangelnde PSII-Aktivität hat wiederum zur Folge, dass die Sauerstoffproduktion niedriger ist als der Sauerstoffverbrauch aus der Atmung [52]. Innerhalb von 24 h können so gasdicht verschlossene Schwefelmangelkulturen einen anaeroben oder hypoxischen Zustand erreichen. Die Anpassung des Metabolismus in grünen Mikroalgen wie *Chlamydomonas reinhardtii* (C. reinhardtii) führt u. a. zur Expression der Hydrogenase [68, 69]. Da unter anaeroben Bedingungen im Licht ohne Sauerstoff keine oxidative Phosphorylierung in den Mitochondrien stattfinden kann, führt eine Überreduktion im Chloroplasten neben der bereits oben genannten Lichtschädigung zu einer Senkung der ATP-Konzentration. In dieser Situation fungiert die Hydrogenase als Elektronen- und Protonensenke, deren Überschuss durch die PSII-Aktivität im direkten Weg oder durch den Stärkeabbau im indirekten Stoffwechselweg verursacht wird und anschließend zu Wasserstoff umgewandelt werden kann [70]. Findet neben dem Stärkeabbau auch eine Wasserstoffproduktion statt, entstehen im Rahmen der Photofermentation zusätzlich die organischen Produkte Formiat, Ethanol und Acetat [71–73]. In kontinuierlichen Anzuchtsystemen können unter Schwefelmangel Wasserstoffproduktionsraten von 2 ml H_2 pro Liter Wildtyp-Algenkultur und Stunde erreicht werden [52].

Neben dem zuvor beschriebenen Schwefelmangel bietet die Stickstofflimitierung eine weitere Möglichkeit, die Wasserstoffproduktion unter Lichtbedingungen zu induzieren [74]. Stickstoffmangel verursacht des Weiteren eine Stärke- und Lipidakkumulation in den Zellen [75]. Unter diesen Mangelbedingungen bleibt die Aktivität des PSII etwas länger erhalten, sodass die Wasserstoffproduktion im Vergleich zum Schwefelmangel mit einer zweitägigen Verspätung einsetzt. Da der Stärkeabbau allerdings zu einem geringeren Anteil stattfindet, bleibt die Wasserstoffproduktionsrate deutlich niedriger. Unter verschiedenen getesteten Nährstofflimitierungen zeigt insbesondere der Magnesiummangel eine interessante Alternative auf [76]. Unter diesen Bedingungen bleibt das PSII-Aktivitätslevel höher, sodass der Metabolismus der Zelle nicht zu stark geschädigt wird. Nach etwa 35 h haben gasdicht verschlossene Kulturen den anaeroben Zustand erreicht und produzieren für mehr als eine Woche Wasserstoff. Gegenüber dem Schwefelmangel kann durch Magnesiumlimitierung eine bis zu 60 % höhere Wasserstoffausbeute erzielt werden [77].

4.2.2 Derzeitige Limitierungen und Chancen der biologischen Wasserstoffproduktion mithilfe von Mikroalgen

In Hinblick auf den Wasserstoffmetabolismus ist *C. reinhardtii* die am besten charakterisierte Mikroalge. Des Weiteren steht eine vielfältige Auswahl an genetischen Werkzeugen zur Manipulation dieser Alge sowie an weiteren strukturellen Informationen über die Photosynthesemaschinerie zur Verfügung. Wie zuvor beschrieben, ist *C. reinhardtii* nicht nur in der Lage, direkte oder indirekte oxygene Photolyse zu betreiben, sondern sie ist wie andere Mikroorganismen zu einem in der Dunkelheit stattfindenden Fermentationsprozess befähigt. Von all diesen Stoffwechselwegen ist die lichtabhängige Wasserstoffproduktion der Prozess mit der effizientesten Protonen-zu-Brennstoff-Konversion.

Obwohl das Potenzial für eine Energiekonversionseffizienz von Sonnenlicht zu Wasserstoff bei Mikroalgen theoretisch sehr hoch ist (ca. 10 %), wird die Expression der Hydrogenase nur unter anaeroben oder mikrooxischen Bedingungen induziert, da vorhandenes Enzym durch den Prozess der oxygenen Photosynthese, beim dem Sauerstoff angereichert wird, bereits nach kurzer Zeit (60–90 s) inaktiviert wird [63]. Neben der Sauerstoffsensitivität haben verschiedene Stoffwechselwege einen maßgeblichen Einfluss auf die Wasserstoffproduktionsrate. Die Elektronen können vom reduzierten Ferredoxin (Fdx) beispielsweise von der Ferredoxin-$NADP^+$-Oxidoreduktase zur NADPH-Produktion genutzt werden. Damit konkurriert dieses Enzym mit dem HydA1, das die Elektronen zur Wasserstoffproduktion nutzt. Da reduziertes Ferredoxin der Hauptelektronenakzeptor vom PSI ist, fungiert es darüber hinaus als vielseitiger Elektronendonor und überträgt die Elektronen der photosynthetischen Elektronentransportkette an weitere verschiedene Reaktionspartner, wie die Enzyme Glutamatsynthase und Fettsäuredesaturase, die maßgeblich die Lipid- sowie die Aminosäurebiosynthese beeinflussen. Da Ferredoxin auch Elektronen von der Pyruvat:Ferredoxin-Oxidoreduktase (PFR1) akzeptiert und ebenso der maßgebliche Elektronendonor für die Hydrogenase HydA1 ist, bildet das Ferredoxin PetF eine Verknüpfung des Stärke- zum Wasserstoffmetabolismus [61, 78, 79]. Neben PetF (Fdx1) existieren in *C. reinhardtii* noch fünf weitere Isoformen von Ferredoxin, die vermutlich alle im Chloroplasten lokalisiert sind [80]. Obwohl Fdx2 zu einem geringfügigen Anteil unter anaeroben Bedingungen ähnliche Funktionen wie Fdx1 übernehmen kann, stellt PetF aufgrund seiner Rolle als primärer Elektronendonor für die NADPH- und Wasserstoffproduktion die wichtigste Stellschraube für eine Optimierung der Wasserstoffproduktion dar. Elektronen, die für die Reduktion von $NADP^+$ verwertet werden, tragen maßgeblich zur CO_2-Fixierung und somit schlussendlich zur Biomasseproduktion bei. Einen effektiven Optimierungsansatz stellt der Austausch der natürlichen Hydrogenase durch eine Ferredoxin-Hydrogenase-Fusion dar. In diesem modifizierten Stamm werden durch das Fusionsprotein vermehrt Elektronen von der Ferredoxin:$NADP^+$-Oxidoreduktase auf die Hydrogenase übertragen, und die Wasserstoffproduktionsrate steigt an [81].

Ein weiterer wichtiger Kandidat, um eine effiziente Elektronennutzung für die Wasserstoffproduktion zu gewährleisten, ist die Ferredoxin-$NADP^+$-Oxidoreduktase selbst, da das Enzym aufgrund seiner stromalen oder Thylakoidmembran-assoziierten dynamischen Lokalisation die Elektronen zwischen dem linearen (LEF) und dem zyklischen Elektronenfluss (CEF) aufteilt [82]. Eine Assoziation des Enzyms mit PSI oder die stromale Lokalisation steigern vermutlich den LEF. In Assoziation mit Cyt b_6 f findet hauptsächlich der CEF statt, wobei wahrscheinlich auch PGRL1 und PGR5 eine wichtige Rolle spielen [83, 84]. In den entsprechenden Mutanten ist der LEF maßgeblich für die Wasserstoffproduktion verantwortlich. Zusätzlich weisen sie einen höheren Sauerstoffverbrauch auf, der zu einer erhöhten PSII-Stabilität und einem schnelleren Erreichen des anaeroben Zustands führt [85]. Die *pgr5*-Mutante weist die bislang höchste bekannte Wasserstoffproduktionsrate auf, die unter Schwefelmangelbedingungen innerhalb der ersten neun Tage bis zu 850 ml H_2 pro Liter Algenkultur erreicht.

Die bisherigen Wasserstoffproduktionsraten mit einem *C.-reinhardtii*-Wildtypstamm über sechs Tage in einem schwefelfreien Medium ergeben – trotz optimierter Wachstumsbedingungen – mit bis zu 1,6 % nur einen geringeren Wirkungsgrad für die

Umwandlung von Licht zu Wasserstoff [86]. Mikroalgen können durch die Kultivierung in Bioreaktoren eine Umwandlungseffizienz der Solarenergie von etwa 3 % erreichen und erzielen damit die höchsten Werte für photosynthetische Organismen [87]. In kurzzeitigen exponentiellen Wachstumsphasen kann diese Effizienz der Wildtypstämme allerdings bis um das Dreifache ansteigen [88], bleibt jedoch deutlich unter dem Wirkungsgrad von Solarzellen. Eine attraktive Alternative ist die Verwendung von manipulierten Algenstämmen, da die *pgr5*-Mutante im Vergleich zum Wildtypstamm eine bis zu zehnfach höhere Wasserstoffproduktionsrate zeigt [85]. Wie in einer 2012 erschienenen Studie der Leopoldina kann die direkte photolytische Spaltung von Wasser mithilfe phototropher Mikroorganismen langfristig betrachtet eine alternative erneuerbare Energiequelle darstellen, jedoch muss dessen technische Einsatzfähigkeit weiter ausgebaut werden.

Im Gegensatz zur Siliciumzelle, die einen großen Teil des Lichts absorbiert, nutzen photosynthetische Organismen nur einen begrenzten Bereich des Lichtspektrums. Berücksichtigt man diese Eigenschaften, kann die Effizienz der Photosynthese ohne die Einbeziehung der Respiration theoretisch nur einen maximalen Wirkungsgrad von 12 % erreichen [2]. Ein möglicher Optimierungsansatz der Photosynthese liegt daher insbesondere im Bereich der lichtabsorbierenden Pigmente, wenn diese dahingehend modifiziert werden, dass auch nicht sichtbares Licht absorbiert wird [89]. Einige Cyanobakterien besitzen Chlorophyllvarianten, die eine Absorption von kurzwelliger Infrarotstrahlung erlauben. Diese könnten genutzt werden, um Designerzellen mit zwei Photosystemen zu erschaffen, die sich in ihren Absorptionseigenschaften sinnvoll ergänzen [2]. Außerdem besitzen alle photosynthetisch aktiven Organismen Lichtsammelkomplexe, in denen die Sonnenenergie von den Pigmenten eingefangen und an die Photosysteme weitergeleitet wird. Unter Starklichtbedingungen werden bis zu 80 % der absorbierten Energie verschwendet; diese Energie kann auch Schäden innerhalb der Zelle verursachen, die anschließend durch Reparaturmechanismen behoben werden müssen. Eine Reduzierung der Lichtantennen könnte so zu einer gleichmäßigeren Lichtnutzung innerhalb eines Bioreaktors führen und Schatteneffekte bei hohen Zelldichten vermeiden. Die Reduzierung der Phycobilisomen in Cyanobakterien konnte außerdem das PSII-zu-PSI-Verhältnis von 0,1 auf 0,4 anheben und so in Richtung des LEF, das für die Wasserstoffproduktion wichtig ist, verbessern [90]. Des Weiteren könnten die steigenden CO_2-Konzentrationen innerhalb der Erdatmosphäre genutzt werden, um das Schlüsselenzym der Kohlenstofffixierung, die Ribulose-1,5-bisphosphatcarboxylase/-oxygenase (RuBisCO), in Bezug auf seine Umsatzrate zu verbessern und so die Effizienz der Photosynthese zu optimieren [91]. Dies wäre allerdings für eine effiziente Wasserstoffproduktion nachteilig. *C.-reinhardtii*-Stämme, die einen Defekt in einer der Untereinheiten der RuBisCO aufweisen, können unter Schwefelmangel bis zu 15-fach höhere Wasserstoffproduktionsraten aufweisen, da die PSII-Proteinkomplexe in Menge und Effizienz abnehmen [70, 92].

Obwohl [FeFe]-Hydrogenasen bis zu 100-fach effizienter als [NiFe]-Hydrogenasen sind, wirkt sich die Inaktivierung durch Sauerstoff negativ auf die Bilanzierung aus, da anaerobe Systeme häufig deutlich aufwendiger und damit auch kostenintensiver sind. Der anaerobe Zustand der Zellen ist für ein kontinuierliches Anzuchtsystem nicht optimal. Neben der heterologen Expression von sauerstofftoleranten Hydrogenasen ist die Optimierung der [FeFe]-Hydrogenase zu einer sauerstoffstabileren Variante ein fortwährendes Forschungsziel [93]. *In vivo* wurde bereits ein möglicher Lösungsansatz aufgezeigt, indem Leghämoglobin, das in den symbiotischen stickstofffixierenden Wurzelknöllchen der Leguminosen vorkommt, um die sauerstoffempfindliche Nitrogenase zu schützen, in *C. reinhardtii* exprimiert wurde [94]. Durch die chloroplastidäre Produktion des Leghämoglobins konnte ein stabileres Transkriptlevel der Hydrogenasen kodierenden Gene sowie eine höhere Wasserstoffproduktion in den Stämmen nachgewiesen werden. Des Weiteren kann die Expression der Hydrogenase-Gene verstärkt werden, um mehr aktives Enzym in der Zelle zu synthetisieren. Unter hohem Wasserstoffpartialdruck kann die Hydrogenase aber auch in der reversiblen Reaktion Wasserstoff verbrauchen und somit die Nettobilanz verringern.

Der Stärkemetabolismus ist ebenfalls ein wichtiger Faktor für die Wasserstoffproduktion, da er die Elektronenquelle für den indirekten, PSII-unabhängigen Weg darstellt. Außerdem kann er vermutlich durch die respiratorische Atmung dazu beitragen, dass im direkten Weg anoxische Bedingungen aufrechterhalten werden können. Die Analyse verschiedener Stärkemutanten zeigte aber auch, dass einige dieser Stämme trotz fehlender Stärkeakkumulation ähnliche Wasserstoffmengen wie der Ausgangsstamm produzieren konnten [95]. Erst durch die Inhibierung des PSII wird die Wasserstoffproduktionsrate deutlich reduziert, da hier keine Elektronen über den Plastochinon-Pool eingespeist werden können. Unter Lichtbedingungen hat die PSII-Inhibierung jedoch keine Auswirkung auf die Wasserstoffproduktion, sodass hier der Prozess wahrscheinlich über den Protonengradienten durch den zyklischen Elektronenfluss an PSI angetrieben wird [95].

Obwohl der indirekte Weg attraktiver für die Wasserstoffproduktion ist, da durch diesen Prozess kein Sauerstoff produziert wird, der zur Inaktivierung der Hydrogenase führen kann, ist er sehr gering in seiner Effektivität. Um die indirekte Photoproduktion zu optimieren, wurde die Typ-II-NADPH-Dehydrogenase (Nda2) im Chloroplasten produziert. Unter Nährstofflimitierung konnte die Aktivität der nicht photochemischen Reduktion des Plastochinons gesteigert werden, sodass mehr Wasserstoff über den indirekten Weg produziert werden konnte; dadurch besitzt der indirekte Weg eine ähnliche Effizienz wie der direkte Weg [57]. Alternative Ansätze zielen darauf ab, eine teilweise oder vollständige Inaktivierung des PSII zu erreichen. Dies kann zum einen mittels Mutageneseverfahren durchgeführt werden, durch die essenzielle Aminosäurereste verändert werden, aber auch eine Reduzierung einzelner PSII-Untereinheiten ist möglich [96, 97]. Durch einen genetischen Schalter kann außerdem die Abundanz des D2-Proteins in der Zelle reguliert werden. Dies ermöglicht ein 2-Phasen-System zur Akkumulation von Stärkereserven und zur Wasserstoffproduktion. In der anaeroben Phase konnten so bis zu 20 µmol H_2 pro Liter Algenkultur (max. 1 mmol H_2 mol^{-1} Chl s^{-1}) produziert werden [98].

4.3 *In-vitro*-Verfahren mit Biokatalysatoren: semi- und biosynthetische Wasserstoffkatalysatoren

Das Kopieren biologischer Prinzipien, bei denen ein Enzym eine Reaktion deutlich effizienter umsetzt, als ein synthetischer Katalysator es könnte, ist nur möglich, wenn die biologischen Grundlagen dafür weitestgehend untersucht sind. Biokatalysatoren besitzen den Vorteil, dass Metallatome, die für die Enzymaktivität essenziell sind, reichlich vorhanden, nachhaltig und günstig verfügbar sind. Enzyme wie Hydrogenasen sind zudem ausgezeichnete Elektrokatalysatoren, mit denen man reversible Reaktionen durchführen kann. Für das aktive Zentrum der Hydrogenasen werden Eisen- sowie manchmal auch Nickelatome benötigt; damit weisen die Hydrogenase ähnliche Eigenschaften wie Platin auf. Auch der wasseroxidierende Mangankomplex des PSII agiert bei geringerer Überspannung und mit höheren Umsatzraten als jeder andere bekannte synthetische Katalysator. Der intrinsische Metallcofaktor ist in das strukturelle Netzwerk von Aminosäuren eingeflochten und bildet so die Proteinbindetasche und den Tunnel für Substrat, Produkt, Protonen und Elektronen. Die spezifische Struktur zusammen mit den essenziellen Cofaktoren ist wahrscheinlich auch maßgeblich für die Sauerstofftoleranz von [NiFe]-Hydrogenasen verantwortlich [99]. Das Eisen-Schwefel-Cluster (4Fe-3S) wird in diesem Fall durch sechs statt vier Cysteinreste in der Nähe des aktiven [NiFe]-Zentrums koordiniert [100].

4.3.1 (Semi-)Enzymatische Systeme zur H_2-Produktion und ihre Effizienz

Verantwortlich für die katalytische Aktivität der Hydrogenase ist das sogenannte H-Cluster (FeS-Cluster). Dieser Cofaktor besteht aus einem kubischen [4Fe4S]-Zentrum ($4Fe_H$), das über eine Cysteinbrücke kovalent mit einem [2Fe]-Zentrum ($2Fe_H$) verbunden ist [101–103]. Hier kann aufgrund der Anbindung an das Subcluster zwischen einem proximalen (Fe_p) und einem distalen Eisenatom (Fe_d) unterschieden werden. Die beiden Eisenatome werden durch drei CO- und zwei CN^--Liganden koordiniert, die das Redoxpotenzial des H-Clusters justieren. Fe_p und Fe_d sind durch eine Azadithiolatbrücke (adt, $(SCH_2)_2NH$) verknüpft, die am Protonentransfermechanismus zwischen der Enzymoberfläche und dem aktiven Zentrum beteiligt ist. Wie alle bekannten [FeFe]-Hydrogenasen aus Mikroalgen, beispielhaft durch die Hydrogenase von *Clostridium pasteurianum* in ◘ Abb. 4.3 dargestellt, besitzt HydA1 innerhalb seiner Proteinstruktur die katalytisch aktive H-Domäne [103]. Da nichteukaryotische [FeFe]-Hydrogenasen zudem noch weitere Cluster aufweisen können, wird HydA1 häufig wegen der relativ einfachen Struktur für die Untersuchungen verwendet [104]. So besitzt CpI, die [FeFe]-Hydrogenase 1 von *C. pasteurianum,* zwei weitere N-terminale Bindemotive für ein [4Fe4S]-Cluster und ein [2Fe2S]-Cluster (◘ Abb. 4.3). Für die Biosynthese des 2Fe-Subclusters und die katalytische Aktivität sind spezifische Reifungsfaktoren sowie die FeS-Clusterassemblierungsmaschinerie notwendig [105, 106]. Die endogene Reifungsmaschinerie kann sich bei

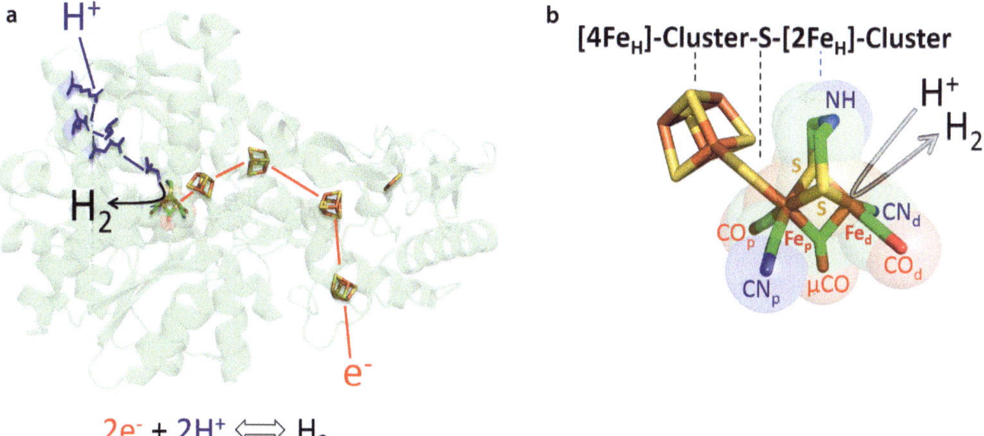

◘ **Abb. 4.3** Enzymatische Struktur des katalytischen Zentrums der [FeFe]-Hydrogenase Cp1 von Clostridium pasteurianum. **a** Die durch die Kristallstruktur ermittelte Proteinhülle von CpI (grau) weist spezifische Seitenreste (blau) auf, die in den Protonentransfer involviert sind. **b** Modell des Reaktionszentrums von CpI. Das H-Cluster besteht aus einem [4Fe4S]-Cluster, das über ein Cystein mit dem [2Fe2S]-Cluster verbunden ist. Dieser Cluster wird durch drei CO^-, zwei CN^--Liganden sowie eine Azadithiolatbrücke koordiniert einer Isolierung der Hydrogenase aus dem nativen Organismus als vorteilhaft erweisen. Allerdings sind auch Standardexpressions- und -reifungssysteme bekannt, die in *E. coli* eine heterologe Koproduktion des Hydrogenase-Apoproteins sowie der drei H-Cluster-Maturasen bedürfen [107, 108]. Erst vor einiger Zeit konnte gezeigt werden, dass eine chemische Mimik des [2Fe]-Subclusters mit einer Azadithiolatbrücke apo-Hydrogenasen wie HydA1 und CpI unabhängig von weiteren Hilfsproteinen zu einem wasserstoffproduzierenden Enzym reifen lassen kann, das vergleichbare Aktivitäten wie die nativen oder rekombinanten Proteine besitzt und auch *in vivo* funktional ist [109, 110].

In-vitro-Systeme sind insbesondere dafür geeignet, eine semiartifizielle Wasserstoffproduktion zu ermöglichen, bieten aber gleichzeitig die Möglichkeit, erfolgreiche Ansätze auf *In-vivo*-Applikationen zu übertragen. Beispielsweise ermöglicht die rekombinante Fusion zwischen der kleinen stromalen Untereinheit PsaE von PSI aus *Synechocystis* sp. und der Untereinheit MBH der sauerstofftoleranten [NiFe]-Hydrogenase aus *R. eutropha* einen effizienten Elektronentransfer zwischen PSI und der direkt angegliederten Hydrogenase [111]. Dieser Hybridkomplex MBH-PsaE kann durch eine Immobilisierung an einer Goldelektrode bis zu 3000 µmol mg Chl^{-1} h^{-1} Wasserstoff produzieren [112]. Neben der Fusion des Elektronenüberträgers an die Hydrogenase ist ein weiterer Ansatzpunkt die Verknüpfung von physiologisch relevanten Cofaktoren, um den Elektronentransfer zu unterstützen. Dabei wurde ein Photosensitizer (Farbstoff) durch die Fe-S-Koordinationsverbindungen zwischen den F_B[4Fe-4S]-Cluster von PSI und den distalen [4Fe-4S]-Cluster der Hydrogenase eingebracht; so gelang eine erfolgreiche Elektronenübertragung und eine daraus resultierende Wasserstoffproduktion unter Lichtbedingungen [113]. Die Entwicklung biologisch-organischer Hybridnanokonstrukte kann bis zu 2200 µmol mg Chl^{-1} h^{-1} produzieren [114]. Sowohl homogene, molekularbasierte als auch heterogene, halbleiterbasierte Ansätze sind derzeit auf dem aktuellen Prüfstand zur Entwicklung eines effizienten wasserspaltenden Katalysators. In dem homogenen System werden die Elektronen direkt durch einen Photosensitizer an den Katalysator oder über einen Mediator wie Methylviologen oder PetF übertragen. Untersuchungen mit verschiedenen Photosensitizern ergaben eine effektive, lichtabhängige Wasserstoffproduktion durch ein *in-vitro*-System, welches das synthetische 5-Carboxy-Eosin in Kombination mit HydA1 enthielt [115]. Dabei konnte eine hohe Umsatzrate von 577 ml H_2 s^{-1} pro Mol [FeFe]-Hydrogenase erzielt werden. Auch Diketopyrrolopyrrole (DPP) zeigten an Metalloxidoberflächen gute Eigenschaften als organische Photosensitizer und wurden erfolgreich für die Wasserstoffproduktion mit Hydrogenase eingesetzt [116]. Da die lichtgetriebene enzymatische Katalyse durch die Anbindung eines Proteins an einen Photosensitizer häufig kostenintensiv, giftig sowie anfällig sein kann, wurden Kohlenstoffmaterialien entwickelt, die als kostengünstige lichtsammelnde Photosensitizer dienen können [117]. Für die Wasserstoffproduktion mit einer Hydrogenase wurde die Oberfläche durch die Behandlung von Ammonium positiv geladen, um angeregte Elektronen auf das negativ geladene Enzym übertragen zu können. Nach 24 h konnten so bis zu 43.000 mol H_2 (mol H_2ase)$^{-1}$ erzeugt werden. Die Kombination von Enzymen mit Halbleitersystemen kann zu einem hochaktiven photochemischen Elektronentransfer an einer lichtsammelnden Elektrodenoberfläche führen. So konnte die Hydrogenase erfolgreich an TiO_2-beschichteten p-Si-Photokathoden für die Photoreduktion von Protonen zu Wasserstoff etabliert werden [118]. Die Weiterentwicklung dieses Prinzips durch die Verwendung einer stabilisierenden mesoporösen Trennschicht konnte die Umsatzraten noch um ein Vielfaches steigern [119]. Durch diese und andere in letzter Zeit entwickelte artifizielle Systeme bietet sich die Chance, aktive und ökonomisch erschwingliche Katalysatoren zu erhalten. Auch eine Studie der Leopoldina [7] gab für Forschungsfelder auf Basis artifizieller Systeme aufgrund ihres hohen Innovationspotenzials eine positive Empfehlung.

4.4 Fazit

Lernen von der Natur im Hinblick auf die Wasserstoffproduktion bedeutet, dass man die biologischen Grundlagen des Wasserstoffmetabolismus und der daran beteiligten Enzyme versteht, kopiert und versucht, diese Prinzipien für technische Systeme nutzbar zu machen. Besonders der biologische Katalysator Hydrogenase reduziert unter Normbedingungen Protonen mit deutlich höheren Raten als jede synthetische chemische Substanz. Angelehnt an dieses natürliche Vorbild könnten in Zukunft synthetische oder technische Einheiten besonders in Kombination mit der artifiziellen Photosynthese in biomimetische oder bioinspirierte Systeme entwickelt werden. Ein anderer Ansatz befasst sich mit der lebenden Zelle zur H_2-Produktion. Neben dem systematischen Screening neuartiger Mikroorganismen, deren Wasserstoffproduktionsraten möglicherweise alles bisher Bekannte übersteigen, kann das gezielte *genetic* oder *metabolic engineering* genutzt werden, um Organismen für außerordentliche Wasserstoffproduktionsraten zu optimieren. Wichtig ist auch die Weiterentwicklung der Kultivierungssysteme, damit Wasserstoffproduktionssysteme ökonomisch kompetitiv werden. Obwohl die Berücksichtigung von Umwandlungswirkungsgraden für den Vergleich verschiedener Wasserstoffproduktionssysteme sinnvoll ist, sollten alle verbundenen Kosten in der Ökobilanz berücksichtigt werden.

Zusammenfassung
Dieses Kapitel gibt einen Überblick über den momentanen Stand der Forschung zur biologischen und bioinspirierten Wasserstoffproduktion. Nitrogenasen und Hydrogenasen spielen als Schlüsselenzyme der Wasserstoffentwicklung in prokaryotischen und eukaryotischen Organismen eine besondere Rolle. Die Diversität der zellspezifischen Stoffwechselwege wird durch die Beschreibung der fermentativen, photofermentativen sowie photobiologischen Wasserstoffproduktion beleuchtet. Limitierungen innerhalb der komplexen Netzwerke können als mögliche Ansatzpunkte dienen, um *in-vivo*-Systeme zur Wasserstoffproduktion weiterzuentwickeln. Beispielhaft werden aktuelle Forschungsinhalte zur Optimierung von Engpässen in Bakterien, Cyanobakterien und Mikroalgen aufgezeigt. Außerdem werden neuartige Konzepte zur artifiziellen oder semienzymatischen Katalyse beschrieben.

Literatur

1. Molina A, Falvey M, Rondanelli R (2017) A solar radiation database for Chile. Sci Rep 7(1):14823
2. Blankenship RE, Tiede DM, Barber J, Brudvig GW, Fleming G, Ghirardi M, Gunner MR, Junge W, Kramer DM, Melis A, Moore TA, Moser CC, Nocera DG, Nozik AJ, Ort DR, Parson WW, Prince RC, Sayre RT (2011) Comparing photosynthetic and photovoltaic efficiencies and recognizing the potential for improvement. Science 332(6031):805–809
3. Smil V (2008) Energy in nature and society: general energetics of complex systems. MIT Press, Cambridge
4. Oey M, Sawyer AL, Ross IL, Hankamer B (2016) Challenges and opportunities for hydrogen production from microalgae. Plant Biotechnol J 14(7):1487–1499
5. Hoffert MI, Caldeira K, Benford G, Criswell DR, Green C, Herzog H, Jain AK, Kheshgi HS, Lackner KS, Lewis JS, Lightfoot HD, Manheimer W,

4

Mankins JC, Mauel ME, Perkins LJ, Schlesinger ME, Volk T, Wigley TM (2002) Advanced technology paths to global climate stability: energy for a greenhouse planet. Science 298(5595):981–987
6. Gupta SK, Kumari S, Reddy K, Bux F (2013) Trends in biohydrogen production: major challenges and state-of-the-art developments. Environ Technol 34(13–16):1653–1670
7. Leopoldina – Nationale Akademie der Wissenschaften (2012) Bioenergie: Möglichkeiten und Grenzen. Empfehlungen. Kurzzusammenfassung und Empfehlungen
8. Rey FE, Heiniger EK, Harwood CS (2007) Redirection of metabolism for biological hydrogen production. Appl Environ Microbiol 73(5):1665–1671
9. Vignais PM, Billoud B, Meyer J (2001) Classification and phylogeny of hydrogenases. FEMS Microbiol Rev 25(4):455–501
10. Vignais PM, Billoud B (2007) Occurrence, classification, and biological function of hydrogenases: an overview. Chem Rev 107(10):4206–4272
11. Trchounian K, Poladyan A, Vassilian A, Trchounian A (2012) Multiple and reversible hydrogenases for hydrogen production by *Escherichia coli*: dependence on fermentation substrate, pH and the F_0F_1-ATPase. Crit Rev Biochem Mol Biol 47(3):236–249
12. Sargent F (2016) The model [NiFe]-hydrogenases of *Escherichia coli*. Adv Microb Physiol 68:433–507
13. Trchounian K, Trchounian A (2013) *Escherichia coli* multiple [Ni-Fe]-hydrogenases are sensitive to osmotic stress during glycerol fermentation but at different pHs. FEBS Lett 587(21):3562–3566
14. Fang HH, Liu H (2002) Effect of pH on hydrogen production from glucose by a mixed culture. Bioresour Technol 82(1):87–93
15. Vardar-Schara G, Krab IM, Yi G, Su WW (2007) A homogeneous fluorometric assay platform based on novel synthetic proteins. Biochem Biophys Res Commun 361(1):103–108
16. Schut GJ, Adams MW (2009) The Iron-hydrogenase of *Thermotoga maritima* utilizes ferredoxin and NADH synergistically: a new perspective on anaerobic hydrogen production. J Bacteriol 191(13):4451–4457
17. Wang S, Huang H, Kahnt J, Thauer RK (2013) A reversible electron-bifurcating ferredoxin- and NAD-dependent [FeFe]-hydrogenase (HydABC) in *Moorella thermoacetica*. J Bacteriol 195(6):1267–1275
18. Wang X, Yang H, Zhang Y, Guo L (2014) Remarkable enhancement on hydrogen production performance of *Rhodobacter sphaeroides* by disrupting *spbA* and *hupSL* genes. Int J Hydrogen Energy 39(27):14633–14641
19. Stephen AJ, Archer SA, Orozco RL, Macaskie LE (2017) Advances and bottlenecks in microbial hydrogen production. Microb Biotechnol 10(5):1120–1127
20. Gray CT, Gest H (1965) Biological formation of molecular hydrogen. Science 148(3667):186–192
21. Chitapornpan S, Chiemchaisri C, Chiemchaisri W, Honda R, Yamamoto K (2013) Organic carbon recovery and photosynthetic bacteria population in an anaerobic membrane photo-bioreactor treating food processing wastewater. Bioresour Technol 141:65–74
22. Boboescu IZ, Ilie M, Gherman VD, Mirel I, Pap B, Negrea A, Kondorosi É, Bíró T, Maróti G (2014) Revealing the factors influencing a fermentative biohydrogen production process using industrial wastewater as fermentation substrate. Biotechnol Biofuels 7(1):139
23. Li C, Fang HHP (2007) Fermentative hydrogen production from wastewater and solid wastes by mixed cultures. Crit Rev Environ Sci Technol 37(1):1–39
24. Valdez-Vazquez I, Ríos-Leal E, Esparza-García F, Cecchi F, Poggi-Varaldo HM (2005) Semi-continuous solid substrate anaerobic reactors for H_2 production from organic waste: mesophilic versus thermophilic regime. Int J Hydrogen Energy 30(14):1383–1391
25. Yakunin AF, Fedorov AS, Laurinavichene TV, Glaser VM, Egorov NS, Tsygankov AA, Zinchenko VV, Hallenbeck PC (2001) Regulation of nitrogenase in the photosynthetic bacterium *Rhodobacter sphaeroides* containing *draTG* and *nifHDK* genes from *Rhodobacter capsulatus*. Can J Microbiol 47(3):206–212
26. Kim DH, Lee JH, Kang S, Hallenbeck PC, Kim EJ, Lee JK, Kim MS (2014) Enhanced photo-fermentative H_2 production using *Rhodobacter sphaeroides* by ethanol addition and analysis of soluble microbial products. Biotechnol Biofuels 7:79
27. Rupprecht J, Hankamer B, Mussgnug JH, Ananyev G, Dismukes C, Kruse O (2006) Perspectives and advances of biological H_2 production in microorganisms. Appl Microbiol Biotechnol 72(3):442–449
28. Ghosh S, Dairkee UK, Chowdhury R, Bhattacharya P (2017) Hydrogen from food processing wastes via photofermentation using purple non-sulfur bacteria (PNSB) – a review. Energy Convers Manag 141:299–314
29. Miyake J, Kawamura S (1987) Efficiency of light energy conversion to hydrogen by the photosynthetic bacterium *Rhodobacter sphaeroides*. Int J Hydrogen Energy 12(3):147–149
30. Androga DD, Özgür E, Eroglu I, Gündüz U, Yücel M (2011) Significance of carbon to nitrogen

ratio on the long-term stability of continuous photofermentative hydrogen production. Int J Hydrogen Energy 36(24):15583–15594
31. Hädicke O, Grammel H, Klamt S (2011) Metabolic network modeling of redox balancing and biohydrogen production in purple nonsulfur bacteria. BMC Syst Biol 5(150):1–18
32. Vignais PM, Toussaint B (1994) Molecular biology of membrane bound H_2 uptake hydrogenases. Arch Microbiol 161(1):1–10
33. Bernhard M, Buhrke T, Bleijlevens B, De Lacey AL, Fernandez VM, Albracht SP, Friedrich B (2001) The H_2 sensor of *Ralstonia eutropha*. biochemical characteristics, spectroscopic properties, and its interaction with a histidine protein kinase. J Biol Chem 276(19):15592–15597
34. Franchi E, Tosi C, Scolla G, Penna GD, Rodriguez F, Pedroni PM (2004) Metabolically engineered *Rhodobacter sphaeroides* RV strains for improved biohydrogen photoproduction combined with disposal of food wastes. Mar Biotechnol 6(6):552–565
35. Öztürk Y, Yücel M, Daldal F, Mandacı S, Gündüz U, Türker L, Eroğlu İ (2006) Hydrogen production by using *Rhodobacter capsulatus* mutants with genetically modified electron transfer chains. Int J Hydrogen Energy 31(11):1545–1552
36. Nakada E, Nishikata S, Asada Y, Miyake J (1999) Photosynthetic bacterial hydrogen production combined with a fuel cell. Int J Hydrogen Energy 24(11):1053–1057
37. Lenz O, Bernhard M, Buhrke T, Schwartz E, Friedrich B (2002) The hydrogen-sensing apparatus in *Ralstonia eutropha*. J Mol Microbiol Biotechnol 4(3):255–262
38. Larimer FW, Chain P, Hauser L, Lamerdin J, Malfatti S, Do L, Land ML, Pelletier DA, Beatty JT, Lang AS, Tabita FR, Gibson JL, Hanson TE, Bobst C, Torres JL, Peres C, Harrison FH, Gibson J, Harwood CS (2004) Complete genome sequence of the metabolically versatile photosynthetic bacterium *Rhodopseudomonas palustris*. Nat Biotechnol 22(1):55–61
39. Lopes Pinto FA, Troshina O, Lindblad P (2002) A brief look at three decades of research on cyanobacterial hydrogen evolution. Int J Hydrogen Energy 27(11):1209–1215
40. Schütz K, Happe T, Troshina O, Lindblad P, Leitão E, Oliveira P, Tamagnini P (2004) Cyanobacterial H_2 production – a comparative analysis. Planta 218(3):350–359
41. Kumar K, Mella-Herrera RA, Golden JW (2010) Cyanobacterial heterocysts. Cold Spring Harb Perspect Biol 2(4):a000315. ▶ https://doi.org/10.1101/cshperspect.a000315
42. Happe T, Schütz K, Böhme H (2000) Transcriptional and mutational analysis of the uptake hydrogenase of the filamentous cyanobacterium *Anabaena variabilis* ATCC 29413. J Bacteriol 182(6):1624–1631
43. Gutekunst K, Chen X, Schreiber K, Kaspar U, Makam S, Appel J (2014) The bidirectional NiFe-hydrogenase in *Synechocystis* sp PCC 6803 is reduced by flavodoxin and ferredoxin and is essential under mixotrophic, nitrate-limiting conditions. J Biol Chem 289(4):1930–1937
44. Masukawa H, Mochimaru M, Sakurai H (2002) Disruption of the uptake hydrogenase gene, but not of the bidirectional hydrogenase gene, leads to enhanced photobiological hydrogen production by the nitrogen-fixing cyanobacterium *Anabaena* sp. PCC 7120. Appl Microbiol Biotechnol 58(5):618–624
45. Yoshino F, Ikeda H, Masukawa H, Sakurai H (2007) High photobiological hydrogen production activity of a *Nostoc* sp. PCC 7422 uptake hydrogenase-deficient mutant with high nitrogenase activity. Mar Biotechnol 9(1):101–112
46. Khetkorn W, Lindblad P, Incharoensakdi A (2012) Inactivation of uptake hydrogenase leads to enhanced and sustained hydrogen production with high nitrogenase activity under high light exposure in the cyanobacterium *Anabaena siamensis* TISTR 8012. J Biol Eng 6(1):19
47. Gutthann F, Egert M, Marques A, Appel J (2007) Inhibition of respiration and nitrate assimilation enhances photohydrogen evolution under low oxygen concentrations in *Synechocystis* sp. PCC 6803. Biochim Biophys Acta 1767(2):161–169
48. Baebprasert W, Jantaro S, Khetkorn W, Lindblad P, Incharoensakdi A (2011) Increased H_2 production in the cyanobacterium *Synechocystis* sp. strain PCC 6803 by redirecting the electron supply via genetic engineering of the nitrate assimilation pathway. Metab Eng 13(5):610–616
49. Masukawa H, Sakurai H, Hausinger RP, Inoue K (2017) Increased heterocyst frequency by *patN* disruption in *Anabaena* leads to enhanced photobiological hydrogen production at high light intensity and high cell density. Appl Microbiol Biotechnol 101(5):2177–2188
50. Bandyopadhyay A, Stöckel J, Min H, Sherman LA, Pakrasi HB (2010) High rates of photobiological H_2 production by a cyanobacterium under aerobic conditions. Nat Commun 1:139
51. Kothari A, Potrafka R, Garcia-Pichel F (2012) Diversity in hydrogen evolution from bidirectional hydrogenases in cyanobacteria from terrestrial, freshwater and marine intertidal environments. J Biotechnol 162(1):105–114
52. Melis A, Zhang L, Forestier M, Ghirardi ML, Seibert M (2000) Sustained photobiological hydrogen gas production upon reversible inactivation of oxygen evolution in the Green

4

Alga *Chlamydomonas reinhardtii*. Plant Physiol 122(1):127–136
53. Melis A, Happe T (2001) Hydrogen production. Green algae as a source of energy. Plant Physiol 127(3):740–748
54. Godde D, Trebst A (1980) NADH as electron donor for the photosynthetic membrane of *Chlamydomonas reinhardtii*. Arch Microbiol 127(3):245–252
55. Bamberger ES, King D, Erbes DL, Gibbs M (1982) H_2 and CO_2 evolution by anaerobically adapted *Chlamydomonas reinhardtii* F-60. Plant Physiol 69(6):1268–1273
56. Mus F, Cournac L, Cardettini V, Caruana A, Peltier G (2005) Inhibitor studies on non-photochemical plastoquinone reduction and H_2 photoproduction in *Chlamydomonas reinhardtii*. Biochim Biophys Acta 1708(3):322–332
57. Baltz A, Dang KV, Beyly A, Auroy P, Richaud P, Cournac L, Peltier G (2014) Plastidial expression of type II NAD(P)H dehydrogenase increases the reducing state of plastoquinones and hydrogen photoproduction rate by the indirect pathway in *Chlamydomonas reinhardtii*. Plant Physiol 165(3):1344–1352
58. Chochois V, Dauvillée D, Beyly A, Tolleter D, Cuiné S, Timpano H, Ball S, Cournac L, Peltier G (2009) Hydrogen production in *Chlamydomonas*: photosystem II-dependent and -independent pathways differ in their requirement for starch metabolism. Plant Physiol 151(2):631–640
59. Grossman AR, Catalanotti C, Yang W, Dubini A, Magneschi L, Subramanian V, Posewitz MC, Seibert M (2011) Multiple facets of anoxic metabolism and hydrogen production in the unicellular green alga *Chlamydomonas reinhardtii*. New Phytol 190(2):279–288
60. Atteia A, van Lis R, Tielens AG (1827) Martin WF (2013) Anaerobic energy metabolism in unicellular photosynthetic eukaryotes. Biochim Biophys Acta 2:210–223
61. Noth J, Krawietz D, Hemschemeier A, Happe T (2013) Pyruvate:ferredoxin oxidoreductase is coupled to light-independent hydrogen production in *Chlamydomonas reinhardtii*. J Biol Chem 288(6):4368–4377
62. van Lis R, Baffert C, Couté Y, Nitschke W, Atteia A (2013) *Chlamydomonas reinhardtii* chloroplasts contain a homodimeric pyruvate:ferredoxin oxidoreductase that functions with FDX1. Plant Physiol 161(1):57–71
63. Ghirardi ML, Togasaki RK, Seibert M (1997) Oxygen sensitivity of algal H_2-production. Appl Biochem Biotechnol 63–65:141–151
64. Melis A, Seibert M, Happe T (2004) Genomics of green algal hydrogen research. Photosynth Res 82(3):277–288
65. Davies JP, Yildiz FH, Grossman A (1996) Sac1, a putative regulator that is critical for survival of *Chlamydomonas reinhardtii* during sulfur deprivation. EMBO J 15(9):2150–2159
66. Wykoff DD, Davies JP, Melis A, Grossman AR (1998) The regulation of photosynthetic electron transport during nutrient deprivation in *Chlamydomonas reinhardtii*. Plant Physiol 117(1):129–139
67. Chen HC, Newton AJ, Melis A (2005) Role of SulP, a nuclear-encoded chloroplast sulfate permease, in sulfate transport and H_2 evolution in *Chlamydomonas reinhardtii*. Photosynth Res 84(1–3):289–296
68. Happe T, Kaminski A (2002) Differential regulation of the Fe-hydrogenase during anaerobic adaptation in the green alga *Chlamydomonas reinhardtii*. Eur J Biochem 269(3):1022–1032
69. Mus F, Dubini A, Seibert M, Posewitz MC, Grossman AR (2007) Anaerobic acclimation in *Chlamydomonas reinhardtii*: anoxic gene expression, hydrogenase induction, and metabolic pathways. J Biol Chem 282(35):25475–25486
70. Hemschemeier A, Fouchard S, Cournac L, Peltier G, Happe T (2008) Hydrogen production by *Chlamydomonas reinhardtii*: an elaborate interplay of electron sources and sinks. Planta 227(2):397–407
71. Winkler M, Heil B, Heil B, Happe T (2002) Isolation and molecular characterization of the [Fe]-hydrogenase from the unicellular green alga *Chlorella fusca*. Biochim Biophys Acta 1576(3):330–334
72. Kosourov S, Seibert M, Ghirardi ML (2003) Effects of extracellular pH on the metabolic pathways in sulfur-deprived, H_2-producing *Chlamydomonas reinhardtii* cultures. Plant Cell Physiol 44(2):146–155
73. Hemschemeier A, Happe T (2005) The exceptional photofermentative hydrogen metabolism of the green alga *Chlamydomonas reinhardtii*. Biochem Soc Trans 33(Pt 1):39–41
74. Philipps G, Happe T, Hemschemeier A (2012) Nitrogen deprivation results in photosynthetic hydrogen production in *Chlamydomonas reinhardtii*. Planta 235(4):729–745
75. Juergens MT, Disbrow B, Shachar-Hill Y (2016) The relationship of triacylglycerol and starch accumulation to carbon and energy flows during nutrient deprivation in *Chlamydomonas reinhardtii*. Plant Physiol 171(4):2445–2457
76. Volgusheva A, Kukarskikh G, Krendeleva T, Rubin A, Mamedov F (2015) Hydrogen photoproduction in green algae *Chlamydomonas reinhardtii* under magnesium deprivation. RSC Advances 5(8):5633–5637

77. Volgusheva AA, Jokel M, Allahverdiyeva Y, Kukarskikh GP, Lukashev EP, Lambreva MD, Krendeleva TE, Antal TK (2017) Comparative analyses of H_2 photoproduction in magnesium- and sulfur-starved *Chlamydomonas reinhardtii* cultures. Physiol Plant 161(1):124–137
78. Winkler M, Kuhlgert S, Hippler M, Happe T (2009) Characterization of the key step for light-driven hydrogen evolution in green algae. J Biol Chem 284(52):36620–36627
79. Hemschemeier A, Happe T (2011) Alternative photosynthetic electron transport pathways during anaerobiosis in the green alga *Chlamydomonas reinhardtii*. Biochim Biophys Acta 8:919–926
80. Winkler M, Hemschemeier A, Jacobs J, Stripp S, Happe T (2010) Multiple ferredoxin isoforms in *Chlamydomonas reinhardtii* – their role under stress conditions and biotechnological implications. Eur J Cell Biol 89(12):998–1004
81. Yacoby I, Tegler LT, Pochekailov S, Zhang S, King PW (2012) Optimized expression and purification for high-activity preparations of algal [FeFe]-hydrogenase. PLoS ONE 7(4):e35886. ► https://doi.org/10.1371/journal.pone.0035886
82. Joliot P, Johnson GN (2011) Regulation of cyclic and linear electron flow in higher plants. Proc Natl Acad Sci U S A 108(32):13317–13322
83. Hertle AP, Blunder T, Wunder T, Pesaresi P, Pribil M, Armbruster U, Leister D (2013) PGRL1 Is the elusive ferredoxin-plastoquinone reductase in photosynthetic cyclic electron flow. Mol Cell 49(3):511–523
84. Mosebach L, Heilmann C, Mutoh R, Gäbelein P, Steinbeck J, Happe T, Ikegami T, Hanke G, Kurisu G, Hippler M (2017) Association of ferredoxin:NADP$^+$ oxidoreductase with the photosynthetic apparatus modulates electron transfer in *Chlamydomonas reinhardtii*. Photosynth Res 134(3):291–306
85. Steinbeck J, Nikolova D, Weingarten R, Johnson X, Richaud P, Peltier G, Hermann M, Magneschi L, Hippler M (2015) Deletion of proton gradient regulation 5 (PGR5) and PGR5-like 1 (PGRL1) proteins promote sustainable light-driven hydrogen production in *Chlamydomonas reinhardtii* due to increased PSII activity under sulfur deprivation. Front Plant Sci 6:892
86. Giannelli L, Scoma A, Torzillo G (2009) Interplay between light intensity, chlorophyll concentration and culture mixing on the hydrogen production in sulfur-deprived *Chlamydomonas reinhardtii* cultures grown in laboratory photobioreactors. Biotechnol Bioeng 104(1):76–90
87. Wijffels RH, Barbosa MJ (2010) An outlook on microalgal biofuels. Science 329(5993):796–799
88. Janssen M, Tramper J, Mur LR, Wijffels RH (2003) Enclosed outdoor photobioreactors: light regime, photosynthetic efficiency, scale-up, and future prospects. Biotechnol Bioeng 81(2):193–210
89. Chen M, Blankenship RE (2011) Expanding the solar spectrum used by photosynthesis. Trends Plant Sci 16(8):427–431
90. Bernát G, Waschewski N, Rögner M (2009) Towards efficient hydrogen production: the impact of antenna size and external factors on electron transport dynamics in *Synechocystis* PCC 6803. Photosynth Res 99(3):205–216
91. Zhu XG, de Sturler E, Long SP (2007) Optimizing the distribution of resources between enzymes of carbon metabolism can dramatically increase photosynthetic rate: a numerical simulation using an evolutionary algorithm. Plant Physiol 145(2):513–526
92. Pinto TS, Malcata FX, Arrabaça JD, Silva JM, Spreitzer RJ, Esquível MG (2013) Rubisco mutants of *Chlamydomonas reinhardtii* enhance photosynthetic hydrogen production. Appl Microbiol Biotechnol 97(12):5635–5643
93. Chang CH, King PW, Ghirardi ML, Kim K (2007) Atomic resolution modeling of the ferredoxin:[FeFe] hydrogenase complex from *Chlamydomonas reinhardtii*. Biophys J 93(9):3034–3045
94. Wu S, Xu L, Huang R, Wang Q (2011) Improved biohydrogen production with an expression of codon-optimized *hemH* and *lba* genes in the chloroplast of *Chlamydomonas reinhardtii*. Bioresour Technol 102(3):2610–2616
95. Chochois V, Constans L, Dauvillée D, Beyly A, Solivérès M, Ball S, Peltier G, Cournac L (2010) Relationships between PSII-independent hydrogen bioproduction and starch metabolism as evidenced from isolation of starch catabolism mutants in the green alga *Chlamydomonas reinhardtii*. Int J Hydrogen Energy 35(19):10731–10740
96. Scoma A, Krawietz D, Faraloni C, Giannelli L, Happe T, Torzillo G (2012) Sustained H_2 production in a *Chlamydomonas reinhardtii* D1 protein mutant. J Biotechnol 157(4):613–619
97. Lin HD, Liu BH, Kuo TT, Tsai HC, Feng TY, Huang CC, Chien LF (2013) Knockdown of PsbO leads to induction of HydA and production of photobiological H_2 in the green alga *Chlorella* sp. DT. Bioresour Technol 143:154–162
98. Surzycki R, Cournac L, Peltier G, Rochaix JD (2007) Potential for hydrogen production with inducible chloroplast gene expression in *Chlamydomonas*. Proc Natl Acad Sci U S A 104(44):17548–17553
99. Fritsch J, Scheerer P, Frielingsdorf S, Kroschinsky S, Friedrich B, Lenz O, Spahn CM (2011) The crystal structure of an oxygen-tolerant

hydrogenase uncovers a novel iron-sulphur centre. Nature 479(7372):249–252
100. Goris T, Wait AF, Saggu M, Fritsch J, Heidary N, Stein M, Zebger I, Lendzian F, Armstrong FA, Friedrich B, Lenz O (2011) A unique iron-sulfur cluster is crucial for oxygen tolerance of a [NiFe]-hydrogenase. Nat Chem Biol 7(5):310–318
101. Peters JW (2009) Carbon monoxide and cyanide ligands in the active site of [FeFe]-hydrogenases. Met Ions Life Sci 6:179–218
102. Nicolet Y, Piras C, Legrand P, Hatchikian CE, Fontecilla-Camps JC (1999) *Desulfovibrio desulfuricans* iron hydrogenase: the structure shows unusual coordination to an active site Fe binuclear center. Structure 7(1):13–23. ▶ https://doi.org/10.1016/s0969-2126(99)80005-7
103. Peters JW, Schut GJ, Boyd ES, Mulder DW, Shepard EM, Broderick JB, King PW (1853) Adams MW (2015) [FeFe]- and [NiFe]-hydrogenase diversity, mechanism, and maturation. Biochim Biophys Acta 6:1350–1369
104. Lubitz W, Ogata H, Rüdiger O, Reijerse E (2014) Hydrogenases. Chem Rev 114(8):4081–4148
105. Posewitz MC, Smolinski SL, Kanakagiri S, Melis A, Seibert M, Ghirardi ML (2004) Hydrogen photoproduction is attenuated by disruption of an isoamylase gene in *Chlamydomonas reinhardtii*. Plant Cell 16(8):2151–2163
106. Sawyer A, Bai Y, Lu Y, Hemschemeier A, Happe T (2017) Compartmentalisation of [FeFe]-hydrogenase maturation in *Chlamydomonas reinhardtii*. Plant J 90(6):1134–1143
107. Kuchenreuther JM, Grady-Smith CS, Bingham AS, George SJ, Cramer SP, Swartz JR (2010) High-yield expression of heterologous [FeFe] hydrogenases in *Escherichia coli*. PLoS ONE 5(11):e15491
108. Yacoby I, Pochekailov S, Toporik H, Ghirardi ML, King PW, Zhang S (2011) Photosynthetic electron partitioning between [FeFe]-hydrogenase and ferredoxin:NADP$^+$-oxidoreductase (FNR) enzymes *in vitro*. Proc Natl Acad Sci U S A 108(23):9396–9401
109. Berggren G, Adamska A, Lambertz C, Simmons TR, Esselborn J, Atta M, Gambarelli S, Mouesca JM, Reijerse E, Lubitz W, Happe T, Artero V, Fontecave M (2013) Biomimetic assembly and activation of [FeFe]-hydrogenases. Nature 499(7456):66–69
110. Esselborn J, Lambertz C, Adamska-Venkates A, Simmons T, Berggren G, Noth J, Siebel J, Hemschemeier A, Artero V, Reijerse E, Fontecave M, Lubitz W, Happe T (2013) Spontaneous activation of [FeFe]-hydrogenases by an inorganic [2Fe] active site mimic. Nat Chem Biol 9(10):607–609
111. Schwarze A, Kopczak MJ, Rögner M, Lenz O (2010) Requirements for construction of a functional hybrid complex of photosystem I and [NiFe]-hydrogenase. Appl Environ Microbiol 76(8):2641–2651
112. Krassen H, Schwarze A, Friedrich B, Ataka K, Lenz O, Heberle J (2009) Photosynthetic hydrogen production by a hybrid complex of photosystem I and [NiFe]-hydrogenase. ACS Nano 3(12):4055–4061
113. Lubner CE, Knörzer P, Silva PJ, Vincent KA, Happe T, Bryant DA, Golbeck JH (2010) Wiring an [FeFe]-hydrogenase with photosystem I for light-induced hydrogen production. Biochemistry 49(48):10264–10266
114. Lubner CE, Applegate AM, Knörzer P, Ganago A, Bryant DA, Happe T, Golbeck JH (2011) Solar hydrogen-producing bionanodevice outperforms natural photosynthesis. Proc Natl Acad Sci U S A 108(52):20988–20991
115. Adam D, Bösche L, Castañeda-Losada L, Winkler M, Apfel UP, Happe T (2017) Sunlight-dependent hydrogen production by photosensitizer/hydrogenase systems. Chemsuschem 10(5):894–902
116. Warnan J, Willkomm J, Ng JN, Godin R, Prantl S, Durrant JR, Reisner E (2017) Solar H_2 evolution in water with modified diketopyrrolopyrrole dyes immobilised on molecular Co and Ni catalyst-TiO_2 hybrids. Chem Sci 8(4):3070–3079
117. Hutton GA, Reuillard B, Martindale BC, Caputo CA, Lockwood CW, Butt JN, Reisner E (2016) Carbon dots as versatile photosensitizers for solar-driven catalysis with redox enzymes. J Am Chem Soc 138(51):16722–16730
118. Lee CY, Park HS, Fontecilla-Camps JC, Reisner E (2016) Photoelectrochemical H_2 evolution with a hydrogenase immobilized on a TiO_2-protected silicon electrode. Angew Chem Int Ed Engl 55(20):5971–5974
119. Leung JJ, Warnan J, Nam DH, Zhang JZ, Willkomm J, Reisner E (2017) Photoelectrocatalytic H_2 evolution in water with molecular catalysts immobilised on p-Si via a stabilising mesoporous TiO_2 interlayer. Chem Sci 8(7):5172–5180

Herstellung von Synthesegas

Johannes Booz, Dominik Höhner und Stefan Burmester

Inhaltsverzeichnis

M. Kircher und T. Schwarz (Hrsg.), *CO_2 und CO – Nachhaltige Kohlenstoffquellen für die Kreislaufwirtschaft*, https://doi.org/10.1007/978-3-662-60649-0_5

5

5.1 Einleitung

Unter dem Oberbegriff „Synthesegas" werden prinzipiell alle Gase zusammengefasst, die für eine anschließende chemische Synthese eingesetzt werden. In der Prozesstechnik werden aufgrund der Bedeutung der großtechnischen Synthesen im Wesentlichen industriell hergestellte Gase verstanden, die CO und H_2 enthalten. Zu diesen großtechnischen Synthesen gehören die Ammoniaksynthese, die Fischer-Tropsch-Synthese zur Herstellung von Kohlenwasserstoffen, die Methanolsynthese, die Oxosynthese und weitere Verfahren (◘ Tab. 5.1). Der Begriff Synthesegas hat sich in der Zwischenzeit so weit eingeprägt, dass auch Produktgase aus der Vergasung von Kohle, Biomasse und anderen Einsatzstoffen, die anschließend nicht für eine Synthese, sondern z. B. in einem Kraft-Wärme-Prozess Verwendung finden, zuweilen als Synthesegas bezeichnet werden.

Als Einsatzstoffe für die Herstellung von Synthesegasen eignen sich feste Energieträger, wie z. B. Kohle und Biomasse, sowie flüssige und gasförmige Stoffe, so z. B. Erdöl und Erdgas. Die stoffliche Umsetzung von festen Energieträgern in ein Gas wird allgemein als „Vergasung" bezeichnet, während die Umsetzung von Gasen und Flüssigkeiten „Reformierung", zum Teil aber ebenfalls Vergasung genannt wird. Neben diesen Begriffen werden auch spezielle Bezeichnungen, wie „Spaltgas" (Synthesegas aus der Umsetzung von Erdgas und anderen Kohlenwasserstoffen mit Dampf), Wassergas (Synthesegas aus der Umsetzung von Koks mit Dampf) oder Generatorgas (Synthesegas aus der Umsetzung von Kohle mit Luft) verwendet.

Bis zur Mitte des vorherigen Jahrhunderts wurde Synthesegas überwiegend aus Kohle gewonnen. Anschließend setzten sich als Einsatzstoff zunehmend gasförmige und flüssige Brennstoffe durch. Der Vorteil dieser Stoffe ist, dass der Wasserstoffanteil im erzeugten Synthesegas höher ist und für viele Synthesen gerade ein hoher Wasserstoffgehalt erforderlich ist. Zudem sind die Anlagen bei flüssigen und gasförmigen Einsatzstoffen oft weniger komplex, und die Handhabung dieser Stoffe ist einfacher.

5.2 Einsatzstoffe/produzierte Mengen

Synthesegas wird durch die chemische Umwandlung von fossilen Energieträgern, nachwachsenden organischen Rohstoffen und

◘ **Tab. 5.1** Übersicht über Anwendungen, bei denen Synthesegas entsteht

Zusammensetzung Synthesegas [H_2:CO]	Anwendung	Produkt
H_2 roh	Ammoniaksynthese	NH_3
1–2: 2	Fischer-Tropsch-Verfahren	LPG, Naphtha, Diesel
2: 1	Dimethylether- und Benzin-Synthese	DME, Benzin
2: 1	Alkoholsynthese	Methanol, Ethanol
3: 1	Methanisierung	SNG, Methan
1: 1	Oxosynthese	Aldehyde

LPG: *Liquified Petroleum Gas;* DME: Dimethylether; SNG: *Synthetic Natural Gas*

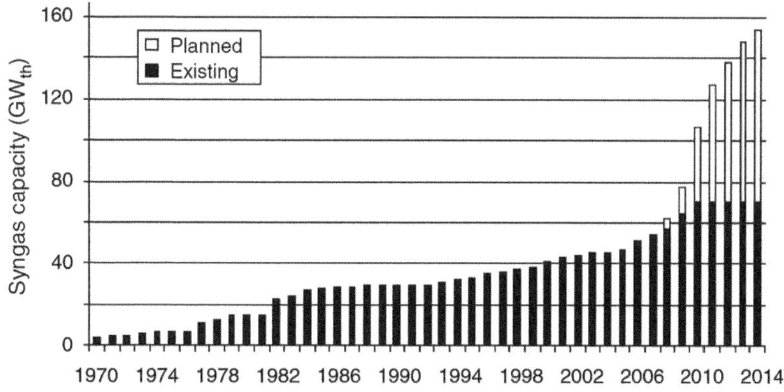

Abb. 5.1 Hergestellte Synthesegasmengen bis 2007 [3]

Abfällen gewonnen. Dabei können gasförmige oder verdampfbare Einsatzstoffe, wie Erdgas, Leichtbenzin, Raffineriegas, Koksofengas, und feste oder flüssige Einsatzstoffe, wie Schweröle, Erdöldestillationsrückstände, Petrolkoks, Biomasse und Kohle, als Einsatzstoff dienen [1].

Die Wahl des Einsatzstoffes hängt stark von dem vorherrschenden Preis, der Verfügbarkeit des Einsatzstoffes sowie der Folgeanwendung des Synthesegases ab. In Ländern wie Südafrika, Indien oder China ist aufgrund der großen Verfügbarkeit von Kohle die Synthesegaserzeugung durch Kohlevergasung weit verbreitet. In Deutschland hingegen wird der Großteil des Synthesegases durch die Dampfreformierung von Erdgas gewonnen, obwohl die Kohlevergasung historisch bedingt in Europa einen hohen Entwicklungsstand hat [2]. Erdgas wird als Einsatzstoff bevorzugt, weil die Herstellung von Synthesegas durch die Dampfreformierung großtechnisch erprobt und in Deutschland wirtschaftlich sowie ökologisch sinnvoller ist als die Herstellung durch Kohlevergasung. Die Gewinnung von Synthesegas aus nachwachsenden organischen Rohstoffen gilt als nahezu CO_2-neutral und stellt gerade aus klimatechnischer Sicht eine besonders interessante Möglichkeit dar, CO_2 einzusparen. Allerdings ist der verfahrenstechnische Aufwand bei Biomassevergasungsanlagen sehr groß. Damit sind u. a. die Minderwertigkeit der Biomasse (hoher O_2-Gehalt), eine sehr aufwendige Gasreinigung des erzeugten Synthesegases sowie die aufwendige Aufbereitung der Biomasse aufgrund der großen Inhomogenität gemeint.

Abb. 5.1 zeigt die weltweit hergestellten Synthesegasmengen durch Vergasung bis 2007 und eine Prognose bis 2014. Als Einsatzstoffe wurden Kohle, Schwerölfraktionen, Gas, Petrolkoks und Biomasse berücksichtigt.

5.3 Thermodynamische Grundlagen

Das Ziel der thermochemischen Vergasung bzw. Reformierung ist eine möglichst vollständige Umwandlung des Einsatzstoffes in ein gasförmiges Produkt – „Synthesegas". Die Grundvoraussetzung für die Vergasung ist die Zufuhr eines sauerstoffhaltigen Vergasungsmediums wie Luft, Sauerstoff, Wasserdampf oder Gemische dieser Komponenten. Zusätzlich kann bei der Vergasung von festen oder flüssigen Einsatzstoffen das Vergasungsmedium CO_2 zum Einsatz kommen. Durch den Sauerstoff kann der im Einsatzstoff vorhandene Kohlenstoff in CO umgesetzt werden. Tab. 5.2 zeigt die grundlegenden Reaktionsgleichungen der Vergasung von festen und gasförmigen

5

Tab. 5.2 Grundreaktionen der Vergasung und Reformierung [4]

Reaktionsgleichung	Enthalpie [kJ/mol], 25 °C	Gleichung
Heterogene Gas-Feststoff-Reaktionen		
$C + O_2 \rightarrow CO_2$	-393	5.1
$C + ½\,O_2 \rightarrow CO$	-110	5.2
$C + H_2O \rightarrow CO + H_2$	131	5.3
$C + CO_2 \leftrightarrows 2\,CO$	172	5.4
$C + 2\,H_2 \leftrightarrows CH_4$	-74	5.5
Homogene Gasphasenreaktionen		
$CO + H_2O \leftrightarrows CO_2 + H_2$	-41	5.6
$CH_4 + H_2O \leftrightarrows CO + 3\,H_2$	206	5.7
$CH_4 + CO_2 \leftrightarrows 2\,CO + 2\,H_2$	247	5.8
$CH_4 + 2\,O_2 \rightarrow CO_2 + 2\,H_2O$	-808	5.9
$CH_4 + ½\,O_2 \rightarrow CO + 2\,H_2$	-36	5.10
$CO + ½\,O_2 \leftrightarrows CO_2$	-283	5.11
$H_2 + ½\,O_2 \rightarrow H_2O$	-242	4.12

Einsatzstoffen, gegliedert in heterogene Gas-Feststoff-Reaktionen und homogene Gasphasenreaktionen. Der Einfachheit halber werden Reaktionen mit Kohlenwasserstoffen anhand von Methan dargestellt. Ähnliche Gleichungen können aber auch für andere Kohlenwasserstoffe aufgestellt werden.

Wenn bei der **Vergasung von Feststoffen oder Flüssigkeiten** O_2 durch das Vergasungsmedium zur Verfügung gestellt wird, können die partielle Oxidation und die vollständige Oxidation (5.1, 5.2) des Kohlenstoffs stattfinden. Beide Reaktionen sind exotherm, d. h., dass bei der Reaktion Wärme freigesetzt wird. Des Weiteren reagieren die Gase CO_2 und Wasserdampf gemäß der Wasser-Gas-Reaktion (5.3) und der Boudouard-Reaktion (5.4) am festen Kohlenstoff zu CO und H_2. Das CO_2 und der Wasserdampf können als Vergasungsmedium oder als Reaktionsprodukt vorliegen. Ferner kann der H_2 am festen Kohlenstoff zu CH_4 reagieren (5.5) [4].

In der homogenen Gasphase reagieren die während der Gas-Feststoff-Reaktionen entstandenen Gase miteinander. Gerade wenn Wasserdampf als Vergasungsmedium eingesetzt wird, finden u. a. die Wassergas-Shift-Reaktion (5.6) und die Dampfreformierung (4.7) von CH_4 statt. Die beiden Reaktionen werden im nächsten Abschnitt unter Reformierung erläutert.

Die grundlegenden Reaktionsgleichungen der Synthesegaserzeugung durch die **Reformierung von gasförmigen Einsatzstoffen** werden im Folgenden erläutert. Wird als Vergasungsmedium Wasserdampf eingesetzt – genannt Dampfreformierung – wird CH_4 zum Teil durch die Reaktionsgleichung (5.7) zu CO und H_2 umgesetzt. Die Reaktion ist stark endotherm, was bedeutet, dass Wärme zugeführt werden muss. Zudem findet die Wassergas-Shift-Reaktion (5.6) statt, d. h. die Umsetzung von CO unter Zugabe von Wasserdampf zu H_2 und CO_2.

Der Anteil von CO im Synthesegas wird weiterhin durch die Reaktion (5.8) beeinflusst. Hier reagiert CH_4 mit CO_2 zu CO und H_2. Die Boudouard-Reaktion (5.4) und die Methanumsetzung (5.5) können zu Rußbildung führen [3].

Da die Reformierung unter Zugabe von stöchiometrisch unzureichendem Sauerstoff (Sauerstoffmangel) erfolgt, spricht man auch von partieller Oxidation (POX), die exotherm ist. Bei der partiellen Oxidation von CH_4 entstehen CO und H_2 (5.10). Daneben findet zum Teil auch die vollständige Oxidation von CH_4 zu CO_2 und Wasser (5.9) statt. Außerdem kann die Oxidation des vorher entstandenen CO (5.11) und H_2 (5.12) auftreten. Die gesamte Energiebilanz der partiellen Oxidation ist exotherm. Welche Reaktionen bei der Vergasung bzw. Reformierung ablaufen und wie weit diese fortgeschritten sind, richtet sich nach dem Vergasungsmedium, der Verweilzeit und den Reaktionsbedingungen [4].

Die Energiebilanz der Vergasungs- bzw. Reformierungsreaktionen ist stark von den Reaktionsbedingungen abhängig und kann exotherm oder endotherm sein. Für den Fall, dass die benötigte Wärme direkt durch die partielle Oxidation des Einsatzstoffes zur Verfügung gestellt wird, spricht man von einer autothermen Vergasung. Wird die benötigte Wärme indirekt durch externe Wärmequellen zugeführt, spricht man von allothermer Vergasung. In der Regel wird das Verhältnis zwischen Sauerstoff und Vergasungsmedium so angepasst, dass Energie weder abgeführt noch zugeführt werden muss [3, 5].

5.4 Vergasungstechnologie

5.4.1 Feststoff

Die verfügbaren Vergasungstechnologien lassen sich neben dem Reaktortyp auch anhand der Art der Wärmebereitstellung (allotherm, autotherm), des Vergasungsmediums (Luft, Dampf, O_2), des Drucks (atmosphärisch, druckaufgeladen) sowie der Anzahl der Reaktionsstufen (einstufig, mehrstufig) unterscheiden. Hierbei hat sich hinsichtlich des Reaktortyps für die Feststoffvergasung in der Literatur weitgehend eine grundsätzliche Unterteilung in Festbett-, Wirbelschicht- und Flugstromvergaser durchgesetzt [4]. Neben den zuvor genannten Vergasern existieren aber noch weitere Reaktortypen und Sonderformen von mehr oder weniger hoher technischer Relevanz, die ebenfalls im Folgenden kurz Erwähnung finden.

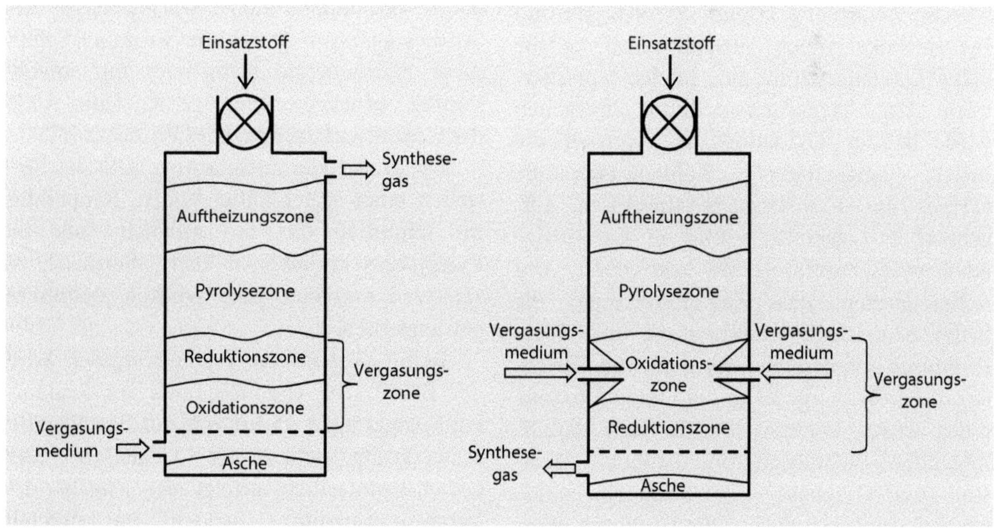

Abb. 5.2 Gleichstrom-Festbettvergaser (links) und Gegenstrom-Festbettvergaser (rechts)

5

Festbettvergaser

In Festbettvergasern wandert der zu vergasende Einsatzstoff als gasdurchlässiges Schüttbett schwerkraftgetrieben durch den Reaktor und wird dabei je nach Vergasertyp im Gleich- oder Gegenstrom mit dem Vergasungsmedium durchströmt. Anhand der Strömungsrichtung des Vergasungsmediums und aufgrund des damit einhergehenden großen Einflusses auf den Vergasungsprozess kann dieser Reaktortyp zusätzlich in Gleichstrom- und Gegenstrom-Festbettvergaser unterteilt werden. ◘ Abb. 5.2 stellt diese beiden wesentlichen Festbettbauarten gegenüber:

Abhängig vom Vergasertyp bilden sich innerhalb des Reaktors Zonen unterschiedlicher Stadien der thermochemischen Konversion des Einsatzstoffes aus, wodurch diese weitgehend räumlich getrennt voneinander ablaufen. Diese Zonen sind nicht räumlich fixiert und können sich je nach Betriebsweise des Reaktors vertikal verschieben und überlappen [6].

Beim Gleichstromvergaser bewegen sich Einsatzstoff und Vergasungsmedium in dieselbe Richtung, d. h. entlang der Schwerkraft nach unten. Der am Reaktorkopf eingetragene Einsatzstoff wird dabei zunächst erwärmt und getrocknet, bevor dessen pyrolytische Zersetzung erfolgt. Pyrolysegas und Pyrolysekoks treten anschließend in die heiße Oxidationszone ein, in der typischerweise das Vergasungsmedium zugegeben wird. In der Oxidationszone werden die meist langkettigen Kohlenwasserstoffe (Teere) des Pyrolysegases thermisch aufgebrochen („gecrackt") und in kurzkettige Kohlenwasserstoffmoleküle konvertiert. Um sicherzustellen, dass das Pyrolysegas die heiße Koksschicht durchströmt und Teere thermisch aufgebrochen werden, sind Gleichstrom-Festbettvergaser in der Oxidationszone meist etwas verengt [7]. In der darauffolgenden Reduktionszone können Feststoff- und Gasphase weiter reagieren, wobei ein Teil des Feststoffes in die Gasphase übergeht (siehe ◘ Tab. 5.2, Gl. 5.3 bis 5.5). Das noch rohe, ungereinigte Synthesegas verlässt anschließend unten den Reaktor, während inerte Bestandteile des Einsatzstoffes und möglicherweise entstandene Asche im unteren Reaktorbereich verbleiben und regelmäßig abgezogen werden müssen.

Ein Vorteil des Gleichstrom-Festbettvergasers ist der im Vergleich zum Gegenstrom-Festbettvergaser geringere Teergehalt im Synthesegas (<100 mg/Nm^3) [6, 8], der dadurch gewährleistet wird, dass die in der Pyrolyse- und Reduktionszone erzeugte Gasphase durch die heiße Oxidationszone geführt und reformiert wird [4].

Nachteilig beim Gleichstrom-Festbettvergaser sind hingegen die Limitierung hinsichtlich der Reaktorgröße (Up-Scale) sowie die hohen Anforderungen an die Einsatzstoffqualität (insbesondere Korngröße und Wassergehalt). Beides ist darauf zurückzuführen, dass über den Reaktorquerschnitt in den einzelnen Zonen gleichmäßig hohe Temperaturen vorliegen müssen, um eine konstant gute Synthesegasqualität zu gewährleisten. Bereiche mit niedrigen Temperaturen können hier zu einem größeren Anteil ungecrackter, langkettiger Kohlenwasserstoffe im Synthesegas führen [4, 9].

Ein weiterer Nachteil ist die hohe Reaktortemperatur (500–900 °C) [10] und die damit verbundene hohe Wärmeenergie des Synthesegases am Austritt des Reaktors. Sofern diese Wärmeenergie nicht oder nur unvollständig zurückgewonnen werden kann, sinkt der Gesamtwirkungsgrad des Prozesses [6].

Die größte Herausforderung stellt das Einstellen einer gleichmäßig hohen Temperatur im Schüttbett dar, um möglichst alle im Pyrolysegas enthaltenen Teere thermisch zu zersetzen und eine gute Synthesequalität zu gewährleisten.

Beim Gegenstrom-Festbettvergaser wird der Einsatzstoff ebenfalls oben am Reaktorkopf eingetragen und durchläuft den Reaktor schwerkraftgetrieben. Im Gegensatz zum Gleichstromfestbett erfolgt die Zugabe des Vergasungsmediums jedoch im unteren Reaktorbereich und durchströmt das Wanderbett im Gegenstrom, sodass das erzeugte

Synthesegas am Reaktorkopf austritt. Dadurch unterscheidet sich die Reihenfolge, mit welcher der Gasstrom die im Reaktor ausgebildeten Zonen thermischer Konversion durchläuft (siehe ◘ Abb. 5.2). Das in der Oxidationszone erzeugte heiße Gas gibt einen Großteil seiner Wärmeenergie bei der Durchströmung der darüber angeordneten Zonen ab und liefert somit die für die Reaktionen erforderliche Energie.

Ein Vorteil des Gegenstrom-Festbettvergasers ist sein hoher Wirkungsgrad, der aus der niedrigen Gasaustrittstemperatur (200–300 °C [10]) resultiert. Darüber hinaus ist er wesentlich flexibler und robuster hinsichtlich der Einsatzstoffauswahl [10]. Einerseits ist aufgrund des guten Wärmetransfers von der Gas- auf die Feststoffphase eine gute Vorerwärmung und Trocknung des Einsatzstoffes gewährleistet, sodass auch Einsatzstoffe mit vergleichsweise hohen Wassergehalten geeignet sind [6]. Andererseits ist dieser Reaktortyp weniger anfällig für große Korngrößen, da es im Vergleich zum Gleichstrom-Festbettvergaser keine Verengung des Reaktorquerschnitts gibt.

Ein wesentlicher Nachteil hingegen ist, dass die in der Pyrolysezone erzeugten teerhaltigen Pyrolysegase nicht die heiße Reduktions- und Oxidationszone durchlaufen, sondern oben am Reaktorkopf austreten. Dadurch ist der im Synthesegas enthaltene Teergehalt um ein Vielfaches höher als bei der Vergasung im Gleichstrom-Festbettvergaser, was wiederum aufwendigere Gasreinigungstechniken erfordert [7].

Gegenstromvergaser werden im Bereich der Biomassevergasung im Brennstoffleistungsbereich von 100 kW bis 10 MW_{th} eingesetzt. Insbesondere in Finnland und Schweden wurden in den 1980er-Jahren mehrere Vergaser („Bioneer"-Vergaser) im thermischen Leistungsbereich von 5 bis 10 MW_{th} installiert [6]. Erwähnenswert ist auch der Lurgi-Vergaser, der von der Firma Lurgi bereits in den 1930er-Jahren entwickelt wurde und bis heute den weltweit gebräuchlichsten Vergasertyp im Bereich *Coal-to-Liquid* bzw. *Coal-to-Gas* darstellt [11].

Zusätzlich zu den beiden oben genannten Festbettvergasertypen gibt es noch mehrere Varianten, bei denen das Vergasungsmedium in zwei oder mehr Stufen dem Schüttbett zugeführt wird. Dadurch soll versucht werden, die Vorteile von Gleichstrom- und Festbettvergaser zu kombinieren. Als Beispiel ist hier der Doppelfeuervergaser anzuführen [4].

Ebenso zum Festbettreaktortyp ist die Plasmavergasung zu zählen, bei der ein Gasstrom elektrisch auf bis zu 5000 °C erhitzt und der organische Teil des Einsatzstoffes praktisch vollständig thermisch zersetzt wird. Obwohl mit diesem Verfahren hohe Kaltgaswirkungsgrade erzielt werden können, sind eine aufwendige mechanische Aufbereitung des Einsatzstoffes [4] und eine hohe elektrische Energie [12] zum Betrieb des Vergasers erforderlich.

Wirbelschichtvergaser

Bei der Wirbelschichtvergasung wird der Einsatzstoff in ein Wirbelbett aus inertem (z. B. Quarzsand) oder katalytisch aktivem (z. B. Olivin, Kalkstein) Bettmaterial eingebracht, das durch das im unteren Reaktorbereich eingebrachte Vergasungsmedium fluidisiert wird. Wirbelschichten weisen bei guter Vermischung von Einsatzstoff und Wirbelbett weitgehend homogene Reaktionsbedingungen im gesamten Wirbelschichtbereich auf, d. h., es bilden sich anders als bei den Festbettvergasern keine ausgeprägten Temperatur- und Reaktionszonen aus. Daher laufen die Vergasungsreaktionen für diesen Reaktortyp auch parallel im gesamten Reaktor ab und sind nicht wie beim Festbettreaktor räumlich getrennt. Die gute Temperaturregelbarkeit und die damit sehr genaue Einstellbarkeit der Reaktionsbedingungen sind wesentliche Vorteile der Wirbelschichttechnik. Grundsätzlich können Wirbelschichtreaktoren eingeteilt werden in a) stationär und b) zirkulierend (siehe ◘ Abb. 5.3).

5

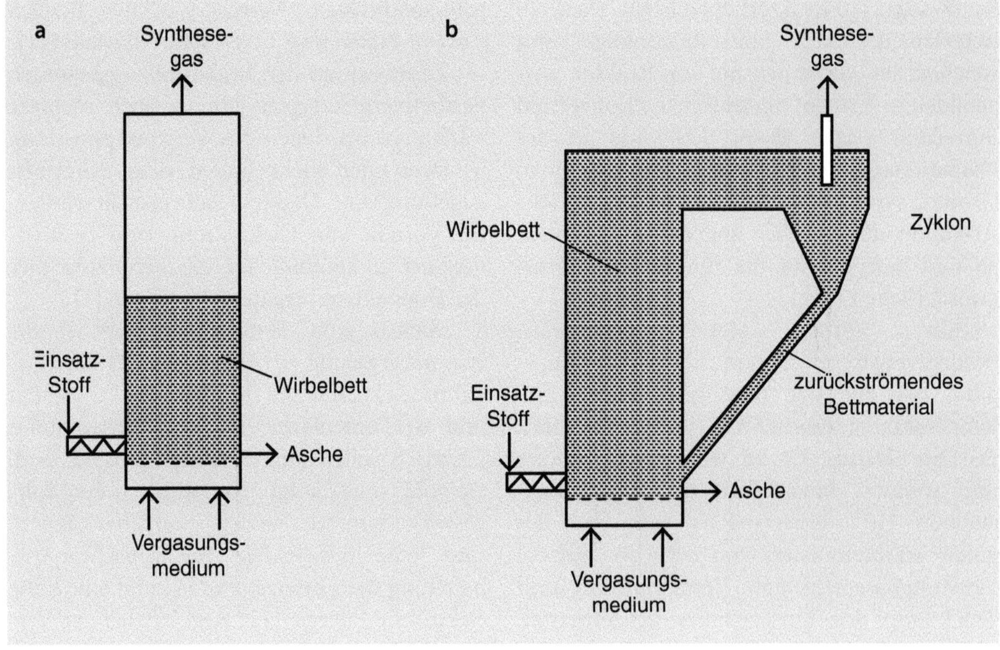

Abb. 5.3 **a** Stationäre Wirbelschicht; **b** zirkulierende Wirbelschicht

Bei der stationären Wirbelschicht ist die Strömungsgeschwindigkeit des Gases nur so groß, dass das Schüttbett im Innern des Reaktors in einen Schwebezustand versetzt wird, jedoch keine signifikanten Mengen Feststoff aus dem Reaktor oben ausgetragen werden. Hierbei hat sich eine Gasgeschwindigkeit vom ca. 5- bis 15-Fachen der Lockerungsgeschwindigkeit des Schüttbetts bewährt [4]. Die im Wirbelbett erzeugten Synthesegase treten nach oben in den leeren Reaktorraum („Freeboard") und reagieren dort aufgrund der vorherrschenden hohen Temperaturen weiter. Es laufen heterogene und homogene Vergasungs- und Reformierungsreaktionen ab, die sich in Abhängigkeit der Verweilzeit des Gases mehr oder weniger dem chemischen Gleichgewichtszustand nähern.

Die gute Regelbarkeit der Prozessparameter und die hohe Homogenität der Reaktionsbedingungen sind wesentliche Vorteile der stationären Wirbelschicht. Aus diesem Grund ist dieser Reaktortyp leicht nach oben skalierbar, und es lassen sich deutlich größere thermische Leistungen erzielen, als es für die bereits beschriebenen Festbettvergaser möglich ist. Nachteilig hingegen ist, dass die Austrittstemperatur aus dem Reaktorraum – ähnlich wie für den Gegenstrom-Festbettvergaser – eine aufwendige Wärmerückgewinnung erforderlich macht oder ansonsten nur geringe Wirkungsgrade erzielt werden können [4].

Wirbelschichtvergaser wurden ursprünglich für die großtechnische Vergasung von Kohle konzipiert (Winkler-Vergaser, 1926) und in den letzten Jahren zunehmend für die Biomassevergasung eingesetzt [6]. Das Winkler-Verfahren wurde von den Firmen Rheinbraun und Uhde zum Hochtemperatur-Winkler-Verfahren (HTW) weiterentwickelt, bei dem der Einsatzstoff in einer stationären Wirbelschicht bei Temperaturen unterhalb der Ascheerweichungstemperatur vergast wird und durch eine zusätzliche Eindüsung eines Vergasungsmediums oberhalb des Wirbelbetts noch im

Synthesegas vorhandene Teere thermisch zersetzt werden [13]. Atmosphärisch betriebene stationäre Wirbelschichtvergaser können heute als Stand der Technik angesehen werden, wohingegen beim Druckbetrieb die erfolgreiche Marktreife noch aussteht [4].

Die Funktionsweise der zirkulierenden Wirbelschicht ist vergleichbar mit der oben beschriebenen stationären Variante. Ein wesentlicher Unterschied besteht jedoch hinsichtlich der Gasgeschwindigkeit, die für die zirkulierende Wirbelschicht oberhalb der Schwebegeschwindigkeit der Einzelpartikel liegt, sodass das Bettmaterial aus dem Reaktor ausgetragen wird. Dadurch existiert für diesen Reaktortyp keine klar definierte Bettoberfläche, jedoch ein absteigender Schüttdichtegradient entlang der Reaktorhöhe. Das ausgetragene Bettmaterial (und Kokspartikel) wird (werden) in nachgeschalteten Zyklonen aus dem Synthesegasstrom entfernt und dem Wirbelschichtreaktor wieder zugeführt, sodass eine geschlossene Zirkulation des Bettmaterials vorliegt.

Ähnlich wie für stationäre Wirbelschichten ist auch ein Up-Scaling auf große Anlagenleistungen für die zirkulierende Wirbelschicht einfacher als für Festbettvergaser. Zudem weist die zirkulierende Wirbelschicht im Vergleich zur stationären Variante höhere Querschnittsbelastungen auf, d. h., die gleiche thermische Leistung kann mit geringeren Reaktorgrößen realisiert werden. Dies geht jedoch auf Kosten einer aufwendigeren Anlagentechnik [4]. Zirkulierende Wirbelschichten sind ein erfolgreich kommerziell erprobtes Verfahren und als Stand der Technik zu betrachten.

Neben den beiden oben beschriebenen Ausführungen des Wirbelschichtvergasers besteht zusätzlich die Möglichkeit, mehrere Wirbelschichten zu kombinieren. In der Zweibettwirbelschicht wird typischerweise eine Dampfvergasungswirbelschicht mit einer Verbrennungswirbelschicht kombiniert, wobei Letztere die für die Vergasung erforderliche Wärmeenergie bereitstellt. Eine ausführliche Erläuterung dieses Vergasertyps kann [4] entnommen werden.

Flugstromvergaser

Flugstromvergaser (◘ Abb. 5.4) werden meist als längliche Rohr-/Schachtreaktoren ausgeführt und können zur Vergasung von Feststoffen, Flüssigkeiten, Slurrys (Feststoff-Flüssigkeits-Gemisch) und Gasen verwendet werden. Feste Einsatzstoffe müssen vor Eintritt in den Reaktor fein gemahlen werden (<100 µm) und werden zumeist im Gleichstrom mit dem Vergasungsmedium im Kopf des Reaktors eingeblasen. Unter Einsatz von Sauerstoff als Vergasungsmedium und bei Temperaturen von 1250 bis 2000 °C [10] wird der Einsatzstoff in sehr kurzen Verweilzeiten (≈ 1 s) und bei hohen Drücken (25–60 bar) nahezu vollständig thermisch zersetzt. Aufgrund der hohen Temperaturen wird die im Einsatzstoff enthaltene Asche verflüssigt und

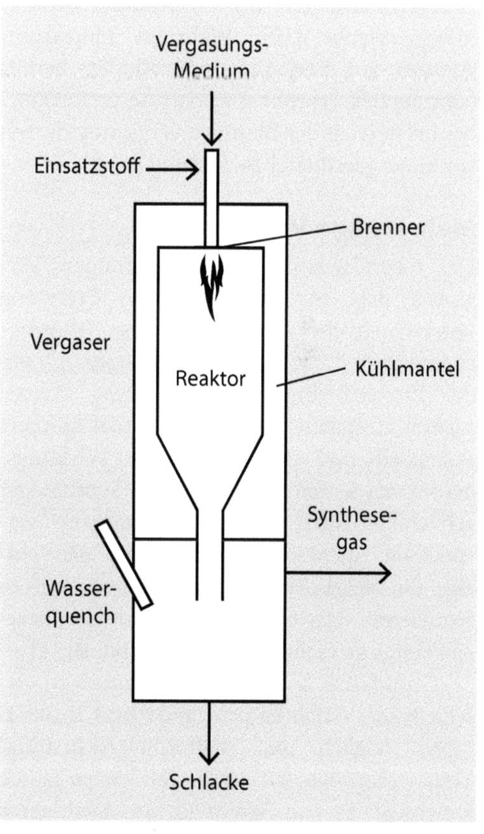

◘ **Abb. 5.4** Flugstromvergaser

muss am Boden des Reaktors als Schlacke abgezogen werden.

Für feste Brennstoffe werden Flugstromvergaser meist autotherm betrieben, d. h., die zur Vergasung erforderliche Wärmeenergie wird durch Oxidation eines Teils des Einsatzstoffes bereitgestellt.

Ein wesentlicher Vorteil des Flugstromvergasers ist seine hohe Leistungsdichte, die es ermöglicht, hohe thermische Anlagenleistungen zu erzielen. Des Weiteren werden durch die hohe Vergasungstemperatur Teere und Schadstoffe nahezu vollständig zersetzt, sodass das erzeugte Synthesegas eine sehr hohe Qualität aufweist [14] und für nachfolgende Synthesegasschritte gut geeignet ist.

Als Nachteil ist insbesondere der hohe technische und apparative Aufwand zu nennen, der einen wirtschaftlichen Betrieb von Flugstromvergasern nur für sehr hohe Anlagenleistungen von mehreren hundert MW_{th} erlaubt [10]. Während Flugstromvergaser zur Vergasung von Kohlen bereits kommerziell erprobt sind, ist dieser Reaktortyp im Bereich der Biomassevergasung derzeit von untergeordneter Bedeutung [4].

Mehrstufige Vergaser

Der Grundgedanke von mehrstufigen Vergasern liegt in der räumlichen Trennung unterschiedlicher Phasen des thermochemischen Konversionsprozesses, um die Prozessbedingungen für diese Phasen separat einstellen und optimieren zu können. Potenziell sind dadurch höhere Wirkungsgrade sowie ein teerärmeres Synthesegas erreichbar. Nach ersten Erkenntnissen versprechen mehrstufige Verfahren als einzige die Möglichkeit, Teergehalte so weit zu reduzieren, dass eine nachfolgende Synthesegasreinigung nicht mehr erforderlich ist [4].

Grundsätzlich ist eine Kombination verschiedener Verfahrensprinzipien und Reaktortypen möglich, und zahlreiche mehrstufige Vergaserkonzepte wurden in den letzten Jahren entwickelt [4, 6]. Während im niedrigeren Leistungsbereich (<1 MW_{th}) mehrstufige Biomassevergaser in den letzten Jahren realisiert und erfolgreich betrieben wurden [15], bleibt der kommerzielle Erfolg insbesondere für den höheren Leistungsbereich noch aus. Hier verspricht das Verfahren der gestuften Reformierung (▶ Kap. 10) großes Potenzial.

5.4.2 Herstellung von Synthesegasen aus gasförmigen und flüssigen Einsatzstoffen

Im Vergleich zu den oft sehr komplexen und langsamen heterogenen Reaktionen ist die Prozessführung bei homogenen Reaktionen üblicherweise sehr viel einfacher. In ▶ Abschn. 5.4.1.1 sind die Anlagenkonzepte der Synthesegasherstellung basierend auf den heterogenen Reaktionen von festen Einsatzstoffen (Kohle, Biomasse und ähnlichen Stoffe) dargestellt. Ähnliche Konzepte werden auch für hochviskose, langkettige flüssige Kohlenwasserstoffe genutzt. Für gasförmige und kurzkettige flüssige Kohlenwasserstoffe wurden dagegen andere Verfahren und Reaktoren entwickelt [16]. Anlagen, die auf diesen Einsatzstoffen beruhen, können viel kostengünstiger errichtet werden. Dabei gilt als grober Anhaltswert, dass die Investitionskosten einer Anlage zur Synthesegasherstellung auf der Basis des Einsatzstoffes Kohle etwa dreimal so hoch sein werden wie für Anlagen, die Erdgas als Einsatzstoff nutzen [17].

- Die Umsetzung von Erdgas und kurzkettigen Kohlenwasserstoffen zu Synthesegas wird Reformierung genannt. Folgende Verfahren werden üblicherweise unter diesem Begriff verstanden:
- Dampfreformierung (*steam reforming*, SR)
- Partielle Oxidation (*partial oxidation*, POX)
- Autotherme Reformierung (*autothermal reforming*, ATR)

Bei der Reformierung werden in aller Regel Katalysatoren zur Beschleunigung der

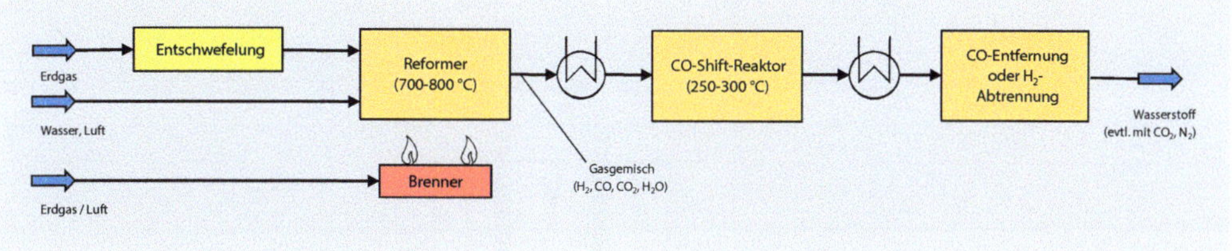

Abb. 5.5 Stufen der Dampfreformierung [20]

Reaktionen eingesetzt. Lediglich bei der partiellen Oxidation (POX) werden normalerweise keine Katalysatoren verwendet. Aber auch hier Verfahren wurden entwickelt, die Katalysatoren nutzen – so z. B. um die Reaktionstemperaturen abzusenken. Zur Unterscheidung von der rein thermischen partiellen Oxidation (TPOX) werden die katalytischen Verfahren oft als CPOX bezeichnet.

Dampfreformierung (SR)

Die Dampfreformierung wird überwiegend zur Herstellung eines wasserstoffreichen Synthesegases eingesetzt – so z. B. wenn das Synthesegas zur Herstellung von Ammoniak genutzt werden soll. In den letzten Jahren hat das Interesse an der Dampfreformierung deutlich zugenommen, da auf der Suche nach einer kohlenstofffreien Energieversorgung der Wasserstoff als Energieträger stärker in den Blickpunkt geraten ist. Damit ist die Dampfreformierung nicht nur bei Großanlagen von Bedeutung, die über 100.000 m^3 Wasserstoff pro Stunde produzieren (z. B. [18]), sondern auch bei kleinen Anlagen, die z. B. Wasserstoff für Brennstoffzellen erzeugen (z. B. [19]).

In Abb. 5.5 sind die wesentlichen Schritte der Dampfreformierung dargestellt. Der Einsatzstoff der Dampfreformierung – hier beispielsweise Erdgas – muss üblicherweise vor der Einspeisung in den Reformer vorbehandelt werden. Dabei müssen insbesondere Schwefelverbindungen entfernt werden, da der Schwefel ein starkes Katalysatorgift für die typischerweise eingesetzten nickelbasierten Katalysatoren ist. Dabei reichen Spuren von Schwefel, um eine deaktivierende Schicht auf dem Katalysator zu erzeugen. Generell stehen zur Entschwefelung mehrere Verfahren zur Verfügung. Vielfach wird die Entschwefelung durch die Reaktion der Schwefelkomponenten mit ZnO durchgeführt, da hierdurch die geringsten Restschwefelgehalte im Erdgas erzielt werden können.

Im Reformer läuft die Reaktion von CH_4 mit Wasserdampf gemäß Tab. 5.2 Gl. 5.7 ab. Ähnliche Gleichungen gelten auch für die Umsetzung von längerkettigen Kohlenwasserstoffen zu H_2 und CO. Die Reformierungsreaktion ist stark endotherm. Daraus folgt, dass dem Reformer von außen Energie zugeführt werden muss. Um das Gleichgewicht der Reaktion 5.7 auf die Produktseite zu verschieben, ist es vorteilhaft, hohe Temperaturen und für Gasphasenreaktionen vergleichsweise niedrige Drücke im Reaktor einzustellen.

Das Einsatzprodukt – hier beispielsweise wieder Erdgas – wird mit Wasserdampf vermischt und vorgewärmt. Anschließend wird das Gemisch im Reformer über den Katalysator geleitet. Typischerweise ist der Reformer ein Rohrreaktor, der innerhalb der Rohre mit einem nickelhaltigen Katalysator befüllt ist (Abb. 5.6). Außerhalb der Rohre, im Mantelraum, wird durch Gas- oder Ölbrenner die erforderliche thermische Energie für die endothermen Reaktionen in den Rohren bereitgestellt. Übliche Betriebsbedingungen der Reformierung sind Temperaturen von 700 bis 900 °C und Drücke von 20 bis 30 bar. Einen Überblick über die katalytische Reformierung von CH_4 gibt z. B. [21].

Nach der Reformierung enthält das Synthesegas – je nach Betriebsdruck,

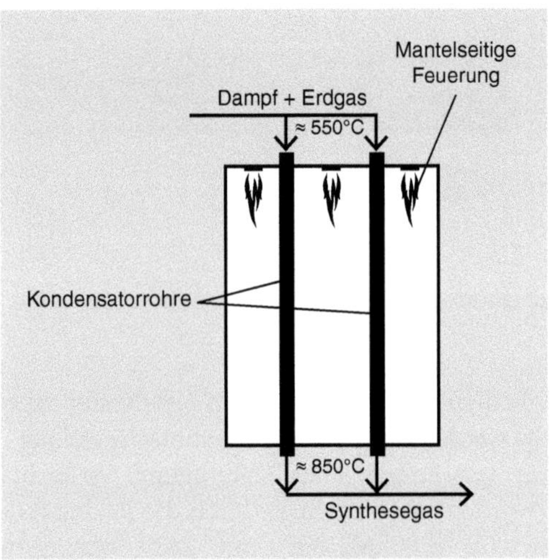

Abb. 5.6 Schematischer Aufbau eines Reformierungsreaktors [22]

Temperatur und Dampf/Kohlenstoff-Verhältnis – Restmethangehalte von 1 bis 10 % [22]. Zudem sind in dem Gas noch nennenswerte Anteile an CO enthalten. Dieses CO kann in einem Wassergas-Shift-Reaktor entsprechend der Reaktion 5.6, Tab. 5.2 zur Erhöhung des Wasserstoffanteils genutzt werden. Für den Ablauf der Shift-Reaktion wären auf der einen Seite hohe Temperaturen günstig, um hohe Reaktionsgeschwindigkeiten zu erreichen, auf der anderen Seite ist die Wassergas-Shift-Reaktion exotherm. Damit verschiebt sich das Gleichgewicht bei hohen Temperaturen auf die Eduktseite. Aus diesem Grund werden Wassergas-Shift-Reaktionen oft zweistufig bei unterschiedlichen Temperaturen eingesetzt. Die erste Stufe, die Hochtemperatur-Shift-Stufe (HTS), wird im Temperaturbereich von 320 bis 450 °C und durch Einsatz von Fe_3O_4/Cr_2O_3-Katalysatoren durchgeführt. Diese Stufe reduziert die CO-Konzentration auf etwa 3 %. In der zweiten Stufe, der Niedertemperatur-Shift-Stufe (LTS), wird die CO-Konzentration bei einer Temperatur von ca. 180 bis 250 °C und durch Einsatz von Cu/ZnO/Al_2O_3-Katalysatoren auf etwa 500 ppm verringert [23]. Zum Teil werden auch dreistufige Wassergas-Shift-Reaktoren eingesetzt. In diesem Fall wird eine Mitteltemperaturstufe (Temperaturbereich von 220 bis 270 °C) ergänzt.

Die Hochtemperaturkonvertierung wird standardmäßig in den meisten H_2-Anlagen verwendet.

Nach der Shift-Stufe kann es noch erforderlich werden, H_2 abzutrennen oder CO (bzw. andere Schadkomponenten) aus dem Synthesegas zu entfernen. Da z. B. bei der Ammoniaksynthese kein CO im Synthesegas vorhanden sein darf und durch die Shift-Reaktionen die CO-Konzentrationen nicht hinreichend verringert werden können, ist eine Nachreinigung des Synthesegases erforderlich. CO kann durch eine Methanisierung (Umkehrung der Reaktion 5.7 in Tab. 5.2) katalytisch bei Temperaturen um 100 °C ausreichend reduziert werden.

Partielle Oxidation (POX)

Bei der partiellen Oxidation werden die Einsatzstoffe (hier: gasförmige oder flüssige Kohlenwasserstoffe) mit Sauerstoff in einem exothermen Prozess umgesetzt. Der Sauerstoff kann dem Reaktor entweder als Luftsauerstoff, als reiner Sauerstoff oder als mit Sauerstoff angereicherte Luft zugeführt werden.

Beim Einsatz von reinem Sauerstoff wird vermieden, dass das erzeugte Synthesegas erhebliche Anteile an Stickstoff enthält.

Bei der partiellen Oxidation reicht der zugeführte Sauerstoff nicht aus, den Einsatzstoff vollständig zu verbrennen, d. h., die Verbrennung verläuft unterstöchiometrisch. Aufgrund des Sauerstoffmangels entstehen neben den üblichen Rauchgaskomponenten, wie z. B. CO_2 und H_2O, auch die gewünschten Produkte CO und H_2. Selbst wenn eine Vielzahl von gasförmigen oder flüssigen Einsatzstoffen für die partielle Oxidation geeignet ist, werden vor allem hochviskose, langkettige Kohlenwasserstoffe mit hohen Siedetemperaturen (über 240 °C) eingesetzt. Für diese Einsatzstoffe ist die Dampfreformierung nicht geeignet. Die partielle Oxidation ist mit der Vergasung von Feststoffen vergleichbar – beide Verfahren beruhen auf den gleichen bzw. sehr ähnlichen Reaktionen.

Die partielle Oxidation wird aufgrund der hohen Reaktionstemperaturen in ausgemauerten Reaktoren, z. B. in Schachtreaktoren, durchgeführt. Die Umsetzung der Reaktionspartner zum Synthesegas erfolgt üblicherweise bei Drücken von 3 bis 6 MPa und Temperaturen von 1200 bis 1600 °C.

Dem Vorteil der partiellen Oxidation, dass eine große Bandbreite an Einsatzstoffen genutzt werden kann, stehen im Vergleich zur Dampfreformierung folgende Nachteile gegenüber:

- Die Anlagenkosten liegen bei der partiellen Oxidation höher, insbesondere wenn die partielle Oxidation mit reinem Sauerstoff betrieben werden soll.
- Die Wasserstoffausbeute ist geringer.

Aufgrund der vergleichsweise geringen Wasserstoffkonzentration und damit des niedrigen H_2/CO-Verhältnisses werden Anlagen zur partiellen Oxidation überwiegend zur Erzeugung von Synthesegas für die Fischer-Tropsch-Synthese genutzt. Dennoch gibt es im Bereich kleiner Anlagen die Überlegung, dieses Verfahren auch mit dem Ziel der Wasserstoffgewinnung einzusetzen.

In nahezu allen Fällen werden bei der partiellen Oxidation keine Katalysatoren eingesetzt. Es gibt aber Verfahrensvarianten – so z. B. beim Einsatz von Erdgas –, die Katalysatoren nutzen, um die Reaktionstemperaturen auf etwa 800 bis 900 °C absenken zu können. Eine Voraussetzung hierbei ist, dass der Einsatzstoff nur geringe Mengen an Schwefel enthält, um den eingesetzten Katalysator nicht zu vergiften.

Autotherme Reformierung (ATR)

Bei der autothermen Reformierung werden die vorgenannten Verfahren miteinander kombiniert. So wird bei diesem Verfahren ein Teil des Gases verbrannt, um die Temperatur in der Katalysatorschicht für die Dampfreformierung zu erhöhen. Die Gesamtreaktion ist leicht exotherm. Der Vorteil der autothermen Vergasung gegenüber der Dampfreformierung besteht darin, dass aufgrund der direkten Beheizung der thermische Wirkungsgrad des Prozesses höher liegt. Die höheren Temperaturen bei der autothermen Reformierung sorgen für höhere Reaktionsgeschwindigkeiten und damit für einen größeren Durchsatz. Limitierend sind allerdings die Einsatzbereiche der Werkstoffe und Materialien, welche die maximalen Reaktionstemperaturen vorgeben. Ferner ist zu beachten, dass reiner Sauerstoff erforderlich ist, wenn kein Stickstoff im Synthesegas enthalten sein soll.

Ein weiteres Problem ist, dass aufgrund von Parallelreaktionen bei der Teilverbrennung Ruß entstehen kann (gemäß der Gleichgewichtsreaktion 5.3 und 5.4 aus ◘ Tab. 5.2 in umgekehrter Richtung). Dies kann vermieden werden, wenn eine hohe Dampfkonzentration (ein hohes Dampf-Kohlenstoff[S/C]-Verhältnis) eingestellt wird. Hohe S/C-Verhältnisse sind aber mit hohen Kosten verbunden, sodass seit einiger Zeit an der Optimierung der Dampfzugabe gearbeitet wird [24].

5

Kleine Reformer

In der Vergangenheit lag das Hauptinteresse bei der Synthesegasherstellung auf der Entwicklung und Optimierung von Großanlagen. Aufgrund der zunehmenden Bedeutung von Brennstoffzellen in mobilen Systemen oder der dezentralen Wasserstoffversorgung als kohlenstofffreier Energieträger rücken kleine Reformer immer mehr in den Mittelpunkt des Interesses. Alle hier vorgestellten Verfahren zur Synthesegasherstellung sind auch für kleine Reformer geeignet. Zum Teil ist sogar daran gedacht, Reformer in Automobilen einzusetzen, um im Fahrzeug den Wasserstoff aus Kraftstoffen zu erzeugen. Der Wasserstoff wird in Brennstoffzellen zur Stromerzeugung eingesetzt, mit dem Ziel, Hilfssysteme, sogenannte APU *(auxilliary power unit)*, zu betreiben [25].

5.5 Synthesegaszusammensetzung und -nutzung

Das im Vergasungsprozess erzeugte Synthesegas ist ein Gemisch aus erwünschten heizwertreichen Gasbestandteilen, Inertgasen, unerwünschten Schadgasen und ggf. Feststoffpartikeln. Die konkrete Zusammensetzung hängt dabei im Wesentlichen von folgenden Faktoren [4] ab:

- Einsatzstoff (chemische Zusammensetzung, Korngröße, Verunreinigungen)
- Typ und Menge des Vergasungsmediums (Luft, Wasserdampf, CO_2, Gasgemische)
- Vergasertyp (► Abschn. 5.4)
- Temperatur, Verweilzeit und Druck

Eine Auswahl des Vergasungskonzepts, das alle oben genannten Faktoren abdeckt, muss die Verwendung des erzeugten Synthesegases berücksichtigen, da die Anforderungen an die Synthesegaszusammensetzung signifikant von der Nutzungstechnik abhängen. Im folgenden Teilkapitel werden zunächst die Abhängigkeiten der Synthesegaszusammensetzung von den obigen Faktoren beschrieben, um dann auf die Erfordernisse nachfolgender Nutzungstechniken einzugehen.

5.5.1 Einflussgrößen auf die Synthesegaszusammensetzung

Vergasungsmedium

Grundsätzlich ist zwischen stickstoffhaltigen (Luft) und stickstofffreien (Wasserdampf, CO_2, O_2) Vergasungsmedien zu unterscheiden. N_2 als Inertgas nimmt an keiner chemischen Reaktion teil und weist einen Heizwert von 0 MJ/m^3 auf. Von daher sorgt es für eine unerwünschte Verdünnung des Synthesegases und muss ggf. bei weiterer Synthesegasnutzung zuvor entfernt werden, um eine wirtschaftliche Nutzung zu ermöglichen. Nichtsdestotrotz ist Luft insbesondere im unteren Leistungsbereich, aufgrund der einfachen Handhabung und der geringen Bereitstellungskosten, das am häufigsten verwendete Vergasungsmedium [4]. Beispielsweise weist das in einer Luftvergasung erzeugte Synthesegas einen Heizwert im Bereich von 3 bis 6,5 MJ/m^3 auf und gilt damit

Tab. 5.3 Typische Teer- und Partikelgehalte für unterschiedliche Vergasertypen [4]

	Teergehalt [g/m^3]	Partikelgehalt [g/m^3]
Gleichstromfestbett	50	1
Gegenstromfestbett	0,5	1
Stationäre Wirbelschicht	12	4
Zirkulierende Wirbelschicht	8	20
Zweitbettwirbelschicht	2	20
Flugstrom	<0,1	< 0,05
Mehrstufig	< 0,1	Keine Angaben

als Schwachgas [4]. Bei motorischer Verbrennung würde die geringere Leistungsdichte zu einer geringeren Motorleistung führen, als es für ein heizwertreicheres Gas (z. B. Erdgas) möglich wäre. Im Vergleich dazu weist ein Synthesegas aus einer Wasserdampfvergasung typischerweise Heizwerte im Bereich von 10 bis 16 MJ/m^3 auf [4].

Vergasertyp

Wie bereits in ▶ Abschn. 5.4 beschrieben, haben die Vergaserbauart und die Prozessführung einen signifikanten Einfluss auf den Teer- und Partikelgehalt des Synthesegases. ◘ Tab. 5.3 zeigt typische Werte für die in den Vorkapiteln beschriebenen Vergasertypen:

Die mit Abstand höchsten Teergehalte sind für den Gegenstrom-Festbettvergaser zu verzeichnen. Für Gleichstrom-Festbettvergaser ist – wie oben beschrieben – die Stoffstromführung im Hinblick auf Teerzersetzung viel günstiger. Daher sind die Teerkonzentrationen gering. Wirbelschichtvergaser hingegen liegen hinsichtlich des Teergehalts im Synthesegas zwischen Gleichstrom- und Gegenstrom-Festbettvergaser. Allerdings kann der Teergehalt in Abhängigkeit der Prozesstemperatur, der Verweilzeit sowie des gewählten Bettmaterials (katalytisch oder nichtkatalytisch) stark variieren. Flugstromvergaser erzeugen praktisch teerfreies Synthesegas, was insbesondere auf die im Reaktor vorherrschenden hohen Temperaturen zurückzuführen ist. Ähnlich verhält es sich für mehrstufige Vergaser, die u. a. explizit für eine Verringerung des Teergehalts im Synthesegas entwickelt wurden. Hier wird das in der Pyrolysestufe erzeugte stark teerhaltige Pyrolysegas in eine nachfolgende Reformierungsstufe geführt, in der unter hohen Temperaturen Teere zersetzt werden.

Hinsichtlich des Partikelgehalts im Synthesegas sind Wirbelschichtvergaser aufgrund hoher Strömungsgeschwindigkeiten und der Verwendung eines feinkörnigen Bettmaterials gegenüber anderen Vergaserbauarten deutlich im Nachteil. Die im Synthesegas enthaltenen Stäube sind teilweise sehr fein und können oft nicht durch einen einfachen und preiswerten Zyklon abgeschieden werden [4].

Temperatur, Verweilzeit und Druck

Die in ▶ Abschn. 5.3 beschriebenen Vergasungsreaktionen (◘ Tab. 5.2) benötigen eine gewisse Zeit, um das chemische Gleichgewicht zu erreichen. Typischerweise wird das chemische Gleichgewicht in Vergasern nicht erreicht [26]. Die Reaktionsgeschwindigkeit wird jedoch maßgeblich von der vorherrschenden Temperatur bestimmt, d. h., je höher die Temperatur, desto schneller laufen die chemischen Reaktionen ab und desto schneller nähert man sich dem chemischen Gleichgewicht an. Darüber hinaus begünstigen hohe Vergasungstemperaturen nach der Regel von Le Chatelier endotherme Reaktionen, wodurch bei höheren Temperaturen gemäß der in ▶ Abschn. 5.3 beschriebenen Reaktionsgleichungen der Anteil von CO und H_2 im Synthesegas ansteigt [27]. Die im Vergasungsreaktor vorherrschende Temperatur stellt somit einen der wichtigsten und die finale Synthesegaszusammensetzung maßgeblich bestimmenden Prozessparameter dar [28].

Die Lage des chemischen Gleichgewichts zwischen Edukten und Produkten der oben genannten Vergasungsreaktionen wird zudem durch den vorherrschenden Druck im Vergasungsreaktor bestimmt. Dabei nehmen der H_2- und der CO-Gehalt mit zunehmendem Druck ab, wenn mit den zugrunde liegenden Reaktionen eine Volumenvergrößerung verbunden ist [27]. Dies folgt ebenfalls dem „Prinzip vom kleinsten Zwang" nach Le Chatelier, nach dem bei Druckerhöhung volumenverringernde Reaktionen begünstigt werden, d. h., das Gleichgewicht verschiebt sich auf diejenige Seite der chemischen Reaktionsgleichung, welche die geringere Anzahl an Molekülen aufweist.

Einsatzstoff

Die chemische Zusammensetzung des Einsatzstoffes beeinflusst den Gehalt an unerwünschten Schadgasen und Verunreinigungen im Synthesegas, wobei insbesondere die Schwefel-, Stickstoff- und Halogenverbindungen sowie Alkalien und Schwermetalle zu nennen sind. Derartige Verunreinigungen können z. B. als Katalysatorgifte eine stoffliche Nutzung des Synthesegases in weiteren Syntheseschritten oder aber eine energetische Nutzung durch Verbrennen in Gasmotoren oder Gasturbinen erschweren und müssen deshalb, in Abhängigkeit der weiteren Nutzungstechnik, in einer nachgeschalteten Synthesegasreinigung entfernt werden.

5.5.2 Anforderungen der Synthesegasnutzungstechnik

Die energetische oder stoffliche Nutzung stellt Anforderungen an die Zusammensetzung und insbesondere die Verunreinigungen im Synthesegas, sodass aufwendige und kostenintensive Gasreinigungsmaßnahmen erforderlich werden können. Allerdings wird, wie in ▶ Abschn. 5.5.1 beschrieben, die Synthesegaszusammensetzung bereits durch vorgelagerte Faktoren signifikant beeinflusst. Daraus kann geschlussfolgert werden, dass unterschiedliche Vergasertypen, Einsatzstoffe und Vergasungsbedingungen besser oder schlechter für nachfolgende Nutzungstechniken geeignet sind und andere Gasreinigungstechniken erforderlich machen.

Energetische Nutzung

Wie in ▶ Abschn. 5.4 dargestellt, werden teerhaltige Komponenten, die bei der Pyrolyse des Einsatzstoffes in die Gasphase übergehen, im Vergasungsreaktor thermisch aufgebrochen und in kurzkettige Moleküle aufgespalten. In der Praxis ist dieser Prozess nie vollständig abgeschlossen, sodass man immer einen gewissen Teergehalt im Synthesegas findet. Die Menge sowie die Zusammensetzung der Teere werden dabei wesentlich vom Vergasertyp und von den Prozessbedingungen bestimmt [29].

Unabhängig von der spezifischen Nutzungstechnik muss verhindert werden, dass Teere in den Rohrleitungen und Apparaten auskondensieren und zum Verkleben bzw. zur Blockage führen. Sofern Kondensation vermieden wird, können Teere hingegen als heizwertreiche Komponenten des Synthesegases in Gasmotoren und insbesondere in Gasturbinen problemlos verbrannt werden.

Auch der Partikelgehalt des Synthesegases kann in weiterführenden Rohrleitungen und Apparaten aufgrund von Erosion problematisch sein. Dies gilt insbesondere für Gasturbinen, die deutlich niedrigere Partikelkonzentrationen im Synthesegas zulassen als Gasmotoren [4].

Für Gasmotoren besteht ebenfalls die Gefahr der Hochtemperaturkorrosion, z. B. infolge von Schwefel- und Halogenverbindungen. Hochtemperaturkorrosion führt zu einem Abtrag der metallischen Werkstoffoberfläche aufgrund der Bildung von Korrosionsprodukten bei der Reaktion von Umgebungsmedium (hier: Synthesegas) und Werkstoff und somit langfristig zu einer Beschädigung und ggf. zu einem Ausfall des Bauteils. Halogene und auch Alkalien sind in Form von Sauergasen z. B. (H_2S) und Ammoniak (NH_3) aufgrund lebenszeitverkürzender Wirkung ebenfalls problematisch für das Motorenöl.

Generell stellen Gasturbinen höhere Anforderungen an den Partikel- und Alkaligehalt im Synthesegas als Gasmotoren. Aufgrund der deutlich höheren Strömungsgeschwindigkeiten des Gases in der Turbine ist hier die Erosionsgefahr deutlich erhöht. Hinsichtlich der Alkalien muss eine Kondensation von Alkalisulfaten in der Gasturbine und damit sulfatinduzierte Hochtemperaturkorrosion vermieden werden [30].

Stoffliche Nutzung

Die Anforderungen an die Synthesegaszusammensetzung im Falle einer Nutzung zur Herstellung flüssiger und/oder gasförmiger Kraftstoffe sind im Vergleich zu einer energetischen Nutzung in Gasmotoren oder Gasturbinen deutlich höher [4]. Eine umfassende Übersicht der Anforderungen wesentlicher Syntheseprozesse an die Synthesegaszusammensetzung kann [14] entnommen werden. Aufgrund dieser hohen Anforderungen werden typischerweise in kommerziellen Großanlagen zur Herstellung von Synthesegas Tieftemperaturwäschen, wie z. B. Rectisolwäsche, angewendet.

Auch ist ein möglichst niedriger Stickstoffgehalt des Synthesegases einzuhalten, um einerseits die erforderliche Verdichterleistung zu reduzieren und andererseits die Reaktionen nicht zu behindern. Hohe Stickstoffgehalte führen zudem zu einer Herabsetzung der Partialdrücke der Reaktanden, was die anschließende katalytische Synthese beeinträchtigen würde [4]. Aus diesem Grund scheidet Luft als Vergasungsmedium für derartige nachgeschaltete Nutzungstechniken aus, und es kommen Wasserdampf bzw. Wasserdampf/O_2-Vergaser zur Anwendung.

Die Auswahl des Vergasungsmediums ist ebenfalls wichtig hinsichtlich des H_2/CO-Verhältnisses im Synthesegas. Für die jeweiligen Syntheseverfahren gibt es optimale Bereiche [14], die durch die Synthesegaszusammensetzung idealerweise eingehalten werden sollten. Ein dem Vergaser und der Synthese zwischengeschalteter Wassergas-Shift-Reaktor kann das H_2/CO-Verhältnis, sofern erforderlich, nachjustieren, ist aber mit zusätzlichem Aufwand und Kosten verbunden.

Zusammenfassung

Synthesegas wird heute vorwiegend durch Dampfreformierung aus Erdgas gewonnen. Wichtige von Synthesegas ausgehende großtechnische Produkte sind Ammoniak für die Herstellung von Dünger sowie Methanol für Produkte der Organischen Chemie. Die Zusammensetzung von Synthesegas hängt vom Ausgangsstoff, vom Vergasungsmedium, vom Vergasertyp und von den Reaktionsbedingungen ab. Grundsätzlich ist der für die Vergasung von Kohle entwickelte Wirbelschichtvergaser auch für die Vergasung von Biomasse geeignet. Biomasse erfordert allerdings einen hohen Reinigungsaufwand des entstehenden Synthesegases.

Literatur

1. Baerns M, Behr A, Brehm A, Gmehling J, Hofmann H, Onken U, Renken A (2013) Technische Chemie. Wiley, Weinheim
2. Cerbe G, Lendt B (2004) Grundlagen Der Gastechnik, 6. Aufl. Hanser, München
3. Moulijn JA, Makkee M, Van Diepen AE (2013) Chemical process technology, 2. Aufl. Wiley, Hoboken
4. Kaltschmitt M, Streicher W (2009) Regenerative Energien in Österreich – Energie aus Biomasse. Springer, Heidelberg
5. Vogel A, Bolhàr-Nordenkampf M, Kaltschmitt M, Hofbauer H (2006) Schriftenreihe „Nachwachsende Rohstoffe". Analyse und Evaluierung der thermo-chemischen Vergasung von Biomasse, Bd. 29. Fachagentur Nachwachsende Rohstoffe
6. Knoef HAM (2005) Handbook Biomass Gasification, 2. Aufl. BTG Biomass Technology Group BV, Enschede
7. Campareda SC (2011). Biomass energy conversion. In: Nayeripour M, Kheshti M (Hrsg) Sustainable growth and applications in renewable energy sources. Intech Open, London, S 209–226
8. Sulc J, Stojdl J, Richter M, Popelka J, Svoboda K, Smetana J, Vacek J, Skoblja S, Buryan P (2012) Biomass waste gasification – can be the two stage process suitable for tar reduction and power generation? Waste Manag 32(4):692–700
9. Balat M, Balat M, Kirtay E, Balat H (2009) Main routes for the thermo-conversion of biomass into fuels and chemicals. Part 2: Gasification systems. Energy Convers Manag 50(12):3158–3168. ▶ http://dx.doi.org/10.1016/j.enconman.2009.08.013
10. Nagel F-P (2008) Electricity from wood through the combination of gasification and solid oxide fuel cells – systems analysis and proof-of-concept. Dissertation, ETH Zürich
11. Weiss M-M, Turna O (2009). Lurgi's FBDB gasification – recent developments and project

5

up-dates. IEC Gasification Conference Publication. Lurgi GmbH
12. Williams RB, Jenkins BM, Nguyen D (2003) Solid waste conversion: a review and database of current and emerging technologies. bericht erstellt für das california integrated waste management board, Davis, USA
13. Herdel P, Ströhle J, Epple B, Kolmorgen B, Keller D (2014) Aufbau einer Pilotanlage zur HTW-Vergasung von Kohle und Biomasse. DGMK-Fachbereichstagung Konversion von Biomassen
14. E4tech (2009) Review of technologies for gasification of biomass and wastes. Biomass:125. ► http://www.nnfcc.co.uk/tools/review-of-technologies-for-gasification-of-biomass-and-wastes-nnfcc-09-008
15. Larcher B (2017) Erfahrungen aus dem Betrieb einer SynCraft Anlage. 9. Internationale Anwenderkonferenz Biomassevergasung
16. Liu K, Song C, Subramani V (2009) Hydrogen and syngas production and purification technologies. American Institute of Chemical Engineers, New York
17. Nielsen JR, Christiansen J, Lars J (2011) Concepts in syngas manufacture. Catal Sci Series 10:379
18. Wolf J (2003) Die Neuen Entwicklungen der Technik/Elemente der Wasserstoff-Infrastruktur von der Herstellung bis zum Tank. Director 1–11
19. Thormann J (2009) Diesel-Dampfreformierung in Mikrostrukturreaktoren. Dissertation, Technische Universität Clausthal
20. Aicher T, Blum L, Specht M (2004) Wasserstoffgewinnung aus Erdgas – Anlagenentwicklung und Systemtechnik. FVS Themen 2004:60–64
21. van Beurden P (2004) On the catalytic aspects of steam reforming methane – a literature survey. ECN
22. Gellert S (2013) Thermochemische Herstellung von Wasserstoff aus Biomasse unter besonderer Berücksichtigung der Rohgasreformierung. Dissertation, Universität Hamburg
23. Kalamaras CM, Efstathiou AM (2013) Hydrogen production technologies: current state and future developments. Conference Papers in Energy 2013:690627. doi.org/https://doi.org/10.1155/2013/690627
24. Aasberg-Petersen K, Christensen TS, Stub Nielsen C, Dybkjær I (2003) Recent Developments in Autothermal Reforming and Pre-Reforming for Sythesis Gas Production in GTL Applications. Fuel Process Technol 83(1):253–261
25. Tschöke H (2014) Die Elektrifizierung des Antriebsstrangs. Springer Vieweg, Wiesbaden
26. Schuster G, Löffler G, Weigl K, Hofbauer H (2001) Biomass steam gasification – an extensive parametric modeling study. Biores Technol 77(1):71–79
27. Kienberger T (2010) Methanierung biogener Synthesegase mit Hinblick auf die direkte Umsetzuung von höheren Kohlenwasserstoffen. Dissertation, Technische Universität Graz
28. Kumar A, Jones DD, Hanna MA (2009) Thermochemical biomass gasification: a review of the current status of the technology. Energies 2(3):556–581
29. van Paasen SVB, Kiel JHA (2004) Tar formation in a fluidised-bed gasifier: impact of fuel properties and operating conditions. Kardiol Pol 67(6):58
30. Müller M (2009) Freisetzung und Einbindungen von Alkalimetallverbindungen in kohlebefeuerten Kombikraftwerken. Dissertation, Forschungszentrum Jülich

Chemisch-katalytische Konversion

Robert Schlögl

Inhaltsverzeichnis

M. Kircher und T. Schwarz (Hrsg.), *CO_2 und CO – Nachhaltige Kohlenstoffquellen für die Kreislaufwirtschaft*, https://doi.org/10.1007/978-3-662-60649-0_6

6.1 Beurteilung von Möglichkeiten der Reduktion von CO_2

Oxidiert man kohlenstoffhaltige Stoffe bis zum thermodynamischen Minimum der Energie, so erhält man Carbonat. In dieser Form ist auf der Erde bei Weitem der meiste Kohlenstoff in Gesteinen gespeichert. Das Gas CO_2 dagegen ist noch erheblich reaktiv und kann daher sowohl zu organischen Carbonaten oder Carboxylaten oxidiert als auch zu Kohlenwasserstoffen reduziert werden. Eine zentrale Rolle spielt dabei das erste Reduktionsprodukt CO. Bereits früh wurde dies erkannt, und die Forschung begann sich lange vor einer „Energieforschung" mit der stofflichen Nutzung von CO_2 in der chemischen Industrie zu befassen. Insbesondere die Reaktion von CO_2 als „Ligand" in metallorganischen Systemen [1, 2] wurde intensiv untersucht. Weiterhin wurden Reaktionen studiert, bei denen CO_2 als Baustein in ein Molekül integriert wird. Organische Carbonate und ihre Polymere sind offensichtliche Kandidaten für solche Reaktionen, die sich ein Beispiel nehmen an der großtechnischen Synthese von Harnstoff aus Ammoniak und CO_2:

$$CO_2 + 2\,NH_3 \rightleftharpoons NH_2CONH_2 + H_2O \quad (6.1)$$

Auch die heterogen katalysierte Bildung von Dimethylcarbonat kann als Einbau von Methanol in CO_2 aufgefasst werden:

$$CO_2 + 2\,CH_3OH \rightleftharpoons CO(OCH_3)_2 + H_2O \quad (6.2)$$

Ein anderer Reaktionstyp ist die Umsetzung von CO_2 mit Wasserstoff. Dabei entstehen Ameisensäure, CO oder Methanol.

$$CO_2 + H_2 \rightleftharpoons HCOOH \quad (6.3)$$

$$CO_2 + H_2 \rightarrow CO + H_2O \quad (6.4)$$

$$CO + H_2O \rightarrow CO_2 + H_2 \quad (6.5)$$

$$CO_2 + 3\,H_2 \rightleftharpoons CH_3OH + H_2O \quad (6.6)$$

Die Reaktionen ► Gl. 6.4 und 6.5 bilden das wichtige Wassergasgleichgewicht, das bei allen Umsetzungen von CO_2 mit Wasserstoff eine relevante Rolle spielt und damit die erzielbaren Ausbeuten an anderen Molekülen begrenzt.

Eine gemeinsame Eigenschaft der kinetisch schnell verlaufenden Reaktionen mit CO_2 liegt in der Bildung des stabilen Produkts Wasser. Dessen hohe Stabilität bildet eine kinetische Triebkraft für die Reaktion, deren gewünschtes weiteres Produkt energetisch meist wesentlich höher angesiedelt ist als CO_2. Allerdings müssen für die Sicherstellung einer nützlichen Umsetzungsgeschwindigkeit zwei Wasserstoffatome „geopfert" werden, die einen erheblichen Teil der Verluste bei der chemischen Aktivierung von CO_2 darstellen. Reaktionen ohne kinetische Triebkraft verlaufen dagegen wesentlich langsamer und bedürfen entweder hochaktiver Coreaktanden und/oder Katalysatoren.

In ◘ Tab. 6.1 sind einige energetische Kennzahlen zusammengestellt, die den Rahmen für die Möglichkeiten der CO_2-Aktivierung aufspannen. Beim Vergleich der Zahlenwerte über so unterschiedliche

◘ Tab. 6.1 Standard-Bildungsenthalpien kohlenstoffhaltiger Moleküle

Spezies	Zustand	Bildungsenthalpie $H_{0f.}$ [kJ/mol]
C_6H_6	gas	82,6
C_2H_4	gas	52,5
CH_4	gas	-74,4
C	fest	0,0
CO	gas	-110,53
C_2H_5OH	gas	-235,1
CO_2	gas	-393,51
CO_3^{2-}	aq	-675,23
CH_3COONa	fest	-708,8
$CaCO_3$	fest	-1100

gas: gasförmig; fest: Feststoff; aq: flüssig

Stoffklassen hinweg ist zu bedenken, dass eine ganze Anzahl von Effekten jenseits der Molekülstruktur des Kohlenstofffragments die energetische Lage bestimmt.

Es ist offensichtlich, dass erhebliche Energiemengen aufzuwenden sind, wenn man CO_2 als Molekül entweder in der chemischen Synthese oder als Energieträger einsetzen will. Zu einem großen Teil ist dies gewünscht, was der Aktivierung von CO_2 den Status einer „chemischen Batterie" verleiht. Allerdings und im Gegensatz zur elektrochemischen Batterie (Akkumulator), die weitgehend reversibel ihre Energie wieder abgibt und somit verlustarm elektrische Energie speichert, ist dies bei der chemischen Batterie nicht der Fall. Die Notwendigkeit des Brechens und Knüpfens kovalenter Bindungen am Kohlenstoff erfordert über den Energiegehalt der Bindung hinaus erheblich kinetische Zusatzenergie, die als „Verluste" auftreten. Die Beträge dieser Verluste [3–6] erreichen die Beträge der zu speichernden Energie. Sie hängen sehr stark von den Prozessen und deren Einbettung in andere Technologien [7, 8] ab. Grundsätzlich gilt, dass diese Beträge durch Fortschritte der Katalyse und der chemischen Technologie reduziert [9], aber nicht eliminiert werden können.

Diese durchaus komplexe Lage führt dazu, dass die Familie der CCU-Technologien, um die es hier geht, eine kontroverse Beurteilung in der Diskussion der Energiewissenschaft erfährt. Obgleich der Begriff „CCU" *(carbon capture and utilization)* relativ neu [10, 11] ist, sind die Überlegungen und Laborexperimente zur chemischen Konversion von CO_2 schon wesentlich älter und bereits reichlich bearbeitet. In der Literatur reichen die Bewertungen von *„monstrous thermodynamic crime"* [12] bis zu *„CO_2 chemistry wonderland"* [13]. In dieser Lage wäre es verdienstvoll, eine rationale Richtschnur für die Beurteilung der Möglichkeiten der CO_2-Reduktion zu haben. Diese Beurteilung ist wesentlich, weil damit möglicherweise eine Fehlsteuerung des Umbaus der Energiesysteme verbunden ist, wie in der Literatur [14] vermutet. Zudem sind die Kosten mit der Einführung derartiger Technologien sowohl in der Forschung als auch später in einer technologischen Entwicklung enorm. Es handelt sich um eine Megatechnologie [15], wenn sie merklich in die CO_2-Emissionsbilanz eingreifen sollte. Bis heute ist keine chemische Technologie realisiert, die CO_2 nutzt, um seine Emission zu begrenzen. Diese Argumente verstärken den Wunsch der frühzeitigen Beurteilung, bevor erhebliche Ressourcen investiert werden, möglicherweise unberechtigte Erwartungen geweckt werden und sicher wertvolle Zeit verloren geht, die für die Bewältigung der Treibhausgasproblematik ohnehin sehr knapp [16] bemessen ist.

Ein rationaler Ansatz wurde durch eine Kombination von Bewertungen chemisch-katalytischer Errungenschaften mit einer Energiebilanz über die Synthese [17] der Reaktionsprodukte versucht. Daraus ergibt sich eine Rangfolge für Produkte und Technologien ihrer Herstellung, die zunächst den Eindruck vermittelt, als wäre damit das Beurteilungsproblem gelöst. Die Argumentation der Autoren geht auch in diese Richtung und wirkt damit selektiv auf chemische Technologien zur CO_2-Aktivierung. So positiv eine methodisch wie von den Systemgrenzen her einheitliche Betrachtung der unterschiedlichen Möglichkeiten ist, so sehr wird damit der Blick auf die eigentliche Anforderung einer Beurteilung eingeengt.

Die Beurteilung der Möglichkeiten der CO_2-Reduktion kann nur dann sinnvoll sein, wenn sie alle wesentlichen Faktoren, die ein Energiesystem bestimmen, mit in Betracht zieht. Das Vermeidungspotenzial von CO_2 ist darunter ein wichtiger, aber sicher auch nicht der einzige relevante Faktor. Da es auf der Erde regional sehr unterschiedliche Energiesysteme mit unterschiedlichen Rahmenbedingungen gibt, müsste jeweils eine Beurteilung unter regionalen und zeitlichen Aspekten erfolgen. ◘ Abb. 6.1 vermittelt einen Eindruck davon, welche Komplexität bei der Beurteilung zu berücksichtigen ist und wie

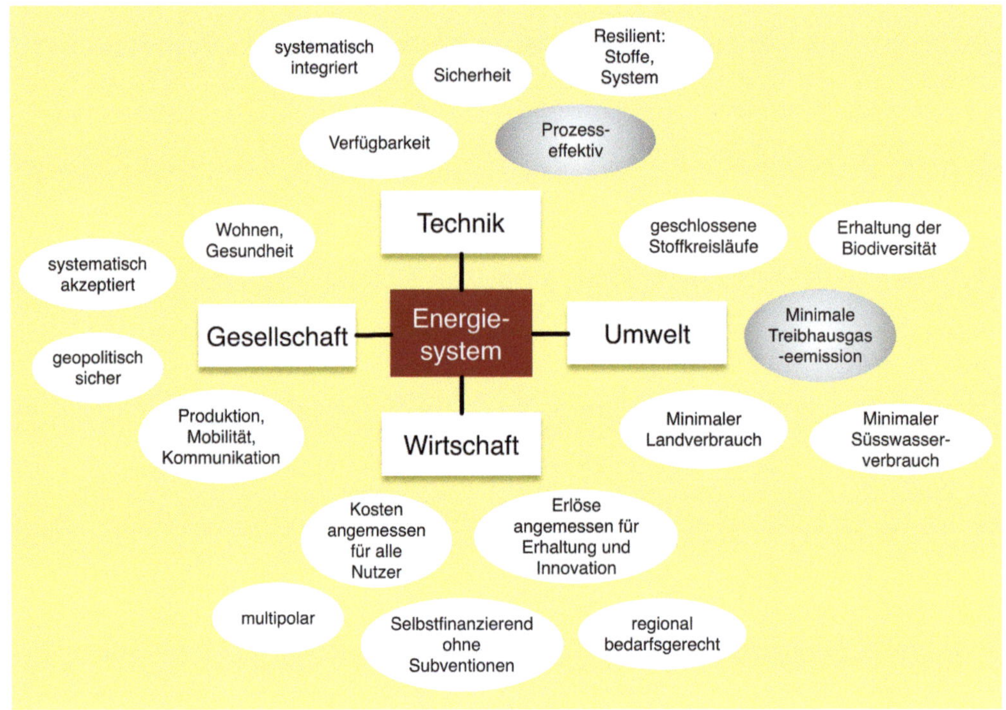

Abb. 6.1 Wesentliche Kriterien zur Beurteilung von Maßnahmen in der Transformation eines Energiesystems. Die vier Rechtecke symbolisieren vier Ebenen von Kriterien. Wichtige Elemente in diesen Ebenen gruppieren sich in den ovalen Feldern um die Bezeichnungen der Ebenen. Diese Darstellung ist in ihrer Komplexität immer noch sehr einfach. Die Beziehungen zwischen den Elementen sind aus Gründen der Übersichtlichkeit nicht aufgeführt

sehr der „technologische Ansatz" den Blick einengt.

Abb. 6.1 bringt mit den vier Ebenen von Elementen eines Energiesystems die Vielschichtigkeit der Kriterien zur Beurteilung des Nutzens einer einzelnen Maßnahme zum Ausdruck. In [17] wird als zentrales Kriterium die Reduktion des Kohlenstoff-Fußabdrucks einer bestimmten Reaktion und ihrer Synthesetechnologie verwendet. Es ist in der Tat extrem hilfreich, eine solche Maßzahl nach einheitlichen Kriterien zu ermitteln. Dabei spielen allerdings die Annahmen über Rahmenbedingungen eine wichtige Rolle. Diese wurden in der Arbeit offengelegt. Viele zusätzliche Argumente, die sich aus den Elementen der Abb. 6.1 ergeben, wurden dabei nicht berücksichtigt.

Somit bleibt die Feststellung, dass wegen der Schwierigkeit einer angemessenen rationalen Bewertung von Technologieoptionen die Wissenschaft und ihre technologische Folgeentwicklung maximal technologieoffen betrieben werden sollte. Im Gesamtkontext künftiger Energiesysteme macht es nur eingeschränkt Sinn, den Raum der wissenschaftlich-technischen Möglichkeiten der Nutzungsoptionen von CO_2 einzuschränken. Vielmehr sollten die Möglichkeiten im Sinne eines „Werkzeugkastens" so weit erprobt werden, dass Demonstratoren in systemrelevanter Dimension entwickelt und hinreichend lange betrieben werden. Dies erfordert eine übergreifende Zusammenarbeit aller durch die Elemente in Abb. 6.1 angesprochenen Beteiligten. Eine zu enge wissenschaftliche Fixierung ist ebenso schädlich wie eine blauäugige Vernachlässigung technisch-ökonomischer Zusammenhänge. Letztere sind mit Vorsicht immer wieder neu zu beurteilen, da sie sich auf den relevanten Zeitskalen von Infrastrukturprojekten schneller ändern, als die Einführung einer neuen Technologie erfolgen kann. Daher wird im Folgenden zuerst auf die grundsätzliche systemische Bedeutung der Nutzung von CO_2 mittels chemischer Verfahren eingegangen, und danach erfolgt ein Überblick über einzelne Prozesse. Es sei angemerkt, dass in der Übersicht von Leitner [2] eine so umfangreiche Darstellung gegeben ist, dass hier auf eine ähnliche Darstellung bewusst verzichtet wird.

6.2 Die Bedeutung der chemischen Energiekonversion

Der derzeitige Stand der Energiewende in Deutschland und in Europa macht klar, dass die Ziele zur Treibhausgasreduktion, die im Vertrag von Paris vereinbart wurden, mit den bisher eingeleiteten Bemühungen keinesfalls erreicht werden können. Diese Maßnahmen beruhen im Wesentlichen auf der breiten Einführung von erneuerbaren Energien zur Stromerzeugung. Unabhängig davon gibt es zahlreiche Bemühungen im Bereich der Wärmeversorgung, die Verwendung fossiler Energiequellen zu reduzieren. Diese Bemühungen betreffen sowohl die Wärmedämmung als auch die Nutzung nichtfossiler Energiequellen wie Biomasse und beispielsweise Wärmepumpen. Im Verkehrsbereich sind derzeit noch wenige Bemühungen erfolgreich, trotz der Einführung von biobasierten Kraftstoffen. Es fehlt also nicht an Initiativen und auch nicht an vielen guten Ideen, gleichwohl ist die Summe der Bemühungen nicht hinreichend.

■ Abb. 6.2 illustriert dies für den europäischen Energieraum (EU 28). Dort wird heute etwa gleich viel Energie verbraucht wie vor 30 Jahren, was vor allem an der Umstrukturierung der Wirtschaft (Globalisierung, Verlagerung der Produktion) liegt. Die Importabhängigkeit der Versorgung ist deutlich gestiegen, woran der Import von Nuklearbrennstoffen nicht beteiligt ist. Die Erneuerbaren tragen heute etwa so viel zur Energieversorgung bei wie die Nuklearenergie, was man als eine Erfolgsgeschichte besonderer Art verstehen kann. Allerdings ist der Zuwachs von Erneuerbaren, der aufgrund regierungsamtlicher Meldungen heute bis zum Jahre 2050 erwartet wird, in keiner Weise ausreichend. Für die Hemmung des Zuwachses sind viele Einflüsse verantwortlich, von denen die Volatilität der Energiegewinnung ein wesentlicher Faktor ist. Ein weiterer Faktor ist das Fehlen signifikanter Kapazitäten zur Speicherung von Energie jenseits der Maßnahmen, die zur kurzzeitigen Funktionserhaltung des Stromnetzes erforderlich sind. Schließlich gibt es zahlreiche regulatorische Hürden in verschiedenen Ländern, und einige Länder beteiligen sich aus sehr unterschiedlichen Gründen ohnehin kaum am Ausbauprogramm der Erneuerbaren.

Ein zentrales Hindernis für den Ausbau der erneuerbaren Energien ist somit ihre derzeit ausschließliche Verwendung als elektrischer Strom, der unmittelbar zu nutzen ist. Um dies bei erheblichen Erzeugungskapazitäten von über 30 % der Gesamtlast möglich zu machen, müssen die konventionellen Kraftwerke dynamisch betrieben werden und ihre Leistung drosseln, wenn viele Erneuerbare verfügbar sind. Dies geschieht gegenwärtig aus technischen und regulatorischen Gründen nur eingeschränkt und führt zur Unternutzung der Erzeugungspotenziale. Zudem wird dadurch der Zubau an Erneuerbaren gehemmt, weil die ökonomische Wirksamkeit zunehmend zurückgeht.

Würde man Erneuerbare in stoffliche Energieträger wandeln und sie somit lagern und transportieren, so würde sich das Bild [18] drastisch ändern. Man könnte überschüssige Erneuerbare lokal speichern und in Teile des Energiesystems verschieben, die sich nicht einfach elektrifizieren lassen (Teile

6

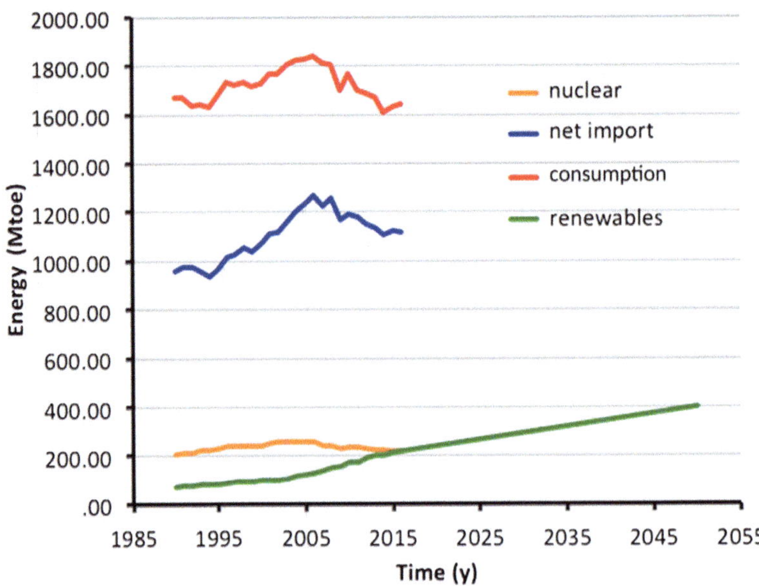

Abb. 6.2 Ausgewählte Kennzahlen des europäischen Energiesystems. Die Daten wurden aus den *country fact sheets* von EUROSTAT (2018) zusammengestellt. Die Extrapolation der erneuerbaren Quellen stammt aus einer Schätzung der *European Environmental Agency* (EEA) aus dem Jahr 2017

der Mobilität als größte Nutzer, Wärmegewinnung für dezentrale und industrielle Anwendungen). Noch bedeutsamer wäre der Import von Erneuerbaren aus Regionen mit strukturellem Überschuss in Regionen mit Verbrauchsschwerpunkten, ganz analog zum heutigen Import fossiler Energieträger. Betrachtet man dazu die Zahlen aus Abb. 6.2, so wird deutlich, dass es sehr unwahrscheinlich ist, dass die EU (und andere Weltregionen) auf den Import von Energie von außerhalb ihres Territoriums verzichten können. Gelingt es nicht, Erneuerbare in sehr großem Maßstab transportierbar zu machen, so dürfte ein wirklich bedeutsamer Fortschritt über die Projektion in Abb. 6.2 schwer möglich sein.

Somit ist die Umwandlung von Elektrizität in stoffliche Energieträger in großem Stil eine zentrale Voraussetzung für das Gelingen der Energiewende. Dafür sind chemische Reaktionen zwischen primär erzeugtem Wasserstoff aus Erneuerbaren („grün") und CO_2 zu Energieträgern, die in ihren chemischen Strukturen (flüssige Kohlenwasserstoffe) heutigen fossilen Trägern ähneln, wohl zentrale Bausteine. Ein derartiges Vorgehen hat den enormen Vorteil, dass die heutige, auf fossilen Trägern aufgebaute Infrastruktur zu Transport, Verteilung und Nutzung weitgehend weiterverwendet werden kann, was die Kosten einer solchen Energiewende (Abb. 6.1) sowohl ökonomisch als auch sozial (Akzeptanz) sehr deutlich reduzieren wird.

Die Vorstellung, dass man dann doch auf die lokale Gewinnung von Erneuerbaren verzichten möge und mithilfe von Transporten fossile durch Erneuerbare aus menschenleeren Gebieten der Erde ersetzt, ist allerdings aus systemischen Gründen nicht sinnvoll. Vielmehr sind die chemische Energiekonversion und die Rückverwandlung in Nutzenergie mit sehr erheblichen Verlusten verbunden. Dies ist auch bei fossilen Energieträgern der Fall, wie man erkennen kann, wenn man den Primärenergieverbrauch beispielsweise von Europa mit dem Endenergieverbrauch vergleicht. Über alle Energieanwendungen hinweg

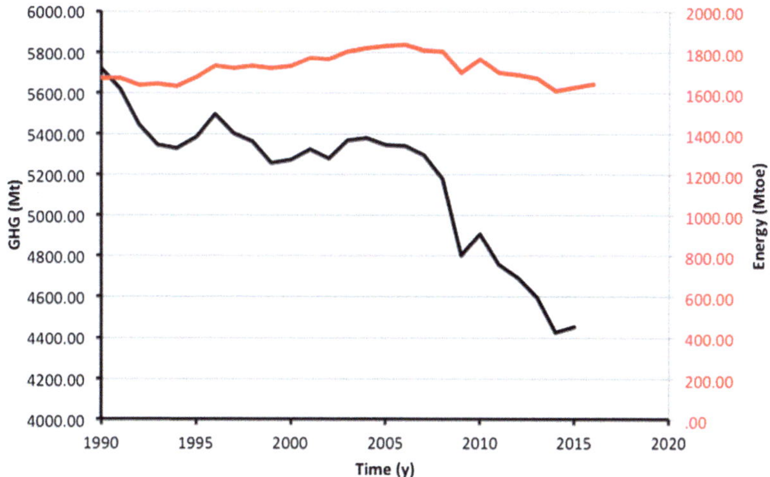

Abb. 6.3 Vergleich der energiebedingten Treibhausgasemissionen mit dem Bruttoenergieverbrauch der EU 28. Zu den Datenquellen siehe Text und Unterschrift zu Abb. 6.2

beträgt der Verlust 24 %, für Stromerzeugung und Mobilität ist er mehr als doppelt so hoch. Hinzu kommen die erheblichen Wandlungsverluste für die chemische Energiekonversion, die mit etwa 50 % zu Buche schlagen. Somit werden bis zu 80 % der ursprünglichen Erneuerbaren durch einen Transport- und Wiederverwendungsprozess verloren.

Der Vorteil eines möglichst unmittelbaren Einsatzes der Erneuerbaren in einem Energiesystem kann wiederum am Beispiel der EU 28 demonstriert werden. In Abb. 6.3 werden Energieverbrauch und CO_2-Emission im Trend miteinander verglichen.

Es ist offensichtlich, dass die Änderung des Primärenergiemix weg von der Kohle und hin zu Erneuerbaren eine erhebliche Einsparung an CO_2 ermöglicht hat, ohne dass der Verbrauch dadurch beeinträchtigt worden wäre. Die Daten aus Abb. 6.2 legen allerdings nahe, dass sich der günstige Trend der vergangenen Dekade nicht ohne Weiteres fortsetzt. Vielmehr sind erhebliche strukturelle Anstrengungen erforderlich, um die Einführung der Erneuerbaren wirksamer zu machen. Dazu gehört wesentlich auch die Nutzung der Optionen, die sich aus der chemischen Nutzung von CO_2 ergeben.

6.3 Die chemische Reduktion von CO_2 ist ein Fall von CCU *(Carbon Capture and Utilization)*

Der oben erwähnte Streit über den Wert von CCU als Maßnahme in der Energiewende überschattet die Beurteilung des Entwicklungspotenzials der chemischen Reduktion von CO_2. Dies behindert den Aufbau von praktischen Demonstratoren relevanter Größe, ihre Integration in vorhandene Energiesysteme und das Sammeln von betrieblichen sowie ökonomischen Erfahrungen. Erst wenn all dies für eine Reihe von Optionen erfolgreich durchgeführt ist, kann eine belastbare, gesamthafte Beurteilung der Potenziale und nötigen Randbedingungen erfolgen. Dieser konservative Ansatz ist geboten angesichts der gewaltigen Dimension des Einsatzes von CCU-Technologien, wenn sie als klimarelevante Optionen wirken sollen.

Als Beitrag zur Klärung der Sachverhalte erscheint es sinnvoll [19], die Rolle von CCU und den dadurch verursachten Verbrauch von Erneuerbaren konzeptionell zu schildern. Dazu wird ein Modell eines Energiesystems mit zwei Prozessen verwendet, die jeweils

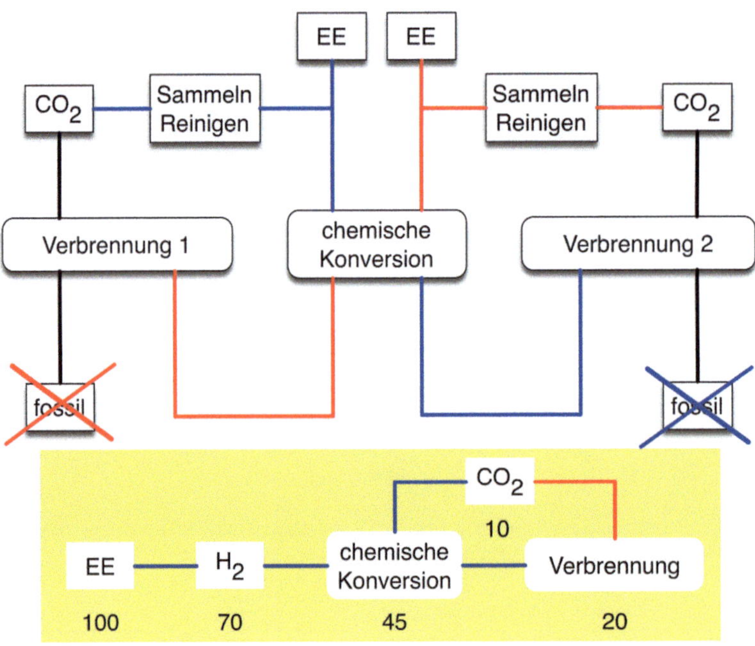

6

Abb. 6.4 Ein sehr einfaches Modellsystem für Energieversorgung. Die farblich unterschiedlichen Verbindungen beziehen sich auf unterschiedliche Betriebsoptionen, die im Text diskutiert werden. Das gelb unterlegte Feld gibt eine Abschätzung der Prozesseffizienzen wieder. Diese sind grobe Näherungen, in [20, 21] findet man erhebliche Variationen der Zahlen, die maßgeblich von den Annahmen der betrachteten Prozessgrenzen verursacht werden

gleiche Mengen an Energie durch Verbrennung von stofflichen Energieträgern bereitstellen. In Abb. 6.4 sind drei Betriebsoptionen durch farblich unterschiedliche Verbindungen der Elemente dargestellt.

Im konventionellen Betrieb (schwarz) nutzen beide Prozesse fossile Träger und emittieren gleiche Mengen an CO_2. Im linearen CCU-Betrieb (blau) werden die Emissionen von Prozess 1 gesammelt und mittels Wasserstoff, der aus Erneuerbaren gewonnen wird, in einem chemischen Konversionsprozess zu einem Energieträger für Prozess 2 verarbeitet. Dieser benötigt daher keine fossilen Energieträger. Allerdings wird das CO_2 aus Prozess 1 dann in Prozess 2 freigesetzt und nicht eingespart. Bezogen auf das gesamte System werden im linearen Betrieb also 50 % des auftretenden CO_2 eingespart, allerdings nur, wenn für alle Teilschritte der Sammlung, Reinigung und Verarbeitung des CO_2 ausschließlich Erneuerbare zum Einsatz kommen und nicht etwa der heutige Strommix in der EU mit etwa 50 % fossilen Quellen. Im cyclischen CCU-Prozess (rot) wird das CO_2 aus Verbrennung 2 ebenfalls eingesammelt und verarbeitet und der erhaltene Energieträger Prozess 1 zur Verfügung gestellt. Dann ist die Verwendung von fossilen Trägern überflüssig. Die Speicher- und Transportoptionen der chemischen Konversion eliminieren die Volatilität der Erneuerbaren und mildern die Notwendigkeit der Gewinnung von Erneuerbaren lokal bei den Prozessen 1 und 2. Allerdings – und hier liegt das Problem bei der chemischen Reduktion von CO_2 – muss dafür ein erheblicher Zusatzaufwand an Erneuerbaren geleistet werden. Aus den grob abgeschätzten Effizienzen der notwendigen Prozessschritte, die in Abb. 6.4 unten angegeben sind, ergibt sich, dass im Vergleich zu einer hypothetischen Elektrifizierung der Verbrennungsprozesse 1 und 2 der zehnfache Energieaufwand oder bei linearer CCU der fünffache Energieaufwand für eine 50-prozentige CO_2-Einsparung zu erbringen ist.

6.4 Einige Grundsätze der chemischen Energiekonversion

Die enormen Bedarfe an Erneuerbaren für die chemische Nutzung von CO_2 bescheren dem Konzept der Energiekonversion erhebliche Kritik. Man bevorzugt eine Lösung, die unter Verwendung von fossiler Energie und dem CCS-Verfahren *(carbon capture and storage)* die Vorgaben des Pariser Abkommens mit wesentlich geringerem finanziellem und technischem Aufwand [22] erreicht. Zunächst bleibt die Feststellung (◘ Abb. 6.4), dass ein Verfahren der Sammlung der Erneuerbaren und deren Lagerung/Transport sowie der Rückverwandlung in Nutzenergie etwa den fünffachen Energieaufwand erfordert wie die unmittelbare Nutzung des erneuerbaren Stroms in einem Bereich, der durch Stromleitungen erschlossen werden kann. In dieser groben Abschätzung fehlen die Übertragungsverluste des Leitungssystems.

Somit sollen Energiesysteme aus einer Kombination von so viel wie möglich lokaler Gewinnung der Erneuerbaren und deren unmittelbarer Nutzung in elektrischen Anwendungen und von so wenig wie möglich entfernter Gewinnung und Lagerung/Transport von stofflich umgewandelten Erneuerbaren bestehen. Einen Eindruck vom Verhältnis dieser beiden nachhaltigen Energieformen gibt die Regionalbilanz der Erneuerbaren. Darin wird festgestellt, wie viele Volllaststunden des Energiesystems mit lokal gewinnbaren Erneuerbaren bestritten werden können. Für Europa liegt dieser Wert mit wenigen Ausnahmen an den Küsten bei etwa 4000 Volllaststunden [23]. Damit ergibt sich die Notwendigkeit, etwa 50 % des Energieverbrauchs zu speichern oder zu transportieren. In den gängigen Szenarien wird dies durch Importe von Gas und Biomasse ermöglicht, den Import von Erneuerbaren schließen diese Betrachtungen bisher aus. Es sei hier deutlich angemerkt, dass über die Zahlenwerte erhebliche Differenzen bestehen, da die Szenarien diese Werte durch Einplanen von pauschalen Effizienzgewinnen und Energieeinsparungen [24] signifikant herunterrechnen. Es bleibt aber festzuhalten, dass stoffliche Energieträger aus Erneuerbaren einen Anteil von 20 bis 50 % des Energiesystems ausmachen können. Damit hat man eine Größenordnung für die Bedeutung der chemischen Energiekonversion.

Diese Größenordnung bedingt einige Grundsätze, die vor den folgenden Betrachtungen definiert werden sollen.

1. Klimarelevanz: Oft wird die chemische Energiewandlung als Methode zur Reduktion von CO_2 vorgestellt. Dies ist aus folgenden Gründen nur bedingt zutreffend. Erstens spart ein CCU-Prozess heutiger Konzeption (linear) nur 50 % des umgesetzten CO_2 ein. Zweitens ist die Möglichkeit zur Aufnahme von CO_2 in klimarelevanten Mengen [15] (deutlich über 100 Mt pro Jahr) im Bereich chemischer Grund- und Zwischenprodukte nicht ausreichend groß. Nur Mobilität, Wärme und Ausgleichskraftwerke für Strom erreichen die nötigen Dimensionen. Neben technischen Argumenten sind hier auch die Gestaltung von Märkten für Erneuerbare (ein CCU-Prozess kann kein „Endnutzer" etwa im Sinne des deutschen EEG sein) und die Produkte (Preisverfall durch Überangebote) kritisch zu betrachten (siehe ◘ Abb. 6.1).
2. Energieverluste: Der große Verlust von Erneuerbaren, die mit CCU einhergehen, bedingt klar, dass prioritär alle direkten Anwendungen bedient werden, in denen fossile Träger durch erneuerbare

Elektrizität ersetzt werden. Diese Regel findet ihre Grenzen dort, wo erhebliche bilanzielle Überschussenergien entstehen (in Deutschland etwa, wo bereits an die 40 % Erneuerbare im Stromsystem vertreten sind) und in Fällen, in denen lokal nicht genügend Erneuerbare erzeugt werden können und Ferntransport notwendig ist.

3. Prozessenergien: Die Wandlungskette Erneuerbare in stoffliche Energieträger benötigt neben Wasserstoff zur Reduktion von CO_2 weiter erhebliche Mengen [21] an Prozessenergie, die zum geringen Teil in den Energieträgern und zum größeren Teil als Verluste enden. Diese Prozessenergien dürfen nicht aus fossilen Energieträgern (Strommix in der EU etwa) stammen, da sonst die gewollte Reduktion der CO_2-Emission systemweit deutlich unter den Wert von 50 % sinkt.
4. Systemische Relevanz: Es wird immer industrielle Prozesse geben (siehe Punkt 1 und die Grundstoffindustrie wie Stahl, Zement, Glas), die CO_2 in erheblichen Mengen emittieren. Für systemisch nachhaltige Energiekonzepte ist es erforderlich, diese Quellen in einen Kohlenstoffkreislauf zu integrieren. Wiederum gilt, dass die scheinbar einfachere CCS-Variante *(carbon capture and storage)* nicht nachhaltig ist, da der Kohlenstoffkreislauf nicht geschlossen wird. Für diese unvermeidbaren CO_2-Quellen wird es CCU-Prozesse geben, die zumindest in einer Übergangszeit 50 % CO_2 einsparen und langfristig das Potenzial haben, zu Kreisläufen ausgebaut zu werden. In der derzeit kritischen Diskussion wird oft übersehen, dass sich lokal und innerhalb einer Industrie bereits heute günstige Synergien ergeben können, die eine CO_2-Hydrierung mit nachfolgenden Veredelungsschritten vorteilhaft [25, 26] machen.

6.5 Kohlenstoffreiche Gase

Unter diesem Begriff versteht man Abgase aus Verbrennungsprozessen, Röstgase und Gase aus Fermentationsprozessen, die mit kohlenstoffhaltigen Einsatzstoffen arbeiten. Nicht darunter fällt das CO_2 aus der Umgebungsluft, da es für eine direkte chemische Verarbeitung mit 0,04 % zu verdünnt ist. Je nach Herkunftsprozess sind diese Gase Gemische von CO_2 mit Wasser und den Restbestandteilen der Prozessluft (Sauerstoff, Stickstoff, Edelgase). Die Luftbestandteile sind als unerwünschte Volumina zu entfernen. Dies geschieht entweder durch Abtrennung der Luftbestandteile oder durch Auswaschung des CO_2 aus dem Trägergas. Welche der jeweils technisch gut entwickelten Methoden [18] zum Einsatz kommt, bestimmt vor allem die relative Menge der Gasbestandteile.

Weiter enthalten die Gase eine ganze Reihe von kritischen Bestandteilen in Spurenmengen. In diesem Zusammenhang sind zunächst Nanopartikel aus den Pressstoffen zu nennen, die eine chemische Aufarbeitung stören und sorgfältig zu entfernen sind. Weiterhin finden sich CO, Wasserstoff und Methan in wechselnden Mengen, die als Reduktionsmittel in die chemische Aufarbeitung mit einzuplanen sind. Als Katalysatorgifte sind sodann Klassen von Spurenstoffen mit Schwefel, Stickstoff, Phosphor, Halogenen und metallorganischen Komponenten auf das Gründlichste zu entfernen. Dabei werden Grenzkonzentrationen von unter 0,0001 % gefordert, um in den nachfolgenden Schritten nicht durch vorzeitige Desaktivierung katalytische Prozesse zu gefährden und um Armaturen der Fabriken nicht vorzeitig zu verschleißen. Schließlich sind Familien von Kohlenwasserstoffen enthalten, die je nach Prozess schädlich oder tolerierbar [27] sein können.

Die Probleme der Gaszusammensetzung variieren sehr mit den Einsatzstoffen. Am saubersten ist Erdgas als Ausgangsstoff. Es folgen die Destillate des Erdöls, wobei schwersiedende Fraktionen bereits erhebliche Verunreinigungen aller erwähnten Stoffklassen mit sich führen. Hochkomplex sind dann Prozesse mit Kohlen und Biomasse. Zementwerke, Stahlerzeugung und Müllverbrennung erzeugen ebenfalls komplexe Gasmatrices, die eine Sequenz von Reinigungsschritten erfordern. Oft bevorzugt man daher für solche kohlenstoffreichen Gase die thermische Verwertung in einem Kraftwerk [28, 29] und meidet bisher die chemische Reduktion.

Es ist offensichtlich, dass derartige Gasgemische in aufwendigen Prozessen aufzubereiten [29, 30] sind, bevor man an eine chemische Reduktion denken kann. Bereits die statische Belastung mit den oben genannten Schadstofffamilien stellt eine erhebliche Herausforderung dar. In vielen realen Situationen kommt dann eine zeitliche Variabilität der Belastungen, bedingt durch die Variabilität der Einsatzstoffe und die Eigenheiten der Prozessführung, hinzu. Dies macht die Auslegung von Gasreinigungen besonders aufwendig, da chemische Katalysatoren auch auf kurzzeitige Durchbrüche von Spurenmengen von Schadstoffen oft mit irreversibler Desaktivierung reagieren und der chemische Prozess abgeschaltet werden muss. Ein „pathologisches" Molekül ist hier das auf Metallkatalysatoren sehr schädlich wirkende Carbonylsulfid, das nicht nur als Konzentrationsspitze im Gasstrom enthalten sein kann, sondern das sich unter ungünstigen Bedingungen unter Mitwirkung der Reinigungskohlenstoffe (Aktivkohle) im Reinigungsprozess bildet und somit nur schwer in Gasproben nachweisbar sein kann.

Eine weitere Randbedingung der Gasaufbereitung stellen die Kosten dar. Oft plant man CO_2 als kostenlose Ressource ein. In der Wirtschaftlichkeitsberechnung eines CCU-Prozesses sind dann nur minimale Ansätze für die Sammlung und Aufreinigung vorgesehen, die ausreichend sicher dimensionierte und ausgefeilte Gasaufbereitungen ausschließen und daher zu unrealistischen Schätzungen von Betriebsergebnissen eines CCU-Prozesses führen.

Gaswäsche, Filterung und adsorptive Reinigung erzeugen komplexe und oft toxische Reststoffe, die als erhebliche Kostenfaktoren zu betrachten sind. Hier fehlen noch belastbare Daten und Methoden zur Behandlung dieser Reststoffe im Kontext von CCU-Konzepten. Grundsätzlich kennt man derartige Probleme beispielsweise aus der Technik von Verbrennungsprozessen in Kraftwerken.

Zusammenfassend ist festzustellen, dass die Gewinnung chemisch verwertbarer Gasströme kohlenstoffreicher Gase aus energetischen oder industriellen Prozessen eine komplexe Herausforderung darstellt. Man verfügt über zahlreiche Prozessbausteine und viel Erfahrung mit derartigen Aufbereitungsaufgaben, ist aber derzeit noch nicht sicher genug im Design und im Betrieb derartiger Anlagenbestandteile. In keinem Fall ist dieser Aspekt bei der Beurteilung von CCU-Prozessen zu vernachlässigen. Pauschale Annahmen über Qualitäten und ihre zeitliche Variabilität sind mit Vorsicht zu betrachten, da selbst zeitlich selten auftretende Spurenstoffe erhebliche und nicht leicht diagnostizierbare Fehler in nachfolgenden chemischen Prozessketten zur Folge haben können.

6.6 Konversionsprozesse von Kohlendioxid

Es existieren zahlreiche umfangreiche Literaturübersichten über die Reaktionsmöglichkeiten von Kohlendioxid. Unter anderen haben sich die Gruppen Aresta und Leitner mit diesem Thema umfassend auseinandergesetzt, wobei deren Schwerpunkt auf die Nutzung von CO_2 als Synthesebaustein in der Chemie gelegt wird. Dabei werden sowohl kleinskalige Synthesen von Zwischen- und Endprodukten der Chemie als auch großskalige Synthesen von Kraft- und Treibstoffen angesprochen. Die umgekehrte

6

Blickrichtung nehmen Übersichtsartikel der Gruppe Centi ein. Dort werden Nutzungsmöglichkeiten von CO_2 aus unvermeidlichen Quellen diskutiert. Weiter wird die direkte photochemische Konversion von CO_2 mittels Photoelektrokatalyse mit dem Ziel untersucht, einen technischen Kohlenstoffkreislauf in Analogie zum natürlichen Kohlenstoffkreislauf mit einer Anordnung, die man als „künstliches Blatt" bezeichnet, zu realisieren. Diesem Ansatz folgen auch große amerikanische Forschungsverbünde. Trotz erheblicher wissenschaftlicher und konzeptioneller Fortschritte sind diese Prozesse von einer praktisch relevanten Anwendung noch so weit entfernt, dass sie im Folgenden nicht weiter betrachtet werden. Dies ist ausschließlich der geringen technologischen Reife und keinesfalls dem Konzept oder den erzielten Ergebnissen geschuldet.

Für die Bewertung derartiger Ansätze ist es wichtig, das Ziel der chemischen Nutzung von CO_2 genau zu definieren. In der Chemie geht man zuerst davon aus, CO_2 als Synthesebaustein effektiv zu nutzen und damit Synthesewege zu eröffnen, die kürzer oder mit weniger Abfall oder geringerem Aufwand zu verfolgen sind als heutige Methoden zu denselben Zielprodukten. Damit ergeben sich klare Bewertungskriterien [31], die aber mögliche Folgen oder Nutzen außerhalb der Chemie nicht berücksichtigen. Umgekehrt kann man fragen, welchen Klimaeffekt die Nutzung von (unvermeidlich anfallendem) CO_2 in einem integrierten Energiesystem [19, 32] haben könnte. Dann stellt sich zunächst die Frage nach dem Volumen der Nutzung. Diese Frage ist kontrovers, weil sie dezentral und lokal eine andere Dimension hat als global unter Berücksichtigung der Ziele des Pariser Klimaabkommens. Der Autor vertritt nachdrücklich die Auffassung, dass derartige Bewertungen zu einem Zeitpunkt, zu dem nahezu alle diese Diskussionen hypothetisch sind, unterbleiben sollten. Wir benötigen alle Verfahren, um CO_2 als Rohstoff nutzbar zu machen. Die alleinige Bewertung sollte zunächst sein, ob damit ein systemisch vergrößerter Anfall von CO_2 oder anderer Abfallstoffe, die nicht im Kreislauf geführt werden, verursacht wird. In diese Bewertung hat somit einzugehen, wie die Prozesse geführt und energetisch versorgt werden sollen und woher die nötigen Reaktanden stammen. Können diese Fragen so beantwortet werden, dass keine Verschlechterung der systemischen Gesamtemissionen mit dem Prozess verbunden ist, sollte zunächst die Forschung daran in einen Ergebniszustand gebracht werden, dass experimentelle Daten zum Wirken dieses Prozesses in einem Energiesystem vorliegen. Dazu sind Demonstratoren auf relevanten Größenskalen (Tausende von Jahrestonnen) erforderlich. Erst dann mag man über die Einpassung des entsprechenden Prozesses in ein Energiesystem auf lokaler oder globaler Ebene und die möglichen Konkurrenzsituationen für die Mengen von erneuerbarer Energie, die in einen CO_2-Verwertungsprozess zu investieren sind, diskutieren.

Aus der chemischen Sicht verbleiben fünf grundsätzliche Ansätze für die Nutzung von CO_2, die in ◘ Abb. 6.5 dargestellt sind.

Zunächst muss das CO_2-Molekül aus seiner stabilen molekularen Konstitution ausgelenkt werden. Dies geschieht in aller Regel über das hochreaktive [33] „Carboxylat". Es handelt sich um ein gewinkeltes Teilchen, das auf Katalysatoroberflächen (auch Elektrokatalysatoren) zu finden ist.

Diese Reaktion wird wie alle Prozesse unter Ionenbildung durch Solvatation – das ist die Stabilisierung des Carboxylats mit weiteren neutralen CO_2-Molekülen – oder durch Donormoleküle, wie Wasser in der Elektrochemie, begünstigt. Aus der Solvatation mit CO_2 resultieren zwei Reaktionen zwischen Carboxylat und CO_2, die in ◘ Abb. 6.5 als „Dimerisierung" und „Redox" bezeichnet sind. Einmal entsteht das stabile Oxalatanion, das bei erhöhten Temperaturen oder katalytisch in die Produkte des Redoxprozesses CO und Carbonat zerfällt.

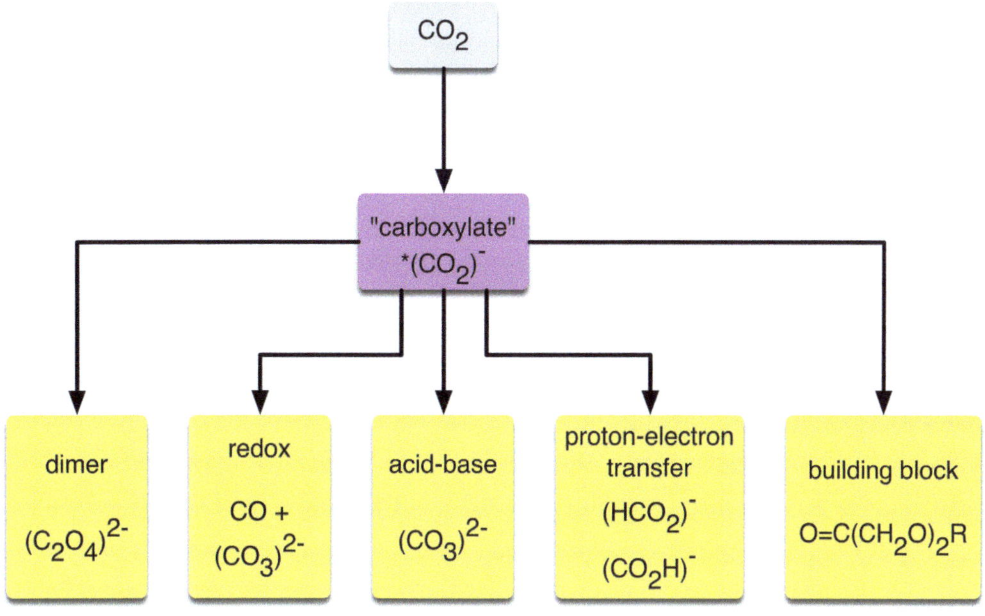

Abb. 6.5 Möglichkeiten der chemischen Aktivierung von CO_2

Drei weitere Reaktionstypen benötigen außer CO_2 ein weiteres Molekül. Die bei Weitem wichtigste Reaktion, wenn es um Mengen geht, ist die Reaktion der schwachen Säure H_2CO_3 (Kohlensäure), die aus der Umsetzung mit Wasser entsteht, mit starken Basen zu Carbonaten.

$$CO_2 + M(OH)_2 \rightleftharpoons MCO_3 + H_2O \quad (6.7)$$

Die gebirgsbildenden Gesteine $MgCO_3$ und $CaCO_3$ mögen als Illustration für die Tatsache gelten, die schon mit Tab. 6.1 besprochen wurde, dass CO_2 bei Weitem kein reaktionsträges Molekül ist. Schon bei Raumtemperatur laufen Carbonatbildungen als zentrale Reaktionen in der Bauchemie beim „Abbinden" ab. Daher stammt die Idee, große Mengen von CO_2 durch „Mineralisation" [34–36] zu binden und gleichzeitig einer Verwendung zuzuführen, die nicht das Kohlenstoffatom im CO_2 allein, sondern das gesamte Molekül nutzt. Die Herausforderung bei diesem Konzept besteht darin, die starken Basen in Form von Oxiden zu finden, die nicht erst durch energetisch aufwendige Vorbehandlungen reaktiv gegen CO_2 werden. Natürlicherweise sind fast alle diese Stoffe an der Erdoberfläche bereits mit CO_2 verbunden und können daher nicht mehr in dieser Reaktion Verwendung finden. Die Prozesse „Kalk brennen" und „Zement brennen" befreien solche Mineralien von CO_2, sind aber natürlich nicht geeignet, um zusätzliches CO_2 zu binden.

Eine technisch besonders wichtige Reaktion aus dieser Klasse ist die Bildung von Harnstoff aus CO_2 und Ammoniak, die auf der Skala von 125 Mt pro Jahr ausgeführt wird.

$$CO_2 + 2\,NH_3 \rightleftharpoons CO(NH_2)_2 + H_2O \quad (6.8)$$

Weiter gibt es eine breite Palette von Reaktionen, in denen CO_2 als Synthesebaustein mit hochreaktiven Molekülen wie Ethylenoxid zu einer Vielzahl von molekularen Produkten der Chemie reagiert [37]. Herausgehoben durch die Reife der Anwendung ist dabei die Synthese von Funktionspolymeren der Klasse der Polyurethane. Die generelle Möglichkeit ist die Reaktion der schwachen Säure CO_2 mit anderen Basen als Metallhydroxiden. Dieser Reaktionstyp, der prototypisch durch die Harnstoffsynthese (Ammoniak als starke Base) illustriert ist, führt zu vielen organischen Molekülen.

6

Der letzte und hier wichtigste Reaktionstyp ist die Umsetzung des Carboxylats mit aktiviertem Wasserstoff, die als protonengekoppelte Elektronenübertragungsreaktion (PCET) aufgefasst wird. Dieser Prozess führt zu zwei Intermediaten, die Wasserstoff entweder am Kohlenstoff oder am Sauerstoff gebunden enthalten. Daraus resultiert entweder das Wassergasgleichgewicht zur Herstellung von Synthesegas mit dem CO-Molekül als eigentlicher Kohlenstoffquelle oder die Methanolsynthese. Dieses Gleichgewicht verbindet somit die Moleküle CO, CO_2 und Methanol miteinander. Ermöglicht wird dies über die Strukturen der gemeinsamen molekularen Intermediate, die in ◘ Abb. 6.6 im Innern des „Kohlenstoffdreiecks" dargestellt sind.

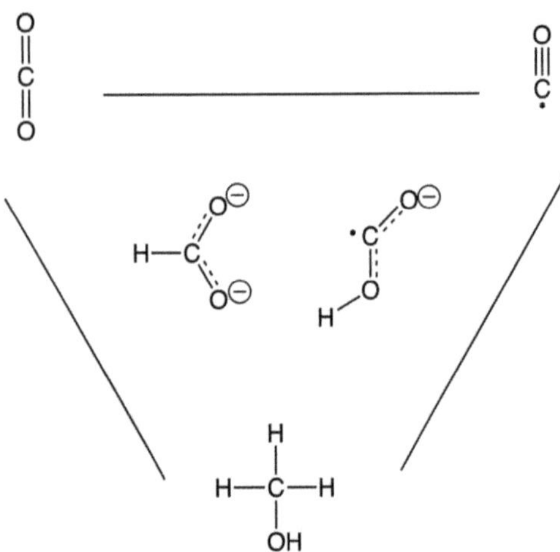

◘ **Abb. 6.6** Das „Kohlenstoffdreieck" wird durch das Wassergasgleichgewicht aufgespannt. Im Innern des Dreiecks finden sich die kritischen Intermediate Formiat (rechts) und Carboxylat (links). Die Namensgebung für „Carboxylat" ist zweideutig und bezeichnet ein Teilchen mit oder ohne gebundenen Wasserstoff

Das Reaktionsnetzwerk von CO_2 mit Wasserstoff kennt die beiden zentralen Zwischenprodukte Methanol und CO, die sich in weitere wichtige Chemieprodukte umwandeln lassen. In ◘ Abb. 6.7 sind die wichtigen Reaktionsketten dargestellt.

Das einfachste Speichermolekül für Energie entsteht aus der Umsetzung von Carboxylat mit Wasserstoff zu Ameisensäure. Diese Reaktion ist katalytisch gut zu bewerkstelligen [38], ebenso wie die Rückspaltung [39, 40] in CO_2 und Wasserstoff. Vor allem die Synthese der Ameisensäure ist mittels homogener Katalyse gut durchführbar und benötigt auch keine Edelmetallkatalysatoren. Möglicherweise sind die geringe gravimetrische Speicherdichte und die verhältnismäßig hohe Reaktivität der Ameisensäure Gründe für die geringe Aufmerksamkeit, die diese Reaktion in der Energiechemie bisher genießt.

Aus dem Zwischenprodukt CO folgen die Produkte der Fischer-Tropsch-Reaktionsklasse [41, 42]. Diese Reaktionsklasse bezeichnet eine Reihe von Kondensationsreaktionen, in denen unter Wasserbildung das CO zunächst zu CH_2-Fragmenten hydriert wird, die sich mit statistischer Wahrscheinlichkeit in längere Alkanketten zusammenlagern [43] und dabei eine Mischung von Produkten bilden. Je nach Wahl des Katalysators [44, 45] entstehen dabei vor allem Alkane (Co), Olefine (Fe) oder auch höhere Alkohole, wenn einige nicht zersetzte CO-Moleküle mit eingebaut werden (Cu plus Promotoren). Leider ist die Steuerung der Reaktion durch Katalyse weit von Perfektion entfernt [42, 44, 46]: Es entstehen immer komplexe Gemische, die aufwendige Trennungen erfordern. Ein weiteres Problem ist die nur schwer zu unterdrückende Vollhydrierung des -CH_2-Fragments zu Methan [47], das hier ein unerwünschtes Produkt darstellt.

Die direkte Erzeugung von Methan [48] unter dem Begriff *power to gas* (p2g) ist eine technisch gut mögliche, aber kontrovers diskutierte Option [49] zur Einkopplung erneuerbarer Energie in das Wärmesubsystem eines Energiesystems. Die Anwendung als

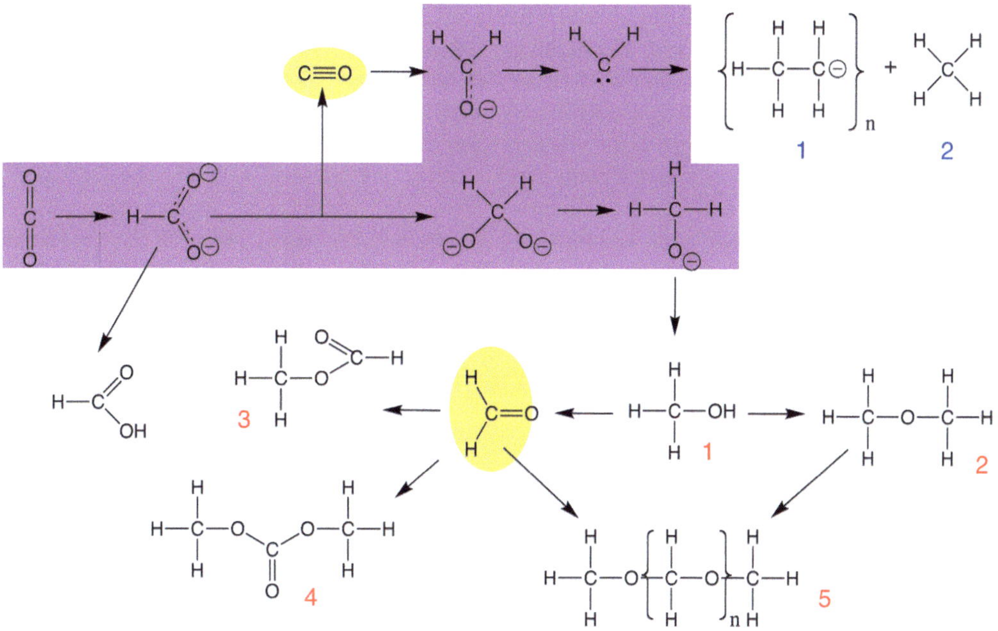

Abb. 6.7 Ausschnitt aus dem Reaktionsnetzwerk der Umsetzung von CO_2 mit Wasserstoff. Reaktive Intermediate sind in dem lavendelfarbig unterlegten Teil gezeigt. Die gelblich unterlegten Moleküle CO und Formaldehyd sind chemische Zwischenprodukte. Die anderen Produkte können neben Anwendungen in der Chemie auch zur Energiespeicherung und als „solare Brennstoffe" eingesetzt werden. Für die Nutzung als Kraftstoffe kommen infrage: (blau) 1 Alkane nach Fischer-Tropsch, 2 Methan nach Sabatier; (rot) 1 Methanol, 2 Dimethylether (DME), 3 Methylformiat (MF), 4 Dimethylcarbonat (DMC), 5 Oxymethylenether (OME)

„Autogas" ist technisch ebenfalls vollständig entwickelt und gut verfügbar, wird aber aus nichttechnischen Gründen im Markt derzeit wenig akzeptiert (zumindest in Europa, wo es ein sehr gutes Verteilsystem für Gas gibt). Chemisch ist die „Sabatier-Reaktion" eine seit Langem gut untersuchte Reaktion [47, 50, 51]. Über Edelmetallkatalysatoren läuft sie sehr gut ab und bietet keine unüberwindlichen Schwierigkeiten [52], die sich um Fragen der Vollständigkeit der Reaktion zur Vermeidung nachfolgender Produktreinigung drehen. Schwieriger ist die Vermeidung von Edelmetallen durch die Verwendung von Ni als Katalysator. Dort gibt es Probleme der Selektivität (nur Teilreaktion zu CO) und der Stabilität (Bildung von Kohlenstoff und Zerstörung des Katalysators). Angesichts des derzeit sehr geringen kommerziellen Wertes von Methan (der zu seiner Herstellung nötige Wasserstoff ist wesentlich wertvoller als der Marktpreis des Produkts) wäre eine stabile, durch Verunreinigungen aus dem CO_2 (aus biologischen Prozessen oder aus Rauchgas) nicht gestörte Methanisierung vor allem dann wertvoll, wenn sie dezentral der Aufarbeitung und Speicherung von lokaler überschüssiger erneuerbarer Energie [49] dienen könnte. Die aus der Betrachtung von Abb. 6.7 denkbare Nutzung von Methan als eine universelle Ausgangsbasis für weitere Chemie ist nicht realisierbar, weil man keine Möglichkeit hat, Methan zu aktivieren, außer es zu verbrennen. Trotz umfangreicher Studien dazu gibt es derzeit wenig Hoffnung [53], hier eine neue Methodik zu entwickeln.

Die Fischer-Tropsch-Reaktion ist der einzige Reaktionsweg, der es in der Energieversorgung zu technologischer Reife geschafft hat und der heute auf Weltskala bereits technische Anwendung [54–56] findet. In dieser speziellen Variante zur Herstellung hochwertiger Ottokraftstoffe verfährt man so, dass mittels Fischer-Tropsch-Reaktion ein Gemisch möglichst langkettiger Alkane (Wachs) erzeugt wird, das danach mit den etablierten Methoden der Raffinerie-Chemie wieder teilweise gespalten und isomerisiert (lineare in verzweigte Ketten) umgewandelt wird. Grundsätzlich ist es denkbar, als Ausgangsstoffe auch Biomasse [57] und „grünen Wasserstoff" einzusetzen, womit man einen regenerativen Kraftstoff für die Mobilität (beispielsweise für Flugzeuge) erhalten würde. Weniger technisch-chemische als vielmehr kommerzielle Fragen und Geschäftsmodelle behindern derzeit eine entsprechende Entwicklung.

Gleichwohl existieren vielfältige wissenschaftliche Fragen in diesem Themenkomplex, die von der endgültigen Analyse der Steuerungsmöglichkeiten der Kondensationsreaktion über eine geschickte Herstellung von höheren Alkoholen als wünschenswerte Kraftstoffe [58] bis zur Kombination der Fischer-Tropsch-Reaktion mit anderen Funktionalisierungsreaktionen zur Erzeugung molekular einheitlicher Kraftstoffe aus der Familie der Oxygenate reichen. Die Frage der Methanerzeugung würde sich in einer hypothetischen Verbundanlage, die neben Kraftstoff auch Brennstoff für die Wärmerzeugung erzeugt, weitgehend entspannen. Auch hier sind Fragen der Wirtschaftlichkeit, Betreibermodelle und Geschäftsmodelle eher Hindernisse als die chemische Technologie, die auch heute für eine erste Generation derartiger Lösungen ausreichen würde. Der Leser beachte das *Caveat,* dass solche Konzepte die Verfügbarkeit von wirtschaftlich günstigem Wasserstoff mit einer Kostenschwelle (nicht Preis!) von unter 3000 €/t voraussetzt, was in manchen Gegenden der Welt heute realistisch ist, aber nicht in Mitteleuropa.

Aus ◘ Abb. 6.7 lässt sich ablesen dass aus Methanol, das aus CO_2 über Formiat (formal!) und Methoxy zugänglich ist, und einer Folgereaktion eine Vielzahl von relevanten Molekülen erhalten werden kann. Methanol kann daher als ein Plattformmolekül bezeichnet werden, das eine Anzahl von Produkten zugänglich macht. In ◘ Abb. 6.7 ist nur die kleine Klasse von Molekülen berücksichtigt, die keine C–C-Bindungen enthalten. Über die technischen Folgeprozesse MTO *(methanol to olefin)* und MTG *(methanol to gasoline),* die jeweils säurekatalysierte Dehydratationen gefolgt von Kondensationsschritten umfassen, sind zahlreiche komplexere Moleküle mit Anwendungen in der Polymerchemie oder wiederum als Kraftstoffe gut zugänglich. Daher erscheint die Synthese von Methanol als erstes chemisches Plattformprodukt der Hydrierung von CO_2 als eine sehr attraktive Option, um erneuerbare Energie mittels eines einzigen chemischen Bausteins in eine Vielzahl von Anwendungen einzukoppeln.

Die Synthese von Methanol ist wie die Fischer-Tropsch-Reaktion ebenfalls eine im Weltmaßstab ausgeführte Reaktion mit einer der größten Zuwachsraten in ihrer Anwendung (Quelle: IGP ▶ Energy.com). Dies begründet sich traditionell mit dem Plattformcharakter von Methanol in der Chemie (der die heutige Entwicklung noch weitgehend trägt) und neuerdings mit der Möglichkeit, über die *„methanol economy"* [59], die in Deutschland vorgedacht [60] wurde, aber nun in China implementiert [61] wird, einerseits eine Nutzung der großen Kohlenvorräte zu ermöglichen und andererseits zur Verwendung von anderweitig entstandenem CO_2 in großen Mengen beizutragen. Derzeit werden etwa 65 Mt Methanol pro Jahr in der Welt erzeugt; diese Menge wird sich in den kommenden zehn Jahren fast verdoppeln, wenn man nur die angekündigten oder im Bau befindlichen Projekte berücksichtigt. In dieser Projektion sind Projekte, die der Verwertung von CO_2 dienen, noch nicht enthalten. Der Anwendungsmarkt für Methanol vergrößert sich derzeit drastisch durch die Möglichkeit, Methanol als Kraftstoff [62, 63] oder als Zwischenverbindung für die Herstellung von Kraftstoffen einzusetzen. Die chemischen Anwendungen von Methanol allein könnten eine derartige Dynamik und auch die Aussicht, über Methanol zu klimarelevanten Verwendungen von CO_2 zu gelangen, nicht unterstützen.

In ◘ Abb. 6.7 ist die Klasse der C1-Oxygenate, die sich als Kraftstoffe nutzen lassen, mit den roten Ziffern gekennzeichnet. Diese Moleküle verbrennen in Dieselmotoren (DME, OME) oder Ottomotoren, die in ihren Kraftstoffzufuhrsystemen geringfügige technische und Software-Anpassungen [64, 65] benötigen. Abschätzungen über Herstellkosten [62, 66] sind sehr stark von den Strompreisen für den Wasserstoff abhängig; man geht davon aus, dass heutige Kraftstoffpreise etwa bei Wasserstoffkosten von 2000 €/t erreichbar sind. Für Forschungszwecke werden Preise von 5 €/kg diskutiert.

Die Nutzung von Oxygenaten allgemein als Kraftstoff birgt neben den Möglichkeiten der Sektorenkopplung und der Nutzung von CO_2 eine Option, die sich aus der sortenreinen molekularen Struktur dieser Moleküle ergibt. Dabei treten keine lokalen Emissionen [58, 67, 68, 69] von Kohlenstoffpartikeln und NOx auf; in Verbindung mit einem einfachen Abgasnachbehandlungssystem gegen organische Zwischenprodukte lässt sich so eine „Nullemission" [70, 71] von regulierten Schadstoffen auch mit Verbrennungsmotoren erreichen. Dieser nachgewiesene Effekt ist ein Zusatznutzen, dessen Wert in der Weiternutzung existierender Technologien für die Mobilität und deren Versorgung liegt. Damit gibt es ein Argument, die Einführung von synthetischen Kraftstoffen, die diese Eigenschaft aufweisen, regulatorisch zu unterstützen, da sich schnell (innerhalb von zehn Jahren) sowohl eine CO_2-Einsparung als auch eine Emissionsreduzierung von Schadstoffen bei minimalen Kosten gegenüber alternativen Lösungen ergeben würde.

Zur Methanolsynthese ist anzumerken, dass es derzeit eine Diskussion in der Literatur [72, 73] über die notwendigen Katalysatoren gibt. Alle technischen Methanolprozesse verwenden als Kohlenstoffquelle ein Gemisch aus CO und CO_2, das möglichst so gewählt wird, dass das Produkt Wasser, das aus der Hydrierung von CO_2 (der molekularen Quelle allen Methanols [74]) entsteht, durch das Wassergasgleichgewicht und seine Prozesse im Katalysator umgewandelt wird und somit ein sehr wasserarmes Methanol und möglichst kein CO-Gas im Produktgemisch des Reaktors erscheint. Verwendet man reines CO_2 als Synthesegas, so erscheint sowohl Wasser als auch CO im Ausgangsstrom des Reaktors. Man vermutet, dass dadurch die Funktionsfähigkeit der heutigen Katalysatoren beeinträchtigt wird [73], und führt an, dass die gemessene Produktivität an Methanol in reinem CO_2 wesentlich geringer sei als in einem Synthesegasgemisch mit CO und CO_2. Weiter zeigt man, dass der CO-Anteil bei der Verwendung von Pd/Zn [75] statt Kupfer als aktivem Material deutlich gesenkt werden kann. Derartige Beobachtungen folgen aus den unterschiedlichen Reaktionsbedingungen, die jeweils Anwendung finden, und einer nicht ausreichenden Prüfung auf die Abhängigkeit der Beobachtungen von den Reaktionsbedingungen und der Lage der gemessenen Reaktionsraten hinsichtlich der Gleichgewichte aus ◘ Abb. 6.6. Es kann sehr wohl gezeigt werden [76, 77], dass technische Katalysatoren zur Methanolsynthese mit reinem CO_2 geeignet sind und dass sich keine Verschlechterung ihrer Leistungsfähigkeit gegenüber einem CO-haltigen Synthesegas einstellt. Neu ist allerdings die endliche Selektivität zu CO, die sich bei hohen Produktionsraten von Methanol nicht unterdrücken lässt. Es ist derzeit nicht klar, wie stark sich die Einstellungen der Gleichgewichte aus ◘ Abb. 6.6 kinetisch auftrennen lassen. Dies kann gelingen [78, 79], wenn es stofflich unabhängige Reaktionszentren für die Methanolsynthese und die Wassergassynthese gibt, die sich hinsichtlich ihrer Bindewirkung von Intermediaten unterscheiden.

Als Zusammenfassung seien noch einmal wichtige Charakteristika der großen Prozesse zur Nutzung von CO_2-reichen Gasen verglichen. ◘ Tab. 6.2 fasst einige Kenngrößen

Tab. 6.2 Einige Eigenschaften großer Prozesse der CO_2-Nutzung

Eigenschaft	Methan (Sabatier)	Kohlenwasserstoffe (FT)	Methanol	Harnstoff
Kohlenstoffquelle	CO	CO	CO_2	CO_2
Wasserstoffbedarf	4	2n+1	3	3 (in NH_3)
Wasser[a]	2	n	1	1
Gespeicherte Moleküle Wasserstoff	2	n+1	2	2
Katalysator	Edelmetall, Ni	Co, Fe	Cu	–
Plattform	Nein	Bedingt	Ja	Nein
Infrastruktur	Ja	Ja	Bedingt	Ja
Herausforderung	Rußbildung	Produktselektivität	CO Coprodukt	Keine
Komplexität	Gering	Sehr hoch	Gering	Gering
Großtechnisch realisiert	Nein (nur zur Gasreinigung)	Ja	Ja	Ja

[a]Moleküle pro Produktmolekül

6

zusammen. Auf die Einzelheiten wurde im Textverlauf bereits eingegangen.

Aus chemischer Sicht können alle Prozesse auf einer „klimarelevanten" Skala von über 100 Mt pro Jahr realisiert werden. Ihr größter Nachteil ist der Wasserstoffbedarf. Davon ist ein Teil in den Produkten als „chemische Batterie" gespeichert, ein weiterer Teil geht als Reaktionswasser verloren. Alle Prozesse außer der Harnstoffsynthese weisen noch erheblichen Forschungs- und Entwicklungsbedarf auf, um in späteren Generationen zu optimaler Wirksamkeit der Anlagen zu gelangen. Dabei sind freie Wählbarkeit der Anlagengröße, Lebensdauer der Katalysatoren, Vereinfachungen im Prozessablauf und letztlich spezifische Kosten die Optimierungsziele. Diese Bedarfe sind jedoch in keiner Weise verhindernd dafür, dass man in einer ersten Generation den Nutzen dieser Prozesse für die Sektorenkopplung der Energiesysteme und für die schnellere Defossilisierung ausnutzt. Dabei kann man an große, optimal ökonomische zentrale Einheiten (an großen Punktquellen zum Beispiel) denken, die nach konventionellen Erfahrungen innerhalb von zehn Jahren operativ sein können. Man kann aber auch an kleine dezentrale Einheiten denken, die an Orten der Gewinnung erneuerbarer Elektrizität stehen und lokale Bedarfe abdecken oder zur Lagerung und zum Transport von „tankbarer" erneuerbarer Energie dienen. Hierfür sind die ökonomischen Hürden niedriger und die Zeitskalen kürzer, aber es fehlen viele konstruktive und operative Erfahrungen mit dezentralen Chemiefabriken, die anders als große Anlagen zu betreiben sein werden. Der Autor spricht sich nachdrücklich für die gleichzeitige Verfolgung beider Ansätze aus, da sie beide ihre systemische Berechtigung haben und beide den Wandel von Energiesystemen maßgeblich unterstützen können.

6.7 Schlussbemerkung

Die chemische Nutzung kohlenstoffreicher Gase zur Speicherung von erneuerbarer Energie und für die Kopplung der Energiesektoren ist ein unverzichtbares Element zukünftiger Energiestrategien. Die Chemie bietet dabei die Möglichkeit, den primären chemischen Energieträger so umzuwandeln, dass er einfach in bestehenden Technologiesystemen gelagert, transportiert und genutzt werden kann. Der dafür zu zahlende „Preis" einer geringen Prozesseffizienz der chemischen Energieträger wird durch ihre Systemeffizienz ausgeglichen. Fortschritte im grundlegenden und angewandten Verständnis der chemischen Reaktionsführung können den Nachteil der geringen Prozesseffizienz deutlich verringern und wesentlich zur Überschreitung ökonomisch wichtiger Kostenschwellen beitragen. Hier wäre eine arbeitsteilige Organisation der Forschungsanstrengungen zumindest im prozessnahen Teil der Arbeiten sehr wünschenswert. Voraussetzung und systemische, zentrale Herausforderung bleibt dabei die Bereitstellung des Wasserstoffs zu systemisch vertretbaren Kosten.

Die Einführung der zahlreichen vorgedachten und im Labor erprobten Wandlungsprozesse scheitert nicht an der Chemie oder Prozesstechnik, wenngleich es hier noch erhebliche Optimierungspotenziale für mögliche spätere Generationen von Prozessen gibt. Der Einstieg scheitert derzeit am Fehlen von Geschäftsmodellen und/oder an regulatorischen Rahmenbedingungen. Insbesondere fehlt eine leistungsfähige Industrie, welche die Einführung der Technologien und die Vermarktung der Produkte vorantreibt. Dies wiederum dürfte an den ungünstigen Rahmenbedingungen in Europa (hohe Energiepreise, komplexe Regulatorik) liegen, die durch staatliche Eingriffe gemildert oder beseitigt werden können (Behandlung von erneuerbaren Energien für chemische Prozesse als Rohstoff und nicht als Energie). Ein Einstieg in die staatlich zu organisierende Bewertung von CO_2 (ETS System 2.0 als Beispiel) wäre ein weiterer möglicher Weg zur Erleichterung der chemischen Nutzung von CO_2. In den Wirtschaftsregionen des Mittleren und Fernen Ostens, die unter anderen politischen Rahmenbedingungen arbeiten, ist die Entstehung entsprechender Strukturen bereits heute zu beobachten, und es existieren klare Planungen für die großtechnische Nutzung der Hydrierung kohlenstoffreicher Gasströme.

Das größte einzelne Hindernis bei der Weiterentwicklung der chemischen Energiespeicherung in kohlenstoffhaltigen Molekülen sind die kontroversen Diskussionen [14] zum Thema. Sie werden geprägt von unzutreffenden Erwartungen, dem Fehlen von Kenntnissen über technische und wissenschaftliche Entwicklungen und einem wenig kreativen Umgang mit den nichttechnischen Gestaltungsmöglichkeiten des Umfeldes dieser Technologien. Daher entstehen Unsicherheit und Untätigkeit, die einen wirtschaftlichen Vorteil durch technologische Reife verhindern. Zudem erschweren diese Unsicherheiten die Finanzierung entsprechender Projekte. Es entsteht ein Klima des Zögerns, das andere ausnutzen, um nicht nur zum Lieferanten von entsprechender Technologie zu werden, sondern auch, um uns die damit hergestellten Produkte zu liefern und damit die energetische Abhängigkeit zumindest in Europa weiter zu vergrößern. Ein Durchbruch in der Debatte über kohlenstoffbasierte Energiespeicher wird als der wichtigste einzelne Baustein zur Entwicklung dieses Feldes angesehen.

Zusammenfassung

Die Verwertung von CO_2 aus Verbrennungsprozessen bietet die Option, die CO_2-Emission dieser Verfahren zu reduzieren. Mögliche Produkte sind Ameisensäure, Methan, Methanol und Produkte der Fischer-Tropsch-Reaktionsklasse (Alkane, Olefine, Alkohole). Nur die Fischer-Tropsch-Katalyse ist bisher großtechnisch etabliert. Obwohl erhebliche Energiemengen notwendig sind, um CO_2 umzusetzen, ist die Verwertung grundsätzlich sinnvoll. Die Verfahren wandeln Elektrizität in stoffliche

Energieträger um, die als Energiespeicher für überschüssigen Strom aus volatilen Quellen wirken. Die Verwertung von CO_2 trägt deshalb zur Systemeffizienz eines auf erneuerbaren Energien basierenden Energiesystems bei.

Literatur

6

1. Aresta M, Dibenedetto A (2007) Utilisation of CO_2 as a chemical feedstock: opportunities and challenges. Dalton Trans 28:2975–2992
2. Leitner W (1996) The coordination chemistry of carbon dioxide and its relevance for catalysis: a critical survey. Coord Chem Rev 153:257–284
3. Zhang XJ, Bauer C, Mutel CL, Volkart K (2017) Life cycle assessment of power-to-gas: approaches, system variations and their environmental implications. Appl Energ 190:326–338
4. Naraharisetti PK, Yeo TY, Bu J (2017) Factors influencing CO_2 and energy penalties of CO_2 mineralization processes. Chemphyschem 18(22):3189–3202
5. Wilson G, Trusler M, Yao J, Lee JSM, Graham R, Mac Dowell N, Cuellar-Franca R, Dowson G, Fennell P, Styring P, Gibbins J, Mazzotti M, Brandani S, Muller C, Hubble R (2016) End use and disposal of CO_2 – storage or utilisation? General discussion. Faraday Discuss 192:561–579
6. Smit B (2016) Carbon capture and storage: introductory lecture. Faraday Discuss 192:9–25
7. Perez-Fortes M, Schoneberger JC, Boulamanti A, Tzimas E (2016) Methanol synthesis using captured CO_2 as raw material: techno-economic and environmental assessment. App Energ 161:718–732
8. Jadhav SG, Vaidya PD, Bhanage BM, Joshi JB (2014) Catalytic carbon dioxide hydrogenation to methanol: a review of recent studies. Chem Eng Res Des 92(11):2557–2567
9. Seh ZW, Kibsgaard J, Dickens CF, Chorkendorff IB, Nørskov JK, Jaramillo TF (2017) Combining theory and experiment in electrocatalysis: insights into materials design. Science 355(6321):eaad4998
10. Bruhn T, Naims H, Olfe-Krautlein B (2016) Separating the debate on CO_2 utilisation from carbon capture and storage. Environ Sci Policy 60:38–43
11. Markewitz P, Kuckshinrichs W, Leitner W, Linssen J, Zapp P, Bongartz R, Schreiber A, Mueller TE (2012) Worldwide innovations in the development of carbon capture technologies and the utilization of CO_2. Energ Environ Sci 5(6):7281–7305
12. Lee JSM, Rochelle G, Styring P, Fennell P, Wilson G, Trusler M, Clough P, Blamey J, Dunstan M, MacDowell N, Lyth S, Yao J, Hills T, Gazzani M, Brandl P, Anantharaman R, Brandani S, Stolaroff J, Mazzotti M, Maitland G, Muller C, Dowson G, Gibbins J, Ocone R, Campbell KS, Erans M, Zheng LY, Sutter D, Armutlulu A, Smit B (2016) CCS – a technology for now: general discussion. Faraday Discuss 192:125–151
13. Aresta M (2017) My journey in the CO_2-chemistry wonderland. Coord Chem Rev 334:150–183
14. Mac Dowell N, Fennell PS, Shah N, Maitland GC (2017) The role of CO_2 capture and utilization in mitigating climate change. Nat Clim Change 7(4):243–249
15. Mikkelsen M, Jorgensen M, Krebs FC (2010) The teraton challenge. A review of fixation and transformation of carbon dioxide. Energ Environ Sci 3(1):43–81
16. Rockstrom J, Gaffney O, Rogelj J, Meinshausen M, Nakicenovic N, Schellnhuber HJ (2017) A roadmap for rapid decarbonization. Science 355(6331):1269–1271
17. Artz J, Muller TE, Thenert K, Kleinekorte J, Meys R, Sternberg A, Bardow A, Leitner W (2018) Sustainable conversion of carbon dioxide: an integrated review of catalysis and life cycle assessment. Chem Rev 118(2):434–504
18. Koytsoumpa EI, Bergins C, Kakaras E (2018) The CO_2 economy: review of CO_2 capture and reuse technologies. J Supercrit Fluid 132:3–16
19. Abanades JC, Rubin ES, Mazzotti M, Herzog HJ (2017) On the climate change mitigation potential of CO_2 conversion to fuels. Energ Environ Sci 10(12):2491–2499
20. Valente A, Iribarren D, Dufour J (2017) Life cycle assessment of hydrogen energy systems: a review of methodological choices. Int J Life Cycle Assess 22(3):346–363
21. Cuellar-Franca RM, Azapagic A (2015) Carbon capture, storage and utilisation technologies: a critical analysis and comparison of their life cycle environmental impacts. J CO_2 Util 9:82–102
22. Haszeldine RS (2009) Carbon capture and storage: how green can black be? Science 325(5948):1647–1652
23. Philibert C (2017) Renewable energy for industry. International Energy Agency, Paris, S 65
24. Palzer A, Henning HM (2014) A comprehensive model for the German electricity and heat sector in a future energy system with a dominant contribution from renewable energy technologies – Part II: results. Renew Sust Energ Rev 30:1019–1034
25. Navarrete A, Centi G, Bogaerts A, Martin A, York A, Stefanidis GD (2017) Harvesting renewable energy for carbon dioxide catalysis. Energ Technol 5(6):796–811

26. Perathoner S, Gross S, Hensen EJM, Wessel H, Chraye H, Centi G (2017) Looking at the future of chemical production through the European roadmap on science and technology of catalysis the EU effort for a long-term vision. ChemCatChem 9(6):904–909
27. Bukthiyarova M, Lunkenbein T, Kähler K, Schlögl R (2017) Methanol synthesis from industrial CO_2 sources: a contribution to chemical energy conversion. Catal Lett 147(2):416–427
28. Maruoka N, Akiyama T (2006) Exergy recovery from steelmaking off-gas by latent heat storage for methanol production. Energy 31(10–11):1632–1642
29. Yoon YI, Kim YE, Nam SC, Park SY, Chun IS, Lee SD, Kim HS (2017) Economic analysis of CCU in the Korean cement industry: CO_2 capture using KIERSOL & PCC conversion. Energy Procedia 114:6240–6245
30. Bridgwater AV (1995) The technical and economic feasibility of biomass gasification for power generation. Fuel 74(5):631–653
31. Aresta M, Dibenedetto A, Angelini A (2014) Catalysis for the valorization of exhaust carbon: from CO_2 to chemicals, materials, and fuels. Technological use of CO_2. Chem Rev 114(3):1709–1742
32. Boot-Handford ME, Abanades JC, Anthony EJ, Blunt MJ, Brandani S, Mac Dowell N, Fernandez JR, Ferrari MC, Gross R, Hallett JP, Haszeldine RS, Heptonstall P, Lyngfelt A, Makuch Z, Mangano E, Porter RTJ, Pourkashanian M, Rochelle GT, Shah N, Yao JG, Fennell PS (2014) Carbon capture and storage update. Energ Environ Sci 7(1):130–189
33. Freund HJ, Roberts MW (1996) Surface chemistry of carbon dioxide. Surf Sci Rep 25(8):225–273
34. Grasa G, Martinez I, Diego ME, Abanades JC (2014) Determination of CaO carbonation kinetics under recarbonation conditions. Energ Fuels 28(6):4033–4042
35. Hariharan S, Mazzotti M (2017) Kinetics of flue gas CO_2 mineralization processes using partially dehydroxylated lizardite. Chem Eng J 324:397–413
36. Prigiobbe V, Mazzotti M (2013) Precipitation of Mg-carbonates at elevated temperature and partial pressure of CO_2. Chem Eng J 223:755–763
37. Klankermayer J, Wesselbaum S, Beydoun K, Leitner W (2016) Selective catalytic synthesis using the combination of carbon dioxide and hydrogen: catalytic chess at the interface of energy and chemistry. Angew Chem Int Ed 55(26):7296–7343
38. Federsel C, Ziebart C, Jackstell R, Baumann W, Beller M (2012) Catalytic hydrogenation of carbon dioxide and bicarbonates with a well-defined cobalt dihydrogen complex. Chem Eur J 18(1):72–75
39. Zhang S, Shao Y, Yin G, Lin Y (2010) Facile synthesis of PtAu alloy nanoparticles with high activity for formic acid oxidation. J Power Sources 195(4):1103–1106
40. Rienacker G, Muller H (1968) Catalytic studies in alloys. 31. Decomposition of formic acid vapor on silver-palladium alloys. Z Anorg Allg Chem 357(4–6):255
41. Göthel H (1996) Fischer-Tropsch-Synthese und verwandte Verfahren. In: Zerbe C (Hrsg) Mineralöle und verwandte Produkte. Springer, Berlin, S 572–580
42. Van der Laan GP, Beenackers A (1999) Kinetics and selectivity of the Fischer-Tropsch synthesis: a literature review. Catal Rev Sci Eng 41(3–4):255–318
43. Anderson RB, Hofer LJE, Storch HH (1958) Der Reaktionsmechanismus der Fischer-Tropsch-Synthese. Chem Ing Tech 9:560–566
44. Iglesia E, Reyes SC, Madon RJ, Soled SL (1993) Selectivity control and catalyst design in the Fischer-Tropsch synthesis – sites, pellets, and reactors. Adv Catal 39:221–302
45. Biloen P, Sachtler WMH (1981) Mechanism of hydrocarbon synthesis over Fischer-Tropsch catalysts. Adv Catal 30:165–216
46. Dry ME (2002) The Fischer-Tropsch process: 1950–2000. Catal Today 71(3–4):227–241
47. Ponec V (1978) Some aspects of mechanism of methanation and Fischer-Tropsch synthesis. Catal Rev Sci Eng 18(1):151–171
48. Lorenzi G, Lanzini A, Santarelli M, Martin A (2017) Exergo-economic analysis of a direct biogas upgrading process to synthetic natural gas via integrated high-temperature electrolysis and methanation. Energy 141:1524–1537
49. Ronsch S, Schneider J, Matthischke S, Schluter M, Gotz M, Lefebvre J, Prabhakaran P, Bajohr S (2016) Review on methanation – from fundamentals to current projects. Fuel 166:276–296
50. Ichikawa S (1989) Reavtive chemisorption and methanation of carbon-dioxide on rhodium particles approaching atomic dispersion. J Mol Catal 53(1):53–65
51. Lunde PJ, Kester FL (1974) Carbon-dioxide methanation on a ruthemium catalyst. Ind Eng Chem Process Des Dev 13(1):27–33
52. Ronsch S, Kochermann J, Schneider J, Matthischke S (2016) Global reaction kinetics of CO and CO_2 methanation for dynamic process modeling. Chem Eng Technol 39(2):208–218
53. Schwarz H (2011) Chemistry with methane: concepts rather than recipes. Angew Chem Int Ed 50(43):10096–10115
54. Khodakov AY, Chu W, Fongarland P (2007) Advances in the development of novel cobalt Fischer-Tropsch catalysts for synthesis of long-chain hydrocarbons and clean fuels. Chem Rev 107(5):1692–1744

55. Roh HS, Koo KY, Joshi UD, Yoon WL (2008) Combined H_2O and CO_2 reforming of methane over Ni-Ce-ZrO_2 catalysts for gas to liquids (GTL). Catal Lett 125(3–4):283–288
56. Hao X, Djatmiko ME, Xu YY, Wang YN, Chang J, Li YW (2008) Simulation analysis of a GTL process using ASPEN plus. Chem Eng Technol 31(2):188–196
57. Ail SS, Dasappa S (2016) Biomass to liquid transportation fuel via Fischer Tropsch synthesis – technology review and current scenario. Renew Sust Energ Rev 58:267–286
58. Leitner W, Klankermayer J, Pischinger S, Pitsch H, Kohse-Hoinghaus K (2017) Advanced biofuels and beyond: chemistry solutions for propulsion and production. Angew Chem Int Ed 56(20):5412–5452
59. Olah GA (2005) Beyond oil and gas: the methanol economy. Angew Chem Int Ed 44(18):2636–2639
60. Asinger F (1986) Methanol, Chemie- und Energierohstoff. Springer, Berlin, S 407
61. Xu XY, Liu Y, Zhang F, Di W, Zhang YL (2007) Clean coal technologies in China based on methanol platform. Catal Today 298:61–68
62. Schmitz N, Burger J, Strofer E, Hasse H (2016) From methanol to the oxygenated diesel fuel poly(oxymethylene) dimethyl ether: an assessment of the production costs. Fuel 185:67–72
63. Zhen XD, Wang Y (2015) An overview of methanol as an internal combustion engine fuel. Renew Sust Energ Rev 52:477–493
64. Maus W, Jacob E (2015) Future-safe combustion-engined drives – the role of sustainable fuels. International Emgione Congress, Baden, S 283–284
65. Hartl M, Seidenspinner P, Jacob E, Wachtmeister G (2015) Oxygenate screening on a heavy-duty diesel engine and emission characteristics of highly oxygenated oxymethylene ether fuel OME1. Fuel 153:328–335
66. Lautenschutz L, Oestreich D, Haltenort P, Arnold U, Dinjus E, Sauer J (2017) Efficient synthesis of oxymethylene dimethyl ethers (OME) from dimethoxymethane and trioxane over zeolites. Fuel Process Technol 165:27–33
67. Deutsch D, Oestreich D, Lautenschutz L, Haltenort P, Arnold U, Sauer J (2017) High purity oligomeric oxymethylene ethers as diesel fuels. Chem Ing Tech 89(4):486–489
68. Haertl M, Seidenspinner P, Jacob E, Wachtmeister G (2015) Oxygenate screening on a heavy-duty diesel engine and emission characteristics of highly oxygenated oxymethylene ether fuel OME1. Fuel 153:328–335
69. Deutz S, Bongartz D, Heuser B, Katelhon A, Langenhorst LS, Omari A, Walters M, Klankermayer J, Leitner W, Mitsos A, Pischinger S, Bardow A (2018) Cleaner production of cleaner fuels: wind-to-wheel – environmental assessment of CO_2-based oxymethylene ether as a drop-in fuel. Energ Environ Sci 11(2):331–343
70. Peter A, Fehr SM, Dybbert V, Himmel D, Lindner I, Jacob E, Ouda M, Schaadt A, White RJ, Scherer H, Krossing I (2018) Towards a sustainable synthesis of oxymethylene dimethyl ether by homogeneous catalysis and uptake of molecular formaldehyde. Angew Chem Int Ed 57(30):9461–9464
71. Omari A, Heuser B, Pischinger S (2017) Potential of oxymethylenether-diesel blends for ultra-low emission engines. Fuel 209:232–237
72. Tursunov O, Kustov L, Kustov A (2017) A brief review of carbon dioxide hydrogenation to methanol over copper and iron based catalysts. Oil Gas Sci Technol 72(5):30
73. Frei MS, Capdevila-Cortada M, Garcia-Muelas R, Mondelli C, Lopez N, Stewart JA, Ferre DC, Perez-Ramirez J (2018) Mechanism and microkinetics of methanol synthesis via CO_2 hydrogenation on indium oxide. J Catal 361:313–321
74. Studt F, Behrens M, Kunkes EL, Thomas N, Zander S, Tarasov A, Schumann J, Frei E, Varley JB, Abild-Pedersen F, Nørskov JK, Schlögl R (2015) The mechanism of CO and CO_2 hydrogenation to methanol over Cu-based catalysts. ChemCatChem 7(7):1105–1111
75. Bahruji H, Esquius JR, Bowker M, Hutchings G, Armstrong RD, Jones W (2018) Solvent free synthesis of PdZn/TiO_2 catalysts for the hydrogenation of CO_2 to methanol. Top Catal 61(3–4):144–153
76. Zurbel A, Kraft M, Kavurucu-Schubert S, Bertau M (2018) Methanol synthesis by CO_2 hydrogenation over Cu/ZnO/Al_2O_3 catalysts under fluctuating conditions. Chem Ing Tech 90(5):721–724
77. Bukhtiyarova M, Lunkenbein T, Kähler K, Schlögl R (2017) Methanol synthesis from industrial CO_2 sources: a contribution to chemical energy conversion. Catal Lett 147(2):416–427
78. Kunkes EL, Studt F, Abild-Pedersen F, Schlögl R, Behrens M (2015) Hydrogenation of CO_2 to methanol and CO on Cu/ZnO/Al_2O_3: is there a common intermediate or not? J Catal 328:43–48
79. Li M, Rao AD, Brouwer J, Samuelsen GS (2010) Design of highly efficient coal-based integrated gasification fuel cell power plants. J Power Sources 195(17):5707–5718

Biokatalytische Konversion

Frank R. Bengelsdorf und Peter Dürre

Inhaltsverzeichnis

M. Kircher und T. Schwarz (Hrsg.), *CO_2 und CO – Nachhaltige Kohlenstoffquellen für die Kreislaufwirtschaft*, https://doi.org/10.1007/978-3-662-60649-0_7

7

7.1 C1-Gase als mikrobiologische Kohlenstoffquellen

Eine Vielzahl von Verbindungen, die nur ein Kohlenstoffatom enthalten, ist bei einem atmosphärischen Druck von 1015 hPa und Temperaturen unter 100 °C gasförmig. Dazu gehören Kohlendioxid (CO_2), Kohlenmonoxid (CO), Methan (CH_4) und halogenierte Derivate von Methan. Diese Verbindungen sind für Menschen und Tiere zumeist schon in sehr geringen Konzentrationen hochgiftig. Mikroorganismen können diese gasförmigen C1-Verbindungen mittels unterschiedlicher Stoffwechselwege fixieren und als Kohlenstoffquelle für ihr Wachstum nutzen. Der Fokus dieses Kapitels liegt auf Mikroorganismen, die in der Lage sind, CO_2, CO und CH_4 zu fixieren. Die Fähigkeit von Lebewesen, nur aus anorganischen C1-Verbindungen organische Kohlenstoffverbindungen herzustellen, wird als Autotrophie und die Organismen werden als Autotrophe bezeichnet. Kohlendioxid wird von autotrophen Organismen auf verschiedenen Wegen assimiliert. Pflanzen und Cyanobakterien nutzen dafür den Calvin(-Benson-Bassham, CBB)-Zyklus. Einige anaerobe Bakterien, sogenannte Acetogene, fixieren über den Wood-Ljungdahl-Weg (reduktiver Acetyl-CoA-Weg) Kohlenmonoxid oder Kohlendioxid mithilfe von Wasserstoff. Weitere Wege der Kohlenstoffassimilation sind der reduktive Citratzyklus, der 3-Hydroxypropionat-Zyklus, der 3-Hydroxypropionat/4-Hydroxybutyrat-Zyklus und der Dicarboxylat/4-Hydroxybutyrat-Zyklus. Methan wird von methanotrophen Bakterien als Kohlenstoffquelle genutzt. Diese Bakterien benötigen Sauerstoff, um Methan zu aktivieren. Die Bildung von Zellsubstanz erfolgt dann bei einigen Spezies über den Serinweg und bei anderen über den Ribulose-Monophosphat-Zyklus. Die Grundlagen ausgewählter C1-Stoffwechselwege werden in ▶ Abschn. 7.3 beschrieben.

Die Kombination von CO_2-Assimilation über den CBB-Zyklus und Licht als Energiequelle ist in vielen photoautotrophen Organismen verwirklicht. Dazu zählen Pflanzen und einige phototrophe Bakterien wie z. B. Cyanobakterien und *Rhodospirillaceae.* Andere phototrophe Bakterien nutzen die anderen oben genannten CO_2-Fixierungswege. Die notwendige Energie, in Form von Adenosintriphosphat (ATP), und Nicotinsäureamid-Adenin-Dinukleotid-Phosphat (NADPH) zur Reduktion des CO_2 werden durch die Reaktionen des Photosyntheseapparats bereitgestellt (bei Bakterien in der Cytoplasmamembran, bei Eukaryoten in den Chloroplasten der Organismen lokalisiert). Dabei werden pro fixiertem Molekül CO_2 numerisch drei ATP und zwei NADPH benötigt.

Der Wood-Ljungdahl-Weg ist der älteste Weg zur CO_2-Fixierung; er wird von anaeroben Mikroorganismen verwendet. Die Energie zur CO_2-Reduktion wird durch Oxidation von Wasserstoff (einerseits Bildung eines Ionengradienten mithilfe von reduziertem Ferredoxin und Membranproteinkomplexen zur Synthese von ATP, andererseits Bereitstellung von reduziertem Ferredoxin und NADH durch Hydrogenasen) bereitgestellt. Rechnerisch werden zur Reduktion eines CO_2-Moleküls bis zur Stufe des Acetyl-CoA 0,5 reduziertes Ferredoxin, 0,5 ATP und 2 NADH benötigt. Auch die Reduktion von CO durch einige Acetogene ist auf diesem Weg möglich; dabei können die Bakterien sogar völlig auf Wasserstoff verzichten.

Obwohl es auch anaerobe Methanoxidation gibt, verbindet man die Nutzung dieses Gases als Kohlenstoffquelle typischerweise mit den aeroben Methanotrophen. Die Vertreter des sogenannten Typs I zählen z. B. zu den Gattungen *Methylomonas, Methylobacter, Methylococcus* und *Methylomicrobium* und assimilieren den Kohlenstoff (als Formaldehyd) über den Ribulosemonophosphat-Zyklus. Typ-II-Organismen (z. B. *Methylocystis* und *Methylosinus*) nutzen dagegen den Serinweg zur C_1-Fixierung. Reduktionsäquivalente stammen aus der Oxidation von Methan, ATP wird in großer Menge über die Atmungskette gebildet.

7.2 Übersicht relevanter Mikroorganismen

7.2.1 Acetogene Bakterien

Die anaerobe bakterielle Gasfermentation findet breites Interesse in verschiedenen wissenschaftlichen und industriellen Bereichen. Dieser mikrobielle Prozess wird von einer spezifischen Gruppe von anaeroben Bakterien, den Acetogenen, durchgeführt. Diese Organismen verwenden den Wood-Ljungdahl-Weg, um CO_2 zu fixieren, gehören jedoch verschiedenen taxonomischen Gruppen innerhalb der Phyla *Acidobacteria, Firmicutes* und *Spirochaetes* an. Bei *Acidobacteria und Spirochaetes* wurde jeweils nur ein Bakterienstamm, bei den *Firmicutes* wurden dagegen ca. 60 verschiedene Stämme beschrieben [1]. Alle acetogenen Bakterien nutzen den Wood-Ljungdahl-Weg, um das zentrale Intermediat Acetyl-CoA und nachfolgend Alkohole und Säuren zu produzieren. Dazu zählen einerseits Biokraftstoffe wie Ethanol, Butanol, Hexanol (▶ Abschn. 7.3.1) und 2,3-Butandiol sowie andererseits Acetat, Butyrat, Capronat und Lactat. All diese biobasierten Basischemikalien können somit aus Gasen als Kohlenstoff- und Energiequelle von acetogenen Bakterien hergestellt werden. Die Mehrzahl der bekannten acetogenen Spezies produziert Essigsäure als einziges Stoffwechselprodukt. Einige wenige Organismen produzieren zusätzlich Butyrat. Namentlich sind dies *Acetonema longum* [2], „*Butyribacterium methylotrophicum*" [3], *Clostridium carboxidivorans, Clostridium drakei* [4], *Clostridium magnum* [5] *Clostridium scatologenes* [6], *Clostridium methoxybenzovorans* [7], *Eubacterium aggregans* [5], *Eubacterium limosum* [8, 9] und *Oxobacter pfennigii* [10]. Die Bakterienstämme „*B. methylotrophicum*" [3], *C. carboxidivorans* und *C. drakei* [4] sind auch für ihre Fähigkeit bekannt, Ethanol und Butanol neben Acetat und Butyrat als Stoffwechselendprodukt zu bilden. Darüber hinaus können die Stämme *C. carboxidivorans* [11, 12] und *E. limosum* [8, 9] Hexanoat produzieren, wobei *C. carboxidivorans* auch noch Hexanol bildet [11, 12].

- **Acetobacterium woodii DSM 1030^T**

A. woodii wurde aus einem Ästuar in Woods Hole, MA, USA isoliert und nach Harland G. Wood [13] benannt. Der Typstamm WB1 färbt Gram-positiv, wächst chemolithoautotroph unter Verwendung eines $H_2 + CO_2$-Gasgemisches und heterotroph mit Fructose, Glucose, Lactat, Glycerat und Formiat. Acetat ist normalerweise das einzige metabolische Endprodukt, nur unter phosphatlimitierenden Bedingungen produziert der Stamm auch Ethanol [14]. *A. woodii* ist einer der zwei Modellorganismen, mit denen der acetogene Stoffwechsel detailliert untersucht wird. Der andere Modellorganismus ist *Clostridium ljungdahlii. A. woodii* ist abhängig von Na^+-Ionen im Medium [15] und hat eine Na^+-abhängige ATPase, die ATP produziert [16]. Müller und Mitarbeiter haben Zellen von *A. woodii* benutzt, um zu demonstrieren, dass der Rnf-Komplex Na^+ über die zytoplasmatische Membran transloziert [17]. Die dafür notwendige Energie wird durch elektronenbifurkierende Hydrogenasen bereitgestellt. Sowohl Rnf als auch die Hydrogenasen sind am Mechanismus der Energiekonservierung beteiligt (▶ Abschn. 7.3.1). *A. woodii* wurde erstmals 1994 von Strätz et al. [18] genetisch zugänglich gemacht. 20 Jahre später wurde dies wieder von Straub et al. (2014) [19] aufgegriffen und für eine selektive Überproduktion von Acetat in einem kontinuierlich mit $H_2 + CO_2$ begasten und volldurchmischten Reaktor genutzt. Weiterhin wurde der Metabolismus von *A. woodii* derart genetisch verändert, dass die rekombinanten Stämme in der Lage waren, Aceton fermentativ aus einer $H_2 + CO_2$-Gasmischung zu produzieren [20].

▪ „Butyribacterium methylotrophicum" DSM 3468

„*B. methylotrophicum*" ist ein Gram-positives, bewegliches, katabolisch vielseitiges, mesophiles, sporenbildendes anaerobes Bakterium, das aus einem Abwasserfaulbehälter in Marburg, Deutschland, isoliert wurde [21]. Dieser sogenannte Marburg-Stamm kann $H_2 + CO_2$ sowie $CO + CO_2$ reduzieren und bildet Acetat, Butyrat, Ethanol und Butanol [22]. Das Verhältnis der Säuren und Alkohole kann durch Verringerung des Fermentations-pH-Wertes zugunsten der Alkohole verändert werden [3]. Verschiedene Zucker und die C1-Verbindung Methanol werden unter heterotrophen Wachstumsbedingungen fermentiert. Lactat ist ein weiteres mögliches Fermentationsprodukt von „*B. methylotrophicum*" [23]. „*B. methylotrophicum*" ist *E. limosum* ATCC 8486 T [24] sehr ähnlich. Die metabolischen Merkmale beider Stämme wie auch phylogenetische Analysen der entsprechenden 16 S-rRNA-Gensequenzen weisen auf eine enge Beziehung zwischen beiden Stämmen hin [25, 26].

„*B. methylotrophicum*" wurde aufgrund seiner engen Verwandtschaft mit *E. limosum* provisorisch als Organismus der Risikogruppe 2 (biologisches Sicherheitsniveau 2) eingestuft. Eine vergleichende Genomanalyse der Stämme „*B. methylotrophicum*" DSM 3468 und *E. limosum* ATCC 8486^T [27] ergab jedoch eine durchschnittliche Nukleotididentität von nur 94,6 %. Die Schwelle für die Artdifferenzierung liegt zwischen 95 und 96 % [28], was darauf hindeutet, dass „*B. methylotrophicum*" DSM 3468 im Vergleich zu *E. limosum* ATCC 8486^T eine andere Spezies sein könnte.

▪ Clostridium aceticum DSM 1496^T

C. aceticum war der erste beschriebene Bakterienstamm, der unter anaeroben Bedingungen unter Verwendung von $H_2 + CO_2$ autotroph wuchs und aus diesem Gasgemisch Acetat bildete. Dieser Endosporen bildende Organismus ist ebenso in der Lage, CO als Kohlenstoffquelle zu verwenden [29]. Der Stamm wurde 1936 aus dem Schlamm eines Kanals in Wageningen isoliert [30, 31]. Nach dem Zweiten Weltkrieg wurde angenommen, dass der Stamm verloren gegangen war. 1981 wurde aber ein Sporenpräparat des ursprünglichen *C. aceticum* in einer Laborkultursammlung in Kalifornien wiederentdeckt [32]. Zur gleichen Zeit wurde in Wageningen der Organismus erfolgreich auch mit „50 g trockenem Grabenschlamm" reisoliert [33]. Inzwischen ist die vollständige Genomsequenz von *C. aceticum* (4,2 Mbp) und seinem nativen Plasmid (5,7 kbp) öffentlich [34]. Obwohl Cytochrome nachgewiesen wurden [32], enthält das Bakteriengenom keine Gene, deren Genprodukte für die Chinonsynthese benötigt werden [35]. Somit ist eine Elektronentransportkette über Chinone und Cytochrome nicht möglich. *C. aceticum* enthält einen Rnf-Komplex, der als Protonenpumpe wirkt [35] (► Abschn. 7.3.1). Das Bakterium kann Fumarat als Kohlenstoffquelle verwenden, das zu Succinat, Acetat und CO_2 dismutiert wird [35]. Der größte Teil des Fumarats wird direkt zu Succinat reduziert, während der Rest über Malat und Oxalacetat zu Pyruvat und weiter zu Acetat und CO_2 umgewandelt wird, ähnlich wie in *C. formicaceticum* [35, 36].

▪ Clostridium carboxidivorans DSM 15243^T

C. carboxidivorans (Stamm $P7^T$) wurde aus einer landwirtschaftlichen Absetzlagune unter Verwendung von CO als einzigem Substrat isoliert. Erstmals wurde dieser Bakterienstamm im Jahr 2002 für die anaerobe Umwandlung von CO zu Essigsäure, Buttersäure, Ethanol und Butanol verwendet [37]. *C. carboxidivorans* $P7^T$ wurde als acetogenes Bakterium, das autotroph mit CO oder $H_2 + CO_2$ wachsen kann, beschrieben [4].

Eine detailliertere Analyse und Beschreibung der Genomsequenz von *C. carboxivorans* $P7^T$ stammen von Bruant et al. (2010; [38]). Außer dem Genom wurde ein natives Plasmid (p19) von etwa 19 kbp beschrieben. Die Funktion des Plasmids ist unbekannt, da die meisten der annotierten Gene für vermeintlich „hypothetische Proteine" codieren. Alle notwendigen Gene, die für Enzyme codieren, die für die CO_2-Fixierung über den Wood-Ljungdahl-Weg benötigt werden, sowie Gene, die Enzyme für die Essig-, Butter-, Ethanol- und Butanolproduktion codieren, wurden detailliert beschrieben [1]. Im Jahr 2015 wurde *C. carboxidivorans* P7^T von zwei verschiedenen Gruppen als Hexanol und Hexanoat produzierendes Bakterium beschrieben [11, 12].

▪ *Clostridium ljungdahlii* DSM 13528^T und eng verwandte Stämme

C. ljungdahlii ist ein anaerobes, chemolithotrophes, grampositives, bewegliches, sporenbildendes, stäbchenförmiges mesophiles Bakterium, das nach Lars G. Ljungdahl benannt wurde. Der Bakterienstamm wurde 1993 von der Arbeitsgruppe von Ralph S. Tanner aus Hühnermist isoliert und beschrieben [39]. Nur wenige Monate später folgte die Beschreibung des Stammes „*C. autoethanogenum*" [40]. „*C. ragsdalei*" wurde anfänglich als Stamm P11 bezeichnet und in einem Patent von Huhnke et al. (2008; [41]) beschrieben. „*C. coskatii*" wurde auch in einem Patent beschrieben [42]. In diesem Patent wird behauptet, dass „*C. coskatii*" Ethanol als ein Hauptstoffwechselprodukt erzeugt. Die bakteriellen Namen „*C. autoethanogenum*", „*C. ragsdalei*" und „*C. coskatii*" sind noch nicht offiziell anerkannt. Nur *C. ljungdahlii* wurde gültig beschrieben und wird offiziell gelistet [39]. Genomsequenzanalysen der vier Stämme zeigten hohe durchschnittliche Nucleotididentitätswerte (ANI, engl. *average nucleotide identity*) zwischen *C. ljungdahlii* und „*C. autoethanogenum*" (99,3 %) bzw. „*C. coskatii*" (98,3 %). *C. ljungdahlii* und „*C. ragsdalei*" zeigen eine ANI-basierte Ähnlichkeit von 95,8 %. Die hohe Ähnlichkeit der Stämme auf genetischer Basis deutet darauf hin, dass alle Stämme zu derselben Art gehören [43]. *C. ljungdahlii* (4,63 Mbp) hat das größte Genom, gefolgt von „*C. coskatii*" (4,51 Mbp), „*C. ragsdalei*" (4,41 Mbp) und „*C. autoethanogenum*" (4,35 Mbp). Somit ist das Genom von „*C. autoethanogenum*" um 6,4 % (0,28 Mbp) kleiner als das von *C. ljungdahlii*. „*C. coskatii*" ist der einzige der vier Stämme, der keine Gene besitzt, die für eine Aldehyd:Ferredoxin-Oxidoreduktase codieren [43]. Daher ist „*C. coskatii*" nicht in der Lage, Ethanol über die Umwandlung von Acetaldehyd aus Acetat zu bilden. Die Ethanolbildung auf diesem Stoffwechselweg wurde für „*C. autoethanogenum*" und für *C. ljungdahlii* [44, 45] beschrieben.

C. ljungdahlii und „*C. autoethanogenum*" sind genetisch zugänglich und hinsichtlich ihrer Umsetzung in Synthesegas-Fermentationsprozessen gut untersucht. Beide teilen das metabolische Merkmal, dass eine fast vollständige Umwandlung des notwendigerweise produzierten Acetats in Ethanol möglich ist. Durch das sogenannte *metabolic engineering* der Wildtypstämme ist die Konstruktion von rekombinanten Stämmen möglich. Diese gentechnisch veränderten Stämme sind dann in der Lage, Stoffe wie Isopropanol, Butyrat, Butanol und 3-Hydroxybutyrat aus gashaltigen Substraten zu produzieren [46]. Der Bakterienstamm „*C. autoethanogenum*" wird derzeit schon industriell von LanzaTech zur fermentativen Ethanolherstellung aus CO-reichen Stahlwerksabgasen eingesetzt.

▪ *Moorella thermoacetica* (DSM 521^T und DSM 2955^T)

M. thermoacetica (ehemals *Clostridium thermoaceticum*) wurde aus Pferdekot isoliert [47] und war der Modellorganismus, mit dem die enzymatischen Reaktionen des Wood-Ljungdahl-Weges aufgeklärt wurden. Zu diesem Zweck wurden hauptsächlich die beiden Stämme *M. thermoacetica* DSM 521^T und *M. thermoacetica* ATCC 39073 verwendet. *M. thermoacetica* ist ein moderat thermophiles Bakterium mit einer optimalen Wachstumstemperatur von 55 °C. Die Biochemie der Reduktion von CO_2 oder CO wurde in mehreren Übersichtsartikeln detailliert

7

beschrieben (siehe z. B. [48–50]). Etwa 40 Jahre nach der Isolierung von *M. thermoacetica* erhielten Kerby & Zeikus (1983; [51]) von Elizabeth McCoy ein Sporenpräparat des ursprünglich isolierten Stammes. Es konnte gezeigt werden, dass der kultivierte Stamm nicht nur H_2 und CO_2, sondern auch CO als einzige Energie- und Kohlenstoffquelle nutzt [51]. Dieser wesentliche Unterschied im Vergleich zu dem Stamm DSM 521^T führte zu der Entscheidung, einen zweiten Typstamm der Spezies *M. thermoacetica* mit der Stammnummer DSM 2955^T in der Deutschen Sammlung von Mikroorganismen und Zellkulturen GmbH (DSMZ) zu hinterlegen. Die erste vollständige Genomsequenz des Stammes *M. thermoacetica* ATCC 39073 wurde von Pierce et al. (2008; [52]) veröffentlicht. Die Genomsequenzen der beiden Typstämme DSM 521^T bzw. DSM 2955^T wurden separat publiziert [53, 54]. Im Vergleich zu mesophilen acetogenen Bakterien finden sich in den sequenzierten Genomen der *M.-thermoacetica*-Stämme keine Gene, die den Rnf-Komplex codieren. Stattdessen wurden Gene nachgewiesen, die für Cytochrome, Chinone und einen energiekonservierenden Hydrogenase-Komplex (Ech, engl. *energy-conserving hydrogenase*) codieren. Letztgenannter Enzymkomplex dient der Erzeugung eines Protonengradienten über die Zellmembran und damit der Energiekonservierung über die ATPase [50, 52].

■ **Thermoanaerobacter kivui DSM 2030^T**

T. kivui (ehemals *Acetogenium kivui*) wurde aus dem Sediment des Kivu-Sees in Afrika isoliert [55]. Dieser acetogene Bakterienstamm (LKT-1) ist chemolithotroph, thermophil (66 °C) und unbeweglich. Die stäbchenförmigen Zellen bilden keine Sporen und färben Gram-negativ. Die Verdopplungszeit der Zellen während des autotrophen Wachstums mit $H_2 + CO_2$ beträgt etwa 2 h. Damit gehört dieser Stamm zu den am schnellsten wachsenden acetogenen Bakterien. *T. kivui* kann auch CO als einzige Kohlenstoff- und Energiequelle verwenden, allerdings erhöht sich die Verdopplungszeit dann auf 33 h [56]. Das autotrophe Wachstum ($H_2 + CO_2$) oder die Acetatbildung ist nicht von im Medium vorhandenen Na^+-Ionen abhängig, stattdessen hemmt ein Protonophor in ruhenden Zellen die Bildung von Acetat, was auf eine H^+-abhängige Energiekonservierung hindeutet. Im Genom von *T. kivui* konnten zwei verschiedene Gencluster nachgewiesen werden, die beide für einen energiekonservierenden Hydrogenase-Komplex codieren [57]. Der Stamm weist eine natürliche Kompetenz auf, fremdes genetisches Material in das eigene Genom über homologe Rekombination aufzunehmen [58]. Somit ist die Implementation von Genkassetten, die Stoffwechselwege für industriell relevante Produkte codieren, in das Genom von *T. kivui* realistisch. Entsprechende rekombinante Stämme bieten den Vorteil, dass bei einer entsprechenden Fermentation die Prozesswärme von dem thermophilen Bakterium genutzt wird und somit Kühlkosten reduziert werden. Außerdem sind Stoffwechsel- und Diffusionsraten unter thermophilen Bedingungen höher als unter mesophilen [59].

7.2.2 Photoautotrophe Mikroalgen und Cyanobakterien

Als Mikroalgen werden üblicherweise die prokaryotischen Cyanobakterien und die mikroskopisch kleinen eukaryotischen Algen bezeichnet. Die am häufigsten vorkommenden Mikroalgenklassen sind die Cyanobakterien *(Cyanophyceae)*, die Grünalgen *(Chlorophyceae)*, die *Bacillariophyceae* (einschließlich der Kieselalgen) und die *Chrysophyceae* (einschließlich der Goldalgen). Mikroalgen werden von der Menschheit schon seit Jahrhunderten als Nahrungsquelle oder als Nahrungsergänzungsmittel genutzt. García et al. (2017; [60]) nennen diesbezüglich z. B. die Azteken, die Cyanobakterien der Gattung *Arthrospira* (ehemals *Spirulina* sp.) aus Seen ernteten und die Biomasse als trockenen Kuchen zubereiteten, den sie „tecuitlatl“

nannten. Weitere Beispiele, bei denen verschiedene Cyanobakterien zu Nahrung verarbeitet werden, sind „Dihé" aus dem Tschad, „Fa cai" und „Laceplum" aus Südamerika oder „Suizenji-nori" aus Japan. Einige Mikroalgen sind zunehmend biotechnologisch interessant, weil sie sogenannte nutrazeutische Verbindungen herstellen können. Diese Moleküle können als Nährstoffe aus Nahrungsmittelprodukten definiert werden, die nicht nur die Nahrung ergänzen, sondern auch die Vorbeugung oder Behandlung einer Krankheit und/oder Störung erleichtern.

Die Fähigkeit, unter aeroben Bedingungen Sonnenlicht als Energie- und CO_2 aus der Luft als Kohlenstoffquelle nutzen zu können, zog natürlich seit alters her das wirtschaftliche Interesse auf diese Organismen. Mit diesen unbestrittenen Vorteilen gehen aber auch einige Nachteile einher. Der Wirkungsgrad der Photosynthese (Effizienz der Umwandlung von Sonnenlicht in Energie) liegt mit ca. 3 bis 7 % deutlich unter dem der Photovoltaik [61]. Dafür sind eine Reihe von Faktoren verantwortlich, z. B. das nur eingeschränkte Strahlungsspektrum, das photosynthetisch aktive Organismen nutzen können, die gegenseitige Beschattung von Zellen (oder Zellverbänden), Temperaturvariationen und suboptimale CO_2-Konzentration. Bei großtechnischer Nutzung in einfachen, offenen Anlagen (Laufbahnteiche) muss eine große Fläche bei geringer Wassertiefe vorgehalten werden, um Beschattungseffekte gering zu halten. Dazu kommen dann die konstante Nährstoffversorgung und Kontaminationsprobleme. Bei geschlossenen Anlagen (Photobioreaktoren) ist eine ausreichende Lichtversorgung die größte Herausforderung (Wandwachstum, Durchmesser von Röhrensystemen).

Die CO_2-Aufnahmerate ist bei photoautotrophen Mikroalgen und Cyanobakterien deutlich niedriger als bei den acetogenen Bakterien (◘ Tab. 7.1). Dabei muss allerdings berücksichtigt werden, dass die Kultivierungsbedingungen der Organismen deutliche Unterschiede aufwiesen (z. B. unterschiedliche CO_2-Konzentrationen, Gastransfer in die Flüssigkeitsphase, Energiequelle).

■ Arthrospira sp. (ehemals Spirulina sp.)

Mikroorganismen der Gattung *Arthrospira* sind Cyanobakterien *(Cyanophyceae),* also keine eukaryotischen Algen, sondern prokaryotische Bakterien. Zellen dieser Gattung lagern sich zusammen und bilden freischwebende, filamentöse, spiralförmige, zylindrische Trichome, die durch eine offene Linkshelix gekennzeichnet sind. Aufgrund ihrer morphologischen Ähnlichkeit wurden diese photosynthetischen Organismen zunächst als Blaualgen bezeichnet, bevor 1962 die Klassifizierung in das Reich der Bakterien vorgeschlagen [74] und dann 1974 in „Bergey's Manual of Determinative Bacteriology" anerkannt wurde [75]. Die beiden Arten *A. maxima* und *A. platensis* wurden einst in die Gattung *Spirulina* eingeordnet, und obwohl beide Gattungen (*Arthrospira* und *Spirulina*) allgemein akzeptiert sind, gab es in der Vergangenheit viele Auseinandersetzungen bezüglich der Klassifizierung der beiden Arten; die daraus resultierende taxonomische Verwirrung ist enorm.

■ Chlorella sp.

Chlorella vulgaris ist eine einzellige Grünalge (Taxon *Chlorophyceae*) und wird in der Forschung als Modellorganismus verwendet. So wurde der biochemische Mechanismus der Photosynthese mit dieser Alge aufgeklärt. Derzeit sind 24 *Chlorella*-Arten taxonomisch anerkannt. Die verschiedenen *Chlorella*-Arten bilden kugelförmige Zellen mit einem Durchmesser von 2 bis 10 µm und sind grün gefärbt. Die Zellen enthalten einen einzelnen Chloroplasten und verstreut im Zytoplasma liegende Mitochondrien. Die Vermehrung geschieht offenbar ausschließlich ungeschlechtlich, es wurde noch keine Bildung von Gameten nachgewiesen.

Tab. 7.1 Zelltrockengewichte, CO_2-Aufnahmeraten, Wachstumsraten von acetogenen Bakterien und phototrophen Mikroorganismen

Mikroorganismus	Zelltrockengewicht [g L^{-1}]	CO_2-Aufnahmerate [mmol L^{-1} d^{-1}]	Wachstumsrate μ_{max} [d^{-1}]	Referenz
Acetobacterium woodii	1,15	780	1,9	[5]
Acetobacterium wieringae	1,36	530,9	1,76	[5]
Clostridium magnum	0,35	132	0,53	[5]
Clostridium aceticum	1,0	336	1,69	[62]
Sporomusa acidovorans	0,43	228	0,59	[5]
Sporomusa ovata	1,25	631	2,9	[5]
Chlorella vulgaris	1,31	3,66	0,31	[63, 64]
Dunaliella tertiolecta	3,42	7,11	n.b.	[65, 66]
Haematococcus pluvialis	4,09	3,25	0,8	[67, 68]
Phaeodactylum tricornutum	13	6,36	0,15	[69–71]
Scenedesmus almeriensis	n.b.	18	0,34	[72]
Scenedesmus obtusiusculus	n.b.	22	0,43	[71–73]
Scenedesmus obliquus	2,12	0,26	0,33	[63]
Spirulina sp	4,13	0,413	0,42	[63]
Spirulina platensis	n.b.	6,36	0,65	[71]
Spirulina maxima	n.b.	6,36	0,6	[71]

n.b. = nicht berichtet

7

Dunaliella sp.

Dunaliella-Arten sind Grünalgen und zählen zur Gattung *Chlorophyceae*. *D. salina* lebt in hypersalinen Umgebungen und ist durch einen hohen Gehalt an β-Carotin rötlich gefärbt. Diese Eigenschaft wird in Zuchtanlagen in Australien, Israel und den USA kommerziell genutzt. *D. tertiolecta* ist eine marine Grünalge mit einer Größe von ca. 10 bis 12 µm. Durch den hohen Gehalt an Lipiden (ca. 37 %) ist dieser Organismus interessant für die Produktion von Biodiesel.

Haematococcus pluvialis

H. pluvialis, die Blutregenalge, ist eine Süßwasserart der Grünalgen *(Chlorophyceae)*. Diese Art ist bekannt für die Produktion des als Antioxidans wirksamen Astaxanthins. Dies ist ein rötlicher bis violetter natürlicher Farbstoff, der z. B. für die Rotfärbung von Krebstieren verantwortlich ist, die astaxanthinhaltige Algen fressen. Astaxanthin akkumuliert in den Zellen, vor allem in Zysten (Dauerstadien), wenn die Bedingungen für

Wachstum ungünstig sind. Beispiele für solche Bedingungen sind helles Licht, hoher Salzgehalt und geringe Verfügbarkeit von Nährstoffen [76]. Astaxanthin schützt die Zysten vermutlich vor der schädlichen Wirkung von UV-Strahlung, wenn diese direktem Sonnenlicht ausgesetzt sind [77]. Eine ökonomische Bewertung der Astaxanthinproduktion durch Kultivierung von *H. pluvialis* im großen Maßstab kam 2011 zu dem Ergebnis, dass die geschätzten Kosten im Vergleich zu chemisch synthetisiertem Astaxanthin niedriger sein könnten [78]. Demgegenüber steht die Bewertung von Nguyen (2013; [79]) mit der Feststellung, dass die Astaxanthinproduktion durch Algen fast viermal teurer sei als die chemische Synthese.

▪ Nannochloropsis sp.

Mikroalgen der Gattung *Nannochloropsis* (Klasse *Eustigmatophyceae*) sind Einzeller mit einem Zelldurchmesser von 2 bis 5 µm [80]. Sie kommen sowohl in Meer- als auch in Süßwasserhabitaten vor und nutzen nur Chlorophyll a und Violaxanthin als Hauptpigment für die Photosynthese.

Das große biotechnologische Interesse liegt an den beträchtlichen Mengen an Lipiden, die diese Mikroalgen produzieren. Im Durchschnitt liegt der Lipidgehalt von *Nannochloropsis* sp. bei 25 bis 45 %. Daher hat Biomasse dieser Mikroalge großes Potenzial als Ausgangsmaterial für die Biokraftstoffproduktion [81]. Weiterhin enthalten diese Mikroalgen auch beträchtliche Mengen an Omega-3-Fettsäuren, meist in Form von Eicosapentaensäure (EPA, 20:5), von der gezeigt wurde, dass sie dem Menschen viele gesundheitliche Vorteile bietet [82]. Ein Bioraffineriekonzept für *Nannochloropsis* wurde von Chua und Schenk (2017; [81]) vorgeschlagen. Es beginnt mit der Induktion der Lipid- und EPA-Produktion durch stickstofflimitierte Kultivierungsbedingungen. Anschließend kann das Absetzen der Zellen durch Flockungsmittel induziert und die Biomasse in Lebensmittelqualität geerntet werden. Diese Biomasse kann dann durch Zentrifugation konzentriert und getrocknet werden. Die Omega-3-Fettsäuren werden extrahiert, und die verbleibende Biomasse kann entweder als Tierfutterbestandteil oder sogar als ein hochwertiges proteinhaltiges Nahrungsergänzungsmittel weiterverarbeitet werden. Omega-3-Fettsäuren werden derzeit aus dem Fett von Fisch oder Krill gewonnen, was auf lange Sicht nicht nachhaltig ist [82].

7.2.3 Aerobe methanotrophe Bakterien

Obwohl der Fokus dieses Buches auf der Nutzung der oxidierten C1-Gase CO_2 und CO liegt, soll auch die reduzierte Verbindung Methan (CH_4) kurz behandelt werden. Die Umsetzung dieses Gases spielt eine ganz entscheidende Rolle im Klimahaushalt der Erde, da Methan ein sehr potentes Treibhausgas darstellt. Eine Verwertung als Kohlenstoffquelle kann sowohl unter anaeroben als auch unter aeroben Bedingungen stattfinden. Im anaeroben Bereich ist *Candidatus* Methylomirabilis oxyfera gegenwärtig das einzige bekannte Bakterium, das unter anaeoben Bedingungen und mit Nitrit als Cosubstrat Methan oxidieren kann. Dabei wird offenbar intermediär Sauerstoff gebildet, der direkt von einer Methanmonooxygenase (dem Schlüsselenzym der aeroben Methanoxidation) genutzt werden kann. *Candidatus* M. oxyfera liegt noch nicht als Reinkultur vor. Daneben sind noch einige Archaea bekannt (ebenfalls nicht in Reinkultur vorliegend), die durch Kopplung mit Sulfat- oder Nitratreduktion den bekannten Weg der Methanogenese umkehren und auf diese Weise anaerob Methan oxidieren können (*Candidatus* Methanoperedens nitroreducens) [83, 84].

Unter aeroben Bedingungen können eine ganze Reihe von Bakterien Methan oxidieren. Im Phylum Proteobacteria gehören sie zu den Klassen Gammaproteobacteria, Alphaproteobacteria und Verrucomicrobia. Bei den Gammaproteobacteria sind die Methanotrophen in der Familie

Methylococcaceae organisiert. Das sind vor allem Organismen, die als Typ I-methylotrophe Bakterien bezeichnet werden. Charakteristika dafür sind die Fixierung von Formaldehyd über den Ribulose-Monophosphat-Zyklus und die Organisation intrazellulärer Membransysteme in Form von Stapeln mit integrierter Methanmonooxygenase (partikuläre MMO, pMMO). Typische Vertreter sind die Gattungen *Methylobacter* und *Methylomonas.* Eine Untergruppe wird als Typ X-methylotrophe Bakterien bezeichnet. Das ist die Gattung *Methylococcus,* die zusätzlich über eine lösliche Methanmonooxygenase (soluble MMO, sMMO) und Elemente des Serinweges zur Formaldehyd-fixierung verfügt. Unter den Alphaproteobacteria finden sich die Typ II-methylotrophen Bakterien, die ihre intrazellulären Membransysteme als Ringe an der Zellperipherie ausbilden, Formaldehyd über den Serinweg fixieren und über pMMO und sMMO verfügen. Sie sind in der Familie *Methylocystaceae* organisiert; typische Vertreter sind die Gattungen *Methylocystis* und *Methylosinus.* Bei den Verrucomicrobia sind Vertreter der Ordnung Methylacidiphilales zur Methanoxidation befähigt.

7

▪ Methylococcus capsulatus

M. capsulatus ist ein unbewegliches, Gram-negatives, methanotrophes Bakterium, das optimal unter mesophilen Bedingungen wächst. Neben Methan kann auch Methanol verwertet werden. Auch unter Sauerstofflimitierung ist noch Wachstum möglich. Die Genomsequenz ist ermittelt worden [85]. Der Organismus ist mittlerweile auch molekularbiologisch zugänglich. 2012 wurde die Konstruktion einer Mutante beschrieben, in der das Gen *hpnB,* dessen Genprodukt eine Hopanoidmethylierung an Position C-3 katalysiert, deletiert wurde [86].

▪ Methylocystis parvus

M. parvus ist der Typstamm der Gattung *Methylocystis.* Der Organismus ist unbeweglich, Gram-negativ und bildet kleine Stäbchen. Auch *M. parvus* kann neben Methan noch Methanol als Kohlenstoffquelle nutzen. Optimales Wachstum findet zwischen 25 und 35 °C statt. Die Genomsequenz ist ermittelt worden [87]. *M. parvus* kann große Mengen Poly-3-hydroxybutyrat bilden [88].

▪ Methylosinus trichosporium

M. trichosporium ist ein Gram-negatives Stäbchen, das unter mesophilen Bedingungen Methan oxidiert. Das Bakterium ist zum Modellorganismus für die Untersuchung beider Methanmonooxygenasen (pMMO und sMMO) geworden. Die Genomsequenz wurde ermittelt [89]. *Methylosinus*-Arten bilden Exosporen.

7.3 Grundlagen des C1-Stoffwechsels in ausgewählten Mikroorganismenklassen

7.3.1 Acetogene Bakterien

Acetogene Bakterien nutzen den Wood-Ljungdahl-Stoffwechselweg (reduktiver Acetyl-CoA-Weg) zur Synthese von Acetyl-CoA aus $H_2 + CO_2$ oder CO-reichen Gasen als Kohlenstoff- und Energiequelle. Acetyl-CoA ist das zentrale Intermediat, das anschließend für die Produktion von Biokraftstoffen, wie Ethanol, Butanol oder Hexanol, sowie biologischen Rohstoffen, wie Acetat, Lactat, Butyrat, Hexanoat, 2,3-Butandiol, Isopropanol oder Aceton, dient.

Die geltende Definition eines acetogenen Bakteriums lautet [90]: ein anaerobes Bakterium, das den reduktiven Acetyl-CoA-Weg als (1) Mechanismus für die reduktive Synthese von Acetyl-CoA aus CO_2, (2) energiekonservierenden Prozess und (3) Mechanismus zur Fixierung (Assimilation) von CO_2 für die Bildung von Zellmasse nutzt. Demzufolge ist die Bildung von Acetat irrelevant; nur der Prozess der Acetyl-CoA-Produktion ist von Bedeutung. Die Begriffe reduktiver Acetyl-CoA-Weg und Wood-Ljungdahl-Weg werden synonym verwendet. Die entsprechende Biochemie des Stoffwechselweges wurde bereits in einer Vielzahl von Übersichtsartikeln dargestellt [1, 49, 50, 91–95]. Der Wood-Ljungdahl-Weg besteht aus einem Methyl- und einem Carbonylzweig, in denen CO_2 mittels enzymatischer Reaktionen reduziert und letztlich das zentrale Intermediat Acetyl-CoA gebildet wird (◘ Abb. 7.1). Der Methylzweig wird für die stufenweise Reduktion des CO_2 zu einer Methylgruppe verwendet. Ein weiteres Molekül CO_2 wird durch den CO-DH/Acetyl-CoA-Synthase-Komplex (CO-DH/Acs) zu CO reduziert, um in den Carbonylzweig einzutreten. Wenn acetogene Bakterien CO als einzige Kohlenstoffquelle nutzen, gelangt ein Molekül direkt in den Carbonylzweig, während ein weiteres CO zu CO_2 durch eine Kohlenmonoxid-Dehydrogenase (CO-DH) oxidiert und gleichzeitig reduziertes Ferredoxin gebildet wird [96]. Im Methylzweig wird CO_2 durch eine Formiat-Dehydrogenase (Fdh) zu Formiat reduziert. Formiat und Tetrahydrofolat (THF) werden zu Formyl-THF fusioniert, wobei die Formyl-THF-Synthetase (Fhs) ein Adenosintriphosphat (ATP) verbraucht. Die schrittweise Reduktion von Formyl-THF zu Methyl-THF wird durch die Enzyme Methenyl-THF-Cyclohydrolase (Mtc), Methylen-THF-Dehydrogenase (Mtd) und Methylen-THF-Reduktase (Mtr) katalysiert.

Im nächsten Schritt des Methylzweiges wird die Methylgruppe von Methyl-THF auf ein Corrinoid-Eisen-Schwefel-Protein übertragen. Der Enzymkomplex CO-DH/Acs fusioniert schließlich die Methylgruppe, die Carbonylgruppe und das Coenzym A, die zusammen das zentrale Zwischenprodukt Acetyl-CoA bilden. Dieser CO-DH/Acs-Komplex ist ein $\alpha 2\beta 2$-Tetramer, in dem die α-Untereinheit die Bildung von Acetyl-CoA katalysiert und die β-Untereinheit CO_2 zu CO reduziert [94, 97–99]. ◘ Abb. 7.1 zeigt den beschriebenen Stoffwechsel am Beispiel von *C. ljungdahlii.*

Acetat ist das Hauptprodukt der meisten acetogenen Bakterien, und in vielen Fällen ist es das einzige Produkt. Acetat wird über die Enzyme Phosphotransacetylase (Pta) und Acetat-Kinase (Ack) gebildet, indem Acetyl-CoA in Acetyl-Phosphat und dieses in Acetat umgewandelt wird. Bei der zuletzt genannten Reaktion wird ATP gewonnen. Dieses ATP wird benötigt, um Formiat zu Formyl-THF zu aktivieren. Somit entsteht während des autotrophen Wachstums acetogener Bakterien kein Netto-ATP-Gewinn durch Substratkettenphosphorylierung. Acetogene Bakterien verwenden verschiedene Mechanismen zur Energiekonservierung (ATP-Bildung). Schuchmann und Müller (2014; [50]) haben acetogene Bakterien bioenergetisch als „Rnf-acetogene Bakterien" und „Ech-acetogene Bakterien" klassifiziert. In beiden Gruppen wird der Wood-Ljungdahl-Weg an einen Transmembran-Ionengradienten gekoppelt, der die ATP-Synthese antreibt. Die Ionen, die von beiden Komplexen (und den jeweiligen ATP-Synthasen) verwendet werden, sind entweder Protonen (H^+) oder Natriumionen (Na^+), womit sich zwei Unterklassen ergeben. Jede Klasse enthält H^+-abhängige und Na^+-abhängige Organismen. In *A. woodii* werden Na^+-Ionen über den in die Zellmembran integrierten Rnf-Komplex (Bezeichnung steht für *<u>R</u>hodobacter* <u>n</u>itrogen <u>f</u>ixation) zur Bildung eines chemiosmotischen Ionengradienten verwendet. Eine natriumabhängige ATPase pumpt dann die Na^+-Ionen wieder in die Zelle und erzeugt dadurch ATP [100]. Neben der Pumpfunktion wirkt der Rnf-Komplex auch als Ferredoxin:NAD^+-Oxidoreduktase. *C. ljungdahlii* und *„C. autoethanogenum"* besitzen im Gegensatz dazu den H^+-abhängigen Rnf-Komplex, der einen H^+-Gradienten über die Zellmembran aufbaut, welcher wiederum von einer H^+-abhängigen ATPase zur Bildung von ATP genutzt wird [101]. In *M. thermoacetica* fehlt ein derartiger Rnf-Komplex. Die Energiekonservierung in diesem Organismus erfolgt möglicherweise über Cytochrome, die einen H^+-Gradienten erzeugen [102]. Darüber hinaus enthält *M. thermoacetica* einen membrangebundenen energiekonservierenden Hydrogenase(Ech)-Komplex. Im Vergleich zum Rnf-Komplex setzt der Ech-Komplex weniger Energie frei [50].

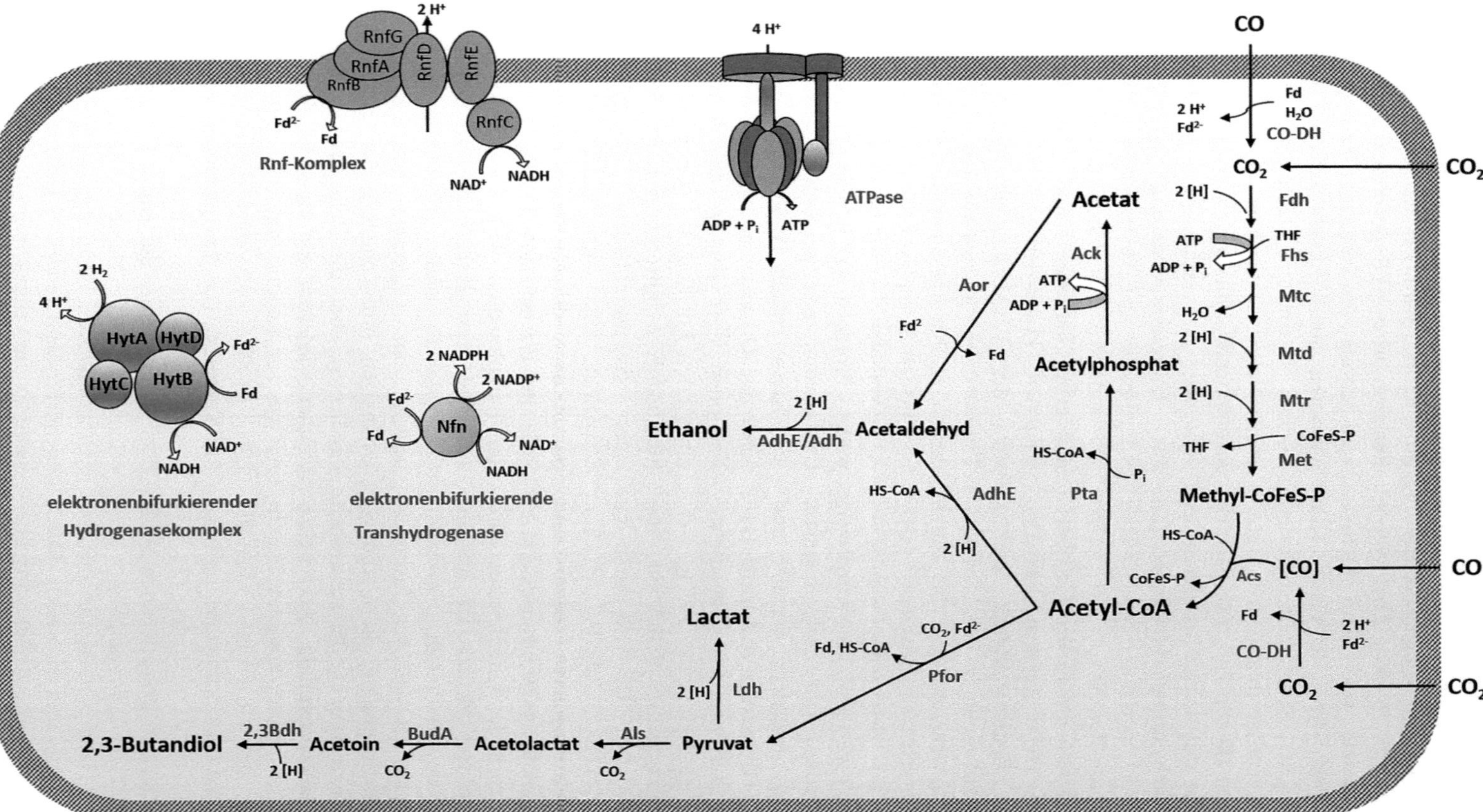

Abb. 7.1 Wood-Ljungdahl-Weg und native Stoffwechselprodukte von *Clostridium ljungdahlii*. Abkürzungen: 2,3-Bdh, 2,3-Butandiol-Dehydrogenase; Ack, Acetat-Kinase; Acs, Acetyl-CoA-Synthase; AdhE, Aldehyd-/Alkohol-Dehydrogenase; Als, Acetolactat-Synthase; Aor, Aldehyd:Ferredoxin-Oxidoreduktase; BudA, Acetoin-Decarboxylase; CO-DH, CO-Dehydrogenase; Fdh, Formiat-Dehydrogenase; Fhs, Formyl-THF-Synthetase; Ldh, Lactat-Dehydrogenase; Met, Methyltransferase; Mtc, Methenyl-THF-Cyclohydrolase; Mtd, Methylen-THF-Dehydrogenase; Mtr, Methylen-THF-Reduktase; Pfor, Pyruvat:Ferredoxin-Oxidoreduktase; Pta, Phosphotransacetylase

In der Klasse der „Ech-acetogenen Bakterien" sind bisher nur „H^+-abhängige Organismen" bekannt.

7.3.2 Photoautotrophe Mikroalgen und Cyanobakterien

Die Umwandlung von Licht in biologisch nutzbare Energie (ATP) kann prinzipiell auf zwei verschiedene Weisen erfolgen. Bei manchen Archaea und Bakterien sorgt Bakterio- bzw. Proteorhodopsin durch Konformationsänderung nach Lichteinstrahlung dafür, dass ein Proton über die Membran transloziert wird. Der Protonengradient kann dann zur ATP-Synthese über eine ATPase genutzt werden. Ganz anders verläuft die Photosynthese in phototrophen Bakterien und Pflanzen. Prinzipiell wird dabei durch Lichtenergie ein Elektron aus einem (Bakterio-) Chlorophyll-Molekül herausgeschlagen und auf ein stark negatives Redoxpotential befördert. Von dort wird es über eine zyklische Elektronentransportkette zum (Bakterio-) Chlorophyll zurückbefördert, wobei während des dabei durchlaufenen Chinonzyklus (ganz analog zur Atmungskette) Protonen über die Membran transloziert werden, die dann zur ATP-Synthese über eine ATPase genutzt werden. Diese Form der Photosynthese findet sich in verschiedenen Entwicklungsformen bei Bakterien und Pflanzen. Bakterien der Familie *Rhodospirillaceae* betreiben mit einem wie oben beschriebenen einfachen Elektronentransportsystem unter anaeroben Bedingungen eine anoxygene Photosynthese. Über Lichtsammelkomplexe (mit Antennenpigmenten wie Carotenoiden und Bakteriochlorophyll) werden die Photonen auf das Reaktionssystem konzentriert, wo es zur Freisetzung und Potenzialverschiebung der Elektronen aus einem speziellen Paar von Bakteriochlorophyll kommt. Über Bakteriophäophytin (Bakteriochlorophyll ohne Zentralatom), den Chinonzyklus und die Cytochrom-bc_1- und -c_2-Komplexe werden die Elektronen zum Reaktionszentrum-Bakteriochlophyll zurückgeführt. ATP wird über Protonentranslokation im Chinonzyklus und ATPase generiert, NADH über rückläufigen Elektronentransport mithilfe von ATP. Die CO_2-Assimilation erfolgt über den CBB-Zyklus. Ähnliche Photosysteme verwenden die *Chromatiaceae* und die *Cloroflexaceae.* Die *Chromatiaceae* können auch sehr effizient Schwefelverbindungen oxidieren und die Elektronen über rückläufigen Elektronentransport zur Synthese von NADH nutzen. Die *Chloroflexaceae* haben ihre Antennenpigmente in sogenannten Chlorosomen an der Innenseite der Cytoplasmamembran organisiert. Sie fixieren CO_2 über den 3-Hydroxypropionat-Zyklus. Etwas anders verläuft die Photosynthese bei *Chlorobiaceae* und *Heliobacteriaceae.* Bei diesen Familien werden die angeregten Elektronen über ein Eisenschwefelprotein entweder auf Chinon oder auf Ferredoxin übertragen, das dann direkt zur NADH-Bildung genutzt werden kann. Die Elektronenlücke, die zwangsläufig bei der Bildung von NADH entsteht, wird durch Elektronen aus der Oxidation von Schwefelverbindungen geschlossen, die über ein Cytochrom c zum Reaktionszentrum-Bakteriochlophyll zurückgeführt werden (also entweder ATP- oder NADH-Synthese). Die *Chlorobiaceae* besitzen ebenfalls Chlorosomen und nutzen den reduktiven Citratzyklus zur CO_2-Assimilation. Bei Cyanobakterien und Pflanzen wird die Photosynthese in zwei Photosystemen realisiert. Das eine Photosystem (PS I) ähnelt dem der *Chlorobiaceae* und *Heliobacteriaceae* und ermöglicht die Bildung von NADH. Das andere liefert Elektronen zur Auffüllung von PS I, wobei die Elektronen über den Chinonzyklus laufen und somit zur ATP-Bildung beitragen. Elektronen zur Auffüllung von PS II entstammen der Oxidation von H_2O, womit eine oxygene Photosynthese realisiert wird. Einige Cyanobakterien können das PS II auch noch zur Oxidation von H_2S nutzen, was den evolutionären Entwicklungsprozess verdeutlicht. Die Verwendung zweier Photosysteme ermöglicht den Organismen die gleichzeitige Bildung von ATP und NADH. Die CO_2-Fixierung verläuft in Cyanobakterien und Pflanzen über den CBB-Zyklus.

Die Schlüsselenzyme des CBB-Zyklus sind Ribulokinase und Ribulosebisphosphat-Carboxylase/Oxygenase (RuBisCO). Erstere bildet 1,5-Ribulosebisphosphat, das dann von der RuBisCO mit CO_2 zu zwei Molekülen 3-Phosphoglycerat umgesetzt wird, dem ersten greifbaren Fixierungsprodukt. Durch Phosphorylierung mit ATP und Reduktion entsteht Glycerinaldehyd-3-phosphat, das einerseits zum Aufbau von Zellsubstanz genutzt wird und andererseits der Regeneration des Akzeptormoleküls 1,5-Ribulosebisphosphat dient (◘ Abb. 7.2). Der ATP-Bedarf ist beim CBB-Zyklus sehr hoch (mehr als 7 ATP für die Synthese von 1 Molekül Pyruvat), da die RuBisCO auch noch eine Oxygenasereaktion durchführt und somit einen Teil der Akzeptormoleküle quasi vergeudet (Umwandlung von 1,5-Ribulosebisphosphat in 3-Phosphoglycerat und 2-Phosphoglycolat).

7.3.3 Aerobe methanotrophe Bakterien

Methanotrophe Bakterien sind aerob und nutzen die Atmungskette, um ATP zu bilden. Die entsprechenden Reduktionsäquivalente entstammen der Oxidation von Methan. Dieses wird zunächst mithilfe von NADH und Sauerstoff durch die Methanmonooxygenase zu Methanol oxidiert. Weitere Reaktionsprodukte sind NAD^+ und H_2O. CH_3OH wird dann durch Pyrrolochinolinchinon-abhängige Alkohol-Dehydrogenasen zu Formaldehyd oxidiert. Aus CH_2O entstehen mithilfe von NAD^+ und Wasser Formiat und NADH. HCOOH wird schließlich mithilfe von NAD^+ zu CO_2 und NADH umgesetzt. Die Gesamtbilanz lautet somit (Gl 7.1):

$$CH_4 + O_2 \rightarrow CO_2 + 2 \times 2\,[H] \tag{7.1}$$

Die Fixierung von Kohlenstoff in Zellsubstanz erfolgt ganz überwiegend auf der Stufe des Formaldehyds. Bei Typ I-methanotrophen Bakterien wird dazu der Ribulosemonophosphat-Zyklus verwendet. Typ II-Spezies verwenden zur C-Assimilation entweder den Serinweg oder, wenn ihnen das Schlüsselenzym Isocitrat-Lyase fehlt, den Ethylmalonyl-CoA-Weg.

7.4 Kommerzielle Nutzung

Der geringe Preis der C1-Gase und ihre globale Verfügbarkeit machen sie zu attraktiven Kohlenstoff- und Energiequellen für eine biotechnologische Nutzung. In der Tat gibt es für alle genannten Organismengruppen mittlerweile industrielle Anwendungen. Ein weiterer positiver Aspekt ist die nachhaltige Reduktion von Treibhausgasen, sofern die Fermentationsprodukte nicht als Biokraftstoff genutzt und somit gleich wieder verbrannt werden.

7.4.1 Acetogene Bakterien

Bei der industriellen Nutzung acetogener Bakterien ist zurzeit die Fa. LanzaTech Inc. (Skokie, USA) der Weltmarktführer. Typischerweise werden Prozessabgase, die in ihrer Zusammensetzung Synthesegas entsprechen (hoher CO-Anteil), zu Ethanol umgesetzt. Solche Abgase finden sich vor allem bei der Stahlfabrikation, aber auch bei der Gasifikation von kommunalen Abfällen und Biomasse. Ethanol kann weiter zu Flugzeugkraftstoff umgesetzt werden. Daneben wird die Produktion verschiedener Basis- und Spezialchemikalien angestrebt. Eine kommerzielle Anlage zur Ethanolproduktion aus Stahlwerksabgas wurde 2018 in Caofeidian (China) zusammen mit der Shougang-Gruppe in Betrieb genommen (Kapazität: 48.000 t Ethanol/Jahr). Für 2020 ist die Eröffnung einer Anlage in einer Stahlfabrik von ArcelorMittal in Gent, Belgien, vorgesehen (Kapazität: 62.000 t Ethanol/Jahr). Bis 2020/2021 sollen

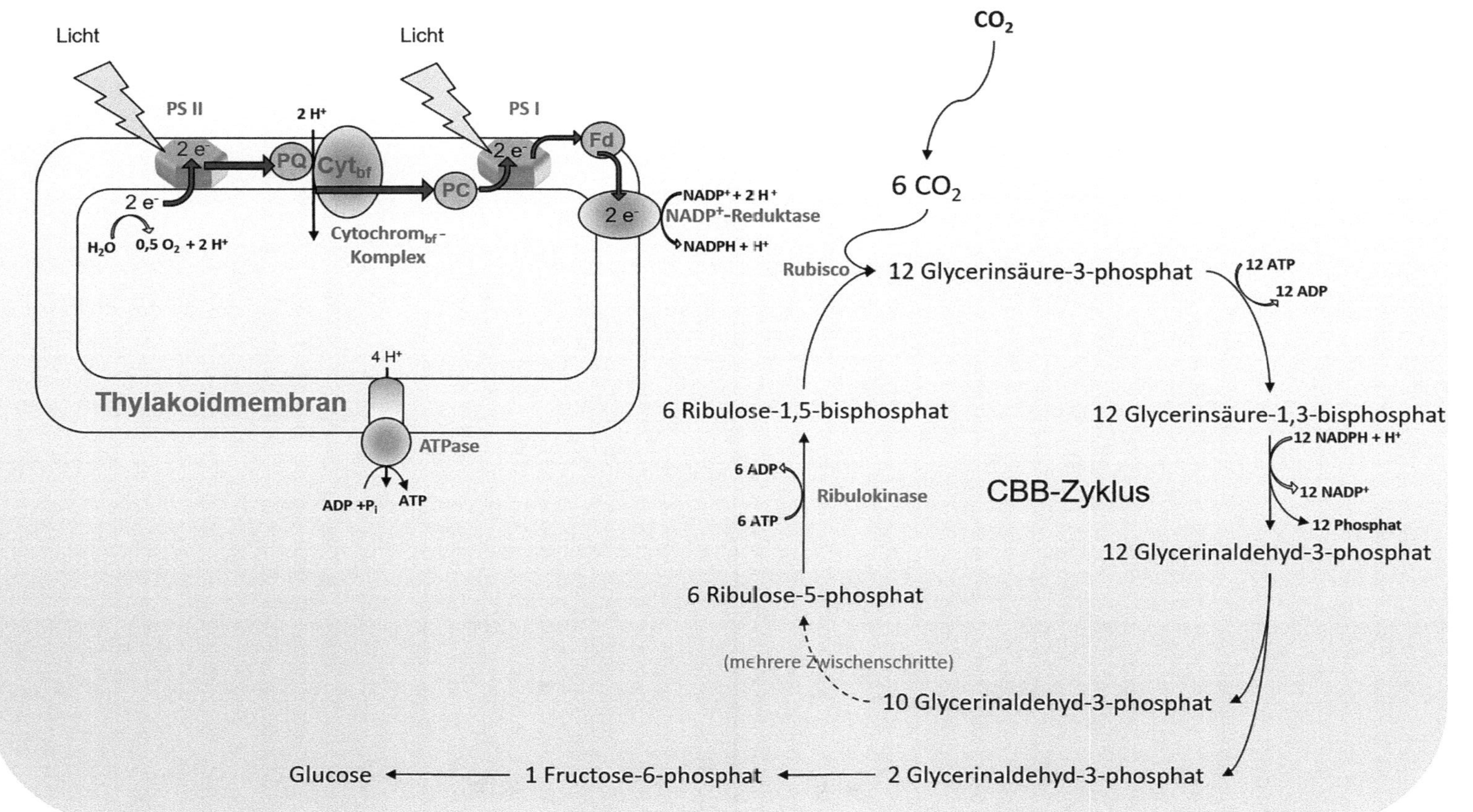

Abb. 7.2 Photosysteme (PS) in Mikroalgen und Cyanobakterien und Calvin(-Benson-Bassham, CBB)-Zyklus. Cyt bf, Cytochrom-bf-Komplex; Fd, Ferredoxin; PQ, Plastochinon; PC, Plastocyanin

dann Werke in Südafrika (Kapazität: 52.000 t Ethanol/Jahr), Indien (Kapazität: 34.000 t Ethanol/Jahr) und Kalifornien, USA (Kapazität: 35.000 t Ethanol/Jahr) hinzukommen.

7.4.2 Photoautotrophe Mikroalgen und Cyanobakterien

Der gegenwärtige Markt mit diesen Organismen und ihren Produkten ist limitiert (ca. 10.000 t *Arthrospira*/*Spirulina* und ca. 4000 t *Chlorella* pro Jahr). Die beiden Hauptlinien umfassen einerseits getrocknete Mikroalgen *(Chlorella, Spirulina)* mit hohem Nährstoffgehalt (Vitamine C, D_2 und B_{12}). Andererseits geht es um aus Mikroalgen extrahierte Produkte wie Antioxidanzien (z. B. β-Carotin), Fettsäuren (z. B. Omega-3-Fettsäuren, Docosahexansäure, Eicosapentaensäure), Pigmente (z. B. Astaxanthin) und Proteine (z. B. Phycocyanin). Derzeit gibt es weltweit eine Reihe von Firmen, die Mikroalgen kultivieren und entsprechende Produkte herstellen bzw. vertreiben. Zu diesen gehören z. B. Algatechnologies Ltd. (Israel), BASF (Deutschland), Cyanotech Co. (USA, Hawaii), Earthrise Nutritionals, LLC (USA, Californien), ecoduna GmbH (Österreich), Hainan-DIC Microalgae Co. Ltd. (China) und die Roquette Klötze GmbH & Co. KG (Deutschland). Die BASF SE (Nutrition & Health Division) betreibt mit ca. 740 Hektar das größte offene Kultivierungssystem (engl. *open pond*) für die Kultivierung von Mikroalgen. Die Firma Roquette Klötze GmbH & Co. KG kultiviert *Chlorella*-Algen in einem 500 km-langen Glasröhrensystem, in dem die Organismen mit Sonnenlicht als Energiequelle versorgt werden. Die angebotenen Produktkategorien umfassen chlorellahaltiges Pulver, Futtermittel und Lebensmittel sowie Tabletten. Eine weitere Firma, die „*Chlorella*-Trockenpulver" anbietet, ist die eparella GmbH. Die Biomasse dieser Grünalge wird außerdem für die Herstellung von Lebensmitteln, Nahrungsergänzungsmitteln und auch Kosmetika verwendet. Die Blutregenalge *H. pluvialis* wird von verschiedenen Firmen (z. B. Algatechnologies Ltd. und Cyanotech Co.) genutzt, um Astaxanthin zu gewinnen. Die Cyanotech Co. züchtet *H. pluvialis* in großen, offenen Süßwasserbecken auf Hawaii. Darin wird die natürliche Umgebung der Mikroalgen imitiert, und gleichzeitig werden die langen Sonnenstunden auf Hawaii ausgenutzt. Eine weitere Firma, Algatechnologies Ltd., nutzt eine patentierte Technologie, um die Blutregenalge in Photobioreaktoren zu kultivieren. Die Firma ecoduna GmbH bietet als Qualitätsprodukte „100 % NANNOCHLOROPSIS" und „100 % EPA-STRAIN OMEGA-3" an. Die Cyanobakterien *A. platensis* und *A. maxima* werden verwendet, um ein Nahrungsergänzungsmittel mit der Bezeichnung „Spirulina" herzustellen [103]. Die Firma Cyantech Co. produziert das Fertigprodukt Hawaiian Spirulina® mittels eines großen offenen Kultivierungssystems. Vergleichbare Verfahren nutzen die Firmen Earthrise Nutritionals, LLC und Hainan-DIC Microalgae Co. Ltd. (beide DIC Corporation), die in komplexen *Spirulina*-Farmen eine Gesamtproduktionskapazität von etwa 800 t pro Jahr erreichen.

7.4.3 Aerobe methanotrophe Bakterien

Eine kommerzielle Nutzung erfolgt auch bereits mit aeroben methanotrophen Bakterien [104]. Die Fa. Calysta Inc. betreibt eine kleine Anlage zur Umsetzung von Erdgas in Biomasse in Teesside, England (Kapazität ca. 100 t/Jahr). Der verwendete Organismus ist *Methylococcus capsulatus;* die geerntete, gepresste und getrocknete Biomasse wird als Fischfutter mit hohem Nährwert vermarktet. Eine Großanlage wird zurzeit in den USA errichtet und soll 2019/2020 den Betrieb aufnehmen. Eine Erweiterungsphase ist bis 2020 geplant (finale Kapazität: 200.000 t/Jahr). Ein ganz ähnliches Verfahren betreibt die Fa. UniBio in Kalundborg, Dänemark. Dort werden seit 2016 ca. 80 t *M. capsulatus*-Biomasse/Jahr hergestellt.

Zusammenfassung

Sogenannte C1-Gase werden von acetogenen Bakterien, aeroben methanotrophen Bakterien, Cyanobakterien und photoautotrophen Mikroalgen verwertet. Die C1-Stoffwechselwege aller genannten Gruppen sind verstanden und damit grundsätzlich der genetischen Optimierung für eine industrielle Anwendung zugänglich. So werden acetogene Bakterien für die Verwertung von Kohlenmonoxid zu Ethanol seit 2018 im industriellen Produktionsmaßstab eingesetzt. Der Entwicklungsstand für die Produktion von Biomasse mit einem hohen Nährwert durch anaerobe methanotrophe Bakterien auf Basis von Methan hat ebenfalls den Demonstrationsstand überschritten, eine kommerzielle Anlage befindet sich im Bau. Bereits etabliert ist die Verwendung von photoautotrophen Mikroalgen und Cyanobakterien für die Herstellung von Vitaminen, Antioxidanzien, Pigmenten und speziellen Fettsäuren.

Literatur

1. Bengelsdorf FR, Beck BH, Erz C, Hoffmeister S, Karl MM, Riegler P, Wirth S, Poehlein A, Weuster-Botz D, Dürre P (2018) Bacterial anaerobic synthesis gas (syngas) and CO_2+H_2 fermentation. Adv Appl Microbiol 103:143–221
2. Kane MD, Breznak JA (1991) *Acetonema longum* gen. nov. sp. nov., an H_2/CO_2 acetogenic bacterium from the termite, *Pterotermes occidentis*. Arch Microbiol 156:91–98. ► https://doi.org/10.1007/bf00290979
3. Worden R, Grethlein A, Jain M, Datta R (1991) Production of butanol and ethanol from synthesis gas via fermentation. Fuel 70:615–619. ► https://doi.org/10.1016/0016-2361(91)90175-a
4. Liou JSC, Balkwill DL, Drake GR, Tanner RS (2005) *Clostridium carboxidivorans* sp. nov., a solvent-producing *Clostridium* isolated from an agricultural settling lagoon, and reclassification of the acetogen *Clostridium scatologenes* strain SL1 as *Clostridium drakei* sp. nov. Int J Syst Evol Microbiol 55:2085–2091. ► https://doi.org/10.1099/ijs.0.63482-0
5. Groher A, Weuster-Botz D (2016) Comparative reaction engineering analysis of different acetogenic bacteria for gas fermentation. J Biotechnol 228:82–94. ► https://doi.org/10.1016/j.jbiotec.2016.04.032
6. Küsel K, Dorsch T, Acker G, Stackebrandt E, Drake HL (2000) *Clostridium scatologenes* strain SL1 isolated as an acetogenic bacterium from acidic sediments. Int J Syst Evol Microbiol 50:537–546. ► https://doi.org/10.1099/00207713-50-2-537
7. Mechichi T, Labat M, Patel BK, Woo TH, Thomas P, Garcia J (1999) *Clostridium methoxybenzovorans* sp. nov., a new aromatic o-demethylating homoacetogen from an olive mill wastewater treatment digester. Int J Syst Bacteriol 49:1201–1209. ► https://doi.org/10.1099/00207713-49-3-1201
8. Genthner BR, Davis CL, Bryant MP (1981) Features of rumen and sewage sludge strains of *Eubacterium limosum*, a methanol- and H_2-CO_2-utilizing species. Appl Environ Microbiol 42:12–19
9. Lindley ND, Loubiere P, Pacaud S, Mariotto C, Goma G (1987) Novel products of the acidogenic fermentation of methanol during growth of *Eubacterium limosum* in the presence of high concentrations of organic acids. Microbiology 133:3557–3563. ► https://doi.org/10.1099/00221287-133-12-3557
10. Krumholz LR, Bryant MP (1985) *Clostridium pfennigii* sp. nov. uses methoxyl groups of monobenzenoids and produces butyrate. Int J Syst Bacteriol 35:454–456. ► https://doi.org/10.1099/00207713-35-4-454
11. Phillips JR, Atiyeh HK, Tanner RS, Torres JR, Saxena J, Wilkins MR, Huhnke RL (2015) Butanol and hexanol production in *Clostridium carboxidivorans* syngas fermentation: medium development and culture techniques. Bioresour Technol 190:114–121. ► https://doi.org/10.1016/j.biortech.2015.04.043
12. Ramió-Pujol S, Ganigué R, Bañeras L, Colprim J (2015) Incubation at 25 °C prevents acid crash and enhances alcohol production in Clostridium carboxidivorans P7. Bioresour Technol 192:296–303. ► https://doi.org/10.1016/j.biortech.2015.05.077
13. Balch WE, Schoberth S, Tanner RS, Wolfe RS (1977) *Acetobacterium*, a new genus of hydrogen-oxidizing, carbon dioxide-reducing, anaerobic bacteria. Int J Syst Bacteriol 27:355–361. ► https://doi.org/10.1099/00207713-27-4-355
14. Buschhorn H, Dürre P, Gottschalk G (1989) Production and utilization of ethanol by the homoacetogen *Acetobacterium woodii*. Appl Environ Microbiol 55:1835–1840

15. Heise R, Müller V, Gottschalk G (1989) Sodium dependence of acetate formation by the acetogenic bacterium *Acetobacterium woodii*. J Bacteriol 171:5473–5478. ▶ https://doi.org/10.1128/jb.171.10.5473-5478.1989
16. Müller V, Aufurth S, Rahlfs S (2001) The Na^+ cycle in *Acetobacterium woodii*: identification and characterization of a Na^+ translocating F_1F_0-ATPase with a mixed oligomer of 8 and 16 kDa proteolipids. Biochim Biophys Acta 1505:108–120. ▶ https://doi.org/10.1016/s0005-2728(00)00281-4
17. Biegel E, Müller V (2010) Bacterial Na^+-translocating ferredoxin: NAD^+oxidoreductase. Proc Natl Acad Sci USA 107:18138–18142. ▶ https://doi.org/10.1073/pnas.1010318107
18. Strätz M, Sauer U, Kuhn A, Dürre P (1994) Plasmid transfer into the homoacetogen *Acetobacterium woodii* by electroporation and conjugation. Appl Environ Microbiol 60:1033–1037
19. Straub M, Demler M, Weuster-Botz D, Dürre P (2014) Selective enhancement of autotrophic acetate production with genetically modified *Acetobacterium woodii*. J Biotechnol 178:67–72. ▶ https://doi.org/10.1016/j.jbiotec.2014.03.005
20. Hoffmeister S, Gerdom M, Bengelsdorf FR, Linder S, Flüchter S, Öztürk H, Blümke W, May A, Fischer R-J, Bahl H, Dürre P (2016) Acetone production with metabolically engineered strains of *Acetobacterium woodii*. Met Eng 36:37–47. ▶ https://doi.org/10.1016/j.ymben.2016.03.001
21. Zeikus JG, Lynd LH, Thompson TE, Krzycki JA, Weimer PJ, Hegge PW (1980) Isolation and characterization of a new, methylotrophic, acidogenic anaerobe, the Marburg strain. Curr Microbiol 3:381–386. ▶ https://doi.org/10.1007/bf02601907
22. Grethlein AJ, Worden R, Jain MK, Datta R (1991) Evidence for production of n-butanol from carbon monoxide by *Butyribacterium methylotrophicum*. J Ferment Bioeng 72:58–60. ▶ https://doi.org/10.1016/0922-338x(91)90147-9
23. Heiskanen H, Virkajärvi I, Viikari L (2007) The effect of syngas composition on the growth and product formation of *Butyribacterium methylotrophicum*. Enzyme Microb Tech 41:362–367. ▶ https://doi.org/10.1016/j.enzmictec.2007.03.004
24. Lynd LH, Zeikus JG (1983) Metabolism of H_2-CO_2, methanol, and glucose by *Butyribacterium methylotrophicum*. J Bacteriol 153:1415–1423
25. Jansen M, Hansen TA (2001) Non-growth-associated demethylation of dimethylsulfoniopropionate by (homo) acetogenic bacteria. Appl Environ Microbiol 67:300–306. ▶ https://doi.org/10.1128/aem.67.1.300-306.2001
26. Bengelsdorf FR, Poehlein A, Schiel-Bengelsdorf B, Daniel R, Dürre P (2016) Genome sequence of the acetogenic bacterium *Butyribacterium methylotrophicum* DSM 3468^T. Genome Announc 4:e01338-16. ▶ https://doi.org/10.1128/genomea.01338-16
27. Song Y, Cho B (2015) Draft genome sequence of chemolithoautotrophic acetogenic butanol-producing *Eubacterium limosum* ATCC 8486. Genome Announc 3:e01564-14. ▶ https://doi.org/10.1128/genomea.01564-14
28. Kim M, Oh H, Park S, Chun J (2014) Towards a taxonomic coherence between average nucleotide identity and 16S rRNA gene sequence similarity for species demarcation of prokaryotes. Int J Syst Evol Microbiol 64:1825. ▶ https://doi.org/10.1099/ijs.0.064931-0
29. Lux MF, Drake HL (1992) Re-examination of thee metabolic potentials of the acetogens *Clostridium aceticum* and *Clostridium formicoaceticum*: chemolithoautotrophic and aromatic-dependent growth. FEMS Microbiol Lett 95:49–56. ▶ https://doi.org/10.1111/j.1574-6968.1992.tb05341.x
30. Wieringa KT (1936) Over het verdwijnen van waterstof en koolzuur onder anaerobe voorwaarden. Ant Leeuwenhoek 3:263–273. ▶ https://doi.org/10.1007/bf02059556
31. Wieringa KT (1939) The formation of acetic acid from carbon dioxide and hydrogen by anaerobic spore-forming bacteria. Ant Leeuwenhoek 6:251–262. ▶ https://doi.org/10.1007/bf02146190
32. Braun M, Mayer F, Gottschalk G (1981) *Clostridium aceticum* (Wieringa), a microorganism producing acetic acid from molecular hydrogen and carbon dioxide. Arch Microbiol 128:288–293. ▶ https://doi.org/10.1007/bf00422532
33. Adamse AD (1980) New isolation of *Clostridium aceticum* (Wieringa). Ant Leeuwenhoek 46:523–531. ▶ https://doi.org/10.1007/bf00394009
34. Poehlein A, Bengelsdorf FR, Schiel-Bengelsdorf B, Gottschalk G, Daniel R, Dürre P (2015) Complete genome sequence of Rnf- and cytochrome-containing autotrophic acetogen *Clostridium aceticum* DSM 1496. Genome Announc 3:e00786–15. ▶ https://doi.org/10.1128/genomea.00786-15
35. Poehlein A, Cebulla M, Ilg MM, Bengelsdorf FR, Schiel-Bengelsdorf B, Whited G et al (2015) The complete genome sequence of *Clostridium aceticum*: a missing link between Rnf- and cytochrome-containing autotrophic acetogens. mBio 6:5. ▶ https://doi.org/10.1128/mbio.01168-15
36. Dorn M, Andreesen JR, Gottschalk G (1978) Fumarate reductase of *Clostridium formicoaceticum*. Arch Microbiol 119:7–11. ▶ https://doi.org/10.1007/bf00407920
37. Rajagopalan S, Datar RP, Lewis RS (2002) Formation of ethanol from carbon monoxide via a new microbial catalyst. Biomass Bioenergy 23:487–493. ▶ https://doi.org/10.1016/s0961-9534(02)00071-5

38. Bruant G, Lévesque M, Peter C, Guiot SR, Masson L (2010) Genomic analysis of carbon monoxide utilization and butanol production by *Clostridium carboxidivorans* Strain P7^T. PLoS ONE 5:9. ▶ https://doi.org/10.1371/journal.pone0013033
39. Tanner RS, Miller LM, Yang D (1993) *Clostridium ljungdahlii* sp. nov., an acetogenic species in clostridial rRNA homology group I. Int J Syst Bacteriol 43:232–236. ▶ https://doi.org/10.1099/00207713-43-2-232
40. Abrini J, Naveau H, Nyns E (1994) *Clostridium autoethanogenum*, sp. nov., an anaerobic bacterium that produces ethanol from carbon monoxide. Arch Microbiol 161:345–351. ▶ https://doi.org/10.1007/s002030050065
41. Huhnke RL, Lewis RS, Tanner RS (2008) Isolation and characterization of novel clostridial species. US20080057554 A1. Washington, DC: U.S. Patent and Trademark Office
42. Zahn JA, Saxena J (2012) Ethanologenic *Clostridium* species, *Clostridium coskatii*. US 8143037 B2. Washington, DC: U.S. Patent and Trademark Office
43. Bengelsdorf FR, Poehlein A, Linder S, Erz C, Hummel T, Hoffmeister S, Daniel R, Dürre P (2016) Industrial acetogenic biocatalysts: a comparative metabolic and genomic analysis. Front Microbiol 7:1036. ▶ https://doi.org/10.3389/fmicb.2016.01036
44. Marcellin E, Behrendorff JB, Nagaraju S, DeTissera S, Segovia S, Palfreyman RW et al (2016) Low carbon fuels and commodity chemicals from waste gases – systematic approach to understand energy metabolism in a model acetogen. Green Chem 18:3020–3028. ▶ https://doi.org/10.1039/c5gc02708j
45. Richter H, Molitor B, Wei H, Chen W, Aristilde L, Angenent LT (2016) Ethanol production in syngas-fermenting *Clostridium ljungdahlii* is controlled by thermodynamics rather than by enzyme expression. Energ Environ Sci 9:2392–2399. ▶ https://doi.org/10.1039/c6ee01108j
46. Liew F, Martin ME, Tappel RC, Heijstra BD, Mihalcea C, Köpke M (2016) Gas fermentation – a flexible platform for commercial scale production of low-carbon fuels and chemicals from waste and renewable feedstocks. Front Microbiol 7:694
47. Fontaine FE, Peterson WH, McCoy E, Johnson MJ, Ritter GJ (1942) A new type of glucose fermentation by *Clostridium thermoaceticum*. J Bacteriol 43:701–715
48. Drake H, Küsel K, Matthies C (2013) Acetogenic prokaryotes. In: Rosenberg E, DeLong EF, Lory S, Stackebrandt E, Thompson F (Hrsg) The prokaryotes. Springer, Boston, S 354–420. ▶ https://doi.org/10.1007/978-3-642-30141-4_61
49. Ragsdale SW (2004) Life with carbon monoxide. Crit Rev Biochem Mol Biol 39:165–195. ▶ https://doi.org/10.1080/10409230490496577
50. Schuchmann K, Müller V (2014) Autotrophy at the thermodynamic limit of life: a model for energy conservation in acetogenic bacteria. Nat Rev Microbiol 12:809–821. ▶ https://doi.org/10.1038/nrmicro3365
51. Kerby R, Zeikus JG (1983) Growth of *Clostridium thermoaceticum* on H_2/CO_2 or CO as energy source. Curr Microbiol 8:27–30. ▶ https://doi.org/10.1007/bf01567310
52. Pierce E, Xie G, Barabote RD, Saunders E, Han CS, Detter JC et al (2008) The complete genome sequence of *Moorella thermoacetica* (f. *Clostridium thermoaceticum*). Environ Microbiol 10:2550–2573. ▶ https://doi.org/10.1111/j.1462-2920.2008.01679.x
53. Poehlein A, Bengelsdorf FR, Esser C, Schiel-Bengelsdorf B, Daniel R, Dürre P (2015) Complete genome sequence of the type strain of the acetogenic bacterium *Moorella thermoacetica* DSM 521^T. Genome Announc 3:e01159-15. ▶ https://doi.org/10.1128/genomea.01159-15
54. Bengelsdorf FR, Poehlein A, Esser C, Schiel-Bengelsdorf B, Daniel R, Dürre P (2015) Complete genome sequence of the acetogenic bacterium *Moorella thermoacetica* DSM 2955^T. Genome Announc 3:e01157-15. ▶ https://doi.org/10.1128/genomea.01157-15
55. Daniel SL, Hsu T, Dean SI, Drake HL (1990) Characterization of the H_2- and CO-dependent chemolithotrophic potentials of the acetogens *Clostridium thermoaceticum* and *Acetogenium kivui*. J Bacteriol 172:4464–4471. ▶ https://doi.org/10.1128/jb.172.8.4464-4471.1990
56. Weghoff MC, Müller V (2016) CO metabolism in the thermophilic acetogen *Thermoanaerobacter kivui*. Appl Environ Microbiol 82:2312–2319. ▶ https://doi.org/10.1128/aem.00122-16
57. Schoelmerich MC, Müller V (2019) Energy conservation by a hydrogenase-dependent chemiosmotic mechanism in an ancient metabolic pathway. Proc Natl Acad Sci USA 116:6329–6334. ▶ https://doi.org/10.1073/pnas.1818580116
58. Basen M, Geiger I, Henke L, Müller V (2018) A genetic system for the thermophilic acetogenic bacterium *Thermoanaerobacter kivui*. Appl Environ Microbiol 84:e02210-17
59. Basen M, Müller V (2016) "Hot" acetogenesis. Extremophiles 21:15–26. ▶ https://doi.org/10.1007/s00792-016-0873-3
60. García JL, Vicente M, Galan B (2017) Microalgae, old sustainable food and fashion nutraceuticals. Microb Biotechnol 10:1017–1024
61. Blankenship RE, Tiede DM, Barber J, Brudvig GW, Fleming G, Ghirardi M, Gunner MR, Junge W, Kramer DM, Melis A, Moore TA, Moser CC, Nocera DG, Nozik AJ, Ort DR, Parson WW, Prince RC, Savre RT (2011) Comparing photosynthetic and photovoltaic efficiencies and recognizing the

potential for improvement. Science 332:805–809. ► https://doi.org/10.1126/science.1200165
62. Mayer A, Weuster-Botz D (2017) Reaction engineering analysis of the autotrophic energy metabolism of *Clostridium aceticum*. FEMS Microbiol Lett 364. ► https://doi.org/10.1093/femsle/fnx219
63. de Morais MG, Costa JAV (2007) Carbon dioxide fixation by *Chlorella kessleri, C. vulgaris, Scenedesmus obliquus* and *Spirulina* sp. cultivated in flasks and vertical tubular photobioreactors. Biotechnol Lett 29:1349–1352
64. Yun YS, Lee SB, Park JM, Lee CI, Yang JW (1997) Carbon dioxide fixation by algal cultivation using wastewater nutrients. J Chem Technol Biotechnol 69:451–455
65. Chang EH, Yang SS (2003) Some characteristics of microalgae isolated in Taiwan for biofixation of carbon dioxide. Bot Bull Acad Sinica 44:43–52
66. Kishimoto M, Okakura T, Nagashima H, Minowa T, Yokoyama SY, Yamaberi K (1994) CO_2 fixation and oil production using micro-algae. J Ferment Bioeng 78:479–482
67. Kaewpintong K, Shotipruk A, Powtongsook S, Pavasant P (2007) Photoautotrophic high-density cultivation of vegetative cells of Haematococcus pluvialis in airlift bioreactor. Biores Technol 98:288–295.
68. Huntley M, Redjalje D (2007) Carbon dioxide mitigation and renewable oil from photosynthetic microbes: a new appraisal. Mitig Adapt Strat Glob Chang 12:573–608
69. Meiser A, Schmid-Staiger U, Trösch W (2004) Optimization of eicosapentaenoic acid production by *Phaeodactylum tricornutumin* the flat panel airlift (FPA) reactor. J Appl Phycol 16:215–225
70. Bitaubé E, Caro I, Perèz L (2008) Kinetic model for growth of *Phaedolactynum tricornitum* in intensive culture photobioreactor. Biochem Eng J 40:520–525
71. Morales M, Sánchez L, Revah S (2018) The impact of environmental factors on carbon dioxide fixation by microalgae. FEMS Microbiol Lett 365(3). ► https://doi.org/10.1093/femsle/fnx262
72. Costache TA, Acièn FG, Morales MM, Fernández-Sevilla JM, Stamatin I, Molina E (2013) Comprehensive model of microalgae photosynthesis rate as a function of culture conditions in photobioreactor. Appl Biotechnol 97:7627–7637
73. Cabello J, Morales M, Revah S (2015) Effect of the temperature, pH and irradiance on the photosynthetic activity by *Scenedesmus obtusiusculus* under nitrogen replete and deplete conditions. Bioresour Technol 181:128–135
74. Stanier RY, Van Niel CB (1962) The concept of a bacterium. Arch Mikrobiol 42:17–35
75. Sánchez M, Bernal-Castillo J, Rozo C, Rodríguez I (2003) *Spirulina (Arthrospira):* an edible microorganism: a review. Uni Sci 8:7–24
76. Boussiba S, Vonshak A (1991) Astaxanthin accumulation in the green alga Haematococcus pluvialis. Plant Cell Physiol 32:1077–1082
77. Dore JE, Cysewski GR (2005) *Haematococcus* algae meal as a source of natural astaxanthin for aquaculture feeds. Cyanotech Corporation, Hawaii, USA. ► http://www.ruscom.com/cyan/web02/pdfs/naturose/nrtl09.pdf. Zugegriffen: 29. März 2018
78. Li J, Zhu D, Niu J, Shen S, Wang G (2011) An economic assessment of astaxanthin production by large scale cultivation of *Haematococcus pluvialis*. Biotechnol Adv 29:568–574
79. Nguyen KD (2013) Astaxanthin: a comparative case of synthetic vs. natural production. Chemical and biomolecular engineering publications and other works. ► http://trace.tennessee.edu/utk_chembiopubs/94
80. Gwo JC, Chiu JY, Chou CC, Cheng HY (2005) Cryopreservation of a marine microalga, *Nannochloropsis oculata (Eustigmatophyceae)*. Cryobiology 50:338–343
81. Chua ET, Schenk PM (2017) A biorefinery for *Nannochloropsis*: induction, harvesting, and extraction of EPA-rich oil and high-value protein. Bioresour Technol 244:1416–1424. ► https://doi.org/10.1016/j.biortech.2017.05.124
82. Adarme-Vega TC, Lim DK, Timmins M, Vernen F, Li Y, Schenk PM (2012) Microalgal biofactories: a promising approach towards sustainable omega-3 fatty acid production. Microb Cell Fact 11:96. ► https://doi.org/10.1186/1475-2859-11-96
83. Timmers PH, Welte CU, Koehorst JJ, Plugge CM, Jetten MS, Stams AJ (2017) Reverse methanogenesis and respiration in methanotrophic archaea. Archaea 2017:1654237. ► https://doi.org/10.1155/2017/1654
84. Welte CU, Rasigraf O, Vaksmaa A, Versantvoort W, Arshad A, Op den Camp HJ, Jetten MS, Lüke C, Reimann J (2016) Nitrate- and nitrite-dependent anaerobic oxidation of methane. Environ Microbiol Rep 8:941–955
85. Ward N, Larsen Ø, Sakwa J, Bruseth L, Khouri H, Durkin AS, Dimitrov G, Jiang L, Scanlan D, Kang KH, Lewis M, Nelson KE, Methé B, Wu M, Heidelberg JF, Paulsen IT, Fouts D, Ravel J, Tettelin H, Ren Q, Read T, DeBoy RT, Seshadri R, Salzberg SL, Jensen HB, Birkeland NK, Nelson WC, Dodson RJ, Grindhaug SH, Holt I, Eidhammer I, Jonasen I, Vanaken S, Utterback T, Feldblyum TV, Fraser CM, Lillehaug JR, Eisen JA (2004) Genomic insights into methanotrophy: the complete genome sequence of *Methylococcus capsulatus* (Bath). PLoS

Biol 2:e303. ► https://doi.org/10.1371/journal.pbio.0020303

86. Welander PV, Summons RE (2012) Discovery, taxonomic distribution, and phenotypic characterization of a gene required for 3-methylhopanoid production. Proc Natl Acad Sci USA 109:12905–12910
87. del Cerro C, García JM, Rojas A, Tortajada M, Ramón D, Galán B, Prieto MA, García JL (2003) Genome sequence of the methanotrophic poly-β-hydroxybutyrate producer *Methylocystis parvus* OBBP. J Bacteriol 194:5709–5710. ► https://doi.org/10.1128/JB.01346-12
88. Pieja AJ, Sundstrom Criddle CS (2011) Poly-3-hydroxybutyrate metabolism in the type II methanotroph *Methylocystis parvus* OBBP. Appl Environ Microbiol 77:6012–6019. ► https://doi.org/10.1128/AEM.00509-11
89. Stein LY, Yoon S, Semrau JD, Dispirito AA, Crombie A, Murrell JC, Vuilleumier S, Kalyuzhnaya MG, Op den Camp HJ, Bringel F, Bruce D, Cheng JF, Copeland A, Goodwin L, Han S, Hauser L, Jetten MS, Lajus A, Land ML, Lapidus A, Lucas S, Médique C, Pitluck S, Woyke T, Zeytun A, Klotz MG (2010) Genome sequence of the obligate methanotroph *Methylosinus trichosporium* strain OB3b. J Bacteriol 192:6497–6498. ► https://doi.org/10.1128/JB.01144-10
90. Drake H (1995) Acetogenesis, acetogenic bacteria, and the acetyl-CoA, Wood/Ljungdahl' pathway: past and current perspectives. In: Drake H (Hrsg) Acetogenesis. Chapman & Hall, New York, S 3–60
91. Ljungdahl LG (1986) The autotrophic pathway of acetate synthesis in acetogenic bacteria. Ann Rev Microbiol 40:415–450. ► https://doi.org/10.1146/annurev.micro.40.1.415
92. Wood HG (1991) Life with CO or CO_2 and H_2 as a source of carbon and energy. FASEB J 5:156–163
93. Drake HL, Gößner AS, Daniel SL (2008) Old acetogens, new light. Ann NY Acad Sci 1125:100–128. ► https://doi.org/10.1196/annals.1419.016
94. Ragsdale SW, Ljungdahl LG, DerVartanian DV (1983) Isolation of carbon monoxide dehydrogenase from *Acetobacterium woodii* and comparison of its properties with those of *Clostridium thermoaceticum* enzyme. J Bacteriol 155:1224–1237
95. Ragsdale SW, Pierce E (2008) Acetogenesis and the Wood-Ljungdahl pathway of CO_2 fixation. Biochim Biophys Acta Proteins Proteom 1784:1873–1898. ► https://doi.org/10.1016/j.bbapap.2008.08.012
96. Drake HL, Hu SI, Wood HG (1980) Purification of carbon monoxide dehydrogenase, a nickel enzyme from *Clostridium thermocaceticum*. J Biological Chem 255:7174–7180
97. Raybuck SA, Bastian NR, Orme-Johnson WH, Walsh CT (1988) Kinetic characterization of the carbon monoxide-acetyl-CoA (carbonyl group) exchange activity of the acetyl-CoA synthesizing carbon monoxide dehydrogenase from Clostridium thermoaceticum. Biochemistry 27:7698–7702
98. Pezacka E, Wood HG (1984) Role of carbon monoxide dehydrogenase in the autotrophic pathway used by acetogenic bacteria. Proc Nat Acad Sci USA 81:6261–6265. ► https://doi.org/10.1073/pnas.81.20.6261
99. Grahame DA (2003) Acetate C-C bond formation and decomposition in the anaerobic world: the structure of a central enzyme and its key active-site metal cluster. Trends Biochem Sci 28:221–224. ► https://doi.org/10.1016/s0968-0004(03)00063-x
100. Hess V, Schuchmann K, Müller V (2013) The ferredoxin:NAD + oxidoreductase (Rnf) from the acetogen *Acetobacterium woodii* requires Na^+ and is reversibly coupled to the membrane potential. J Biol Chem 288:31496–31502. ► https://doi.org/10.1074/jbc.m113.510255
101. Tremblay P, Zhang T, Dar SA, Leang C, Lovley DR (2012) The Rnf complex of *Clostridium ljungdahlii* is a proton-translocating ferredoxin: NAD^+ oxidoreductase essential for autotrophic growth. mBio 4:1. ► https://doi.org/10.1128/mbio.00406-12
102. Ljungdahl LG (1994) The acetyl-CoA pathway and the chemiosmotic generation of ATP during acetogenesis. In: Drake H (Hrsg) acetogenesis. Chapman & Hall, New York, S 63–87. ► https://doi.org/10.1007/978-1-4615-1777-1_2
103. Dürre P, Eikmanns BJ (2015) C1-carbon sources for chemical and fuel production by microbial gas fermentation. Curr Op Biotechnol 35:63–72
104. Ciferri O (1983) *Spirulina*, the edible microorganism. Microbiol Rev 47:551–578

Mikrobielle Verfahren zur Umsetzung von CO_2 und CO

Dirk Weuster-Botz, Frank Kensy, Heleen De Wever und Linsey Garcia-Gonzalez

Inhaltsverzeichnis

M. Kircher und T. Schwarz (Hrsg.), *CO_2 und CO – Nachhaltige Kohlenstoffquellen für die Kreislaufwirtschaft*, https://doi.org/10.1007/978-3-662-60649-0_8

8.1 Gasfermentationen mit Mikroorganismen und Photobioprozesse mit Mikroalgen

Dirk Weuster-Botz

8.1.1 CO_2 als mikrobielle Kohlenstoffquelle

8

Kohlenstoffdioxid (CO_2) muss reduziert werden, um daraus Biomasse (Biokatalysatoren) und organische Moleküle herstellen zu können. Mikroorganismen verfügen über eine ganze Reihe von Möglichkeiten zur Bereitstellung von Elektronen zur CO_2-Reduktion:

- Photoautotrophe Mikroalgen (prokaryotische Cyanobakterien und eukaryotische Einzeller) nutzen zur Fixierung bzw. Reduktion von CO_2 ebenso wie Pflanzen Energie, die mithilfe von Sonnenlicht generiert wird (siehe auch ► Kap. 6). Mit photoautotrophen Mikroalgen werden industriell bereits Antioxidanzien (β-Carotin), Pigmente (Astaxanthin) und Proteine (Phycocyanin) als intrazelluläre Produkte mit großflächigen, offenen Photobioreaktoren aus CO_2 hergestellt [1]. Hier sind großflächige Photobioreaktoren aufgrund der geringen Eindringtiefe von Sonnenlicht in wässrige Algensuspensionen erforderlich („zweidimensionale Prozesse").
- Aerobe carboxydotrophe Mikroorganismen (auch Knallgasbakterien genannt) können Elektronen zur CO_2-Reduktion unter chemolithoautotrophen Bedingungen bereitstellen [2], indem Wasserstoff (H_2) mit Sauerstoff (O_2) katalytisch zu Wasser umgesetzt und ein Teil der dabei verfügbar gemachten Elektronen zur Reduktion von CO_2 genutzt wird. Obwohl das wahrscheinlich bekannteste Knallgasbakterium *Cupriavidus necator* (früher *Ralstonia eutropha*) als effektiver Produzent von Polyhydroxyalkanoaten seit vielen Jahrzehnten bekannt und erforscht ist, erfolgt bisher keine industrielle Nutzung mit CO_2 als Kohlenstoffquelle. Ein entscheidender Aspekt, der die industrielle Nutzung von Knallgasbakterien bislang verhindert, ist die Tatsache, dass eine ausreichende Versorgung der Organismen mit H_2 und O_2 im industriellen Maßstab unter sicherheitstechnischen Gesichtspunkten schwierig ist [3].
- Strikt anaerobe acetogene Mikroorganismen können Wasserstoff (H_2) unter autotrophen Bedingungen als Elektronenquelle nutzen. Diese Bakterien reduzieren CO_2 über den sogenannten Wood-Ljungdahl-Stoffwechselweg mit H_2 (oder auch CO direkt) zum Stoffwechselintermediat Acetyl-CoA (siehe auch ► Kap. 7). Da das natürliche Produktspektrum ausgehend von Acetyl-CoA im Wesentlichen auf C2-Produkte beschränkt ist (Essigsäure und Ethanol), wird seit 2018 durch die Firma LanzaTech im industriellen Maßstab Ethanol aus Stahlwerksabgasen mit acetogenen Bakterien hergestellt (siehe auch ► Abschn. 16.3).
- Eine Möglichkeit, Elektronen elektrochemisch verfügbar zu machen und diese direkt zur mikrobiellen CO_2-Reduktion zu nutzen, wurde 2010 erstmalig beschrieben [4]. Hier erfolgt die Bereitstellung von Elektronen an einer Kathode, die mit einem Biofilm von acetogenen Bakterien überzogen ist. Wie bei industriellen Produktionsverfahren mit Mikroalgen handelt es sich hierbei um einen „zweidimensionalen Prozess", da der direkte Transfer von Elektronen nur in dünnen Biofilmen möglich ist und damit in einem Produktionsreaktor große Kathodenflächen installiert werden müssen. Industrielle Anwendungen sind bisher nicht bekannt.

Im Folgenden wird aufgrund der begrenzten Kapazität der elektrochemisch-biologischen CO_2-Reduktion nur auf mikrobielle Verfahren zur Umsetzung von CO_2 und CO eingegangen, die bereits heute in der einen oder anderen Weise industriell eingesetzt werden. Diese beruhen auf der Gasfermentation mit acetogenen Mikroorganismen (▶ Abschn. 8.1.2) oder auf Photobioprozessen mit Mikroalgen (▶ Abschn. 8.1.3).

8.1.2 Gasfermentationen mit acetogenen Mikroorganismen

Das autotrophe Wachstum von acetogenen Mikroorganismen mit CO_2 oder CO als Kohlenstoffquelle ist stark energielimitiert, da über den Wood-Ljungdahl-Stoffwechselweg selbst mit Acetat als Stoffwechselendprodukt kein ATP gewonnen werden kann. Acetogene Mikroorganismen sind daher darauf angewiesen, ATP chemiosmotisch bereitzustellen. Hierzu gibt es je nach Mikroorganismus unterschiedliche Möglichkeiten (▶ Kap. 7). Der ATP-Ertrag für acetogene Bakterien ist unter autotrophen Bedingungen mit −4,5 mol ATP (mol Produkt)$^{-1}$ bis +4,4 mol ATP (mol Produkt)$^{-1}$, abhängig von Endprodukt, Stoffwechselweg und Elektronendonator (H_2 oder CO), sehr unterschiedlich [5]. Produkte mit ATP-Bedarf (negativen ATP-Erträgen) können daher autotroph nur hergestellt werden, wenn gleichzeitig andere Produkte mit ATP-Gewinn von den Zellen produziert werden.

Energielimitiertes Wachstum und geringe Biomasseerträge unter autotrophen Bedingungen können hohe zellspezifische Substrataufnahme- und Produktbildungsgeschwindigkeiten zur Folge haben, wenn wie bei acetogenen Mikroorganismen der ATP-Ertrag pro gebildetes Produktmolekül gering ist. In einem solchen Fall kann ein hoher Kohlenstoffdurchsatz für die Bereitstellung von genügend ATP und Reduktionsäquivalenten zum Aufbau von Zellbiomasse von Vorteil sein. Hohe zellspezifische Umsetzungsgeschwindigkeiten können bei Gasfermentationen aber oftmals aufgrund der geringen Löslichkeiten der gasförmigen Substrate H_2 und CO in Wasser nicht erreicht werden. Beispielsweise ist die Wasserlöslichkeit von reinem Wasserstoff (H_2) unter Standardbedingungen (1 bar, 20 °C) 65 mol% geringer als von reinem Sauerstoff (O_2). Bei reinem Kohlenmonoxidgas (CO) ist die Wasserlöslichkeit gegenüber O_2 um 75 mol% vermindert. Im Vergleich zu typischen heterotrophen Bioprozessen mit Sauerstoffatmung sind daher bei Gasfermentationen mit acetogenen Bakterien die maximalen Zellkonzentrationen in der wässrigen Suspension im Bioreaktor ohne Zellrückhaltung mit rund 0,5 bis 2 g Biotrockenmasse L^{-1} um den Faktor 10 bis 100 reduziert, was grundsätzlich zu vergleichsweise geringen volumetrischen Produktivitäten (Raum-Zeit-Ausbeuten) führt.

Die Stofftransportgeschwindigkeit zwischen Gas- und Flüssigphase ist aufgrund der schlechten Wasserlöslichkeiten der gasförmigen Substrate H_2 und CO in Bioreaktoren sehr häufig limitierend. CO_2-Limitierungen treten üblicherweise nicht auf, da die CO_2-Löslichkeit in Wasser aufgrund des Kohlensäuregleichgewichts besonders bei einem pH im Neutralbereich ($6{,}0 < pH < 8{,}0$), den viele acetogene Mikroorganismen zum Wachstum benötigen, vergleichsweise hoch ist.

Der H_2- und CO-Eintrag in die Wasserphase kann in Bioreaktoren mit dispergierter Gasphase generell durch einen erhöhten volumetrischen Leistungseintrag und/oder durch Erhöhung der Partialdrücke von H_2 und CO in der dispergierten Gasphase verbessert werden. Die Erhöhung des volumetrischen Leistungseintrags, beispielsweise durch Erhöhung der Rührerdrehzahl bei Rührkesselreaktoren, stößt jedoch schnell an ökonomische Grenzen, insbesondere wenn Produkte mit geringer Wertschöpfung, wie kurzkettige organische Säuren und Alkohole, hergestellt werden.

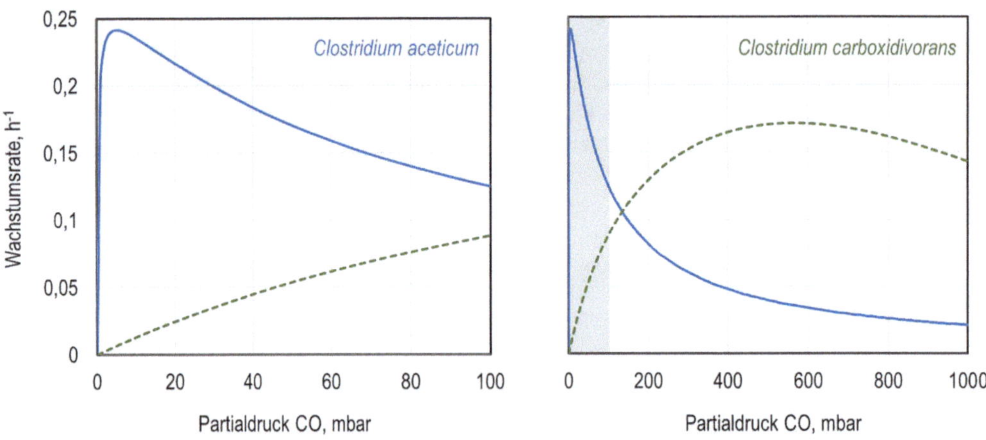

Abb. 8.1 Wachstumskinetiken von *Clostridium aceticum* (blau) und *Clostridium carboxidivorans* (grün, gestrichelt) als Funktion des limitierenden CO-Partialdrucks [11, 12]

Die Erhöhung der Partialdrücke von H_2 und CO in der dispergierten Gasphase ist daher die Methode der Wahl, die auch industriell angewandt wird, indem Bioreaktoren mit einer Flüssigkeitshöhe von 20 bis 30 m eingesetzt werden. Damit kann der hydrostatische Druck der Wassersäule über dem Gasverteiler am Boden des Bioreaktors genutzt werden, um die Partialdrücke in der dispergierten Gasphase auf einfache Weise zu erhöhen. Industriell werden daher bevorzugt Blasensäulen- oder *Gaslift*-Reaktoren für Gasfermentationen mit suspendierten acetogenen Mikroorganismen genutzt. Blasensäulenreaktoren stellen Stoffaustausch- und Reaktionsapparate dar, in denen ein Gas mit einer Flüssigphase in Kontakt gebracht wird. Diese Reaktoren zeichnen sich durch ihre einfache Konstruktion und, im Gegensatz zum Rührkesselreaktor, durch die völlige Abwesenheit von mechanisch bewegten Einbauten aus. Der Leistungseintrag von Blasensäulenreaktoren erfolgt im industriellen Maßstab allein durch die isotherme Expansion der am Boden des Reaktors dispergierten Gasphase. Der Leistungseintrag steigt dadurch linear mit zunehmendem Gasvolumenstrom an und nimmt nichtlinear mit der Höhe der Wassersäule über dem Gasverteiler zu [6]. Zunehmende Partialdrücke und zunehmender Leistungseintrag bei Erhöhung der Wassersäule sorgen damit prinzipiell für einen verbesserten Stofftransport zwischen Gas- und Flüssigphase (im unteren Teil) eines Blasensäulen- oder *Gaslift*-Reaktors.

Ein verbesserter Gas-flüssig-Stofftransport lässt sich jedoch nur prozesstechnisch nutzen, wenn erhöhte H_2- oder CO-Partialdrücke, die am Boden von industriellen Blasensäulenreaktoren je nach Gaszusammensetzung mehrere Bar erreichen können, die eingesetzten acetogenen Mikroorganismen nicht inhibieren. Leider sind bisher nur wenige quantitative Daten zu Substratüberschussinhibierungen von acetogenen Mikroorganismen publiziert [7–10]. Die Kinetiken acetogener Mikroorganismen in Abhängigkeit von den gasförmigen Substraten können sich jedoch stark voneinander unterscheiden (Abb. 8.1). So zeigt das acetogene Bakterium *Clostridium aceticum* (siehe auch ▶ Kap. 7) eine starke CO-Überschussinhibierung mit einer sehr niedrigen Inhibierungskonstante von $K_I = 87$ mbar CO und einem Wachstumsoptimum bei 5,4 mbar CO [11], während *Clostridium carboxidivorans* eine weitaus höhere Inhibierungskonstante von $K_I = 1259$ mbar CO bei einem Wachstumsoptimum von 565 mbar CO aufweist, das damit zwei Zehnerpotenzen höher ist als bei

Clostridium aceticum [12]. Die Inhibierungskonstante gibt an, wann bei zunehmender Substratkonzentration die halbmaximale Wachstumsrate erreicht wird [108].

Die Partialdrücke von CO, H_2 und CO_2 der im Blasensäulenreaktor aufsteigenden Gasblasen verändern sich nicht nur aufgrund des abnehmenden hydrostatischen Drucks der verbleibenden Wassersäule, sondern auch aufgrund des örtlich unterschiedlichen Verbrauchs bzw. der Bildung von Gaskomponenten durch mikrobielle Stoffwechselprozesse (bei der Umsetzung von 2 mol CO über den Wood-Ljungdahl-Stoffwechselweg wird 1 mol CO_2 gebildet). Viele acetogene Mikroorganismen sind insbesondere bei höheren CO-Partialdrücken nicht in der Lage, gleichzeitig H_2 und CO_2 zu verwerten. Erst wenn der örtliche CO-Partialdruck niedrig genug geworden ist, tritt keine Inhibierung der CO_2-Reduktion mit H_2 mehr auf.

Darüber hinaus zeigen einige acetogene Bakterien ein typisches zweistufiges Prozessverhalten: Ist der pH in der wässrigen Phase hoch genug (üblicherweise größer als pH 6), zeigen die anaeroben Bakterien Wachstum, und es werden zunächst organische Säuren (bevorzugt Essigsäure und mit deutlich geringer werdenden Konzentrationen auch Buttersäure oder sogar Hexansäure) gebildet. In dieser „acetogenen Phase" sinkt der pH im wässrigen Reaktionsmedium aufgrund der Säurebildung. Dabei nimmt das Wachstum der acetogenen Bakterien kontinuierlich ab, bis ein pH-Minimum (üblicherweise unter pH 5,0) erreicht ist. Bei diesem pH setzt die Alkoholbildung ein, wobei nicht nur eine Neusynthese von Alkoholen aus den Gaskomponenten erfolgt, sondern insbesondere auch die zuvor gebildeten organischen Säuren zu den korrespondierenden Alkoholen reduziert werden. In dieser „solventogenen Phase" tritt kein Wachstum mehr auf, und aufgrund des Säureverbrauchs steigt der pH im Reaktionsmedium schließlich wieder an.

Ausgeprägte axiale Gradienten sind daher in industriellen Blasensäulenreaktoren sowohl in der Gasphase (Partialdrücke der Gaskomponenten) als auch in der Flüssigphase (Konzentrationen der Gaskomponenten in Wasser, Produktkonzentrationen, pH) unvermeidbar. Eine Möglichkeit, stark ausgeprägte Gradienten in Blasensäulenreaktoren zu reduzieren, ist der Einsatz von *Gaslift*-Reaktoren, bei denen Leitrohre über den Querschnitt der Reaktoren verteilt werden, die nicht begast sind (*Gaslift*-Reaktoren mit innerem Rücklauf). Hierdurch kommt es aufgrund der mittleren Dichteunterschiede zwischen unbegastem und begastem Reaktionsvolumen (mit einem Gasanteil von bis zu 20 %) zu einer definierten Kreislaufführung der Flüssigphase im Schwerefeld. Bei kleineren Reaktorquerschnitten ist prinzipiell auch ein äußerer Rücklauf möglich. Die homogenere Durchmischung in *Gaslift*-Reaktoren im Vergleich zu einfachen Blasensäulenreaktoren kann ein Vorteil sein. Allerdings darf die mittlere hydraulische Verweilzeit im Rücklauf nicht zu groß werden, da hier keine Gasversorgung erfolgt und aufgrund der geringen H_2- und CO-Gelöstkonzentrationen in der Wasserphase innerhalb kürzester Zeit (wenige Sekunden je nach Zelldichte) Substratlimitierungen auftreten, in deren Folge die acetogenen Bakterien in diesen Reaktorzonen weniger oder kaum Stoffumsatz zeigen.

Während sich Stofftransport und Durchmischung in Blasensäulen- oder *Gaslift*-Reaktoren durch bekannte Modellierungsansätze (CFD-Simulationen oder vereinfacht bei homogener Blasenströmung durch eine idealisierte Rohrströmung mit axialer Rückvermischung sowohl der Gasphase als auch der Flüssigphase gekoppelt mit der Beschreibung des Gasflüssig-Stofftransports – k_La als Funktion der Gasleerrohrgeschwindigkeit) gut simulieren lassen [6, 13], gibt es bisher kaum quantitative Daten zu Wachstums-, Substrataufnahme- und Produktbildungskinetiken von acetogenen Mikroorganismen als Funktion der Substrat- (H_2, CO) und der Produktkonzentrationen (Essigsäure, Ethanol, …) sowie des pH. Ein Ansatz, fehlende kinetische Informationen auszugleichen, könnte die Nutzung genomweiter stöchiometrischer Modelle von acetogenen Bakterien sein. In Kombination mit einfachen Aufnahmekinetiken für CO und H_2 kann mit dem stöchiometrischen Modell über eine Stoffflussanalyse unter geeigneten Annahmen eine Abschätzung von Wachstums- und Produktbildungsraten erfolgen [14].

Dabei handelt es sich immer um Abschätzungen, die experimentell überprüft werden müssen. Für kinetische Untersuchungen der Stoffwechselleistungen von acetogenen Mikroorganismen unter autotrophen Bedingungen sind im Labormaßstab ideal durchmischte und möglichst vollständig kontrollierte Rührkesselreaktoren besonders geeignet. Hierbei spielen neben den üblichen Reaktionsbedingungen (pH, Temperatur, Leistungseintrag) insbesondere die kontrollierte Gaszufuhr (individuell einstellbare Partialdrücke und Volumenströme von H_2, CO und CO_2) und eine *On-line*-Abgasanalytik zur Bestimmung der Gasverbrauchsraten eine wichtige Rolle.

8

Gasfermentationen unter kontrollierten Bedingungen im Satzverfahren liefern grundlegende Informationen zur metabolischen Leistungsfähigkeit von bestimmten acetogenen Mikroorganismen ohne Limitierungen des Gas-flüssig-Stofftransports, da im Labor-Rührkesselreaktor hohe volumetrische Leistungseinträge möglich sind (siehe z. B. [15–19]). Auch im wiederholten Satzverfahren lassen sich so Wachstums- und Produktbildungskinetiken als Funktion der Gelöstgaskonzentrationen (bzw. Gaspartialdrücke bei niedrigen Zellkonzentrationen) identifizieren [12, 11]. Zur Identifikation von Wachstumskinetiken sind Fließgleichgewichtsuntersuchungen im kontinuierlich betriebenen Rührkesselreaktor (Chemostat) auch bei Gasfermentationen zwar prinzipiell besser geeignet, da durch Einstellung verschiedener hydraulischer Verweilzeiten beliebige Wachstumsraten vorgegeben werden können (siehe z. B. [20]). Die niedrigen Wachstumsraten acetogener Mikroorganismen unter autotrophen Bedingungen (siehe auch ▶ Kap. 7) stellen jedoch insbesondere bei ungünstigen Reaktionsbedingungen (pH, Temperatur, …) ein großes Hindernis dar, da zum einen bis zur Einstellung von Fließgleichgewichtszuständen sehr lange Versuchszeiten erforderlich sind, zum anderen bei Substratüberschussinhibierung die Einstellung stabiler Betriebspunkte im Chemostaten nur sehr eingeschränkt möglich ist [13].

Um bei Gasfermentationen ausreichende volumetrische Produktivitäten (Raum-Zeit-Ausbeuten) erzielen zu können, was insbesondere bei der Herstellung von Massenprodukten mit geringer Wertschöpfung wie organischen Säuren und Alkoholen ökonomisch bedeutend sein kann, ist eine kontinuierliche Prozessführung unerlässlich. Bei suspendierten Mikroorganismen kann eine Zellrückhaltung im kontinuierlich betriebenen Bioreaktor durch getauchte Mikrofiltrationsmembranen erfolgen, wie sie bereits großtechnisch in der biologischen Abwasserbehandlung zum Einsatz kommen [21]. Am Beispiel der Gasfermentation (CO_2/H_2) mit *Acetobacterium woodii* (siehe auch ▶ Kap. 7) konnten zwar im kontinuierlich betriebenen Rührkesselreaktor mit getauchten Mikrofiltrationsmembranen erhöhte Zelldichten und damit auch deutlich erhöhte volumetrische Acetatproduktivitäten von über 147 g L^{-1} d^{-1} im Vergleich zu rund 19 g L^{-1} d^{-1} im Satzverfahren oder im kontinuierlichen Verfahren ohne Zellrückhaltung erreicht werden, allerdings waren aufgrund der kontinuierlichen Prozessführung die Produktkonzentrationen von rund 59 g L^{-1} im Satzverfahren auf 17,6 bis 23,5 g L^{-1} Acetat (je nach hydraulischer Verweilzeit) deutlich reduziert [22].

Bei zweiphasigen Gasfermentationsprozessen können durch Hintereinanderschalten von zwei kontinuierlich betriebenen Bioreaktoren ebenfalls auf einfache Weise höhere volumetrische Produktivitäten als im Satzverfahren erzielt werden. Hierzu erfolgen im ersten Reaktor bei einem höheren pH das Wachstum und die Säurebildung, während

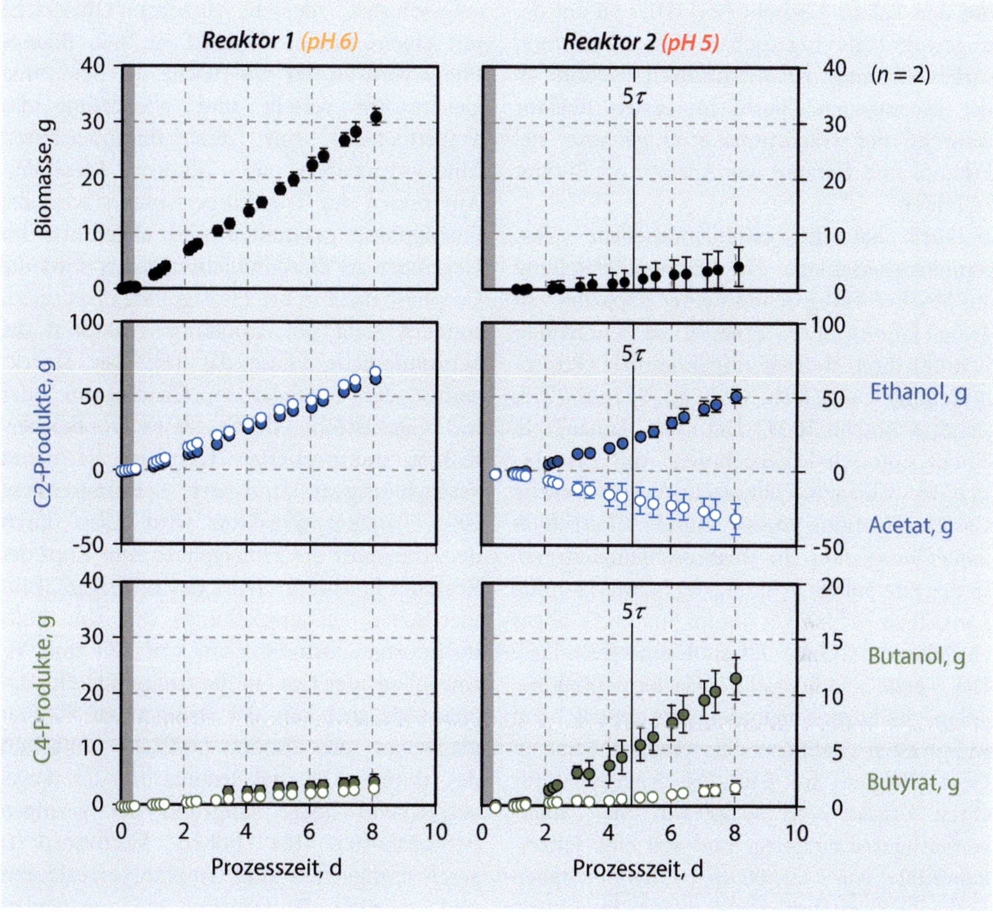

◘ Abb. 8.2 Nettoproduktbildung/-verbrauch bei der kontinuierlichen Umsetzung von CO mit *Clostridium carboxidivorans* in einer kontinuierlich betriebenen Rührkesselkaskade ($V_1 = 1$ L, $V_2 = 1{,}5$ L, hydraulische Verweilzeit $\tau_{Kaskade} = 20{,}8$ h). Im ersten Reaktor erfolgen bei pH 6 Biomassebildung und Produktion von organischen Säuren und Alkoholen. Im zweiten Reaktor wird bei pH 5 kaum noch Biomasse gebildet. Stattdessen erfolgt die wachstumsentkoppelte Herstellung der Alkohole Ethanol, Butanol und Hexanol (nicht gezeigt) teilweise unter Verbrauch von Acetat. Die anfängliche Satzphase ist grau markiert [25]

im zweiten Reaktor die aus dem ersten Reaktor stammenden acetogenen Mikroorganismen die organischen Säuren aus dem ersten Reaktor bei einem nun niedrigeren pH zu den korrespondierenden Alkoholen reduzieren. Darüber hinaus bilden sie zusätzliche Alkohole aus Synthesegas, wie am Beispiel der kontinuierlichen Ethanolherstellung mit *Clostridium ljungdahlii* gezeigt werden konnte [23, 24]. Bei der kontinuierlichen Umsetzung von CO zur Herstellung von Alkoholen (Ethanol, Butanol, Hexanol) mit *Clostridium carboxidivorans* in einer Rührkesselkaskade, die mit pH 6 im ersten Reaktor und pH 5 im zweiten Reaktor betrieben wurde (◘ Abb. 8.2), konnten wie erwartet höhere Raum-Zeit-Ausbeuten als im Satzverfahren (Faktor 6 für die Alkohole Ethanol, Butanol und Hexanol) erzielt werden. Erstaunlicherweise waren aber auch die Produktkonzentrationen im kontinuierlichen Kaskadenprozess durchschnittlich um den Faktor 3 erhöht [25]. Dies ist auf die ungewöhnliche Eigenschaft von *Clostridium carboxidivorans* zurückzuführen, schon in der „acetogenen Phase" im ersten Reaktor während des Wachstums etwa genauso viel Ethanol und Butanol wie Acetat und Butyrat zu bilden.

2018 hat die erste industrielle Gasfermentationsanlage zur Ethanolherstellung aus Stahlwerksabgasen mit einer Kapazität von 46.000 Jahrestonnen Ethanol in Caofeidian (China) ihren Betrieb aufgenommen (Pressemitteilung LanzaTech, Chicago, 8. Juni 2018; siehe ► Abschn. 16.3). Der von LanzaTech, einem Biotech-Unternehmen mit Hauptsitz in Chicago, Illinois/USA, entwickelte Gasfermentationsprozess nutzt *Clostridium autoethanogenum* in Blasensäulenreaktoren. In der Pilotanlage in Shougang (China) konnte LanzaTech 70 bis 75 % des im Stahlwerksabgas enthaltenen CO zu Ethanol umsetzen [26]. Die erste industrielle Gasfermentationsanlage in Europa befindet sich aktuell beim weltgrößten Stahlhersteller ArcelorMittal in Gent (Belgien) im Bau. Die Anlage ist für einen Umsatz von 50.000 $Nm^3\ h^{-1}$ Stahlwerksabgasen ausgelegt und soll eine Jahreskapazität von 60.000 m^3 Ethanol haben [27]. 2018 startete BASF seine Investition bei LanzaTech, um einen Zugang zur Gasfermentationstechnologie von LanzaTech zu erhalten (Gemeinsame Pressemitteilung BASF und LanzaTech, 13. Juni 2018). Motivation ist die Nutzbarmachung bisher ungenutzter CO_2- und CO-enthaltender industrieller Restgasströme der Chemieindustrie. Aspekte zukünftiger industrieller Anwendungen von Gasfermentationen mit acetogenen Mikroorganismen unter Berücksichtigung der bestehenden industriellen Infrastruktur und Markterfordernisse sind in Takors et al. 2018 [28] zusammengefasst.

Neben Blasensäulen- oder *Gaslift*-Reaktoren stellen Tropfkörperreaktoren mit immobilisierten acetogenen Bakterien eine interessante Alternative für Gasfermentationen dar. In der klassischen Bauform ist in einem zylindrischen Behälter ein Trägermaterial aufgeschüttet, dessen (innere) Oberfläche mit einem Biofilm bedeckt ist. Die flüssige Phase wird an der Oberfläche der Schüttung gleichmäßig verteilt und überströmt das Trägermaterial mit den immobilisierten Mikroorganismen als dünner Rieselfilm. Am Boden des Tropfkörperreaktors wird die Flüssigphase gesammelt und abgeführt. Im Gegensatz zu Blasensäulenreaktoren wird die Gasphase nicht in der Flüssigphase dispergiert, sondern stellt bei Tropfkörperreaktoren die kontinuierliche Phase dar [6]. Der Druckverlust der entweder im Gleichstrom oder im Gegenstrom durch den Tropfkörperreaktor transportierten Gasphase ist damit vernachlässigbar, und der Leistungseintrag eines Tropfkörperreaktors wird allein durch den Transport der Flüssigphase zum Kopf des Reaktors bestimmt. Trotz des niedrigen volumetrischen Leistungseintrags sind die Stofftransportgeschwindigkeiten von CO und H_2 sowohl aus der Gas- in die strömende Flüssigphase als auch aus der strömenden Flüssigphase an die Biofilmoberfläche aufgrund des dünnen Flüssigkeitsfilms in der Regel ausreichend hoch. Aufgrund der geringen Betriebskosten bei hohen Stofftransportgeschwindigkeiten sind Tropfkörperreaktoren und spezielle Bauformen, wie sogenannte Tauchtropfkörper (horizontal rotierende Festbettreaktoren, die zum Teil in die Flüssigphase „eingetaucht" sind), im technischen Maßstab in der biologischen Abwasserbehandlung weit verbreitet.

Limitierend ist aufgrund der geringen Gaslöslichkeiten in Wasser der diffusive Stofftransport im Biofilm, sodass sich theoretisch je nach zellspezifischen Gasaufnahmegeschwindigkeiten und Gaspartialdrücken nur geringe Biofilmdicken von wenigen 10 µm mit den gasförmigen Substraten versorgen lassen. Nur sehr wenige Studien haben bisher den Einsatz von Tropfkörperreaktoren bei Gasfermentationen im Labormaßstab (◘ Abb. 8.3) untersucht [29, 30, 31, 31, 32]. Eine Biofilmbildung scheint bei den meisten acetogenen Mikroorganismen einfach möglich zu sein, auch wenn hierzu bisher keine

Abb. 8.3 Sterilisierbarer und vollständig kontrollierbarer Tropfkörperreaktor für reaktionstechnische Untersuchungen zur kontinuierlichen Gasfermentation mit immobilisierten acetogenen Mikroorganismen bei Gesamtdrücken von bis zu 3,5 bar am Lehrstuhl für Bioverfahrenstechnik, Technische Universität München. (Foto: Tobias Hase)

systematischen Untersuchungen existieren. Hohe CO-Umsätze von über 90 % wurden beim Einsatz von *Clostridium ragsdalei* in einem Tropfkörperreaktor mit einfachen, nichtporösen Glasperlen von 6 mm Durchmesser beobachtet [31]. Ein Wasserstoffumsatz von mehr als 80 % wurde beim Einsatz von *Clostridium carboxidivorans* in einem Tauchtropfkörper mit nichtporösem Trägermaterial mit einer volumenspezifischen Oberfläche von 500 $m^2\ m^{-3}$ erzielt. Im Vergleich zu einer Gasfermentation im kontinuierlich betriebenen Rührkesselreaktor unter vergleichbaren Betriebsbedingungen konnte dabei mit dem Tropfkörperreaktor eine um den Faktor 3,3 erhöhte volumetrische Ethanolproduktivität erreicht werden [32].

Axiale Gradienten des pH und der Produktkonzentrationen im wässrigen Rieselfilm sind als Funktion der Tropfkörperreaktorhöhe im industriellen Maßstab (10–15 m) unvermeidbar. Durch Kreislaufführung der wässrigen Phase könnten axiale Gradienten reduziert werden, was aber eine Erhöhung des volumetrischen Leistungseintrags zur Folge hat. Verglichen mit Blasensäulen- oder *Gaslift*-Reaktoren ist das Flüssigkeitsvolumen (Reaktions- oder Arbeitsvolumen) in Tropfkörperreaktoren aufgrund des Volumens des inerten Trägermaterials und des Gasvolumens in vielen Fällen auf etwa 20 % des Gesamtvolumens reduziert, im Vergleich zu rund 80 % des Gesamtvolumens in Blasensäulenreaktoren mit einem Gasanteil von 20 %. Das verringerte Arbeitsvolumen von Tropfkörperreaktoren wird zum Teil durch einen verbesserten Stofftransport bei hohem Gasumsatz und durch höhere Biokatalysatorkonzentrationen im Arbeitsvolumen aufgrund der Immobilisierung ausgeglichen. Neben der Lösung von grundsätzlichen Fragen zur Maßstabsvergrößerung wird eine technische Anwendung von Tropfkörperreaktoren bei Gasfermentation nur möglich werden, wenn ein stabiler Betrieb über lange Prozesszeiten ermöglicht wird, wenn sich also ein stabiler Biofilm insbesondere beim zukünftigen Einsatz von rekombinanten acetogenen Mikroorganismen zur verbesserten Herstellung natürlicher, aber auch nichtnatürlicher Produkte ausbilden lässt. Bisher sind hierzu noch keine Untersuchungen publiziert.

CO_2- und CO-haltige industrielle Restgasströme, aber auch Synthesegase aus der Vergasung von Restbiomasse oder nicht wiederverwendbaren Kunststoffabfällen enthalten neben den mikrobiell nutzbaren Gaskomponenten CO_2, H_2 und CO noch eine ganze Reihe von gasförmigen Verunreinigungen. Neben dem unkritischen Inertgas N_2 können bei der Vergasung von Restbiomasse beispielsweise Methan, verschiedene gasförmige Kohlenwasserstoffe (wie Ethen und Ethan) sowie verschiedene gasförmige Schwefel- und Stickstoffverbindungen (wie H_2S, COS, SO_2 oder HCN, NH_3, NO_X) auftreten [33].

8

Generell wird festgestellt, dass die Anforderungen an die Synthesegasreinigung bei der Gasfermentation deutlich geringer sind als beim klassischen Fischer-Tropsch-Verfahren zur katalytischen Herstellung von Kohlenwasserstoffen (siehe z. B. [34, 35]. Quantitative Untersuchungen zu inhibierenden Effekten einzelner Verunreinigungskomponenten von Synthesegasen gibt es jedoch nur wenige. Bei *Clostridium ljungdahlii* wurde bei H_2S-Konzentrationen von bis zu 5,2 % (v/v) im Synthesegas keine Beeinflussung der Wachstumsrate festgestellt [36]. Bei *Clostridium ragsdalei* wurde die Auswirkung von NH_3 auf den Stoffwechsel untersucht und infolgedessen postuliert, dass Mediumskosten eingespart werden können, wenn die Stickstoffversorgung der acetogenen Mikroorganismen zumindest teilweise durch die Synthesegasverunreinigung NH_3 gedeckt werden kann [37]. Weiterhin konnte bereits gezeigt werden, dass erhöhte NO-Konzentrationen in der Gasphase die Hydrogenase von *Clostridium carboxidivorans* hemmen, dadurch das Wachstum inhibiert und schließlich das Produktspektrum beeinflusst wird. Vollständige Inhibierung der Hydrogenase tritt ab 160 ppm (0,288 µM) NO-Anteil in der Gasphase auf [38]. Bereits „geringe" HCN-Konzentrationen im Synthesegas aus der Biomassevergasung waren die Ursache für die gescheiterte Inbetriebnahme einer Synthesegasfermentationsanlage zur Ethanolherstellung der früheren *Ineos Bio Indian River Biorefinery* in Vero Beach, Florida/USA [39]. Stahlwerksabgase, wie sie bei LanzaTech genutzt werden, zeichnen sich dagegen durch sehr geringe Verunreinigungen von unter 1 ppm HCN aus [35].

In welchem Umfang und mit welchem Aufwand bei der Nutzung von CO_2- und CO-haltigen industriellen Restgasströmen oder Synthesegasen Verfahren zur Gasreinigung vor der Gasfermentation eingesetzt werden müssen, ist aktuell aufgrund fehlender quantitativer Daten zu inhibierenden Effekten einzelner Verunreinigungskomponenten von Synthesegasen bei acetogenen Mikroorganismen nicht bekannt. Auch ist zu erwarten, dass sich diese inhibierenden Effekte bei verschiedenen acetogenen Mikroorganismen unterschiedlich auswirken und insbesondere bei wasserlöslichen Gaskomponenten auch noch von der Prozessführung abhängen können.

8.1.3 Photobioprozesse mit Mikroalgen

Photoautotrophe Mikroalgen (prokaryotische Cyanobakterien und eukaryotische Einzeller) nutzen Wasser und Sonnenlicht als Energiequelle zum Biomasseaufbau und zur Produktbildung aus CO_2 (siehe ► Kap. 7). Entweder wird die industriell aus CO_2 photoautotroph hergestellte Mikroalgenbiomasse direkt als Futtermittel oder für die menschliche Ernährung verwendet, oder es werden intrazelluläre Produkte wie Antioxidanzien (β-Carotin), Pigmente (Astaxanthin) und Proteine (Phycocyanin) aus der Algenbiomasse extrahiert und industriell als Lebensmittelzusatzstoffe verwertet [1]. Da einige Mikroalgen in der Lage sind, unter speziellen Bedingungen Lipide mit bis zu 80 % (w/w) ihrer Biomasse als Kohlenstoffspeicher einzulagern, wird seit vielen Jahren an der Nutzung von Mikroalgen zur Herstellung von Biokraftstoffen (Biodiesel, Biokerosin) geforscht [40].

Um eine einfache Ernte und Weiterverarbeitung von Mikroalgenbiomasse zu ermöglichen, sind Suspensionsreaktoren erforderlich. Das an der Flüssigkeitsoberfläche einfallende Sonnenlicht wird durch Absorption in der Mikroalgensuspension abgeschwächt. Die dadurch mit zunehmendem Abstand zur Flüssigkeitsoberfläche auftretende Lichtabschwächung lässt sich meist mit dem Lambert-Beer-Modell beschreiben (exponentieller Abfall der Lichtintensität mit zunehmender Schichtdicke und zunehmender Biomassekonzentration). Je geringer die Schichtdicke einer Algensuspension ist, desto höhere Biomassekonzentrationen und damit höhere Produktkonzentrationen lassen sich erzielen. Aus diesem Grund werden für die Massenproduktion von Mikroalgen sehr große Flächen mit Photobioreaktoren mit geringen Schichtdicken (wenige Zentimeter) benötigt. Im Grunde genommen handelt es sich bei Photoprozessen mit Mikroalgen daher um „zweidimensionale Prozesse“. Diese werden deswegen auch über die erreichbare Flächenproduktivität (g Biotrockenmasse m^{-2} d^{-1}) charakterisiert.

Prinzipiell wird zwischen offenen und geschlossenen Photobioreaktoren unterschieden [41]. Geschlossene Photobioreaktoren mit Schichtdicken von wenigen Zentimetern (Rohrreaktoren mit Leistungseintrag über Pumpen oder Plattenreaktoren mit Leistungseintrag über isotherme Gasexpansion, also *Gaslift*-Reaktoren) sind zur Massenproduktion von Mikroalgen aufgrund der geringen Wertschöpfung auch bei Verwendung sehr kostengünstiger Materialien, wie einfachen reißfesten und UV-beständigen Kunststoffbeuteln, weniger geeignet [1, 40, 41]. Die industrielle photoautotrophe Herstellung von Mikroalgenprodukten, wie β-Carotin, Astaxanthin oder Phycocyanin, erfolgt daher in offenen Photobioreaktoren, überwiegend in sogenannten *Raceway-Ponds*, die üblicherweise aus Kunststoffelementen oder Teichfolie hergestellt werden. *Raceway-Ponds* haben Oberflächen von bis zu 8.000 m^2 und bestehen aus mäanderartig angeordneten ebenen Kanälen von wenigen Metern Breite mit einer Wassertiefe von 10 bis 30 cm mit geschlossener Rezirkulation der Flüssigphase über Schaufelräder. Aufgrund der relativ hohen Wassertiefe (Schichtdicke der Algensuspension) werden üblicherweise nur Algentrockenmassekonzentrationen von rund 1 bis 1,5 g L^{-1} erreicht [42, 43]. In Produktionsanlagen sind einzelne *Raceway-Ponds* auf Flächen von vielen 100 Hektar zusammengeschaltet (Maßstabsvergrößerung durch „*Numbering-up*“). In unmittelbarer Nähe zum Schaufelrad zur Homogenisierung der Algensuspension befinden sich Einrichtungen zum CO_2-Eintrag, zur pH-Messung und zur Versorgung mit Nährsalzen (Stickstoff, Phosphor, …) und Frischwasser (Verdunstungsausgleich). Die Flüssigphase befindet sich üblicherweise im Übergangsbereich von laminarer zu turbulenter Strömung bei einem mechanischen Leistungseintrag von 1 W m^{-3} oder 0,25 W m^{-2} (elektrische Leistung ≈ 0,5 W m^{-2}). Die Flächenproduktivität erreicht an geeigneten Standorten im Jahresmittel bis zu 15 g Algentrockenmasse m^{-2} d^{-1}. Das entspricht einer Photokonversionseffizienz (Energie des absorbierten Lichts, bezogen auf die Verbrennungsenthalpie der Algenbiomasse) von 1 bis 2 % [41].

Flachgerinnereaktoren sind dagegen auf einer schrägen Ebene mit Steigungen von rund 1 % installiert und stellen Kanäle von wenigen Metern Breite dar, die schwerkraftgetrieben mit Schichtdicken von 1 cm oder weniger betrieben werden (◘ Abb. 8.4). Der Leistungseintrag erfolgt über Pumpen, welche die Algensuspension vom unteren Ende des Schräggerinnes zum Kopf des Photobioreaktors pumpen, wo eine gleichmäßige Verteilung der Algensuspension über die gesamte Gerinnebreite erfolgt. CO_2-Eintrag, pH-Kontrolle und Versorgung mit Nährsalzen (Stickstoff, Phosphor, …) und Frischwasser (Verdunstungsausgleich) erfolgen

8

Abb. 8.4 Neuartige Flachgerinne-Photobioreaktoren im Algentechnikum der Technischen Universität München bei Airbus, Ottobrunn (Foto: Tobias Hase). Hier lassen sich klimatische Bedingungen, die für Photobioprozesse besonders geeignet erscheinen, physikalisch nachbilden (Tag/Nacht-Verläufe von Lichteintrag, Luftfeuchtigkeit und Lufttemperatur). Das Münchner Tageslicht wird hierzu mithilfe von LEDs (Tageslichtspektrum) dynamisch ergänzt [46, 44]

im Pumpensumpf. Aufgrund der geringen Schichtdicken von unter 1 cm lassen sich Algentrockenmassekonzentrationen von bis zu 50 g L^{-1} erreichen [44]. Sinnvollerweise werden Betriebspunkte mit hoher Flächenproduktivität (25–30 g Algentrockenmasse m^{-2} d^{-1}) gewählt, wobei geringere Zelldichten von rund 25 g L^{-1} Algentrockenmasse erreicht werden. Dies entspricht einer Photokonversionseffizienz (Energie des absorbierten Lichtes bezogen auf die Verbrennungsenthalpie der Algenbiomasse) von 4 bis 5 %. Der hydraulische Leistungseintrag ist in Flachgerinnereaktoren mit über 0,5 W m^{-2} doppelt so hoch wie in *Raceway-Ponds.* Aufgrund der höheren Flächenproduktivität in Flachgerinnereaktoren ist der hydraulische Leistungseintrag in Bezug auf die erzeugte Algenbiomasse bei beiden offenen Photobioreaktoren jedoch vergleichbar hoch. Die Flüssigkeitsströmung ist bei Flachgerinnereaktoren üblicherweise turbulent oder im Übergangsbereich [45].

Bis auf die pH-Kontrolle über den CO_2-Eintrag, die Versorgung mit Nährsalzen und die Einstellung definierter mittlerer hydraulischer Verweilzeiten bei kontinuierlichem Betrieb sind offene Photobioreaktoren unkontrolliert. Das bedeutet zum einen, dass Wachstums- und Produktbildungskinetiken der Mikroalgen als Funktion der sich dynamisch verändernden Lichtintensitäten und Temperaturen in der Suspension (Tag- und Nacht Zyklus sowie Jahreszeiten) bekannt sein müssen, um eine gesicherte Maßstabsvergrößerung zu ermöglichen. Zum anderen sind aufgrund der offenen Photobioreaktoren nur (hyper-)saline Mikroalgen, bei denen Brack- oder Meerwasser als Frischwasser eingesetzt werden kann, bei hohem pH (pH >9) zur Minimierung von CO_2-Verlusten in die Atmosphäre und Reduktion der Kontaminationsgefahr als Produktionsorganismen geeignet, die darüber hinaus auch bei stark schwankenden Temperaturen sowohl wachsen als auch Produkt bilden können. Bei genügend hohem pH und geeigneten CO_2-Eintragsvorrichtungen lassen sich dann CO_2-Ausbeuten von über 90 % erreichen.

Die kinetischen Daten zur Maßstabsvergrößerung lassen sich in geschlossenen, vollständig kontrollierbaren Flachplatten-

Abb. 8.5 Autoklavierbare Flachplatten-*Gaslift*-Photobioreaktoren (V = 1,9 L, Schichtdicke = 2 cm) mit einseitiger LED-Beleuchtung für kinetische Untersuchungen von Mikroalgen am Lehrstuhl für Bioverfahrenstechnik der Technischen Universität München. (Foto: Tobias Hase)

Photobioreaktoren bei bekannter Schichtdicke ermitteln [47–50]. Der Leistungseintrag erfolgt bei diesen *Gaslift*-Reaktoren durch isotherme Gasexpansion (Abb. 8.5). Zunächst muss für jede Mikroalge die Lichtabsorption in der Suspension bestimmt und durch ein geeignetes physikalisches Modell beschrieben werden. Unter der Voraussetzung einer turbulenten Flüssigkeitsströmung kann somit eine mittlere Lichtintensität (Photonenflussdichte) als Funktion der Lichtintensität an der Oberfläche der Suspension, der Schichtdicke und der Algenkonzentration ermittelt werden. Die Bestimmung der Wachstumsrate der Mikroalgen erfolgt üblicherweise im Satzverfahren bei unterschiedlichen konstanten Eingangslichtintensitäten. In der exponentiellen Wachstumsphase werden die mittleren Photonenflussdichten, die von der Zelldichte und der Schichtdicke abhängig sind, zusätzlich als Funktion der Prozesszeit gemittelt (mittlere integrale Photonenflussdichte). Die gemessenen exponentiellen Wachstumsraten werden als Funktion dieser mittleren integralen Photonenflussdichten dargestellt, um die Modellparameter von geeigneten kinetischen Ansätzen zur Beschreibung von Lichtsättigungs- und Lichtinhibierungskinetiken identifizieren zu können. Analog können Modellparameter zur Beschreibung des Einflusses der Temperatur auf das Wachstum von Mikroalgen identifiziert werden. Auf diese Weise im Labor mit Flachplattenreaktoren identifizierte Kinetiken lassen sich auch bei völlig andersartigen Photobioreaktoren (mit definierten Schichtdicken) nutzen, wie am Beispiel von Flachgerinnereaktoren gezeigt werden konnte [51]. Um realistische Wachstumskinetiken ermitteln zu können, muss allerdings bei den Laboruntersuchungen ein fester Tag- und Nacht-Zyklus eingehalten werden, da ansonsten die Wachstumsraten von Mikroalgen deutlich unterschätzt werden.

Verbrennungsabgase aus fossilen Kraftwerken werden üblicherweise als CO_2-Quelle für photoautotrophe Produktionsanlagen genutzt. Verbrennungsabgase können neben CO_2 über 100 weitere Stoffe enthalten. Im Wesentlichen handelt es sich neben N_2, O_2 und H_2O um Stickstoffoxide (NO_X), Schwefeloxide (SO_X), Kohlenmonoxid (CO)

8

und nicht vollständig oxidierte Kohlenwasserstoffe [40].

Die bei der Absorption von Verbrennungsgasen in Wasser gelösten Stickstoffoxide liegen schlussendlich als Nitrit oder Nitrat in der Algensuspension vor und sind damit direkt als Stickstoffquellen verwertbar, sodass oftmals verbessertes Wachstum von Mikroalgen bei der Nutzung von NO_X-haltigen Verbrennungsgasen beobachtet wird [110].

Schwefeloxide lösen sich ebenfalls gut in Wasser. Die in Wasser letztendlich in Gegenwart von O_2 entstehenden Sulfate können von Mikroalgen als Schwefelquelle für das Wachstum genutzt werden. Mikroalgen zeigen unterschiedliche Empfindlichkeiten gegenüber Bisulfit (SO_3^{2-}), dessen Konzentration in Wasser aufgrund der Dissoziationsgleichgewichte pH-abhängig ist. Das bedeutet, dass hohe SO_2-Konzentrationen in Verbrennungsgasen (>100 ppm) bei pH <6 zur Wachstumsinhibierung führen können [40]. Da in offenen Photobioreaktoren ein pH >9 zur Minimierung von CO_2-Verlusten und Kontaminationen erwünscht ist, tritt in der Regel keine Wachstumsinhibierung durch SO_2 in Verbrennungsgasen auf. Grundsätzlich muss aber die pH-Absenkung durch die bei der Absorption in Wasser gelösten Stickstoffoxide und Schwefeloxide berücksichtigt werden.

CO ist schlecht wasserlöslich. Der bei der Begasung von Algensuspensionen in Wasser gelöste CO-Anteil sowie aus Verbrennungsabgasen stammende Kohlenwasserstoffe könnten von manchen Mikroalgen neben CO_2 prinzipiell als Kohlenstoffquelle verwertet werden [52–54].

Die Reinigung von Verbrennungsabgasen zur Verwertung von CO_2 mit Mikroalgen ist daher in den meisten Fällen aus biologischer Sicht nicht notwendig. Wenn CO_2 aus Verbrennungsabgasen über größere Entfernungen über Rohrleitungen zu einer Mikroalgenproduktionsanlage transportiert werden muss, ist eine Abgasaufbereitung zur CO_2-Aufkonzentrierung und (Teil-) Entfernung von Schwefeloxiden und Stickstoffoxiden aus ökonomischen und in vielen Ländern aus emissionsrechtlichen Gründen sowie zum Korrosionsschutz erforderlich.

Die meisten ökonomischen Studien wurden bisher zur Herstellung von Lipiden als Rohstoff von Biokraftstoffen aus Mikroalgen publiziert. Diese lassen sich wie folgt zusammenfassen: Die geringsten Produktionskosten werden mit offenen Photobioreaktoren, mit Verbrennungsabgasen ohne Abgasreinigung, in möglichst großen Produktionsanlagen *(economy of scale)* mit Recycling von Nährstoffen (Stickstoff, Phosphor) unter Nutzung von Meerwasser erzielt. Darüber hinaus sollte die Lichtverfügbarkeit hoch sein, sodass besonders nicht landwirtschaftlich genutzte Flächen mit Brack- oder Meerwasserverfügbarkeit in trockenen, subtropischen Klimazonen infrage kommen. Als ökonomisch besonders sinnvoll wird in vielen Studien die Nutzung von stickstoff- und phosphorreichen Abwässern als Nährstoffquellen für Mikroalgen betrachtet [40].

8.1.4 Schlussfolgerung

Was haben Gasfermentationen mit acetogenen Mikroorganismen einerseits und Photobioprozesse mit Mikroalgen andererseits gemeinsam, und worin unterscheiden sie sich? Oder anders gefragt: Welche Massenprodukte lassen sich effizienter mit acetogenen Mikroorganismen aus CO_2 herstellen und welche mit Mikroalgen? Der folgende Vergleich (◘ Tab. 8.1) basiert auf aktuell industriell nutzbaren Technologien (Blasensäulenreaktoren auf der einen Seite und offene Photobioreaktoren *[Raceway-Ponds]* auf der anderen Seite) und beschränkt sich auf die CO_2-Verwertung:

Tab. 8.1 Vergleich von Gasfermentationen mit acetogenen Mikroorganismen und Photobioprozessen mit Mikroalgen

	Gasfermentation	Mikroalgen
Elektronenquelle	H_2 (idealerweise regenerativ)	Sonnenlicht (geeignete Klimazonen)
Biokatalysatorkonzentration	1–3 kg Trockenmasse m^{-3} (H_2-Eintrag ist limitierend)	1,5 kg Trockenmasse m^{-3} (Lichteintrag ist limitierend)
Reaktorhöhe	≈30 m (Erhöhung H_2-Löslichkeit)	≈ 0,3 m (Lichteintrag ist limitierend)
Flächenbedarf	Gering	Sehr hoch
Leistungseintrag (P/V)	300 W m^{-3}	1 W m^{-3}
Produkte	C2–C6 (extrazellulär)	>C40 (intrazellulär)
Reaktionsbedingungen	Kontrollierbar	bis auf pH nicht kontrollierbar (wetterabhängig)
Maximale Wachstumsrate	≈6 d^{-1}	≈1 d^{-1}
Produktkonzentration	<60 kg m^{-3}	<1 kg m^{-3}
Raum-Zeit-Ausbeute (Produkt)	<20 kg m^{-3} d^{-1}	<0,001 kg m^{-3} d^{-1}
CO_2-Aufnahmerate (CUR)	<10 kg CO_2 m^{-3} d^{-1}	< 0,025 kg CO_2 m^{-3} d^{-1}
Gasreinigung (CO_2) erforderlich	Unklar	Nicht erforderlich
Economy of scale	Ja	Ja

Gasfermentationen und photoautotrophe Prozesse zeichnen sich durch vergleichbare Biokatalysatorkonzentrationen aufgrund von Substratlimitierungen aus. Bei Gasfermentationen sind dies die niedrigen Wasserstoffgaslöslichkeiten in der Flüssigphase, und bei photoautotrophen Prozessen ist es der begrenzte Lichteintrag in Mikroalgensuspensionen. Bei Gasfermentationen kann der Substratlimitierung durch eine Verbesserung des Gas-flüssig-Stofftransports entgegengewirkt werden (Erhöhung des Wasserstoffpartialdrucks durch einen hohen hydrostatischen Druck bei 30 m Wassersäule und den im Vergleich zu Photoreaktoren um zwei Zehnerpotenzen erhöhten Leistungseintrag). Bei photoautotrophen Prozessen bleibt als einzige Möglichkeit die Erhöhung der Lichteintragsfläche, sodass ein sehr hoher Flächenbedarf entsteht. Die maximalen Wachstumsraten von acetogenen Bakterien und Mikroalgen liegen in derselben Größenordnung, aber die Produkte sind sehr unterschiedlich. Bei acetogenen Bakterien handelt es sich um niedermolekulare Metaboliten (organische Säuren und Alkohole), die extrazellulär vorliegen, während mit Mikroalgen nur hochmolekulare intrazelluläre Produkte wirtschaftlich auswertbar sind. Das bedeutet, dass die Produktkonzentrationen bei Gasfermentationen sehr viel höher als die Biomassekonzentrationen sind, während bei Mikroalgen nur deutlich geringere Produktkonzentrationen im Vergleich zur Biomassekonzentration möglich sind. Dies führt zu einem Unterschied in den erzielbaren Produktkonzentrationen zwischen Gasfermentationen und photoautotrophen Bioprozessen mit Mikroalgen von mindestens einer Zehnerpotenz. Die Raum-Zeit-Ausbeuten (volumetrische Produktivitäten) sind bei Gasfermentationen um viele Zehnerpotenzen größer als bei Produktionsprozessen mit Mikroalgen, da nur kleine Moleküle gebildet werden müssen und die natürlichen Produkte wie beispielsweise Acetat oder Ethanol Metaboliten des Energiestoffwechsels sind und keine Biomassebestandteile wie bei Mikroalgen. Je schneller ein kohlenstoffhaltiges Produkt gebildet werden kann, desto größer ist die CO_2-Aufnahmerate (CUR, *CO_2 uptake rate*) im Reaktor. Daher werden bei Gasfermentationen bezogen auf das Reaktorvolumen um viele Zehnerpotenzen höhere CUR erreicht.

Die in ◘ Tab. 8.1 aufgeführten Daten beziehen sich auf publizierte Daten aus unterschiedlichen Quellen (siehe auch ► Abschn. 8.1.2 und 8.1.3). Die Daten, die bei Gasfermentationen angegeben sind, entsprechen allerdings noch nicht den notwendigen Voraussetzungen für eine wirtschaftliche Produktion von niedermolekularen Massenchemikalien. Hierzu werden Produktkonzentrationen von 100 kg m^{-3} (statt 60 kg m^{-3}) und Raum-Zeit-Ausbeuten von 4 kg m^{-3} h^{-1}, also 96 kg m^{-3} d^{-1} (statt 20 kg m^{-3} d^{-1}), als notwendig angesehen [28]. Die 2018 erfolgte Inbetriebnahme der ersten industriellen Gasfermentationsanlage zur Herstellung von Ethanol aus Stahlwerksabgasen mit acetogenen Mikroorganismen zeigt aber, dass ökonomisch ausreichend hohe Produktkonzentrationen und Raum-Zeit-Ausbeuten im industriellen Maßstab möglich sind (Pressemitteilung LanzaTech, Chicago, 8. Juni 2018).

Der Vergleich von Gasfermentation und photoautotrophen Prozessen (◘ Tab. 8.1) zeigt eindeutig, dass eine Herstellung von niedermolekularen Massenprodukten mit Mikroalgen aus CO_2 und Sonnenlicht nicht wirtschaftlich möglich ist, auch wenn sehr kostensparende Technologien eingesetzt werden (offene Photobioreaktoren, keine Gasreinigung, kostenlose Elektronenquelle [Sonnenlicht], Abwasser als „Dünger", kostenloses Meerwasser, nicht landwirtschaftlich nutzbare Flächen …). Die stoffliche Verwertung von CO_2 mit Mikroalgen kann damit nur sinnvoll bei intrazellulären und höhermolekularen Produkten sein, die gegebenenfalls trotz geringerer Massenanteile in der Mikroalgenbiomasse eine ausreichende Wertschöpfung ermöglichen.

Zusammenfassung
Verfahren zur mikrobiellen Verwertung von CO_2 und CO lassen sich der Gasfermentation (acetogene Mikroorganismen) bzw. Photobioprozessen (Mikroalgen) zuordnen. Während in der Gasfermentation die niedrige Wasserlöslichkeit der gasförmigen Substrate eine Herausforderung ist, wirkt in photoautotrophen Verfahren der begrenzte Lichteintrag in die Mikroalgensuspension limitierend. Trotz dieser Einschränkungen wurden wettbewerbsfähige Verfahren etabliert oder stehen kurz davor. Wirtschaftlich erfolgreich sind dabei photoautotrophe Prozesse, die auf hochmolekulare intrazelluläre Produkte (Antioxidanzien, Pigmente, Proteine) zielen, während die Gasfermentation eher für die Herstellung niedermolekularer extrazellulärer Produkte (organische Säuren, Alkohole) auf Basis von CO_2/H_2 und CO geeignet ist.

8.2 Aktuelle Forschung & Entwicklung

8.2.1 Aktuelle Entwicklungen in der „Gasfermentation"

Frank Kensy

Einleitung

Gasfermentationen sind attraktiv geworden, da der Klimawandel an Bedeutung gewonnen hat und CO_2-Emissionen einer der Gründe für die Verstärkung des Klimawandels sind. Die Industrie ist ein großer Emittent verschiedener kohlenstoffhaltiger Gase. Besonders starke Emittenten sind die Stahl-, Zement- und Energiewirtschaft (▶ Kap. 10). Die Gasfermentation kann ein Abnehmer dieser sogenannten Abgase sein und sie in werthaltige Produkte umwandeln. Des Weiteren stellen diese Abgase eine günstige Kohlenstoffquelle dar. Die Natur stellt eine Vielzahl von Mikroorganismen bereit, die Gase verstoffwechseln: über 1) Hydrogenese, 2) Methanogenese oder 3) Acetogenese [55]. Dieser Abschnitt wird sich auf die Acetogenese und die Acetogenen konzentrieren, da sie das breiteste Anwendungsspektrum für die chemische Industrie bieten.

Acetogene sind obligat anaerobe Mikroorganismen, die befähigt sind, allein auf CO oder CO_2 und H_2 zu wachsen (Autotrophie), und dabei in der Regel Acetat und/oder Ethanol bilden. Viele Acetogene wachsen auch heterotroph auf Zuckern, was das Anwendungsspektrum erweitert. Acetogene wurden bereits im letzten Jahrhundert industriell genutzt. Erste Anfänge der Kommerzialisierung begannen im Ersten Weltkrieg mit dem Weizman-Prozess (auch ABE-Prozess genannt), jedoch noch mit heterotrophen Substraten wie Stärke oder Glucose. Der Prozess stellt Aceton, Butanol und Ethanol in einer anaeroben Fermentation mit *Clostridium acetobutylicum* her [56]. In den 1970er-Jahren wurde die Produktion eingestellt, da der Prozess zunehmend unwirtschaftlich wurde und die drei Lösungsmittel günstiger aus Öl herstellbar waren. Die Grundlagen für das heutige Wissen über Acetogene wurde stark in den 1990er-Jahren aufgebaut [57]. Erst ab den 2000er-Jahren wurde verstärkt an die Kommerzialisierung gedacht, und Firmen wie LanzaTech, Coskata und Ineos Bio kamen auf [28]. Diese Firmen waren es auch, welche die ersten kommerziellen Anlagen entwickelten und bauten. Die Anlagen von Coskata und Ineos Bio sind mittlerweile außer Betrieb. Nur LanzaTech treibt gerade massiv die Kommerzialisierung ihrer Ethanoltechnologie mit Partnern voran. Die erste kommerzielle Produktionsanlage mit einer jährlichen Kapazität von 46.000 t wurde erst im Mai 2018 beim Joint-Venture-Partner Shougang Group in Betrieb genommen [58]. Eine zweite Anlage mit AcelorMittal und einer jährlichen Kapazität von 60.000 t befindet sich in Gent (Belgien) im Bau und soll Mitte 2020 in Betrieb gehen [59]. Weitere Anlagen sind in Südafrika, Japan und Indien geplant [60]. Damit ist LanzaTech die führende Firma weltweit bei der Kommerzialisierung der Gasfermentation. Leider folgen dem Beispiel nur wenige weitere Firmen. Das Beispiel der LanzaTech zeigt auch, dass die heute industriell eingeführten Produkte meistens noch native Produkte wie Ethanol sind und es noch keine rekombinanten Mikroorganismen in diesem Bereich in die industrielle Praxis geschafft haben. Dieses Kapitel gibt einen Überblick über weitere Produkte, die mit der anaeroben Gasfermentation hergestellt werden können und welche molekularbiologischen Werkzeuge mittlerweile etabliert wurden.

Stand der Technik

Acetogene sind dafür bekannt, dass sie die Substrate CO_2, CO und H_2 sehr energieeffizient umsetzen. Der Wood-Ljungdahl-Stoffwechselweg (WLP) ist bei diesen Organismen am weitesten verbreitet und ermöglicht die Verwertung der

Tab. 8.2 Übersicht der nativen und rekombinanten Produkte in Acetogenen

Mikroorganismus	Substrat	Produkt(e)	Produktursprung	Referenz
Acetobacterium woodii, Clostridium formicoaceticum, Clostridium methoxybenzovornas, Eubacterium aggregans	CO, $H_2 + CO_2$ CO $H_2 + CO_2$ $H_2 + CO_2$	Formiat	Nativ	[61–64]
Acetobacterium woodii	CO, $H_2 + CO_2$	Acetat	Nativ + rekombinant	[65, 66, 22]
Clostridium authoethanogenum, Clostridium ljungdahlii	CO, $H_2 + CO_2$ CO, $H_2 + CO_2$	Ethanol	Nativ + rekombinant	[67–69]
Acetobacterium woodii	CO, $H_2 + CO_2$	Lactat	Rekombinant	[70, 5]
Clostridium autoethanogenum, Clostridium ljungdahlii, Clostridium ragsdalei	CO, $H_2 + CO_2$ CO, $H_2 + CO_2$ CO, $H_2 + CO_2$	2,3-Butandiol	Nativ + rekombinant	[69, 71]
Clostridium aceticum, Acetobacterium woodii	CO, $H_2 + CO_2$ CO, $H_2 + CO_2$	Aceton	Rekombinant	[57, 72]
Clostridium autoethanogenum, Clostridium ljungdahlii	CO, $H_2 + CO_2$ CO, $H_2 + CO_2$	Isopropanol	Rekombinant	[73, 74]
Acetonema lnogum, Butyribacterium methylotrophicum, Clostridium carboxyvorans	$H_2 + CO_2$ (CO), $H_2 + CO_2$ CO, $H_2 + CO_2$	Butyrat	Nativ + rekombinant	[75–78]
Butyribacterium methylotrophicum, Clostridium autoethanogenum, Clostridium carboxyvorans	CO, $H_2 + CO_2$ CO, $H_2 + CO_2$ CO, $H_2 + CO_2$	Butanol	Nativ + rekombinant	[79, 80, 77]
Clostridium ljungdahlii, Acetobacterium woodii	CO, $(H_2 + CO_2)$ CO, $(H_2 + CO_2)$	Isobuten	Rekombinant	[81, 82, 5]
Clostridium ljungdahlii, Acetobacterium woodii	CO, $(H_2 + CO_2)$ CO, $(H_2 + CO_2)$	Isopren	Rekombinant	[83, 5, 84]

8

gasförmigen Substrate. Der Stoffwechsel verzweigt sich in einen Methyl- und einen Carbonylarm, wobei im ersten Zweig CO als Substrat verwertet und im zweiten Zweig CO_2 über Ferredoxin zu CO reduziert wird. Das Hauptintermediat des Stoffwechsels ist Acetyl-CoA, von wo aus die Produktsynthesen abgeleitet werden. Wird von den Acetogenen Acetat gebildet, so entsteht ein ATP pro Mol Acetat. Da der WLP ebenfalls ein ATP für die Synthese von Methyl-THF aus Formiat benötigt, bleibt keine Energie in Form von ATP übrig für andere Stoffwechselaktivitäten, sodass weitere Energiekonservierungsmechanismen, wie Na^+ oder Protonen-Gradienten, erforderlich sind. Nur so kann der WLP weitere Reduktionsäquivalente bilden. Acetogene bilden in natürlicher Form neben Formiat, Acetat und Ethanol auch interessante C4-Basisbausteine für die Anwendung in der Chemie. Dazu gehören 2,3-Butandiol, Butyrat und Butanol [57]. Tab. 8.2 gibt einen Überblick über die bisher nativ oder rekombinant exprimierten Produkte in Acetogenen.

Um neue Produkte in Acetogenen herzustellen, bedarf es genetischer Werkzeuge, um die Organismen so zu verändern, dass sie für sie ungewöhnliche Produkte generieren. In den letzten Jahren haben sich viele wissenschaftliche Arbeitsgruppen der Thematik gewidmet. Die erste genetische Manipulation von Acetogenen wurde von Köpke et al. (2010; [69]) beschrieben. Heutzutage haben sich Techniken wie Clos-Tron als Gen-Disruptions-Werkzeug durchgesetzt [85] und werden kontinuierlich weiterentwickelt [86]. Sehr vielversprechend ist die Etablierung der CRISPR/Cas9-Methode bei Acetogenen, da dadurch die Mutanten wesentlich schneller erzeugt werden können und ein präziserer Eingriff ins Genom möglich ist [87, 88]. Des Weiteren sind der Aufbau und die Nutzung von genomweiten metabolischen Modellen (GEMs), wie sie an *Clostridium ljungdahlii* erstmals angewendet wurden [89], sehr vielversprechend und erlaubt die vorherige *In-silico*-Simulation eines Stoffwechselwegs vor der Klonierung.

Mit diesen genetischen Werkzeugen wurden erste rekombinante Stämme erzeugt und neue Produktrouten aufgebaut. Aceton ist eines der ersten Produkte. Ein rekombinanter *Acetobacterium-woodii*-Stamm konnte dabei 0,87 g L^{-1} Aceton im Batchansatz und 26 mg L^{-1} h^{-1} in kontinuierlicher Kultur erzielen [72]. Durch eine native Alkoholdehydrogenase kann Aceton in *C. autoethanogenum* weiter zu Isopropanol konvertiert werden [72]. Ein weiteres Produkt ist Lactat. Lactat kann in *A. woodii* durch die Carboxylierung von Acetyl-CoA zu Pyruvat und die anschließende Reduktion von Pyruvat durch die Lactatdehydrogenase produziert werden. Es wird vorgeschlagen, primär das Substrat CO einzusetzen, da nur auf diesem Substrat die ATP-Ausbeute positiv ist und somit die Biosynthese bevorzugt abläuft [5]. Des Weiteren wurde die Biosynthese von Butyrat und Butanol in rekombinanten Stämmen von *C. autoethanogenum* [80] und *C. ljungdahli* [69] beschrieben, und es wurden Produkttiter von 2 mM Butanol bzw. 16 mM Butyrat erzielt. Ein vollständig neuer Syntheseweg ausgehend von Aceton wurde für Isobuten beschrieben [81]. Aceton wird zunächst durch Acetylierung zu 3-Hydroxyisovaleriansäure umgewandelt und dann durch eine ATP-abhängige Decarboxylase zu Isobuten decarboxyliert. Ein weiteres interessantes Produkt ist Isopren. Isopren wird am effizientesten über den Mevalonat-Stoffwechselweg synthetisiert (▶ Abschn. 16.9). Energetische Berechnungen von Bertsch und Müller (2015, [5]) zeigten jedoch, dass die Synthese von Isopren in Anaerobiern aus H_2 und CO_2 (−4,5 mol ATP pro Mol Isopren) und aus CO (−0,3 mol ATP pro Mol Isopren) ATP-negativ und daher nicht vorteilhaft ist.

Die in ◘ Tab. 8.2 genannten Produkte werden häufig nicht als einziges Produkt von den Acetogenen produziert, sondern es treten Mischungen aus verschiedenen Produkten auf (z. B. Acetat zusammen mit Ethanol). Um reine Produkte herzustellen, muss der Stoffwechselweg oder die Kultivierungsbedingung optimiert werden. Des Weiteren verschafft ◘ Tab. 8.2 nur einen generellen Überblick über mögliche Produkte der Acetogenen. Eine detailliertere Übersicht wird in Takors et al. (2018; [28]), Humphreys und Minton (2018, [90]) sowie in Schiel-Bengelsdorf und Dürre (2012; [57]) gegeben.

Die Produktbeispiele zeigen, dass bis heute Produkte mit einer maximalen Kettenlänge von C5 in Anaerobiern synthetisiert werden konnten. Die erzielten Produktkonzentrationen lagen bisher im unteren mM- oder mg/L-Bereich, was eine Kommerzialisierung der Prozesse derzeit in weite Ferne rücken lässt. Ein grundsätzliches Problem ist der Energiehaushalt der Acetogenen. Die Organismen sind auf einen minimalen Energieverbrauch ausgelegt, was es ihnen erschwert, energetisch aufwendigere Produkte zu synthetisieren.

Lösungswege für Limitierungen der Gasfermentation

- **Alternative ATP-generierende Stoffwechselwege**

Ein erster Ansatz, um die Energielimitierung der Acetogenen zu lösen, wurde von Valgepea et al. (2017; [91]) beschrieben, indem Arginin über den Arginin-Deiminase-Stoffwechselweg als Stickstoffquelle verwendet wurde und somit zusätzliches ATP für energieintensive Produkte lieferte. Die Modellierung des Stoffwechselwegs im GEM von *C. autoethanogenum* war hierbei sehr hilfreich.

- **Aerobe Gasfermentation**

8

Die Ergänzung von Sauerstoff zu den Synthesegaskomponenten (CO, H_2, CO_2) als Substrate der Gasfermentation ermöglicht die aerobe CO-Oxidation und verspricht energetische Vorteile für die Synthese von ATP-intensiven Produkten [55]. Der Zugewinn an zellulärer Energie geht auf Kosten der höheren Sicherheitsvorkehrungen (Explosionsschutz) bei der gleichzeitigen Verwendung von O_2 und H_2 im Bioreaktor. Des Weiteren müssen carboxydotrophe Mikroorganismen eingesetzt werden, die O_2-tolerant sind und auf Synthesegasmischungen wachsen. Diese Mikroorganismen sind bisher nur wenig untersucht und kaum sequenziert. Infrage kommende Spezies sind: *Oligotropha, Bradyrhizobium, Mesorhizobium, Hydrogenophaga, Burkholderia* sowie einige Spezies von *Mycobacterium, Pseudomonas, Alcaligenes* und *Acinetobacter* [28].

- **Kettenverlängerung durch umgekehrte β-Oxidation**

Durch den umgekehrten β-Oxidations-Stoffwechsel können die Produkte der Gasfermentation verlängert werden, z. B. können die Standardprodukte Acetat und Ethanol zu Butanol und Hexanol aufgestockt werden. Häufig laufen diese Fermentationen zweistufig: 1. Syngasfermentation mit *C. ljungdahli oder C. autoethanogenum* zu Acetat und Ethanol, 2. Fermentation mit *C. kluyveri* zu Butanol und Hexanol. Es werden offene Kulturen oder Reinkulturen der Organismen verwendet. Bisher konnten Kettenverlängerungen bis zu n-Caprylsäure (n-Octansäure, C8) demonstriert werden [92]. Das pH-Optimum für die Alkoholproduktion und die Kettenverlängerung liegen in unterschiedlichen Bereichen und müssen für die Gesamtproduktivität des Prozesses weiter untersucht werden [93].

Ausblick

Die Acetogenen stellen eine interessante biotechnologische Spezies für die Verwertung von synthesegasähnlichen Abgasströmen (Mischung aus CO, H_2 und CO_2) dar. In der anaeroben Gasfermentation produzieren die Mikroorganismen nützliche Basischemikalien wie Acetat und Ethanol. Bisher hat sich nur der Ethanolprozess der Firma LanzaTech bis zum Produktionsmaßstab (in 2018) etabliert [58]. Weitere Produkte zeigen bisher nur geringe Produktivitäten, und das Produktspektrum ist noch sehr eingeschränkt. Die kürzliche Etablierung von effizienten genetischen Werkzeugen (insbesondere CRISPR/Cas9) zum Design veränderter und neuer Stoffwechselwege lässt Hoffnung für ein breiteres Produktspektrum und höhere Produktivitäten aufkeimen. Die latente ATP-Limitierung der Acetogenen zur Synthese höherwertiger Produkte (>C4) schränkt die Anwendungen derzeit ein. Lösungswege werden aber bereits intensiv beforscht, so etwa die aerobe Gasfermentation, die Implementierung neuer ATP-generierender Stoffwechselwege sowie die Kettenverlängerung mit umgekehrter β-Oxidation. Der verstärkte Einzug von molekularbiologischen Methoden (Synthetische Biologie) und die Aufklärung und Ausweitung der genomweiten metabolischen Modelle der Acetogenen lassen in der Zukunft eine schnellere Fortentwicklung der Gasfermentation und deren industrieller Anwendung erwarten. Die hohe energetische und stoffliche Effizienz der

Gasfermentation ist ein vielversprechender Weg zur Reduktion der Klimagase (CO_2, CO) und zur Loslösung der chemischen Industrie von fossilen Rohstoffen.

Zusammenfassung
Mikroorganismen, die C1-Gase zu industriell relevanten Produkten (z. B. Ethanol oder Butanol) umsetzen können, werden heute bereits kommerziell eingesetzt. So ist die Firma LanzaTech momentan der Marktführer unter den Firmen, die Ethanol biotechnologisch aus C1-Gasen herstellen. Acetogene produzieren auf natürlichem Wege aus C1-Substraten in der Regel organische Säuren und Alkohole (häufig $\leq$ C4). Durch die Etablierung von neuen molekularbiologischen Methoden ist es gelungen, die Acetogenen rekombinant zu verändern und das Produktspektrum der Gasfermentation auf sehr interessante Verbindungen wie beispielsweise Isobuten oder Isopren zu erweitern. Die weitere Optimierung dieser Stämme und der entsprechenden Fermentationsansätze wird künftig darüber entscheiden, ob die Gasfermentation bei der Herstellung benötigter Plattformchemikalien, aber auch Spezialchemikalien wettbewerbsfähig zur chemischen Synthese werden kann.

8.2.2 Produktion von Polyhydroxyalkanoaten aus CO_2

Heleen De Wever und Linsey Garcia-Gonzalez

Biosynthese von komplexen Molekülen aus CO_2

Beim Vergleich von biologischen CO_2-Konversionsverfahren mit chemischen Verfahren fällt auf, dass Erstere die chemischen Verfahren vor allem im Hinblick auf die Chemikalien, die produziert werden können, ergänzen. Insbesondere können *de-novo*-Synthesen bestimmter komplexer Moleküle, wie Polymere, Proteine etc., nur auf biologischen Routen durchgeführt werden und sind nur möglich aufgrund der großen Bandbreite von Biokatalysatoren in einem einzigen Organismus [94]. In diesem Zusammenhang repräsentieren H_2-oxidierende Bakterien eine sehr interessante Gruppe. Die Organismen sind in der Lage, CO_2 zu fixieren und Nährstoffe in wertvolle Biomasse umzuwandeln, die reich an Proteinen, Biopolymeren oder mikrobiellem Öl ist. Im Rahmen der Energiekonservierung benötigen sie H_2 und O_2 als Elektronendonor bzw. -akzeptor. Da beide Gase mittels Elektrolyse aus Wasser und mithilfe von erneuerbaren Energien generiert werden können, lässt sich der Prozess auch in den weiteren Kontext der Power-to-Gas-Technologien fassen, in denen die H_2-Produktion mit grüner Energie thematisiert wird. Die H_2-produzierenden Organismen haben außerdem als Produzenten von *single cell proteins* (SCPs) und Polyhydroxybutyrat (PHB) stark an Interesse gewonnen [95].

Zahlreiche Firmen sind momentan dabei, fermentationsbasierte Plattformen zur flexiblen Produktion von komplexen Molekülen zu erforschen und hochzuskalieren. Als ein Beispiel sei hier die Firma Kiverdi genannt, die sich auf den Umsatz von CO_2 in hochwertige Öle, erneuerbare Rohmaterialien und Proteine konzentriert, die wiederum in zahlreichen Applikationen, z. B. als Konsumgut, industrielles Produkt oder Fischfutter, Anwendung finden. In ähnlicher Weise hat Oakbio eine eigene biotechnologische Plattform für die CO_2-Konversion in chemische Ausgangsmaterialien, Biokraftstoffe, Bioplastik und Futtermittel entwickelt. Des Weiteren entwickelt die belgische Firma Avecom Power-to-Protein-Konzepte, um Ammonium mithilfe von bakteriellen Mischkulturen zu mikrobiellen Proteinen aufzuwerten. Das Konzept steht in Verbindung mit Wasseraufbereitungsverfahren, bei denen Ammonium, CO_2 und Energie entstehen und entweder als Rückstand anfallen oder als Energiequellen verwendet werden können [96].

Interesse an Polyhydroxyalkanoaten (PHA)

Polyhydroxyalkanoate (PHA) werden von einer Vielzahl an Organismen als intrazelluläre Energie- und Kohlenstoffspeicherverbindungen synthetisiert. Zu den besonders interessanten Eigenschaften dieser makromolekularen Polyester zählen die biologische Abbaubarkeit, die Biokompatibilität und die vielfältige molekulare Struktur und/oder Zusammensetzung. Deshalb sind die Verbindungen vielversprechende Materialien für verschiedenste Applikationen in der Verpackungsindustrie und in der Nahrungsmittelindustrie, aber auch für medizinische Applikationen, als Bioplastik etc. [97]. Das Homopolymer PHB ist das am besten untersuchte PHA.

8

VITOs Fokus bei zahlreichen geförderten Projekten lag hauptsächlich, aber nicht ausschließlich auf PHA-Applikationen in der Textilindustrie, als Präbiotika in Aquakulturen [98] und als Komponente von 3D-Drucker-Filamenten sowie der Depolymerisation von PHA zum hochwertigen Biomonomer Hydroxybuttersäure [99].

Das zweistufige Verfahren zur heterotroph-autotrophen PHA-Produktion

Die am häufigsten verwendete Kultivierungsmethode zur PHA-Produktion beruht auf zwei unterschiedlichen Phasen. Zuerst wird eine ausreichend hohe Konzentration an katalytisch aktiver Biomasse in einem ausgewogenen Medium generiert. In dieser Phase ist die PHA-Akkumulierung vernachlässigbar gering. Danach wird Stress durch Nährstoffmangel induziert, indem mindestens eine essenzielle Wachstumskomponente limitiert wird. Unter diesen Bedingungen wird schließlich PHA als intrazelluläres Speichermaterial generiert.

Während bei den meisten Verfahren organische Substrate als Kohlenstoffquellen zum Einsatz kamen, wurden vereinzelt auch einige Versuche durchgeführt, bei denen CO_2 mit H_2 als Energiequelle und O_2 als Elektronenakzeptor zu PHA umgesetzt wurde [100, 101]. Prinzipiell gibt es zwei Kultivierungsmethoden, um anorganische Substrate zur PHA-Produktion heranzuziehen:

1. Vollständig autotropher Ansatz: Ein Gasgemisch aus CO_2, H_2 und O_2 bildet das Substrat sowohl für das Zellwachstum als auch für die PHA-Akkumulierung. Um ein ausreichendes Zellwachstum zu gewährleisten, besitzt das Gas eine Zusammensetzung von $H_2 : O_2 : CO_2$ von 7 : 1 : 1. Diese Komposition birgt ein großes Explosionspotenzial und ist daher zu gefährlich, um damit zu arbeiten [100]. Eine mögliche Lösung für diese Problematik ist der heterotroph-autotrophe Ansatz [102].
2. Heterotropher-autotropher Ansatz: Die Bildung von Biomasse geschieht unter heterotrophen Bedingungen mit organischen Kohlenstoffquellen, gefolgt von der PHA-Akkumulierung unter autotrophen Bedingungen mit einem Gasgemisch aus CO_2, H_2 und O_2. Der Vorteil dieser Kultivierungsmethode ist, dass hohe Biomassekonzentrationen und damit einhergehend hohe Produktivitäten während der Wachstumsphase beibehalten werden können, da O_2 unter nichtlimitierenden Bedingungen zugegeben werden kann. In der zweiten, der autotrophen Phase, bei der PHA synthetisiert wird, wird die O_2-Konzentration hingegen unter das untere Explosionslimit (UEL) von O_2 in H_2 abgesenkt (schätzungsweise zwischen 4 und 6,9 %).

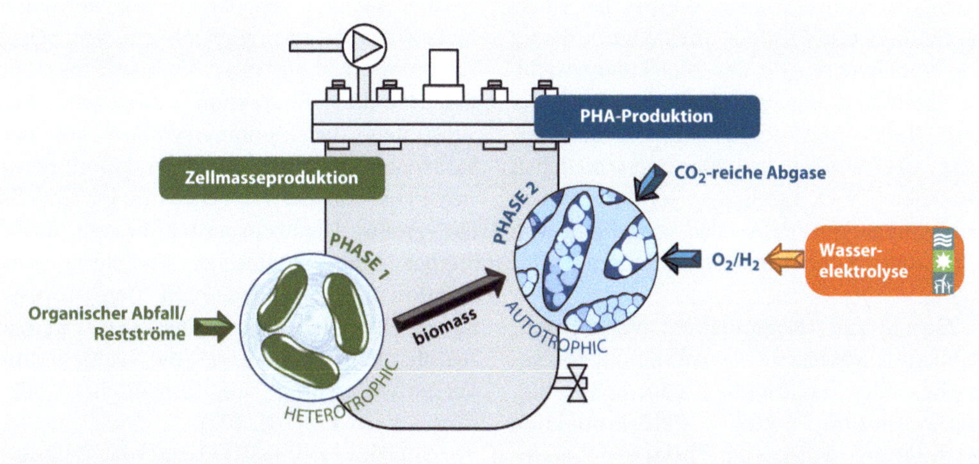

Abb. 8.6 Zweistufiger heterotroph-autotropher Ansatz, der von VITO untersucht wird, um organische und anorganische Abfallströme oder Seitenströme als Ausgangssubstrate verwenden zu können

VITO hat eine weitere innovative Fermentationsalternative entwickelt, die auf dem heterotroph-autotrophen Ansatz basiert. Diese konzentriert sich auf die Nutzung von organischen und anorganischen Abfallströmen als Ausgangsmaterialien für die Biomasseproduktion und PHA-Produktion (Abb. 8.6). Damit konnten gleich zwei Ziele verfolgt werden: die Reduktion von Kosten für Ausgangsmaterialien/Substrate, die sich nun noch auf etwa 50 % der totalen Produktionskosten belaufen, und die Verbesserung des Nachhaltigkeitsprofils der PHA-Produktion.

Produktion des Homopolymers PHB aus reinem CO_2 und CO_2-reichen Abgasströmen

Die technische Machbarkeit des vorgestellten zweistufigen Prozesses wurde erfolgreich mithilfe des Mikroorganismus *Cupriavidus necator* DSM 545 demonstriert und ausführlich von Garcia-Gonzalez et al. (2015; [103]) beschrieben. Um für eine spätere industrielle Anwendung relevante Bedingungen einzuhalten, wurde während der autotrophen PHB-Synthese stets ein Sicherheitsabstand unter dem unteren Explosionslimit (UEL) von O_2 eingehalten. Zuerst wurden unterschiedliche organische Abfallströme für die Biomasse-Wachstumsphase getestet, während als Substrat für die Generierung von PHB reines CO_2 eingesetzt wurde. Die besten Resultate wurden mit glycerolhaltigen Abfallströmen erzielt. Die Anzucht auf Glycerol führte zu den höchsten bisher in der Literatur beschriebenen PHB-Produktionsraten, die mit CO_2 unter industriell relevanten Bedingungen erreicht werden konnten. Darüber hinaus waren die Eigenschaften des entstandenen PHB ähnlich zu jenen, die PHB aus organischen Substraten aufweist.

Anschließend wurde der Einfluss von echten CO_2-reichen Gasen auf die PHB-Produktion untersucht, was nie zuvor in der Literatur beschrieben wurde. Zwei unterschiedliche industrielle Punktquellen – von einer Ethanolproduktions- bzw. einer Biogasanlage – wurden beprobt, und das aufgefangene Gas aus den Anlagen wurde, analog zu dem reinen CO_2-Gas zuvor, im Fermentationsprozess eingesetzt. Dabei konnte kein Effekt dieser Gase im Vergleich zu reinem CO_2 auf die Stoffwechselleistung der Bakterien beobachtet werden. Der Biopolymergehalt und die Produktivität erreichten Werte von 73 % bzw. 0,227 g L^{-1} h^{-1}, was den Werten mit dem eingesetzten reinen CO_2 im Ansatz entsprach. Überraschenderweise waren die Eigenschaften des Biopolymers, wie das Molekulargewicht, die thermalen Eigenschaften, der Grad der Kristallinität und der Polydispersitätsindex, nicht nur ähnlich bei den verschiedenen getesteten CO_2-Quellen, sondern auch vergleichbar mit PHA, das ausgehend von organischen Kohlenstoffquellen generiert wird [104].

Durch die Kombination von bereits etablierten Modellen, die vollständig heterotrophe oder vollständig autotrophe Biomassewachstum und PHB-Produktion beschreiben, wurde ein heterotroph-autotrophes Modell entwickelt und validiert, das das dynamische Verhalten während des heterotrophen Biomassenwachstums und die autotrophe PHA-Produktion genau vorhersagen kann. Eine Szenarioanalyse erlaubte die Bestimmung der optimalen Sauerstoff- und Ammoniumkonzentrationsbereiche für die maximale PHB-Produktion [105].

Produktion von PHA-Copolymeren aus CO_2

Um einen signifikanten Markteintritt und ein profitables Geschäft zu gewährleisten, sollten PHA-Applikationen in diversen Bereichen entwickelt werden, inklusive solcher Applikationen mit einer besonders hohen Wertsteigerung. PHA ist ein interessantes Material, da seine Zusammensetzung und seine Eigenschaften durch die Auswahl entsprechender Wachstumsbedingungen und Umwelteinflüsse maßgeschneidert und so an die gewünschten Produktspezifikationen des Endverbrauchers angepasst werden können. Insbesondere sind deswegen von der Produktion maßgeschneiderter Copolymere zusätzliche Marktpotenziale zu erwarten [97].

Um PHA-Copolymere zu generieren, kann ein organisches Cosubstrat in Kombination mit CO_2 in die PHA-Produktionsphase gegeben werden. Ein derartiger mixotropher Ansatz ist erwartungsgemäß ein komplexes Zusammenspiel aus verschiedenen Prozessen, welche die Interaktion zwischen den Substraten, die Monomersynthese aus den Substraten, die intrazelluläre Akkumulierung von PHA und dessen Verbrauch einschließt. Die größte Herausforderung besteht darin, hierbei eine spezifische Verteilung und Fraktion der Monomere in den Copolymeren zu erhalten. Bis jetzt gibt es nur wenige Veröffentlichungen über die gemeinsame Verstoffwechselung von organischen Substraten und CO_2 [106, 107].

Zunächst zielte VITO auf die Synthese des Copolymers Poly(3-hydroxybutyrat-co-2-hydroxyvaleriat) (PHBV) ab. Die Verbindung kann ausgehend von 3-Hydroxybutyrat- und 3-Hydroxyvaleriat-Monomeren produziert werden, die jeweils wiederum aus CO_2 bzw. Valeriansäure hergestellt wurden. Durch mathematische Modellierung und ein tiefgreifendes Verständnis des dynamischen Prozessverhaltens sowie der zugrunde liegenden Mechanismen konnte die PHBV-Produktion optimiert werden. Ein Betriebsdiagramm wurde erstellt und validiert, das es ermöglicht, die Fermentation in Richtung der PHBV-Copolymere zu verschieben und die PHBV-Produktion mit den gewünschten Eigenschaften vorherzusagen. Außerdem wurde gezeigt, dass eine zufällige Monomerverteilung durch die Limitierung der Valeriansäurekonzentration unterhalb einer kritischen Konzentration erreicht werden konnte. Diese Methodologie ist auch auf andere PHA-Copolymere übertragbar.

Acknowledgements

Die Autoren bedanken sich herzlich bei *Environmental and Energy Technology Innovation Platform* (MIP) für die Finanzierung der meisten hier beschriebenen experimentellen Arbeiten.

Zusammenfassung

Das Bakterium *Cupriavidus necator* ist in der Lage, CO_2 als Kohlenstoffquelle für die Herstellung von Polyhydroxyalkanoat (PHA) in einem Gasfermentationsverfahren zu verwenden. Die heterotroph-autotrophe PHA-Produktion zeichnet sich dabei, im Vergleich zu ausschließlich heterotrophen oder autotrophen Fermentationen zur Herstellung von Biopolymeren aus CO_2, als nachhaltiger und sicherer aus. Die Bakterien werden heterotroph unter Fütterung mit einer organischen Kohlenstoffquelle vermehrt. Darauf folgt die autotrophe Produktionsphase von PHA unter Begasung mit CO_2 und H_2. Das Verfahren hat den Praxistest unter Verwendung industrieller CO_2-haltiger Abgasströme bestanden. Dabei wurden dieselben Leistungsdaten wie unter Begasung mit reinen Laborgasen erreicht.

Literatur

1. Khan MI, Shin JH, Kim JD (2018) The promising future of microalgae: current status, challenges, and optimization of a sustainable and renewable industry for biofuels, feed, and other products. Microb Cell Fact 17:36. ▶ https://doi.org/10.1186/s12934-018-0879-x
2. Schlegel HG, Gottschalk G, von Bartha R (1961) Formation and utilization of poly-[beta]-hydroxybutyric acid by Knallgas bacteria *(Hydrogenomonas)*. Nature 191:463–465
3. Yu J (2018) Fixation of carbon dioxide by a hydrogen-oxidizing bacterium for value-added products. World J Microbiol Biotechnol 34:89
4. Nevin KP, Woodard TL, Franks AE, Summers ZM, Lovley DR (2010) Microbial electrosynthesis: feeding microbes electricity to convert carbon dioxide and water to multicarbon extracellular organic compounds. mBio 1(2):e00103-10
5. Bertsch J, Müller V (2015) Bioenergetic constraints for conversion of syngas to biofuels in acetogenic bacteria. Biotechnol Biofuels 8:210. ▶ https://doi.org/10.1186/s13068-015-0393-x
6. Chmiel H, Weuster-Botz D (2018) Bioreaktoren. In: Chmiel H, Takors R, Weuster-Botz D (Hrsg) Bioprozesstechnik. Springer & Springer Nature, Heidelberg, S 157–229
7. Vega JL, Holmberg VL, Clausen EC, Gaddy JL (1988) Fermentation parameters of *Peptostreptococcus productus* on gaseous substrates (CO, H_2/CO_2). Arch Microbiol 151:65–70
8. Chang I-S, Kim D-H, Kim B-H, Shin P-K, Sung H-C, Lovitt RW (1998) CO fermentation of *Eubacterium limosum* KIST612. J Microbiol Biotechnol 8:134–140
9. Skidmore BE, Baker RA, Banjade DR, Bray JM, Tree DR, Lewis RS (2013) Syngas fermentation to biofuels: effects of hydrogen partial pressure on hydrogenase efficiency. Biomass Bioenergy 55:162–165
10. Mohammadi M, Mohamed AR, Najafpour GD, Younesi H, Uzir MH (2014) Kinetic studies on fermentative production of biofuel from synthesis gas using *Clostridium ljungdahlii*. Sci World J 2014:910590
11. Mayer A, Schädler T, Trunz S, Stelzer T, Weuster-Botz D (2018) Carbon monoxide conversion with *Clostridium aceticum*. Biotechnol Bioeng 115(11):2740–2750
12. Doll (2018) Reaktionstechnische Untersuchungen zur autotrophen Herstellung von Alkoholen mit *Clostridium carboxidivorans*. Dissertation, TU München
13. Takors R, WeusterBotz D (2018) Prozessmodelle. In: Chmiel H, Takors R, Weuster-Botz D (Hrsg) Bioprozesstechnik. Springer & Springer Nature, Heidelberg, S 71–105
14. Chen J, Gomez JA, Höffner K, Barton PI, Henson MA (2015) Metabolic modeling of synthesis gas fermentation in bubble column reactors. Biotechnol Biofuels 8:89. ▶ https://doi.org/10.1186/s13068-015-0272-5
15. Demler M, Weuster-Botz D (2011) Reaction engineering analysis of hydrogenotrophic production of acetic acid by *Acetobacterium woodii*. Biotechnol Bioeng 108:470–474
16. Groher A, Weuster-Botz D (2016) Comparative reaction engineering analysis of different acetogenic bacteria for gas fermentation. J Biotechnol 228:82–94
17. Groher A, Weuster-Botz D (2016) General medium for the autotrophic cultivation of acetogens. Bioproc Biosys Eng 39:1645–1650
18. Kantzow C, Weuster-Botz D (2016) Effects of hydrogen partial pressure on autotrophic growth and product formation of *Acetobacterium woodii*. Bioproc Biosys Eng 39:1325–1330
19. Mayer A, Weuster-Botz D (2017) Reaction engineering analysis of the autotrophic energy

metabolism of *Clostridium aceticum*. FEMS Microbiol Lett 364(22). ► https://doi.org/10.1093/femsle/fnx219
20. Mohammadi M, Younesi H, Najafpour G, Mohamed AR (2012) Sustainable ethanol fermentation from synthesis gas by *Clostridium ljungdahlii* in a continuous stirred tank bioreactor. J Chem Technol Biotechnol 87:837–843
21. Denecke M, Steuernagel L (2018) Mikrobielle Abwasserreinigung. In: Takors R, Weuster-Botz D (Hrsg) Chmiel H. Bioprozesstechnik. Springer & Springer Nature, Heidelberg, S 478–488
22. Kantzow C, Mayer A, Weuster-Botz D (2015) Continuous gas fermentation by *Acetobacterium woodii* in a submerged membrane reactor with full cell retention. J Biotechnol 212:11–18
23. Richter H, Martin ME, Angenent LT (2013) A two-stage continuous fermentation system for conversion of syngas into ethanol. Energies 6:3987–4000
24. Martin ME, Richter H, Saha S, Angenent LT (2015) Traits of selected *Clostridium* strains for syngas fermentation to ethanol. Biotechnol Bioeng 113:531–539
25. Doll K, Rückel A, Kämpf P, Weuster-Botz D (2018) Two stirred-tank bioreactors in series enable continuous production of alcohols from carbon monoxide with *Clostridium carboxidivorans*. Bioproc Biosys Eng 41:1403–1416
26. Heijstra BD, Leang C, Juminaga A (2017) Gas fermentation: cellular engineering possibilities and scale-up. Microb Cell Fact 16:60
27. Molitor B, Richter H, Martin ME, Jensen RO, Juminaga A, Mihalcea C, Angenent LT (2017) Carbon recovery by fermentation of CO-rich off gases – turning steel mills into biorefineries. Biores Technol 2015:386–396
28. Takors R, Kopf M, Mampel J, Bluemke W, Blombach B, Eikmanns B, Bengelsdorf F, Weuster-Botz D, Dürre P (2018) Using gas mixtures of CO, CO_2, and H_2 as microbial substrates: the dos and don'ts of successful technology transfer from lab to production scale. Microb Biotechnol 11:606–625
29. Bredwell MD, Srivastava P, Worden RM (1999) Reactor design issues for synthesis gas fermentations. Biotechnol Prog 15:834–844
30. Yasin M, Jeong Y, Park SJ, Jeong J, Lee EY, Lowitt RW, Kim BH, Lee J, Chang IS (2015) Microbial synthesis gas utilization and ways to resolve kinetic and mass-transfer limitations. Biores Technol 177:361–374
31. Devarapalli M, Atiyeh HK, Phillips JR, Lewis RS, Huhnke RL (2016) Ethanol production during semi-continuous syngas fermentation in a trickle bed reactor using *C. ragsdalei*. Biores Technol 209:56–65
32. Shen Y, Brauwn RC, Wen Z (2017) Syngas fermentation by *Clostridium carboxidivorans* P7 in a horizontal rotating packed bed biofilm reactor with enhanced ethanol production. Appl Energy 187:585–594
33. Xu D, Tree DR, Lewis RS (2011) The effects of syngas impurities on syngas fermentation to liquid fuels. Biomass Bioenergy 35:2690–2696
34. Liew FM, Martin ME, Tappel RC, Heijstra BD, Mihalcea C, Köpke M (2016) Gas fermentation – a flexible platform for commercial scale production of low-carbon-fuels and chemicals from waste and renewable feedstocks. Front Microbiol 7:694. ► https://doi.org/10.3389/fmicb.2016.0069
35. Molitor B, Richter H, Martin ME, Jensen RO, Juminaga A, Mihalcea C, Angenent LT (2016) Carbon recovery by fermentation of CO-rich off gases – turning steel mills into biorefineries. Biores Technol 215:386–396
36. Klassen KT, Ackerson CMD, Clausen EC, Gaddy JL (1993) Biological conversion of coal and coal-derived synthesis gas. Fuel 72:1673–1678
37. Phillips JR, Atiyeh HK, Huhnke RL (2014) Method for design of production medium for fermentation of synthesis gas to ethanol by acetogenic bacteria. Biological Eng Trans 7(3):113–128
38. Ahmed A, Lewis R (2007) Fermentation of biomass-generated synthesis gas: effects of nitric oxide. Biotechnol Bioeng 97:1080–1086
39. Voegele E (2018) Former Ineos Bio site purchased for conversion into eco-district. Biomass Magazine 15089
40. Vuppaladadiyam AK, Yao JG, Florin N, George A, Wang X, Labeeuw L, Jiang Y, Davos RW, Abbas A, Ralph P, Fennell PS, Zhao M (2018) Impact of flue gas compounds on microalgae and mechanisms for carbon assimilation and utilization. Chemsuschem 11:334–355
41. Posten C (2018) Fotobioreaktoren. In: Chmiel H, Takors R, Weuster-Botz D (Hrsg) Bioprozess-technik. Springer & Springer Nature, Heidelberg, S 188–196
42. Grobbelaar JU (2009) From laboratory to commercial production: a case study of a Spirulina (*Arthrospira*) facility in Musina, South Africa. J Appl Phycol 21:523–527
43. Benemann J (2013) Microalgae for biofuels and animal feeds. Energies 6:5869–5886
44. Apel AC, Pfaffinger CE, Basedahl N, Mittwollen N, Göbel J, Sauter J, Brück T, Weuster-Botz D (2017) Open thin-layer cascade reactors for saline microalgae production evaluated in a physically simulated Mediterranean summer climate. Algal Res 25:381–390
45. Severin TS, Apel A, Brück T, Weuster-Botz D (2018) Investigation of vertical mixing in open

8

thin-layer cascade reactors using Computational Fluid Dynamics. Chem Eng Res Des 132:436–444

46. Apel A, Weuster-Botz D (2015) Engineering solutions for open microalgae mass cultivation and realistic indoor simulation of outdoor environments. Bioproc Biosys Eng 38:995–1008
47. Pfaffinger CE, Schöne D, Trunz S, Löwe H, Weuster-Botz D (2016) Model-based optimization of microalgae areal productivity in flat-plate gas-lift photobioreactors. Algae Res 20:153–163
48. Koller A, Löwe H, Schmid V, Mundt S, Weuster-Botz D (2017) Model-supported phototrophic growth studies with *Scenedesmus obtusiusculus* in a flat-plate photobioreactor. Biotechnol Bioeng 114:308–320
49. Koller A, Wolf L, Brück T, Weuster-Botz D (2018) Studies on the scale-up of biomass production with *Scenedesmus* sp. in flat-plate gas-lift photobioreactors. Bioproc Biosys Eng 41:213–220
50. Koller A, Wolf L, Weuster-Botz D (2017) Reaction engineering analysis of *Scenedesmus ovalternus* in a flat-plate gas-lift photobioreactor. Biores Technol 225:165–174
51. Pfaffinger CE (2017) Reaktionstechnische Untersuchungen zur Lipidherstellung mit *Nannochloropsis* sp. in verschiedenen Photobioreaktoren. Dissertation, TU München
52. King GM (2001) Aspects of carbon monoxide production and oxidation by marine macroalgae. Mar Ecol Prog Ser 224:69–75
53. Brennan L, Owende P (2010) Biofuels from microalgae – a review of technologies for production, processing, and extractions of biofuels and co-products. Renew Sus Energ Rev 14:557–577
54. Schirmer A, Rude MA, Li X, Popova E, Del Cardayre SB (2010) Microbial Biosynthesis of alkanes. Science 329(8991):559–562
55. Diender M, Stams AJM, Sousa DZ (2015) Pathways and bioenergetics of anaerobic carbon monoxide fermentation. Front Microbiol 6:1275. ► https://doi.org/10.3389/fmicb.2015.01275
56. Weizmann C (1919) Improvements in the bacterial fermentation of carbohydrates and in bacterial cultures for the same. Patent, GB191504845
57. Schiel-Bengelsdorf B, Dürre P (2012) Pathway engineering and synthetic biology using acetogens. FEBS Lett 586(15):2191–2198
58. Lanzatech (2018) Pressemitteilung. ► http://www.lanzatech.com/worlds-first-commercial-waste-gas-ethanol-plant-starts/
59. Steelanol (2018) Pressemitteilung. ► http://www.steelanol.eu/en/news/arcelormittal-and-lanzatech-break-ground-on-150million-project-to-revolutionise-blast-furnace-carbon-emissions-capture
60. Lanzatech (2018) Pressemitteilung. ► http://www.lanzatech.com/category/news/
61. Schuchmann K, Müller V (2013) Direct and reversible hydrogenation of CO_2 to formate by a bacterial carbon dioxide reductase. Science 342(6164):1382–1385
62. Andreesen JR, Gottschalk G, Schlegel HG (1970) *Clostridium formicoaceticum* nov. spec. Isolation, description and distinction from *C. aceticum* and *C. thermoaceticum*. Arch Microbiol 72:154–174
63. Mechichi T, Labat M, Patel BKC, Woo THS, Thomas P, Garcia J-L (1999) *Clostridium methoxybenzovorans* sp. nov., a new aromatic o-demethylating homoacetogen from an olive mill wastewater treatment digester. Int J Syst Bacteriol 49:1201–1209
64. Mechichi T, Labat M, Woo THS, Thomas P, Garcia J-L, Patel BKC (1998) *Eubacterium aggregans* sp. nov., a new homoacetogenic bacterium from olive mill wastewater treatment digestor. Anaerobe 4:283–291
65. Balch WE, Schoberth S, Tanner RS, Wolfe RS (1977) *Acetobacterium*, a new genus of hydrogen-oxidizing, carbon dioxide-reducing anaerobic bacteria. Int J Syst Bacteriol 27:355–361
66. Straub M, Demler M, Weuster-Botz D, Dürre P (2014) Selective enhancement of autotrophic acetate production with genetically modified *Acetobacterium woodii*. J Biotechnol 178:67–72
67. Abrini J, Naveau H, Nyns EJ (1994) *Clostridium autoethanogenum*, sp. nov., an anaerobic bacterium that produces ethanol from carbon monoxide. Arch Microbiol 161:345–351
68. Tanner RS, Miller LM, Yang D (1993) *Clostridium ljungdahlii* sp. nov., an acetogenic species in clostridial rRNA homology group I. Int J Syst Bacteriol 43:232–236
69. Köpke M, Held C, Hujer S, Liesegang H, Wiezer A, Wollherr A, Ehrenreich A, Liebl W, Gottschalk G, Dürre P (2010) *Clostridium ljungdahlii* represents a microbial production platform based on syngas. Proc Natl Acad Sci USA 107:13087–13092
70. Weghoff MC, Bertsch J, Müller V (2015) A novel mode of lactate metabolism in strictly anaerobic bacteria. Environ Microbiol 17(3):670–677
71. Huhnke RL, Lewis RS, Tanner RS (2008) Isolation and characterization of novel clostridial species, Patent, WO2008028055 A2. The Board of Regents for Oklahoma State University, Anmelder
72. Hoffmeister S, Gerdom M, Bengelsdorf FR, Linder S, Flüchter S, Öztürk H, Blümke W, May A, Fischer RJ, Bahl H (2016) Acetone production with metabolically engineered strains of *Acetobacterium woodii*. Metab Eng 36:37–47
73. Köpke M, Simpson S, Liew F (2012) Fermentation process for producing isopropanol using a recombinant microorganism. Patent,

US20120252083 A1, Anmelder: LanzaTech New Zealand Ltd.
74. Bengelsdorf FR, Poehlein A, Linder S, Erz C, Hummel T, Hoffmeister S, Daniel R, Dürre P (2016) Industrial acetogenic biocatalysts: a comparative metabolic and genomic analysis. Front Microbiol 7:1036
75. Kane MD, Breznak JA (1991) *Acetonema longum* gen. nov. sp. nov., an H_2/CO_2 acetogenic bacterium from the termite *Pterotermes occidentis*. Arch Microbiol 156:91–98
76. Lynd L, Kerby R, Zeikus JG (1982) Carbon monoxide metabolism of the methylotrophic acidogen *Butyribacterium methylotrophicum*. J Bacteriol 149:255–263
77. Liou JS, Blakwill DL, Drake GR, Tanner RS (2005) *Clostridium carboxidivorans* sp. nov., a solvent producing clostridium isolated from an agricultural settling lagoon, and reclassification of the acetogen *Clostridium scatologenes* strain SL1 as *Clostridium drakei* sp. nov. Int J Syst Evol Microbiol 55:2085–2091
78. Ueki T, Nevin KP, Woodard TL, Lovley DR (2014) Converting carbon dioxide to butyrate with an engineered strain of *Clostridium ljungdahlii*. mBio 5(5):e01636-14
79. Grethlein AJ, Worden RM, Jain MK, Datta R (1991) Evidence for production of n-butanol from carbon monoxide by *Butyribacterium methylotrophicum*. J Ferment Bioeng 72:58–60
80. Köpke M, Liew F (2012) Production of butanol from carbon monoxide by a recombinant microorganism. Patent, WO2012053905 A1, Anmelder: LanzaTech New Zealand Ltd.
81. Van Leeuwen BN, van der Wulp AM, Duijnstee I, van Maris AJ, Straathof AJ (2012) Fermentative production of isobutene. Appl Microbiol Biotechnol 93:1377–1387
82. Güntner B (2016) Recombinant microorganism producing alkenes from acetyl-CoA. Patent, WO2016034691A1. Syngip Bv, Anmelder
83. Furutani M, Uenishi A, Iwasa K, Jennewein S, Fischer R (2013) Recombinant cell and production method for isoprene. Patent, EP2913392A1. Fraunhofer Gesellschaft zur Forderung der Angewandten Forschung, Sekisui Chemical Co Ltd, Anmelder
84. Beck Z, Cervin M, Chotani G, Diner B, Fan J, Peres C, Sanford K, Scotcher M, Wells D, Whited G (2014) Recombinant anaerobic acetogenic bacteria for production of isoprene and/or industrial bio-products using synthesis gas. US20140234926A1. Goodyear Tire and Rubber Co. & Danisco US Inc., Anmelder
85. Heap JT, Pennington OJ, Cartman ST, Carter GP, Minton NP (2007) The ClosTron: a universal gene knock-out system for the genus *Clostridium*. J Microbiol Methods 70:452–464
86. Liew F, Henstra AM, Köpke M, Winzer K, Simpson SD, Minton NP (2017) Metabolic engineering of *Clostridium autoethanogenum* for selective alcohol production. Metab Eng 40:104–114
87. Huang H, Chai C, Li N, Rowe P, Minton NP, Yang S, Jiang W, Gu Y (2016) CRISPR/Cas9-based efficient genome editing in *Clostridium ljungdahlii*, an autotrophic gas-fermenting bacterium. ACS Synth Biol 5(12):1355–1361
88. Nagaraju S, Davies NK, Walker DJF, Köpke M, Simpson SD (2016) Genome editing of *Clostridium autoethanogenum* using CRISPR/Cas9. Biotechnol Biofuels 9:219
89. Nagarajan H, Sahin M, Nogales J, Latif H, Lovley DR, Ebrahim A, Zengler K (2013) Characterizing acetogenic metabolism using a genome-scale metabolic reconstruction of *Clostridium ljungdahlii*. Microb Cell Fact 12:118
90. Humphreys CM, Minton NP (2018) Advances in metabolic engineering in the microbial production of fuels and chemicals from C1 gas. Curr Opin Biotechnol 50:174–181
91. Valgepea K, Loi KQ, Behrendorff JB, Lemgruber RSP, Plan M, Hodson MP, Köpke M, Nielsen LK, Marcellin E (2017) Arginine deiminase pathway provides ATP and boosts growth of the gas-fermenting acetogen *Clostridium autoethanogenum*. Metab Eng 41:202–211
92. Molitor B, Marcellin E, Angenent LT (2017) Overcoming the energetic limitations of syngas fermentation. Curr Opin Chem Biol 41:84–92
93. Ganigué R, Sánchez-Paredes P, Baneras L, Colprim J (2016) Low fermentation pH is a trigger to alcohol production, but a killer to chain elongation. Front Microbiol 7:702
94. Jajesniak P, Omar Ali HE, Wong TS (2014) Carbon dioxide capture and utilization using biological systems: opportunities and challenges. J Bioproces Biotechniq 4:155. ► https://doi.org/10.4172/2155-9821.1000155
95. Matassa S, Boon N, Verstraete W (2015) Resource recovery from used water: the manufacturing abilities of hydrogen-oxidizing bacteria. Wat Res 68:467–478. ► https://doi.org/10.1016/j.watres.2014.10.028
96. Avecom (2017) ► https://www.powertoprotein.eu/#info. Zugegriffen: Aug. 2017
97. Kaur G, Roy I (2015) Strategies for large-scale production of polyhydroxyalkanoates. Chem Biochem Eng Q 29(2):157–172. ► https://doi.org/10.15255/cabeq.2014.2255
98. Franke A, Clemmesen C, De Schryver P, Garcia-Gonzalez L, Miest JJ, Roth O (2017) Immunostimulatory effects of dietary

8

poly-β-hydroxybutyrate in European sea bass postlarvae. Aquacult Res 48(12):5707–5717
99. MIP (2017) ► http://www.mipvlaanderen.be/nl/webpage/150/biopol.aspx and ► http://www.i-cleantechvlaanderen.be/co2mpass. Zugegriffen: Aug. 2017
100. Ishizaki A, Tanaka K, Taga N (2001) Microbial production of poly-D-3-hydroxybutyrate from CO_2. Appl Microbiol Biotechnol 57:6–12. ► https://doi.org/10.1007/s002530100775
101. Akaraonye E, Keshavarz T, Roy I (2010) Production of polyhydroxyalkanoates: the future green materials of choice. J Chem Technol Biotechnol 85:732–743. ► https://doi.org/10.1002/jctb.2392
102. Tanaka K, Ishizaki A (1994) Production of poly-D-3-hydroxybutyric acid from carbon dioxide by a two-stage culture method employing *Alcaligenes eutrophus* ATCC 17697T. J Ferment Bioeng 77:425–427. ► https://doi.org/10.1016/0922-338x(94)90017-5
103. Garcia-Gonzalez L, Mozumder MSI, Dubreuil M, Volcke EIP, De Wever H (2015) Sustainable autotrophic production of polyhydroxybutyrate (PHB) from CO_2 using a two-stage cultivation system. Catal Today 257:237–245. ► https://doi.org/10.1016/j.cattod.2014.05.025
104. Garcia-Gonzalez L, De Wever H (2017) Valorization of CO_2-rich off-gases to biopolymers through biotechnological process. FEMS Microbiol Lett 364(20). ► https://doi.org/10.1093/femsle/fnx196
105. Mozumder MSI, Garcia-Gonzalez L, De Wever H, Volcke EIP (2016) Model-based process analysis of heterotrophic-autotrophic poly(3-hydroxybutyrate) (PHB) production. Biochem Eng J 114:202–208. ► https://doi.org/10.1016/j.bej.2016.07.007
106. Volova TG, Kiselev EG, Shishatskaya EI, Zhila NO, Boyandin AN, Syrvacheva DA, Vinogradova ON, Kalacheva GS, Vasiliev AD, Peterson IV (2013) Cell growth and accumulation of polyhydroxyalkanoates from CO_2 and H_2 of a hydrogen-oxidizing bacterium, *Cupriavidus eutrophus* B-10646. Bioresour Technol 146:215–222. ► https://doi.org/10.1016/j.biortech.2013.07.070
107. Park I, Jho EH, Nam K (2014) Optimization of carbon dioxide and valeric acid utilization for polyhydroxyalkanoates synthesis by *Cupriavidus necator*. J Polym Environ 22(2):244–251. ► https://doi.org/10.1007/s10924-013-0627-6
108. Weuster-Botz D, Takors R (2018) Wachstumskinetik. In: Chmiel H, Takors R, Weuster-Botz D (Hrsg) Bioprozesstechnik. Springer & Springer Nature, Heidelberg, S 45–70
109. Schulte MJ, Wiltgen J, Ritter J, Mooney CB, Flickinger MC (2016) A high gas fraction, reduced power, syngas bioprocessing method demonstrated with a *Clostridium ljungdahlii* OTA1 paper biocomposite. Biotechnol Bioeng 113:1913–1923
110. Kao CY, Chen TY, Chang YB, Chiu TW, Lin HY, Chen CD, Chang JS, Lin CS (2014) Utilization of carbon dioxide in industrial flue gases for the cultivation of microalga *Chlorella* sp. Bioresour Technol 166:485–493

Herausforderungen bei der Produktaufarbeitung

Bettina Sayder, Kerstin Schwarze-Benning, Hans-Jürgen Körner und Ute Merrettig-Bruns

Inhaltsverzeichnis

M. Kircher und T. Schwarz (Hrsg.), *CO_2 und CO – Nachhaltige Kohlenstoffquellen für die Kreislaufwirtschaft*, https://doi.org/10.1007/978-3-662-60649-0_9

9.1 Aus chemischen Prozessen

Die Produktion in der chemischen Industrie ist geprägt durch eine Vielzahl unterschiedlicher Herstellungsverfahren, die auf unterschiedlichen Reaktionswegen beruhen. Chemische Prozesse führen nicht ausschließlich zu einem Produkt, sondern es entstehen je nach Reaktionssystem Koppelprodukte, die aufgrund der Stöchiometrie der Hauptreaktion gebildet werden. Des Weiteren entstehen Nebenprodukte durch Parallel- und Folgereaktionen, deren Bildung durch die Reaktionsbedingungen zwar beeinflusst, aber nicht vollständig unterdrückt werden kann. Zusätzlich verbleiben auch Ausgangsstoffe durch einen unvollständigen Umsatz in der Synthese im Reaktionsprodukt. Zur Isolierung des gewünschten Produkts werden im Anschluss an die Reaktion unterschiedliche Trennverfahren zur Produktabtrennung und -aufreinigung eingesetzt.

Basis- und Bulkchemikalien, wie anorganische Grundstoffe, Petrochemikalien und ihre Derivate, werden in großen, kontinuierlich produzierenden Anlagenverbünden mit hohen Jahrestonnagen hergestellt. Die Herstellungsverfahren basieren auf *Unit Operations*, die ausgereift und optimiert sind. Zwischen einzelnen Anlagenkomplexen besteht eine enge Verzahnung, um Energie- und Stoffströme optimal auszunutzen. Die Produktabtrennung erfolgt in der Regel mittels Destillation und Rektifikation. Nur wenn die Trennung schwierig ist, z. B. bei azeotropen und engsiedenden Gemischen, kommen alternative oder hybride Trennverfahren zum Einsatz. Im Gegensatz dazu werden Fein- und Spezialchemikalien in kleineren Tonnagen und in diskontinuierlichen Anlagen hergestellt. Zudem weisen viele Produkte der Fein- und Spezialchemie und Pharmabranche hohe Siede- und Schmelzpunkte auf und sind thermisch empfindlich. Hier sind Verfahren, die mit geringem Energieeinsatz durchgeführt werden können, wie z. B. die Flüssig-Flüssig-Extraktion, der Rektifikation überlegen [1].

Trennverfahren sind von großer wirtschaftlicher Bedeutung, da sie für 40 bis 70 % des aufgewendeten Kapitals und der Betriebskosten industrieller Produktion verantwortlich sind. Darüber hinaus verbrauchen Trennprozesse im Durchschnitt 43 % der erzeugten Prozessenergie. Eine effiziente Gestaltung der Produktaufarbeitungsprozesse ist enorm wichtig, ihre Gestaltung sollte einfach sein und einen geringen Energieaufwand erfordern. Die Kopplung unterschiedlicher Trennverfahren zur Lösung einer Trennaufgabe (hybride Trennverfahren) sowie die Integration von Reaktion und Stofftrennung in einem Apparat sind seit Jahren Forschungsthemen in der chemischen Industrie und finden Anwendung bei nichtidealen organisch-wässrigen Mehrkomponentengemischen oder gleichgewichtslimitierten Reaktionen [2].

9.1.1 Mechanische und thermische Trennverfahren

Trennverfahren nutzen die unterschiedlichen physikalischen und chemischen Eigenschaften von miteinander vermischten Stoffen aus, um diese voneinander zu trennen (◘ Tab. 9.1). Die bekannten Trennverfahren können auf Basis der unterschiedlichen Trenntechniken zum einen der Partikel- und Phasentrenntechnik, zum anderen der Fluidverfahrenstechnik zugeordnet werden. Zur Partikel- und Phasentrenntechnik gehören Trenntechniken wie Filtration, Zentrifugation oder Kristallisation, die eine Abtrennung mehrerer Phasen voneinander bzw. die Einstellung von Produkteigenschaften ermöglichen. Zur Fluidverfahrenstechnik gehören Trennoperationen wie Destillation, Adsorption, Absorption, Verdampfung, Rektifikation, Extraktion u. a., die zur Konzentrationsveränderung einer oder mehrerer Komponenten in einer Phase führen.

Tab. 9.1 Trennverfahren

Kategorie	Trennprozess	Beteiligte Phasen	Trennprinzip
Thermische Trennverfahren	Rektifikation, Destillation	Flüssig/gas	Unterschiedliche Flüchtigkeiten
	Adsorption	Flüssig/fest	Unterschiedliche Anreicherung an Feststoffoberflächen
	Kristallisation	Flüssig/fest	Unterschiedliche Löslichkeiten
	Extraktion	Flüssig/flüssig fest/flüssig	Unterschiedliche Löslichkeiten
	Pervaporation	Flüssig/gas	Unterschiedliche Molekülgrößen
	Adsorption, Gaswäsche	Gas/flüssig	Unterschiedliche Löslichkeiten
Mechanische Trennverfahren	Flotation	Fest/flüssig	Unterschiedliche Oberflächenbenetzbarkeit
	Sedimentation, Zentrifugation	Fest/gas Fest/flüssig	Unterschiedliche Dichte
	Filtration, Membrantrennverfahren, Umkehrosmose	fest/flüssig fest/gas	Unterschiedliche Partikelgrößen
	Fliehkraftabscheider	Fest/gas	Partikelträgheit
	Elektrostatische Staubabscheider	Fest/gas	Elektrische Beweglichkeit

Zu den großtechnisch eingesetzten und industriell genutzten Verfahren gehören insbesondere die nachfolgend beschriebenen.

Adsorption

Die Adsorption ist ein physikalischer Prozess, bei der Komponenten eines Gases oder einer Flüssigkeit sich an der Oberfläche eines anderen Stoffes anhaften und sich auf dessen Oberfläche anreichern. Die Adsorption umfasst grundsätzlich auch den umgekehrten Prozess, die Desorption, da ein System immer ein Gleichgewicht zwischen dem Adsorbieren und Desorbieren eines Stoffes anstrebt. Der Effekt der Adsorption beruht auf den Wechselwirkungskräften zwischen der Feststoffoberfläche und dem adsorbierten Molekül und ist nicht zu verwechseln mit der chemischen Adsorption (Chemisorption) bei der heterogenen Katalyse. Mit der Entwicklung von Molekularsieben als Adsorptionsmittel und verbesserter Regenerationstechniken wurde die Adsorption in breiterem Maße als Trennverfahren genutzt. Sie besitzt Vorteile gegenüber der Rektifikation, wenn der Trennfaktor nahe 1 liegt und nur geringfügig durch selektive Zusatzstoffe beeinflusst werden kann. Des Weiteren besitzt das Verfahren Vorteile, wenn sehr hohe oder sehr niedrige Temperaturen bei der Rektifikation realisiert werden müssen oder nur sehr geringe Mengen eines Stoffes abzutrennen sind.

Industriell wird die Adsorption u. a. zur Abtrennung von Lösungsmitteldämpfen aus der Luft, zur Trocknung von Gasen und Lösungsmitteln, bei der Erdgasaufbereitung, zur Trennung von Kohlenwasserstoffgemischen sowie zur Reinigung von Abwasser und Abgasströmen eingesetzt. In der großtechnischen Herstellung von Grundchemikalien wird durch adsorptive Abtrennung (Druckwechseladsorption, PSA) der nach dem Steamreformer und der CO-Konvertierung erhaltenen Komponenten nahezu reiner Wasserstoff für Hydrierprozesse und die Ammoniaksynthese erzeugt.

Absorption

Die Absorption als Trennverfahren wurde vor mehr als 140 Jahren entwickelt. Ziel ist die selektive Entfernung von Komponenten aus einem Gasstrom mithilfe eines geeigneten Absorptionsmittels. Die Absorption ist das zugrunde liegende Verfahren bei der Gaswäsche. Da das Absorptionsmittel im Kreislauf geführt werden soll, schließt sich an die Absorption eine möglichst einfache Regenerierung (Desorption) an. Das zu reinigende Gas tritt von unten in eine Absorptionskolonne ein, von wo aus es nach oben strömt und im Gegenstrom mit dem Absorptionsmittel in Kontakt kommt. Dabei werden die Komponenten selektiv ausgewaschen. Am Kopf der Kolonne wird das gereinigte Gas und am Boden der Kolonne das beladene Absorptionsmittel erhalten, das in einer zweiten Kolonne durch Änderung der Bedingungen regeneriert wird. Um bei der Absorption eine hohe Anreicherung zu erzielen, werden Druck und Temperatur variiert, um dadurch die Löslichkeit der abzutrennenden Komponente im Absorptionsmittel zu erhöhen.

Neben der physikalischen Absorption, bei der nur die Gaslöslichkeit genutzt wird, wird bei der chemischen Absorption das Gas sowohl physikalisch als auch chemisch gebunden. Die chemische Absorption wird eingesetzt bei der Abtrennung von Kohlendioxid aus Prozessströmen, bekannt als Pottaschewäsche, bei der Abtrennung der sauren Gase (CO_2, H_2S) bei der Erdgasaufbereitung sowie bei verschiedenen Rauchgaswäschen. Die physikalische Absorption wird u. a. zur Abtrennung von Lösungsmitteldämpfen aus der Luft und bei verschiedenen Waschprozessen mit Methanol (Rectisolverfahren) eingesetzt.

Destillation und Rektifikation

Die Destillation ist das wichtigste thermische Trennverfahren in der chemischen Industrie. Sie wird angewendet, um verdampfbare Flüssigkeiten zu gewinnen oder Lösungsmittel von schwer verdampfbaren Stoffen abzutrennen und anschließend durch Kondensation aufzufangen. Die Destillation hat gegenüber anderen Trennverfahren den Vorteil, dass in der Regel keine weiteren Stoffe, wie Adsorbenzien oder Lösungsmittel, hinzugefügt werden müssen.

Bei der einfachen Destillation wird der Sumpf mithilfe einer geeigneten Wärmequelle auf die gewünschte Temperatur erhitzt, bei der die Zielkomponente zu sieden beginnt. Ist diese erreicht, so steigt der Stoff in seinem gasförmigen Zustand auf und wird in einem Kondensator durch Abkühlen wieder verflüssigt. Im Anschluss wird das flüssige Kondensat aufgefangen. Die Destillation führt nicht zur vollständigen Trennung des Flüssigkeitsgemisches, sondern zur Auftrennung in zwei Gemische mit jeweils unterschiedlichen Gehalten an leichter und schwer flüchtigen Komponenten. Die Trennwirkung beruht auf der unterschiedlichen Zusammensetzung der siedenden Flüssigkeit und des Dampfes.

Die Rektifikation stellt die Erweiterung der Destillation dar und kann als Hintereinanderschaltung vieler einzelner Destillationsschritte verstanden werden. Die wesentlichen Vorteile der Rektifikation sind eine kontinuierliche Fahrweise der Anlage und ein deutlich höherer Trenneffekt im Vergleich zur Destillation, da der Dampf im Gegenstrom mit der Flüssigkeit mehrfach hintereinander in Kontakt steht. Die Kolonne arbeitet energetisch günstiger, technisch weniger aufwendig und platzsparender als eine Hintereinanderschaltung von Einfachdestillationen. Eine Rektifikationskolonne besteht aus mehreren Böden mit speziellen Einbauten (Glockenböden, Füllkörper, Packungen), um die Kontaktfläche zwischen Dampf- und Flüssigphase bereitzustellen.

Typische Anwendungen der Destillation und Rektifikation sind das Brennen von Alkohol und die Rektifikation von Erdöl in der Raffinerie oder auch die Herstellung von destilliertem Wasser. Die mehrstufige Destillation in Kolonnen ist ein häufig verwendetes und gut beherrschtes Verfahren der thermischen Stofftrennung in der chemischen Industrie. Andere Verfahren werden verwendet, wenn die Stoffeigenschaften eine mehrstufige Destillation nicht zulassen.

Extraktion

Als Extraktion werden alle Trennverfahren bezeichnet, bei denen mithilfe eines festen, flüssigen oder gasförmigen Extraktionsmittels eine oder mehrere Komponenten aus einem Stoffgemisch herausgelöst werden. Voraussetzung für die Trennung ist, dass die beiden Phasen nicht ineinander löslich sind und die abzutrennende Komponente unterschiedliche Gleichgewichtskonzentration in den Phasen besitzt. Auch die Extraktion nutzt das Gegenstromprinzip. Nach der Extraktion müssen in der Regel weitere Trennprozesse herangezogen werden, um den Extraktstoff zu gewinnen und das Extraktionsmittel regeneriert in den Kreislauf zurückzuführen. Die Extraktionsverfahren werden in Flüssig-Flüssig-Extraktion, Fest-Flüssig-Extraktion und Hochdruckextraktion unterteilt.

Die Extraktion wird immer dann angewendet, wenn Destillation oder Rektifikation aus technischen Gründen, wie ein ungünstiger Trennfaktor, „fehlender" Dampfdruck (Metallsalze) oder thermische Instabilität, nicht infrage kommen oder das Extraktionsverfahren kostengünstiger ist, z. B. bei der Abtrennung kleiner Mengen einer schwerflüchtigen Komponente. Große Bedeutung besitzt die Extraktion bei der Abtrennung von Metallsalzen aus wässrigen Lösungen und bei der Gewinnung von temperaturempfindlichen Wirkstoffen in der Pharmazie. Eine weitere großtechnische Anwendung ist die Gewinnung von BTX-Aromaten, bei der die Extraktion zur Trennung der Aliphaten/Aromaten-Gemische eingesetzt wird.

Filtration

Die Filtration ist ein Verfahren zur Trennung oder Reinigung von Stoffen, meist einer Suspension oder eines Aerosols. Die Filtration gehört zu den mechanischen Trennverfahren, die ausschließlich auf physikalischer Basis beruhen.

Das zu trennende Gemisch läuft durch einen Filter, der z. B. aus Papier, Textilgewebe oder Metall besteht, oder durch einen Behälter, in dem sich eine Füllung einer Filtermasse befindet. Alle Filtermaterialien stellen einen Widerstand gegenüber allen Partikeln des zu trennenden Gemischs dar. Bei der Filtration werden nicht nur Partikel zurückgehalten, die größer sind als die Porengröße des Filters, sondern durch Mechanismen wie Partikelträgheit, Diffusionseffekte, Elektrostatik oder Sperreffekt werden grundsätzlich auch Partikel abgeschieden, die weit kleiner als die Porengröße des Filters sind. Speziell im Bereich der Gasfiltration besitzen Filter einen Filterlücke genannten Partikelgrößenbereich, in dem Partikel nur unzureichend abgeschieden werden – deutlich größere und auch deutlich kleinere Partikel werden durch Trägheit und Sperreffekt bzw. durch Diffusion vollständig zurückgehalten.

Nach einer gewissen Zeit bildet sich aus den zurückgehaltenen Partikeln je nach angewandtem Filterverfahren entweder eine Schicht (der sogenannte Filterkuchen), oder die Poren der Filtermasse werden durch die Ablagerung der zurückgehaltenen Stoffe verkleinert. Nach dem Aufbau eines ausreichend dicken Filterkuchens ist im Regelfall eine vollständige Abscheidung der Partikel gegeben, allerdings steigt auch der Strömungswiderstand des Filters deutlich an. Je nach

Konzeption des Filters müssen der Filterkuchen oder die aufgenommenen Feststoffe von Zeit zu Zeit entfernt werden (z. B. durch Rütteln, Rückspülen oder einen Druckimpuls entgegen der Strömungsrichtung), oder es muss der Filter ausgetauscht werden. Bei der Filtration von Flüssigkeiten werden diese periodischen Unterbrechungen von Betrieb (Filterung) und Reinigung (Rückspülung) als *Dead-End*-Filtration bezeichnet. Dieses Vorgehen ist bei vielen Filtersystemen notwendig.

Fliehkraftabscheider und Zentrifuge

Fliehkraftabscheider (Zyklon) und Zentrifugen dienen als Massenkraftabscheider in technischen Anlagen. Zyklone eignen sich zur Abtrennung von festen oder flüssigen Partikeln aus Gasen, z. B. zur Abgasreinigung. Eine Zentrifuge kann die Bestandteile von Suspensionen, Emulsionen und Gasgemischen trennen. Die Zentrifugalkräfte entstehen durch die Erzeugung einer Wirbelströmung. Während bei einer Zentrifuge die notwendige kinetische Energie durch die Rotationsbewegung des Behälters auf das aufzutrennende Medium übertragen wird, werden im Zyklon die Gase als Träger der abzuscheidenden Partikel durch deren eigene Strömungsgeschwindigkeit und entsprechende konstruktive Gestaltung des Abscheiders in eine Drehbewegung versetzt. Die Stofftrennung erfolgt in der Zentrifuge durch Dichteunterschiede, im Zyklon durch die Partikelmasse.

Membranverfahren

Membranen sind Filtermedien, welche die Eigenschaft besitzen, Komponenten selektiv zurückzuhalten und andere passieren zu lassen. Die selektiven Eigenschaften beruhen dabei zum einen auf der Porenstruktur der Membran, zum anderen auf der unterschiedlichen Löslichkeit und auf den Diffusionskoeffizienten der zu trennenden Komponenten. Membranen ermöglichen die Stofftrennung im Partikelbereich von 0,1 bis 10 µm. Membranmaterialien bestehen sowohl aus organischen Materialien, die hydrophil oder hydrophob sein können, oder aus anorganischen Materialien wie beispielsweise Metall, Glas oder Keramik. Die eingesetzte Membran sollte über eine hohe Selektivität, eine zufriedenstellende Permeabilität und über hohe mechanische, chemische und thermische Stabilität verfügen.

Membrantrennanlagen lassen sich modular aufbauen, sodass die Anlage stufenweise an den Umfang eines Trennproblems angepasst werden kann. Da allerdings der Gesamtaufwand proportional zur Anlagengröße wächst, gibt es bei den meisten Membranverfahren eine kritische Größe, oberhalb derer die klassischen Trennverfahren ökonomisch günstiger werden.

Der besondere Vorteil von Membrantrennverfahren, neben dem einfachen modularen Aufbau und geringen Platzbedarf sowie der leichten Integration in individuelle Produktionsanlagen, ist das schonende, rein physikalische Trennprinzip. Die Trennung erfolgt ohne chemische oder thermische Veränderung der zu trennenden Komponenten und ermöglicht so die Nutzung beider Fraktionen (Permeat und Retentat). Deshalb hat sich das Verfahren insbesondere in der Lebensmitteltechnologie, der Biotechnologie und der Pharmazie etabliert. Weiterhin lassen sich mithilfe von Membranen Trennungen realisieren, die mit thermischen Verfahren nicht möglich sind, z. B. bei Azeotropen, die durch klassische Destillation nicht zu trennen sind. Nachteilig kann sich die begrenzte thermische, chemische und mechanische Stabilität einiger Membranmaterialien auswirken, die zudem empfindlich gegenüber Verschmutzungen *(fouling)* sind.

Wichtige technische Anwendungen sind die Klärung und Konzentrierung von Getränken mittels Mikrofiltration, die Trinkwassergewinnung durch Umkehrosmose sowie die Gewinnung organischer Wertstoffe aus Fermentationsbrühen durch Pervaporation. Die Rückgewinnung von organischen Dämpfen, beispielsweise die

Benzindampfrückgewinnung sowie die Trennung von Gasgemischen, erfolgen mittels Gaspermeation. Ein weiteres Anwendungsgebiet ist die Abwasserreinigung. Mithilfe der Ultrafiltration und der Mikrofiltration ist es möglich, Partikel, Kolloide und Makromoleküle zu entfernen, sodass Abwasser auf diesem Wege desinfiziert werden kann.

Strippen

Beim Strippen werden Stoffe durch das Durchleiten von Gasen (z. B. Luft oder Wasserdampf) aus der flüssigen Phase entfernt und in die Gasphase überführt. Dazu wird die Flüssigphase im Gegenstromprinzip mit dem Gas in Kontakt gebracht. Technisch wird die Strippung in der Regel in Füllkörperkolonnen ausgeführt. Über eine Düse wird die geförderte Flüssigkeit am Kopf der Kolonne fein verteilt, sodass diese über die Füllkörper in der Kolonne in den Sumpf rieselt. Im Gegenstrom wird das Strippgas (z. B. Luft) durch die Kolonne gefördert. Die Füllkörper dienen dazu, die Flüssigkeit fein zu verteilen und somit die Phasengrenzfläche zu maximieren. Die Reinigungsleistung wird zudem durch das Gas/Flüssigkeits-Verhältnis bestimmt, wobei der Übergang der Verunreinigung aus der Flüssigkeit in das Gas durch die Henry-Konstante jedes Stoffes beschrieben wird. Der Strippung folgt in der Regel eine Reinigung des Abgases, z. B. durch Adsorption, Kühlung oder Zersetzung.

Das Verfahren kann in weiten Grenzen den Erfordernissen angepasst werden, sodass für eine gegebene Eintrittskonzentration an Verunreinigung in der Flüssigphase die gewünschte Austrittskonzentration erhalten wird. Anwendung findet das Verfahren z. B. in der Abwasserreinigung zur Entfernung von Ammoniak, Schwefelwasserstoff, Phenolen, organischen Halogenverbindungen und Kohlenwasserstoffen. Darüber hinaus wird Strippen häufig in der Erdölverarbeitung eingesetzt, um das seitlich an einer Kolonne abgezogene Produkt von leichteren Bestandteilen zu reinigen.

9.1.2 Kombinierte Trennverfahren

Die Umstellung der Rohstoffbasis auf nachwachsende Rohstoffe und die Herstellung vielfältiger chemischer Produkte auf Basis weniger chemischer Grundstoffe, die eine effektive Rückgewinnung möglich machen, sind nur einige Herausforderungen, die auf die chemische und pharmazeutische Industrie in den nächsten Jahren zukommen. Unter dem Schlagwort Prozessintensivierung wurden im letzten Jahrzehnt Verfahren entwickelt, mit denen Produktionsanlagen flexibler und effizienter gestaltet werden können.

Die Verschaltung von mindestens zwei verschiedenen, apparativ getrennten Trennoperationen, die beide zur Lösung einer definierten Trennaufgabe beitragen, wird als hybrides Trennverfahren bezeichnet. Zu den Vorteilen hybrider Trennverfahren zählt, dass die Trennung im optimalen Arbeitsbereich der jeweiligen Trennoperation stattfindet. Die spezifischen Trennkosten eines optimalen Hybridprozesses sollen geringer sein als die der einzelnen Grundoperationen. Azeotrope oder engsiedende Gemische können mittels Rektifikation nicht einfach getrennt werden. Durch das Hybridverfahren Rektifikation/Kristallisation ist deshalb die Trennung ohne einen zusätzlichen Hilfsstoff durchzuführen. Neben der Rektifikation/Kristallisation kommt auch die Kombination von Rektifikation und Membranverfahren, z. B. zur Trennung von ETBE, Ethanol und C4-Kohlenwasserstoffen, zum Einsatz [3].

In der Petrochemie wird schon heute die extraktive Destillation eingesetzt, bei der dem destillativ zu trennenden Gemisch ein schwersiedender Hilfsstoff zugesetzt wird, der das Phasengleichgewicht selektiv beeinflusst [1]. Neue Ansätze sind z. B. die Membrandestillation zur Entwässerung von Lösungsmitteln oder die Extraktivkristallisation zur Trennung von Isomerengemischen [4].

Das reaktive Trennverfahren ist ein weiteres Konzept zur Überwindung von Gleichgewichtsbeschränkungen in der Synthese und zur Vermeidung von unerwünschten Folgereaktionen. Die bekanntesten reaktiven Trennverfahren sind der Membranreaktor und die Reaktivdestillation bzw. Reaktivrektifikation. Der Membranreaktor ist die integrale Kopplung von chemischer Reaktion und Membranverfahren. Er wird eingesetzt zur selektiven Produktausschleusung oder um Katalysatoren zurückzuhalten [5].

Die Reaktivrektifikation ist das am häufigsten eingesetzte integrale Verfahren. Es eignet sich zur Umsatzsteigerung gleichgewichtslimitierter Reaktionen oder zum Brechen auftretender Azeotrope. Im Vergleich zu den konventionellen Verfahrensschritten ergeben sich Vorteile bei den Investitions- und Betriebskosten und beim Reaktionsumsatz. Darüber hinaus können der Stoffübergang und die Selektivität verbessert werden. Die Einführung der Reaktivrektifikation führte bei der Methylacetatsynthese gegenüber dem konventionellen Verfahren zur Einsparung von einem Reaktor und neun Destillationskolonnen [1].

Die Kopplung der heterogenen Katalyse mit der adsorptiven Stofftrennung führt zum adsorptiven Reaktor. Durch die Adsorption lässt sich das Produkt simultan entfernen oder ein Edukt als Adsorbat vorlegen [4].

Die Reaktivextraktion wird häufig in der Biotechnologie eingesetzt und eignet sich zur Abtrennung von Schwermetallen, organischen Säuren oder Pharmazeutika aus niedrig konzentrierten wässrigen Lösungen. Ihre Vorteile liegen im geringen Energieeinsatz, der kontinuierlichen Betriebsweise und der hohen Selektivität [4].

Um Produkte mit gezielten Eigenschaften, wie Partikelgröße, Morphologie und Reinheit, herzustellen, eignet sich die Reaktivkristallisation. Ihr Anwendungsgebiet reicht von der Diastereomerenkristallisation bis zur Abwasseraufbereitung [4].

Chromatographische Reaktoren vereinen chemische bzw. biochemische Reaktionen mit der chromatographischen Trennung. Ihr Anwendungsgebiet liegt im Bereich der Feinchemie, der Pharmazie und der Biotechnologie. Insbesondere für die Herstellung enantiomerenreiner Produkte eignet sich das Prinzip aus Batchkolonne und chromatographischem Reaktor im Gegenstromprinzip. Der bekannteste Reaktortyp ist der „*simulated-moving bed*“-Reaktor [4, 5].

9.1.3 Aufarbeitung von Produkten aus der Verwendung von C1-Rohstoffen

Die organischen Basischemikalien gehören zu den bedeutsamsten Grundprodukten in der chemischen Industrie, da diese zu einer Vielzahl von Produkten, wie beispielsweise Kunststoffen, Kunstfasern, Farben und Lacken, Polymeren und Pharmazeutika, weiterverarbeitet werden. Die Produktion dieser Stoffe basiert vor allem auf der Verarbeitung petrochemischer Primärverbindungen (C2-, C3-, C4-Alkene, Aromaten) und des Synthesegases, die aus Erdöl, Erdgas oder Kohle gewonnen werden. Synthesegas (CO, CO_2, H_2, N_2; ▶ Kap. 5) liefert C1-Bausteine zur Synthese wichtiger Grundchemikalien. Hauptverbraucher für Synthesegas sind die Ammoniak- und die Methanolsynthese, aus denen sich eine Vielzahl weiterer Produkte herstellen lässt. Darüber hinaus wird Synthesegas für die Hydroformulierung von Olefinen und zur Synthese von Kohlenwasserstoffen nach der Fischer-Tropsch-Synthese verwendet.

Methanol ist die wichtigste C1-Plattformchemikalie der chemischen Industrie. Bis zum Jahr 2023 erwartet man eine weltweite Produktionsmenge von über 100 Mio. t. Methanol wird über die Synthesegasroute aus Kohle und Naphtha, hauptsächlich aber aus Erdgas hergestellt. Aus Methanol lassen sich eine Vielzahl weiterer Plattformchemikalien, wie Dimethylether (DME), Essigsäure, Propylen, Olefine und Aromaten, aber auch Treibstoffe, wie Diesel und Benzin, und deren Additive herstellen (◘ Abb. 9.1).

Nach der Synthese enthält das Rohmethanol Wasser, gelöste Gase und eine Vielzahl nicht erwünschter, aber unvermeidbarer

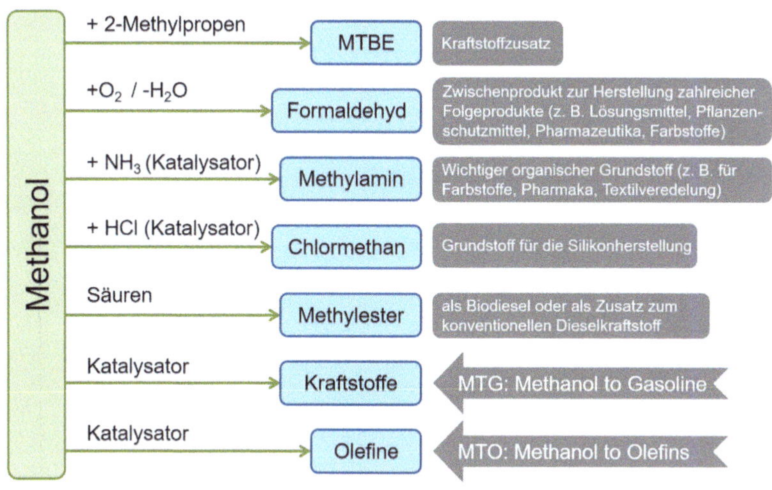

Abb. 9.1 Nachfolgesynthesen von Methanol (adaptiert nach [1] und [7]). (© Wiley-VCH)

Nebenprodukte, die niedrigere oder höhere Siedepunkte als Methanol aufweisen. Art und Menge der Verunreinigungen sind in erster Linie von den Synthesebedingungen abhängig, insbesondere von dem Druck und dem Wasserstoff/Kohlenmonoxid-Verhältnis. Der Wassergehalt hängt im Wesentlichen von dem im Synthesegas enthaltenen Kohlendioxidanteil ab und kann je nach Verfahren bis zu 18 Gew.-% betragen. Die Summe der Nebenprodukte im Hochdruckmethanol beträgt ca. 3 bis 5 Gew.-%, während im Niederdruckmethanol weniger als 1 Gew.-% Nebenprodukte enthalten sind. Die Anforderungen an ein Reinmethanol variieren je nach dem weiteren Einsatzzweck. Beim Einsatz zur Synthese von Folgeprodukten ist zu beachten, dass das Methanol keine katalysatorschädigenden Bestandteile enthält [6].

Die Aufarbeitung des Rohmethanols erfolgt in drei Prozessschritten destillativ mit bis zu drei Destillationskolonnen (Abb. 9.2). Als Erstes wird das Rohmethanol in einen Druckbehälter entspannt. Die gelösten Gase (CO, CO_2, H_2, CH_4) entweichen und werden abgeführt. Die leichter flüchtigen Komponenten (Ether, Formiate, Aldehyde, Ketone) werden am Kopf der Vorkolonne abgezogen. Anschließend erfolgt die Abtrennung des Methanols von den schwerer siedenden Komponenten (Ethanol, höhere Alkohole) und des Wassers in der Methanolkolonne. In der Industrie werden unterschiedliche Verfahrensvarianten genutzt, die in der Regel in einen größeren Anlagenverbund eingebettet sind. Dadurch können sich Vorteile bei der Energieintegration ergeben, was zu Kosteneinsparungen bei den Betriebskosten führen kann [7].

9.2 Aus biotechnologischen Prozessen

Aus biotechnologischen Produktionsprozessen resultiert eine Palette an unterschiedlichen Produkten (Tab. 9.2). Das Produkt kann die Biomasse selbst sein, es kann extrazellulär im Fermentationsmedium oder intrazellulär in den Mikroorganismen enthalten sein oder gasförmig vorliegen. Je nach dem Vorkommen des Produkts ist eine spezifische Aufarbeitung der Fermentationsbrühen und/oder Biomassen erforderlich. Die Produktaufarbeitung (Downstream Processing) beinhaltet alle Prozessschritte von der Zellabtrennung bis zum gereinigten

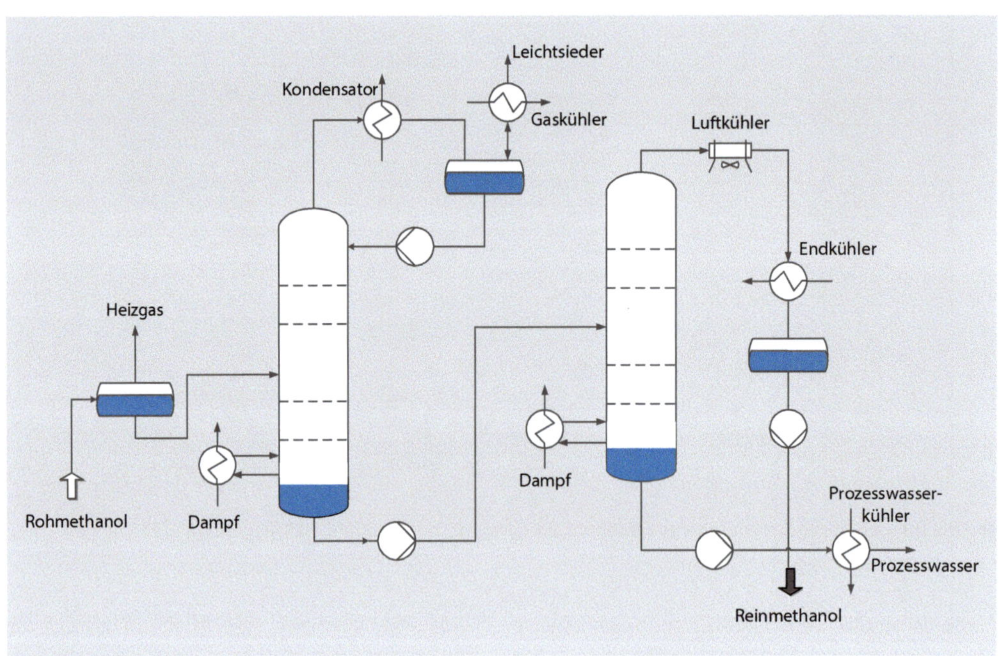

9

Abb. 9.2 Destillation von Rohmethanol (adaptiert nach [7]). (© John Wiley and Sons)

Tab. 9.2 Produkte aus biotechnologischen Produktionen

Produkt	Beispiel
Gas	Methan
Fermentationsmedium	Sauerkraut, Milchprodukte
Biomassen	Hefe
Intrazelluläre Produkte	Manche Vitamine, Polyhydroxyalkanoate
Extrazelluläre Produkte im Fermentationsmedium - hochmolekular - niedermolekular	 - Enzyme, Polysaccharide - Ethanol, organische Säuren, Aminosäuren

Endprodukt. Die genaue Ausgestaltung der Produktaufarbeitung wird für jedes Produkt maßgeschneidert entwickelt. Die Form, in der das Produkt vorliegt, die Reinheit, die für das Endprodukt angestrebt wird, sowie das Maß der Verunreinigungen oder der Anteil an möglichen Nebenprodukten bestimmen die weitere Vorgehensweise.

Während der Aufwand für die Aufbereitung des Produkts Biomasse eher gering ist, sind für die Gewinnung von intrazellulär gebildeten Produkten ein Zellaufschluss und eine aufwendige Produktisolierung notwendig. Abhängig von der Art der Produkte kann der Anteil der Produktaufarbeitung für fermentativ hergestellte

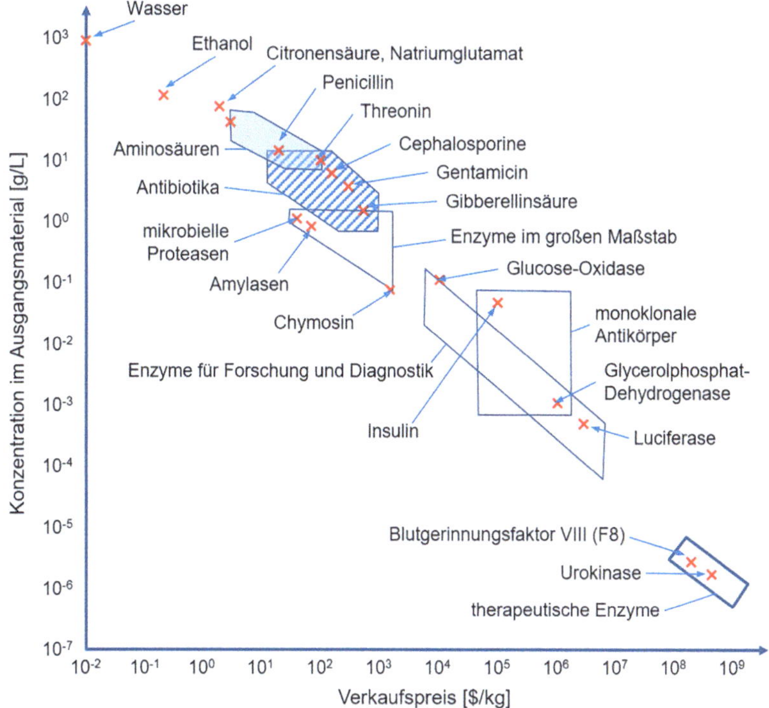

Abb. 9.3 Abhängigkeit des Verkaufspreises von der Produktkonzentration, nach Dwyer (1984; [23]). (© Springer Nature)

Produkte an den Gesamtproduktionskosten bis zu 70 % betragen [8, 9]. Allgemein kann die Aussage getroffen werden, dass die Aufarbeitungskosten und damit auch der Verkaufspreis eines Produkts mit sinkender Produktkonzentration ansteigen (Abb. 9.3).

Die Gewinnung und Aufarbeitung von Produkten aus biotechnologischen Prozessen unterliegen besonderen Herausforderungen:

- Die meisten Produkte fallen verdünnt in wässriger Lösung an, daher sind oft große Volumina aufzuarbeiten.
- Fermentationsmedien enthalten neben dem gewünschten Produkt oft organische Verunreinigungen aus komplexen Mediumbestandteilen wie Melasse, Peptonen, Hefeextrakt und anorganischen Komponenten wie Salzen.
- Einige Produkte werden intrazellulär gebildet und erfordern einen Zellaufschluss.

9.2.1 Einzelne Schritte der Produktaufarbeitung

Allgemein gliedert sich die Produktaufarbeitung, wie in Abb. 9.4 dargestellt, in die Schritte Zellabtrennung, gegebenenfalls Zellaufschluss, Produktabtrennung, -konzentration, -reinigung, Feinreinigung und Konfektionierung.

Abtrennung der Zellen/Biomasse

Bei der Produktion von Biomasse bildet die Separation der Zellen vom Fermentationsmedium den wichtigsten Aufarbeitungsschritt. Für die Gewinnung anderer biotechnologischer Produkte ist die Abtrennung der Zellen oftmals Voraussetzung für die weitere Aufarbeitung. Intrazelluläre Produkte werden aus der aufkonzentrierten und anschließend aufgeschlossenen Biomasse extrahiert. Die Gewinnung von

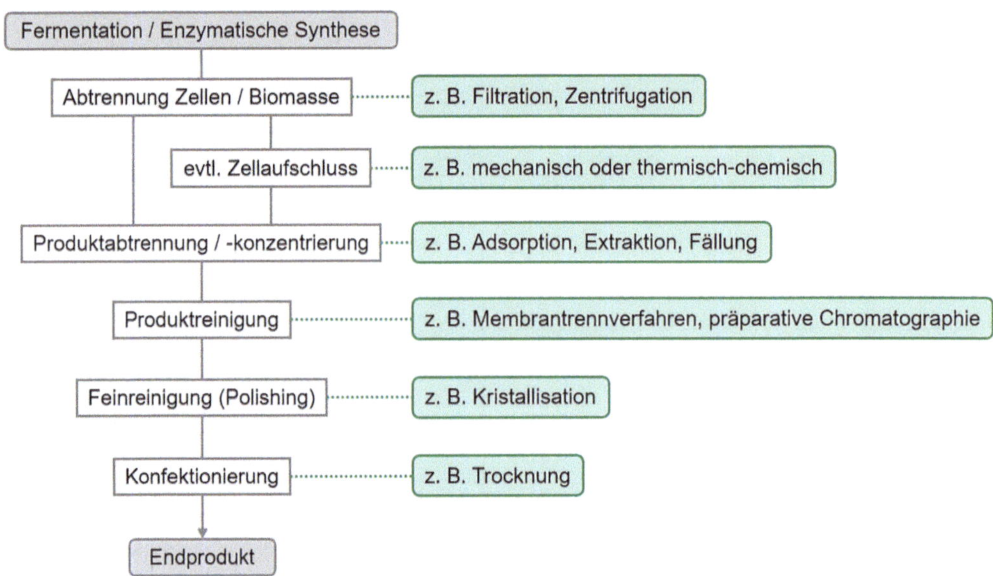

Abb. 9.4 Übersicht über die unterschiedlichen Schritte bei der Produktaufarbeitung

extrazellulären Produkten erfolgt meist aus dem zellfreien Medium, da die Anwesenheit von Feststoff die Trennleistung von einigen Aufarbeitungsverfahren, wie Extraktion und Adsorption, beeinträchtigt. Die Verfahren, die zur Zellabtrennung eingesetzt werden, sind Filtration (Oberflächenfiltration, Tiefenfiltration), Sedimentation, Zentrifugation, Flokkulation und Flotation. Grundsätzlich erfolgt hier die Abtrennung der Zellen über den Unterschied der Zellgröße oder über den Dichteunterschied der Zellen im Bezug zum abzutrennenden Medium. Für Viren und kleine Bakterien liegen die zu erwartenden Partikelgrößen in einem Bereich von <0,1 bis 1,0 µm, für durchschnittliche Bakterien bei etwa 1 µm, für Mikroalgen bei 5 bis 10 µm sowie für große Bakterien, Hefen und Pilzmycelien bei 1 bis 100 µm [10, 11].

Zellaufschluss

Für die Gewinnung intrazellulärer Produkte ist nach der Zellabtrennung aus dem Fermentationsmedium ein Zellaufschluss erforderlich. Der Aufwand des Aufschlusses ist abhängig von der Art der Zelle. Tierische Zellen werden nur von einer Zellmembran umschlossen. Hier ist der Zellaufschluss unproblematisch. Pflanzenzellen und die meisten Bakterien besitzen neben der Zellmembran auch eine Zellwand. Diese liegt außerhalb der Membran und umhüllt die Zelle (Abb. 9.5). Der Aufschluss von grampositiven Bakterien ist deutlich problematischer, da ihre Zellwand im Gegensatz zu den gramnegativen Bakterien aus bis zu 40 Schichten Murein besteht [12, 13].

Bei den Verfahren zum Zellaufschluss wird nach physikalischen (mechanischen und nichtmechanischen), chemischen und biologischen Verfahren unterschieden. Ein Überblick über die unterschiedlichen Verfahren gibt Tab. 9.3 [9, 12]. Der Zellaufschluss im Produktionsmaßstab (z. B. bei Hefen) wird hauptsächlich mit Rührwerkskugelmühlen und Hochdruckhomogenisatoren durchgeführt. Alle anderen Verfahren finden vor allem Anwendung im Labormaßstab [9].

Produktabtrennung und -konzentrierung

Nach der Freisetzung des Produkts und der Abtrennung der Zelltrümmer (bei intrazellulär anfallenden Produkten) bzw. nach

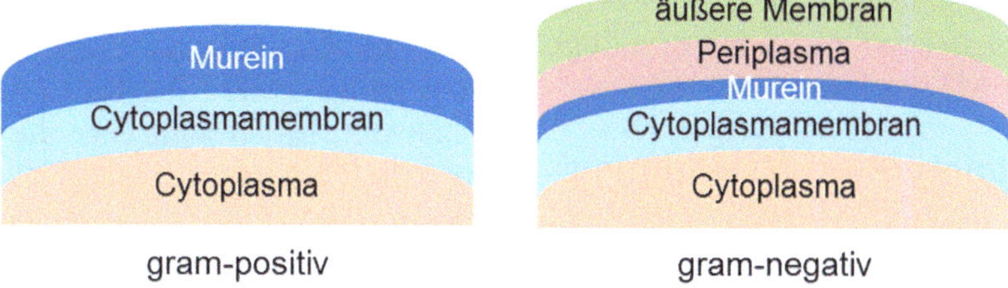

Abb. 9.5 Vereinfachte schematische Darstellung des Aufbaus einer grampositiven und einer gramnegativen Zellwand

Tab. 9.3 Unterteilung der Verfahren zum Zellaufschluss

Physikalische Verfahren		Chemische Verfahren	Biologische Verfahren
Mechanisch	**Nichtmechanisch**		
Ultraschall	Osmotischer Schock	Säuren/Basen	Enzyme
Rührwerkskugelmühle	Gefrieren/Auftauen	Lösungsmittel	Phagen
Hochdruckhomogenisator	Gefriertrocknen	Detergenzien	Viren
	Dekompression	Antibiotika	

der Abtrennung der Zellen (bei extrazellulär anfallenden Produkten) folgen weitere Aufarbeitungsschritte zur Produktabtrennung und -konzentrierung aus der zellfreien wässrigen Fermentationsbrühe. Bei der Ausfällung („Präzipitation") werden die Produktmoleküle in Partikel, Aggregate oder Flocken überführt, die dann in der Fermentationsbrühe zu Boden sinken („sedimentieren"). Für Proteine kann dies z. B. durch den Zusatz von Salzen, organischen Lösungsmitteln oder wasserlöslichen Polymeren sowie über die Veränderung des pH-Wertes oder der Temperatur erfolgen. Je größer der Dichteunterschied zwischen den Partikeln und der flüssigen Phase ist, desto höher ist auch die Sinkgeschwindigkeit. Die Präzipitation stellt einen ersten groben Reinigungsschritt dar und wird im industriellen Maßstab zur Vorreinigung und Aufkonzentrierung eingesetzt [9].

Eine weitere Möglichkeit der Grobreinigung der Produkte stellt die Extraktion dar. Hierbei ist es wichtig, dass sich die Löslichkeit des zu reinigenden Produkts und die Löslichkeit der Verunreinigungen deutlich unterscheiden. Die verschiedenen Arten der Extraktion sind Flüssig-Flüssig-Extraktion, Fest-Flüssig-Extraktion und Hochdruckextraktion. Bei der Flüssig-Flüssig-Extraktion erfolgt die Trennung aufgrund unterschiedlicher Polaritäten und Löslichkeiten in zwei flüssige, miteinander unmischbare Phasen. Auch die Trennleistung der Fest-Flüssig-Extraktion basiert auf unterschiedlichen Löslichkeiten der Komponenten. Hier werden eine oder mehrere Komponenten aus einer festen Phase herausgelöst. Die Hochdruckextraktion erfolgt mit superkritischen Fluiden, hauptsächlich mit superkritischem Kohlendioxid.

Die Stofftrennung über die Anlagerung des Produkts an einer Feststoffoberfläche wird als Adsorption bezeichnet. Unterschieden wird hierbei in Physisorption (physikalische Bindungskräfte, wie Van-der-Waals-Kräfte, elektrostatische Wechselwirkungen) und Chemiesorption (chemische „kovalente" Bindung). Beispiele für mögliche Adsorbenzien sind Aktivkohle, synthetische Harze, Silicagel und Zeolithe. Mögliche Bauarten für die Adsorption sind entweder Fest- oder Fließbettadsorber oder Batch- oder Rührreaktoren (CSTR-Reaktoren) [14].

Feinreinigung/Produktreinigung

Nach der erfolgreichen Produktabtrennung und -aufkonzentrierung verbleiben noch Verunreinigungen, die im Rahmen der Produkt- bzw. Feinreinigung abzutrennen sind. Für die Produktreinigung kommen Chromatographie, Kristallisation, Membrantrennverfahren (z. B. Ultra-/Nanofiltration, Elektrodialyse) und Elektrophorese zum Einsatz.

In der Chromatographie gibt es eine stationäre und eine mobile Phase. Die Phasenzustände fest, flüssig oder gasförmig können für die beiden Phasen kombiniert werden. In der Adsorptionschromatographie z. B. läuft das zu trennende Gemisch durch eine mit Partikeln beladene Säule.

Die Kristallisation bezeichnet den Vorgang der Kristallbildung aus einer zuvor homogenen Lösung. Die Kristallbildung kann aus einer übersättigten Lösung zum einen durch primäre Keimbildung (aus einer kristallfreien Lösung durch thermische Bewegung oder durch Keimbildung an fremden Oberflächen) oder zum anderen durch sekundäre Keimbildung (über die Zugabe von sogenannten Impfkristallen oder über die Entstehung von neuen Kristallkeimen durch Abrieb) entstehen. Unterschieden werden die unterschiedlichen Kristallisationsverfahren in Verdampfungskristallisation, Kühlungskristallisation und Fällungskristallisation.

Mithilfe von Membranverfahren, insbesondere der Ultrafiltration, lassen sich große Moleküle und kleine Partikel über eine Membran abtrennen. Die Membran hält Moleküle, die größer sind als die Porenweite ($<0{,}1\ \mu m$), zurück. Im Gegensatz zur Ultrafiltration nutzt die Elektrophorese die unterschiedliche Ladung der zu trennenden Moleküle. Elektrisch geladene Teilchen wandern hierbei beim Anlegen eines elektrischen Feldes zur entgegengesetzt geladenen Elektrode.

Produktkonfektionierung

Die Produktkonfektionierung dient der Herstellung einer stabilen Endform des Produkts. Hierbei wird über die Trocknung bzw. Gefriertrocknung eventuell noch vorhandenes Lösungsmittel abgetrennt und das Endprodukt stabilisiert. Zur Konfektionierung können weiterhin die Tablettierung, Verpackung und Etikettierung des Endprodukts gehören.

9.2.2 Integrierte Produktabtrennung

Innovative Entwicklungen in der Produktaufarbeitung beinhalten eine integrierte Produktabtrennung bereits während der Fermentation – die *in situ product removal/recovery* (ISPR). Eine integrierte Produktaufarbeitung ist insbesondere für Produkte sinnvoll, die ab einer spezifischen Konzentration hemmend auf die Mikroorganismen wirken oder chemisch instabil sind. Prinzipiell sind die meisten der bereits oben beschriebenen Verfahren anwendbar. Eine Methode zur Auswahl geeigneter Verfahren zeigt ◘ Abb. 9.6.

Der Entscheidungsbaum zeigt, dass sich ISPR bei nicht hemmenden, stabilen Produkten nicht lohnt. Interessant wird die integrierte Produktaufarbeitung bei hemmenden Produkten und/oder instabilen Produkten, die bereits während der Fermentation einer Zersetzung unterliegen. Der Schwerpunkt für die Entwicklung von ISPR-Strategien liegt bei der Produktion von Alkoholen (Ethanol, Butanol, Aceton), organischen Säuren sowie Duft- und Aromastoffen [15].

Für die geeignete Auswahl einer ISPR-Strategie sind zunächst die Stoffeigenschaften des Produkts wie Siedetemperatur oder Ladung zu ermitteln. Bei Produkten mit niedrigem Dampfdruck, wie z. B. Ethanol, sind etablierte Verfahren wie Gas-Stripping und Pervaporation geeignet. Bei Produkten mit elektrischer Ladung kann die Abtrennung

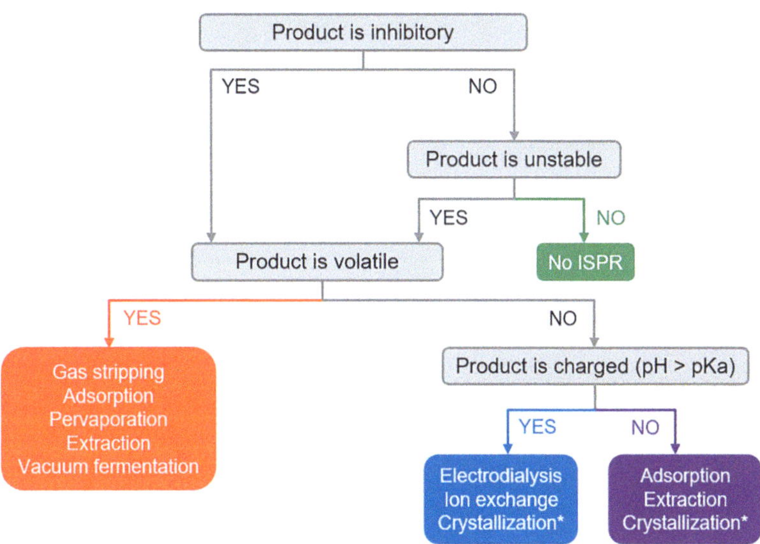

Abb. 9.6 Entscheidungsbaum für die Auswahl geeigneter ISPR-Strategien *(in-situ-product removal/recovery-*Strategien), nach van Hecke et al. (2014; [15]). Urbanus et al. (2012; [16]) stellen einen Entscheidungsbaum für verschiedene Kristallisationsansätze zur Verfügung. (© Elsevier)

mittels Elektrodialyse oder Ionenaustauscher erfolgen. Es sind unterschiedliche Konfigurationen bei ISPR möglich. Die einfachste Variante ist die direkte Produktgewinnung während der Fermentation im Fermenter oder im Bypass. Wenn die Anwesenheit der Zellen das Aufarbeitungsverfahren beeinträchtigt, erfolgt die Aufarbeitung im zellfreien Medium.

9.2.3 Aufarbeitung von Produkten aus der Verwendung von C1-Rohstoffen

Als Produkte, die biotechnologisch unter Einsatz von CO_2 hergestellt werden können, sind nachfolgend beispielhaft Methan, Bernsteinsäure und Biomasse (Algen bzw. *single cell protein*) aufgeführt.

Methan

Methan ist ein brennbares C1-Gas, das u. a. über die biologische Methanisierung gewonnen werden kann. Hierbei wird CO_2 aus Biogas-, Biomethan- oder Abwasserbehandlungsanlagen biologisch mit Wasserstoff aus der Elektrolyse von Strom aus erneuerbaren Energien zu speicherbarem Methan umgesetzt. Die Umsetzung von CO_2 und H_2 zu Methan erfolgt über methanogene Mikroorganismen (sogenannte Archaeen) unter anaeroben Bedingungen. Herausforderung ist hier die Löslichkeit des Substrats Wasserstoff. Methan kann über die biologische Methanisierung in hoher Reinheit in der Gasphase gewonnen werden. Für die Einspeisung in das Erdgasnetz ist laut DVGW Richtlinie G 262 ein Methangehalt von mindestens 95 % erforderlich [24]. Wird dieser Wert über die biologische Methanisierung erreicht oder überschritten, ist keine weitere Aufbereitung des Methans notwendig.

Bernsteinsäure

Bernsteinsäure ist eine C4-Dicarbonsäure, die auf Basis von Erdöl aus chemischen Verfahren oder biotechnologisch mit dem Zusatz von Kohlendioxid als Cosubstrat erzeugt wird.

Tab. 9.4 Verfahren zur fermentativen Herstellung von Bernsteinsäure [17]

Prozess	Technologie	Aufarbeitung
BioSA-DC	Fermentation mit Hefen bei niedrigem pH zu Bernsteinsäure	Direkte Kristallisation
BioSA-ED	Fermentation mit Bakterien bei neutralem pH zum Salz der Bernsteinsäure	Elektrodialyse
BioSA-AS	Fermentation mit Bakterien bei neutralem pH zu Bernsteinsäure	Fällung mit Ammoniumsulfat

9

Die chemische Herstellung erfolgt durch katalytische Hydrierung von Maleinsäure, Maleinsäureanhydrid oder Fumarsäure. Laut einer Marktstudie von MarketsandMarkets lag der Gesamtabsatz von Bernsteinsäure im Jahr 2014 weltweit bei 46.200 t. Die biobasiert hergestellte Bernsteinsäure hatte dabei einen Anteil von 28 %. [17] Die großtechnische Fermentation erfolgt entweder mit Hefen bei eher niedrigem pH-Wert oder mit Bakterien bei neutralem pH-Wert. Die Aufarbeitung der Bernsteinsäure erfolgt je nach Verfahren über direkte Kristallisation, Elektrodialyse oder Fällung (Tab. 9.4) [18].

Biomasse

Seit den 1970er-Jahren wird biotechnologisch hergestellte Biomasse – Einzellerprotein bzw. *single cell protein* (SCP) – als protein- und vitaminhaltiges Nahrungsmittel oder Tierfutter eingesetzt. SCP wird aus dem Protein von Mikroorganismen, wie Hefen, Pilzen, Algen oder Bakterien, gewonnen, die auf verschiedenen Kohlenstoffquellen gezüchtet werden [19]. CO_2 als Substrat wird zusammen mit Licht (über Photosynthese) für die Anzucht von Algen eingesetzt. Algen können grob in Mikro- und Makroalgen unterteilt werden (▶ Kap. 7). Mikroalgen sind wichtige Bestandteile vieler Ökosysteme; sie machen weltweit mehr als die Hälfte der Primärproduktion an der Basis der Nahrungskette aus [20] und werden in offenen Reaktoren *(open ponds)*, Platten- oder Rohreaktoren kultiviert [21] (▶ Kap. 8). Algenprotein ist von hoher Qualität und vergleichbar mit konventionellem pflanzlichem Protein. Der Hauptteil der Mikroalgen wird für die Herstellung von Algentabletten oder Nahrungsergänzungsmitteln eingesetzt. Daher liegt beim Downstream Processing der Schwerpunkt auf der Separation der Zellen vom Medium und auf der Trocknung [22].

Zusammenfassung

In der Aufarbeitung chemischer und biotechnologischer Produkte sind insbesondere zwei Gruppen von Trennverfahren industriell etabliert: thermische und mechanische. Zur Optimierung der Investitions- und Betriebskosten werden verschiedene Trennverfahren nach Möglichkeit kombiniert, indem apparativ separate Trennoperationen verschaltet werden. Als Beispiel für die Aufarbeitung einer Grundchemikalie wird Methanol vorgestellt. Seine Herstellung aus Synthesegas führt zu einem Anteil an Nebenprodukten von bis zu 5 %. Biotechnologische Prozesse sind diesbezüglich anspruchsvoller, denn die Produkte fallen meist in verdünnter wässriger Lösung an, enthalten Nebenprodukte sowie komplexe Medienbestandteile und erfordern zudem fallweise einen Zellaufschluss.

Literatur

1. Baerns M, Behr A, Brehm A, Gmehling J, Hofmann H, Onken U, Renken A (2006) Technische Chemie. Wiley, Weinheim
2. Eissen M, Metzger JO, Schmidt E, Schneidewind U (2002) 10 Jahre nach „Rio" – Konzepte zum Beitrag der Chemie zu einer nachhaltigen Entwicklung. Angew Chem 114(3):402–425
3. Franke M, Górak A, Strube J (2004) Auslegung und Optimierung von hybriden Trennverfahren. Chem Ing Techn 76:199–210. ► https://doi.org/10.1002/cite.200406150
4. Bazzanella A (2008) Prozessintensivierung – Eine Standortbestimmung. Positionspapier der ProcessNet Fachsektion Prozessintensivierung, DECHEMA e. V. (Hrsg). ► http://dechema.de/dechema_media/Roadmap+PI+FS+Stand+MV+2008-view_image-1-called_by-dechema-original_site-dechema_eV-original_page-125076.pdf. Zugegriffen: 18. Jan. 2018
5. Keller T, Roth T, Mackowiak JF, Kreis P, Górak A, Stankiewicz A (2011) Prozessintensivierung in der Fluidverfahrenstechnik. Chem Ing Techn 83:935–951. ► https://doi.org/10.1002/cite.201100010
6. Falbe J (1977) Chemierohstoffe aus Kohle. Thieme, Stuttgart
7. Bertau M, Offermanns H, Plass L, Schmidt F, Wernicke H-J (2014) Methanol: the basic chemical and energy feedstock of the future. Asinger's vision today. Springer, Heidelberg
8. Zeikus JG, Jain MK, Elankovan P (1999) Biotechnology of succinic acid production and markets for derived industrial products. Applied Microbiol Biotechnol 51:545–552. ► https://doi.org/10.1007/s002530051431
9. Chmiel H (2006) Bioprozesstechnik, 2. Aufl. Spektrum, Heidelberg
10. Starr MP, Stolp H, Trüper HG, Balows A, Schlegel HG (1981) The prokaryotes. A handbook on habitats, isolation and identification of bacteria. Springer, New York
11. Steinbusch SR (2015) Einfluss von Licht und Temperatur auf die Kultivierung von Mikroalgen – Auslegung und Betrieb von Freiland-Pilotanlagen zur Bestimmung prozessrelevanter Kinetiken. Dissertation, Karlsruher Institut für Technologie (KIT)
12. Kampen I (2006) Einfluss der Zellaufschlussmethode auf die Expanded Bed Chromatographie. Dissertation, TU Wilhelmina zu Braunschweig
13. Fuchs G, Schlegel HG, Eitinger T (2007) Allgemeine Mikrobiologie, 8. Aufl. Thieme, Stuttgart
14. Storhas W (2003) Bioverfahrensentwicklung. Wiley-VCH, Weinheim
15. van Hecke W, Kaur G, de Wever H (2014) Advances in in-situ product recovery (ISPR) in whole cell biotechnology during the last decade. Biotechnol Adv 32:1245–1255. ► https://doi.org/10.1016/j.biotechadv.2014.07.003
16. Urbanus J, Roeland CPM, Verdoes D, ter Horst JH (2012) Intensified crystallization in complex media: heuristics for crystallization of platform chemicals. Chem Engin Sci 77:18–25
17. MarketsandMarkets (2015) Succinic acid market – by source (petroleum & bio-based) and application (Polyurethane, food & beverage, resins, couatings & pigments, plasticizers, pharmaceuticals, de-icer solutions, PBS/PBST, solvents & lubricants, personal care) – Trends & Forecasts 2019
18. Smidt M (2011) A sustainable supply of succinic acid. Euro|Biotech|News 10:70–71
19. Najafpour GD (2008) Single-cell protein. In: Najafpour GD, Najafpour GD (Hrsg) Biochemical engineering and biotechnology, 1. Aufl. Elsevier, Amsterdam, S 332–341
20. Ghasemi Y, Rasoul-Amini S, Morowvat MH (2011) Algae for the production of SCP. In: Liong M-T (Hrsg) Bioprocess sciences and technology. Nova Science, New York, S 163–184
21. DECHEMA (2016) Mikroalgen-Biotechnologie. Gegenwärtiger Stand, Herausforderungen, Ziele. Positionspapier des DECHEMA e. V., Frankfurt a. M. ► https://dechema.de/dechema_media/Downloads/Positionspapiere/PP_Algenbio_2016_ezl-p-20001550.pdf
22. Nasseri AT, Rasoul-Amini S, Morowvat MH, Ghasemi Y (2011) Single cell protein: production and process. Am J Food Technol 6(2):103–116
23. Dwyer JL (1984) Scaling-up bio-product separation with high performance liquid chromatography. Biotechnol 2:957–964
24. DVGW (2011) Technische Regel – Arbeitsblatt DVGW G 262 (A). Nutzung von Gasen aus regenerativen Quellen. DVGW Deutscher Verein des Gas- und Wasserfaches e. V. Technisch-wissenschaftlicher Verein (Hrsg)

Möglichkeiten der Integration in bestehende industrielle Anlagen mit relevanten C1-Gasströmen

Görge Deerberg, Michael Hensmann, Marten Sprecher, Helmut Hoppe, Jens Hannes, Ute Merrettig-Bruns, Bettina Sayder, Kerstin Schwarze-Benning und Hans-Jürgen Körner

Inhaltsverzeichnis

M. Kircher und T. Schwarz (Hrsg.), *CO_2 und CO – Nachhaltige Kohlenstoffquellen für die Kreislaufwirtschaft*, https://doi.org/10.1007/978-3-662-60649-0_10

10.1 Stahlwerke

Marten Sprecher und Michael Hensmann

10.1.1 Prozessrouten der Rohstahlerzeugung

Die Rohstahlproduktion in Deutschland lag im Jahr 2018 bei ca. 42,4 Mio. t. Zwei Drittel des Rohstahls werden in integrierten Hüttenwerken über die Hochofen-Konverterroute erzeugt, bei der als Energieträger und Reduktionsmittel Kohlenstoffträger wie Kohle und Koks eingesetzt werden, und ein Drittel über die Elektroofenroute, bei der Kohlenstoffträger nur eine untergeordnete Rolle spielen (◘ Abb. 10.1). Dementsprechend weisen die Kuppelgase der Hochofen-Konverterroute prozessbedingt hohe Konzentrationen an CO und CO_2 auf.

Die Standorte der Stahlindustrie in Deutschland unterscheiden sich entsprechend der Produktionsroute und der regionalen Lage der Werke (◘ Abb. 10.2). Die sechs integrierten Hüttenwerke, von denen zwei in NRW liegen, betreiben jeweils zwei bis vier Hochöfen an ihren Standorten. Das Roheisen aus den Hochöfen weist einen Kohlenstoffgehalt von ca. 5 % auf und wird in den Konvertern der Oxygenstahlwerke durch Frischen mit Sauerstoff zu Rohstahl weiterverarbeitet. Zum integrierten Hüttenwerk zählen i. d. R. auch eine Kokerei und eine Sinteranlage. Die in der Koks-, Roheisen- und Rohstahlerzeugung produzierten Kuppelgase werden energetisch in den internen Prozessen, z. B. zur Heißwinderzeugung für den Hochofen,

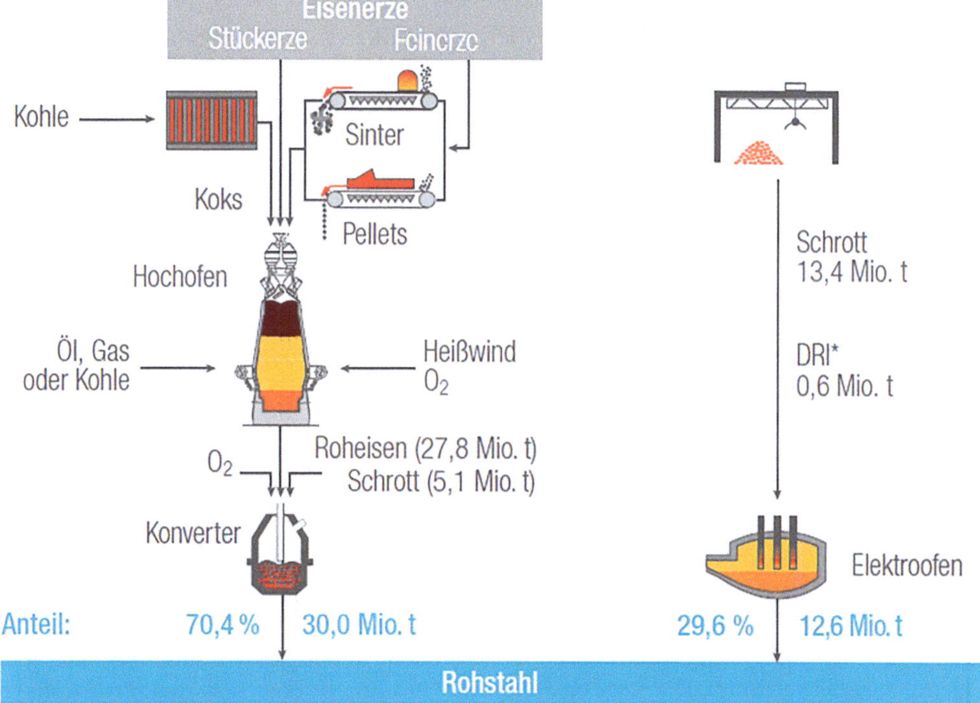

◘ **Abb. 10.1** Erzeugungsrouten zur Stahlherstellung in Deutschland (2015; [1])

10

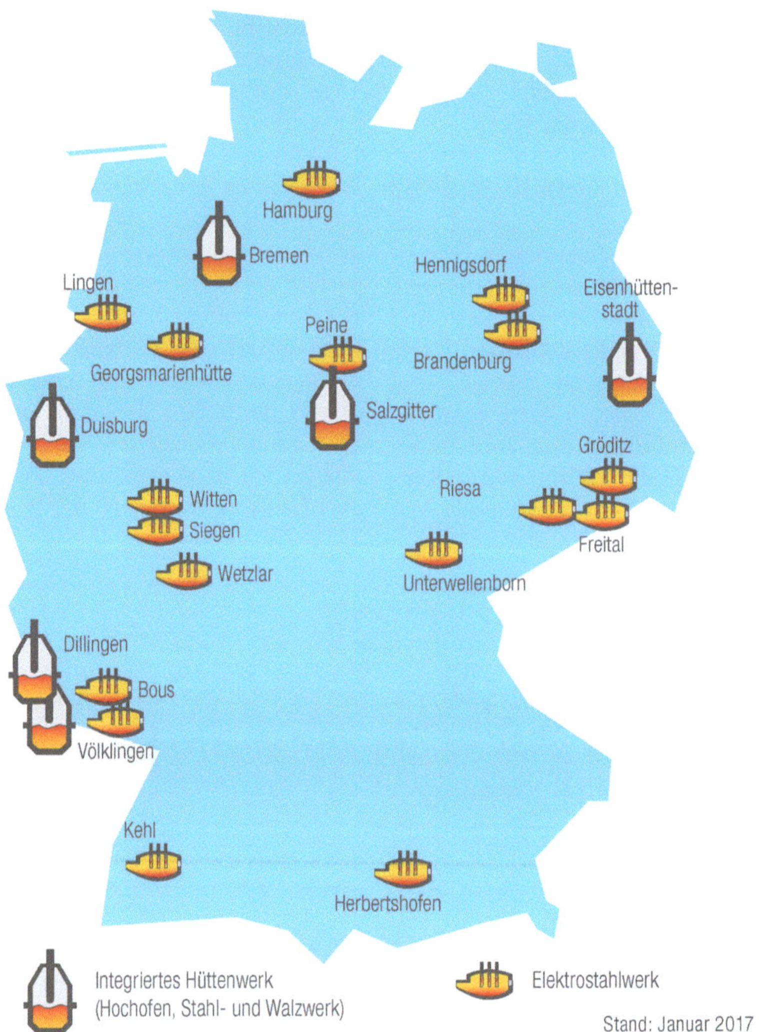

Abb. 10.2 Standorte der Stahlerzeugung in Deutschland [2]

zur Unterfeuerung der Koksofenbatterien und zur Befeuerung der Wärmöfen im Warmwalzwerk, genutzt. Überschüssige Prozessgase werden in den Hüttenkraftwerken für die Eigenversorgung verstromt. Die Standorte der integrierten Hüttenwerke und der Elektrostahlwerke in Deutschland sind Abb. 10.2 zu entnehmen.

10.1.2 Kuppelgase der integrierten Hüttenwerke

Bei den Kuppelgasen handelt es sich um die Prozessgase aus den drei Prozessstufen Kokerei (Abb. 10.3), Hochofen und Konverter, die in unterschiedlichen Mengen bezogen auf die Tonne Rohstahl anfallen.

Abb. 10.3 Luftblick auf eine Kokerei

Die Kuppelgase enthalten CO, CO_2 und Wasserstoff, dies jedoch in sehr unterschiedlichen Anteilen (Tab. 10.1). Aufgrund ihrer Zusammensetzung werden die Kuppelgase für unterschiedliche Anwendungen bei der Beheizung und Energieerzeugung eingesetzt.

Kuppelgase

„Nebenprodukte, bei der Erzeugung von Grundstoffen entstehende Gase oder Hüttengase, u. a. Gicht-, Kokerei- oder Konvertergas, oder eine Mischung aus diesen Gasen", Ziffer 9 des § 3 Abs. 2 Zuteilungsgesetz 2012 vom 07.08.2007, BGBl, I 07, 1788.

Das Koksofengas entsteht bei der Umwandlung von Kokskohle zu hochwertigem Koks. In den Koksöfen werden die flüchtigen Bestandteile der Kokskohle bei Temperaturen bis zu 1050 °C freigesetzt. Hierbei entsteht ein poröser, grobstückiger Koks, der im Hochofenprozess als Energieträger und Reduktionsmittel Verwendung findet. Nach aufwendiger Aufbereitung des Koksofengases zur Gewinnung von Teer, Benzol und Schwefel wird das Gas zur Unterfeuerung der Koksbatterien eingesetzt und in sogenannter Ferngasqualität in den Anlagenverbund eingespeist. Hier findet es insbesondere als Heizgas für die Wärmöfen Verwendung.

Übersicht

Kokereigas wird bei der trockenen Destillation von Steinkohle in Koksöfen, den sogenannten Batterien, erzeugt. Der produzierte Koks dient im nachgeschalteten Hochofenprozess als Reduktionsmittel und Energieträger.
Hochofengas wird beim Hochofenprozess erzeugt. Gichtgas wird am Ofenkopf, der Gicht, erfasst.
Zugrunde liegende Reaktion:
$Fe_2O_3 + 2\,C \rightarrow 2\,Fe + CO + CO_2$

Das Hochofengas oder auch Gichtgas entsteht bei der Verhüttung von Eisenerz im Hochofen. Die Entstaubung des Gichtgases erfolgt

Tab. 10.1 Zusammensetzung und Mengen der Kuppelgase (Hochofengas ca. 1500 m^3/t Roheisen, Konverter ca. 75 m^3/t CS und Kokerei 420 m^3/t Koks)

		Hochofengas	**Koksofengas**	**Konvertergas**	**Erdgas**
Chemische Zusammensetzung					
CO_2	Vol.-%	22,0	2,3	17,8	0,08
N_2	Vol.-%	52,5	7,3	12,1	0,84
O_2	Vol.-%	–	0,9	0,1	< 0,01
CO	Vol.-%	21,4	5,8	62,5	–
H_2	Vol.-%	4,1	56,8	7,5	–
CH_4	Vol.-%	–	23,7	–	98,30
C_2H_6	Vol.-%	–	–	–	0,52
C_3H_8	Vol.-%	–	–	–	0,17
C_4H_{10}	Vol.-%	–	–	–	0,06
C_3H_6	Vol.-%	–	3,2	–	–
C_4H_8	Vol.-%	–	–	–	
Heiz- und Brennwert					
Brennwert $H_{o,n}$	kJ/m^3	3.226	20.413	8.852	39.809
Heizwert $H_{u,n}$	kJ/m^3	3.146	18.164	8.705	35.885
Verbrennung mit Luft ($\lambda = 1{,}0$)					
Luftbedarf l_{min}	m_L^3/m_B^3	0,61	4,39	1,66	9,54
O_2-Bedarf $O_{2,min}$	m_L^3/m_B^3	0,128	0,922	0,349	2,003
Abgas (feucht) für $\lambda = 1{,}0$					
Volumen $v_{A,min,f}$	m_L^3/m_B^3	1,48	5,09	2,31	10,34
CO_2	Vol.-%	29,3	8,1	34,7	9,7
H_2O	Vol.-%	2,8	22,3	3,2	18,2
N_2	Vol.-%	67,9	69,6	62,1	72,1

üblicherweise in einem Schwerkraftabscheider mit nachgeschalteter nasser Feinentstaubung im Zyklon oder Elektrofilter. Das aufgereinigte Gichtgas wird zum überwiegenden Teil zur Beheizung der Winderhitzer im Hochofenbereich (◘ Abb. 10.4) und in Mischung mit Koksofengas zur Unterfeuerung der Koksöfen genutzt. Weitergehende Überschüsse werden mit anderen heizwertreichen Kuppelgasen aufgewertet und als Mischgas zur Beheizung der Wärmöfen eingesetzt. Überschüsse werden in Gaskraftwerken zur Verstromung verwendet.

Das Konvertergas entsteht in den Konvertern der Oxygenstahlwerke bei der Umwandlung von Roheisen zu Rohstahl (◘ Abb. 10.5). Hierbei wird der im Roheisen enthaltene Kohlenstoff mit injiziertem Sauerstoff zu CO umgesetzt. Das Konvertergas wird in explosionssicheren Elektrofiltern oder Tuchfiltern entstaubt und zur Dampferzeugung oder im Gasverbund der Hütte

Abb. 10.4 Hochofen mit drei Winderhitzern

Abb. 10.5 Oxygenstahlwerk: Chargieren des Oxygenstahlkonverters mit Roheisen

zur Beheizung der Wärmöfen oder zur Verstromung im Kraftwerk genutzt.

Übersicht

Konvertergas wird bei der „Entkohlung" des flüchtigen Roheisens (ca. 4,7 % Kohlenstoff) im Konverter des Stahlwerks erzeugt. Der Zielgehalt im Stahl liegt bei <0,1 % Kohlenstoff.
Zugrunde liegende Reaktion:
$2\,C + O_2 \rightarrow 2\,CO$ und teilweise:
$2\,CO + O_2 \rightarrow 2\,CO_2$

Die Kuppelgase haben als Prozessgase unterschiedliche spezifische Eigenschaften und unterscheiden sich in ihrer chemischen Zusammensetzung und folglich in ihrem spezifischen Heizwert. Konvertergas hat mit ca. 60 % den höchsten Gehalt an CO und besteht, wie auch das Hochofengas, zu ca. 20 Vol.-% aus CO_2. Koksofengas hingegen enthält nur geringe Mengen an CO_2 sowie CO-Konzentrationen bis ca. 10 %. Der wesentliche Bestandteil des Koksofengases ist mit über 60 % Wasserstoff, neben Methan mit ca. 20 bis 25 %. Alle Kuppelgase werden der weiteren Verwendung mit geringem Überdruck bei Temperaturen bis 50 °C bereitgestellt (◘ Abb. 10.6).

10

Kuppelgase werden im Energieverbund genutzt

Eine Besonderheit der Stahlindustrie ist die intensive Nutzung von Kuppelenergien, wozu die Kuppelgase, Dampf aus Abwärme und der Eigenstrom gehören. Die in der Kokerei, am Hochofen und im Oxygenstahlwerk prozessbedingt entstehenden Kuppelgase – Koksofengas, Hochofengas und Konvertergas – werden im Energieverbund des Hüttenwerks in anderen Anlagen zur Erzeugung von Wärme und Strom genutzt. Dadurch wird der zusätzliche Bezug von Erdgas und Strom minimiert, fossile Brennstoffe werden eingespart und CO_2-Emissionen reduziert. Der Strom-, Dampf- und Wärmebedarf der integrierten Hütte ist damit vollständig gedeckt.

Aufgrund der örtlichen Verteilung der Kuppelgase im integrierten Hüttenwerk zur Deckung des Strom-, Dampf- und Wärmebedarfs in den jeweiligen Haupt- und Nebenaggregaten entstehen die CO_2-Emissionen zum größten Teil dezentral. ◘ Abb. 10.7 zeigt die Verortung der CO_2-Emissionen der Stahlindustrie in Deutschland bezüglich der gesamten Stahlproduktion unter Einbeziehung der Elektrostahl- und Hochofen-Konverterroute.

Nach Erzeugung der jeweiligen Kuppelgase in den entsprechenden Anlagen werden die Gase zunächst über Rohrleitungen

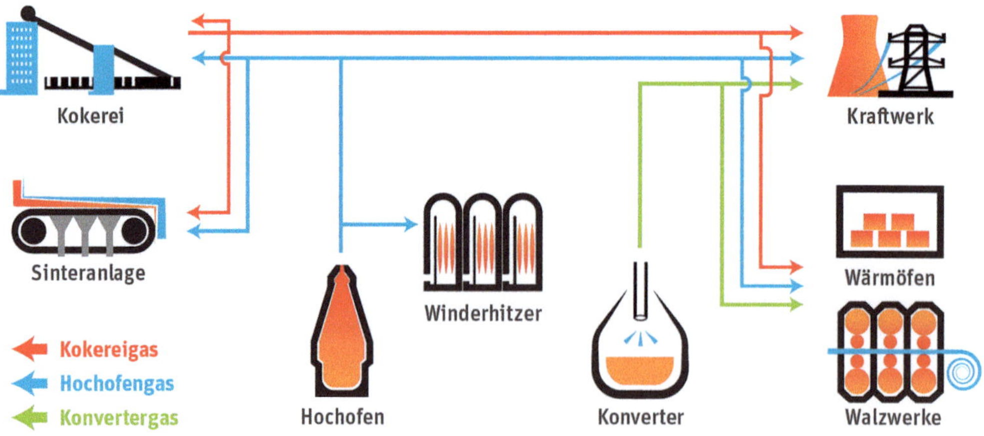

◘ **Abb. 10.6** Hüttengasverbund

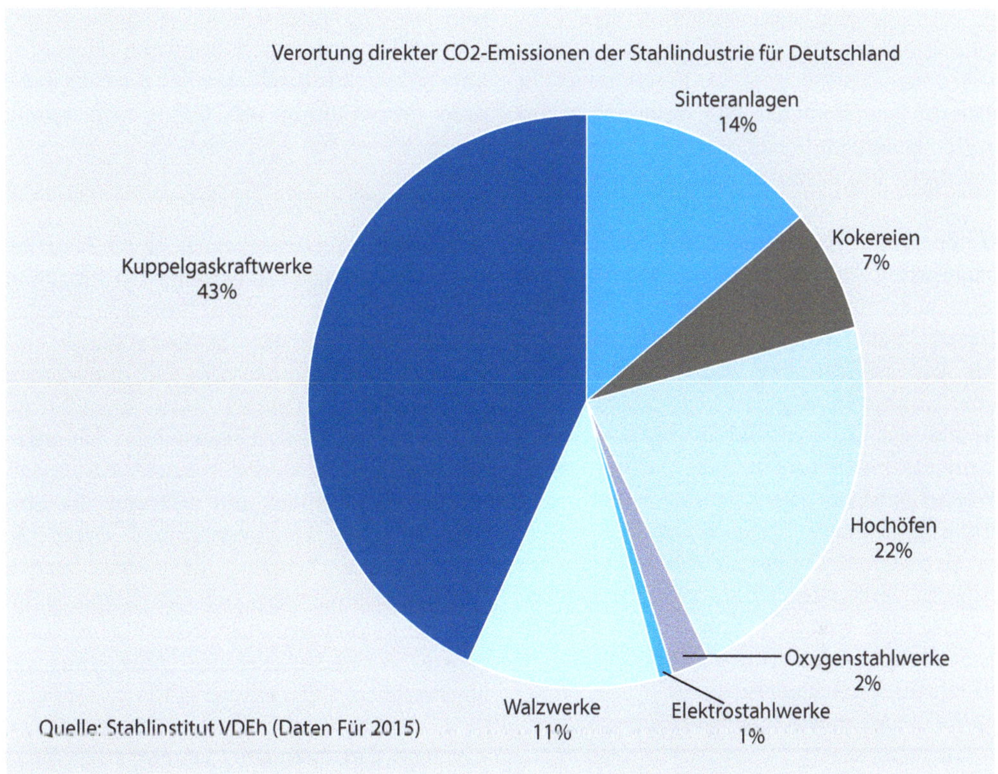

Abb. 10.7 Verortung direkter CO_2-Emissionen der Stahlindustrie in Deutschland

transportiert, ggf. in Gasometern kurz zwischengespeichert und letztendlich dem jeweiligen Nutzungszweck zugeführt. Der Fachbegriff hierfür heißt „Dispatching". Dabei hat der Aufgabenumfang für den Dispatcher, insbesondere durch die gesteigerte Komplexität der internen Gasverteilung und Nutzung, im Laufe der letzten Jahre erheblich zugenommen. Ursachen sind die gestiegenen Verwertungsmöglichkeiten durch verbesserte Anlagentechnik, die Vielfalt an technischen Restriktionen in den Einzelanlagen, Energieeffizienzveränderungen durch Brennstoffwechsel, die Senkung der CO_2-Emissionen und weitere Kostenquereffekte, z. B. der Anlagenauslastungsfaktor.

10.1.3 Maßnahmen zur CO_2-Minderung in der Stahlindustrie

Wie viel Kohlenstoff beim Stahlherstellungsprozess über die integrierte Route eingesetzt werden muss und wie viel CO_2 bei der Erzeugung von Roheisen und Stahl über die Hochofen-/Konverterroute emittiert wird, lässt sich rechnerisch ermitteln. Es gibt dazu einen theoretischen „Idealfall", der in der Realität allerdings nicht erreichbar ist. Dieser ist naturwissenschaftlich begründet und eine fundierte Referenz für die Bewertung der CO_2-Emissionshöhe in integrierten Hüttenwerken.

Auch bei der Stahlproduktion über Einschmelzen von Stahlschrott in Elektrolichtbogenöfen entstehen CO_2-Emissionen. In diesem Fall sind die CO_2-Emissionen im Wesentlichen indirekt, weil sie mit dem jeweiligen Stromerzeugungsmix korrelieren.

Das Verhältnis der beiden Verfahrensrouten begründet sich durch das begrenzte Aufkommen an Stahlschrott, steht aber auch mit dem weltweiten Stahlbedarf und den Werkstoffanforderungen wie der erforderlichen Reinheit des Stahls im Zusammenhang. Es ist letztlich das Abbild der Kundenanforderungen und der Produktionsstruktur in den nachgelagerten Wertschöpfungsketten und damit der Industriestruktur in Deutschland.

Grundsätzlich sind für die Zukunft vier Ansätze erkennbar, die zur erheblichen Reduzierung von CO_2-Emissionen im Stahlherstellungsprozess beitragen könnten:

10

- die direkte Reduzierung von CO_2-Emissionen *(Carbon Direct Avoidance)*,
- der reduzierte Einsatz von fossilem Kohlenstoff durch Einsatz neuer Technologien *(Process Integration)*
- die Speicherung und Lagerung von CO_2 *(CO_2 Capture and Storage)*,
- die chemische Umwandlung und Nutzung von CO_2 *(Carbon Capture and Utilization)*.

Carbon Direct Avoidance (CDA)

Zur Verminderung bzw. Vermeidung von CO_2-Emissionen bei der Stahlerzeugung wird zunehmend die Erhöhung des Wasserstoffeinsatzes in der Metallurgie diskutiert. Der Wasserstoffeinsatz könnte, sofern der Wasserstoff aus CO_2-freier Erzeugung stammt, eine der zukünftigen Schlüsseltechnologien für eine kohlenstoffarme Stahlerzeugung werden, indem Eisenerze nicht mit fossilem Kohlenstoff, sondern mit einem erheblichen Anteil von Wasserstoff reduziert werden. Wird Wasserstoff zur Reduktion in sogenannten Direktreduktionsanlagen genutzt, so ist das erzeugte direktreduzierte Eisen in einem weiteren Verfahrensschritt aufzuschmelzen. Hierzu kann der herkömmliche Hochofen oder der Elektrolichtbogenofen, vorzugsweise unter Verwendung von CO_2-freiem Strom, eingesetzt werden.

Process Integration (PI)

Es gibt bereits diverse Ansätze, durch Nutzung neuer Technologien in bestehenden Prozessen oder in neu entwickelten Prozessen fossilen Kohlenstoff bei der Stahlerzeugung einzusparen und somit die CO_2-Emissionen zu verringern. Hierbei wird z. B. Strom aus erneuerbaren Quellen als Energieträger eingekoppelt oder auch Wasserstoff als Reduktionsmittel und Substitut für Einblaskohle im Hochofenprozess eingesetzt. Zur weiteren Senkung der verbleibenden CO_2-Emissionen bietet sich eine Kombination mit der stofflichen CO_2-Nutzung Nutzung (▶ Abschn. 10.1.3.4) oder eine Endlagerung von abgetrenntem CO_2 (▶ Abschn. 10.1.3.4) an.

Carbon Capture and Storage (CCS)

Heute werden Teile der Prozessgase von integrierten Hüttenwerken in den Kraftwerken zur Erzeugung von elektrischem Strom und Dampf eingesetzt, um damit den Stromverbrauch des integrierten Hüttenwerks ressourcenschonend zu decken und eine möglichst autarke, betriebswirtschaftlich optimale Betriebsweise zu realisieren. Bei dieser Art der Nutzung der Hüttengase werden alle Kohlenstoffträger als CO_2 emittiert. Das CO_2 im Abgas dieser Kuppelgaskraftwerke könnte, wie auch für Kohlekraftwerke diskutiert, für eine Endlagerung abgetrennt werden. Wie bereits beschrieben, bietet sich dieser Ansatz auch für die Endlagerung von CO_2 aus Prozessen mit bereits vermindertem Kohlenstoffeinsatz an.

Carbon Capture and Utilization (CCU)

Die integrierten Hüttenwerke sind heute überwiegend energetisch optimiert. Weitere Verbesserungspotenziale dieser Verfahrensroute im Hinblick auf CO_2-Minderungen sind zum Beispiel denkbar, wenn Branchen wie Stahl und Chemie in einem Netzwerk zusammenarbeiten. Für eine CO_2-Reduzierung in der Stahlindustrie könnten in einem solchen *cross-industrial network* die Exportgase integrierter Hüttenwerke zusammen mit Wasserstoff aus regenerativer Erzeugung (und zu einem kleinen Teil auch aus eigener Erzeugung) für die Herstellung chemischer Produkte, wie Methanol, künstlich hergestellter Kraftstoffe oder auch Harnstoff, genutzt werden.

Zusammenfassung
In Deutschland zeichnet sich vor allem die Stahlindustrie durch hohe kohlenstoffreiche Abgasströme aus, wobei sich die Zusammensetzung und Qualität der Gasgemische, die aus verschiedenen Prozessschritten hervorgehen, stark unterscheiden können. Neben der Nutzung anfallender Gase zur Erzeugung von Wärme und Strom, die wiederum in Stahlverarbeitungsprozessen benötigt werden, werden Ansätze verfolgt, CO_2-Emissionen durch *Carbon Direct Avoidance* (CDA), Process Integration (PI), Carbon Capture and Storage (CCS) oder *Carbon Capture and Utilization* (CCU) gezielt zu reduzieren.

10.2 Zementwerke

Helmut Hoppe

10.2.1 CO_2-Emissionen der Zementindustrie

Zement ist ein Baustoff, der für die Errichtung und Erhaltung einer modernen Infrastruktur unverzichtbar ist. Um diesen Bedarf zu decken, wird in fast jedem Flächenland der Welt Zement produziert. Dabei entstehen sowohl prozess- als auch brennstoffbedingte CO_2-Emissionen. Über 60 % der CO_2-Emissionen sind rohstoffbedingt, d. h. sie entstehen bei der Entsäuerung des Kalksteins ($CaCO_3$), des wichtigsten Rohstoffs für die Zementherstellung. Rund 30 % der CO_2-Emissionen entstehen bei der Verbrennung der für den Klinkerbrennprozess eingesetzten Brennstoffe, und ca. 10 % sind indirekte Emissionen aufgrund des Bedarfs an elektrischer Energie beim gesamten Produktionsprozess.

Klinker
Zwischenprodukt der Zementherstellung, das bei einem Hochtemperaturprozess in Drehofenanlagen gebildet wird. Bei der Vermahlung des Klinkers mit einem geringen Anteil Gips sowie eventuell weiterer Hauptbestandteile oder Zumahlstoffe wird das Endprodukt, der Zement, hergestellt.

Die Zementindustrie trägt damit wesentlich zu den anthropogenen CO_2-Emissionen bei. Nach aktuellen Schätzungen liegen die globalen CO_2-Emissionen aus der Zementherstellung bei über 2 Gt/a [3], das entspricht 7 bis 9 % der anthropogenen CO_2-Emissionen. In Deutschland lagen die direkten CO_2-Emissionen der Zementindustrie im Jahre 2016 bei knapp 20 Mio. t. Die Emissionen der einzelnen Werke nehmen dabei eine größere Spannbreite ein – von etwas über 100.000 t pro Jahr bei kleinen Werken bis zu 1,4 Mio. t pro Jahr bei einzelnen großen Zementwerken. Die Lage der Werke und damit der CO_2-Quellen (Werke mit Klinkererzeugung) ist in ◘ Abb. 10.8 (links) dargestellt. Es ist erkennbar, dass die Emittenten von Nord bis Süd verteilt sind – mit gewissen Schwerpunkten in Westfalen und im Südwesten Deutschlands.

10

■ **Abb. 10.8** **a** Lage der Zementwerke in Deutschland; CO_2-Quellen: Zementwerke mit Klinkererzeugung (Quelle: VDZ); **b** Ansicht eines Zementwerks. (© VDZ)

b

Abb. 10.8 (Fortsetzung)

10.2.2 Herstellung von Zement und Abgas des Klinkerbrennprozesses

Zementwerke sind große industrielle Anlagen (Abb. 10.8, rechts), in denen die in Steinbrüchen gewonnenen Rohmaterialien aufbereitet und danach in Ofenanlagen zu einem Zwischenprodukt, dem Klinker, gebrannt werden. Anschließend erfolgt die Mahlung zum Zement, der bis zum Versand in großen Silos gelagert wird.

Zement
Zement ist ein hydraulisches Bindemittel, das nach dem Anmachen mit Wasser sowohl an der Luft als auch unter Wasser selbstständig erhärtet und dauerhaft festbleibt.

Ein Fließbild der Zementherstellung zeigt Abb. 10.9. Das Gros der CO_2-Emissionen fällt bei der energieaufwendigen Herstellung des Zementklinkers, einem Hochtemperaturprozess in einer Drehofenanlage, an, nämlich bei der Entsäuerung des Kalksteins ($CaCO_3 \rightarrow CaO + CO_2$) und bei der Verbrennung fossiler und alternativer Brennstoffe.

Das Abgas des Klinkerbrennprozesses wird (nach einer thermischen Verwertung bei der Mahltrocknung des Rohmaterials) gereinigt und danach über den Hauptkamin des Werkes in die Atmosphäre emittiert. Ein typischer Abgasvolumenstrom, z. B. für eine sogenannte BAT-Anlage mit einer Klinkerkapazität von 3000 t pro Tag, liegt je nach Betriebszustand im Bereich von 250.000 bis 350.000 m^3/h (N., tr.).

Die Reingastemperatur liegt bei Betrieb der Rohmühle zwischen 90 und 150 °C, während im Betrieb ohne Abgasverwertung in

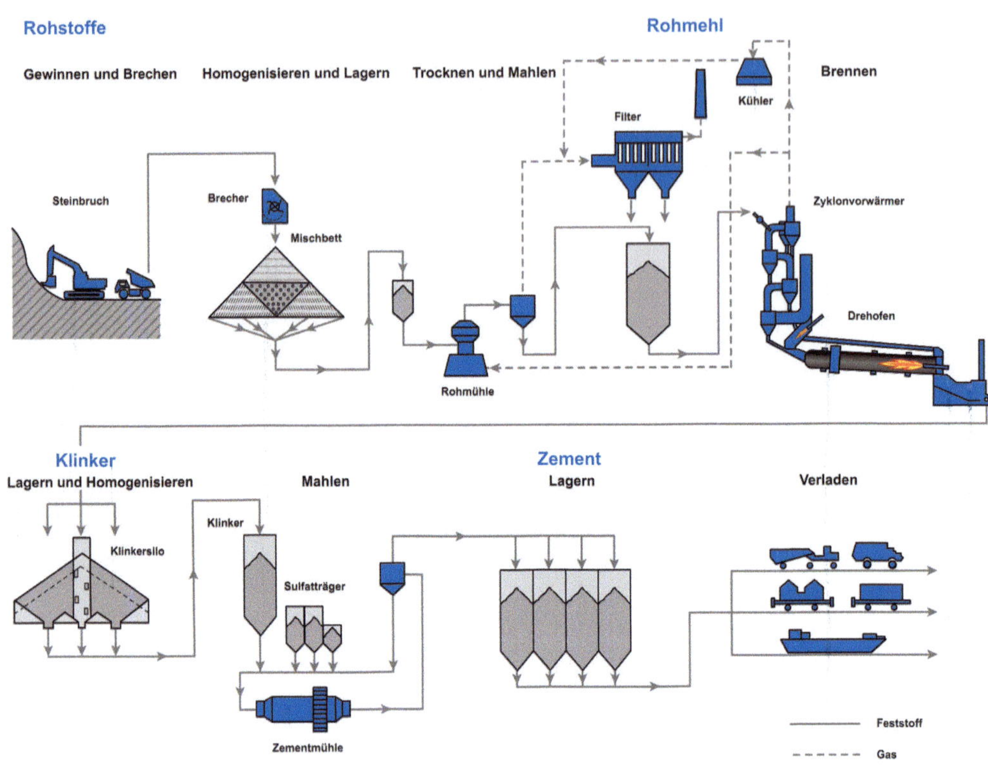

Abb. 10.9 Schematische Darstellung des Zementherstellungsprozesses. (© VDZ)

der Rohmühle (Direktbetrieb) Temperaturen im Bereich von 120 bis 180 °C erreicht werden.

Das emittierte Reingas hat im Mahltrocknungsbetrieb folgende typische Zusammensetzung [4]:

- **CO_2:** - 14–22 %
- **O_2:** - 5–14 %
- **CO:** - < 0,1 %
- **N_2:** - Bilanzrest

Je nach Betriebsweise der Ofenanlage (z. B. mit oder ohne Rohmühlenbetrieb) ändert sich diese Zusammensetzung des Abgasstroms in gewissem Rahmen, d. h., im Direktbetrieb resultieren höhere CO_2- und geringere O_2-Konzentrationen. Weitere Bestandteile des Abgases sind verschiedene Luftschadstoffe (z. B. Staub, NO_x, SO_2, Gesamt-C, CO, Spurenelemente), die aber nur in sehr geringen Konzentrationen im Abgas enthalten sind und für die strenge Emissionsgrenzwerte der 17. BImSchV gelten. Um die geforderten Abgaskonzentrationen zu erreichen, wird das Abgas entstaubt und in der Regel auch eine Maßnahme zur NO_x-Minderung angewendet. Darüber hinaus kommen bei Bedarf auch weitere Emissionsminderungsmaßnahmen zur Anwendung, z. B. für SO_2 oder für Hg. Eine weitergehende Nutzung des emittierten Abgasstroms, z. B. für andere industrielle Prozesse, ist bisher nicht möglich.

10.2.3 Maßnahmen zur Verminderung der CO_2-Emissionen

Aus Gründen des Klimaschutzes sind zukünftig jedoch auch erhebliche Minderungen der Treibhausgas- und insbesondere der CO_2-Emissionen erforderlich.

In der Zementindustrie wurden bisher verschiedene („herkömmliche") Maßnahmen zur Minderung der CO_2-Emissionen angewendet, nämlich:

- Verminderung des Klinkeranteils im Zement,
- Verbesserung der Energieeffizienz,
- Einsatz von alternativen Brennstoffen mit biogenen Anteilen.

Um die Klimaziele für den Zementsektor erreichen zu können, sind nach übereinstimmenden Angaben verschiedener Studien und „Roadmaps" weitergehende Maßnahme wie CCS *(carbon capture and storage)* unbedingt notwendig. Da die Anwendung von CO_2-Abscheideverfahren im Kraftwerksbereich aufgrund der immer weiter steigenden Nutzung von regenerativen Energien nicht zwingend erforderlich ist, kommt der Anwendung dieser Verfahren zur Minderung der praktisch unvermeidbaren prozessbedingten CO_2-Emissionen möglicherweise eine steigende Bedeutung zu.

10.2.4 *Carbon Capture*-Projekte in der Zementindustrie

Bisher gibt es jedoch nahezu keine Betriebserfahrungen über die Anwendung von CO_2-Abscheideverfahren in Zementwerken. Daher sind zunächst weitere F&E-Projekte sowie Versuche an Pilot- und Demonstrationsanlagen erforderlich. Um eine spätere kommerzielle Anwendung dieser Verfahren an vielen Zementofenanlagen der Welt zu ermöglichen und die erforderliche globale CO_2-Reduktion zu erreichen, müssen im Jahr 2020 bereits erste Demoprojekte durchgeführt werden und in 2030 bereits über 130, in 2050 fast 500 Zementofenanlagen mit CO_2-Abscheideverfahren ausgestattet sein [5].

Bisher gibt es in der Zementindustrie allerdings nur wenige Projekte, in denen die Anwendung von CO_2-Abscheideverfahren beim Klinkerbrennprozess untersucht wird. Ein wichtiges Forschungsvorhaben wird von der *European Cement Research Academy* (ECRA) durchgeführt, in dessen Rahmen die europäische Zementindustrie gemeinsam Untersuchungen zur CO_2-Abscheidung durchführt [6] und nun ein Oxyfuel-Demonstrationsprojekt plant [7]. In einem anderen Projekt des Zementkonzerns HeidelbergCement wurden in einem norwegischen Zementwerk verschiedene *Post-Combustion*-Verfahren in Pilotversuchen erprobt [8], und aktuell werden Planungen zum Bau einer Demonstrationsanlage für eine Aminwäsche durchgeführt. Darüber hinaus gab es Forschungsprojekte einzelner Zementunternehmen, z. B. zur Mineralisierung von CO_2, zur Kultivierung von Mikroalgen mit CO_2-haltigen Abgasströmen oder auch zum *Calcium-Looping*-Verfahren.

Bisher gibt es jedoch erhebliche Hürden, die eine Durchführung solcher Projekte verhindern. Für die notwendigen F&E-Projekte sind ausreichende Fördermittel notwendig, um entsprechende Anlagen zur CO_2-Abscheidung zu installieren und zu betreiben. Großtechnische Projekte sind unter den heutigen Bedingungen nicht zu realisieren, da die Kosten der Zementherstellung signifikant erhöht und damit Zement- und Klinkerimporte aus entfernteren Regionen dieser Welt drohen würden. Erst nach Implementierung wirksamer Maßnahmen zur Verhinderung des sogenannten „Carbon Leakage" wären großtechnische Projekte zur CO_2-Abscheidung in der Zementindustrie denkbar. Nach aktuellen Kostenschätzungen liegen die spezifischen Kosten für eine Anwendung von CO_2-Abscheideverfahren in Zementwerken (ohne CO_2-Transport und -Speicherung) zwischen 40 und über 100 €/t CO_2 [9].

Darüber hinaus wäre der Verbleib des abgeschiedenen CO_2 unklar, da bisher keine Transport- und Speicherinfrastruktur vorhanden ist. Zumindest in Deutschland und in einzelnen anderen europäischen Ländern besteht für eine Speicherung von großen Mengen an CO_2 in unterirdischen geologischen Schichten keine gesetzliche Grundlage. Ein Pipelinenetz zum Transport des CO_2 ist ebenfalls nicht vorhanden.

10.2.5 Möglichkeiten zur Verwertung von abgeschiedenem CO_2

Solange die Rahmenbedingen für eine Speicherung großer Mengen CO_2 in unterirdischen geologischen Schichten nicht gegeben sind, könnte eine Verwertung von abgeschiedenem CO_2 als C1-Quelle eine gewisse Bedeutung erlangen. Bei sogenannten CCU-Projekten *(carbon capture and utilization)* könnte ein CO_2-Gasstrom aus der CO_2-Abscheidung eines Zementwerks über ein Pipelinenetz zu einer anderen Anlage für eine Verwertung transportiert werden. Prinzipiell wären Anlagen zur Verwertung des CO_2 auch in unmittelbarer Nachbarschaft des Zementwerks möglich, d. h., in diesen Fällen könnte man auf eine aufwendige Transportinfrastruktur verzichten. Das Potenzial solcher Verwertungsmöglichkeiten ist jedoch begrenzt, da bereits mit der CO_2-Menge aus einem Zementwerk der Markt für verschiedene denkbare Produkte zu einem signifikanten Teil gedeckt werden könnte.

10

Viele CCU-Verfahren beruhen auf der katalytischen Umsetzung von abgeschiedenem CO_2 mit Wasserstoff, z. B. zu Produkten wie Methanol, Methan, Kraftstoffen oder Ameisensäure. Der dafür erforderliche Wasserstoff müsste mittels Wasserelektrolyse hergestellt werden und der benötigte Strom aus erneuerbaren Energien stammen. *Power-to-Gas*-Projekte, bei denen Methan mit Wasserstoff aus überschüssigem Strom aus erneuerbaren Energien produziert wird, könnten zukünftig einen wichtigen Beitrag zur Energiespeicherung liefern. Die Wirtschaftlichkeit solcher Verfahren ist bisher allerdings nicht gegeben, d. h., auch hier müssen zunächst die Rahmenbedingungen geschaffen werden (Strompreise, Energiesteuern, Anerkennung als „grüne" Produkte), um großtechnische Produktionen zu ermöglichen [10 und 11]. Derzeit gibt es weltweit nur ein Projekt, bei dem CO_2 in einem Zementwerk abgeschieden und direkt vor Ort zur Produktion von $NaHCO_3$ (Natron) verwertet wird [12].

10.2.6 Bereitstellung von CO-Massenströmen nicht möglich

Während der Klinkerbrennprozess als C1-Quelle in Form von CO_2-Massenströmen grundsätzlich infrage kommt, lassen sich CO-Stoffströme kaum abtrennen oder gar verwerten. Das Ziel eines jeden Anlagenbetreibers ist es, die CO-Konzentration im Abgas so gering wie möglich zu halten, da Emissionsgrenzwerte für diese Komponente einzuhalten sind und erhöhte CO-Konzentrationen im Prozess erhebliche Probleme bereiten könnten (z. B. CO-Abschaltungen bei Elektrofiltern). Sekundäre Minderungsverfahren für CO werden aber nicht angewendet. In der Zementindustrie gibt es jedoch bereits erste Projekte, in denen Sekundärmaßnahmen zur Minderung der Emissionen organischer Stoffe zum Einsatz kommen (z. B. RTO, DeCONOx). Beim oxidativen Abbau der organischen Verbindungen wird auch CO oxidiert, womit die Emissionen dieser Komponente weiter gesenkt werden. Vor diesem Hintergrund ist es nicht möglich, dass aus dem Klinkerbrennprozess zukünftig CO-Gasströme abgetrennt werden, die als C1-Quelle für andere Prozesse dienen könnten.

Zusammenfassung
Um in den kommenden Jahrzehnten die international abgestimmten Klimaziele erreichen zu können, sind in allen relevanten Sektoren erhebliche CO_2-Minderungen erforderlich. Die Zementindustrie ist sich als großer CO_2-Emittent dieser Verantwortung bewusst und führt verschiedene Projekte durch, bei denen die Anwendung von CO_2-Abscheideverfahren *(Carbon Capture)* untersucht wird. Bis zur Realisierung großtechnischer Projekte und einer breiteren Anwendung werden allerdings noch Jahre vergehen, da einerseits noch ein erheblicher Forschungsbedarf besteht

und andererseits die wirtschaftlichen und politischen Rahmenbedingungen für CCS *(Carbon Capture and Storage)* bisher nicht gegeben sind. Darüber hinaus ist auch die Infrastruktur für Transport und Speicherung von CO_2 noch nicht vorhanden.
Mittel- und langfristig könnte die Zementindustrie allerdings als Ausgangspunkt neuer Wertschöpfungsketten für C1-Gasströme zur Verfügung stehen, und zwar als Lieferant großer Massenströme von CO_2. Die CO_2-Quellen, an denen die CO_2-Abscheidung erfolgt, sind dezentral im Lande vorhanden, sodass die Transportwege zu den infrage kommenden Verwertungsanlagen relativ kurz sein können. Es ist allerdings auch klar, dass stets ein erheblicher Anteil des CO_2 aus *Carbon-Capture*-Projekten einer geologischen Speicherung zugeführt werden muss, da die Märkte für Produkte aus CCU-Projekten begrenzt sind.
Eine Bereitstellung von CO-haltigen Abgasströmen als weitere C1-Quelle ist von Anlagen der Zementindustrie nicht möglich.

10.3 Kraftwerke

Jens Hannes

10.3.1 Kraftwerksprozesse und ihr spezifisches Potenzial als CO_2- und CO-Quellen

Thermische Kraftwerke mit Verbrennungsprozess basieren im Wesentlichen auf dem Prinzip der Wasserverdampfung unter Druck und dessen Entspannung in einer Dampfturbine, die dann einen elektrischen Generator antreibt. Die Technik kommt heute nur noch in Kohle- und Biomassekraftwerken zur Anwendung. Das Wasser wird in einem Dampfkessel mit integrierter Brennkammer verdampft. An die Brennkammer schließen sich Gasreinigungsanlagen an, sodass das gereinigte Rauchgas letztendlich in Form einer Punktquelle durch einen Schornstein oder Kühlturm abgeleitet wird (◘ Abb. 10.10). Das entstehende CO_2 kann dort vorzugsweise durch eine chemische Wäsche aus dem Rauchgas abgeschieden werden. Die CO_2-Konzentration im Rauchgas beträgt im Regelfall zwischen 13 und 15 % des

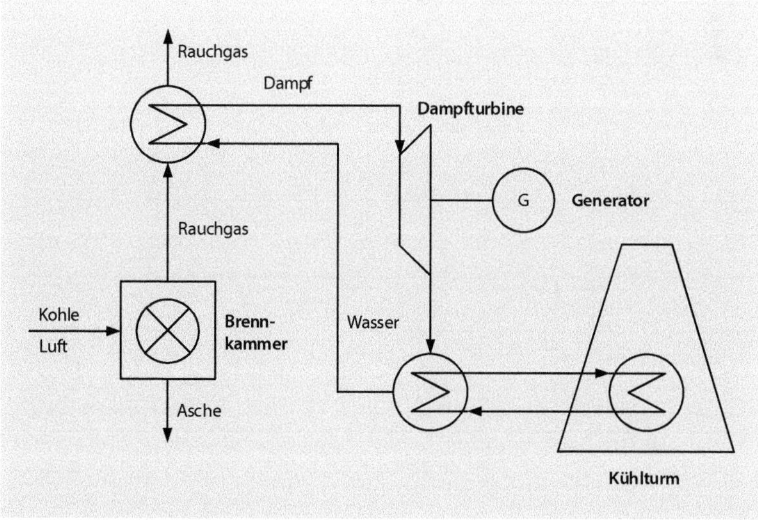

◘ **Abb. 10.10** Vereinfachtes Blockfließbild Kohlekraftwerk

Volumenstroms. CO spielt keine Rolle, da dies nach Möglichkeit vermieden werden soll.

Gaskraftwerke werden heutzutage häufig als kombinierte Gas- und Dampfkraftwerke (GuD) ausgeführt, da sich hier höhere Wirkungsgrade als beim reinen Wasserdampfprozess realisieren lassen. Das Erdgas wird in einer einem Strahltriebwerk ähnlichen Gasturbine, die mit einem Generator gekoppelt ist, verbrannt. Das immer noch ausreichend heiße Abgas der Gasturbine durchläuft einen Wärmeübertrager, der Wasser in einem geschlossenen Kreislauf verdampft. Mithilfe des Wasserdampfes wird eine Dampfturbine betrieben, die einen separaten Generator antreibt oder an die Achse der Gasturbine angekuppelt wird (■ Abb. 10.11). Die punktuelle Verbrennung des Gases in der Brennkammer der Gasturbine erzeugt Temperaturen, die für die eingesetzten Materialien der Turbinenschaufeln zu hoch wären. Daher wird der Prozess mit hohem Luftüberschuss gefahren, was für die nötige Kühlung sorgt. Dies führt aber zu einer Verdünnung des Abgases, sodass die CO_2-Konzentration im Schornstein eines GuD-Kraftwerks nur 2 bis 5 % beträgt. Durch den Luftüberschuss entsteht so gut wie kein CO.

Die Anwendung von GuD innerhalb von vergasungsbasierten IGCC-Kraftwerken *(Integrated Gasification Combined Cycle)* wurde auch für heterogene Brennstoffe (z. B. Kohle, Petrolkoks) erprobt, kommt aber weniger häufig zur Anwendung, da der Prozess technisch komplex und Wirtschaftlichkeit schwieriger erreichbar ist. Das durch Vergasung mit reinem Sauerstoff erzeugte und aufgereinigte Synthesegas – im Wesentlichen bestehend aus CO, H_2 und CO_2 – wird dabei einem GuD-Prozess zugeführt (■ Abb. 10.12). Dieses Verfahren ermöglicht die CO_2-Abtrennung mit geringerem Aufwand direkt aus dem Rohgas bereits zwischen Vergaser und Gasturbine. Durch Eindüsung von Dampf in Konvertierungsreaktoren (Wassergas-Shift-Reaktion) wird das Synthesegas in ein Gemisch aus hauptsächlich Wasserstoff und CO_2 übergeführt, und das CO_2 kann dann bereits vor dem Verbrennungsprozess ausgewaschen werden.

Da das Rohgas große Mengen an CO enthält, wäre dies auch direkt für chemische Prozesse nutzbar. Eine Kombination von chemischer und energetischer Nutzung, je nach momentanem Strombedarf, kann zur Flexibilisierung der Stromerzeugung beitragen.

Ein weiteres Verfahren ist das sogenannte Oxyfuel-Verfahren, bei dem der Ausgangsbrennstoff mit reinem Sauerstoff verbrannt

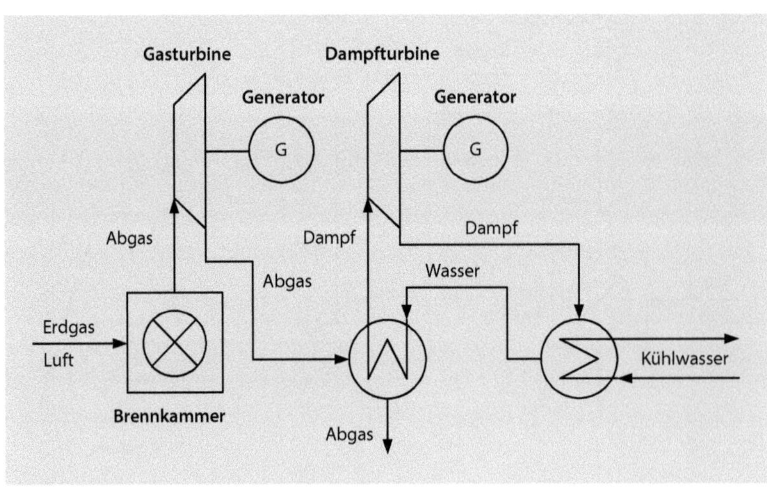

■ **Abb. 10.11** Vereinfachtes Blockfließbild GuD-Kraftwerk

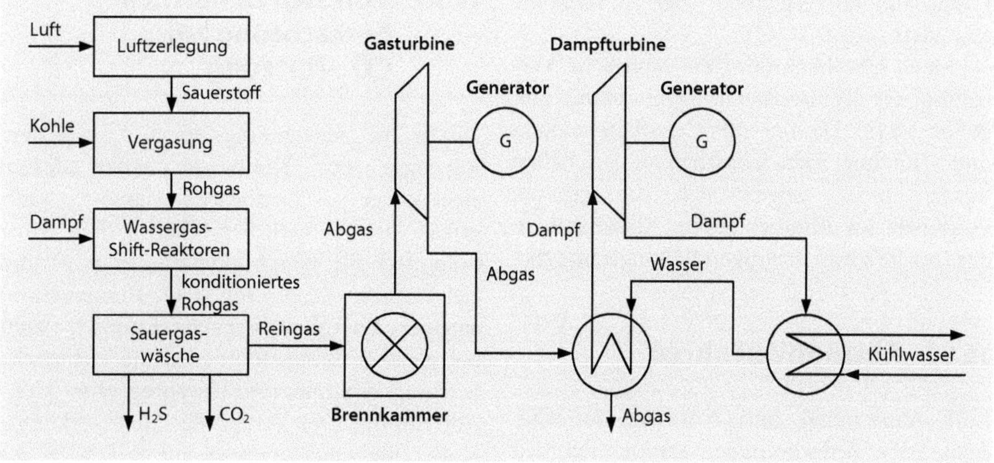

Abb. 10.12 Vereinfachtes Blockfließbild IGCC-Kraftwerk

und CO_2 zur Kühlung des Prozesses teilweise im Kreis gefahren wird. Die dadurch realisierte hohe CO_2-Konzentration im Abgas hat Vorteile hinsichtlich der CO_2-Abtrennung, erfordert aber Aufwand zur Abtrennung des Sauerstoffs aus Luft. Das Verfahren hat noch keine kommerzielle Reife erreicht.

10.3.2 Potenzial der CO_2-Gewinnung aus Kraftwerksrauchgasen in Deutschland

Der anthropogene CO_2-Ausstoß beträgt jährlich ca. 35 Mrd. t CO_2, wobei die globalen CO_2-Emissionen durch die Stromerzeugung dominiert werden [13–16].

In Deutschland werden jährlich etwa 750 Mio. t CO_2 emittiert [17]. Davon entfallen ca. 41 %, also 310 Mio. t/a CO_2 auf fossil befeuerte Kraftwerksprozesse [17]. Davon nutzbare Quellen teilen sich, wie in Tab. 10.2 dargestellt, hauptsächlich in Braunkohle (51 %) und Steinkohle (30 %) auf. Davon ließen sich bei einem Abscheidegrad von ca. 90 % sinnvoll vorerst 220 Mio. t/a aus Braunkohle- und Steinkohlekraftwerken gewinnen. Die für die Abtrennung vorteilhafte, etwas höhere CO_2-Konzentration im Rauchgas von Steinkohlekraftwerken wird durch die deutlich niedrigere Zahl der

Tab. 10.2 CO_2-Emissionen der fossil befeuerten Kraftwerke in Deutschland (Stand 2015) [17]

Herkunft	CO_2-Emissionen in Mio. t/a	CO_2-Konz. im Rauchgas in Vol.-%	Lastprofil
Braunkohle	157	11–12	Grundlast
Steinkohle	92	14	Mittellast
Erdgas	42	2–5	Mittel-/Spitzenlast
Mineralöl	4	13	
Sonstige (Abfall, Brenngas, etc.)	14		

Einsatzstunden gegenüber der Braunkohle relativiert.

Einen Überblick über die räumliche Verteilung der Kraftwerke in Deutschland gibt ◘ Abb. 10.13. Da für die CO_2-Abscheidung und -Nutzung auch Infrastruktur geschaffen werden muss, zeigen sich die größten Potenziale im Ruhrgebiet, im Rheinland, in der Lausitz sowie in einigen Ballungsräumen.

10.3.3 Abtrennverfahren

Eine Abtrennung und Nutzung des CO_2 stellt hohe Anforderungen an die Reinheit des Rauchgases. Insbesondere Schwefelkomponenten können ungewünschte Reaktionen in den Waschlösungen auslösen und müssen vorher abgeschieden werden. Deutsche Kohlekraftwerke verfügen über Entschwefelungsanlagen, die z. T. diese Anforderungen erfüllen, häufig ist aber noch eine Nachreinigung auf die erforderliche Reinheit notwendig. Üblicherweise schließt sich an die Abtrennung eine Kompression des CO_2 an, um es zu verflüssigen und so in handhabbaren Volumina zu lagern und zu transportieren.

Für die CO_2-Abtrennung aus Rauchgasen weist die chemische Wäsche mit wässrigen Aminlösungen den höchsten technischen Reifegrad auf [18]. Dazu sind von mehreren Anbietern kommerzielle Lösungen verfügbar [19–21]. Alternative Waschverfahren im Entwicklungsstadium basieren z. B. auf wässrigen Ammoniaklösungen [22]. Membranverfahren befinden sich ebenfalls im Entwicklungsstadium und stehen noch nicht für industrielle Anwendungen zur Verfügung.

Im Fall der beschriebenen IGCC- und Oxyfuel-Prozesse sind physikalische Wäschen, z. B. mit Methanol, vorteilhaft, da die Prozesse mit deutlich höheren Drücken und bei größeren CO_2-Konzentrationen im Gas erfolgen. Dadurch sinkt der Aufwand für die CO_2-Abtrennung gegenüber Rauchgaswäschen.

10.3.4 Volkswirtschaftliche Betrachtung zur CO_2-Nutzung

Durch die Abtrennung des CO_2 aus dem Rauchgas des Kraftwerks sinkt dessen elektrischer Nettowirkungsgrad aufgrund der zusätzlichen thermischen (insbesondere für Waschmittelregeneration) und elektrischen (z. B. für CO_2-Kompression) eigenen Energieverbräuche. Dadurch sinkt bei gleicher Brennstoffmenge die elektrische Leistung gegenüber Kraftwerken ohne CO_2-Abtrennung. Der Verlust des Nettowirkungsgrades bei einer Abtrennung von 90 % des CO_2 beträgt für wässrige Aminlösungen ca. 8 bis 15 Prozentpunkte (inkl. Kompression des abgeschiedenen CO_2) [23]. Der Wirkungsgradverlust führt gemeinsam mit den höheren Investitionskosten für die CO_2-Abtrennung und -Kompression zu deutlich höheren Stromgestehungskosten [24 und 25].

Bei IGCC-Kraftwerken sinkt der Nettowirkungsgrad durch die CO_2-Abtrennung um 7 bis 11 Prozentpunkte [26–28]. Aufgrund der im Vergleich zu konventioneller Technik höheren Investitionskosten fallen die Stromgestehungskosten hier deutlich höher aus [27 und 29].

Kraftwerke haben ein hohes Potenzial für die CO_2-Gewinnung (vgl. ► Abschn. 10.3.2). Ökonomische Studien zur CO_2-Abtrennung in fossil befeuerten Kraftwerken beziffern die Kosten bei Anwendung von kommerziell verfügbarer Technik auf ca. 30 bis 65 €/t CO_2 [25, 30–32].

Das abgetrennte CO_2 kann gespeichert (CCS – *Carbon Capture and Storage*) oder für nachfolgende Anwendungen genutzt (CCU – *Carbon Capture and Utilisation*) werden. Ein Beispiel für CCU sind *Power-to-X*-Konzepte, die meistens auf der Synthese von CO_2 und Elektrolysewasserstoff zu Chemikalien oder Kraftstoffen basieren. Eine CO_2-Vermeidung ergibt sich dabei nur, wenn die Wasserelektrolyse durch mehrheitlich regenerative Energiequellen betrieben wird. Daraus folgt eine

Kraftwerke und Verbundnetze in Deutschland

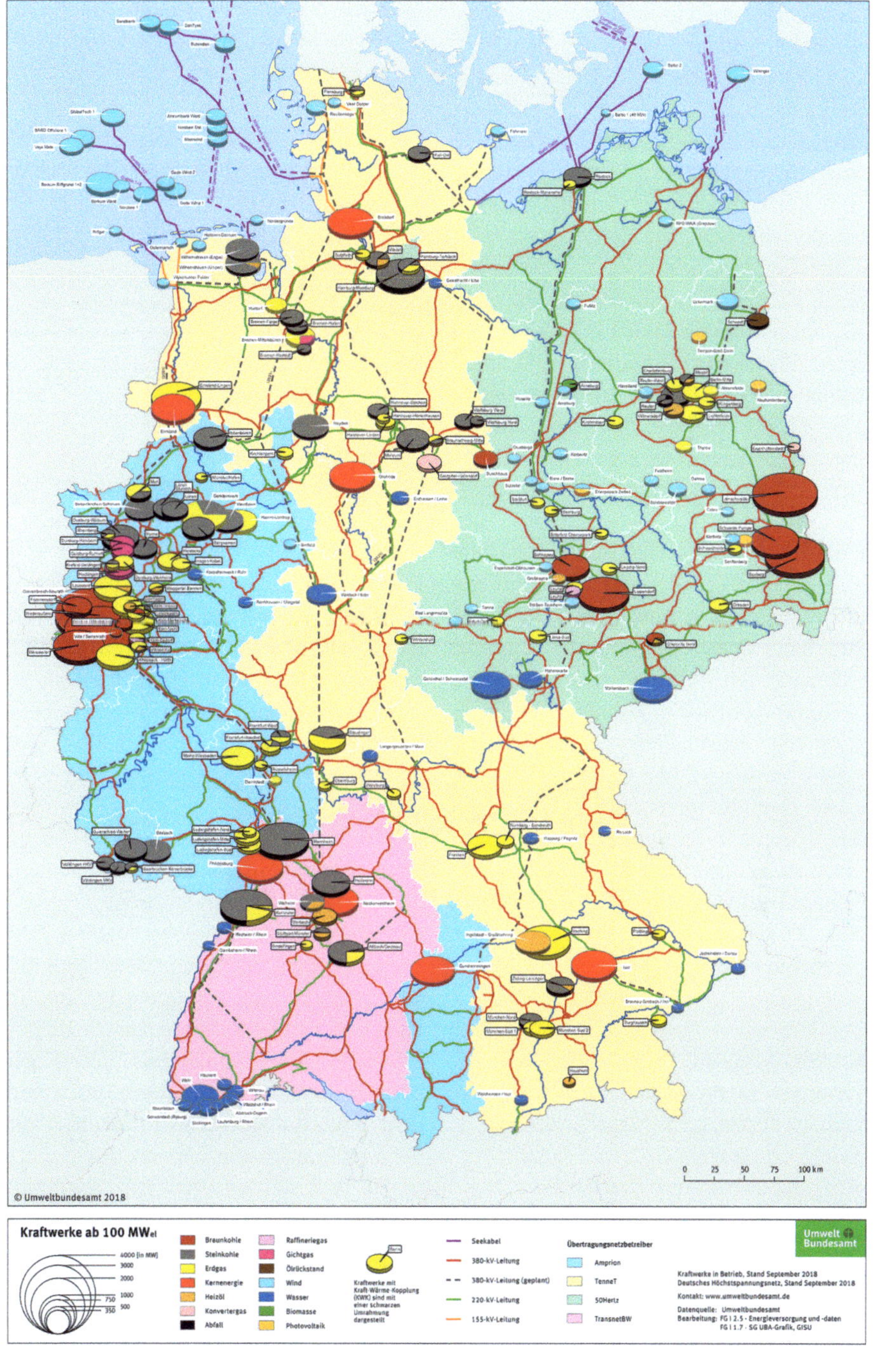

Abb. 10.13 Kraftwerke und Verbundnetze in Deutschland [17]

vergleichsweise geringe Anlagenauslastung, die wiederum höhere Kosten verursacht [33].

Im Vergleich zu den CO_2-Emissionen durch Kraftwerksrauchgase fällt die weltweite stoffliche Nutzung von CO_2 zur Herstellung von chemischen Zwischen- oder Endprodukten (z. B. Harnstoff, Methanol) mit lediglich ca. 100 bis 160 Mio. t/a CO_2 gering aus [15, 16 und 34]. Es existiert somit noch ein hohes technisches Potenzial zur Einkopplung des abgetrennten Kohlenstoffs. Die Kosten für die Produktion von Kraftstoffen und Chemikalien auf Basis stofflicher Nutzung von CO_2 liegen aktuell deutlich oberhalb der Kosten etablierter Verfahren [35], was zum großen Teil an den hohen Investitionskosten für die Elektrolyse zur Bereitstellung des benötigten Wasserstoffs liegt. Hier besteht noch Forschungsbedarf, um die verschiedenen Sektoren wie die Energiewirtschaft, die chemische Industrie bzw. den Kraftstoffsektor zu koppeln. Ein gelungenes Zusammenspiel aus regenerativen Energien und fossil befeuerten Kraftwerken mit CO_2-Abtrennung und anschließenden CO_2-basierten Synthesen kann vielversprechende Lösungen für die Produktion von Chemikalien und Kraftstoffen sowie die chemische Langzeitspeicherung elektrischer Energie bieten. Dies hätte insbesondere Vorteile in Regionen, in denen sich Energieerzeugung und Chemie in räumlicher Nähe befinden und Infrastruktur zum Transport von Ausgangsstoffen und Produkten bereits vorhanden ist.

10

Zusammenfassung

Das Potenzial für die stoffliche Nutzung von CO_2 ist derzeit für Kohlekraftwerke am höchsten, da hier CO_2 im Rauchgas als Punktquelle mit relativ hoher Konzentration vorliegt. Die theoretisch gewinnbare Menge wird in Deutschland auf 220 Mio. t/a geschätzt. Die Abtrennung aus dem Rauchgas geht jedoch mit Wirkungsgradverlusten in der Stromerzeugung einher, und eine sinnvolle Nutzung des CO_2 bedarf großer Mengen an Wasserstoff, der wiederum unter Verbrauch von Strom erzeugt werden muss. Mit dem derzeitigen Strommix würde dies im Saldo nicht zu einer CO_2-Reduktion führen und auch kommerziell nicht gegen die konventionelle Technik auf Basis von Öl und Gas bestehen können.

10.4 Chemische Prozesse

Kerstin Schwarze-Benning , Hans-Jürgen Körner und Görge Deerberg

10.4.1 C1-Gasströme aus chemischen Prozessen

Die wichtigste C1-Quelle für chemische Prozesse neben dem Synthesegas ist CO_2, das zu 80 % an den deutschen Treibhausgasemissionen der chemischen Industrie beteiligt ist. Deutschland sowie die internationale Staatengemeinschaft sind als Vertragsstaaten der Klimarahmenkonvention der Vereinten Nationen (UNFCCC; [36]) verpflichtet, Bestandsverzeichnisse zu den nationalen Treibhausgasemissionen zu erstellen. Die Erhebung der Emissionsdaten, die nach den Regeln des *Intergovernmental Panel On Climate Change* (IPCC; [37]) erfolgt, dient zur Überprüfung der vereinbarten Reduktionsziele der THG-Emissionen nach dem Kyoto-Protokoll. Darüber hinaus unterliegen seit 2013 die Anlagen der chemischen Industrie dem Emissionshandel in Europa, mit dem die Treibhausgasemissionen der Energiewirtschaft und der energieintensiven Industrien reduziert werden sollen. Dazu veröffentlicht die Emissionshandelsstelle jährlich einen Bericht über die Emissionen aller emissionspflichtigen Anlagen der beteiligten Industrien. Die hier verwendeten Daten entstammen, soweit nicht anders gekennzeichnet, diesen beiden Quellen [38 und 39].

In Deutschland gehört die chemische Industrie zu den wichtigsten Industriebranchen. Mit einem erzielten Umsatz von 188,7 Mrd. € in 2015 belegt sie den vierten Rang unter den Branchen des verarbeitenden Gewerbes. Neben der Zementherstellung und der Eisen- und Stahlindustrie zählt sie zu den sehr energieintensiven Industriebranchen, womit sie auch einer der Hauptemittenten von Treibhausgasen des produzierenden Gewerbes national und international ist. Der gesamte deutsche Industriesektor emittierte 2015 prozessbedingt ca. 44,7 Mio. t CO_2 [39 und 40].

In der chemisch-pharmazeutischen Industrie sowie der petrochemischen Industrie entstehen CO_2-Emissionen sowohl energiebedingt (44,8 Mt CO_2) aus den Prozessfeuerungen und Eigenstromerzeugungen, als auch prozessbedingt bei der Herstellung chemischer Produkte. Die prozessbedingten Emissionen resultieren hierbei aus der stofflichen Nutzung fossiler Rohstoffe, wobei die prozessbedingten Emissionen von 5,6 Mt CO_2 einen Anteil von 12,5 % des Industriesektors ausmachen. In ◘ Abb. 10.14 sind die CO_2-Emissionen des Energie- und des Industriesektors sowie der drei verarbeitenden Gewerbe für die Jahre 1990 und 2010 bis 2015 in Deutschland dargestellt [39 und 41].

In den 28 EU Ländern lagen die prozessbedingten Kohlendioxidemissionen der chemischen Industrie in 2015 bei 51,3 Mt CO_2. Belgien, Frankreich, Deutschland, Polen, Großbritannien und die Niederlande verursachten zusammen mit 33,4 Mt CO_2 etwa 65 % der Emissionen [40] (◘ Abb. 10.15 und 10.16).

Weltweit betrachtet gehören China, Europa und die USA zu den größten Emittenten von CO_2. Die Vereinten Nationen

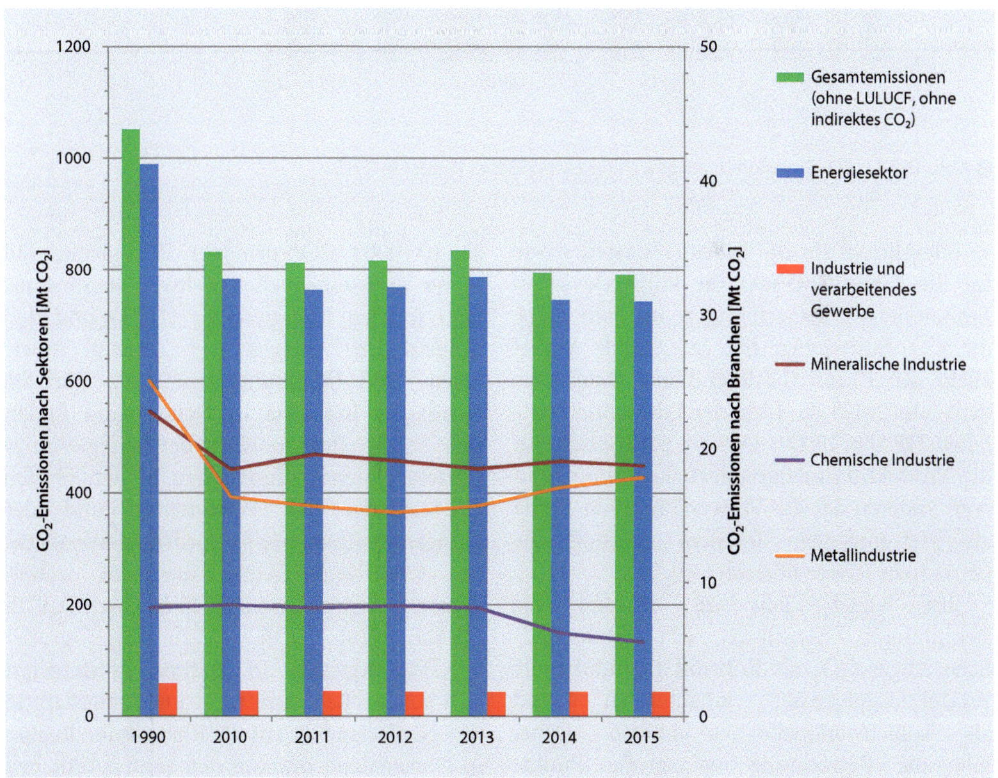

◘ **Abb. 10.14** CO_2-Emissionen in Deutschland nach Sektoren und Branchen

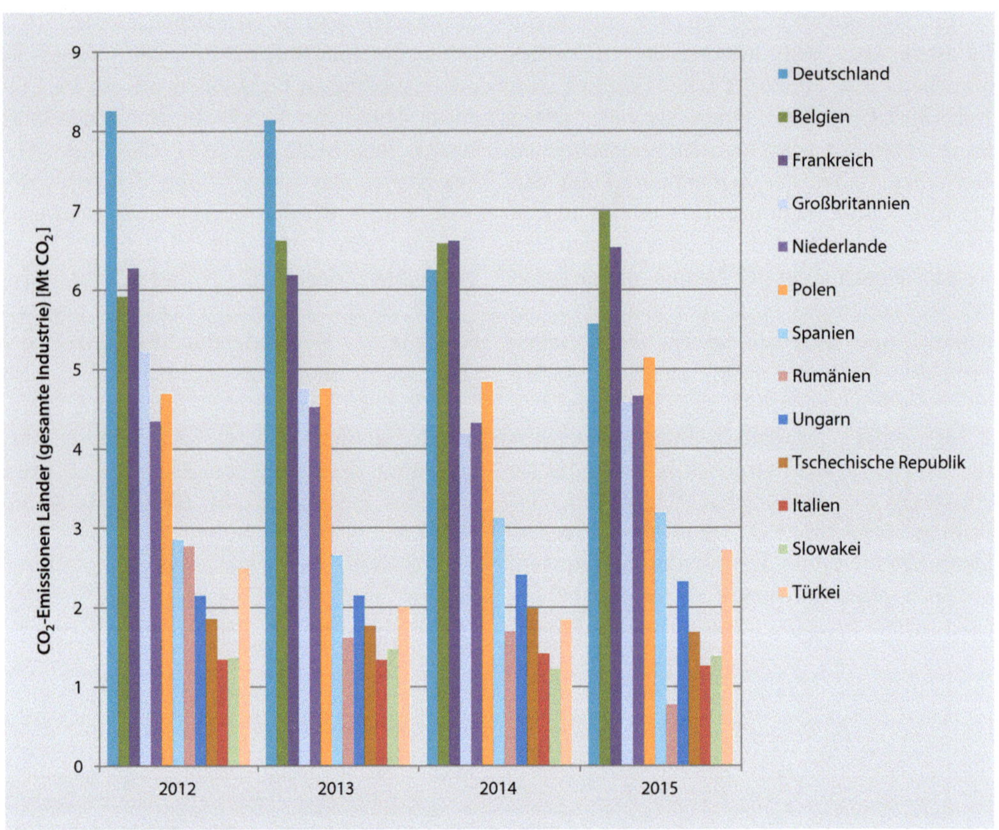

Abb. 10.15 CO_2-Emissionen ausgewählter europäischer Länder in 2015

veröffentlichen für die Industriestaaten sowie für die Schwellenländer die klimarelevanten Emissionen. Demnach lagen im Jahr 2015 die CO_2-Emissionen bei ca. 293 Mt, wobei allein auf China (basierend auf Daten aus dem Jahr 2012) ca. 45 % der Emissionen entfallen (Abb. 10.17). Das ist zum einen auf die Produktionsmengen zurückzuführen und zum anderen auf die Verwendung von Kohle als preisgünstigem fossilem Rohstoff für petrochemische Synthesen [36].

Im letzten Jahrzehnt wurden die Bemühungen intensiviert, das klimaschädliche Abgas CO_2 als Rohstoff in industrielle Produktionsprozesse einzubinden und als Kohlenstoffquelle zu nutzen. Dabei fällt die Betrachtung auf große Punktquellen mit Gesamtemissionen von mehr als 100.000 t CO_2 pro Jahr. Der größte Teil dieser Emissionsquellen weltweit stammt aus dem fossilen Energiesektor (76 %) und den industriellen Anlagen der Zement- sowie Eisen- und Stahlindustrie (22 %). Für die chemische Industrie in Deutschland finden sich solche Punktquellen der energie- und prozessbedingten Emissionen in den großen Chemieparks der Petrochemie und der Düngemittelindustrie in Nordrhein-Westfalen, im Rhein-Main-Gebiet und im mitteldeutschen Chemiedreieck in Sachsen-Anhalt (Abb. 10.18). Die Verteilung großer CO_2-Punktquellen in Europa konzentriert sich auf die Regionen rund um Rotterdam in den Niederlanden, auf die Rhein-Ruhr-Region in Deutschland und auf den zentral-östlichen Teil Großbritanniens [42].

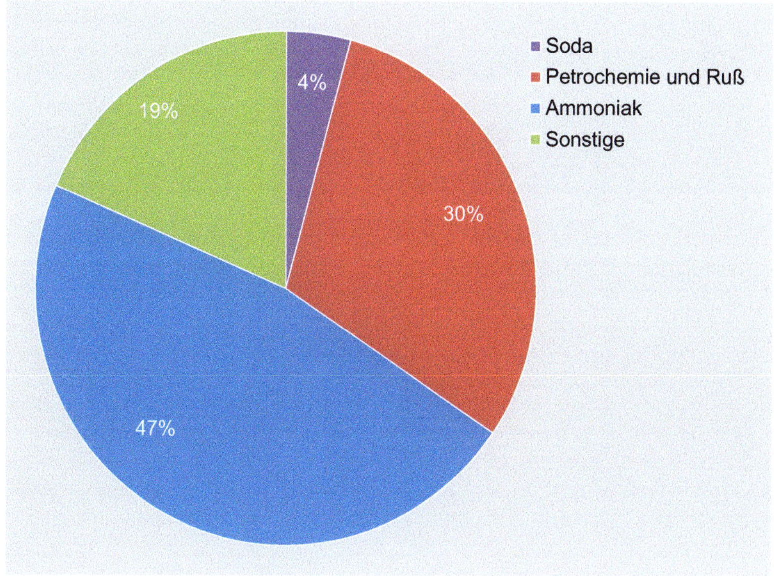

Abb. 10.16 Anteil der Produkte Soda, Petrochemie/Ruß und Ammoniak an den gesamten CO_2-Emissionen der europäischen Industrie in 2015

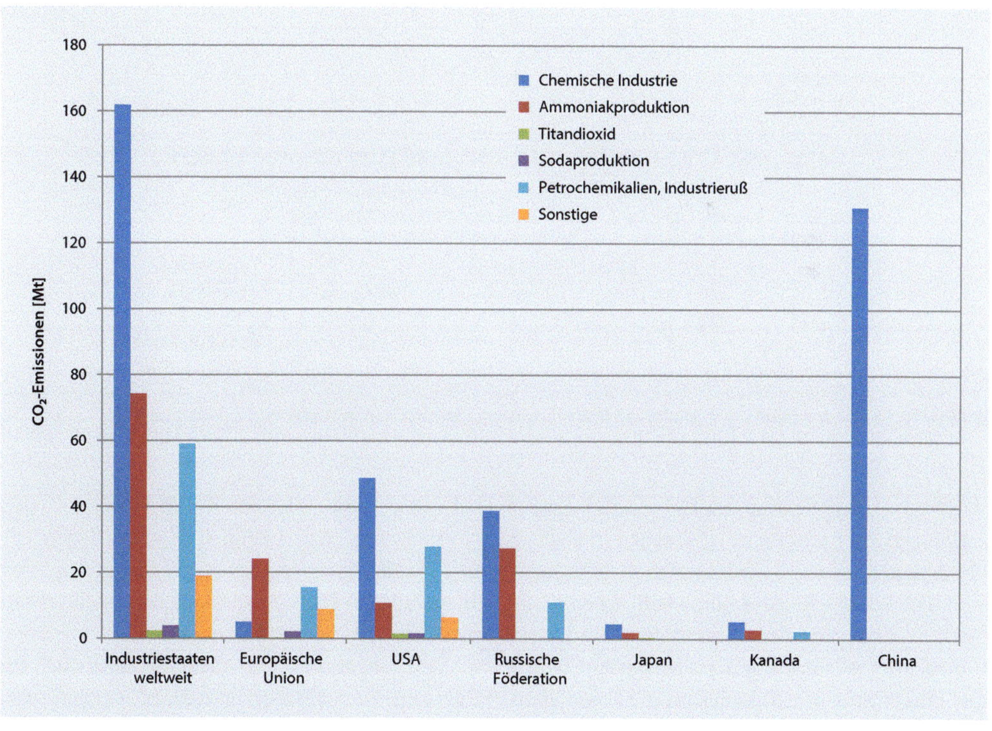

Abb. 10.17 Weltweite CO_2-Emissionen in 2015 bzw. 2012 (China)

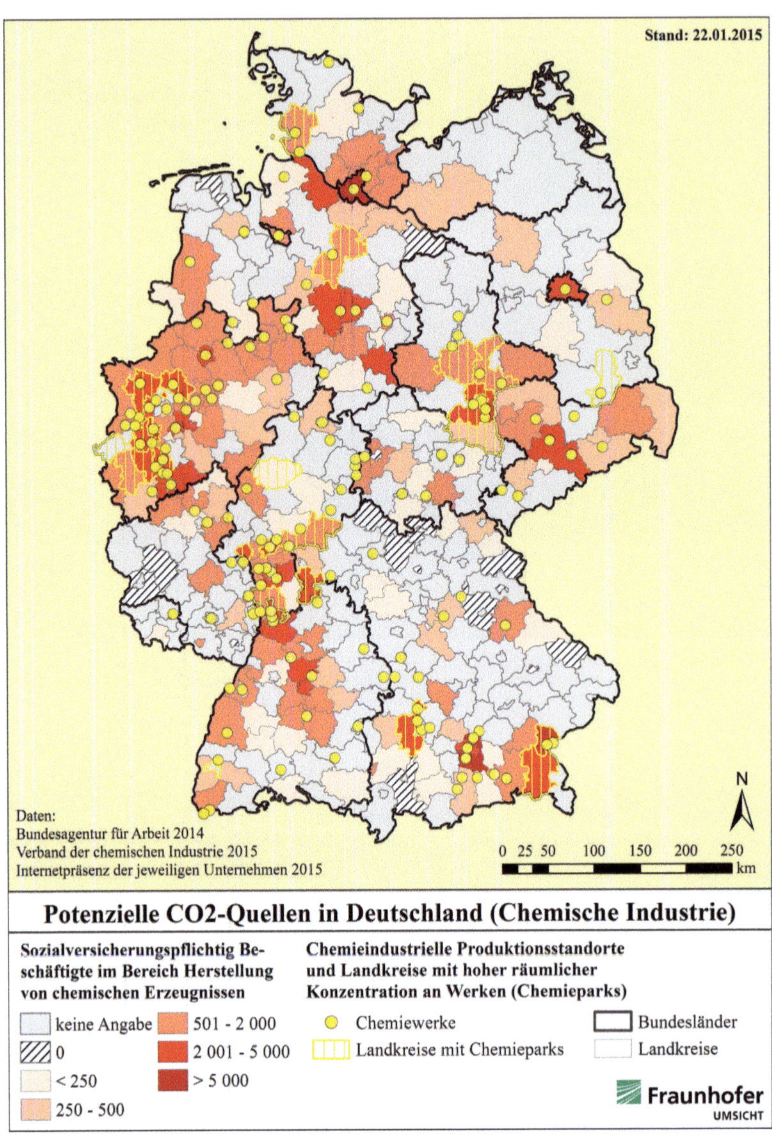

Abb. 10.18 Potenzielle CO_2-Quellen an Standorten der chemischen Industrie

Nach Veröffentlichungen der Internationalen Energieagentur IEA stehen in Europa 111 Anlagen und in Nordamerika 151 Anlagen mit jährlichen Emissionen von mehr als 100 kt CO_2, die der chemischen Industrie zugerechnet werden können. In Europa liegen die Emissionen nach Literaturdaten aus dem Jahr 2002 für Anlagen, die Ammoniak, Ethylen, Ethylenoxid oder Wasserstoff produzieren, bei insgesamt 71,4 Mt/ a (Tab. 10.3). Für Nordamerika einschließlich Kanada lagen die CO_2-Emissionen in der Größenordnung von 98 Mt/a aus großen stationären Quellen mit mehr als 100 000 t/a [42 und 43].

Im Gegensatz zur Berichterstattung im Rahmen der Klimakonvention werden von der Emissionshandelsstelle die Gesamtemissionen einer Anlage oder einzelner

Tab. 10.3 Punktquellen der chemischen Industrie (2002) [42 und 43]

Sektor	Europa		Nordamerika einschl. Kanada	
	Emissionen >100.000 t/a		Emissionen >100.000 t/a	
	Anlagen	Emissionen [Mt/a]	Anlagen	Emissionen [Mt/a]
Ethylen	48	48	43	72
Wasserstoff	18	6	40	9
Ammoniak	42	17	25	9
Ethanol			35	7
Ethylenoxid	3	0,4	8	1
Energie	795	1033	1156	2544
Gesamtemissionen aller Sektoren	1352	1535	2082	3846

Anlagenkomponenten in CO_2-Äquivalenten veröffentlicht. Dabei handelt es sich um die (energie- und prozessbedingten) Gesamtemissionen einer Anlage. Daher sind die Daten nicht direkt vergleichbar, und die veröffentlichten Emissionen sind höher als im nationalen Inventarbericht veröffentlichte THG-Emissionen. Aus dem Bericht zum Emissionshandel lassen sich aber sowohl die Anlagenzahl als auch die Standorte der Anlagen ermitteln. In Deutschland betrifft die Emissionshandelspflicht zurzeit 189 Anlagen der chemischen Industrie mit Gesamtemissionen von 18 Mt CO_2-Äquivalenten. In Tab. 10.4 sind die Anlagen für ausgewählte Produkte mit den entsprechenden CO_2-Emissionsäquivalenten aufgeführt.

Eine genauere Betrachtung der bisher aufgeführten Daten zeigt, dass prozessbedingte CO_2-Emissionen insbesondere in der Produktion von Ammoniak, organischen Basischemikalien (Ethylen, Ethylenoxid, Industrieruß) in der Petrochemie sowie bei der Sodaherstellung entstehen. Die hohen CO_2-Emissionen lassen sich bei vielen Prozessen auf den Einsatz von Wasserstoff in der Synthese zurückführen, dessen Herstellung heute noch zu 90 % auf fossilen Rohstoffen beruht.

10.4.2 Petrochemie

In der Petrochemie werden aus Erdgas und Fraktionen des Erdöls organische Grundchemikalien hergestellt, die zu einer Vielzahl von Zwischen- und Endprodukten weiterverarbeitet werden. Das wichtigste Verfahren ist hierbei das Steamcracken, bei dem Kohlenwasserstoffe in Gegenwart von Wasserdampf und bei hohen Temperaturen aufgespalten werden. Zu den häufigsten Steamcrackerprodukten aus Ethan, Naphtha, Hydrowax, Gasöl und Flüssiggas gehören Ethylen, Propylen, C4-Schnitt, Isopren in der Gasphase und Aromaten in der Flüssigphase. Durch das Steamreforming von Raffineriegasen können zudem CO und Wasserstoff gewonnen werden, die anschließend für die Herstellung von Ammoniak, Essigsäure und Methanol sowie für Hydrierprozesse benötigt werden. Abb. 10.19 zeigt die Vielzahl der Syntheserouten organischer Basischemikalien aus Erdöl.

Für die Prozesse Destillation, Konversion (Cracken, Coken, Reformieren) sowie für die Nachbehandlung und Veredelung von Produkten wird eine große Menge an Wärmeenergie benötigt. CO_2-Emissionen entstehen sowohl bei der Erzeugung von

Tab. 10.4 Emissionshandelspflichtige Anlagen der chemischen Industrie und Emissionen in Tonnen CO_2-Äquivalent

Industrieruß			**2016**	**2015**
Orion Engineered Carbons GmbH	Gasrußanlage	Köln	43.449	39.941
Orion Engineered Carbons GmbH	Flammrußanlage	Köln	3418	2518
KG Deutsche Gasrußwerke	Furnaceruß	Dortmund	279.199	253.968
Columbio Carbon Deutschland	Industrieruß	Hannover	97.705	133.255
Orion Engineered Carbons GmbH	Furnaceruß	Köln	279.441	248.367
Ammoniak			**2016**	**2015**
SKW Stickstoffwerke Piesteritz GmbH	Ammoniakanlage	Wittenberg	1.248.503	1.077.159
SKW Stickstoffwerke Piesteritz GmbH	Ammoniakanlage	Wittenberg	1.105.510	1.212.075
BASF SE	Ammoniakfabrik	Ludwigshafen	893.240	819.415
BASF SE	Ammoniakfabrik	Ludwigshafen	648.607	718.579
INEOS Köln GmbH	Ammoniakanlage	Köln	652.151	636.046
YARA Brunsbüttel	POX-Synthesegasanlage als Zwischenprodukt für Wasserstoff	Büttel	1.349.817	1.204.616
Herstellung organischer Grundchemikalien (Ethylen, Ethylenoxid)				
Ethylen			**2016**	**2015**
Basell Polyolefine GmbH	Petrochemische Anlage Münchsmünster	Münchmünster	431.132	352.050
Basell Polyolefine GmbH	Ethylenanlage OM4	Wesseling	332.279	383.768
Basell Polyolefine GmbH	Ethylenanlage OM6	Wesseling	997.851	968.169
BASF	Steam Cracker I	Ludwigshafen	285.163	274.018
BASF	Steam Cracker II	Ludwigshafen	532.725	586.579
INEOS	Cracker	Köln	849.948	864.741
DOW Olefinverbund GmbH	Ethylenanlage	Böhlen	1.164.797	978.711
DOW Olefinverbund GmbH	Polyethylenanlage	Schopkau	29.836	27.409
Ethylenoxid			**2016**	**2015**
INEOS Köln GmbH	Ethylenoxidanlage	Köln	12.800	18.030
BASF	Ethylenoxidfabrik	Ludwigshafen	100.818	86.570
Sasol Germany	Ethylenoxidanlage	Marl	73.808	72.130
Herstellung von Wasserstoff und Synthesegas			**2016**	**2015**
Covestro AG	Reformeranlage Brunsbüttel	Brunsbüttel	115.121	107.443

(Fortsetzung)

Tab. 10.4 (Fortsetzung)

Industrieruß			**2016**	**2015**
Linde Gas	Werk Burghausen	Burghausen	61.014	68.021
Linde Gas	Werk Dormagen	Dormagen	24.527	20.784
Linde Gas	Werk Leuna, SR1,2	Leuna	420.379	444.157
Linde Gas	Werk Leuna, Unit 824	Leuna	298.643	252.854
Evonik Degussa	Wasserstoffanlage	Marl	203.068	227.401
Evonik Degussa	Synthesegasanlage	Marl	25.876	23.888
Air Liquide	Synthesegasanlage	Oberhausen	63.799	63.888
Praxair Deutschland GmbH	CO-Anlage	Dormagen	5694	6551
Air Liquide	CO-Anlage	Stade	14.387	18.559
BASF Schwarzheide	Steamreforminganlage	Schwarzheide	39.838	43.977
BASF SE	Synthesegasanlage	Ludwigshafen	171.352	200.300
BASF SE	Synthesegasanlage	Ludwigshafen	277.029	299.832
Linde Gas		Hamburg	52.823	2458
Air Liquide	SMR DOR III	Dormagen	41.369	41.369
Soda			**2016**	**2015**
Solvay	Herstellung von Natrium-carbonat	Bernburg	165.735	163.249
CIECH	Sodawerk Staßfurt	Staßfurt	171.196	180.664
Solvay	Soda	Rheinberg	154.493	165.674
BASF	Natriumcarboxylat/Soda	Ludwigshafen	77.266	91.214
BASF	Salmiak	Ludwigshafen	781	845

Wärme und Prozessdampf als auch bei der Wasserstoffherstellung zur Reformierung von Kohlenwasserstoffen sowie beim Abbrand von Petrolkoks im katalytischen Cracker. In Deutschland emittierten die Anlagen zur Herstellung anorganischer Grundchemikalien insgesamt 2,3 Mt CO_2, wobei die energiebedingten Emissionen den größten Anteil ausmachen. Eine wichtige Kenngröße für eine wirtschaftliche stoffliche Nutzung des anfallenden CO_2-Abgases ist neben der anfallenden Menge auch die Konzentration, in der das Gas im Abgasstrom vorliegt. Tab. 10.5 stellt die Anteile der CO_2-Emissionen und CO_2-Konzentrationen in den jeweiligen Abgasströmen der Teilprozesse einer typischen Raffinerie dar.

10.4.3 Wasserstoffherstellung

Alle Verfahren der Wasserstoffherstellung basieren auf der Spaltung von Wasser (► Kap. 3). Die Energie zur Wasserspaltung kann als chemische Energie, Wärme oder elektrische Energie zugeführt werden (Abb. 10.20). Weltweit werden 96 % des benötigten Wasserstoffs aus fossilen Rohstoffen und bis zu 4 % über die Elektrolyse hergestellt. Dabei ist die Dampfreformierung das am weitesten verbreitete Verfahren zur Erzeugung von H_2-reichem Synthesegas aus leichten Kohlenwasserstoffen (Erdgas, Flüssiggas, Naphtha) und Wasserdampf. Die erste Verfahrensstufe erzeugt über einem Nickelkatalysator ein wasserstoffreiches

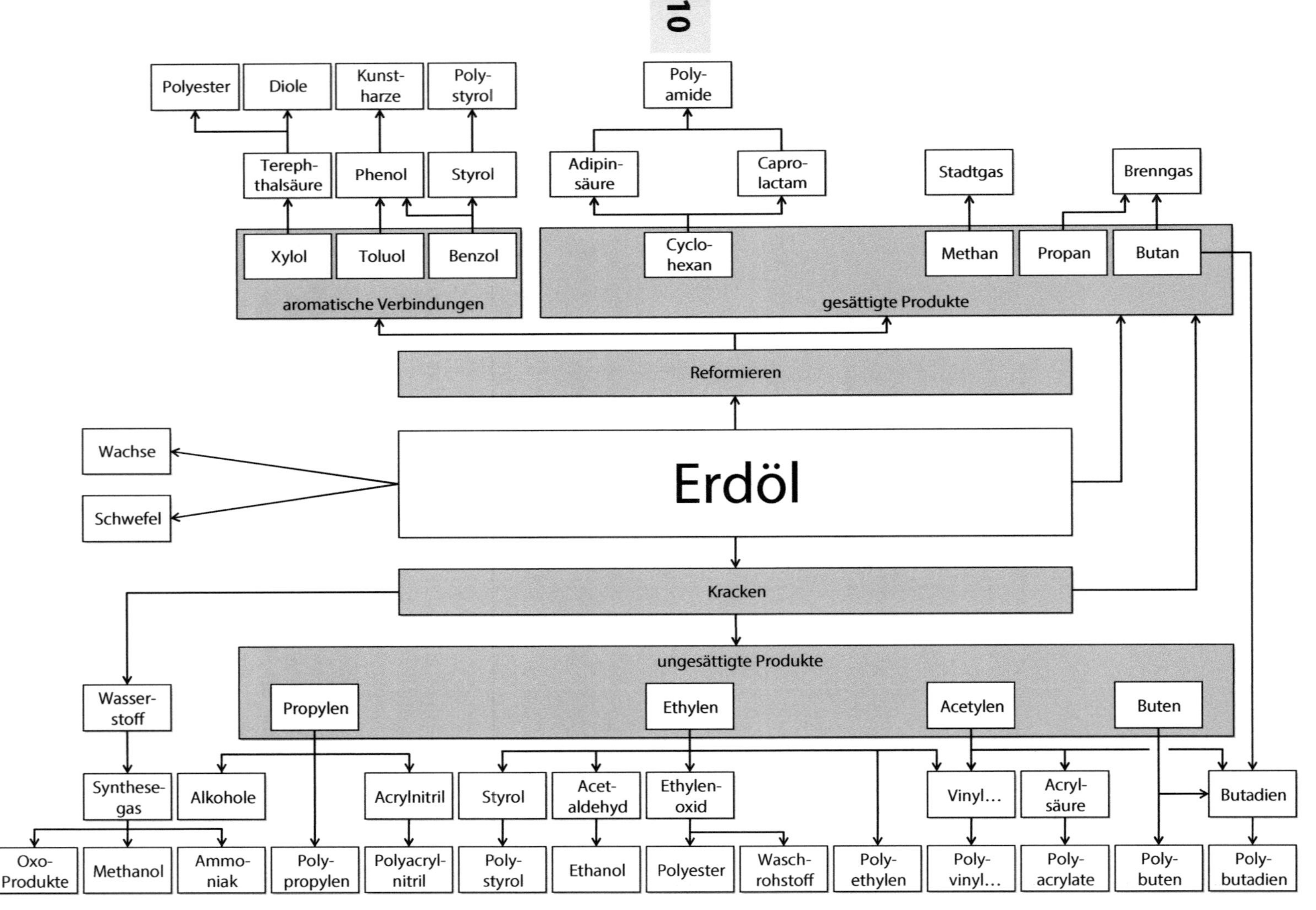

Abb. 10.19 Wichtige Produkte der Petrochemie. (Nach Römpp 2017; [44])

Tab. 10.5 CO_2-Emissionen einer Raffinerie

Emissionsquelle	Beschreibung	Anteil an den CO_2-Emissionen (%)	CO_2-Konzentration (Vol.) im Abgasstrom (%)
Prozessöfen	Wärmeerzeugung durch Verbrennung fossiler Energieträger für Destillationskolonnen und Reaktoren	30–60	8–10
Dampferzeuger	Prozessdampferzeugung durch Verbrennung fossiler Energieträger	20–50	4–15
Katalytische Cracker	Abbrand von Petrolkoks	20–50	10–20
Wasserstoffherstellung	Reformieren von Kohlenwasserstoffen zu H_2 und CO_2	5–20	20–99

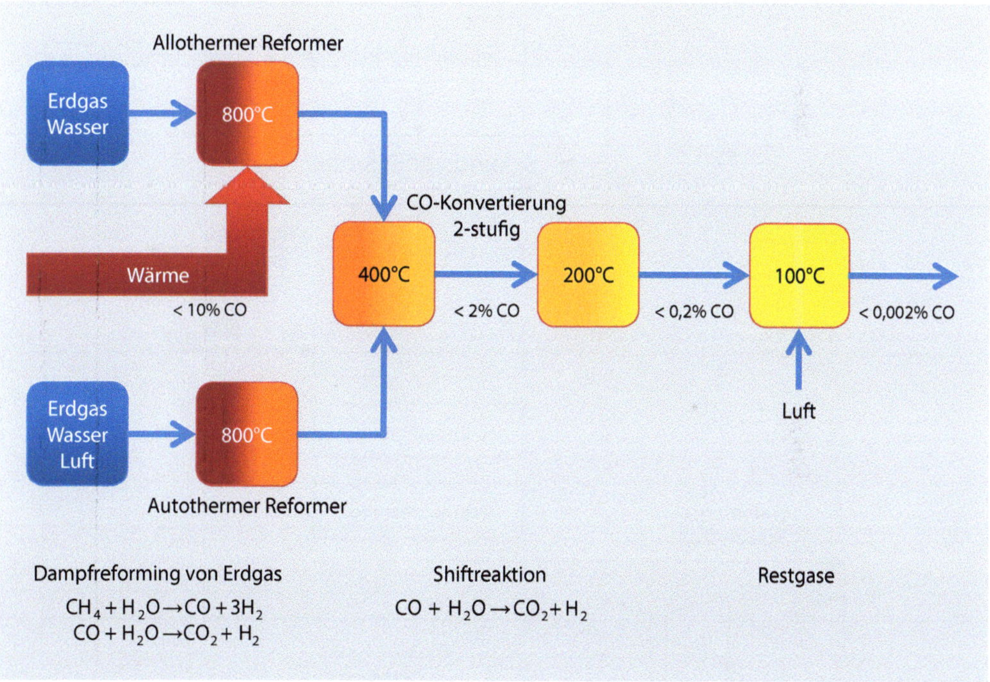

Abb. 10.20 Herstellungswege von Wasserstoff aus fossilen Rohstoffen. (Nach Energieagentur NRW 2013; [45])

Gasgemisch (Reformierreaktor). Das entstehende Gemisch enthält einen hohen Anteil an CO, das zusammen mit Wasserdampf in zwei nachgeschalteten katalytischen Konvertern (Shift-Reaktoren) in CO_2 übergeführt wird. Eine anschließende Gasreinigungsstufe entfernt nicht umgesetztes CO. Abschließend wird der Wasserstoff in einer Druckwechseladsorption von weiteren Bestandteilen gereinigt.

10.4.4 Produktion von Ammoniak

Ammoniak ist der Ausgangsstoff für viele stickstoffhaltige Chemieprodukte, insbesondere Salpetersäure, stickstoffhaltige Mineraldünger und Harnstoffharze. Die industrielle Herstellung von Ammoniak erfolgt durch Umsetzung von Wasserstoff mit Stickstoff nach dem Haber-Bosch-Verfahren, das im Wesentlichen in die drei Schritte Synthesegasherstellung, Kompression und Ammoniaksynthese unterteilt werden kann (■ Abb. 10.21). Kohlendioxid fällt bei der Erzeugung von Wasserstoff an.

Die Höhe der CO_2-Emissionen orientiert sich dabei an den eingesetzten fossilen Rohstoffen zur Synthesegasherstellung (Erdgas, Schweröl, Kohle). In der Arbeit

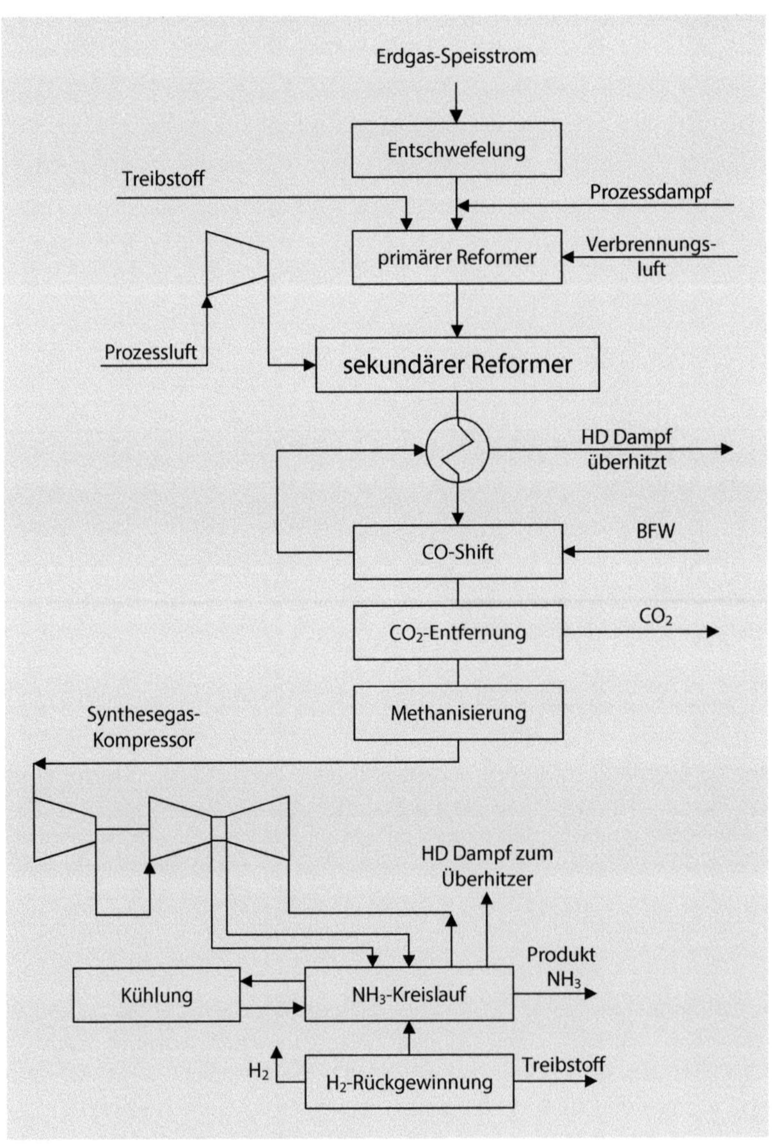

■ **Abb. 10.21** Ammoniaksynthese nach Haber-Bosch

von Alexander Otto wurden zur Ermittlung der CO_2-Emissionen durchschnittliche Betriebsdaten der Ammoniaksynthese von ThyssenKrupp Uhde herangezogen. Die spezifischen CO_2-Emissionen für die Strom- und Wärmebereitstellung zusammen mit den Verbrauchsdaten sind in ◘ Tab. 10.6 aufgeführt. Für die Energie- und Rohstoffbereitstellung fallen Emissionen von 904 g_{CO2}/kg NH_3 sowie prozessbedingte Emissionen von 970 g CO_2/kg NH_3 als Nebenprodukt der Dampfreformierung an [46].

Asien hat derzeit einen Anteil von 61 % an der weltweiten Ammoniakproduktion, wobei dort Kohle die Rohstoffbasis ist (◘ Abb. 10.22).

In Deutschland wird Ammoniak an vier Standorten produziert (◘ Tab. 10.7), wobei neben dem Dampfreformierungsverfahren mit Erdgas auch die partielle Oxidation mit Schweröl (Emissionsfaktor 42,5 t CO_2/t NH_3) durchgeführt wird, bei der deutlich höhere CO_2-Emissionen entstehen [37]. Das im Rahmen der Ammoniakproduktion entstehende CO_2 fällt mit einer Reinheit von 99 % an und wird bereits heute zu 75 % abgetrennt und für die Herstellung weiterer Produkte, wie Harnstoff (Ad-Blue, Düngemittel), Methanol und als Industriegas eingesetzt. Aufgrund der internationalen Berichterstattungsvorschriften wird die Abtrennung und Weiterverwendung von

◘ **Tab. 10.6** Spezifische CO_2-Emissionen nach Berechnungen von Otto [46]

	Verbrauch pro kg NH_3	Spezifische CO_2-Emissionen	Emissionen g_{CO2}/kg NH_3
Erdgas als Rohstoff	0,354 kg	Erdgasvorkette 245,29 g_{CO2}/kg NH_3	86,8
Wärme	3,327	Gasbrenner 235 g/kWh_{th} inkl. Gasbereitstellung	781,8
Strom	0,06 kWh_{el}	Strommix 606 g_{CO2}/kWh	36,4
Prozessemissionen			970
Gesamt			1875

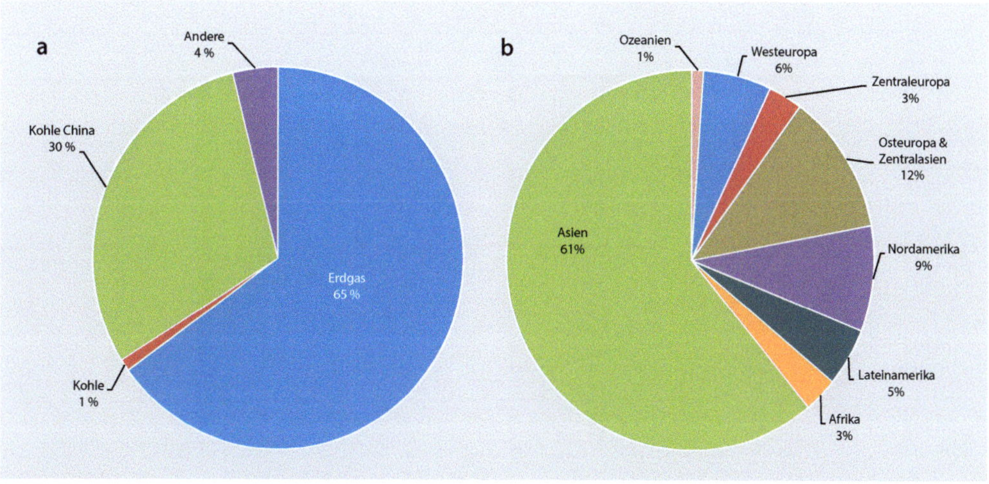

◘ **Abb. 10.22** **a** Rohstoffbasis der Ammoniakproduktion; **b** weltweite Produktion von Ammoniak

Tab. 10.7 Produzenten von Ammoniak in Deutschland

Unternehmen	Produkt	Anlagen	Kapazität	Standort
Yara	Ammoniak, Harnstoff	k. A.	k. A.	Brunsbüttel
BASF SE	Ammoniak	4	1,5 Mio. t	Ludwigshafen
INEOS	Ammoniak	k. A.	k. A.	Köln
SKW Piesteritz	Ammoniak Harnstoff	2 3	3300 t/d 4150 t/d0	Wittenberg Wittenberg
k. A. = keine Angaben				

CO_2 bei den Emissionen der Folgeprodukte berücksichtigt.

10.4.5 Industrieruß

10 Industrieruße werden durch eine unvollständige Verbrennung von gasförmigen oder flüssigen Kohlenwasserstoffen hergestellt. Zum Einsatz kommen Steinkohleteeröle (Anthracenöle) oder Pyrolyse- und Cracköle aus Erdölraffinerien. In einer Brennkammer wird ein Heißgas von 1200 bis 1800 °C durch Erdgas- oder Ölverbrennung erzeugt. In dieses Heißgas wird ein Rußrohstoff, meist kohle- und erdölstämmige Rußöle, eingedüst (◘ Abb. 10.23). Durch unvollkommene Verbrennung und thermische Spaltung (Pyrolyse) des Rußrohstoffs wird dabei der Ruß gebildet. Durch Einstellung der Prozessparameter Ölbeladung und Verweilzeit entsteht das gewünschte Eigenschaftsprofil. Nach einer bestimmten Verweilzeit wird das Prozessgasgemisch durch Wassereindüsung schlagartig abgekühlt (Quenchen) und der Ruß in Schlauchfiltern abgetrennt. Mit

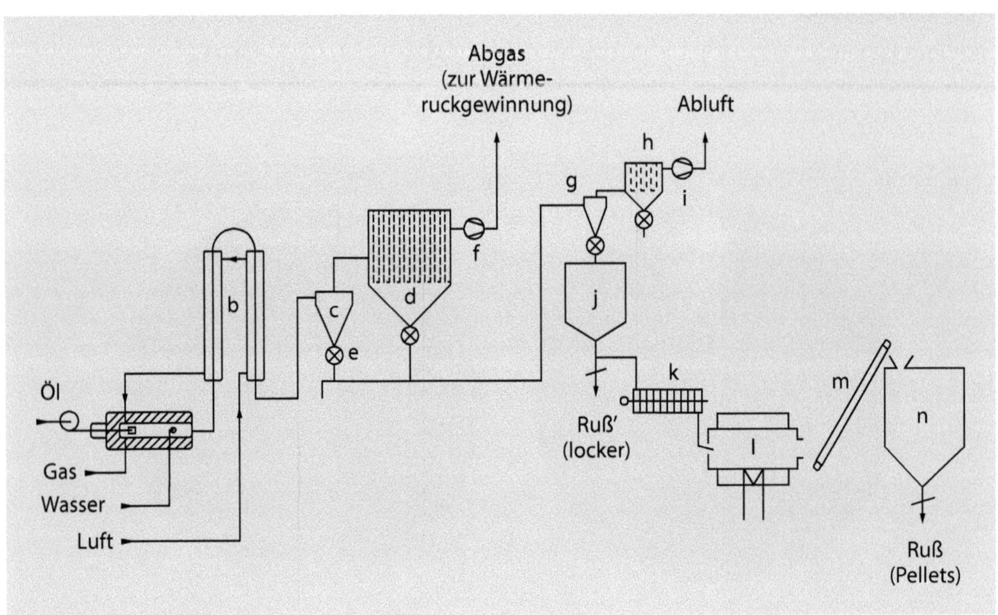

Abb. 10.23 Rußherstellung

dem Furnace-Verfahren (Emissionsfaktor 2,62 t CO_2/t Industrieruß) werden 90 % der Industrieruße produziert, die restlichen 10 % der Produktion entstammen dem Flammruß- und Gasrußverfahren. Industrieruße werden überwiegend als Verstärkerfüllstoff für Elastomere eingesetzt, wovon ca. 65 % in der Reifenindustrie und weitere 25 % zur Herstellung technischer Gummiartikel verwendet werden. Kleinere Mengen gehen in die Herstellung von Farben, Lacken und Beschichtungsstoffen [44].

10.4.6 Kohlenstoffquellen in der chemischen Industrie

Kohle, Erdgas und Erdöl sowie nachwachsende Rohstoffe stellen die wesentliche Rohstoffbasis der chemischen Industrie dar. In 2015 setze die chemische Industrie rund 17,3 Mio. t fossile Rohstoffe stofflich ein. Dabei entfielen 75 % auf Naphta und andere Erdölderivate, um aus diesen Stoffströmen Basischemikalien herzustellen (◘ Abb. 10.24). In Deutschland und Europa dominiert Naphtha als Rohstoff, in anderen Teilen der Welt eher Ethan und Propan. In Deutschland werden rund 15 % des Mineralöls von der chemischen Industrie stofflich genutzt.

Erdgas stellt mit einem Anteil von ca. 11 % eine weitere Rohstoffbasis dar. Aufgrund der Erdgasvorkommen wird Erdgas als alternative Rohstoffbasis betrachtet. Die Technologien, um aus Methan, der Hauptkomponente des Erdgases, Ethylen, Propylen, C_4-Olefine, Benzol und Xylole herzustellen, sind derzeit jedoch noch nicht wirtschaftlich umsetzbar.

Ein weiteres Standbein der Rohstoffversorgung in der Chemie sind aus Biomasse gewonnene nachwachsende Rohstoffe, die mittlerweile über einen Anteil von 13 % an der Rohstoffbasis verfügen. Nachwachsende Rohstoffe haben sich überall dort durchgesetzt, wo technische und ökonomische Vorteile gegenüber fossilen Einsatzstoffen bestehen. Fette und Öle werden vorwiegend in der Oleochemie genutzt, u. a. zur Herstellung von Tensiden. Stärke und Zucker finden in diversen Anwendungen Einsatz; als Rohstoff für Fermentationsprozesse sind sie die Basis für die industrielle Biotechnologie. Zellulose (Chemiezellstoff) dient vor allem zur Herstellung von Chemiefasern (Viskose) [47].

Die Nutzung von CO_2 als Rohstoff in der chemischen Industrie steht seit Längerem im Fokus von Wissenschaft, Politik und Industrie. Die Erforschung der Abscheidung und geologischen Speicherung *(Carbon Capture and Storage)* sowie die

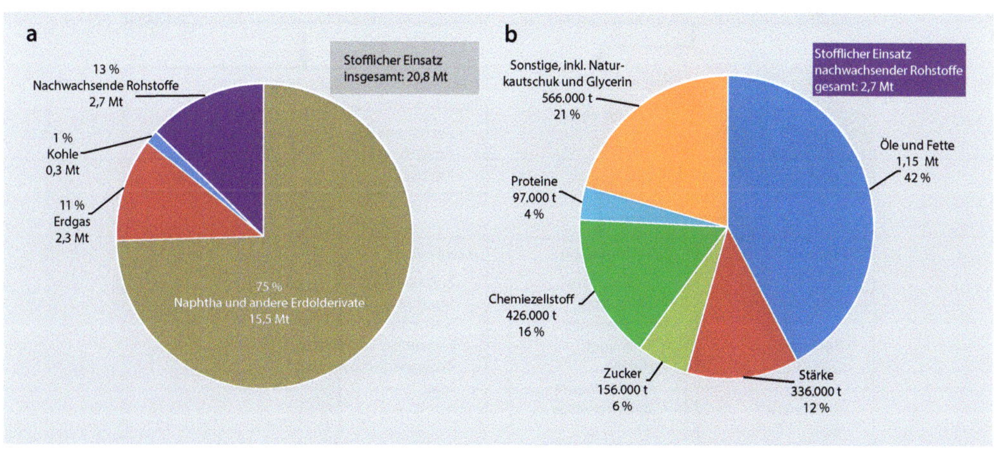

◘ **Abb. 10.24** Rohstoffbasis der Organischen Chemie und stofflicher Einsatz von nachwachsenden Rohstoffen in Deutschland 2015. (Nach VCI 2017; [47])

Abscheidung und Nutzung als Rohstoff (*Carbon Capture and Recycling* [CCR] oder *Carbon Capture and Utilization* [CCU]) sind Gegenstand zahlreicher Forschungsvorhaben. Die CCR-Maßnahmen zielen dabei auf die Nutzung von CO_2 als Industriegas oder als C1-Baustein für chemische Umsetzungen ab. Die Abscheidung und Nutzung sind dann wirtschaftlich sinnvoll, wenn hohe Konzentrationen und Reinheiten im Abgasstrom vorliegen. Zu den hochreinen Emittenten gehören die Ammoniaksynthese und die Wasserstoffproduktion. In diesen Prozessen entsteht nahezu reines CO_2 als Nebenprodukt, das für rund 35 €/t CO_2 abgeschieden werden kann [48]. Weltweit liefern nur ca. 2 % der industriellen Emittenten hochreines CO_2.

Da CO_2 sehr reaktionsträge ist, sind in der Regel Hilfsmittel oder hochreaktive Reaktionspartner nötig, um es an chemischen Reaktionen zu beteiligen. Neben dem Einsatz zusätzlicher Energie ist die Katalyse ein Schlüsselfaktor, um energetisch effiziente Prozesse zu entwickeln. Die möglichen Umwandlungsprozesse und möglichen Nutzungspfade sind in ◘ Abb. 10.25 dargestellt.

Heute werden bereits ca. 180 Mio. t CO_2 pro Jahr als Rohstoff in der chemischen Industrie verwendet. Zu unterscheiden ist die direkte Nutzung, wozu die Verwendung als Kohlensäure in Getränken, als Industriegas, als Düngemittel in Gewächshäusern sowie in Verpackungen zur Verbesserung der Haltbarkeit von Lebensmitteln gehört. Als Industriegas findet CO_2 Anwendung bei der *Enhanced Oil/Gas Recovery* (EOR/EGR), bei der durch Einbringen von CO_2 in die geologischen Reservoire mehr Erdgas und Erdöl gefördert wird. In der chemischen Industrie dient CO_2 schon heute als Rohstoff bei wenigen industriellen Prozessen wie der Herstellung von Harnstoff, Methanol, Salicylsäure, anorganischen und organischen Carbonaten sowie Polycarbonaten. In ◘ Tab. 10.8 ist das Produktionsvolumen der jeweiligen Stoffe aufgeführt.

Zahlreiche neue Synthesewege auf Basis von CO_2 werden derzeit im Labor-, Pilot- oder Demonstrationsmaßstab untersucht und

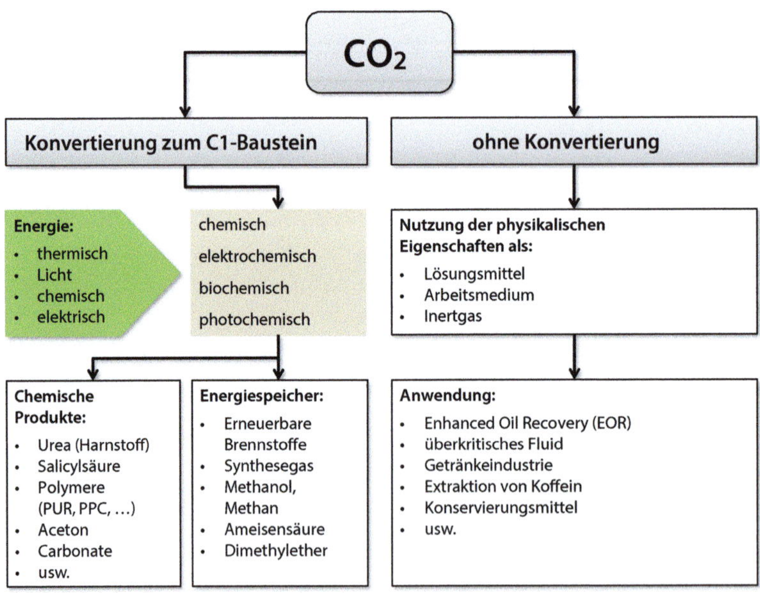

◘ **Abb. 10.25** CO_2-Nutzungspfade mit und ohne Konvertierung. (Nach Otto 2015; [46])

Tab. 10.8 Produktionsvolumen sowie die gebundene Masse an CO_2 pro Kilogramm Produkt und insgesamt pro Stoff. (Nach Otto 2015; [46])

Stoff	Unter Nutzung von CO_2 hergestellt [Mt/a] (gültiges Jahr)	Masse CO_2 pro Kilogramm Produkt	CO_2 gebunden im Produkt [Mt/a]
Harnstoff	150 (2010)	0,73	109,5
Methanol	4,4 (2007)	1,37	6
Methanol	0,004 (2014)	1,37	0,00548
Salicylsäure	0,17 (2011)	0,318	0,054
Organische Carbonate	0,1 (2009)	0,43–0,49	0,043–0,049
Bisphenol-A-Polycarbonat	0,6 (2009)	0,17	0,102
Polypropylencarbonat	0,07 (2010)	0,43	0,03

entwickelt. Im Rahmen der Dissertation von A. Otto wurden 123 CO_2-Nutzungsreaktionen untersucht, die das Potenzial aufweisen könnten, zur Reduktion von CO_2 beizutragen. Ein Großteil dieser Reaktionen von Bulk- und Feinchemikalien wurde bisher nur im Labormaßstab synthetisiert. Auf Basis einer eigenen Bewertungsmatrix ermittelte Otto sechs Bulkchemikalien (Ameisensäure, Oxalsäure, Formaldehyd, Methanol, Harnstoff und Dimethylether) mit hohem CO_2-Reduktionspotenzial und hoher Wertschöpfung. Für Methanol und Dimethylether führte er einen Vergleich zwischen konventionellen und CO_2-basierten Verfahren durch. Durch den Vergleich stellte sich heraus, dass die CO_2-basierten Prozesse nur dann zu einer Reduktion von CO_2-Emissionen führen, wenn der als Coreaktand eingesetzte Wasserstoff aus regenerativen Quellen stammt [46].

Seit Juni 2016 betreibt die Covestro AG in Dormagen eine Produktionsanlage zur Herstellung von Polyurethanschäumen mit einem 20-prozentigen CO_2-Anteil. Mit dem Kohlenstoff aus CO_2 wird eine neue Form von Polyolen synthetisiert, die der zentrale Baustein von Polyurethanschaumstoff ist. Das verwendete CO_2 stammt aus einem benachbarten Chemieunternehmen, wo es als Abfallprodukt anfällt [49]. Der Umsetzung in die industrielle Produktion ging ein langjähriges Forschungsvorhaben im Rahmen der Fördermaßnahmen „Technologien für Nachhaltigkeit und Klimaschutz – Chemische Prozesse und stoffliche Nutzung von CO_2" und „CO_2Plus – Stoffliche Nutzung von CO_2 zur Verbreiterung der Rohstoffbasis" des Bundesministeriums für Bildung und Forschung (BMBF) voraus.

10.4.7 Fazit

Die chemische Nutzung von Kohlendioxid ist ein interessanter Ansatz zur Reduktion von CO_2-Emissionen, weist aber nur ein geringes Potenzial im Vergleich zu den Emissionen des Energiesektors auf. Wesentliche Emissionen entstehen bei der Ammoniaksynthese und bei Synthesen der Petrochemie (Ethylen, Ethylenoxid), wobei das Kohlendioxid der Ammoniaksynthese oftmals in der nachgeschalteten Ureasynthese verwertet wird. Die Herausforderungen in der CO_2-Umsetzung zu Chemierohstoffen liegen im Bereich der Katalyse, um das unreaktive CO_2 umzusetzen. Die stoffliche Nutzung von CO_2 ist ein strategisch wichtiges Vorhaben, das langfristig durch die Kombination mit CO_2-freien Methoden der Wasserstofferzeugung zu neuen Herstellungsverfahren führen kann.

Zusammenfassung
Die Chemieindustrie zählt zu energieintensivsten Branchen des verarbeitenden Gewerbes und ist in diesem Sektor damit auch einer der größten Emittenten von CO_2. Dabei sind allein die Verfahren zu Ammoniak, Petrochemie und Ruß für 80 % der CO_2-Emission der Chemieindustrie verantwortlich. Die Eignung dieser Emission als Rohstoff für eine anschließende Verwertung ist dabei sehr unterschiedlich, denn nur 2 % dieser CO_2-Ströme sind hochrein. Sie finden als CO_2-Industriegas Verwendung, z. B. in der Nahrungsmittelindustrie. Andere Emissionsströme müssten vor einer Weiterverwertung aufgereinigt werden. Da die emittierenden Anlagen z. T. sehr großvolumig sind, handelt es sich um Punktquellen mit besonderem Nutzungspotenzial. Standorte mit derartigen chemischen Anlagen können deshalb für die stoffliche Nutzung von CO_2 besonders geeignet sein.

10.5 Bioprozesse (inkl. Biogasanlagen)

Bettina Sayder , Ute Merrettig-Bruns und Görge Deerberg

Relevante C1-Gasströme sind im Rahmen von biologischen Prozessen ausschließlich in der Form von CO_2 zu erwarten. Wesentliche CO_2-Emissionen resultieren aus Anlagen der weißen und der grauen Biotechnologie (insbesondere Biogas). Die anderen Bereiche der Biotechnologie (◘ Tab. 10.9) können für eine tiefergehende Betrachtung ausgeschlossen werden.

Etwa 10 % der dedizierten Biotechnologieunternehmen in Deutschland geben als Tätigkeitsschwerpunkt die weiße Biotechnologie an [50]. Darüber hinaus gibt es weitere biotechnologisch aktive Unternehmen (z. B. Pharma- und Chemieunternehmen, Saatguthersteller), die auch im Bereich der Wasch- und Reinigungsmittel, Antibiotika, Vitamine, Hormone, Lebensmittelindustrie und Enzyme aktiv sind.

In der Biotechnologie entsteht CO_2 als Nebenprodukt aus fermentativen Prozessen. Bei rein enzymatischen Prozessen, wie z. B. bei der Herstellung von Glucose-Fructose-Sirup, wird kein CO_2 gebildet. Die Produktionszahlen für biotechnologische Produkte mit fermentativer Herstellung weltweit zeigt ◘ Tab. 10.10. Hinsichtlich der Abschätzung ihres C1-Potenzials werden im Folgenden biotechnologische Prozesse mit Produktionsmengen größer 500 kt/a näher betrachtet.

Während bei der Herstellung von Milchsäure, die unter anaeroben Bedingungen mittels homofermentativer Milchsäurevergärung erfolgt, kein CO_2 freigesetzt wird, entsteht bei der biotechnologischen Produktion von folgenden Produkten CO_2 als Nebenprodukt:

- Bioethanol
- Biogas
- Futter-/Backhefe
- Aminosäuren: Glutamat, Lysin
- Citronensäure

Als Rohstoffe werden bei Fermentationen meist kohlenhydrathaltige Substrate, wie z. B. Melasse und Stärkehydrolysate, genutzt. Die Konversionsrate Substrat/Produkt gibt Hinweise auf den spezifischen Rohstoffbedarf und, bei Kenntnis des zugrunde liegenden Stoffwechsels, auf Bildung von Biomasse und Nebenprodukten. ◘ Tab. 10.11 zeigt die Kohlenhydratkonversionsraten für ausgewählte Fermentationsprodukte.

Innerhalb der dargestellten Produkte ist die Konversionsrate bei Bioethanol mit 48 % am geringsten. Neben Ethanol entstehen stoffwechselbedingt CO_2 und auch Biomasse. Die Konversionsraten bei Hefe, Aminosäuren und Citronensäure sind mit ca. 60 bis 80 % wesentlich höher und lassen eine geringere Bildung des Nebenproduktes CO_2 erwarten. Eine Erfassung und Nutzung von CO_2 findet bei diesen Produkten bislang nicht statt. Die gebildeten CO_2-Mengen und das Potenzial für

Tab. 10.9 Einteilung der Anwendungsbereiche der Biotechnologie (BT) in Deutschland

Bezeichnung	Beschreibung
Grüne BT	Pflanzenbiotechnologie
Weiße BT	Industrielle Biotechnologie
Rote BT	Einsatz in der Medizin und Pharmazeutik; Medizinische Biotechnologie
Graue BT	Einsatz in der Abfallwirtschaft
Braune BT	Umweltbiotechnologie
Blaue BT	Biotechnologische Nutzung von Meeresressourcen
Gelbe BT	Biotechnologische Nutzung von Insekten

Tab. 10.10 Produktion biotechnologischer Produkte (fermentative Herstellung) mit ≥0,1 Mt/a weltweit [51, 52 und 53]

Produkt	Weltjahresproduktion [Mt/a]
Bioethanol	70
Biogas	6,6
L Glutamat	2,5
Futter-/Backhefe	1,9
L-Lysin	1,5
Citronensäure	1
Milchsäure	0,6
L-Threonin	0,2
Essigsäure	0,2
Polymilchsäure	0,1
Gluconsäure	0,1
Ascorbinsäure	0,1

eine mögliche Nutzung werden im Folgenden für die Produkte Bioethanol, Biogas, Hefe, Aminosäuren und Citronensäure aufgeführt bzw. abgeschätzt.

10.5.1 Bioethanol

In Deutschland betrug die Bioethanolproduktion im Jahr 2016 rund 0,74 Mt (Abb. 10.26). Bioethanol entsteht bei

Tab. 10.11 Kohlenhydratkonversionsraten bei ausgewählten Fermentationsprodukten [52 und 54]

Produkt	Kohlenhydratkonversionsrate [%]
Bioethanol	48
Futter-/Backhefe	67
Glutaminsäure	75
Lysin	71
Citronensäure	76
Milchsäure	85

der Fermentation von Futtergetreide bzw. Industrierüben, wobei 1 Mol Glucose zu 2 Mol Ethanol und 2 Mol CO_2 umgesetzt wird. Bei der Produktion von einer Tonne Ethanol fallen demnach etwa 0,95 t CO_2 an. Im Jahr 2016 entstanden somit im Rahmen der Bioethanolherstellung in Deutschland 0,7 Mt CO_2. Eine Übersicht über die Produktionsstätten in Deutschland zeigt Abb. 10.27.

Das bei der Ethanolfermentation frei werdende CO_2 wird in hoher Reinheit gewonnen und in Deutschland in der Getränke- und Lebensmittelindustrie eingesetzt (Abb. 10.28). Die geschätzten Mengen an CO_2, die hier Verwendung finden, liegen bei 2,9 Mt/a (Carbonisierung von Getränken) bzw. 8,2 Mt/a (Lebensmittelverpackungen) [48].

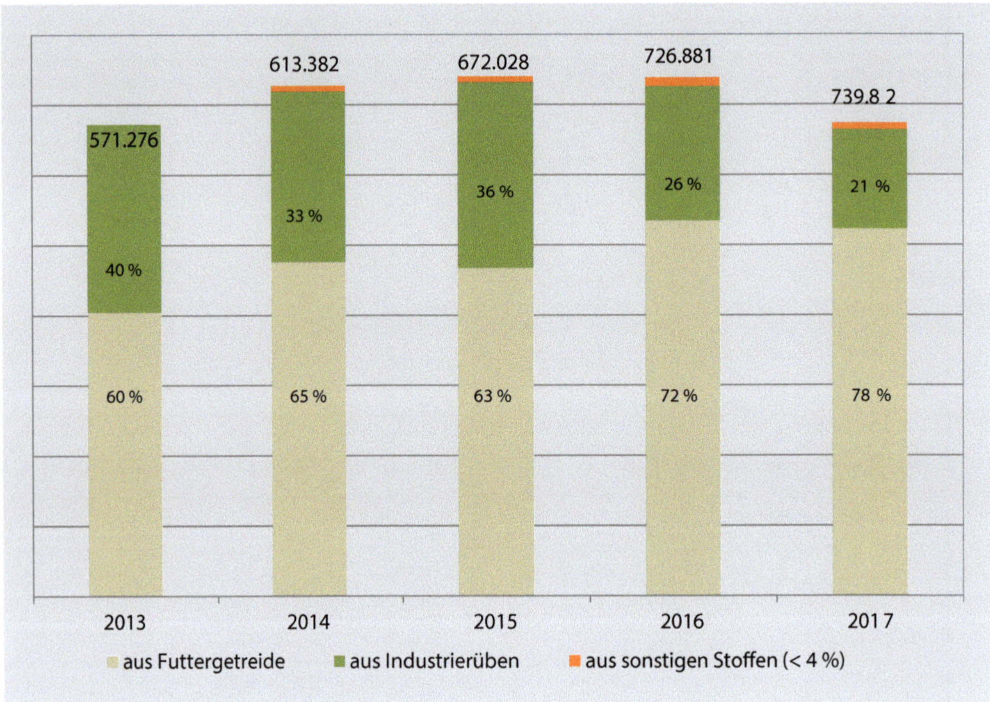

10

Abb. 10.26 Bioethanolproduktion in Deutschland in Tonnen nach Marktdaten 2017, Bundesverband der deutschen Bioethanolwirtschaft e. V. [55]

In Europa gehören Frankreich, Deutschland, Ungarn und Belgien zu den größten Produzenten von Bioethanol. Im Jahr 2015 wurden in der Europäischen Union etwa 4,2 Mt Bioethanol produziert [57], was einer CO_2-Menge von etwa 3,99 Mt entspricht. Laut Fachagentur Nachwachsende Rohstoffe (FNR) beträgt die Produktion von Bioethanol weltweit über 70 Mt [58]. Die USA (Bioethanol aus Mais) und Brasilien (Bioethanol aus Zuckerrohr) sind die beiden größten Produzenten. Die entsprechende CO_2-Menge, die bei der Produktion von Bioethanol entsteht, liegt weltweit bei etwa 66,5 Mt.

Alonso-Moreno et al. [59] zufolge werden weltweit 12,7 Mt CO_2 durch die Wein- und Spirituosenindustrie generiert. Die Autoren kommen zu dem Schluss, dass die beste Lösung für die Erfassung und Nutzung von CO_2 aus der alkoholischen Gärung in der Herstellung von Na_2CO_3 unter Verwendung von 50-prozentiger Natronlauge besteht. Diese Vorgehensweise soll die CO_2-Emissionen der derzeitigen Na_2CO_3-Produktion um den Faktor 3 bis 4 verringern [59]. CO_2 kann zudem, auch in kleineren Mengen, Anwendung in folgenden Bereichen finden: Lagerung von Früchten und verderblichen Lebensmitteln (CA-Lagerung), als Trockeneis, als Löschmittel und als Schutzgas beim Schweißen [60].

10.5.2 Biogas

Bei der Betrachtung der Stromerzeugung in Deutschland kommt es im Bereich von Bio-, Klär- und Deponiegas zu CO_2-Emissionen. Der Anteil an der gesamten

Abb. 10.27 Bioethanolwerke in Deutschland [56]

Stromerzeugung aus erneuerbaren Energien betrug im Jahr 2016 für Biogas 17,2 %, für Klärgas 0,7 % und für Deponiegas 0,2 % [61]. Wegen des geringen Anteils an der gesamten Stromerzeugung und der damit einhergehenden geringen Menge an CO_2 sowie der dezentralen Verteilung der entsprechenden Anlagen werden Klärgas und Deponiegas nicht weiter als signifikante C1-Quelle betrachtet.

Im Jahr 2015 wurden etwa 8800 Biogasanlagen in Deutschland betrieben [62], davon 185 Anlagen zur Biomethanproduktion (Einspeisung in das Erdgasnetz) [63] mit einer gesamten installierten elektrischen Leistung von 4018 MW [62]. Etwa 80 % der Biogasanlagen in Deutschland liegen mit der installierten elektrischen Leistung unter 0,5 MW [64]. Im Bereich der Biomethananlagen bestehen aktuell in Deutschland 16 größere Anlagen, deren Gasproduktion einer installierten elektrischen Leistung von 3,8 bis 20 MW entspricht [65].

10

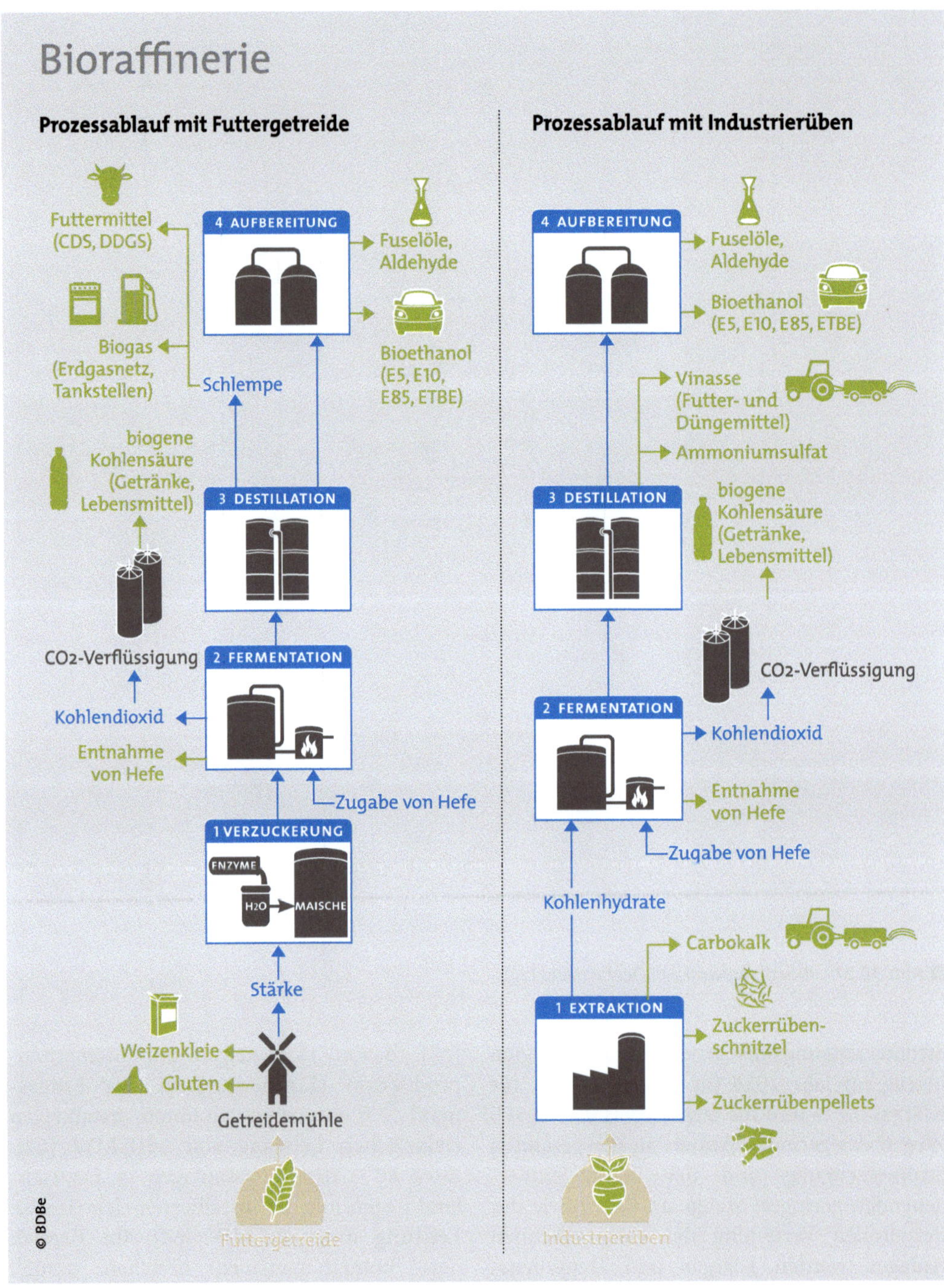

Abb. 10.28 Darstellung der Prozessabläufe bei der Bioethanolherstellung mit Futtergetreide und Industrierüben [56]

In Europa waren im Jahr 2013 über 9000 Biogasanlagen in Betrieb. Etwa 80 % der Anlagen stehen in Deutschland. Weitere Länder mit einer bedeutenden Anzahl an Biogasanlagen sind Italien (1020), Tschechien (500), Österreich (360), die Niederlande (220), die Schweiz (140) und Frankreich (140) [66 und 67]. Die durchschnittliche Anlagengröße weltweit liegt bei 0,5 MW installierter elektrischer Leistung, in Deutschland bei 0,4 MW [64]. Die drei Länder mit der im Durchschnitt höchsten installierten elektrischen Leistung sind Belgien (2 MW), Rumänien (1,9 MW) und China (1,75 MW). In Belgien liegt etwa ein Drittel der gesamten Biogasanlagen in einem Bereich von 2 bis 7,5 MW [64].

Aus den Angaben der installierten elektrischen Leistung aller Biogasanlagen in Deutschland (4018 MW; [62]) und der Einspeisekapazität der Biomethananlagen mit einem Normvolumenstrom von 115.000 m^3/a [63] kann eine Gesamtemission von 10,6 Mt CO_2 pro Jahr berechnet werden. Der berechnete Wert basiert auf einer rein stofflichen Betrachtung und beinhaltet sowohl die CO_2-Ströme aus Biogasanlagen, in denen das Biogas verstromt wird, als auch CO_2-Ströme aus Biomethananlagen, in denen das Biogas zu Biomethan aufbereitet und in das Erdgasnetz eingespeist wird. Die Darstellung in ◘ Abb. 10.29 verdeutlicht die dezentrale Verteilung der Biogasanlagen in Deutschland.

CO_2-Ströme fallen im Biogasprozess zum einen bei der Gasaufbereitung zu Biomethan und zum anderen bei der Nutzung im Blockheizkraftwerk an (◘ Abb. 10.30). Die Kohlenstoffquellen, die zur Biogasproduktion eingesetzt werden, sind ausschließlich biogen. Hauptsächlich werden nachwachsende Rohstoffe, wie Maissilage, Grassilage oder Getreideganzpflanzensilage sowie Wirtschaftsdünger, z. B. Rindergülle, Schweinegülle oder Hühnertrockenkot, als Substrate verwendet [68].

Die Zusammensetzung von Biogas ist ◘ Tab. 10.12 zu entnehmen. Laut einer Studie des *Institute for Advanced Sustainability Studies* (IASS) liegen die Abscheidungskosten für CO_2 aus dem Bereich der Bioenergie bei 26 €/t CO_2 [48]. Hierbei wird aber nicht erläutert, welche Technologien der Bereich Bioenergie genau beinhaltet. Daher ist davon auszugehen, dass dieser Wert nicht uneingeschränkt für den Bereich Biogas übernommen werden kann.

In Biomethananlagen wird das Biogas nach Entschwefelung und Trocknung für die Einspeisung in das Erdgasnetz mithilfe unterschiedlicher Techniken aufbereitet: Druckwasserwäsche (DWW), Druckwechseladsorption (PSA), Aminwäsche, organisch-physikalische Wäsche (PEG-Wäsche) oder Membrantrennverfahren [70]. Bei der Druckwasser- und der PEG-Wäsche wird CO_2 über das Einblasen von Luft desorbiert und liegt damit in verdünnter Form vor. Bei allen weiteren Aufbereitungsverfahren wird CO_2 in nahezu reiner Form in die Umgebung abgegeben. Etwa 60 % der Biomethananlagen setzen PSA, Aminwäsche oder Membrantrennverfahren ein [71]. Die gesamte mögliche CO_2-Menge aus Biomethananlagen in Deutschland liegt bei 1,1 Mt/a. Die deutlich größere Menge an CO_2 (9,5 Mt/a) stammt aus Biogasanlagen, die das Biogas in einem Blockheizkraftwerk nutzen. Da hier aber zur Minderung der NO_x-Emissionen üblicherweise mit Luftüberschuss („mageres Gemisch") gearbeitet wird, liegen die CO_2-Ströme in stark verdünnter Form vor. Eine Nutzung der anfallenden CO_2-Ströme findet zurzeit nicht statt.

Die biologische Methanisierung *(Power-to-Gas)* kann in diesem Zusammenhang eine signifikante Rolle im zukünftigen Energiesystem einnehmen [72]. CO_2 aus Biogas-, Biomethan- oder Abwasserbehandlungsanlagen wird hierbei biologisch mit Wasserstoff aus der Elektrolyse von Strom aus erneuerbaren Energien zu speicherbarem Biomethan umgesetzt. Anlagen zur biologischen Methanisierung im Demonstrationsmaßstab werden von der

10

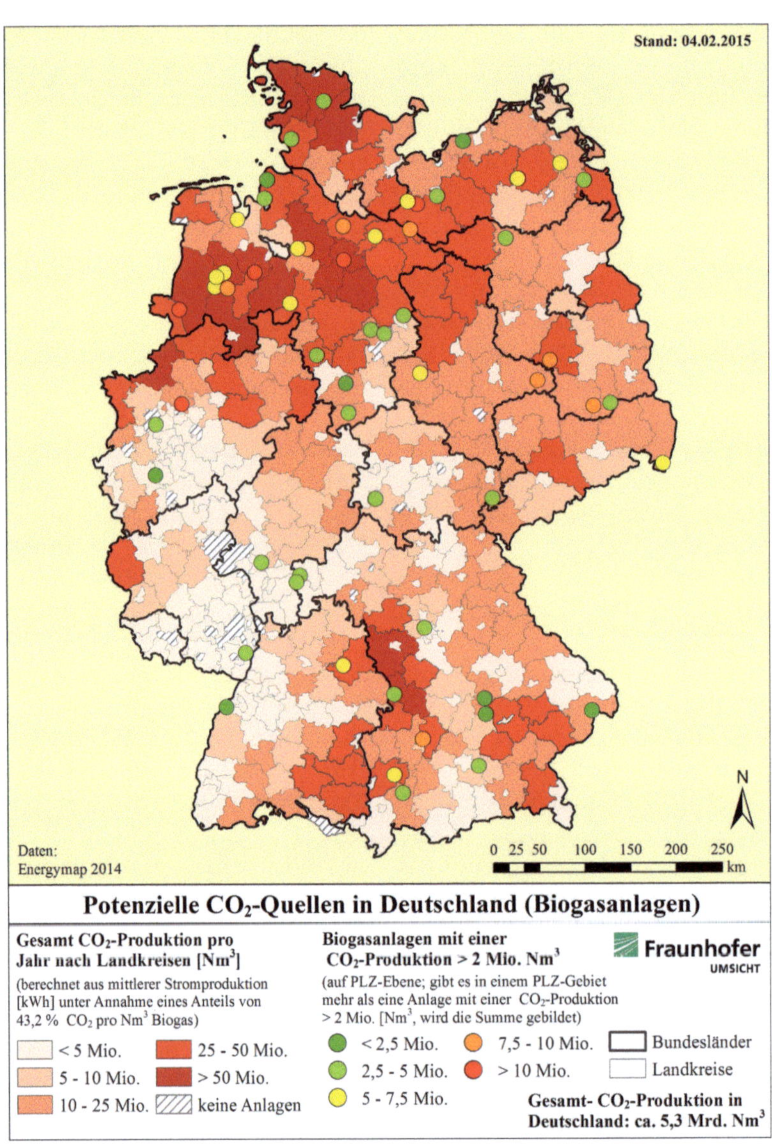

Abb. 10.29 Darstellung der Biogasanlagen in Deutschland nach potenziellen CO_2-Quellen

Firma Microbenergy GmbH an einer Biogasanlage in Allendorf (Eder) sowie von der Firma Electrochaea GmbH im Rahmen des BioCat-Projekts („power-to-gas via biological catalysis“, gefördert über Energienet.dk, ForskEL) an einer Abwasserbehandlungsanlage in Dänemark betrieben.

Eine weitere Möglichkeit zur Nutzung von kleineren, dezentral anfallenden CO_2-Mengen ist der Einsatz in Gewächshäusern [73]. Hierbei wird das CO_2, das bei der Beheizung der Gewächshäuser durch Erdgasöfen entsteht, ohne weitere Aufreinigung direkt der Gewächshausluft beigemischt [74].

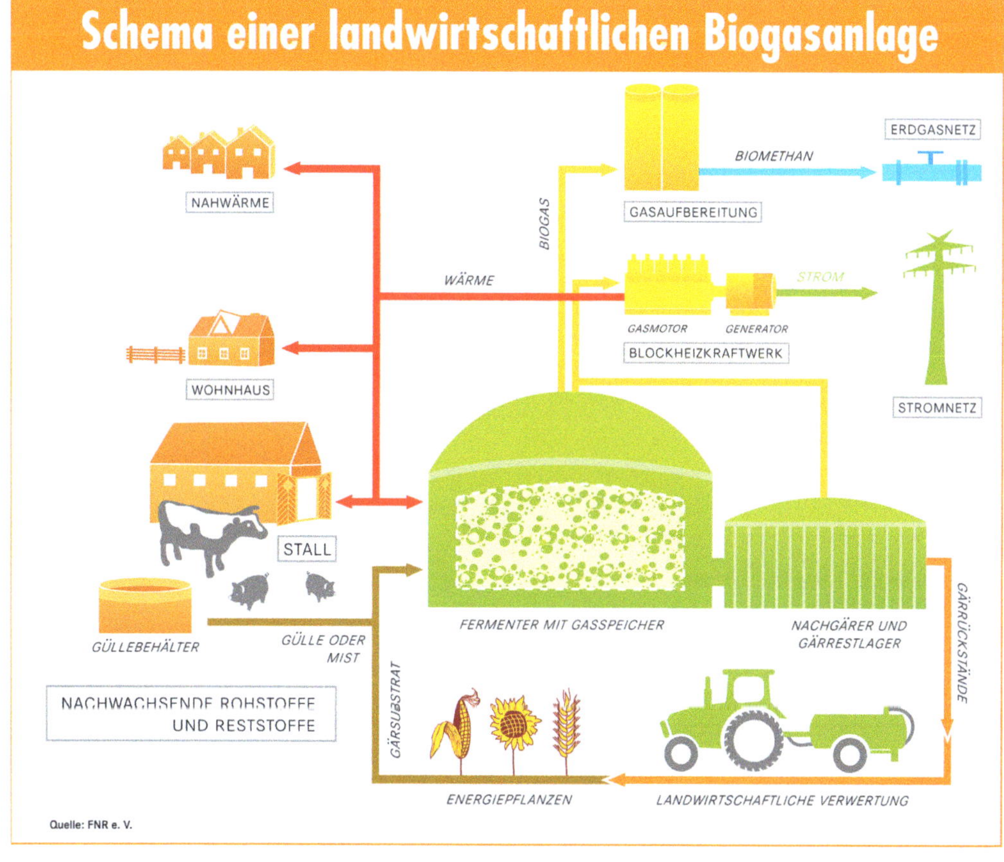

Abb. 10.30 Schema einer landwirtschaftlichen Biogasanlage [69]. (© Fachagentur Nachwachsende Rohstoffe)

Tab. 10.12 Durchschnittliche Zusammensetzung von Biogas [68]

Bestandteil	Konzentration
Methan (CH_4)	50–75 Vol.-%
Kohlendioxid (CO_2)	25–45 Vol.-%
Wasserdampf (H_2O)	2–7 Vol.-%
Schwefelwasserstoff (H_2S)	20–20.000 ppm
Sauerstoff (O_2)	< 2 Vol.-%
Stickstoff (N_2)	< 2 Vol.-%
Ammoniak (NH_3)	< 2 Vol.-%
Wasserstoff (H_2)	< 2 Vol.-%
Spurengase	< 2 Vol.-%

10.5.3 Biomasse: Hefe

Hefe ist in Form von Backhefe einer der wichtigsten Rohstoffe für die Backindustrie. Von den weltweit knapp 2 Mio. t Hefe werden in Europa insgesamt ca. 1 Mio. t pro Jahr produziert (*Confederation of EU Yeast Producers* – COFALEC), davon ca. 200.000 t in Deutschland.

Die Herstellung von Hefe erfolgt durch einen strikt aeroben Fermentationsprozess mit Melasse als Substrat. Um einen möglichst hohen Ertrag an Biomasse aus dem Substrat zu erzielen, wird die Ethanolbildung durch geeignete Fermentationsbedingungen weitgehend unterdrückt. Dazu gehören eine intensive Belüftung und eine strikte Limitierung der Melasse (Zucker) im Zulauf [75]. Bei guter Prozessführung wird eine Ausbeute von bis zu 54 g Hefetrockenmasse pro 100 g Zucker erzielt. Die in ◘ Tab. 10.11 angegebene Konversionsrate für Hefe von 67 % erscheint daher eher hoch angesetzt. Aufgrund des aeroben Atmungsprozesses wird die andere Hälfte des Zuckers in CO_2 umgesetzt. Bei dem hochbelüfteten Prozess beträgt die CO_2-Konzentration im Abgasstrom weniger als 5 %, eine Abtrennung erscheint daher unwirtschaftlich und wird bislang nicht durchgeführt [76].

10.5.4 Aminosäuren

Die Aminosäuren mit den weltweit größten Produktionsmengen sind L-Glutaminsäure und L-Lysin. Erstere wird überwiegend als Zusatzstoff (Geschmacksverstärker) für die menschliche Ernährung genutzt, die essenzielle Aminosäure L-Lysin ist ein Futtermittelzusatzstoff für die Nutztierhaltung. Glutaminsäure und das daraus resultierende Mononatriumglutamat werden zu mehr als 90 % in Asien produziert [52] und nur ca. 60.000 t pro Jahr in Europa. Der jährliche Verbrauch in Deutschland liegt bei etwa 6000 t, die vollständig importiert werden. Die Produktion von L-Lysin findet ebenfalls überwiegend in Asien statt; von jährlich 1,5 Mio. t werden nur ca. 100.000 t in Europa hergestellt. In Deutschland findet keine Lysinproduktion statt.

Beide Aminosäuren werden biotechnologisch durch Fermentation mit Bakterien wie *Corynebacterium glutamicum* produziert [77]. Als Substrate dienen Melasse und Stärkehydrolysate. Es handelt sich ausschließlich um aerobe Prozesse, die bei der Fermentation eine intensive Belüftung erfordern. Im Rahmen der Aminosäuresynthese und des Atmungsstoffwechsels entsteht CO_2, das z. T. im Rahmen des Aminosäurestoffwechsels wieder verbraucht wird. Bei der fermentativen Herstellung von Glutaminsäure wird die Zufuhr des Substrats über die CO_2-Konzentration in der Abluft gesteuert, um Hemmungen und Nebenproduktbildung zu minimieren [75]. Aufgrund der hohen Konversionsrate von über 70 % (◘ Tab. 10.11) und unter Berücksichtigung der Tatsache, dass ein Teil des Substrats in Biomasse umgesetzt wird, ist eine im Vergleich zur Hefeproduktion geringere Bildung von CO_2 zu erwarten. Durch die intensive Belüftung fällt das CO_2 in der Abluft in stark verdünnter Form an; eine Abtrennung wäre wahrscheinlich nicht wirtschaftlich.

10.5.5 Citronensäure

Die Tricarbonsäure Citronensäure besitzt vielseitige Anwendungsbereiche, z. B. als Säuerungsmittel in der Lebensmittelindustrie und aufgrund der guten Komplexbildung mit zweiwertigen Kationen zur Entkalkung. Weltweit wird jährlich eine Million Tonnen Citronensäure hergestellt, wovon über die Hälfte auf China [52] und etwa 300.000 t auf Europa entfallen. In Deutschland gibt es zurzeit keine Produktionsstätte.

Citronensäure wird ausschließlich biotechnologisch durch Fermentation von Melasse und anderen zuckerhaltigen Substraten mit dem Pilz *Aspergillus niger* hergestellt. Es handelt sich um einen aeroben Prozess, der insbesondere während der Vermehrungsphase des Pilzes eine intensive Belüftung erfordert. Ein Teil des während des Atmungsstoffwechsels gebildeten Kohlendioxids wird mittels Carboxylierung im Citronensäure Stoffwechsel verbraucht; daher resultiert eine relativ hohe Kohlenhydratkonversionsrate von 76 % (◘ Tab. 10.11). Ein Teil des nicht in Citronensäure umgesetzten Substrats wird außerdem für die Biomassebildung genutzt. Ähnlich wie bei der Hefeproduktion und den Aminosäurenproduktionen ist mit einer geringen CO_2-Menge in der Abluft zu rechnen.

Zusammenfassung

CO_2 fällt in verschiedenen industriellen Verfahren, die auf biologischen bzw. biotechnologischen Prozessen beruhen, als Endprodukt an. Insbesondere die Herstellung von Bioethanol ist in diesem Zusammenhang hervorzuheben, da Bioethanol das weltweit am meisten produzierte Biotech-Produkt ist und auch die meisten prozessbedingten CO_2-Emissionen mit sich bringt. Da CO_2 bei der Bioethanolproduktion in hoher Reinheit und in großen Mengen anfällt, wird es bereits seit geraumer Zeit in der Lebensmittelindustrie (z. B. zur Carbonisierung von Getränken) verwendet, sodass hier bereits CO_2-Emissionen eingespart werden. Daneben ist CO_2 auch Bestandteil des in Klär- und Biogasanlagen produzierten Biogases, bietet sich jedoch aufgrund des relativ geringen Anteils in diesem Gasgemisch nicht als Substrat für CO_2-basierte Prozesse an. Weitere Verfahren wie die Herstellung von Hefe, Glutamat oder Lysin scheinen ebenfalls keine wirtschaftlichen Quellen für CO_2 zu sein, das als Edukt in die zirkuläre Kohlenstoffwirtschaft eingehen soll.

Literatur

1. Wirtschaftsvereinigung Stahl (2016) Fakten zur Stahlindustrie in Deutschland 2016. ► http://www.stahl-online.de/wp-content/uploads/2013/12/Fakten_Stahlindustrie_2016_V2.pdf
2. Wirtschaftsvereinigung Stahl (2017) Fakten zur Stahlindustrie in Deutschland 2017. ► https://www.stahl-online.de/wp-content/uploads/2017/12/Fakten_Stahlindustrie_2017_rz_web.pdf
3. IEA (2009) Cement technology roadmap: carbon emissions reductions up to 2050. IEA Technology Roadmaps, OECD Publishing, Paris. doi: ► https://doi.org/10.1787/9789264088061-en
4. Hoenig V, Hoppe H, Fleiger K (2015) Zementindustrie. In: Fischedick M, Görner K, Thomeczek M (Hrsg) CO_2: Abtrennung, Speicherung, Nutzung. Springer, Berlin, S 248–249
5. IEA (2011) Technology roadmap – carbon capture and storage in industrial applications. IEA technology roadmaps, OECD Publishing, Paris. doi: ► https://doi.org/10.1787/9789264130661-en
6. ECRA (2012) TR-ECRA-119/2012: ECRA CCS project – report on phase III. European Cement Research Academy, Düsseldorf. ► www.ecra-online.org
7. ECRA (2016) TR-ECRA-128/2016: ECRA CCS project – report on phase IV.A. European Cement Research Academy, Düsseldorf. ► www.ecra-online.org
8. Bjerge L-M, Brevik P (2014) CO_2 capture in the cement industry, Norcem CO_2 capture project (Norway). Energy Procedia 63:6455–6463
9. ECRA (2013) TR-0123/2013/E – deployment of CCS in the cement industry. European Cement Research Academy, Düsseldorf. ► www.ecra-online.org
10. Corcoran R (2013) ECRA project – report about CO_2 reuse / MeOH and methane synthesis. European Cement Research Academy & University College Dublin, Düsseldorf
11. Spenner L (2015) Techno-ökonomische Bewertung einer Power-to-Gas Konfiguration in der Zementindustrie. Bachelorarbeit, Karlsruher Institut für Technologie (KIT)
12. Perilli D (2015) The Skyonic SkyMine: The future of cement plant carbon capture? Global Cement Magazine 2015:8–12
13. IPCC (2005) Sources of CO_2 In: Metz B, Davidson O, de Coninck H, Loos M, Meyer L (Hrsg) Carbon Dioxide Capture and Storage. Cambridge University Press, New York, S 77–82
14. de Vries GJ, Ferrarini B (2017) What accounts for the growth of carbon dioxide emissions in advanced and emerging economies? The role of consumption, technology and global supply chain participation. Ecol Econ 132:213–223. ► https://doi.org/10.1016/j.ecolecon.2016.11.001
15. Behr A, Neuberg S (2009) Mögliche Nutzungen von Kohlendioxid in der chemischen Industrie. Erdöl Erdgas Kohle 125(10):367–374
16. Olah GA, Goeppert A, Prakash GKS (2009) Chemical recycling of carbon dioxide to methanol and dimethyl ether: from greenhouse gas to renewable, environmentally carbon neutral fuels and synthetic hydrocarbons. J Org Chem 74(2):487–498. ► https://doi.org/10.1021/jo801260f
17. Umweltbundesamt (2017 und 2018) Energiebedingte Treibhausgas-Emissionen ► http://www.umweltbundesamt.de/daten/energiebereitstellung-verbrauch/energiebedingte-emissionen#textpart-1 ► http://www.umweltbundesamt.de/daten/energiebereitstellung-verbrauch/energiebedingte-emissionen#textpart-3 ► http://www.umweltbundesamt.de/sites/default/files/medien/372/bilder/dateien/de_kraftwerkskarte_2018.de

18. Fleige M (2015) Direkte Methanisierung von CO_2 aus dem Rauchgas konventioneller Kraftwerke. Springer, Heidelberg
19. Notz R, Tönnies I, Scheffknecht G, Hasse H (2010) CO_2-Abtrennung für fossil befeuerte Kraftwerke. CO_2 capture for fossil fuel fired power plants. Chem Ing Techn 82(10):1639–1653. ► https://doi.org/10.1002/cite.201000006
20. Bhown AS (2014) Status and analysis of next generation post-combustion CO_2 capture technologies. Energy Procedia 63:542–549. ► https://doi.org/10.1016/j.egypro.2014.11.059
21. Birnbaum U, Bongartz R, Linssen J, Markewitz S, Vögele S (2010) Fossil basierte Kraftwerkstechnologien, Wärmetransport, Brennstoffzellen. In: Wietschel M, Arens M, Dötsch C, Herkel S, Krewitt W, Markewitz P, Möst D, Scheufen M (Hrsg) Energietechnologien 2050 – Schwerpunkte für Forschung und Entwicklung. Fraunhofer-Verlag, Stuttgart
22. EPRI (2012) CO_2 capture technologies. Post combustion capture. Global CCS Institute, Canberra
23. Global CCS Institute (2014) The global status of CCS: 2014. Global CCS Institute, Melbourne
24. Yu J, Wang S (2015) Modeling analysis of energy requirement in aqueous ammonia based CO_2 capture process. Int J Greenh Gas Con 43:33–45. ► https://doi.org/10.1016/j.ijggc.2015.10.010
25. Goto K, Yogo K, Higashii T (2013) A review of efficiency penalty in a coal-fired power plant with post-combustion CO_2 capture. Appl Energ 111:710–720. ► https://doi.org/10.1016/j.apenergy.2013.05.020
26. Tola V, Pettinau A (2014) Power generation plants with carbon capture and storage: a techno-economic comparison between coal combustion and gasification technologies. Appl Energ 113:1461–1474. ► https://doi.org/10.1016/j.apenergy.2013.09.007
27. Lockwood T (2017) A comparative review of next-generation carbon capture technologies for coal-fired power plant. Energy Procedia 114:2658–2670. ► https://doi.org/10.1016/j.egypro.2017.03.1850
28. Martelli E, Kreutz T, Consonni S (2009) Comparison of coal IGCC with and without CO_2 capture and storage: shell gasification with standard vs. partial water quench. Energy Procedia 1(1):607–614. ► https://doi.org/10.1016/j.egypro.2009.01.080
29. Gräbner M, Morstein OV, Rappold D, Günster W, Beysel G, Meyer B (2010) Constructability study on a German reference IGCC power plant with and without CO_2-capture for hard coal and lignite. Energy Convers Manage 51(11):2179–2187. ► https://doi.org/10.1016/j.enconman.2010.03.011
30. Mancuso L (2014) Advances in gasification plants for low carbon power and hydrogen co-production. New Horizons in Gasification. Foster Wheeler Italiana, Rotterdam. Zugegriffen: 10. März 2014
31. Wolfersdorf C, Meyer B (2017) The current status and future prospects for IGCC systems. In: Wang T, Stiegel GJ (Hrsg) Integrated Gasification Combined Cycle (IGCC) Technologies. Woodhead Publishing, Cambridge, S 847–889. ► https://doi.org/10.1016/b978-0-08-100167-7.00024-x
32. Schiffer H-W, Thielemann T (2017) 20 Jahre CCS – Erfolge einer Technologie im Wartestand. Energiewirtschaftliche Tagesfragen 67(1/2):40–46
33. Molina CT, Bouallou C (2017) Comparison of different CO_2 recovery processes in their optimum operating conditions from a pulverized coal power plant. Energy Procedia 114:1360–1365. ► https://doi.org/10.1016/j.egypro.2017.03.1257
34. EPEA – Internationale Umweltforschung GmbH (2016) Report – Evaluation zur Nutzung von Kohlendioxid (CO_2) als Rohstoff in der Emscher-Lippe-Region – Erstellung einer Potentialanalyse. In: Koch T, Scheelhaase T, Jonas N, Hungsberg M, Osswald D (Hrsg). ► http://www.emscher-lippe.de/wp-content/uploads/2017/05/2017-05-03_Report-CO2-Potentialanalyse_final.pdf
35. Wolfersdorf C, Forman C, Keller F, Meyer B (2017) CO_2-to-X and coal-to-X concepts in pulverized coal combustion power plants. Energy Procedia 114:7171–7185. ► https://doi.org/10.1016/j.egypro.2017.03.1821
36. Otto A (2015) Chemische, verfahrenstechnische und ökonomische Bewertung von Kohlendioxid als Rohstoff in der chemischen Industrie. Dissertation, RWTH Aachen
37. Tremel A, Wasserscheid P, Baldauf M, Hammer T (2015) Techno-economic analysis for the synthesis of liquid and gaseous fuels based on hydrogen production via electrolysis. Int J Hydrog Energ 40(35):11457–11464. ► https://doi.org/10.1016/j.ijhydene.2015.01.097
38. UNFCCC (2017) Greenhouse gas inventory data – detailed data by party. United Nations Framework Convention on Climate Change (Hrsg). ► http://di.unfccc.int/detailed_data_by_party. Zugegriffen: 28. Sept. 2017
39. IPCC (2017) Intergovernmental panel on climate change: emission factor database – EFDB. Zugegriffen: 28. Sept. 2017. ► https://www.ipcc-nggip.iges.or.jp/public/index.html
40. DEHSt (2017) Treibhausgasemissionen 2016 – Emissionshandelspflichtige stationäre Anlagen und Luftverkehr in Deutschland (VET-Bericht). Deutsche Emissionshandelsstelle im Umweltbundesamt (Hrsg). ► https://www.dehst.de/

SharedDocs/downloads/DE/publikationen/VET-Bericht-2016.pdf. Zugegriffen: 28. Sept. 2017
41. UBA (2017) Berichterstattung unter der Klimarahmenkonvention der Vereinten Nationen und dem Kyoto-Protokoll 2017. Nationaler Inventarbericht zum Deutschen Treibhausgasinventar 1990–2015. Climate Change 13/2017, Dessau-Roßlau, April 2017, ISSN 1862-4359
42. EEA (2017) Data viewer on greenhouse gas emissions and removals, sent by countries to UNFCCC and the EU Greenhouse Gas Monitoring Mechanism (EU Member States) (EEA greenhouse gas – data viewer). European Environment Agency (Hrsg) ► http://www.eea.europa.eu/data-and-maps/data/data-viewers/greenhouse-gases-viewer. Zugegriffen: 28. Sept. 2017
43. VCI (2017) Chemiewirtschaft in Zahlen 2017. Verband der chemischen Industrie e. V. (Hrsg). ► https://www.vci.de/vci/downloads-vci/publikation/chemiewirtschaft-in-zahlen-print.pdf. Zugegriffen: 11. Okt. 2017
44. IEA (2005) Building the cost curves for CO_2 Storage: European Sector. International Energy Agency (Hrsg) Cheltenham, United Kingdom (IEA GHG Report, 2005/2)
45. IEA (2005) Building the cost curves for CO_2 Storage: North American sector. International Energy Agency (Hrsg) Cheltenham, United Kingdom (IEA GHG Report, 2005/3)
46. Römpp (2017) Datenbank Römpp Online. Chemie-Enzyklopädie von Thieme
47. Energieagentur.NRW (2013) Wasserstoff – Schlüssel zur Energiewende. ► http://www.energieagentur.nrw/brennstoffzelle/netzwerk-brennstoffzelle/erzeugung?mm=Wasserstoff#ts. Zugegriffen: 28. Sept. 2017
48. Otto A (2015) Chemische, verfahrenstechnische und ökonomische Bewertung von Kohlendioxid als Rohstoff in der chemischen Industrie. Dissertation, RWTH Aachen
49. VCI (2017) Rohstoffbasis der chemischen Industrie. Verband der chemischen Industrie e. V. (Hrsg). ► https://www.vci.de/vci/downloads-vci/top-thema/daten-fakten-rohstoffbasis-der-chemischen-industrie-de.pdf. Zugegriffen: 28. Sept. 2017
50. Olfe-Kräutlein B, Naims H, Bruhn T, Lorente Lafuente AM (2016) CO2 als Wertstoff: Herausforderungen und Potenziale für die Gesellschaft. IASS Study, November 2016. ► https://doi.org/10.2312/iass.2016.025
51. Covestro AG (2016) Premiere für neuen Rohstoff. Covestro startet industrielle Kunststoff-Herstellung mit CO_2. Pressemitteilung vom 17. Juni 2016. ► http://presse.covestro.de/news.nsf/id/aazc76-premiere-fuer-neuen-rohstoff
52. BIOCOM AG (2017) The German biotechnology sector 2017. ► http://biotechnologie.de/statistics_articles. Zugegriffen: 29. Sept. 2017
53. BMBF (2012) Weiße Biotechnologie. Chancen für eine bio-basierte Wirtschaft. Bundesministerium für Bildung und Forschung (Hrsg). ► https://www.bmbf.de/upload_filestore/pub/Weisse_Biotechnologie.pdf
54. ECO SYS GmbH (2011) Die Wettbewerbsfähigkeit der Bundesrepublik Deutschland als Standort für die Fermentationsindustrie im internationalen Vergleich. Fachagentur Nachwachsende Rohstoffe e. V. (Hrsg). ► https://www.iwbio.de/fileadmin/Publikationen/IWBio-Artikel/Ind_Biotech_22003310.pdf
55. Eigene Berechnungen (2017) Berechnung der Biogasmenge basierend auf der gesamten installierten elektrischen Leistung (5800 MW) weltweit im Jahr 2013 (ecoprog GmbH 2012)
56. Pal P, Dekonda VC, Kumar R (2015) Fermentative production of glutamic acid from renewable carbon source: process intensification through membrane-integrated hybrid bio-reactor system. Chem Eng Proc 92:7–17. ► https://doi.org/10.1016/j.cep.2015.03.022
57. Bundesverband der deutschen Bioethanolwirtschaft e. V. (2017) Die deutsche Bioethanolwirtschaft in Zahlen. ► https://www.bdbe.de/daten/marktdaten-deutschland. Zugegriffen: 29. Sept. 2017
58. Bundesverband der deutschen Bioethanolwirtschaft e. V. (2015) Bioethanol – effiziente Bioökonomie. ► https://www.bdbe.de/application/files/6114/3566/7565/BDBe_Broschuere_Bioethanol_2015.pdf. Zugegriffen: 29. Sept. 2017
59. Bundesverband der deutschen Bioethanolwirtschaft e. V. (2017) Bioethanol weltweit. ► https://www.bdbe.de/daten/bioethanol-weltweit. Zugegriffen: 29. Sept. 2017
60. FNR (2017) Bioethanol weltweit. ► https://biokraftstoffe.fnr.de/kraftstoffe/bioethanol/. Zugegriffen: 29. Sept. 2017
61. Alonso-Moreno C, García-Yuste S (2016) Environmental potential of the use of CO_2 from alcoholic fermentation processes. The CO_2-AFP strategy. Sci Total Environ 568:319–326. ► https://doi.org/10.1016/j.scitotenv.2016.05.220
62. Weidner E, Pollak S (2015) Einsatz und Verwendung von CO_2. In: Fischedick M, Görner K, Thomeczek M (Hrsg) CO_2: Abtrennung, Speicherung, Nutzung. Springer, Berlin, S 93–110
63. BMWi (2017) Zeitreihen zur Entwicklung der erneuerbaren Energien in Deutschland. Unter Verwendung von Daten der Arbeitsgruppe Erneuerbare Energien-Statistik (AGEE-Stat) (Stand: Februar 2017). Bundesministerium für Wirtschaft und Energie (Hrsg)

64. Fachverband Biogas (2016) Branchenzahlen 2015 und Prognose der Branchenentwicklung 2016
65. dena – Deutsche Energie-Agentur (2015) biogaspartner – gemeinsam einspeisen. Biogaseinspeisung in Deutschland und Europa – Markt, Technik und Akteure. ▶ https://shop.dena.de/fileadmin/denashop/media/Downloads_Dateien/erneuerbare/5026_biogaspartner_gemeinsam_einspeisen_dt_REG.pdf
66. ecoprog GmbH (2012) Biogas to Energy. Der weltweite Markt für Biogasanlagen 2012/2013
67. Biogaspartner (2017) Einspeiseatlas Deutschland. ▶ http://www.biogaspartner.de/einspeiseatlas/projektliste-deutschland.html. Zugegriffen: 29. Sept. 2017
68. Brijder M, Dumont M, Blume A (2014) Contribution greengasgrids project to development in biomethane markets. Final report greengasgrids project. Deutsche Energie-Agentur (Hrsg). ▶ http://www.greengasgrids.eu/fileadmin/greengas/media/Downloads/Other_Downloads/D5.3_Publishable_Report.pdf
69. EurObserv'ER (2014) Biogas barometer 2014. Marktbericht. ▶ https://www.eurobserv-er.org/biogas-barometer-2014/
70. FNR (2016) Basisdaten Bioenergie Deutschland 2016. Fachagentur Nachwachsende Rohstoffe e. V. (Hrsg). ▶ http://www.bioenergyfarm.eu/wp-content/uploads/2015/09/Basisdaten_Bioenergie_FNR_2016.pdf
71. FNR (2017) Schema einer landwirtschaftlichen Biogasanlage. ▶ https://mediathek.fnr.de/grafiken/pressegrafiken/bioenergie/schema-einer-landwirtschaftlichen-biogasanlage.html. Zugegriffen: 29. Sept. 2017
72. FNR/Kuratorium für Technik und Bauwesen in der Landwirtschaft (2013) Faustzahlen Biogas. 3. Ausgabe
73. FNR (2014) Leitfaden Biogasaufbereitung und -einspeisung. 5. Aufl. In: Adler P, Billig E, Brosowski A, Daniel-Gromke J, Falke I, Fischer E (Hrsg) Fachagentur für Nachwachsende Rohstoffe e. V., Gülzow-Prüzen
74. Götz M, Lefebvre J, Mörs F, McDaniel Koch A, Graf F, Bajohr S, Reimert R, Kolb T (2016) Renewable power-to-gas. A technological and economic review. Renew Energ 85:1371–1390. ▶ https://doi.org/10.1016/j.renene.2015.07.066
75. EPEA – Internationale Umweltforschung GmbH (2016) Report – Evaluation zur Nutzung von Kohlendioxid (CO_2) als Rohstoff in der Emscher-Lippe-Region – Erstellung einer Potentialanalyse. In: Koch T, Scheelhaase T, Jonas N, Hungsberg M, Osswald D (Hrsg). ▶ http://www.emscher-lippe.de/wp-content/uploads/2017/05/2017-05-03_Report-CO2-Potentialanalyse_final.pdf. Zugegriffen: 14. Sept. 2017
76. DBG (2010) Feuerlöscher oder Klimakiller. Kohlendioxid CO_2 – Facetten eines Moleküls. Deutsche Bunsen-Gesellschaft für Physikalische Chemie (Hrsg). ▶ https://www.gdch.de/fileadmin/downloads/Publikationen/Weitere_Publikationen/PDF/co2.pdf
77. Schmid RD (2016) Taschenatlas der Biotechnologie und Gentechnik, 3. Aufl. Wiley-VCH, Weinheim
78. Pollmann E (2017) Persönliche Mitteilung. Versuchsanstalt der Hefeindustrie e. V, Berlin
79. Becker J, Wittmann C (2012) Bio-based production of chemicals, materials and fuels – Corynebacterium glutamicum as versatile cell factory. Curr Op Biotechnol 23:631–640. ▶ https://doi.org/10.1016/j.copbio.2011.11.012

Möglichkeiten der Integration von Reststoffen in industrielle Anlagen mit relevanten C1-Gasströmen

Thomas Bayer, Michael Binder, Johannes Booz und Stefan Burmester

Inhaltsverzeichnis

M. Kircher und T. Schwarz (Hrsg.), *CO_2 und CO – Nachhaltige Kohlenstoffquellen für die Kreislaufwirtschaft*, https://doi.org/10.1007/978-3-662-60649-0_11

Tab. 11.1 Rohstoffe der chemischen Industrie in Europa 2013 [1] und Deutschland 2015 [2] für die Organische Chemie

Rohstoffbedarf	Europa		Deutschland	
	Menge [Mt]	Anteil [%]	Menge [Mt]	Anteil [%]
Fossile Rohstoffe (Öl, Gas, Kohle)	71	89,9	17,3	87,4
Nachwachsende Rohstoffe (Fette, Öle, Zellulose, Stärke, Zucker, Naturkautschuk, Glycerin, Bioethanol)	8	10,1	2,5	12,6
Summe	79	100,0	19,8	100,0

11.1 Einleitung

Thomas Bayer

Die Rohstoffversorgung der Organischen Chemie beruht heute überwiegend auf den fossilen Rohstoffen Öl, Gas und Kohle, die zugleich auch für die Energieversorgung eingesetzt werden. Nachwachsende Rohstoffe (Fette, Öle, Stärke, Zucker und Zellulose) haben am Gesamtbedarf einen Anteil im 10 %-Bereich und werden zu Spezialitäten oder in biotechnologischen Prozessen eingesetzt. Die Zahlen für die europäische und deutsche chemische Industrie finden sich in ◻ Tab. 11.1.

11

Die Organische Chemie ist also in erheblichem Maße von fossilen Energieträgern abhängig. Wie könnte eine Nutzung von alternativen C1-basierten Gasströmen aussehen, und welche Quellen gibt es dafür? Als C1-Quellen werden hier Methan, CO und CO_2 verstanden, die bei diversen Prozessen (z. B. CO_2 bei der Zementherstellung, ▶ Kap. 10) anfallen oder durch Verwertung von organischen Verbindungen hergestellt werden (z. B. Methan in Biogasanlagen).

Methan ist die einfachste Kohlenwasserstoffverbindung und Hauptbestandteil von Erdgas und Biogas. Es wird großtechnisch für die Herstellung von Methanol (über Synthesegas) und für die Herstellung von Chlorierungsprodukten genutzt.

Kohlenmonoxid (CO) entsteht bei der unvollständigen Oxidation von Kohlenstoff und seinen Verbindungen und ist Bestandteil von Synthesegas (Mischung aus CO und Wasserstoff H_2; ▶ Kap. 5), dem Rohstoff für Synthesen zur Herstellung von Grundchemikalien. Die Herstellung erfolgt durch die Vergasung von Kohle, Erdöl oder Erdgas. Aber auch Biomassen können zu Synthesegas umgesetzt werden. Die chemische Industrie nutzt schon sehr lange Verfahren wie die Dampfreformierung oder die Kohlevergasung, um Kohlenmonoxid und Wasserstoff als Ausgangskomponenten für die Synthese organischer Verbindungen zu generieren. Ausgangsrohstoffe sind dabei heute weitgehend die fossilen Energieträger Erdgas und Kohle. So dient in China Kohle zu ca. 50 % als Rohstoffquelle für organische Chemikalien [3], und in den USA hat die Verfügbarkeit von Schiefergas zu einer neuen Blüte in der Basischemie geführt [4].

Dampfreformierung

Aus Erdgas (Hauptbestandteil ist Methan) lässt sich durch Umsetzung mit Wasserdampf bei Temperaturen von 800 bis 900 °C und einem Druck von etwa 25 bis 30 bar an einem Nickelkatalysator Synthesegas (Gemisch aus Kohlenmonoxid und Wasserstoff) herstellen:

$$CH_4 + H_2O + \text{Wärme} \rightarrow CO + 3H_2 \quad (11.1)$$

Die für diesen endothermen Prozess erforderliche Wärme wird durch Partialoxidation von Methan zur Verfügung gestellt:

$$CH_4 + {}^1\!/_2 O_2 \rightarrow CO + 2H_2 + \text{Wärme} \quad (11.2)$$

Kohlendioxid kommt aufgrund der Diskussionen zum Klimawandel (2-Grad-Ziel) als weitere Quelle in Betracht. Heute wird CO_2 schon in großen Mengen für die Synthese von Harnstoff (weltweit ca. 110 Mio. t pro Jahr) verwendet, wobei hier CO_2 genutzt wird, das bei der Generierung des für die Synthese des Vorprodukts Ammoniak notwendigen Wasserstoffs anfällt [5]. Realistischerweise sollte aber gesehen werden, dass die Nutzung von CO_2 als Rohstoff für die Organische Chemie die Problematik der CO_2-Emissionen nicht allein lösen kann. Gemäß Schätzungen liegt der Bedarf der Chemie bei nur ca. 0,6 % der anthropogenen CO_2-Emissionen [6]. Da CO_2 als Endprodukt der Oxidation von kohlenstoffhaltigen Verbindungen thermodynamisch eine sehr reaktionsträge Verbindung ist, ist für den Einsatz als Rohstoff immer ein Energieträger als Reduktionsmittel, in der Regel Wasserstoff, erforderlich. Nur wenn dieser aus nachhaltigen Energiequellen hergestellt wird, kann sichergestellt werden, dass nicht mehr CO_2 emittiert als chemisch genutzt wird. Die Nutzung von CO_2 mithilfe von aus regenerativem Strom hergestelltem Wasserstoff kann aber dabei helfen, die Abhängigkeit von fossilen Rohstoffen der deutschen chemischen Industrie zu verringern. Allerdings ist dies nur dann realistisch, wenn es gelingt, erneuerbaren Strom preiswert herzustellen und die Preise für fossile Energieträger steigen. Zu neuen Nutzungsmöglichkeiten für CO_2 entwickeln Forschung und Industrie, insbesondere auch in Deutschland, gemeinsame Anstrengungen [5]. Die Nutzung von organischen Abfällen als Rohstoff für die chemische Industrie spielt heute praktisch noch keine Rolle.

Kohlevergasung
Aus Kohle entsteht in einem endothermen Prozess durch Zugabe von Wasserdampf Wassergas:

$$C + H_2O + \text{Wärme} \rightarrow CO + H_2 \quad (11.3)$$

Die erforderliche Wärme wird durch eine teilweise Verbrennung der Kohle bereitgestellt.

In diesem Kapitel soll die Verfügbarkeit von kohlenstoffhaltigen Verbindungen als Rohstoff betrachtet werden. Der Fokus liegt dabei auf Deutschland. Dabei werden auch heute schon energetisch genutzte Ressourcen mit betrachtet. Inwieweit ein Schwenk zur rohstofflichen Verwertung praktikabel ist, soll hier andiskutiert werden.

11.2 Rohstoffquellen

11.2.1 Organische Abfälle

In der Bundesrepublik Deutschland regelt das Gesetz zur Förderung der Kreislaufwirtschaft und Sicherung der umweltverträglichen Bewirtschaftung von Abfällen (Kreislaufwirtschaftsgesetz – KrWG) [7] als zentrales Bundesgesetz das deutsche Abfallrecht. Der Gesetzgeber sieht den Zweck dieses Gesetzes darin, „…die Kreislaufwirtschaft zur Schonung der natürlichen Ressourcen zu fördern und den Schutz von Mensch und Umwelt bei der Erzeugung und Bewirtschaftung von Abfällen sicherzustellen sowie insbesondere das Recycling und die sonstige stoffliche Verwertung von Abfällen zu fördern." In § 6 des KrWG wird eine fünfstufige Abfallhierarchie als Rangfolge der Maßnahmen zur Vermeidung und Bewirtschaftung von Abfällen festgelegt. Danach sind Abfälle: 1) zu vermeiden, 2) wiederzuverwenden, 3) zu recyceln, 4) zu verwerten (insbesondere energetisch) oder 5) zu beseitigen. Durch das Schließen von Kreisläufen und

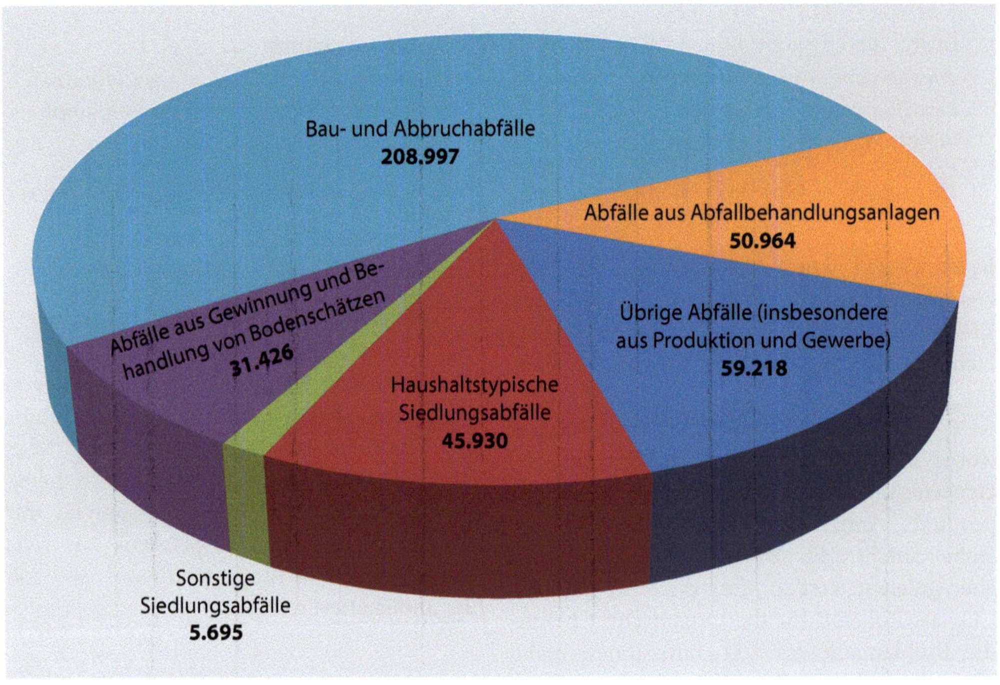

Abb. 11.1 Abfallaufkommen in Deutschland 2015 in Tonnen

die Nutzung insbesondere der stofflichen Potenziale von Abfällen können wertvolle Primärrohstoffe ersetzt und damit geschont werden. Quotenvorgaben sollen die Wiederverwertung einzelner Abfälle fördern.

Gewerbliche Siedlungsabfälle sind gewerbliche und industrielle Abfälle. Sie ähneln Abfällen aus privaten Haushaltungen aufgrund ihrer Beschaffenheit oder Zusammensetzung. Sie können sowohl getrennt vom oder gemeinsam mit Hausmüll als sogenannter „Geschäftsmüll" gesammelt werden. Die Gewerbeabfallverordnung [8] regelt den Umgang mit diesen Abfällen und stellt Anforderungen an eine hochwertige Verwertung dieser Abfälle.

Insgesamt sind 2015 in Deutschland 402.229.000 t Abfälle gemäß Abfallbilanz des Statistischen Bundesamtes angefallen [9]. Die Zusammensetzung zeigt Abb. 11.1.

Bau- und Abbruchabfälle (überwiegend Bodenaushub) sowie Abfälle aus Gewinnung und Behandlung von Bodenschätzen (überwiegend Bergematerial aus dem Bergbau) sind für rund 60 % des Abfallaufkommens verantwortlich und kommen als C1-Quellen nicht infrage. Von Interesse sind die haushaltstypischen Siedlungsabfälle, zu denen die Abfälle aus der Biotonne, biologisch abbaubare Garten- und Parkabfälle (einschließlich Friedhofsabfälle) und gemischte Verpackungen/Wertstoffe gehören, sowie die sonstigen Siedlungsabfälle und hier insbesondere die biologisch abbaubaren Küchen- und Kantinenabfälle sowie Marktabfälle.

Der Gesetzgeber versteht unter Abfällen aus privaten Haushaltungen die in privaten Haushalten im Rahmen der privaten Lebensführung anfallenden Rückstände. Für die hier angedachte Verwertung dürften daher die in vielen Gemeinden über die „Biotonne" gesammelten organischen Abfälle interessant sein. Gemäß Statistischem Bundesamt sind in 2015 ca. 4,23 Mio. t angefallen [9]. Aus der Abfallbilanz des Statistischen Bundesamtes 2015 lassen sich die in Tab. 11.2

Tab. 11.2 Organische Abfälle auf haushaltseigenen Siedlungsabfällen in Tonnen in Deutschland 2015 [9]

Abfall	Menge	Beseitigung	Energetische Verwertung	Stoffliche Verwertung
Abfälle aus der Biotonne	4.232.000	0	85.000	4.147.000
Biologisch abbaubare Garten- und Parkabfälle (inkl. Friedhofsabfälle)	5.771.000	3000	145.000	5.623.000
Biologisch abbaubare Küchen- und Kantinenabfälle	928.000	6000	47.000	875.000
Marktabfälle	60.000	8000	3000	50.000
Summe	10.991.000	17.000	280.000	10.695.000

dargestellten organischen Abfälle (biologisch abbaubare Garten- und Parkabfälle inkl. Friedhofsabfälle; biologisch abbaubare Küchen- und Kantinenabfälle sowie Marktabfälle) aus haushaltsähnlichen Siedlungsabfällen als potenzielle C1-Quellen betrachten. Stoffgemische werden hier nicht berücksichtigt. Weiterhin sind auch die heutigen Beseitigungs bzw. Verwertungswege angegeben. Die Verwertung erfolgt energetisch oder stofflich. So wird z. B. aus getrennt gesammelten Bioabfällen Kompost hergestellt, der als Dünger oder zur Bodenverbesserung eingesetzt wird.

Das gesamte Potenzial liegt bei knapp 11 Mt, von denen schon heute > 97 % stofflich verwertet werden.

Bei den Verpackungsabfällen lassen sich die Kunststoffanteile als C1-Quelle ansehen, die heute in die thermische Verwertung gehen und nicht stofflich wiedereingesetzt werden. Hier wird nur die Menge betrachtet, die separat gesammelt wurde, da nur hier von einer ausreichenden Anreicherung ausgegangen werden kann, die bei Kunststoffanteilen im Hausmüll nicht gegeben ist. Diese Menge lag 2015 bei 842.000 t [10].

11.2.2 Klärschlämme

Weiterhin können auch Klärschlämme aus Abwasserbehandlungsanlagen als organisches Material und damit als potenzielle C1-Quelle angesehen werden. Dabei ist zu berücksichtigen, dass Klärschlämme immer einen hohen Wasseranteil haben. Der Trockensubstanzgehalt pumpbarer Schlämme liegt zwischen 5 und 10 %, von mechanisch entwässerten Klärschlämmen in der Regel bei gut 30 %. Diese sind dann bereits stichfest. In Deutschland fielen 2015 1,8 Mt (Trockenmasse) an, von denen 64 % thermisch entsorgt wurden [11]. Die thermische Entsorgung steigt zunehmend an, da auf die Ausbringung von kommunalen Klärschlämmen als Dünger aufgrund der enthaltenen Schadstoffe verzichtet werden soll. Auch mit Blick auf das zukünftig vorgesehene Phosphorrecycling aus Klärschlämmen wird es einen Bedarf an neuen Entsorgungsverfahren geben. Hier könnten Verwertungsverfahren zur C1-Generierung ansetzen, wenn sie auch eine Wiederverwendung von Phosphorverbindungen als Dünger ermöglichen. Damit liegt ein mögliches Potenzial aus organischen Abfällen, dem Kunststoffanteil aus Verpackungen und Klärschlämmen aus der Abwasserreinigung bei ca. 13,6 Mt pro Jahr unter den hier getroffenen Annahmen. Diese Menge beinhaltet auf der einen Seite noch Verunreinigungen und Wasser, kann aber andererseits noch deutlich höher liegen, wenn weitere organische Abfallarten in separater Form eingesammelt werden. Dies können auch bisher exportierte Abfälle oder auch entsprechend vorsortierte importierte Abfälle sein.

11.2.3 Landwirtschaftliche Reststoffe

Für die Nutzung als Kohlenstoffquelle für die Organische Chemie kommen prinzipiell alle organischen Verbindungen in Betracht, welche die Natur synthetisiert. Aufgrund der begrenzten Verfügbarkeit von Anbauflächen auf der Erde sollte das Prinzip der Kaskadennutzung angewendet werden. Das Prinzip besagt, dass die Ernährung an erster Stelle stehen sollte, gefolgt von der Nutzung der Polymere (Cellulose, Stärke) sowie der Fette zur Herstellung chemischer Produkte.

Der Anfall landwirtschaftlicher Reststoffe(◘ Tab. 11.3) liegt im langjährigen Mittel (1999 bis 2007) bei ca. 215 Mt Frischmasse, bezogen auf die Trockenmasse ergeben sich noch 63 Mt/a [12].

Landwirtschaftliche Rückstände werden heute unterschiedlich genutzt. Rapspresskuchen werden als Viehfutter eingesetzt, Gülle und Festmist als Dünger und in Biogasanlagen, Ernterückstände wie Hackfrüchte, Rapsstroh und Körnermaisstroh zur Humusbildung. Getreidestroh wird auch als Einstreu für die Viehhaltung genutzt.

Mengenmäßig am interessantesten ist das Getreidestroh. Berücksichtigt man die für die Humusbildung erforderlichen Mengen, so liegt das nachhaltige Strohpotenzial bei 7 bis 11 Mt [12], die für die Synthese von chemischen Verbindungen herangezogen werden können.

◘ Tab. 11.3 Aufkommen landwirtschaftlicher Reststoffe in Mt Trockenmasse pro Jahr [12]

Getreidestroh	25,8
Rapsstroh	6,4
Körnermaisstroh	3,1
Ernterückstände Hackfrüchte	3,1
Rapspresskuchen	2,7
Gülle	12,2
Festmist	7,5
Summe	61

Holz wird heute nicht nur stofflich (Sägeindustrie, Papierherstellung, Holzwerkstoffe) genutzt, sondern zu ca. 24 % auch energetisch als Brennholz. Auch diese rund 12 Mt Brennholz (trocken) könnten als C1-Quelle genutzt werden.

Damit ergibt sich aus den genannten Kategorien ein Potenzial von 32 bis 37 Mt organischen Materials. Dies ist deutlich mehr als das, was heute von der chemischen Industrie als nachwachsende Rohstoffe eingesetzt wird. Allerdings sind diese Materialien sehr unterschiedlich in ihrer Zusammensetzung, im Wassergehalt und ihrem Energiegehalt. Sie fallen dezentral (Stroh) oder in Zentren (kommunale Kläranlagen) an und werden heute schon genutzt bzw. verwertet.

11.3 Verfahren zur Konversion

Aufgrund der vielfältigen Zusammensetzung dieser Abfälle sind (nach Abtrennung von einzeln verwertbaren Strömen) für eine stoffliche Nutzung Konversionsverfahren erforderlich, die aus den Abfällen standardisierte C1-Komponenten für den Aufbau von organischen Chemikalien generieren. Dafür kommen sowohl biologische (Vergärung) als auch thermische Verfahren (Vergasung) infrage. In einem weiteren Schritt können, ebenfalls über biologische Prozesse (Fermentation) oder klassisch chemische Verfahren (z. B. Fischer-Tropsch-Synthese, Methanolsynthese), chemische Grundstoffe hergestellt werden. Dabei ist sicherzustellen, dass die Qualität der so erzeugten Grundchemikalien den heutigen Produkten vergleichbar ist, damit die Akzeptanz für den Einsatz vorliegt. ◘ Abb. 11.2 gibt einen schematischen Überblick, wie eine solche Wertschöpfungskette aussehen könnte. Sie erhebt aber keinen Anspruch auf Vollständigkeit. Auf die Darstellung erforderlicher Vorbehandlungs- und Aufreinigungsschritte sowie Verfahren zur Beseitigung von Rückständen aus den Prozessen und denkbaren Rückführungen wurde aus Gründen der

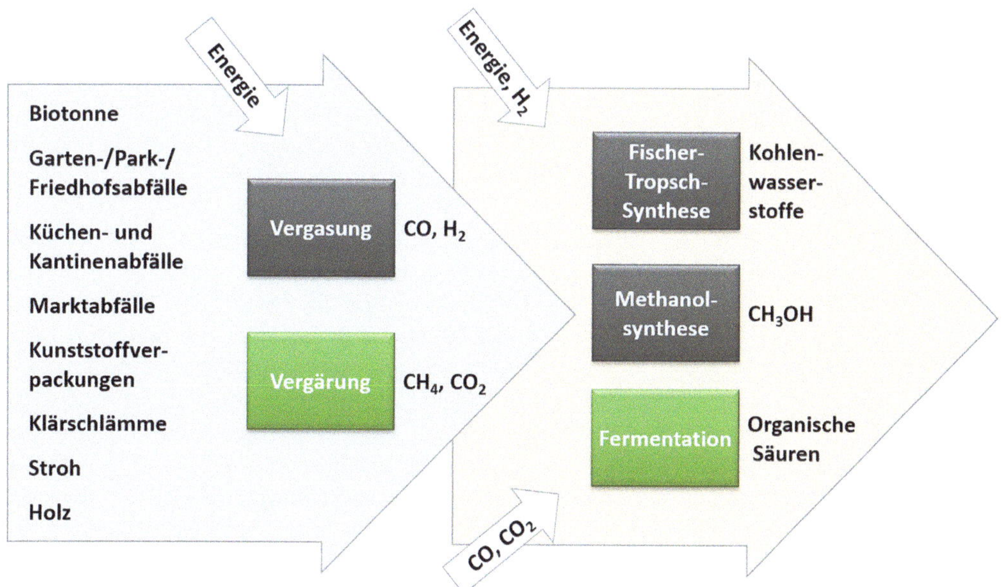

Abb. 11.2 Verwertungskette von Abfällen zu Chemierohstoffen

Übersichtlichkeit verzichtet. Die Prozesse sind endo- und exotherm, sodass zum Teil Energie (in der Regel Wärme) eingebracht werden muss bzw. genutzt werden kann. Diese Kopplungen sind hier ebenfalls nur angedeutet.

Klassischerweise wird die erforderliche Energie über fossile Energieträger erzeugt oder den energiehaltigen Rohstoffen durch Verbrennung entnommen. Wenn die weitgehende Verwertung des enthaltenen Kohlenstoffs im Vordergrund stehen soll, ist die Energiebereitstellung aus regenerativen Quellen erforderlich. Für die Nutzung von CO und CO_2 ist darüber hinaus Wasserstoff erforderlich, der durch die Elektrolyse von Wasser mithilfe von regenerativ erzeugtem Strom produziert werden kann.

Fischer-Tropsch-Synthese
Aus Synthesegas werden mithilfe von Katalysatoren bei Temperaturen von 160 bis 300 °C und Drücken bis 25 bar Kohlenwasserstoffe erzeugt. Das Synthesegas kann aus unterschiedlichen C-Quellen (z. B. Kohle, Erdgas, Biomasse) erzeugt werden.

$$nCO + (2n + 1)H_2 \rightarrow C_nH_{(2n+2)} + nH_2O + \text{Wärme} \quad (11.4)$$

Die hergestellten Kohlenwasserstoffe können als Kraftstoff oder Chemierohstoffe eingesetzt werden.

11.3.1 Vergärung

Die anaerobe (unter Ausschluss von Sauerstoff stattfindende) Vergärung von komplexen, organischen Substanzen erfolgt durch unterschiedliche Mikroorganismen in vier Teilschritten (Abb. 11.3).

In der ersten Stufe werden Kohlenhydrate, Fette und Eiweiße in einfache Moleküle (Zucker, Fett- und Aminosäuren) aufgespalten (Hydrolyse). In der nächsten Phase entstehen daraus organische Säuren, Alkohole, Wasserstoff und Kohlendioxid (Acidogenese). Die organischen Säuren und Alkohole werden in einer dritten Phase in Acetat (Salz der Essig-

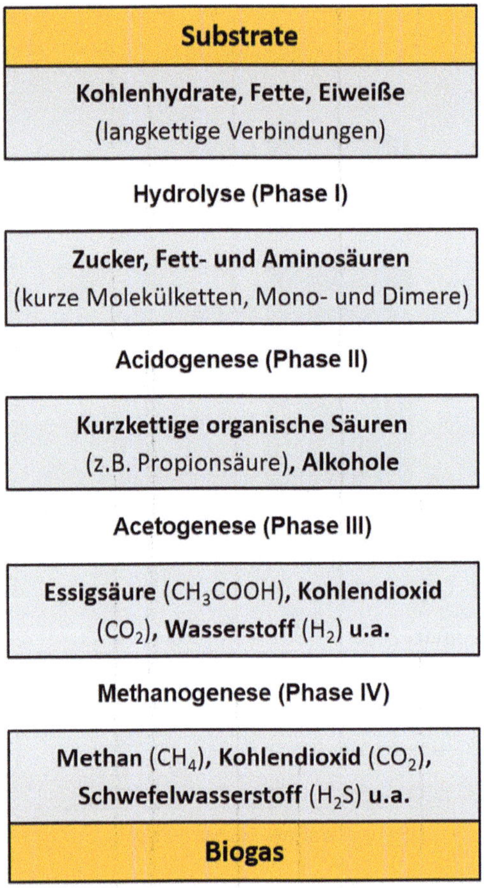

Substrate
Kohlenhydrate, Fette, Eiweiße (langkettige Verbindungen)
Hydrolyse (Phase I)
Zucker, Fett- und Aminosäuren (kurze Molekülketten, Mono- und Dimere)
Acidogenese (Phase II)
Kurzkettige organische Säuren (z.B. Propionsäure), **Alkohole**
Acetogenese (Phase III)
Essigsäure (CH_3COOH), **Kohlendioxid** (CO_2), **Wasserstoff** (H_2) **u.a.**
Methanogenese (Phase IV)
Methan (CH_4), **Kohlendioxid** (CO_2), **Schwefelwasserstoff** (H_2S) **u.a.**
Biogas

Abb. 11.3 Schematischer Ablauf der anaeroben Vergärung

säure) abgebaut (Acetogenese). In der letzten Phase entstehen aus Acetat und Wasserstoff Methan und Kohlendioxid durch methanbildende Archaeen (Methanogenese). Das entstehende Biogas enthält daneben noch einige weitere Komponenten, z. B. Schwefelwasserstoff (H_2S) und Ammoniak (NH_3). Je nach weiterer Verwendung des Biogases sind daher ggf. aufwendige Reinigungsschritte erforderlich. So wirken z. B. Schwefelkomponenten als Katalysatorgift. Für die chemischen Prozesse zur Synthese von organischen Verbindungen sollten die Schwefelgehalte im ppb-Bereich liegen, um die Standzeit der Katalysatoren nicht zu stark zu reduzieren.

Alle vier Phasen können einstufig in einem Reaktionsbehälter oder zweistufig ablaufen. Der Prozess ist von einem guten Zusammenspiel der unterschiedlichen Mikroorganismen abhängig. Bei Veränderung der Substratzusammensetzung ist daher eine Anpassung erforderlich. Unter optimalen Bedingungen stellt sich ein stabiler pH-Wert im schwach alkalischen (7,5–8) ein. Der Methangehalt liegt zwischen 50 und 70 %, abhängig von der Art des Substrats. Die erforderliche Zeit für den Prozess liegt im Bereich von mehreren Wochen. Die Prozesse können im Satzbetrieb oder kontinuierlich durchgeführt werden. Die Vergärung kann im mesophilen (32–45 °C) oder im thermophilen Bereich (50–60 °C) erfolgen. Die mesophile Fahrweise führt zu stabileren Prozessen, dauert aber länger. Die beim Prozess entstehenden Gärreste (nicht abbaubare organische Verbindungen und anorganische Stoffe) müssen entsorgt werden. Bei industriellen Anlagen erfolgt dies in der Regel über eine Verbrennung mit Nutzung der dabei entstehenden Wärme. Bei landwirtschaftlichen Biogasanlagen, die mit nachwachsenden Rohstoffen betrieben werden, erfolgt meist eine Ausbringung auf die Felder.

Bei der Verwertung des in Biogasanlagen entstehenden Gases steht heute die energetische Nutzung im Vordergrund (EEG-Förderung der Verstromung). Das Biogas (50–70 % Methan, 30–50 % Kohlendioxid) oder ein nach Aufarbeitung erzeugtes Biomethan (Erdgasqualität) können aber auch als Rohstoff für die chemische Industrie dienen. Mit dem Auslaufen der EEG-Förderung (20 Jahre) könnte sich mit der Bereitstellung von Rohstoffen für die Chemikalienherstellung ggf. ein neues Geschäftsmodell für die Anlagenbetreiber ergeben. Das prozessbedingt bei der Vergärung anfallende CO_2 könnte auch als C1-Quelle genutzt werden. Dafür wäre eine Methanisierungsanlage erforderlich. Dies gilt auch für CO_2, das bei der Herstellung von Bioethanol anfällt.

Biogasanlagen, die vergärbare organische Abfälle verwerten, sind heute auch im

Abb. 11.4 Biogasanlage im Industriepark Höchst, Frankfurt am Main: 2 × 10.800 m³ Fermenter (blau), Biogasproduktion 40.000 m³/d. © Infraserv GmbH & Co. Höchst KG

industriellen Maßstab als Stand der Technik anzusehen. Abb. 11.4 zeigt als Beispiel die Biogasanlage im Industriepark Höchst in Frankfurt am Main. Hier werden industrieller Klärschlamm und Cosubstrate, wie Rückstände aus biotechnologischen Produktionsanlagen, zusammen vergoren und Biogas erzeugt, das zur Erzeugung von Strom und Wärme sowie zur Herstellung von Bioerdgas verwendet wird. Die Gärreste werden nach mechanischer Entwässerung in einer Klärschlammverbrennungsanlage verbrannt. Die dabei freiwerdende Wärme wird zur Dampferzeugung genutzt und in das Werksnetz des Industrieparks eingespeist.

Die anaerobe Vergärung stellt damit eine Methode dar, um aus (biologisch abbaubaren) organischen Abfällen C1-Komponenten (hier CO_2 und CH_4) als Rohstoff für die chemische Industrie herzustellen. Um eine einheitliche Qualität (Erdgasstandard) sicherzustellen und den Transport zu den Chemiestandorten zu ermöglichen, könnte man die bereits an das Erdgasnetz angeschlossenen Biogasaufbereitungsanlagen nutzen.

In Deutschland wurden 2015 bereits ca. 180 Anlagen zur Herstellung von Biomethan aus Biogas betrieben, wobei weitere im Bau sind. Die Fachagentur Nachwachsende Rohstoffe e. V. [13] schätzt die Einspeisekapazität im Jahr 2016 auf 122.400 Nm^3/h. Bei einer angenommenen Betriebszeit von > 8000 h/a ergibt sich rechnerisch mit dieser Kapazität eine Produktionsmenge von 1 Mrd. m^3/a. Dies entspricht über 1 % des deutschen Erdgasverbrauchs im Jahr 2016 von 80,5 Mrd. Nm^3 [14].

Im Industriepark Höchst wird auch eine Biogasaufbereitungsanlage betrieben, die das erzeugte Biomethan in das öffentliche Erdgasnetz einspeist (Abb. 11.5). Hier wird das in der oben gezeigten Biogasanlage produzierte Biogas aufgereinigt.

Dieses heute zur Erzeugung von Strom, Wärme und im Mobilitätsbereich eingesetzte Biomethan könnte auch stofflich verwendet werden. Die Menge könnte ca. ein Drittel des stofflichen Erdgasverbrauchs der chemischen Industrie von ca. 3 Mrd. m^3 ersetzen. Da es jedoch erheblich teurer als Erdgas ist, geschieht dies zurzeit nicht.

Abb. 11.5 Biogasaufbereitungsanlage der Infranova Bioerdgas GmbH im Industriepark Höchst, Frankfurt am Main, Kapazität: 80.000 MWh/a Bioerdgas. © Infraserv GmbH & Co. Höchst KG

Die landwirtschaftlichen Biogasanlagen müssten zunächst erst einmal mit Aufbereitungs- oder Methanisierungsanlagen ergänzt und an das Erdgasverteilnetz angeschlossen werden. Dies würde die Gestehungskosten weiter erhöhen.

Methanisierung

Aus Biogas lässt sich durch die Zugabe von Wasserstoff auf chemischem oder biologischem Weg Methan herstellen (Sabatier-Reaktion). Setzt man für die Erzeugung des Wasserstoffs regenerativen Strom ein, ist das Verfahren nachhaltig und reduziert die CO_2-Emissionen:

$$CO_2 + 4H_2 \rightarrow CH_4 + 2H_2O + \text{Wärme} \quad (11.5)$$

Die Abtrennung des CO_2 aus den Abgasströmen ist energieintensiv und umgekehrt proportional zur Konzentration. Daher sollte sich die Verwertung auf punktförmige Quellen mit hohen Anteilen an CO_2 im Abgas konzentrieren. Hier bieten sich für den Start sicherlich Biogasanlagen an, insbesondere wenn die Abtrennung in Form von Biogasaufbereitungsanlagen schon existiert. Hier wird Methan abgetrennt, um es in das Erdgasnetz einspeisen zu können. Dabei fällt ein hoch konzentrierter CO_2-Strom von bis zu 99 % an.

11.3.2 Vergasung

Für die klassischen Vergasungsverfahren muss die Biomasse in trockener Form vorliegen. Dies setzt eine energetisch aufwendige Trocknung der normalerweise feuchten Biomassen voraus. Es werden aber auch Verfahren entwickelt, die mit feuchter Biomasse arbeiten können.

Vergasungsverfahren sollen aus vorwiegend festen, aber auch flüssigen oder pastösen organischen Ausgangsstoffen energiereiche kohlenstoffhaltige Gase generieren. Dazu ist das Einbringen von Luft, Sauerstoff, Wasserdampf oder Kohlendioxid als Vergasungsmittel erforderlich. Da die Vergasungsreaktionen endotherm sind, muss Energie (Wärme) in den Prozess eingebracht werden. Bei der Verwendung von Luft oder Sauerstoff wird die Energie während der Vergasung durch teilweise Oxidation der organischen Substanzen im Prozess erzeugt (autotherme Vergasung). Bei der Verwendung von Wasserdampf oder Kohlendioxid ist die Energie durch Beheizung von außen zuzuführen (allotherme Vergasung) [15].

Am bekanntesten ist hier sicherlich die Holzvergasung, die insbesondere nach dem Zweiten Weltkrieg zum Antrieb von Automobilen genutzt wurde. Die Verfahren sind jedoch aus Umweltsicht kritisch zu bewerten und bei den gegenwärtigen Ölpreisen auch wirtschaftlich nicht konkurrenzfähig.

Die Vergasung von organischen Reststoffen hat als Abfallbehandlungsmethode und im Zuge der Nutzung nachwachsender Rohstoffe wieder an Bedeutung gewonnen. So sind in den letzten Jahrzehnten weltweit zahlreiche Pilot- und Demonstrationsanlagen zur Vergasung entstanden, die es aber nicht zu einer großtechnischen Realisierung geschafft haben. Beispielhaft seien hier zwei Projekte aus Deutschland genannt. Im sächsischen Spreetal (Sekundärrohstoff-Verwertungszentrum Schwarze Pumpe GmbH) wurde eine Anlage (Durchsatze bis zu 30 t pro Stunde) zur Erzeugung von Methanol und Strom aus Abfall errichtet. Einsatzstoffe waren pelletierter Hausmüll, verunreinigtes Holz, Teerschlamm und Mischkunststoffe, die mit Kohle gemischt wurden. Der Betrieb wurde 2007 aus wirtschaftlichen Gründen eingestellt, die Vergaseranlagen wurden abgebaut [16]. Das zwischen 1985 und 1992 in der Schweiz entwickelte Thermoselect-Verfahren wurde in einer Demonstrationsanlage (110 t pro Tag) in Italien gebaut, das Verfahren weiterentwickelt und bis 1999 als Entsorgungsanlage betrieben. Eine größere Anlage (750 t pro Tag) wurde in Karlsruhe gebaut und ab 1999 betrieben. Diese Anlage hat die geplante Kapazität nicht erreichen können und wurde 2004 endgültig stillgelegt [16].

Auch die Möglichkeit zur Vergasung von getrocknetem Klärschlamm wird seit 2010 in der Kläranlage in Mannheim von der Fa. Kopf Syngas erprobt. Die Pilotanlage hat eine Kapazität von 5000 t pro Jahr für getrockneten Klärschlamm.

Da bei organischen Reststoffen in der Regel kein hoher Energieinhalt pro Masse vorliegt, ist eine Verdichtung bei dezentral anfallenden Stoffen erforderlich. Dies kann durch Pyrolyse erfolgen. Die entstehenden Pyrolyseöle können dann in einer großtechnischen zentralen Anlage vergast werden.

Pyrolyse
Durch eine thermische Zersetzung von organischen Verbindungen werden bei hohen Temperaturen (200–900 °C) große Moleküle in kleinere aufgebrochen. Es entstehen ein Pyrolyseöl sowie Gas und Feststoff. Die Zusammensetzung ist von der Temperatur, der Verweilzeit und der Zusammensetzung des organischen Stoffes abhängig. Im Gegensatz zur Vergasung oder Verbrennung wird dabei kein zusätzlicher Sauerstoff zugeführt.

Am Karlsruher Institut für Technologie (KIT) wurde eine geförderte Demonstrationsanlage (BioLiq-Anlage, ► www.bioliq.de) errichtet [17], die aus landwirtschaftlichen Reststoffen (Stroh) über eine vorgelagerte dezentrale Pyrolyse ein Öl erzeugt, das dann in einer zentralen Anlage vergast wird. Das entstehende Synthesegas kann energetisch oder stofflich genutzt werden. Dabei fallen auch feste Rückstände (Asche) und teerartige Stoffe an, die umweltunschädlich entsorgt werden müssen.

Leider finden sich zu Betriebserfahrungen, energetischen Ausbeuten und Kosten nur wenige publizierte Daten. Dies mag auch damit zusammenhängen, dass die Vergasungstechnologie mit grundsätzlichen Herausforderungen zu kämpfen hat, die in der Qualität der Abfallaufbereitung (Entfernung von Störstoffen), hohen Teer- und Staubgehalten (aufwendige Gasreinigung) sowie hohen Kosten für die Instandhaltung liegen und bis heute zu keiner kommerziell erfolgreichen Realisierung geführt haben.

Alternativ kann auch die Vergasung in überkritischem Wasser erfolgen (hydrothermale Vergasung). Hierbei wird bei Temperaturen >374 °C und Drücken >220 bar eine Mischung aus Wasserstoff, Kohlendioxid und Methan erzeugt [18]. In Karlsruhe befindet sich die Versuchsanlage VERENA (Versuchsanlage zur energetischen Nutzung agrarwirtschaftlicher Stoffe) mit einem Durchsatz von 100 kg/d [19].

11

Die Methanbildung kann durch den Einsatz von Katalysatoren gefördert werden. Vorteilhaft ist die Möglichkeit, auch feuchte Ausgangsstoffe wie z. B. Klärschlamm einzusetzen. Eine energieaufwendige Trocknung der Biomasse ist daher nicht erforderlich. Weiterhin können die anorganischen Salze aufgrund der geringeren Löslichkeit in überkritischem Wasser abgetrennt werden. Das entstehende Gas kann über eine Wasserwäsche von CO_2 befreit und ein hoher Methananteil erreicht werden. Nachteilig sind Materialprobleme, welche die erhebliche Korrosivität von überkritischem Wasser mit sich bringt. Das Verfahren befindet sich in der Erprobung.

11.4 Fazit

Da seit 2005 die direkte Ablagerung von organischen Abfällen nicht mehr gestattet ist, sind seither zahlreiche Anlagen zur biologischen oder thermischen Behandlung entstanden, und die getrennte Sammlung von Abfällen (z. B. „Biotonne") ist weiterentwickelt worden.

In Deutschland werden für die thermische Behandlung 68 Müllverbrennungsanlagen und 35 Ersatzbrennstoffverbrennungsanlagen betrieben, mit Kapazitäten von 20 bzw. 5,4 Mio. t. Für die Verwertung von Bioabfällen sind 912 Kompostierungsanlagen und 1439 Vergärungsanlagen (inkl. kombinierter Vergärungs- und Kompostierungsanlagen) vorhanden. Die zugeführten Mengen lagen bei 7,37 bzw. 5,5 Mt [20]. Daraus lässt sich ableiten, dass Sammlung und Logistik funktionieren. Für Stroh gilt dies allerdings nicht. Hier wären dezentrale Anlagen zur Pyrolyse erforderlich.

Die betrachteten Stoffströme ließen sich prinzipiell auch in neu zu errichtenden Anlagen zur stofflichen Verwertung umleiten. Dies dürfte aber auf erheblichen Widerstand bei den Betreibern der existierenden Anlagen treffen, da diese dann nicht mehr benötigt würden. Ein Einstieg in eine weitgehend rohstoffliche Nutzung als C1-Quellen müsste daher sicherlich langfristig angegangen und durch gesetzliche Rahmenbedingungen unterstützt werden. Ökonomisch betrachtet ist eine sicherlich aufwendigere stoffliche Nutzung bei den gegenwärtigen Preisen für fossile Energieträger nicht möglich.

Mit der zunehmenden Anzahl an regenerativ erzeugtem Strom sollte auch die Nutzung von CO_2 über die Einbindung von regenerativ produziertem Wasserstoff von Interesse sein. Dieses könnte z. B. aus Anlagen kommen, die auch bei einer stofflichen Nutzung von Abfallströmen weiterhin genutzt werden (z. B. Anlagen zur Produktion von Bioethanol, Zementwerke). Es bleibt zu hoffen, dass sich der Trend zu geringeren Kosten bei der Erzeugung von regenerativem Strom fortsetzt und ein Einstieg in die Nutzung von organischen Reststoffen in die stoffliche Nutzung auch ökonomisch interessant wird, auch wenn noch viele technische Probleme zu lösen sind. Daher sollte auch der bestehende Forschungs- und Entwicklungsbedarf für die diskutierten Technologien weiter durch europäische und nationale Mittel gefördert werden.

11.5 Weitere CO_2-Quellen

Michael Binder

11.5.1 Einleitung

Die landwirtschaftliche Tierproduktion spielt eine bedeutende Rolle im Zusammenhang mit den aktuellen globalen Umweltproblemen. Die ständig steigende Nachfrage nach pflanzlichen Rohstoffen sowohl für erneuerbare Energien als auch für die Lebensmittel-/Tierproduktion prägt ganze Landschaften, beeinträchtigt Naturflächen und trägt dadurch einerseits auch zum Klimawandel bei. Andererseits ist der technologische Fortschritt aber auch ein Schlüsselfaktor in der Entwicklung der globalen landwirtschaftlichen Lebensmittelproduktion. Durch verbesserte Produktivität und Verwendung von konzentriertem Futter kann ein wesentlicher Beitrag zur Reduktion der klimaschädlichen Auswirkungen geleistet werden [21]. Daher beschäftigt sich das Segment Nutrition & Care GmbH der Evonik Industries AG schon seit Langem damit, die positiven Auswirkungen moderner Technologien in der landwirtschaftlichen Produktion durch Lebenszyklusanalysen – sogenannte Ökobilanzen – von der „Wiege bis zur Bahre" zu analysieren. Dabei stehen neben der Prozesseffizienz in der Produktion auch die optimierte Futterverwertung durch Verwendung von Futtermittelzusatzstoffen und damit die effiziente Nutzung der Nährstoffe im Fokus. Dadurch werden die Ausscheidungen in Luft, Wasser und Boden nachweislich reduziert [22–24]. Auf Basis dieser mehr als 15-jährigen wissenschaftlichen Erfahrung in der Ökobilanzierung landwirtschaftlicher Produktionssysteme wird nunmehr auch seit geraumer Zeit an einer zukunftsweisenden Herangehensweise gearbeitet, um in einem holistischen Ansatz die Umweltemissionen und Abfallströme, die zwangsläufig in einer landwirtschaftlichen Produktion anfallen, zusammenzufassen und weiter zu reduzieren. Es handelt sich dabei um die *Low Emission Farm*. Der Erfolg der Entwicklung dieses Konzepts mit möglichst geschlossenen Kreisläufen wird eingehend nach den Vorgaben des internationalen Standards der ISO-Familie 14040 bis 14044 analysiert und sichtbar gemacht. Dabei wurden bisher hauptsächlich die ökologischen Auswirkungen der Stickstoff- und Phosphoreinträge in Luft, Boden und Wasser bewertet [25, 26]. Eine eingehendere Bewertung der Kohlenstoffströme wurde bisher noch nicht durchgeführt und soll daher in ► Abschn. 11.5.1 umfassender diskutiert werden.

11.5.2 Die Low Emission Farm

Low Emission Farming, oder kurz LEF, ist ein zukunftsorientiertes Konzept für mehr Nachhaltigkeit in der Landwirtschaft. Dabei soll versucht werden, alle Kompetenzen der chemischen Industrie und der modernen landwirtschaftlichen Produktion zu vereinen. Somit soll langfristig eine landwirtschaftliche Lebensmittelproduktion mit nahezu geschlossenen Nährstoffkreisläufen möglich werden. Gleichzeitig soll der ökologische Fußabdruck, den die Landwirtschaft zwangsläufig hinterlässt, auf ein bestmögliches Minimum reduziert werden.

Um dies zu erreichen, umfasst das Konzept für eine nachhaltigere Landwirtschaft mit möglichst geschlossenen Nährstoffkreisläufen drei wichtige Elemente:

- Nährstoffmanagement, also das bedarfsgerechte und ressourcenschonende Bereitstellen optimaler Futtermischungen;
- Wertstoffmanagement, wobei organische Abfälle der tierischen Produktion wie Gülle oder Jauche in Biogasanlagen zusammengebracht werden;
- Emissionsmanagement, bei dem das Rohbiogas zu hoch aufgereinigtem Biogas aufgearbeitet und, weiter verdichtet oder verflüssigt, als erneuerbarer Energieträger zum Ersatz fossiler Energiequellen genutzt wird.

Das LEF-Konzept ist die konsequente Weiterentwicklung einer ökobilanziellen Bewertung der landwirtschaftlichen Produktionskette von einzelnen Produktökobilanzen zu einem holistischen Ansatz zur Erfassung und Messung des ganzheitlichen ökologischen Fußabdrucks. Durch die Schaffung neuer rückintegrierter Produktionskonzepte auf Basis existierender Technologien werden hier Nährstoffkreisläufe, vor allem Stickstoff, Kohlenstoff und Phosphor, so weit wie möglich geschlossen (◘ Abb. 11.6). So sollen möglichst alle organischen Nebenströme aus Futterproduktion und Tiermast in einer Biogasanlage gesammelt werden. Weitere Abfallströme können aus der lebensmittelverarbeitenden Industrie (wie z. B. Mühlen, Großbäckereien, Schlachthöfe) oder aber Kantinen, Cateringfirmen oder Restaurants stammen. Einzellösungen hängen dabei sehr stark von den regionalen Bedingungen ab. Weiter sieht das Konzept die konsequente Optimierung hin zum hoch aufgereinigten und verdichteten Biogas (Biomethan; CH_4) vor. Somit ist maximale Effizienz gegeben und die größte Flexibilität in der Nutzung sichergestellt. Beispielhaft sei hier erwähnt, dass ein Teil des so erzeugten Biogases natürlich für eine Eigennutzung in der landwirtschaftlichen Produktion verwendet werden kann, während der restliche Überschuss auch alternativ direkt zur Einspeisung in das öffentliche Erdgasnetz dienen kann. Weitere Optionen sind in ◘ Abb. 11.6 dargestellt, z. B. das Abfüllen in Kleingebinden wie Gasflaschen für die dezentrale Nutzung ohne Infrastruktur oder aber als ökologisch sinnvoller Dieselersatz als erneuerbare Energiequelle in der Mobilität. Diese Ansätze werden jedoch in diesem Kapitel nicht weiter beschrieben. Letztlich kann der verbleibende Gärrückstand, durch fortschrittliche Methoden weiter aufbereitet, zusätzlich als hochwertiger Stickstoff- und/oder Phosphatdünger verwendet werden.

Derzeit noch nicht berücksichtigt ist eine weitere Nutzung des CO_2, das bei der Reinigung des Rohbiomethans zum hochreinen Biomethan entsteht (► Kap. 8).

◘ Abb. 11.7 und 11.8 belegen eindrucksvoll die Wirkung der schrittweisen

11

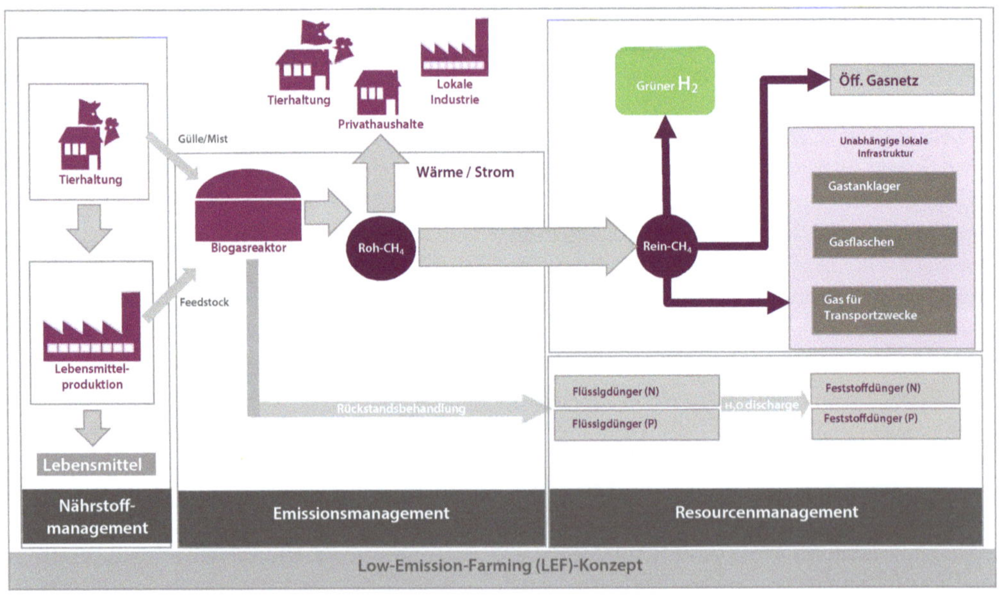

◘ **Abb. 11.6** LEF – das Zukunftskonzept einer integrierten Landwirtschaft zur Reduktion des ökologischen Fußabdrucks [26]. © Evonik

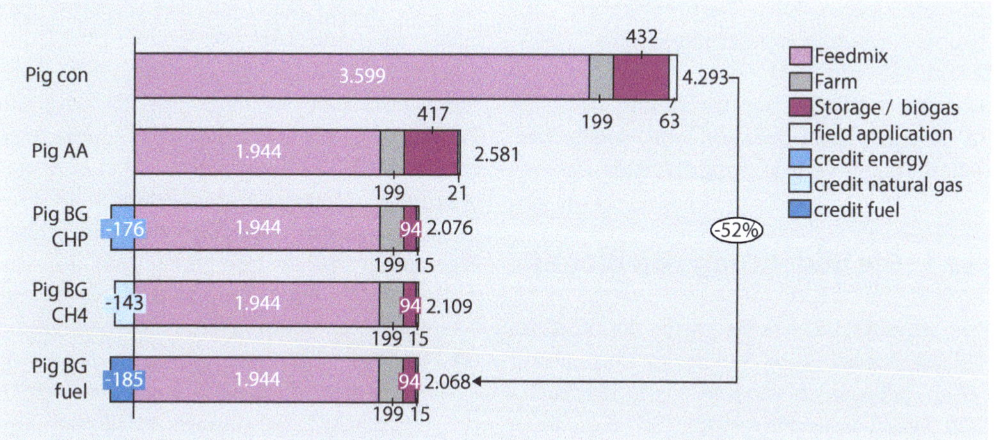

Abb. 11.7 Änderung des Treibhausgaspotenzials GWP [kg CO_2e] am Beispiel der europäischen Schweineproduktion durch schrittweise Umsetzung des LEF-Konzepts je 1000 kg Lebendgewicht (LW) [26]. Pig con: Schweineproduktion ohne Aminosäuren; Pig AA: Schweineproduktion mit Aminosäuren; Pig BG CHP: Schweineproduktion mit Aminosäuren und Biogasproduktion; Pig BG CH4: Schweineproduktion mit Aminosäuren und Biogasproduktion mit Aufreinigung; Pig BG fuel: Schweineproduktion mit Aminosäuren und Biogasproduktion mit Aufreinigung und Gutschriften für fossilen Dieselersatz. © Evonik

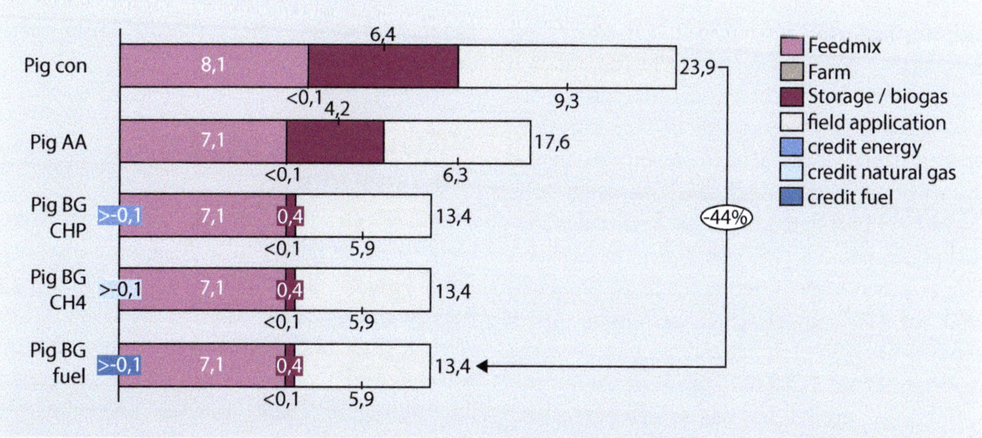

Abb. 11.8 Änderung des Eutrophierungspotenzials EP [kg PO4e] am Beispiel der europäischen Schweineproduktion durch schrittweise Umsetzung des LEF-Konzepts je 1000 kg Lebendgewicht (LW) [26]. Pig con: Schweineproduktion ohne Aminosäuren; Pig AA: Schweineproduktion mit Aminosäuren; Pig BG CHP: Schweineproduktion mit Aminosäuren und Biogasproduktion; Pig BG CH4: Schweineproduktion mit Aminosäuren und Biogasproduktion mit Aufreinigung; Pig BG fuel: Schweineproduktion mit Aminosäuren und Biogasproduktion mit Aufreinigung und Gutschriften für fossilen Dieselersatz. © Evonik

Integration der verschiedenen Elemente des LEF-Konzepts am Beispiel einer repräsentativen Schweineproduktion in Europa. Durch die konsequente Kontrolle bzw. Optimierung des Nährstoffeinsatzes (vor allem Stickstoff und Phosphor) wurde der Beitrag sowohl zum Treibhauseffekt als auch zur Eutrophierung deutlich reduziert, erkennbar an den ersten beiden Balken der konventionellen Produktion ohne Proteinabsenkung mit Aminosäuren (pig con, Abb. 11.7 und 11.8) und einer nährstoffangepassten Tierproduktion mit Aminosäuresupplementierung (pig AA, ◘ Abb. 11.7 und 11.8). Durch die Nutzung des Biogases im Blockheizkraftwerk und als Ersatz für fossilen Dieseltreibstoff wird noch eine weitere leichte Verbesserung erreicht.

11.5.3 Die Bedeutung von Biogas

Wie eingangs beschrieben, stellt das Konzept der Biogasgewinnung durch Vergärung und der anschließenden Verstromung in Blockheizkraftwerken oder Einspeisung als Biomethan in die Gasnetze einen wesentlichen Beitrag zur Verwertung von Bioabfällen aus Haushalten, Kommunen und Landwirtschaft dar. Alternativ dazu steht die gezielte Herstellung CO_2-neutraler Energie aus Energiepflanzen, den sogenannten nachwachsenden Rohstoffen. Dieser Ansatz spielt aber im Rahmen des *Low-Emission-Farm*-Konzepts keine Rolle. Das LEF-Konzept konzentriert sich konsequent auf Rest- oder Nebenströme, um nicht mit anderen Stoffströmen bzw. nutzbarer Ackerfläche für eine direkte landwirtschaftliche Lebensmittelproduktion in Konkurrenz stehen. Aufgrund der großen Zahl möglicher Ausgangsstoffe (Substrate) und deren einfacher regionaler Verfügbarkeit beläuft sich das Potenzial der aus Biogas erhältlichen Energie allein in Deutschland auf 417 Petajoule (PJ), was einem Anteil von 3 % des gesamten Primärenergieverbrauchs in Deutschland (13.878 PJ im Jahr 2007) entspricht. Der größte Teil des so erzeugten bzw. genutzten Biogases, rund 85 %, wird in der Landwirtschaft produziert. Zusätzliche Gasmengen stammen aus kommunalen und gewerblichen Bioabfällen, von Deponiegasen und aus der Klärschlammbehandlung [27].

11

11.5.4 Die Biogasproduktion – der biochemische Prozess

Biogas entsteht im Allgemeinen immer dann, wenn organisches Material unter Ausschluss von Sauerstoff durch Mikroorganismen zersetzt wird. Dies ist ein Prozess, der auch als eine Art anaerobe Vergärung gilt. Hauptsächlich in Mooren, im Sediment von Oberflächengewässern oder im Pansen von Wiederkäuern wird dieser biochemische Vorgang beobachtet, bei dem das organische Material fast vollständig in Biogas umgewandelt wird. Der anaerobe Abbau organischer Substanzen lässt sich in vier Abbauschritte einteilen: Hydrolyse, Säurebildung, Acetatbildung und Methanbildung (◘ Abb. 11.9) [27].

In den ersten beiden Teilschritten werden die organischen Substanzen verflüssigt und aufgeschlossen. Die eigentliche Umsetzung zu Methan erfolgt dann in den letzten beiden Abbauschritten. Dabei sind in den einzelnen Teilschritten unterschiedliche Mikroorganismen beteiligt, die zu verschiedenen Produkten führen. Das Endprodukt der Fermentation ist letztendlich ein brennbares Gas, das sogenannte Biogas oder Biomethan. ◘ Tab. 11.4 zeigt eine typische Zusammensetzung:

Biogasaufarbeitung:CH_4-Massenstrom

Wenn Biogas nicht direkt in einem Kraftwerk mit Kraft-Wärme-Kopplung genutzt wird, besteht die Möglichkeit, es durch Aufbereitungsverfahren wie z. B. Gaswäschen (Druckwasserwäsche, drucklose Aminwäsche) oder Adsorptionsverfahren weiter aufzureinigen. Dabei werden unerwünschte Bestandteile des Biogases (◘ Tab. 11.4), insbesondere aber das CO_2 abgeschieden. Eine weitere Reinigung und Aufkonzentrierung führt zu einer Steigerung des Brennwertes. Danach kann das „sogenannte Biomethan", wie bereits beschrieben, entweder als Kraftstoff genutzt oder aber auch ins Netz der öffentlichen Gasversorgung direkt eingespeist werden.

Bei der Erzeugung von reinem Biomethan nach den oben genannten Verfahren entsteht dabei ein CO_2-reiches Abgas, das normalerweise immer noch deutliche

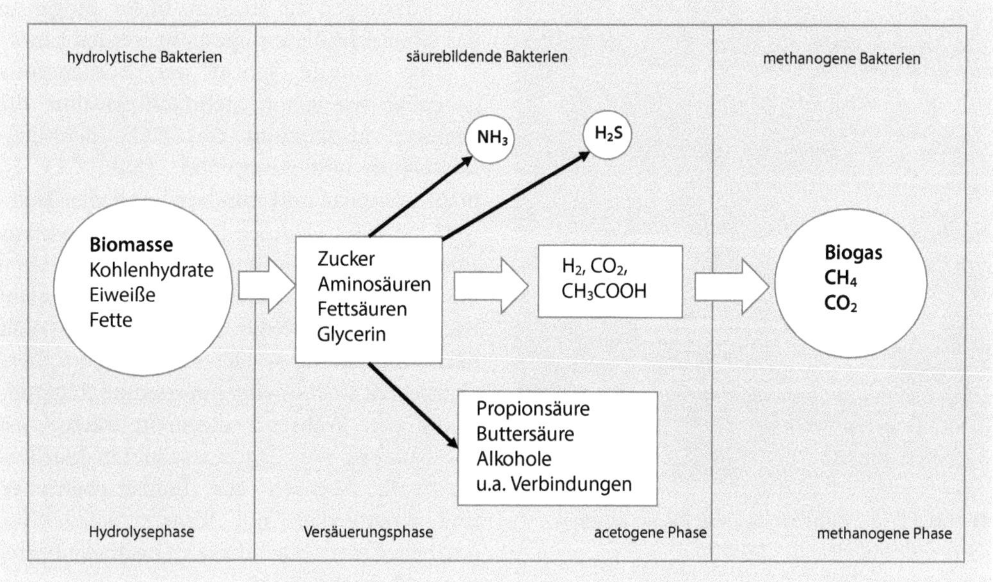

Abb. 11.9 Schematische Darstellung des anaeroben Stoffumsatzes (nach [28] und [27])

Verunreinigungen an Methananteilen enthält (je nach Verfahren von <0,1 % bis zu 4,5 %). So sind daher zur Minderung der durch diese Verunreinigungen bedingten Methanemissionen immer noch weitere Verfahrensschritte erforderlich, so z. B. eine zusätzliche thermische Nutzung des Restabgases in einem Schwachgaskessel oder Abgasreinigungsverfahren wie einer (katalytischen) Schwachgasnachverbrennung [27]. Somit wird zwar ein hochreiner Biomethanstrom erreicht, aber

Tab. 11.4 Typische Zusammensetzung von Biomethan oder Biogas (CH_4)

Verbindung	Formel	Anteil [%]
Methan	CH_4	50–75
Kohlendioxid	CO_2	25–45
Wasser	H_2O	2–7
Sauerstoff	O_2	<2
Stickstoff	N_2	<2
Ammoniak	NH_3	<1
Schwefelwasserstoff	H_2S	<1

das angefallene oder ausgewaschene CO_2 wird nicht effizient als Kohlenstoffquelle nutzbar.

Moderne Trennverfahren mittels Hohlfasermembranen auf Polymerbasis machen diese umfangreiche Reinigung, Trocknung und Konditionierung unnötig. Schwefelwasserstoff und Ammoniak werden direkt eliminiert, um beispielsweise Korrosion in Motoren und nachgeschalteten Komponenten wie Wärmetauschern zu verhindern, und es entstehen im Wesentlichen nur noch zwei Gasströme, nämlich CH_4 und CO_2.

Für die Abtrennung des CO_2 haben sich in den vergangenen Jahren unterschiedliche Verfahren am Markt etabliert [30], auf die hier nicht weiter eingegangen werden soll. Bei der Mehrzahl der Verfahren werden sowohl das CO_2 als auch die enthaltenen Spurengase entweder an porösen Materialien adsorbiert oder in Wasser gelöst und ausgewaschen.

All diese Verfahren haben einige gewichtige Nachteile, da sie Energie erfordern und darüber hinaus meist den Einsatz von Hilfsmitteln und Hilfschemikalien voraussetzen. Es entstehen Abfälle und Abwässer, die

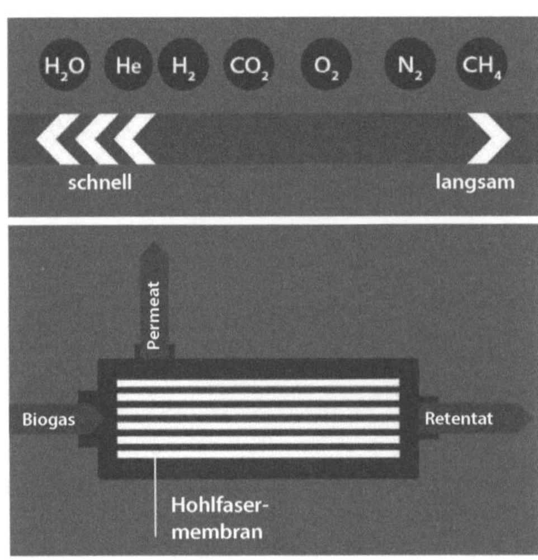

Abb. 11.10 Aufreinigung von Biogas an einer Polymermembran [30]. © Evonik

aufwendig aufbereitet oder entsorgt werden müssen.

Verbesserte Flexibilität, Energie- und Kosteneffizienz werden durch die neue Membrantechnologie möglich, mit der Evonik als Hersteller von Hochleistungskunststoffen schon seit Jahren Erfahrungen gesammelt hat. Die Gastrennung mit den neuartigen Polymermembranen basiert dabei auf der unterschiedlichen Größe der Gasmoleküle und dadurch der unterschiedlichen Löslichkeit im Polymer. Im Biogas sind die CO_2-Moleküle aufgrund ihrer räumlichen Struktur kleiner als die CH_4-Moleküle des Methans, weshalb sie die Mikroporen der Membran wesentlich schneller durchwandern können. An der Hochdruckseite der Membran sammelt sich somit das Methan an, während Wasserdampf, Ammoniak, Schwefelwasserstoff und der Großteil des CO_2 das molekulare Sieb passieren (Abb. 11.10).

Biogasaufarbeitung: CO_2-Massenstrom

Wie bereits eingehend beschrieben, sind umfangreiche Schritte zur weiteren Reinigung, Trocknung und Konditionierung nötig, um die vorgegebenen technischen Anforderungen zu erfüllen, bevor Biogas in das öffentliche Netz eingespeist werden kann.

Der zentrale Schritt der Aufbereitung ist dabei, wie schon mehrfach erwähnt, die effektive Abtrennung von CO_2, Schwefelwasserstoff und Ammoniak. Denn CO_2 ist nicht brennbar und mindert somit den Heizwert bei einer weiteren thermischen Nutzung entweder des Biogases oder der aufgereinigten Fraktionen. Wird das so isolierte CO_2 nicht wie bisher entweder ausgewaschen oder nach Abtrennung wieder an die Atmosphäre abgegeben, stellt es eine interessante Rohstoffquelle dar. Während allgemein intensiv an der Nutzung von CO_2 aus anderen Quellen, wie z. B. Abgasen aus Industriebetrieben und Kraftwerken mit fossiler Befeuerung, gearbeitet wird, blieb diese CO_2-Quelle bisher eher unberücksichtigt.

In Deutschland sind mehr als 9000 Biogasanlagen in Betrieb (Stand 2018, Abb. 11.11), die meisten mit energetischer Nutzung in Blockheizkraftwerken (BHKW) ohne effiziente Aufreinigung. Nur wenige Anlagen betreiben die Aufreinigung mittels der modernen Polymermembrantechnologie. Hier existiert ein großes Potenzial, um mittels Aufreinigung an relevante Mengen von reinem CO_2 zu kommen.

Wie bereits zuvor erwähnt, können mithilfe der Methoden der ökobilanziellen Bewertung Massenströme für ökologisch relevante Substanzen, wie z. B. Nährstoffe, analysiert und bezüglich ihrer Umweltauswirkungen dargestellt werden [26, 31]. Bisher wurde hauptsächlich der Stickstofffluss betrachtet, aber mit der gleichen Methode kann auch der Kohlenstoff bewertet werden.

So kann z. B. das Modell, das zur Analyse des Treibhauseffekts und des Eutrophierungspotenzials in Abb. 11.7 und Abb. 11.8 herangezogen wurde, auch verwendet werden, um das Verhältnis des anfallenden CO_2 bei der Umsetzung des LEF-Konzepts zu erfassen. Dies wird im Folgenden dargestellt.

Wie Abb. 11.12 zeigt, wird der größte Anteil an Kohlenstoff, der durch Futterpflanzen mithilfe der Photosynthese fixiert

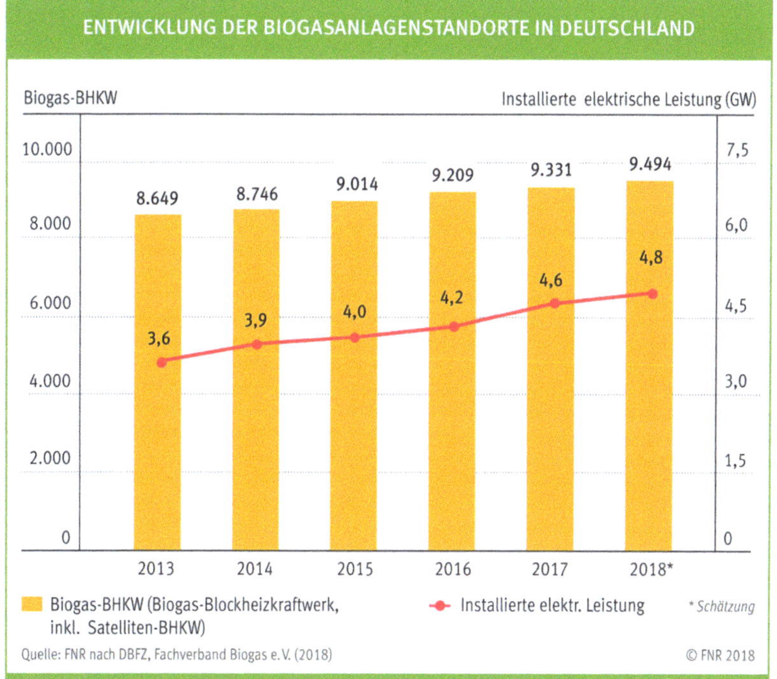

Abb. 11.11 Biogasanlagen in Deutschland (Stand 2018). © Fachagentur Nachwachsende Rohstoffe

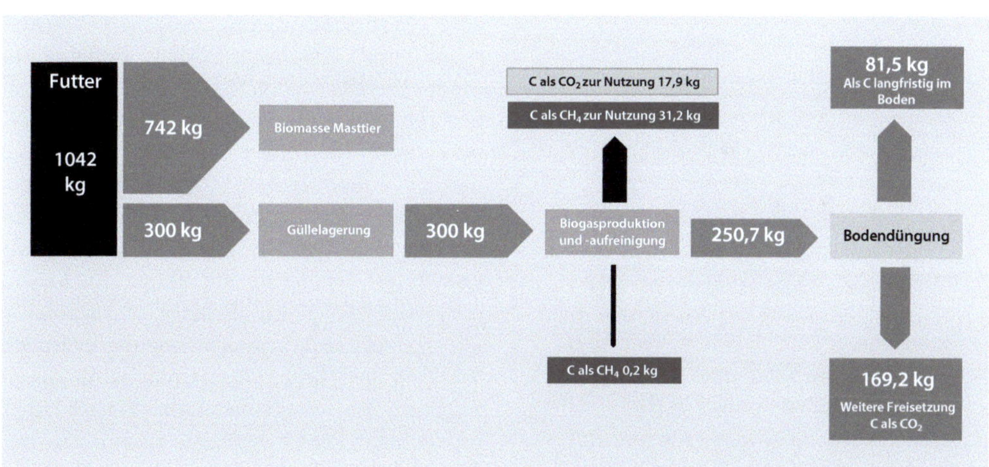

Abb. 11.12 Massenbilanz für Kohlenstoff bei der Umsetzung des LEF-Konzepts. (Eigene Berechnungen auf Basis von [26])

worden ist, vom Tier zunächst selbst verwertet, nämlich rund 742 kg von insgesamt 1042 kg im Futter. Ein gewisser Anteil wird direkt über den Atem der Tiere wieder an die Atmosphäre abgegeben. Dies ist in dieser Bilanz hier nicht weiter berücksichtigt. Ein anderer Teil von ca. 300 kg verbleibt in den Exkrementen und gelangt dann in die

Biogasanlage. Weiter wird in diesem Modell angenommen, dass durch entsprechende technische Maßnahmen bei der Güllelagerung kein weiterer Kohlenstoffverlust durch CH_4-Schlupf auftritt. So gelangen etwa 28 % des Kohlenstoffs aus dem Futter über die tierischen Ausscheidungen in die Biogasanlage. Etwas mehr als 10 % dieses verbleibenden Kohlenstoffs wird durch die Mikroflora im Biogasreaktor zu Biogas (CH_4) umgesetzt. Der restliche Kohlenstoff verbleibt im Gärrückstand und ist so ein wichtiger Bestandteil für die weitere Rückführung des Kohlenstoffs auf die Feldflächen, um so eine Verarmung des Bodens an Kohlenstoff zu verhindern.

Durch die weitere Aufreinigung des Rohbiogases wird CO_2 abgetrennt. Dies führt zu einem Kohlenstoffanteil von rund 17,9 kg abgetrennten Kohlenstoffs im CO_2-Strom. Da dieser CO_2-Volumenstrom frei von anderen Gasen ist, ist geeignet, als Rohstoff in anderen Produktionstechnologien eingesetzt zu werden. Ein geringer Verlust an Kohlenstoff erfolgt durch den Methanschlupf in der Biogasanlage.

Zusammenfassung

Low Emission Farming kann die Emission von Treibhausgasen der Tierzucht erheblich verringern. Unvermeidbar sind Exkremente und weitere Abfälle, die zu Biogas vergoren werden können. Das entstehende Biogas wird meist vor Ort direkt energetisch verwertet, kann aber auch zu reinem Biomethan aufbereitet werden. Damit verbunden ist die Abscheidung von CO_2. Mit Methan und CO_2 führen Abfälle der Tierzucht damit zu zwei C1-Gasen, die beide auch stofflich verwertet werden können. Zugleich wird die Klimabilanz der Tierzucht verbessert.

11.6 Ein Industriebeispiel – Concord Blue

Johannes Booz und Stefan Burmester

Der von der Firmengruppe Concord Blue patentierte CBR® arbeitet nach dem Verfahren der gestuften Reformierung und entspricht damit gemäß ► Abschn. 5.4.1 einem mehrstufigen Festbettvergaser, bei dem die Pyrolyse des Einsatzstoffes und die Reformierung der Pyrolysegase räumlich getrennt voneinander erfolgen. Die erforderliche Wärmeenergie für die thermischen Konversionsprozesse wird über einen inerten Wärmeträger (Aluminiumoxidkugeln, d = 15 mm) bereitgestellt, der als Wanderbett im Kreislauf geführt wird. ◘ Abb. 11.13 stellt das grundlegende Verfahren schematisch dar:

Der Kernprozess dieser Vergasungstechnologie besteht aus drei übereinander angeordneten Reaktoren. Der Einsatzstoff wird dabei zusammen mit dem Wärmeträger in den untersten der drei Hauptreaktoren, den Pyrolyzer, gegeben. Im Pyrolyzer findet eine Wärmeübertragung zwischen Wärmeträger und Einsatzstoff statt, sodass der meist bereits vorgetrocknete Einsatzstoff bei Temperaturen zwischen 600 und 800 °C pyrolysiert (thermisch zersetzt) wird. Bei diesem thermischen Zersetzungsprozess wird der größte Anteil des Einsatzstoffes in eine flüchtige Gasphase („Pyrolysegas") konvertiert, während ein fester Rückstand („Pyrolysekoks") im Reaktor zurückbleibt. Die konvektive Wärmeübertragung zwischen Wärmeträger und Einsatzstoff wird durch Zugabe von vorgewärmtem Wasserdampf unterstützt. Dieser verlässt zusammen mit dem Pyrolysegas den Pyrolyzer am Reaktorkopf, während der Pyrolysekoks zusammen mit dem Wärmeträger am unteren Ende des Reaktors ausgetragen wird.

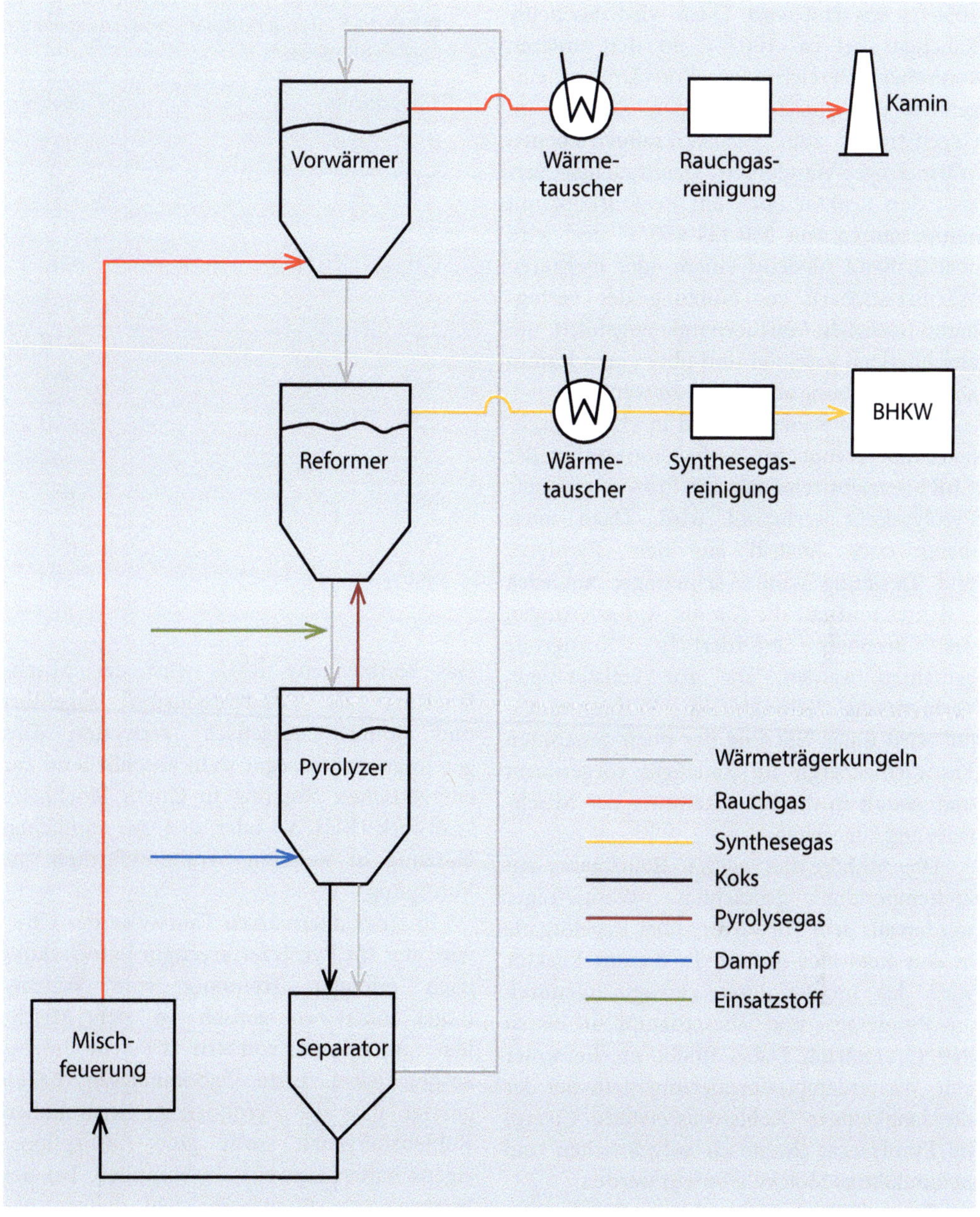

Abb. 11.13 Schematische Darstellung des Concord Blue Reformers (CBR®)

Pyrolysekoks und Wärmeträger werden über Regelorgane in eine Siebeinheit (Separator) dosiert, in der beide Stoffströme voneinander getrennt werden. Der immer noch heiße Wärmeträger wird mit ca. 550 °C über ein Fördersystem an das obere Ende des CBR®-Turms gebracht, wo sich der Wärmeträger-Vorwärmer befindet. Letztlich entspricht dieser Reaktor einem Wärmetauscher, in dem der Wärmeträger mithilfe eines in einer Mischfeuerung erzeugten Rauchgasstroms auf eine Zieltemperatur von

1050 °C erwärmt wird. Dazu wird das heiße Rauchgas bei ca. 1065 °C in den unteren konischen Bereich des Vorwärmers eingeführt und durchströmt den Reaktor im Gegenstrom zum schwerkraftgetriebenen Wärmeträger-Wanderbett. Das Rauchgas verlässt den Reaktor oben am Reaktorkopf mit Temperaturen von 550 bis 650 °C und wird anschließend zunächst einem oder mehreren Wärmetauschern zur Nutzung der verfügbaren restlichen Wärmeenergie zugeführt, um anschließend gereinigt und über einen Kamin an die Umgebung abgegeben zu werden.

Das heiße Rauchgas wird in einer Mischfeuerung erzeugt, in der bei konventioneller CBR®-Betriebsweise der im Prozess erzeugte Pyrolysekoks verbrannt wird. Dazu muss dieser nach Austritt aus dem Pyrolyzer und Trennung vom Wärmeträger zunächst gesichtet und auf die für die Anforderungen des Brenners erforderliche Korngröße gemahlen werden. Die zur vollständigen Verbrennung erforderliche Verbrennungsluft wird unter Nutzung der oben genannten Restwärmeenergie im Rauchgas vorgewärmt und gestuft in die Brennkammer der Mischfeuerung zugegeben.

Die mithilfe des heißen Rauchgases auf Zieltemperatur gebrachten Wärmeträger werden aus dem Vorwärmer über Regelorgane in den Reformer dosiert. In diesem Reaktor wird das im Pyrolyzer erzeugte Gemisch aus Pyrolysegas und Wasserdampf auf bis zu 950 °C erwärmt. Dabei findet im Reformer eine Wasserdampfreformierung statt, bei der die langkettigen Kohlenwasserstoffe (Teere) im Pyrolysegas thermisch aufgebrochen und in kurzkettige Moleküle zerlegt werden.

Das heiße, reformierte Synthesegas wird nach dem CBR® in einem Wärmetauscher unter Nutzung der verfügbaren Wärmeenergie auf ca. 500 °C abgekühlt und einer nachfolgenden Synthesegasreinigung zugeführt, in der ungewünschte Schadgase (z. B. H_2S, NH_3) und der möglicherweise noch vorhandene Restteergehalt unter Nutzung von Rapsmethylester (RME) abgeschieden werden (◘ Tab. 11.5).

◘ **Tab. 11.5** Typische Zusammensetzung des CBR®-Synthesegases

Komponente	**Vol.%**
H_2	32,9
CH_4	5,6
C_2H_4	0,3
C_xH_x	0,1
CO	19,0
CO_2	11,7
H_2O	30,1
H_2S	<0,1
COS	<0,1
NH_3	0,1
N_2	0,1
HCl	<0,1

Das teerbeladene RME wird der Mischfeuerung als Zusatzbrennstoff zugeführt und somit energetisch verwertet. Das gereinigte Synthesegas steht anschließend zur energetischen Nutzung in einem Blockheizkraftwerk (BHKW) oder aber zur stofflichen Nutzung in weiteren Syntheseschritten zur Verfügung.

In einer alternativen Fahrweise des CBR® wird der im Pyrolyzer erzeugte Pyrolysekoks nach erfolgter Trennung vom Wärmeträger nicht energetisch in der Mischfeuerung genutzt, sondern aus dem Prozess ausgeschleust. Erste Laboranalysen haben gezeigt, dass der Pyrolysekoks einen hohen Kohlenstoffgehalt sowie gute Adsorptionseigenschaften aufweist. Insbesondere bei der Nutzung von Biomassen steht dieser Koks als Biokohle zur stofflichen Verwertung, z. B. als Bodenverbesserer in Landwirtschaft und Gartenbau, als Tierfuttermittel, als Rohstoff zur Herstellung von Aktivkohle, und für viele weitere Anwendungen zur Verfügung. Eine entsprechende Zertifizierung als Biokohle durch die *European Biochar Foundation* sowie durch die *International Biochar Initiative* ist in Bearbeitung.

Abb. 11.14 Links: Pilotanlage in Herten, Deutschland (2002–2005), rechts: Demonstrationsanlage in Owego, USA (2016-heute)

Die Funktionalität des Verfahrens für eine breite Palette verschiedener Einsatzstoffe (Holzhackschnitzel, Strauchschnitt, Hausmüll, Klärschlamm) wurde in einer Pilotanlage in Herten (Deutschland) bewiesen. Die Anlage (Abb. 11.14, links) wies eine Nennleistung von 1 MW_{th} bei einem Durchsatz von ca. 200 kg/h auf und wurde von 2002 bis 2005 betrieben. Nachfolgend wurde die Technologie in mehreren kommerziellen Anlagen in Indien und Japan sowohl zur Vergasung von Hausmüll mit energetischer Nutzung als auch zur Herstellung von Wasserstoff erfolgreich eingesetzt.

2013 ist Concord Blue eine strategische Partnerschaft mit der Firma Lockheed Martin eingegangen, nach der Lockheed Martin die Haftung bzw. Garantie beginnend mit der Anlagenplanung inklusive Verfahrens- und Anlagentechnik bis hin zur Anlagenleistung im Erstbetrieb übernimmt. Zusammen wurde am Standort Owego (USA) eine erste Demonstrationsanlage (Abb. 11.14, rechts) gebaut und 2016 erfolgreich in Betrieb genommen. Aktuell arbeiten Concord Blue und Lockheed Martin an einem Nachfolgeprojekt für den Standort Herten. Diese kommerzielle Anlage wird bei einer Nennleistung von 25 MW_{th} ca. 60.000 t/Jahr Holzhackschnitzel verwerten und mithilfe von Gasmotoren 5,8 MW_{el} erzeugen. Die Inbetriebnahme ist für Ende 2019 geplant.

Zusammenfassung

Die chemische Industrie kann grundsätzlich C1-Stoffströme als Kohlenstoffquelle einsetzen. Als Ausgangsstoff für die Erzeugung dieser Gase kommen organische Abfälle, Klärschlämme und landwirtschaftliche Reststoffe infrage. Dabei handelt es sich um Stoffe vielfältiger

Zusammensetzung, die vor einer industriellen stofflichen Nutzung in der Chemieindustrie zu einem industrietauglichen C1-Gas zu standardisieren wären. Geeignete Verfahren sind die Vergärung zu Biogas (Methan) und die Gasifizierung zu Synthesegas (CO). Volumenmäßig könnten diese Rohstoffe und Verfahren in Deutschland ein Kohlenstoffvolumen anbieten, das zu einem erheblichen Teil dem Bedarf der deutschen Chemieindustrie entspricht. Unter den derzeitigen Rahmenbedingungen sind so hergestellte C1-Gase allerdings im Vergleich zu etablierten fossilen Kohlenstoffquellen nicht wettbewerbsfähig.

Literatur

11

1. Bazzanella A, Ausfelder F (2017) Low carbon energy and feedstock for the European chemical industry. Dechema, Frankfurt a. M.
2. VCI (2017) Daten und Fakten. Verband der Chemischen Industrie, Frankfurt am Main. ► http://www.vci.de. Zugegriffen: 8. Jan. 2018
3. Xie K, Li W, Zhao W (2010) Coal chemical industry and its sustainable development in China. Energy 35:4349–4355. ► https://doi.org/10.1016/j.energy.2009.05.029
4. Handelsblatt (2014) Durch Gas-Boom in USA: Linde und BASF setzen auf neue Geschäfte. ► http://www.handelsblatt.com/unternehmen/industrie/durch-gas-boom-in-usa-linde-und-basf-setzen-auf-neue-geschaefte-/9985408.html. Zugegriffen: 12. Jan. 2018
5. Bazzanella A, Krämer D (2017) Technologien für Nachhaltigkeit und Klimaschutz – Chemische Prozesse und stoffliche Verwertung von CO_2. Dechema, Frankfurt a. M. ► http://dechema.de/dechema_media/CO2_Buch_Online-p-20003330.pdf. Zugegriffen: 12. Jan. 2018
6. Ausfelder F, Bazzanella A (2008) Verwertung und Speicherung von CO_2. Dechema, Frankfurt a. M. ► https://dechema.de/dechema_media/diskussionco2-view_image-1-called_by-dechema-original_site-dechema_eV-original_page-124930.pdf. Zugegriffen: 12. Jan. 2018
7. KrWG (2012) Gesetz zur Förderung der Kreislaufwirtschaft und Sicherung der umweltverträglichen Beseitigung von Abfällen. ► http://www.gesetze-im-internet.de/krwg/index.html Zugegriffen: 12. Jan. 2018
8. GewAbfV (2017) Verordnung über die Bewirtschaftung von gewerblichen Siedlungsabfällen und von bestimmten Bau- und Abbruchabfällen. ► https://www.gesetze-im-internet.de/gewabfv_2017/BJNR089600017.html. Zugegriffen: 12. Jan. 2018
9. Destatis (2017) Abfallbilanz 2015 des Statistischen Bundesamtes. ► https://www.destatis.de/DE/Publikationen/Thematisch/UmweltstatistischeErhebungen/Abfallwirtschaft/Abfallbilanz.html. Zugegriffen: 3. Nov. 2017
10. Schüler K (2017) Aufkommen und Verwertung von Verpackungsabfällen in Deutschland im Jahr 2015. Umweltbundesamt, Dessau-Rosslau. ► https://www.umweltbundesamt.de/sites/default/files/medien/1410/publikationen/2017-11-29_texte_106-2017_verpackungsabfaelle-2015.pdf. Zugegriffen: 13. Jan. 2018
11. Destatis (2016) Pressemitteilung Nr. 446 vom 12. Dezember 2016. 64 % des Klärschlamms wurden 2015 verbrannt. ► https://www.destatis.de/DE/PresseService/Presse/Pressemitteilungen/2016/12/PD16_446_32214.html. Zugegriffen: 12. Jan. 2018
12. Zeller V, Thrän D, Zeymer M, Bürzle B, Adler P, Ponitka J, Postel J, Müller-Langer F, Rönsch S, Gröngröft A, Kirsten C, Weller N, Schenker M, Wedwitschka H, Vetter A, Weiser C, Wagner B, Deumelandt P, Reinicke F, Henneberg K, Wiegmann K (2012) Basisinformationen für eine nachhaltige Nutzung von landwirtschaftlichen Reststoffen zur Bioenergiebereitstellung. DBFZ Report Nr. 13, Deutsches Biomasseforschungszentrum, Leipzig. ► https://www.dbfz.de/fileadmin/user_upload/Referenzen/DBFZ_Reports/DBFZ_Report_13.pdf. Zugegriffen: 12. Jan. 2018
13. FNR (2016) Anlagen zur Biomethan-Produktion. ► https://mediathek.fnr.de/grafiken/daten-und-fakten/bioenergie/biogas/anlagen-zur-biomethan-produktion.html. Zugegriffen: 12. Jan. 2018
14. Statista (2018) Erdgasverbrauch in Deutschland in den Jahren von 1980 bis 2016. ► https://de.statista.com/statistik/daten/studie/41033/umfrage/deutschland—erdgasverbrauch-in-milliarden-kubikmeter/. Zugegriffen: 10. Jan. 2018
15. Quicker P, Neuerburg F, Noël Y, Huras A, Eyssen RG, Seifert H, Vehlow J, Thomé-Kozmiensky KJ (2017) Sachstand zu den alternativen Verfahren für die thermische Entsorgung von Abfällen. Umweltbundesamt, Dessau-Rosslau. ► https://www.umweltbundesamt.de/publikationen/sachstand-zu-den-alternativen-verfahren-fuer-die. Zugegriffen: 11. Jan. 2018

16. Gleis M (2011) Pyrolyse und Vergasung. In: Thomé-Kozmiensky KJ, Beckmann M (Hrsg) Energie aus Abfall, vol 8. TK Verlag Karl-Thomé-Kozmiensky, Neuruppin, S 438–465
17. Dahmen N, Dinjus E (2010) Synthetische Chemieprodukte und Kraftstoffe aus Biomasse Volume. Chem Ing Tech 82:1147–1152. ► https://doi.org/10.1002/cite.201000082
18. Möbius A, Boukis N, Sauer J (2013) Gasification of biomass in supercritical water (SCWG). In: Mendez-Vilas A (Hrsg) Materials and processes for energy: communicating current research and technological developments. Formatex Research Center, Badajoz, S 264–268
19. Boukis N, Dinjus E (2008) Wasserstoff- und Methanerzeugung aus nasser Biomasse. ► http://www.ikft.kit.edu/downloads/boukis-flyer-verena.pdf. Zugegriffen: 3. Nov. 2017
20. Jaron A, Walter N (2016) Abfallwirtschaft in Deutschland 2016 Fakten, Daten, Grafiken. BMUB, Berlin. ► https://www.bmub.bund.de/fileadmin/Daten_BMU/Pools/Broschueren/abfallwirtschaft_2016.pdf. Zugegriffen: 3. Nov. 2017
21. Griep W, Binder M (2017) Pork production's ‚ecological burden' is decreasing thanks to more sustainability in animal feed practices. AMINONews® 21(4):13–24
22. Krauter J, Mosthaf F, Randy M, Cosgrove JA, Binder M, Kaufmann T, Scherer V (2017) What if…Evonik's animal nutrition contribution towards a more sustainable world, 1. Aufl. ISBN 978-3-00-055744-6
23. Haasken C, Binder M (2015) Comparative life cycle assessment of MetAMINO®, Biolys®, ThreAMINO®, TrypAMINO® and ValAMINO® in broiler and pig production. Evonik Nutrition & Care GmbH, Rhineland
24. Kebreab E, Liedke A, Caro D, Deimling S, Binder M, Finkbeiner M (2016) Environmental impact of using specialty feed ingredients in swine and poultry production: a life cycle assessment. J Anim Sci 94:1–18. ► https://doi.org/10.2527/jas2016-9036
25. Binder M, Rother E, Kaufmann T (2015) Low emission farming – a significant step forward to improve the environmental impacts of livestock production in International conference on Life Cycle Assessment as reference methodology for assessing supply chains and supporting global sustainability challenges LCA FOR "FEEDING THE PLANET AND ENERGY FOR LIFE", 2015, edited by Simona Scalbi, Arianna Dominici Loprieno, Paola Sposato
26. Binder M, Haasken C, Kaufmann T (2016) Low emission farming – a significant step forward to improve the ecological footprint of livestock production, Proceedings of the 2016. International Nitrogen Initiative Conference, "Solutions to improve nitrogen use efficiency for the world" ► www.ini2016.com
27. Daniel De Graaf D, Fendler R (2010) Umweltbundesamt Dessau-Roßlau, Biogasanbau in Deutschland, Hintergrundpapier
28. Sahm H (1981) Biologie der Methanbildung. Chem Ing Technol 53:854–863
29. ► http://www.spin-project.eu/downloads/0_Background_paper_biogas_Germany_en.pdf
30. Baumgarten G, Ungerank M, Schnitzer C, Kobus A (2011) Hochleistungspolymere erzeugen Biomethanin Evonik elements 36. Q Sci Newsl 3:2011
31. Leip A, Ledgard S, Uwizeye A (2017) Members of the nutrient TAG FAO 2017 in progress

CO_2 als Systemkomponente für Energiespeicher und Rohstoff für Basischemikalien

Thomas Marzi und Görge Deerberg

Inhaltsverzeichnis

M. Kircher und T. Schwarz (Hrsg.), *CO_2 und CO – Nachhaltige Kohlenstoffquellen für die Kreislaufwirtschaft*, https://doi.org/10.1007/978-3-662-60649-0_12

12.1 Der Klimawandel – Treiber einer Energie- und Rohstoffwende

Um die Auswirkungen des Klimawandels zu begrenzen, wurde im Pariser Klimaschutzabkommen das Ziel festgeschrieben, eine globale Temperaturerhöhung von zwei Grad Celsius zu unterschreiten [1]. Da sich dieses Ziel nach den Modellen des IPCC [2] nur erreichen lässt, wenn in der zweiten Hälfte dieses Jahrhunderts „netto" keine Treibhausgase mehr ausgestoßen werden, ergeben sich weitreichende Konsequenzen, die einen anderen Umgang mit Energie und Rohstoffen erfordern als bisher. Will man nicht auf sogenannte Carbon-Capture- und -Storage (CCS)-Verfahren zurückgreifen, die CO_2 abscheiden und in geologischen Kompartimenten deponieren, müssen Alternativen für fossile (Energie-)Rohstoffe gefunden werden. Da diese zum einen als Energieträger und zum anderen als Rohstoffe eingesetzt werden, wird es notwendig sein, die Energiewirtschaft fast vollständig auf „CO_2-freie", regenerative Energien umzustellen und in den kohlenstoffverarbeitenden Grundstoffindustrien weitgehend auf fossile Ressourcen zu verzichten, wenn das Zwei-Grad-Ziel erreicht werden soll.

12

Vor dem Hintergrund, das Energie- und Produktionssystem auf eine regenerative Basis umstellen zu müssen, werden zurzeit Konzepte diskutiert, die eine Abtrennung von CO_2 aus stationären Punktquellen wie Kalk-/Zementanlagen, Stahlwerken, Biogasanlagen und ggf. Kraftwerken vorsehen, um das abgeschiedene CO_2 in andere chemische Verbindungen zu überführen. Diese Umwandlung von CO_2 verfolgt dabei das Ziel, chemische Energiespeicher zu entwickeln und Basischemikalien herzustellen, aus denen sich weitere Chemikalien produzieren lassen. Bei diesen Konzepten geht es jedoch nicht darum, CO_2 dauerhaft zu binden, da Energiespeicher, die auf CO_2 aufbauen, bei ihrer Rückverstromung oder Verwendung als Treibstoff kurz- bis mittelfristig wieder CO_2 freisetzen. Dies gilt zum Teil auch für aus CO_2 herstellte Chemikalien, die nach Beendigung ihres „Produktlebens" *(end of life)* ggf. energetisch verwertet oder thermisch entsorgt werden, sodass es langfristig auch hier wieder zu CO_2-Emissionen kommt. Wenn aber nicht die dauerhafte Einbindung von CO_2 Ziel der entwickelten Konzepte ist, warum spielt ausgerechnet der Stoff, dessen Freisetzung die Zunahme der globalen mittleren Erdtemperatur und damit den Klimawandel verursacht, eine so wichtige Rolle bei der Entwicklung von Lösungskonzepten zur Begrenzung des Klimawandels?

In technischen Prozessen entsteht CO_2 in der Regel durch die als Oxidation oder Verbrennung bezeichnete chemische Reaktion von Sauerstoff mit energiereichen Verbindungen wie Kohle oder Kohlenwasserstoffen. Die relativ große Reaktionsenthalpie, die bei dieser Reaktion als Wärme frei wird, ist der Grund dafür, dass Kohle und Kohlenwasserstoffe bis heute die wesentlichen Energierohstoffe sind. Das bedeutet jedoch im Umkehrschluss, dass relativ viel Energie aufgewendet werden muss, wenn CO_2 zu Kohlenwasserstoffen umgesetzt wird. Diese Energie wird in den hergestellten Kohlenwasserstoffen chemisch gespeichert. CO_2 übernimmt in einem solchen Speichersystem die Rolle der energiearmen bzw. energieaufnehmenden Komponente (siehe Kasten „Energiespeicher"). Ein kohlenstoffbasiertes chemisches Speichersystem hat gegenüber anderen Systemen, die beispielsweise auf molekularem Wasserstoff oder Stickstoffverbindungen aufbauen, den Vorteil, dass die Speicherprodukte vergleichsweise gut in die vorhandene technische Infrastruktur integrierbar sind (vgl. hierzu den Kasten „Stickstoffhaltige Energiespeicher").

Energiespeicher

Nach der Definition von Ausfelder [3] ist ein Energiespeicher ein System, das eine Energiemenge kontrolliert aufnimmt (Beladung), sie über einen relevanten Zeitraum in einem Speichermedium zurückhält (Speicherung) und in einem gewünschten Zeitraum wieder kontrolliert abgibt (Entladung).

Warum CO_2 als Rohstoff für die chemische Industrie von Interesse ist, ergibt sich daraus, dass CO_2 und Biomassen die einzigen verfügbaren Alternativen zu konventionellen Kohlenstoffträgern, wie Kohle, Öl und Erdgas, darstellen. Technologien, die CO_2 umwandeln, bieten weiterhin die Möglichkeit, Kohlenstoff, der in einer primären Anwendung bereits verarbeitet wurde, erneut für andere Anwendungen zu erschließen. Sie sind somit als Schlüsseltechnologien zu betrachten, um die begrenzte Ressource Biomasse zu schonen und kaskadenförmige Nutzungsketten bzw. Produktkreisläufe aufzubauen (vgl. [4]).

Stickstoffhaltige Energiespeicher

Neben Energiespeichersystemen auf Kohlenstoffbasis sind auch stickstoffbasierte Energiespeichersysteme Gegenstand der Forschung. Stickstoffbasierte Systeme haben gegenüber kohlenstoffbasierten Systemen den Vorteil, dass sie (wenn nicht Harnstoff Teil des Systems ist) kein CO_2 bei ihrer Entladung emittieren und dass mit Luft eine Stickstoffquelle zur Verfügung steht, die molekularen Stickstoff in einer Konzentration von 78 Vol.-% enthält. Im Gegensatz dazu ist die Konzentration von CO_2 in Luft mit 0,04 Vol.-% äußerst gering, sodass man auf die Nutzung industrieller CO_2-Quellen angewiesen ist.

Wesentlicher Bestandteil stickstoffbasierter Energiespeichersysteme ist Ammoniak, der heute mithilfe des technologisch ausentwickelten Haber-Bosch-Verfahrens aus molekularem Stickstoff (N_2) und Wasserstoff (H_2) hergestellt wird. Die Reaktion erfolgt bei 200 bis 350 bar und 300 bis 550 °C [5]. Weltweit werden mit dem Haber-Bosch-Verfahren etwa 120 Mio. t Ammoniak [5] hergestellt, von denen der größte Teil zu Düngemitteln weiterverarbeitet wird. Allerdings wird hierbei kein regenerativ erzeugter Wasserstoff verwendet, sondern Wasserstoff, der durch Reformierung von Erdgas hergestellt wurde. Ammoniak fällt beim Haber-Bosch-Verfahren in verflüssigter Form an und kann mit Schiffen, Güterzügen und Tankwagen sowie in Pipelines transportiert werden. Nachteilig für seinen Einsatz als Energiespeicher ist die im Vergleich zu Methanol etwa dreimal so hohe Toxizität [5], was vor allem hindernd für mobile Anwendungen ist.

Klerke [5] hat vor diesem Hintergrund das in ◘ Abb. 12.1 dargestellte Energiespeichersystem auf Stickstoffbasis beschrieben. Dabei werden Stickstoff und regenerativ hergestellter Wasserstoff zunächst mithilfe der Haber-Bosch-Synthese zu Ammoniak umgewandelt. Um die Toxizität zu mindern und eine Absenkung des Dampfdrucks zur besseren Lagerung zu erreichen, erfolgt anschließend eine Reaktion mit Metallhalogeniden (MX_2). Ammoniak wird hierdurch in einem Metallaminkomplex, beispielsweise $Mg(NH_3)_6Cl_2$, koordinativ gebunden. Aus diesem Komplex kann Ammoniak durch Wärmezufuhr wieder freigesetzt werden und, wie Klerk [5] vorschlägt, entweder in einer Hochtemperaturbrennstoffzelle direkt verstromt oder zu Wasserstoff zersetzt werden. Der so erzeugte Wasserstoff wird anschließend in einer Niedertemperaturbrennstoffzelle

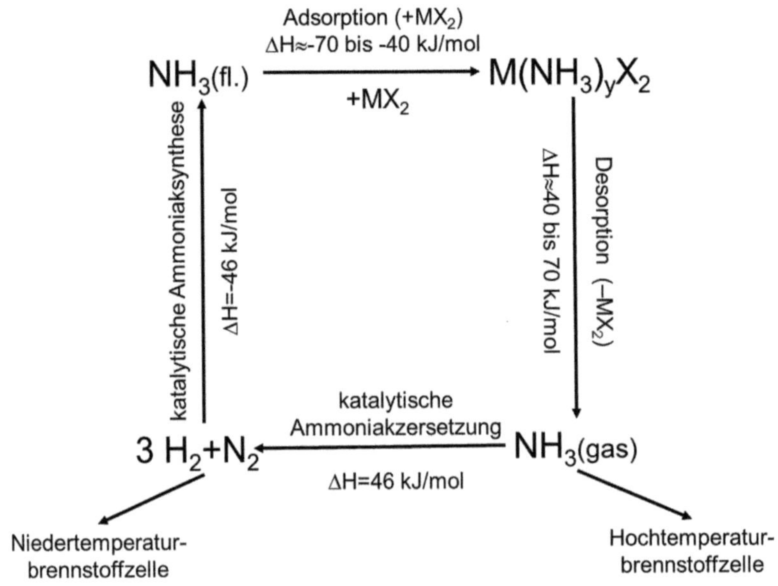

Abb. 12.1 Stickstoffbasierter Energiespeicher nach Klerke [5]

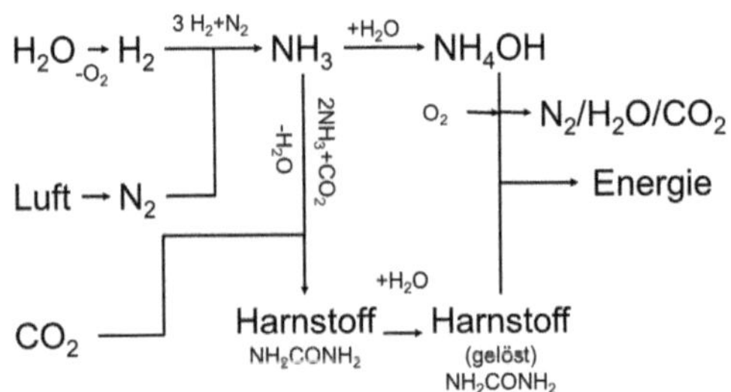

Abb. 12.2 Stickstoffbasierter Energiespeicher nach Grader [7]

12

energetisch genutzt. Forschungsbedarf besteht hier vor allem in der Optimierung von Hochtemperaturbrennstoffzellen für den Betrieb mit Ammoniak und in der Entwicklung geeigneter Katalysatoren zur Zersetzung des Ammoniaks. Ziel ist es, die hohen Prozesstemperaturen zu senken, die vor allem für dezentrale oder mobile Anwendungen hinderlich sind [6].
Ein weiteres stickstoffbasiertes Energiespeichersystem wird von Grader [7] vorgeschlagen. Es basiert auf dem in Abb. 12.2 dargestellten Prinzip. Wesentliche Systemkomponente ist dabei wieder die Haber-Bosch-Synthese zur Herstellung von Ammoniak. Ein Teil des Ammoniaks wird in eine wässrige Ammoniumhydroxidlösung übergeführt und ein anderer Teil mit CO_2 zu einer wässrigen Harnstoffstofflösung umgesetzt. Die Energiefreisetzung, beispielsweise zum Betrieb einer Turbine oder eines Motors, erfolgt dann über eine Redoxreaktion, an der Ammoniumhydroxid, Harnstoff und Sauerstoff beteiligt sind. Reaktionsprodukte sind molekularer Stickstoff, Wasser und CO_2. In einer modifizierten Form des Energiespeichers verwendet Grader [8] anstelle einer Ammoniumhydroxidlösung eine Ammoniumnitratlösung. Die Reaktionsbedingungen sind dabei, ggf. durch Katalysatoren, so zu gestalten, dass keine Stickoxide entstehen. Forschungsaufgabe ist u. a. auch die Entwicklung einer geeigneten Motoren- oder Turbinentechnik.

12.2 Funktionsweise von Energiespeichern mit CO_2

Die Umstellung auf „CO_2-freie", regenerative Energien hat in Deutschland spätestens seit der 2011 beschlossenen Energiewende an Dynamik gewonnen und mit dem als Folge des Pariser Abkommens verabschiedeten „Klimaschutzplan der Bundesregierung" [8] eine Verstetigung erreicht. So sind als Ziele im Klimaschutzplan u. a. eine weitgehende „Dekarbonisierung" der Energiewirtschaft und eine fast vollständige Unabhängigkeit des Verkehrs von fossilen Kraftstoffen bis 2050 vorgegeben.

Bei der Umstellung des Energiesystems von klassischen Grundlastkraftwerken, wie Kohle- oder Atomkraftwerken, zu einer regenerativen Energiebereitstellung ist der fluktuierende Charakter von Solar- und Windenergie zu berücksichtigen. So führt das zeitlich und regional schwankende Angebot an Solar- und Windstrom zu extremen Herausforderungen für das elektrische Energieversorgungsnetz, in dem Erzeugung und Verbrauch zu jedem Zeitpunkt ausgeglichen sein müssen. Ein Energieausgleichsbedarf besteht dann, wenn die Energieversorgung aus technischen oder ökonomischen Gründen nicht der Lastkurve folgen kann, also entweder mehr oder weniger Energie bereitsteht als nachgefragt wird. Im Fall eines potenziellen Stromüberschusses müssen Energieanlagen dann entweder heruntergefahren oder aber der „überschüssige" Strom muss durch zusätzlichen Verbrauch aus dem System ausgeschleust werden. In potenziellen Strommangelsituationen ist dagegen zusätzliche Energie aus anderen Quellen bereitzustellen.

Sowohl die Entnahme von Strom aus dem Versorgungsnetz als auch die Einspeisung kann durch sogenannte Energiespeicher erfolgen, die „temporär überschüssige Energie oder Energieträger aufnehmen und diese zu einem späteren Zeitpunkt wieder zur Verfügung stellen" [3] (siehe Definition ► Abschn. 12.1). Als Energiespeicher werden eine Reihe von Optionen wie Pumpspeicher, Schwungräder oder Batterien diskutiert; für die längerfristige Speicherung großer Energiemengen ist jedoch eine chemische Energiespeicherung, bei der energieärmere chemische Verbindungen in chemische Verbindungen mit höherem Energiegehalt umgewandelt werden, am besten geeignet. So können mit chemischen Energiespeichersystemen die höchsten Energiedichten erzielt werden, und die gespeicherte Energie ist in Form der jeweiligen energiereichen Verbindung lager- und transportfähig. Der Speicherstoff kann grundsätzlich wieder „rückverstromt" oder aber als Treibstoff verwendet werden [9].

Der prinzipielle Aufbau eines Energiespeichers auf Basis von CO_2 ist in ◘ Abb. 12.3 dargestellt. CO_2 kommt dabei die Rolle der energiearmen bzw. energieaufnehmenden Komponente zu und wird chemisch in energiereichere Systemkomponenten, d. h. Stoffe mit höherem Energiegehalt, umgewandelt. Dabei ist wichtig, dass ausschließlich regenerative Energie zur Umwandlung des CO_2 verwendet wird. Setzt man Energie ein, die durch Verbrennung von Kohle oder Kohlenwasserstoffen gewonnen wird, entsteht mehr CO_2 durch den Verbrennungsvorgang, als im Produkt gebunden werden kann.

Das Konzept, mit CO_2 Energie zu speichern, ist, wie bereits Schlögl in seiner Veröffentlichung „Von der Natur lernen – Chemische CO_2-Reduktion" [10] herausstellt, an Prozessen orientiert, die in der Natur beim Stoffwechsel von Pflanzen eine Rolle spielen. Dort entstehen bei der Photosynthese aus CO_2 und Wasser komplexe organische Strukturen, die sowohl für das Wachstum der Pflanze als auch zur Speicherung benötigt werden. Bei der Photosynthese sind Zucker und Zuckerpolymere ($\{C_6H_{12}O_6\}$) die Energiespeicherstoffe, während technologisch Kohlenwasserstoffe, Alkohole und Ether die bevorzugten Stoffklassen sind. In den folgenden Gleichungen ist das Prinzip der Photosynthese der technischen Route (hier ist beispielhaft die Methanolsynthese dargestellt) gegenübergestellt.

Photosynthese:

$$H_2O + CO_2 + \text{Energie} \rightarrow 1/6\{C_6H_{12}O_6\} + O_2 \quad \textbf{(12.1)}$$

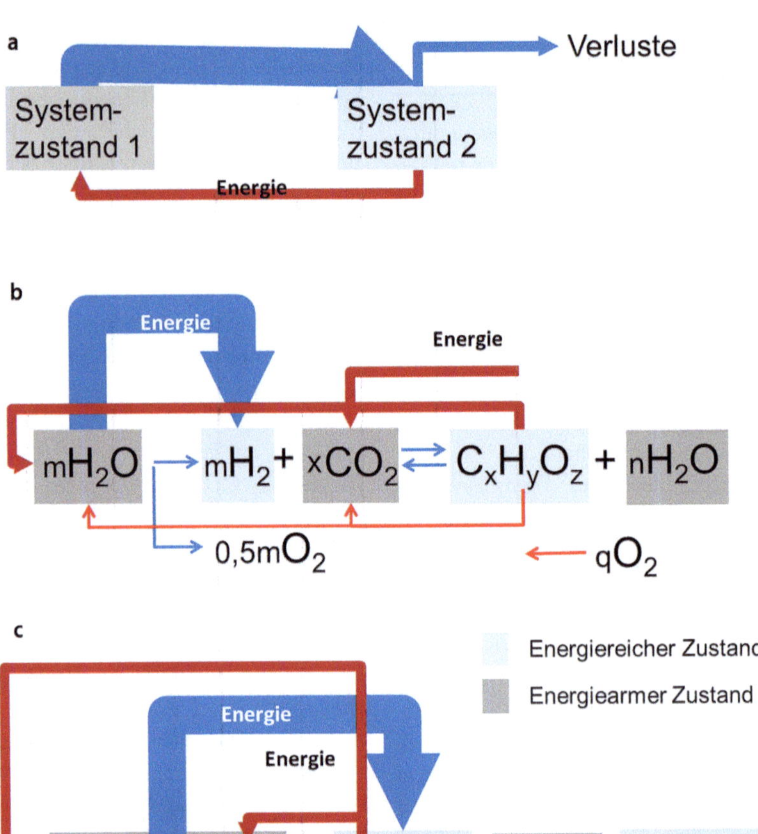

Abb. 12.3 Prinzip einer Energiespeicherung mit CO_2: **a** allgemeines Prinzip, **b** zweistufiger Prozess mit Wasserstoff als Zwischenprodukt, **c** einstufiger elektrochemischer Prozess

Methanolsynthese:

Elektrolyse:

$$3H_2O + \text{Energie} \rightarrow 3H_2 + 1{,}5O_2 \quad (12.2)$$

Katalyse:

$$3H_2 + CO_2 \rightarrow CH_3OH + H_2O \quad (12.3)$$

Gesamtreaktion:

$$2H_2O + CO_2 + \text{Energie} \rightarrow CH_3OH + 1{,}5O_2 \quad (12.4)$$

Ein Merkmal der technischen Prozessroute ist, dass Solar- oder Windenergie zunächst in elektrische Energie umgewandelt werden, mit deren Hilfe molekularer Wasserstoff als Zwischenprodukt erzeugt wird. Die eingebrachte Energie ist dann als chemische Bindungsenergie im Wasserstoff enthalten, der als ein Zwischenprodukt vorliegt, das ggf. separat gespeichert werden muss, bevor es in einer katalytischen Reaktion mit CO_2

zu organischen Verbindungen weiterverarbeitet wird (siehe Kasten „Einstufige Prozesse“). Bei der Reaktion des Wasserstoffs mit CO_2 zu Methanol wird ein Drittel des Wasserstoffs nicht im Speichermolekül Methanol, sondern im Koppelprodukt Wasser gebunden, was mit Energieverlusten einhergeht. Weitere Energieverluste sind der elektrolytischen Herstellung des Wasserstoffs zuzuordnen, dem energetischen Aufwand zur Durchführung der katalytischen Reaktion (Druck und Temperatur), energetischen Aufwendungen zur Aufreinigung und Aufkonzentration von Produktgemischen, Aufwendungen für den Transport von CO_2, Wasserstoff und Produkten, Aufwendungen zur Abtrennung von CO_2 aus industriellen Quellen sowie Umwandlungsverlusten, die bei einer Rückverstromung oder Nutzung als Treibstoff auftreten.

Einstufige Prozesse

Elektrochemische Verfahren sind grundsätzlich dazu geeignet, CO_2 mit einem einstufigen Prozess in chemische Produkte umzuwandeln. CO_2 kann elektrochemisch zu Kohlenwasserstoffen, Alkoholen und organischen Säuren umgesetzt werden, ein großtechnisches Verfahren existiert hierzu jedoch noch nicht. Die Verfahren, die in der Literatur beschrieben werden, beruhen zumeist auf grundlegenden Laboruntersuchungen, die unter Umgebungsdruck und Umgebungstemperatur arbeiten und in Wasser gelöstes CO_2 umsetzen. Nachteilig bei dieser Vorgehensweise ist, dass relativ hohe Überspannungen für die Aktivierung des CO_2 benötigt werden, sodass die mit der CO_2-Umsetzung konkurrierende Bildung von Wasserstoff dominiert und der Prozess wenig selektiv für organische Produkte ist. Weiterhin führen geringe Konzentrationen des gelösten CO_2 zu geringen Umsatzraten und niedrigen Faraday-Effizienzen [11]. Die Selektivität und die Effizienz des Prozesses können grundsätzlich verbessert werden, wenn der CO_2-Partialdruck erhöht wird, um die Konzentration von gelöstem CO_2 in Wasser zu vergrößern. Die höhere Konzentration von gelöstem CO_2 an der Elektrode führt zu höheren Stromdichten und zu einer größeren Umsetzung von CO_2.

Der beschriebene Effekt lässt sich grundsätzlich noch weiter verbessern, indem der Druck weiter erhöht und die Elektrosynthese unter überkritischen Bedingungen durchgeführt wird. Im überkritischen Zustand zeigt CO_2 gleichzeitig die Eigenschaften einer Flüssigkeit (hohe Dichte) und eines Gases (geringe Viskosität). Führt man elektrochemische Synthesen in CO_2 mit geringen Mengen gelösten Wassers durch, verschiebt sich die Selektivität des Prozesses von der Bildung von Wasserstoff zur Bildung organischer Produkte. Eine Übersicht über den Stand der Forschung gibt hier Melchaeva [12].

12.3 Speichersysteme

In ◘ Abb. 12.4 sind verschiedene Produkte, die als energiereiche Komponente in Speichersystemen mit Wasserstoff und

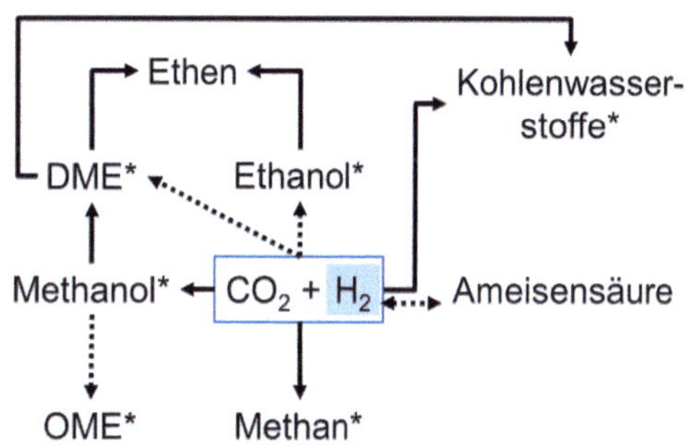

◘ **Abb. 12.4** Produkte und Speichersysteme auf Basis von CO_2

CO_2 und/oder als Grundchemikalie verwendet werden können, dargestellt. Da auch Wasserstoff selbst als energiereiche Speicherkomponente verwendet werden kann, was mit den geringsten Energieverlusten verbunden ist, müssen alle anderen Speicheroptionen mit der direkten Wasserstoffnutzung verglichen werden. Molekularer Wasserstoff wird deshalb im Folgenden ebenfalls in seiner möglichen Rolle als Speichersystem beschrieben. Wichtige Vergleichsparameter neben Energieverlusten sind beispielsweise die Energiedichte, Lager- und Transportbedingungen sowie die Eignung als Treibstoff. Einzelne Produkte können zu Folgeprodukten weiterverarbeitet werden. So ist Dimethylether (DME) ein mögliches Folgeprodukt von Methanol. Ausgewählte Produkt- und Speicheroptionen werden in den ▸ Abschn. 12.3.1 bis 12.3.9 vorgestellt. Dabei wird auch der Entwicklungsstand der Verfahren beschrieben (siehe Kasten „Technology Readiness Level" [TRL]). Hierbei wird hauptsächlich auf Angaben der von Bazanella und Ausfelder verfassten und im August 2017 erschienenen Studie der DECHEMA [13] zurückgegriffen. Einen zusammenfassenden Überblick gibt ◘ Tab. 12.1.

12.3.1 Wasserstoff

Wasserstoff hat als Energiespeicher viele Vorteile. Zu nennen sind die höchste gravimetrische Speicherdichte und die nicht vorhandene Toxizität. Wasserstoff kann in Turbinen oder Brennstoffzellen umgesetzt und wieder verstromt werden. Als Reaktionsprodukt entsteht Wasser. Diesen Vorteilen stehen Nachteile gegenüber, von denen die äußerst geringe Energievolumendichte, die nur etwa 30 % der Energievolumendichte von Methan beträgt, besonders hervorzuheben ist. Wasserstoff muss deshalb unter hohem Druck gelagert werden, um die Speichervolumina zu verkleinern (vgl. hierzu ▸ Abschn. 12.3.9). Dabei wirkt sich die zu leistende Verdichtungsarbeit ungünstig auf den Wirkungsgrad aus, der hierdurch deutlich verringert wird. Weitere Nachteile bestehen in der hohen Reaktivität und den damit verbundenen Sicherheitsaspekten sowie im Fehlen einer Transportinfrastruktur. In geringen Mengen (mehrere Prozent) lässt Wasserstoff sich dem Erdgasnetz zufügen. Die strombasierte Herstellung von Wasserstoff zu Speicherzwecken wird auch als Power2Gas-Konzept [18] bezeichnet. Eine Erweiterung des Power2Gas-Konzepts sieht als zusätzliche Prozessstufe eine Umsetzung von Wasserstoff mit CO_2 zu Methan vor. Dabei ist zu berücksichtigen, dass diese Methanisierung mit Wirkungsgradverlusten verbunden ist (▸ Abschn. 12.3.2). Für die Umwandlung sprechen die gut ausgebaute Erdgasinfrastruktur mit internationalen Transportoptionen über ein Pipelinenetz und auf Methan als Brennstoff ausgerichtete Energieanlagen.

Neben Konzepten zur Biomassevergasung beruhen Anwendungen, die Wasserstoff mithilfe regenerativer Energie herstellen, in der Regel auf dem Prinzip der Wasserspaltung. Hier kommen grundsätzlich photokatalytische und elektrolytische Verfahren infrage, wobei photokatalytische Verfahren mit einem TRL 2 bis 3 noch relativ weit von einer großtechnischen Anwendung entfernt sind [13]. Auf regenerativen Energien aufbauende Konzepte zur Herstellung von Wasserstoff basieren deshalb in der Regel auf Elektrolyseverfahren.

Elektrolyse(Power2Gas):

$$\text{Strom} + 2H_2O \rightarrow 2H_2 + O_2 \tag{12.5}$$

$\Delta H^0 = 571{,}8$ kJ/mol [13]

Als Elektrolyseverfahren sind im Wesentlichen die alkalische, die Proton-Exchange-Membran (PEM)- und die Hochtemperaturelektrolyse zu nennen. Die nachfolgende Beschreibung der Systeme orientiert sich an Angaben von Bazanella [13]. Alkalische Elektrolysen arbeiten mit einer 20-prozentigen Kaliumhydroxidlösung und nickelimprägnierten Elektroden. Die Zellen sind

Tab. 12.1 Vergleich unterschiedlicher Speichersysteme und Produktoptionen

	Energiedichte		Treibstoff	TRL	Marktpreis [€/t]	Infrastruktur vorhanden
Systemkomponente	Gravimetrisch [MJ/kg]	volumetrisch [MJ/L]				
Wasserstoff	120[2]	0,01 (gas)[2] 9 (liq. 20,4 K)[2]	~	7–9[1]		–
Methan	50[2]	0,04 (gas)[2] 21 (liq 111 K)[2]	Ja	6–7[1]		++
Flüssige Kohlenwasserstoffe	43[2]	35[2]	Ja	5–7[1]	400–430	++
Ethanol	27[2]	21[2]	Ja	3[7]	610[j]	+
Methanol	20[2]	16[2]	Ja	7[1]	460[j]	+/–
DME	32[3]	21[f]	Ja	3–4[1]		+/–
Ethen	48		Nein	3–4[1g] 8–9[1,h]	1190[g]	++
OME	18[a,4]	19[e]	Ja	3–4[7]		++
Ameisensäure	6[c] 5[b]	7[c] 6[b]	Nein	3[7]	510–600[k]	–

[1][13], [2][9], [3][14], [4][15], [5][16], [6][17], [7]eigene Bewertung
[a](50 % n = 3, 50 % n = 4), 50 % n = 3, 50 % n = 4)
[b]In Ameisensäure sind 0,052 kg/L bzw. 43 g/kg Wasserstoff enthalten [17]. Bei einer spezifischen Energiedichte für Wasserstoff von 120 MJ/kg (Schüth 2011) ergeben sich eine auf den enthaltenen Wasserstoff bezogene volumetrische Energiedichte von 6,24 MJ/L und eine gravimetrische Energiedichte von 5,16 MJ/kg
[c]Berechnet aus der Dichte von 100-prozentiger Ameisensäure von 1,2215 kg/L und dem Heizwert von 254,8 kJ/mol [16]
[d]Heizwert
[e]1,024 für n = 3/1,067 für n = 4 [15]
[f]Berechnet aus gravimetrischer Dichte und Dichte von 0,6683 kg/L [14]
[g]Elektrokatalytische Route
[h]*Methanol-to-Olefins*-Route
[i]Wasserstoffausbeute: Wasserstoffanteil, der bei stöchiometrischer Ausbeute im Zielmolekül gebunden wird und nicht durch die Bildung von Reaktionswasser verloren geht (die Bildung von Nebenprodukten ist hier nicht berücksichtigt)
[j]Europäische Marktpreise 2017, ICIS Chemical Business
[k]Preis 2014, aus: Aligoli Amir Nazmi Afshar, TranTech Consultants
[l]Preis für Hexan 2016, aus ICIS News Europe hexane prices slightly firmer on gains upstream
[g]Preis Saudi-Arabien 2017, Oil & Petrochemicals Monthly – Global Oil and Gas

durch ein Diaphragma getrennt, und die Anlagen können bei Drücken von bis zu 30 bar betrieben werden. Bei effizientem Betrieb kann mit 4,6 kWh ein Normkubikmeter Wasserstoff erzeugt werden, was einer Energieeffizienz von 70 % entspricht. Die alkalische Elektrolyse wird als Stand der Technik betrachtet. Bazanella [13] gibt hier einen TRL von 7 bis 9 an.

Im Gegensatz zur alkalischen Elektrolyse arbeitet die PEM-Elektrolyse nicht mit KOH, sondern mit einer schwach sauren Phase als Elektrolyt. Die PEM-Elektrolyse kann bis zu Drücken von 100 bar betrieben werden, und es wird erwartet, dass PEM-Elektrolysen flexibler zu betreiben sind als alkalische Elektrolysen. Die Anlagen können so besser auf ein fluktuierendes Stromangebot reagieren. Bazanella [13] nennt für die PEM-Elektrolyse einen TRL von 7 bis 8.

Hochtemperaturelektrolysen arbeiten bei höheren Temperaturen als die alkalische und die PEM-Elektrolyse (700–1000 °C). Hierdurch verringert sich die Strommenge, d. h. die zur Wasserspaltung benötigte elektrische Arbeit von 4,6 kWh/Nm^3 auf 2,6 kWh/Nm^3. Der geringere elektrische Energiebedarf ist darauf zurückzuführen, dass ein Teil der Energie, die zur Wasserspaltung benötigt wird, thermisch in das System eingebracht wird. Nachteilig dabei ist jedoch, dass aufgrund der hohen Temperaturen die für die Elektrolysezelle verwendeten Materialien mehr beansprucht werden als bei den anderen Elektrolysesystemen. Der Einsatz einer Hochtemperaturelektrolysezelle ist vor allem dann vorteilhaft, wenn sie mit einem anderen Hochtemperaturprozess gekoppelt werden kann. In diesem Fall kann die Abwärme dieses Prozesses genutzt werden, um die Hochtemperaturzelle zu beheizen. Bazanella [13] gibt einen TRL von 6 bis 7 für die Hochtemperaturelektrolyse an.

12

***Technology Readiness Level* (TRL)**

Der *Technology Readiness Level* ist ursprünglich ein Begriff, der in der Luft- und Raumfahrttechnik geprägt wurde. Wiedergegeben ist hier die TRL-Beschreibung, die in der EU verwendet wird:

- TRL 1: Grundprinzipien beobachtet
- TRL 2: Technologiekonzept formuliert
- TRL 3: Experimenteller Nachweis des Konzepts
- TRL 4: Technologie im Labor überprüft
- TRL 5: Technologie in relevanter Umgebung überprüft (bei Schlüsseltechnologien im industrieorientierten Umfeld)
- TRL 6: Technologie in relevanter Umgebung getestet (bei Schlüsseltechnologien im industrieorientierten Umfeld)
- TRL 7: Test eines Systemprototyps im realen Einsatz
- TRL 8: System ist komplett und qualifiziert
- TRL 9: System funktioniert in operationeller Umgebung (bei Schlüsseltechnologien oder Raumfahrt wettbewerbsfähige Fertigung)

12.3.2 CO_2/Methan

Die Erweiterung des Power2Gas-Konzepts sieht eine katalytische Umsetzung des Wasserstoffs mit CO_2 zu Methan vor.

Methanisierung:

$$4H_2 + CO_2 \rightarrow CH_4 + 2H_2O \qquad (12.6)$$

Methan kann als Energieträger über das vorhandene Erdgasnetz verteilt werden. Eine Möglichkeit besteht darin, das regenerativ erzeugte Methan zur Rückverstromung in Strommangelsituationen zu verwenden, während eine andere Option die Verwendung als Treibstoff in Erdgasfahrzeugen vorsieht [19]. Durch die hohen Reinheitsanforderungen an die Ausgangsstoffe hat das hergestellte Methan ebenfalls eine hohe Reinheit und enthält nur CO_2, Wasserstoff, Wasser und höhere Kohlenwasserstoffe als Verunreinigungen [13]. Die Methanisierung ist jedoch mit dem Nachteil verbunden, dass die Hälfte des eingesetzten Wasserstoffs durch die Bildung von Wasser verloren geht.

Neben der chemischen ist auch eine biotechnologische Methanisierung möglich, allerdings sind hier nur deutlich geringere Umsatzraten möglich als beim chemischen Verfahren. Die Power2Gas-Technologie befindet sich in der Demonstrationsphase. Eine Übersicht zu aktuellen Projekten findet sich auf der Homepage der Deutschen Energie-Agentur [20]. Bazanella [13] gibt für die Methanisierung von CO_2 einen TRL von 6 bis 7 an.

12.3.3 CO_2/Methanol

Die Reaktion von Wasserstoff mit CO_2 zu Methanol wurde bereits oben beschrieben. Die Reaktion kann zweistufig, d. h. durch Umwandlung von CO_2 in CO (Reverse Wassergas-Shift-Reaktion) mit anschließender Hydrierung von CO zu Methanol, oder einstufig, durch direkte Hydrierung von CO_2, erfolgen.

Zweistufige Methanolsynthese:

$$CO_2 + H_2 \rightarrow CO + H_2O \tag{12.7}$$

$$CO + 2H_2 \rightarrow CH_3OH \tag{12.8}$$

Direkte Methanolsynthese:

$$3H_2 + CO_2 \rightarrow CH_3OH + H_2O \tag{12.9}$$

Aktueller Stand der Technik ist die Hydrierung von Synthesegasen mit hohem CO-Anteil; zur direkten Hydrierung von CO_2 werden aber bereits mehrere Pilotanlagen betrieben, und Katalysatoren für die direkte Methanolsynthese sind kommerziell erhältlich [40]. Ein Überblick über aktuelle Pilotprojekte findet sich bei Bazanella [13]. Er gibt einen TRL von 7 für die Technologie an.

Methanol ist heute bereits eine wichtige Basischemikalie, die das Potenzial hat, Ausgangsmaterial für komplexe chemische Produktlinien zu werden. Es kann grundsätzlich als Treibstoff und Treibstoffzusatz für Verbrennungsmotoren verwendet werden [21, 22]. Bei Benzin sind Volumenanteile bis 3 % normkonform; moderne Verbrennungsmotoren vertragen einen Methanolanteil von bis zu 20 % [3]. Eine Verstromung in Brennstoffzellen kann entweder direkt in einer Methanolbrennstoffzelle (DMFC) oder nach Dampfreformierung zu Wasserstoff in einer Wasserstoffbrennstoffzelle erfolgen [9]. Da Methanol flüssig ist, kann es leicht transportiert werden. Ein Einsatz als Energiespeicher wird durch seine Toxizität erschwert [23].

12.3.4 CO_2/Ethanol

Ethanol wird heute hauptsächlich durch Fermentation von Biomasse erzeugt, die auch zur Nahrungsmittelproduktion verwendet werden kann. Da Synthesegas grundsätzlich auch aus lignocellulosehaltigen Biomassen (Stroh, Holzreste, Grünschnitt usw.) hergestellt werden kann, die nicht in Konkurrenz zur Lebensmittelherstellung stehen, bietet die katalytische Umsetzung von Synthesegas zu Ethanol und höheren Alkoholen eine interessante Alternative zur Vergärung stärkehaltiger Biomassen. Der Stand der Forschung und die Wirkungsweise unterschiedlicher Katalysatoren für die Ethanolsynthese werden von Muhler beschrieben [21]. Im Gegensatz zur hochselektiven Methanolsynthese ist bei der synthesegasbasierten Herstellung von Alkoholen, die mehr als ein Kohlenstoffatom enthalten, mit Nebenprodukten wie Methanol, Methan und höheren Kohlenwasserstoffen zu rechnen. Als Koppelprodukt entsteht ebenso wie bei der Methanolsynthese Wasser.

Ethanolsynthese aus CO_2:

$$6H_2 + 2CO_2 \rightarrow C_2H_5OH + 3H_2O \tag{12.10}$$

Arbeiten zur Entwicklung eines Katalysators zur Herstellung von Ethanol aus biomassebasiertem, CO-haltigem Synthesegas werden beispielsweise von Anton beschrieben [24]. Die Selektivität des katalytischen Prozesses zu Ethanol konnte dabei von 6 auf 18 % und die Selektivität zu linearen C2- bis C4-Alkoholen (Ethanol, Propanol und Butanol) von 8 auf 27 % erhöht werden. Die Arbeiten werden aktuell im Projekt Carbon2Chem®, das die Umwandlung von Hüttengasen zu chemischen Produkten erforscht, fortgeführt [39]. Dabei sollen die Entwicklungsarbeiten auf Gase mit hohen CO_2-Anteilen ausgedehnt werden. Die Ethanolsynthese aus CO_2 bzw. Synthesegas hat heute nach Einschätzung der Autoren einen

TRL von 3. Ethanol lässt sich als Treibstoff und Treibstoffzusatz verwenden.

12.3.5 CO_2/Kohlenwasserstoffe

Wasserstoff kann mit CO_2 zu flüssigen Kohlenwasserstoffen umgesetzt werden. Die Reaktion verläuft über zwei heterogen katalysierte Teilschritte, bei denen zunächst CO_2 in einer Reverse-Wassergas-Shift-Reaktion zu CO reagiert (siehe zweistufige Methanolsynthese). Anschließend erfolgt die als Fischer-Tropsch-Synthese bezeichnete Hydrierung von CO zu Kohlenwasserstoffen. Dabei entsteht ein Gemisch an Kohlenwasserstoffen.

CO_2 – Konvertierung:

$$nH_2 + nCO_2 \rightarrow nCO + nH_2O \tag{12.11}$$

Fischer – Tropsch zu Alkanen:

$$(2n + 1)H_2 + nCO \rightarrow C_nH_{2n+2} + nH_2O \tag{12.12}$$

Gesamt:

$$(3n + 1)H_2 + nCO_2 \rightarrow C_nH_{2n+2} + 2nH_2O \tag{12.13}$$

12

Die Fischer-Tropsch-Synthese wird heute in großen Anlagen durchgeführt, die mit Erdgas und Kohle betrieben werden, beispielsweise von Sasol in Südafrika [9]. Bei der Umsetzung von CO_2 wird im Vergleich zur Umsetzung von Synthesegas aus der Kohlevergasung mehr Wasserstoff verbraucht, der zur Umwandlung von CO_2 in CO unter Bildung von H_2O benötigt wird. Eine Pilotanlage, die synthetische Kohlenwasserstoffe aus CO_2 und Wasserstoff herstellt, wird von der Firma Sunfire in Dresden betrieben. Zielprodukt ist synthetischer Diesel [13]. Bazanella [13] nennt für die Herstellung von Diesel und Kerosin aus CO_2 und Wasserstoff einen TRL von 5 bis 7.

Kohlenwasserstoffe können ebenfalls aus Methanol über den sogenannten *methanol-to-gasoline* (MTG)-Prozess hergestellt werden [9]. Die Reaktion erfolgt über das Zwischenprodukt Dimethylether (DME).

Aufgrund ihrer hohen Energiedichten sind flüssige Kohlenwasserstoffe für den Antrieb von Verbrennungsmotoren besonders geeignet. Vor allem in Flugzeugen werden sie voraussichtlich auch zukünftig von Bedeutung sein [3]. Da flüssige Kohlenwasserstoffe auch die Hauptprodukte der Erdölchemie sind, ist die bestehende Infrastruktur auf Kohlenwasserstoffe ausgerichtet.

12.3.6 CO_2/Dimethylether (DME)

Dimethylether (DME) wird aus Methanol hergestellt. Die Methanolumsätze betragen 80 % mit einer Selektivität zu DME von nahezu 100 %. Die Synthese ist Stand der Technik und wird industriell betrieben [25]. Das Synthesegas wird dabei, wie bei der konventionellen Methanolsynthese, durch Reformierung von Erdgas erzeugt. Die Direktsynthese aus CO oder CO_2 wird bisher noch nicht großtechnisch umgesetzt. Hier werden bifunktionelle Katalysatoren verwendet, welche die Hydrierung und Dehydratisierung von Methanol katalysieren.

Zweistufige DME – Synthese aus Methanol:

$$6H_2 + 2CO_2 \rightarrow 2CH_3OH + 2H_2O \tag{12.14}$$

$$2CH_3OH \rightarrow H_3COCH_3 + H_2O \tag{12.15}$$

Direkte DME – Synthese aus CO_2 und H_2:

$$6H_2 + 2CO_2 \rightarrow H_3COCH_3 + 3H_2O \tag{12.16}$$

Die direkte DME-Synthese aus CO_2 befindet sich noch in der Entwicklung. Bazanella [13] gibt für sie den Labormaßstab als Entwicklungsstand an, was einem TRL von 3 bis 4 entspricht. Sie hat gegenüber der mehrstufigen Synthese, in der aus CO oder CO_2 zunächst Methanol erzeugt werden muss, den Vorteil einer potenziell besseren Produktausbeute. Letzteres ist darauf zurückzuführen, dass Methanol durch die Weiterreaktion zu DME kontinuierlich aus dem Reaktionsgleichgewicht entfernt wird, sodass sich das Gleichgewicht der Gesamtreaktion zugunsten der Produkte verschiebt.

In der chemischen Industrie ist DME als Ausgangsstoff für die heute noch zumeist aus Erdöl hergestellten Olefine Ethen und Propen von Interesse (*dimethylether-to-olefins;* DMTO) [13]. DME ist grundsätzlich auch als Alternative zu Dieselkraftstoffen einsetzbar. Als vorteilhaft gegenüber anderen Kraftstoffalternativen werden die hohe Cetan-Zahl, die niedrige Zündtemperatur und geringe Emissionen an NO_x und Rußpartikeln angesehen.

12.3.7 CO_2/Ethen

Ethen wird in Europa hauptsächlich aus der sogenannten Naphthafraktion gewonnen [13]. Naphtha fällt, neben den Treibstoffen Benzin, Dieselöl, Kerosin und den Heizstoffen leichtes und schweres Heizöl, zu 7 bis 15 % bei der destillativen Trennung von Rohöl an [26]. In den letzten Jahren wurde Ethen zunehmend auch durch Dehydrierung von in Erdgas enthaltenem Ethan hergestellt [27].

Ethen ist eine der bedeutendsten Basischemikalien und u. a. Ausgangspunkt für die Herstellung des Massenkunststoffs Polyethylen. Weitere Folgeprodukte sind Acrylsäure, Acrylnitril sowie (über das Zwischenprodukt Ethylbenzol) Styrol und Polystyrol [13]. In Europa werden jährlich etwa 21,7 Mt Ethen produziert.

Um Ethen aus CO_2 herzustellen, muss zunächst eine Synthese zu Methanol (▶ Abschn. 12.3.3) erfolgen. Die Weiterverarbeitung erfolgt über den *methanol-to-olefins*-Prozess (MtO). Dabei wird in einem ersten Reaktionsschritt Dimethylether (DME) hergestellt (▶ Abschn. 12.3.6), der durch eine anschließende Dehydratisierung zu Ethen weiterverarbeitet werden kann. Es entsteht ein Olefingemisch, das neben Ethen auch Propen enthält. In Europa wird der Prozess nicht angewandt, es gibt allerdings kommerzielle Anlagen in China, die jedoch kein Methanol verarbeiten, das aus CO_2 hergestellt wurde, sondern Methanol aus konventionellem Synthesegas. Bazanella [13] gibt für die CO_2-Route einen TRL von 8 bis 9 an.

Methanolroute zu Ethen (MtO-Prozess):

Methanolsynthese:

$$6H_2 + 2CO_2 \rightarrow 2CH_3OH + 2H_2O \tag{12.17}$$

DME - Synthese:

$$2CH_3OH \rightarrow H_3COCH_3 + H_2O \tag{12.18}$$

Dehydratisierung zu Ethen:

$$H_3COCH_3 \rightarrow CH_2 = CH_2 + H_2O \tag{12.19}$$

$$6H_2 + 2CO_2 \rightarrow CH_2 = CH_2 * + 4H_2O \tag{12.20}$$

*Es entsteht ein Olefingemisch.

Grundsätzlich ist auch die Herstellung von Ethen über eine Dehydratisierung von Ethanol möglich.

Ethanolroute zu Ethen:

Ethanolsynthese:

$$6H_2 + 2CO_2 \rightarrow C_2H_5OH + 3H_2O \tag{12.21}$$

Dehydratisierung zu Ethen:

$$C_2H_5OH \rightarrow CH_2 = CH_2 + H_2O \tag{12.22}$$

In der Entwicklung befinden sich auch Verfahren, welche die direkte elektrokatalytische Herstellung von Ethen aus CO_2 und Wasser zum Ziel haben. Zu nennen sind hier Entwicklungsarbeiten bei Siemens [28] und am Fraunhofer IGB [29]. Den TRL für die elektrokatalytische Direktsynthese gibt Bazanella [13] mit 3 bis 4 an.

Elektrochemische Direktroute:

$$6H_2O + 2CO_2 \rightarrow CH_2 = CH_2 + 4H_2O + 3O_2 \tag{12.23}$$

12.3.8 CO_2/OME

Ähnlich wie Dimethylether (DME) sind auch Oxymethylenether (OME) potenziell

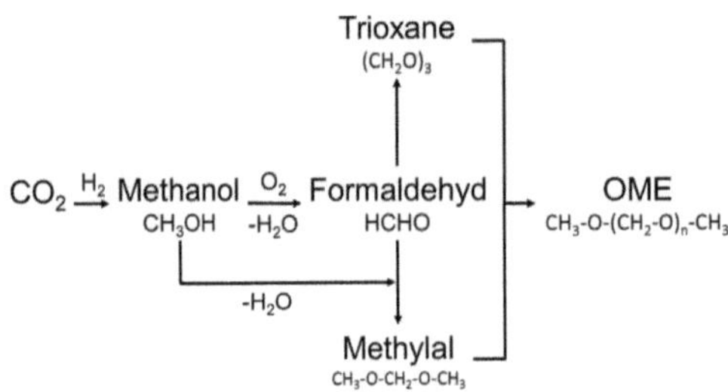

Abb. 12.5 Herstellung von OME in Anlehnung an [15], nichtstöchiometrische Darstellung

emissionsarme Treibstoffe. Bei OME handelt es sich um Polyether, deren Aufbau die Strukturformel CH_3–O–(CH_2–O)$_n$–CH_3 wiedergibt. Ein OME mit n = 1 wird auch als Methylal bezeichnet und kann nach motorischen Anpassungen grundsätzlich als Dieseladditiv eingesetzt werden. OME-Gemische mit n = 2 bis n = 5 können aufgrund ihrer Viskosität und ihres Siedepunktes direkt als dieselähnliche Treibstoffe verwendet werden, ohne dass eine motorische Anpassung vorgenommen werden muss [15].

Der Syntheseweg für OME aus CO_2 ist in Anlehnung an [15] in Abb. 12.5 dargestellt. Hierzu wird zunächst Methanol aus CO_2 und Wasserstoff hergestellt. Anschließend erfolgen eine Dehydrierung von Methanol zu Formaldehyd und eine säurekatalysierte Trimerisierung zu Trioxan. Parallel werden Formaldehyd und Methanol zu Methylal umgesetzt. Methylal und Trioxan reagieren dann zu OME.

Auch andere Prozessrouten für OME sind möglich. Beispielsweise kann DME anstelle von Methylal als Reaktionspartner für Trioxan verwendet werden. Eine weitere Möglichkeit besteht darin, die Methylal- und OME-Bildung in einem Prozessschritt zu integrieren. Hierbei erfolgt zunächst die Bildung von Methylal aus Formaldehyd und Methanol. Methylal reagiert anschließend mit weiterem Formaldehyd zu OME. Nachteil dieser Methode ist, dass bei der Bildung des Methylals als Koppelprodukt Wasser entsteht, das mit Formaldehyd zu Methylenglykolen reagieren kann [15].

12.3.9 CO_2/Ameisensäure

Ameisensäure wird heute hauptsächlich durch Hydrolyse von Methylformiat hergestellt. Die Herstellung des Methylformiats erfolgt dabei über eine katalytische Reaktion von Methanol mit CO [25].

Ameisensäure kann grundsätzlich auch aus CO_2 und Wasserstoff hergestellt werden. Da umgekehrt Wasserstoff durch die Rückreaktion auch wieder aus Ameisensäure freigesetzt werden kann, eignet sich das System grundsätzlich, wie in Abb. 12.6 dargestellt, für die Verwendung als Wasserstoffspeicher [17]. Wasserstoff kann so in einer höheren Dichte gelagert werden als in molekularer Form. So beträgt die Wasserstoffkonzentration in Ameisensäure 43 g/kg bzw. 52 g/L. Da bei der Reaktion von CO_2 zu Ameisensäure kein Reaktionswasser entsteht, geht im Gegensatz zu Reaktionssystemen aus CO_2/Methan oder CO_2/Methanol kein Wasserstoff verloren. Unter dem Aspekt der Energiespeichereffizienz hat das System Ameisensäure damit deutliche Vorteile gegenüber den anderen beschriebenen Speichersystemen.

Die Rückreaktion, also die Entladung des Wasserstoffspeichers ist mit einem negativen Wert für die freie Enthalpie (ΔG) thermodynamisch begünstigt, allerdings sind zwei unterschiedliche Reaktionswege möglich. So kann neben einer Zersetzung der Ameisensäure zu CO_2 und Wasserstoff auch eine Reaktion zu CO und Wasser erfolgen [30]. Da

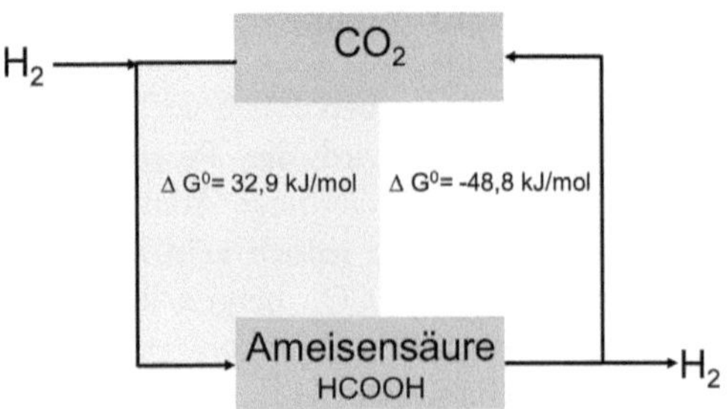

Abb. 12.6 Wasserstoffspeicherung durch das System CO_2/Ameisensäure [30]

schon geringe CO-Konzentrationen bei einer Rückverstromung des Wasserstoffs in Brennstoffzellen als Katalysatorgift wirken, muss die Zersetzungsreaktion mit Katalysatorsystemen durchgeführt werden, die hochselektiv die Reaktion zu Wasserstoff und CO_2 begünstigen. Eine Übersicht zu bisher untersuchten Katalysatorsystemen für die Hin- und Rückreaktion findet sich bei Enthaler und Loges [17, 30]. Es wurden heterogene und homogene Katalysatoren untersucht, wobei heterogene Katalysatoren den Vorteil haben, dass sie im Gegensatz zu homogenen Katalysatoren nach Gebrauch nicht aus dem Reaktionsmedium abgetrennt werden müssen. Dies ist insbesondere deswegen ein Vorteil, weil es sich bei den untersuchten Katalysatorsystemen zumeist um kostenintensive Edelmetallverbindungen handelt. Allerdings sind die bisher untersuchten heterogenen Katalysatorsysteme weniger effizient und selektiv als die bekannten homogenen Systeme. Da technische Anwendungsdemonstrationen bisher nicht bekannt sind, wird von den Autoren ein TRL von 3 angenommen.

12.4 Power2Products: chemische Produkte aus Strom und CO_2

Wie bereits erwähnt, können die in ► Abschn. 12.3 beschriebenen Stoffe größtenteils als energiespeichernde Komponenten und Grundchemikalien in der chemischen Industrie eingesetzt werden. Ausgangspunkt zur Herstellung ist meistens Wasserstoff, der mittels Elektrolyse aus regenerativem Strom hergestellt werden kann. Anschließend erfolgt eine Weiterverarbeitung des Wasserstoffs mit CO_2 zu organischen Produkten. Je nachdem, ob diese Weiterverarbeitung zum Zwecke der Energiespeicherung geschieht oder der Herstellung von Chemikalien dient, kann die vergleichende Bewertung der jeweiligen Synthese unterschiedlich ausfallen. So ist in einem Fall die Speicherung regenerativer Energie das Ziel der Reaktion von CO_2 und Wasserstoff, während bei sogenannten Power2Products- oder Power2X-Konzepten (siehe Kasten *„Power2Products“*), vermarktungsfähige Basischemikalien hergestellt werden sollen. Die ökonomische Bewertung des Umwandlungsschritts vom Wasserstoff zum Produkt orientiert sich deshalb bei einem Energiespeicher neben den Verfahrenskosten hauptsächlich am Wert der gespeicherten Energie, an der Art der energetischen Anwendung (Treibstoff, Rückverstromung usw.) sowie an der Energiedichte und Energieeffizienz. Sie ist somit auch direkt an energetische Umwandlungsverluste gekoppelt. Bei der Herstellung von Basischemikalien können diese Umwandlungsverluste jedoch ggf. wirtschaftlich kompensiert werden, wenn ein Produkt hergestellt wird, das einen höheren Marktpreis erzielt als Wasserstoff.

Power2Products

Die Nutzung von Stromüberschusskapazitäten in der Produktion wird als „Power2X"- oder auch „Power2Products"-Konzept bezeichnet. Dabei kommen verschiedene Ansätze infrage:

1. Die direkte Verwendung von Strom für energieintensive Prozesse: Voraussetzung hierfür ist, dass der Betrieb der Prozesse flexibel erfolgen kann. Konkret bedeutet dies, dass die Verfahren bei Vorliegen von Überschusskapazitäten in Volllast und zu anderen Zeiten entweder abgestellt oder in Teillast bzw. bivalent (bspw. Wechsel zwischen Gas und Strom bei der Wärmebereitstellung) betrieben werden.
2. Der Betrieb von Verfahren, mit denen Ressourcen erschlossen werden können, deren Aufarbeitung bisher nicht wirtschaftlich war: Dabei kann es sich beispielsweise um geologische Lagerstätten mit vergleichsweise geringem Gehalt an Seltenen

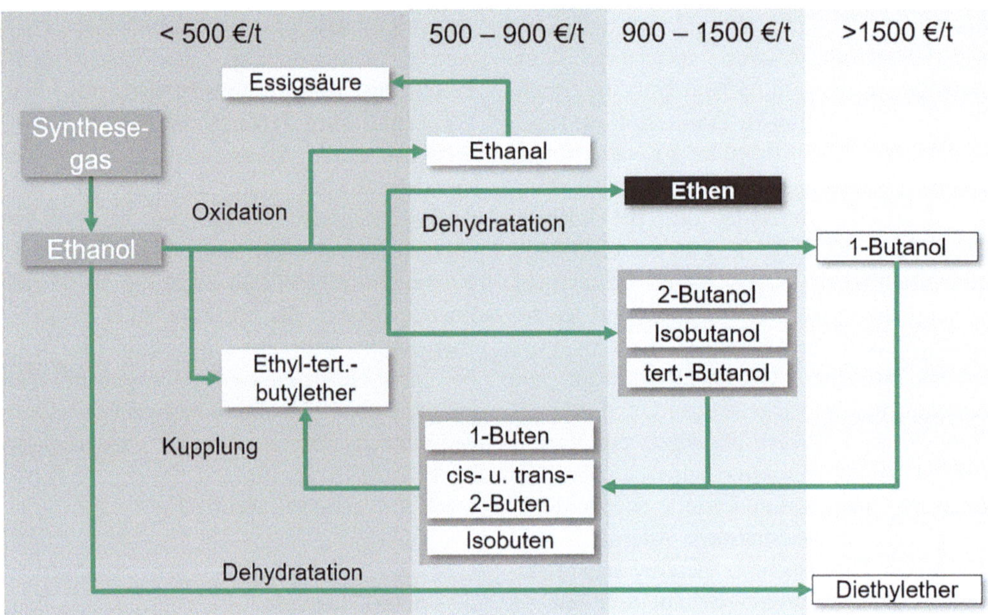

Abb. 12.7 Wertschöpfungskette durch mögliche Weiterverarbeitung von Ethanol mit Marktpreisen für ausgewählte Produkte [4, 31]

12

Erden, Metallschlacken oder um Abfälle handeln, die bisher nicht als Rohstoffquelle genutzt wurden, da ihre Aufarbeitung einen zu hohen Energieaufwand erforderte.

3. Die in diesem Artikel beschriebenen „Carbon-Capture-and-Utilisation“ (CCU)-Verfahren, die mithilfe von elektrischem Strom Wasserstoff erzeugen und diesen mit CO_2 zu chemischen Grundstoffen oder Treibstoffen umsetzen.

Will man CO_2 als Rohstoff in die Prozessketten der chemischen Industrie integrieren, ist es wichtig, dass die mit CO_2 hergestellten Basischemikalien in die erdölbasierten Produktionsstrukturen der chemischen Industrie integrierbar sind und nicht vollkommen neue Synthesestammbäume, Produktionskapazitäten und Endprodukte erfordern. Vor diesem Hintergrund ist die Herstellung von Alkoholen von besonderem Interesse. Wie bereits dargestellt, lässt sich beispielsweise Ethen, eine der wichtigsten Basischemikalien, grundsätzlich sowohl über eine Route mit Methanol als auch über Ethanol als Zwischenprodukt herstellen (siehe hierzu ▶ Abschn. 12.3.3, 12.3.4 und 12.3.7).

Im Folgenden werden Auszüge aus einer Power2Products-Pfadanalyse [4, 31] dargestellt, die ökonomische und infrastrukturelle Überlegungen aufgreift und verschiedene Produkte, die sich aus CO_2 und Wasserstoff herstellen lassen, vergleicht. Die Betrachtungen orientieren sich beispielhaft an der Ethanolroute, für die mögliche Produkte mit Marktpreisen in Abb. 12.7 dargestellt sind. So lässt sich aus Ethanol durch Wasserabspaltung Ethen bzw. durch Oxidation und anschließende Wasserabspaltung Ethanal herstellen. Ebenfalls möglich ist die Konversion zu Diethylether. Durch die Verknüpfung von zwei Ethanolmolekülen kann Ethanol zu Butanolen umgesetzt werden [32]. Unter den heutigen Marktbedingungen ist zu berücksichtigen, dass bei einem Produkt wie 1-Butanol, das derzeit zwar einen hohen Marktpreis hat, aber nur in geringen Mengen produziert wird, der Marktpreis ungünstig beeinflusst werden kann, wenn es in größeren Mengen auf den Markt kommt. Unter dieser Prämisse wird deutlich, dass Ethen unter den heutigen Marktbedingungen ein sehr interessantes Produkt darstellt, bei dem sowohl Marktpreis als auch Marktvolumen vergleichsweise hoch sind. Für die Verteilung von Ethen steht in Deutschland grundsätzlich bereits eine Pipelinestruktur zur Verfügung. Die Pipeline verläuft vom Hafen in Rotterdam über Antwerpen und die Chemieregion bei Köln bis nach Ludwigshafen [4].

Vergleicht man die Rohstoffkosten, mit denen die Herstellung von Ethen über die Ausgangsstoffe CO_2 und Wasser verbunden ist, mit den Rohstoffkosten, die bei der konventionellen Herstellung von Ethen über die Erdöl- bzw. Naphtharoute anfallen, so ergibt sich das folgende Bild, bei dem Investitions- und sonstige Betriebskosten nicht berücksichtigt wurden: Marktdaten [33] ist zu entnehmen, dass der Preis für die Naphthafraktion zwischen 2009 und 2015 Schwankungsbreiten von 250 bis 800 € pro Tonne aufwies. Der Naphthapreis ist vom Erdölpreis abhängig, der im gleichen Zeitraum zwischen 50 und 120 US$/barrel schwankte. Der Preis für Ethen variierte im gleichen Zeitraum zwischen 400 und 1200 €/t. Für die stromgeführte CO_2-Route wurde vorausgesetzt, dass Ethen entweder über die Produktionskette CO_2/H_2 → Methanol → DME → Ethen oder über CO_2/H_2 → Ethanol → Ethen hergestellt wird. Bei der durchgeführten Rechnung wurde vorausgesetzt, dass CO_2 kostenlos zur Verfügung steht. Für den verwendeten Wasserstoff wurde angenommen, dass er mithilfe einer alkalischen Wasserelektrolyse bereitgestellt wird, wofür 4,6 kWh Strom pro Normkubikmeter Wasserstoff angesetzt wurden [13]. Bei einem Strompreis von 0,1 €/kWh ergeben sich so Stromkosten von 2200 € pro Tonne Ethen, was etwa dem Dreifachen des oben angegebenen Naphthapreises entspricht. Bei einem Strompreis von 0,05 €/kWh halbieren sich die Stromkosten auf 1100 € pro Tonne Ethen, dem 1,4-Fachen des oben angegebenen maximalen Naphthapreises von 800 € pro Tonne. Die angenommenen Strompreise bewegen sich im Rahmen von Strompreisen für Industrie und Gewerbe in NRW, die der Literatur zu entnehmen sind [34]. Sie betragen zwischen 0,03 und 0,12 €/kWh, und Großverbraucher mit einem jährlichen Stromverbrauch deutlich über 1000 MWh bezahlen Preise im Bereich von 0,04 €/kWh [34]. Die Größenordnung der berechneten Stromkosten liegt im Bereich der von Bazanella [13] angegebenen Kosten für die Herstellung von Olefinen aus CO_2 und Wasserstoff. Bazanella nennt hier Kosten von 670 bis 1900 € pro Tonne.

Aus den Berechnungen wird deutlich, dass die Prozessroute aus CO_2 und Strom zur Herstellung von Ethen zum jetzigen Zeitpunkt wirtschaftlich nicht mit der Erdölroute konkurrieren kann. Die Preisdifferenz ist jedoch nicht allzu groß, sodass sich die wirtschaftliche Bewertung zukünftig noch ändern kann. Forschung und Entwicklung sollten deshalb in diesem Bereich weiter vorangetrieben werden. Damit die Verfahren konkurrenzfähig werden, sind günstigere Strompreise als heute, Emissionszertifikate für CCU-Anwendungen, steigende Erdölpreise sowie technische Innovationen, welche die Investitionskosten und die Effizienz der Wasserelektrolyse verbessern, notwendig. Auch eine Pönalisierung von CO_2-Emissionen, die in ihrer Höhe mindestens den Aufwand für Abtrennung, Reinigung und Transport decken, ist zu diskutieren, wenn Verfahren, die CO_2 als Rohstoff nutzen sollen, wirtschaftlicher werden sollen.

Doch wie viel Strom wird zur Herstellung von Chemikalien benötigt, und steht mittelfristig genügend CO_2 zur Verfügung?

Betrachtet man hierzu den Kohlenstoffbedarf der chemischen Industrie in Deutschland von etwa 17 Mio. t (vgl. hierzu [4]), so reicht allein die Kohlenstofffracht aus der deutschen Stahlindustrie mit 16 Mio. t Kohlenstoff [35, 36] und aus der deutschen Kalk-/Zementindustrie mit 5 Mio. t Kohlenstoff [37] grundsätzlich aus, um den Kohlenstoffbedarf der chemischen Industrie zu decken. Anders ist die Situation bei der zur Herstellung von Chemikalien aus CO_2 erforderlichen elektrischen Energie zu bewerten. Diese wird benötigt, um Wasserstoff als Reaktionspartner für CO_2 bereitzustellen. Hier werden für die genannten 17 Mio. t Kohlenstoff 440 TWh benötigt [4], was in etwa 80 % des deutschen Nettostromverbrauchs der letzten Jahre entspricht [38]. Es lässt sich somit ableiten, dass Stromüberschusspotenziale, die sich aus dem fluktuierenden Charakter der erneuerbaren Energien ergeben, bei Weitem nicht ausreichen werden, um eine wirklich relevante Produktionskapazität für die Aktivierung von CO_2 zu erzielen. Berücksichtigt man dann noch, dass erneuerbarer Strom auch in andere Sektoren transferiert werden soll/muss, um den CO_2-Ausstoß dieser Sektoren zu verringern, lässt sich erahnen, welche gewaltigen Mengen an erneuerbarer Energie benötigt werden. Eine weitere Herausforderung besteht in der fluktuierenden Verfügbarkeit von erneuerbarem Strom. Hier entsteht ein wirtschaftliches Spannungsfeld aus Stromverfügbarkeit und Teilauslastung von Produktionsanlagen.

12

Zusammenfassung

Konzepte zur chemischen Umwandlung von CO_2 haben das Ziel, chemische Energiespeicher zu entwickeln und Basischemikalien herzustellen, die sich in den Produktstammbaum der chemischen Industrie integrieren lassen.

Als Energiespeichersysteme werden u. a. Methan, Methanol, Ethanol, flüssige Kohlenwasserstoffe, Dimethylether (DME) sowie Oxymethylendimethylether (OME) diskutiert. Welche stofflichen Speicher jedoch zukünftig von Bedeutung sein werden, lässt sich heute noch nicht endgültig festlegen. So ist noch ungeklärt, wie hoch die über eine direkte Elektrifizierung abdeckbaren Anteile im Verkehrssektor sein werden und welche Kraftstoffmengen zukünftig noch erforderlich sind. Zumindest Flug-, Schiffs- und Lastverkehr werden jedoch noch auf die Verwendung von Treibstoffen mit hoher Energiedichte angewiesen sein.

Sollen die Speicherstoffe zur Vermeidung von Strommangelsituationen, die bei zu wenig Wind oder zu wenig Sonneneinstrahlung zukünftig auftreten können, eingesetzt werden, ist die direkte Nutzung von Wasserstoff mit deutlich geringeren Energieverlusten verbunden als beispielsweise die Verwendung von Methan. Dieser Vorteil sollte so weit wie möglich ausgenutzt werden. Für die Verwendung von Methan spricht die vorhandene Infrastruktur, die sich aus einem Erdgasverteilnetz und geeigneten Energieanlagen zusammensetzt.

Gegebenenfalls wird es aber mittel- bis langfristig auch möglich sein, die Speicher-, Transport- und Anwendungsmöglichkeiten für Wasserstoff zu verbessern, indem beispielsweise Ameisensäure oder Ammoniak als Wasserstoffspeicher eingesetzt werden. Diese Speichermoleküle haben gegenüber anderen den Vorteil, dass kein Wasserstoff durch die Bildung des Koppelprodukts Wasser verloren geht. Dies setzt jedoch deutliche Fortschritte in Forschung und Entwicklung voraus.

Für die chemische Industrie ist CO_2 als Rohstoff von Interesse, weil CO_2 und Biomassen die einzigen verfügbaren Alternativen zu konventionellen Kohlenstoffträgern wie Kohle, Öl und Erdgas darstellen. Technologien, die CO_2

umwandeln, sind dabei eine wichtige Option, Kohlenstoff, der in einer primären Anwendung, beispielsweise einem Stahlwerk, bereits verarbeitet wurde, erneut zu nutzen und so den Bedarf an fossilen Rohstoffen und damit verbundene Emissionen in anderen Sektoren zu vermindern. Als Produkte sind hier Alkohole wie Methanol oder Ethanol von Interesse, da sie sich zu Olefinen und anderen etablierten Produkten der chemischen Industrie weiterverarbeiten lassen. Allerdings müssen hierzu erhebliche Mengen an regenerativer Energie bereitgestellt werden.

Dieser Beitrag wurde im September 2017 verfasst.

Literatur

1. WBGU (2016) Entwicklung und Gerechtigkeit durch Transformation – Die vier großen I. Wissenschaftlicher Beirat der Bundesregierung Globale Umweltveränderungen (Hrsg) ISBN 978-3-946830-00-9 ▶ http://www.wbgu.de/fileadmin/user_upload/wbgu.de/templates/dateien/veroeffentlichungen/sondergutachten/sg2016/wbgu_sg2016.pdf. Zugegriffen: 30. Juli 2017
2. Intergovernmental Panel on Climate Change IPCC (2015) Climate Change 2014 – Synthesis Report. ISBN 978-92-9169-143-2, 2015. ▶ http://www.ipcc.ch/pdf/assessment-report/ar5/syr/SYR_AR5_FINAL_full_wcover.pdf. Zugegriffen: 28. Juli 2017
3. Ausfelder F, Beilmann C, Bertau M, Bräuninger S, Heinzel A, Hoar R, Koch W, Mahlendorf F, Metzelthin A, Peuckert M, Plass L, Räuchle K, Reuter M, Staub G, Schiebahn S, Schwab E, Schüth F, Stolten D, Teßmer G, Wagemann K, Ziegahn K-F (2015) Energiespeicherung als Element einer sicheren Energieversorgung. Chem Ing Techn 87:17–89. ▶ https://doi.org/10.1002/cite.201400183
4. Marzi T, Deerberg G, Doetsch C, Grevé A, Hiebel M, Kaluza S, Knappertsbusch V, Maga D, Müller T, Pflaum H, Pohlig A, Renner M, Seifert U, Stießel S, Unger C, Wack T, Weidner E (2017) Kohlenstoff, Biomasse und regenerativer Strom – Ressourcen einer neuen Kohlenstoffwirtschaft? Karl Maria Laufen Verlag, Oberhausen (UMSICHT-Diskurs Heft 1). Fraunhofer-Institut für Umwelt-, Sicherheits- und Energietechnik UMSICHT
5. Klerke A, Christensen CH, Nørskovb J, Vegge T (2008) Ammonia for hydrogen storage: challenges and opportunities. J Mater Chem 18:2304–2310. ▶ https://doi.org/10.1039/b720020j
6. Schüth F, Palkovits R, Schlögl R, Sub DS (2012) Ammonia as a possible element in an energy infrastructure: catalysts for ammonia decomposition. Energ Environ Sci 5:6278–6289. ▶ https://doi.org/10.1039/c2ee02865d
7. Elishav O, Lewin D, Shter G, Grader G (2017) The nitrogen economy: economic feasibility analysis of nitrogen-based fuels as energy carriers. Appl Energ 185:183–188
8. Dana AG, Shter GE, Grader GS (2014) Nitrogen-based alternative fuel: an environmentally friendly combustion approach. R Soc Chem 4:10051–10059
9. Schüth F (2011) Chemical compounds for energy storage. Chem Ing Techn 83:1984–1993. ▶ https://doi.org/10.1002/cite.201100147
10. Schlögl R (2015) Von der Natur lernen – Chemische CO_2-Reduktion. In: Marotzke J, Stratmann M (Hrsg) Die Zukunft des Klimas. Beck, München, S 167–181
11. Abbott A, Eardley C (2000) Electrochemical reduction of CO_2 in a mixed supercritical fluid. J Phys Chem 104:775–779. ▶ https://doi.org/10.1021/jp9932867
12. Melchaeva O, Battistel A, Prokein M, Renner M, Weidner E, Petermann M, Girault H (2017) Electrochemical reduction of supercritical CO_2 on copper catalyst: effect of pressure and protic solutions. Chemsuschem 18:3660–3670
13. Bazzanella A, Ausfelder F (2017) Technology study low carbon energy and feedstock for the European chemical industry. DECHEMA Gesellschaft für Chemische Technik und Biotechnologie e. V., Frankfurt (Hrsg). ISBN 978-3-89746-196-2, ▶ http://dechema.de/dechema_media/Technology_study_Low_carbon_energy_and_feedstock_for_the_European_chemical_industry-p-20002750.pdf. Zugegriffen: 4. Aug. 2017
14. Müller M, Hübsch U (2012) Dimethyl Ether. In Ullman's encyclopedia of industrial chemistry. Wiley, Weinheim. ▶ https://doi.org/10.1002/14356007.a08_541
15. Burger J, Siegert M, Ströfer E, Hasse H (2010) Poly(oxymethylene) dimethyl ethers as components of tailored diesel fuel: properties, synthesis and purification concepts. Fuel 89:3315–3319. ▶ https://doi.org/10.1016/j.fuel.2010.05.014
16. Hielta J, Vuori A, Johnson P, Pollari I, Reutemann W (2016) Formic acid. In Ullman's encyclopedia of industrial chemistry. Wiley, Weinheim. ▶ https://doi.org/10.1002/14356007.a12_013.pub3
17. Loges B, Boddien A, Gärtner F, Junge H, Beller M (2010) Catalytic generation of hydrogen from

formic acid and its derivatives: useful hydrogen storage materials topics. Top Catal 53:902–914. ▶ https://doi.org/10.1007/s11244-010-9522-8
18. Schenuit C, Heuke R, Paschke J (2016) Potenzialatlas Power to Gas. Klimaschutz umsetzen, erneuerbare Energien integrieren, regionale Wertschöpfung ermöglichen. Deutsche Energie-Agentur GmbH (dena), Berlin. ▶ http://www.powertogas.info/fileadmin/content/Downloads_PtG_neu/Potenzialatlas/dena_Potenzialatlas_PowerToGas_2016-07-01.pdf. Zugegriffen: 8. Sept. 2017
19. Otten R (2013) Alternative Kraftstoffe der 3. Generation: Audi e-fuels, Vortrag Forschungsnetzwerk Biogene Kraftstoffe. Kompetenzzentrum für Nawaros, Straubing. ▶ http://www.fornebik.bayern.de/allgemein/a_veranstaltungen/box_rechts_auf_VAseite/sonstige/130919_Otten_Audi_Vortrag_Straubing.pdf. Zugegriffen: 7. Sept. 2017
20. dena – Deutsche Energie-Agentur (2017) Homepage der Strategieplattform Power to Gas. ▶ http://www.powertogas.info/. Zugegriffen: 7. Sept. 2017
21. Olah GA, Goeppert A, Prakash GKS (2009) Beyond oil and gas: the methanol economy, 2. Aufl. Wiley, Weinheim. ISBN 978-3-527-64463-6
22. Bertau M, Räuchle K, Offermanns H (2015) Methanol – die Basischemikalie, Bd 49. Chemie in unserer Zeit. Wiley, Weinheim, S 312–329
23. Schüth F (2013) Energy storage strategies. In: Schlögl (Hrsg) Chemical energy. Walter de Gruyter, Berlin, S 35–58. ISBN 978-3-11-026407-4
24. Anton J, Nebel J, Göbel C, Gabrysch T, Song H, Froese C, Ruland H, Muhler M, Kaluza S (2016) CO hydrogenation to higher alcohols over Cu-Co-based catalysts derived from hydrotalcite-type precursors. Top Catal 59:1361–1370
25. Otto A (2015) Chemische, verfahrenstechnische und ökonomische Bewertung von Kohlendioxid als Rohstoff in der chemischen Industrie. Schriften des Forschungszentrums Jülich, Reihe Energie & Umwelt/Energy & Environment 268. ISBN 978–3-95806-064-7
26. Landtag Nordrhein-Westfalen (2015) Enquete-Kommission zur Zukunft der chemischen Industrie in Nordrhein-Westfalen im Hinblick auf nachhaltige Rohstoffbasen, Produkte und Produktionsverfahren, Düsseldorf. ▶ https://www.landtag.nrw.de/portal/WWW/GB_I/I.1/EK/16.WP/EK_II/MMD16-8500_Bericht.pdf. Zugegriffen: 30. Juli 2017
27. Kneißel B (2013) Wie Shale Gas die europäische Chemieindustrie verändert – Ethylen-Derivate aus Nordamerika und dem Nahen Osten drängen in den europäischen Markt. Chemanager-online (Hrsg) ▶ http://www.chemanager-online.com/news-opinions/nachrichten/wie-shale-gas-die-europaeische-chemieindustrie-veraendert. Zugegriffen: 28. Juli 2017
28. Reller C, Krause R, Volkova E, Schmid B, Neubauer S, Rucki A, Schuster M, Schmid G (2017) Electroreduction of CO_2 toward ethylene on nano dendritic copper catalysts at high current density. Adv Energ Mat 7(12). ▶ https://doi.org/10.1002/aenm.201602114
29. Pflaum H (2017) Strom als Rohstoff. Fraunhofer UMSICHT, Oberhausen (Hrsg). ▶ https://www.umsicht.fraunhofer.de/content/dam/umsicht/de/dokumente/strategische-projekte/fraunhofer-leitprojekt-strom-als-rohstoff.pdf. Zugegriffen: 8. Sept. 2017
30. Enthaler S, Langermann J, Schmidt T (2010) Carbon dioxide and formic acid – the couple for environmental-friendly hydrogen storage? Energ Environ Sci 3:1207–1217. ▶ https://doi.org/10.1039/b907569k
31. Stießel S (2016) Techno-ökonomische Potenzialanalyse zur Integration CO_2-basierter Synthesen in konventionelle Wertschöpfungsketten durch cross-industrielle Kooperationen – ein Ansatz zur Bewertung regionaler Synergien am Beispiel von NRW. Universität Duisburg Essen/Fraunhofer UMSICHT, Masterarbeit
32. Kraft A, Menne A (2017) Katalytische Konversion von Alkoholen und Aldehyden. EP000002582650B1
33. IKB (2015) Rohstoffinformation. ▶ https://www.ikb.de/MediaLibrary/b1c69505-3247-4315-842e-02e64fb0e1af/150305_Rohstoffpreis-Info_Q1.pdf. Zugegriffen: 28. Juli 2017
34. Energieagentur NRW (2017) Energiepreisspiegel 2016. ▶ https://energietools.ea-nrw.de/tools/marktspiegel/01.asp?id=&site=ea®ion=&jahr=2016. Zugegriffen: 28. Juli 2017
35. RWI (2013) Die Klimavorsorgeverpflichtung der deutschen Wirtschaft – Monitoringbericht 2011 und 2012, Bericht zum Forschungsprojekt des Bundesministeriums für Wirtschaft und Technologie, des Bundesministeriums für Umwelt, Naturschutz und Reaktorsicherheit, des Bundesministeriums der Finanzen und des Bundesverbandes der Deutschen Industrie. Rheinisch-Westfälisches Institut für Wirtschaftsforschung, Essen. ▶ https://www.vdz-online.de/fileadmin/gruppen/vdz/3LiteraturRecherche/Download/RWI_Klimavorsorge.pdf. Zugegriffen: 30. Juli 2017
36. Ketelaer T, Vögele S (2014) STE Research Report 2014, Situation der Stahlindustrie vor dem Hintergrund der Anwendung von Effizienzmaßnahmen. Institut für Energie- und Klimaforschung, Systemforschung und Technologische Entwicklung (IEK-STE) (Hrsg). ▶ http://www.fz-juelich.de/SharedDocs/Downloads/IEK/IEK-STE/DE/Publikationen/research_reports/2014/

report_06_2014.pdf?__blob=publicationFile. Zugegriffen: 28. Juli 2017
37. VDZ (2010) Monitoring-Bericht 2008–2009 Verminderung der CO_2-Emissionen Beitrag der deutschen Zementindustrie. Verein Deutscher Zementwerke e. V., Düsseldorf. ► https://www.vdz-online.de/fileadmin/gruppen/vdz/3LiteraturRecherche/UmweltundRessourcen/co2monitoring/Monitoring_Bericht_2009_final.pdf. Zugegriffen: 30. Juli 2017
38. Quaschning V (2016) Sektorkopplung durch die Energiewende – Anforderungen an den Ausbau erneuerbarer Energien zum Erreichen der Pariser Klimaschutzziele unter Berücksichtigung der Sektorkopplung. ► http://www.volker-quaschning.de/publis/studien/sektorkopplung/Sektorkopplungsstudie.pdf. Zugegriffen: 30. Juli 2017
39. BMBF (2016) FONA – Forschung für Nachhaltige Entwicklung. BMBF-Pressemitteilung. Bundesministerium für Bildung und Forschung (Hrsg) ► https://www.fona.de/de/carbon2chem-21137.html. Zugegriffen: 28. Juli 2017
40. Muhler M, Kaluza S (2014) Syngas to Methanol and Ethanol. In: Jacinto S (Hrsg) Fuel production with heterogenous catalysis. CRC Press, Boca Raton, S 169–192. ISBN 978-1-4822-0371-4

CO- und CO_2-Nutzung und Nachhaltigkeit

Michael Carus

Inhaltsverzeichnis

M. Kircher und T. Schwarz (Hrsg.), *CO_2 und CO – Nachhaltige Kohlenstoffquellen für die Kreislaufwirtschaft*, https://doi.org/10.1007/978-3-662-60649-0_13

13.1 Was bedeutet Nachhaltigkeit?

Der Begriff Nachhaltigkeit wurde erstmals 1713 von Hans Carl von Carlowitz [1] in der Forstwirtschaft eingeführt. Als Geburtsstunde des Nachhaltigkeitsbegriffs gilt der folgende Abschnitt:

> Wird derhalben die größte Kunst/ Wissenschaft/Fleiß und Einrichtung hiesiger Lande darinnen beruhen/ wie eine sothane Conservation und Anbau des Holtzes anzustellen/daß es eine continuierliche beständige und nachhaltende Nutzung gebe/weiln es eine unentberliche Sache ist/ohne welche das Land in seinem Esse nicht bleiben mag[1]

Weitreichende Bedeutung bekam der Begriff mit der Arbeit der *Brundtland Commission* (unter Leitung der damaligen norwegischen Ministerpräsidentin Gro Harlem Brundtland) 1983 und dem Brundtland-Report 1987 [2]:

> Unter ‚dauerhafter Entwicklung' verstehen wir eine Entwicklung, die den Bedürfnissen der heutigen Generation entspricht, ohne die Möglichkeit zukünftiger Generationen zu gefährden, ihre eigenen Bedürfnisse zu befriedigen und ihren Lebensstil zu wählen.

Im Jahr 2002 brachte die afrikanische Delegation beim RIO + 10-Gipfel in Johannesburg Nachhaltigkeit auf einen einfachen Nenner: „Enough – for all – forever". Und schließlich verwendete die Bundesregierung im Jahr 2014 im Bericht „Nachhaltige Entwicklung in Deutschland" den Begriff Nachhaltigkeit mit zeitlicher und räumlicher Dimension: „Heute und hier nicht auf Kosten der Menschen in anderen Regionen der Erde und auf Kosten zukünftiger Generationen zu leben."

Während über das allgemeine Verständnis weitgehende Einigkeit besteht, gibt es bei der konkreten Anwendung des Nachhaltigkeitsbegriffs unterschiedliche Auffassungen. Häufig wird das Drei-Säulen-Modell verwendet, das die Dimensionen Ökologie, Soziales und Ökonomie unter dem Dach „Nachhaltigkeit" vereint, wie ◘ Abb. 13.1 zeigt.

Mit Rio-20 haben die Vereinten Nationen 17 *„sustainable development goals"* definiert, wie ◘ Abb. 13.2 verdeutlicht.

Interessant ist auch der Ansatz des Wuppertal Instituts aus dem Jahre 1996, der die drei wichtigsten Strategien für ein „Zukunftsfähiges Deutschland – Ein Beitrag zu einer global nachhaltigen Entwicklung" [3] aufzeigt:

- Effizienz: Steigerung der Ressourcenproduktivität,
- Konsistenz: Vermeidung von Abfällen durch wiederverwertbare Ressourcen (heute würde dies *„circular economy"* genannt werden),
- Suffizienz: Genügsamkeit („besser leben statt mehr haben" – Problem: Akzeptanz).

Dies soll als kurzer Einblick in das komplexe Thema Nachhaltigkeit genügen. Im Folgenden sollen nun vor allem die ökologische Säule der Nachhaltigkeit, die Strategien der Effizienz und Konsistenz sowie die entsprechenden Nachhaltigkeitsziele der Vereinten Nationen in Hinblick auf die Nutzung von CO und CO_2 näher analysiert werden.

13.2 Ökologische Aspekte der Konversion von C1-Gasen zu Chemikalien und Energieträgern/Treibstoffen

In ◘ Tab. 13.1 wird anhand wichtiger ökologischer Kategorien eine vergleichende Bewertung von Kraftstoffen und Chemikalien aus fossilen Energieträgern, aus Biomasse und aus CO/CO_2 vorgenommen. Dies erlaubt eine erste Einschätzung der

1 Carlowitz, Reprint von 1713, S. 150; „sothan" bedeutet „solche", und „in seinem Esse" ist im Sinne von „Wesen, Dasein" gemeint.

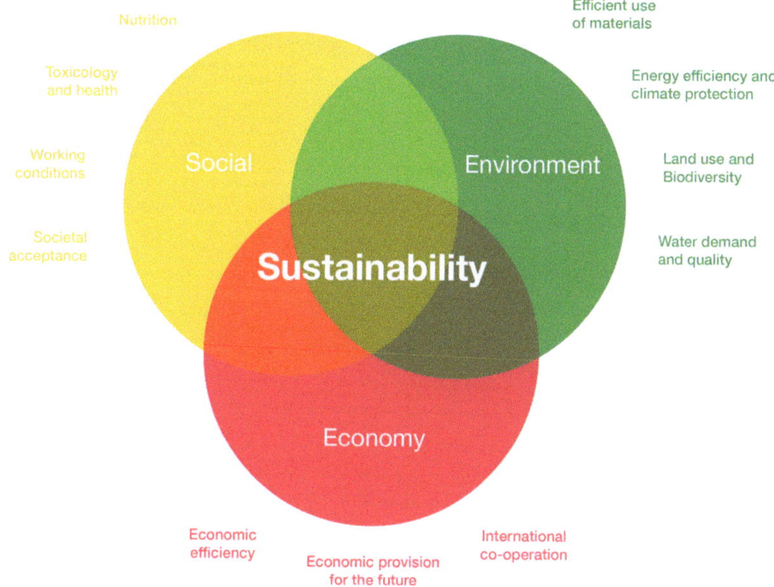

Abb. 13.1 Drei Säule der Nachhaltigkeit. (© nova-Institut)

Abb. 13.2 Ziele für eine nachhaltige Entwicklung der Vereinten Nationen

Ökologie der CO/CO_2-Nutzung. Dabei wird immer vorausgesetzt, dass die Energie zur Reduktion der C1-Gase entweder aus dem Emissionsgas selbst stammt (Synthesegas, z. B. aus der Stahlindustrie) oder aus erneuerbaren Quellen, wie Solar- und Windenergie,

Tab. 13.1 Bewertung von Kraftstoffen und Chemikalien aus verschiedenen Kohlenstoffquellen nach ökologischen Nachhaltigkeitskriterien

Nachhaltigkeitskriterium	C-Quelle von Kraftstoffen und Chemikalien		
	Fossilbasiert (Erdöl, Erdgas, Kohle)	**Biobasiert (alle Arten von Biomasse)**	**CO/CO_2-basiert in Verbindung mit erneuerbaren Energien (Sonne, Wind, Wasser, Geothermie)**
Treibhausgasemissionen (THG)	Hoch vor allem aufgrund der Freisetzung „fossilen" Kohlenstoffs in die Atmosphäre	Gering bis mittel biogener Kohlenstoff wird rezykliert; Emissionen wegen Dünger und Pflanzenschutz	Gering Kohlenstoff wird rezykliert
Flächenbedarf	Gering	Hoch	Gering Photovoltaik (PV) nutzt die Solarstrahlung pro Fläche 20- bis 30-mal effizienter als die leistungsfähigsten Pflanzen
Wasserbedarf	Gering außer bei Störfällen, Havarien	Niedrig bis hoch (je nach Region)	Gering
Verfügbarkeit	Zeitlich begrenzt; nur lokal verfügbar	Durch Flächenbedarf begrenzt; grundsätzlich global verfügbar, aber lokal in unterschiedlicher Quantität	Zeitlich und vom Volumen her unbegrenzt Zur Deckung des gesamten Bedarfs an Kraftstoffen und Chemie würden etwa 10 % der Wüstenflächen mit PV genügen; global an jedem Ort der Erde verfügbar
Beitrag zu zirkulärer Wertschöpfung	Nein	Ja	Ja
Folgen für Lebensmittelversorgung, Land, Wasser und Biodiversität	Gering außer bei Störfällen, Havarien	Mittel bis hoch (abhängig von lokaler Praxis)	Gering
Solarer Wirkungsgrad (Umsetzung von Solarstrahlung ins Endprodukt)	–	<0,5 %	>10 %
Speicherung von Solarenergie	Langzeitspeicher von Solarenergie aus Millionen von Jahren	Agrar: saisonal Wald: über Jahrzehnte	Unbegrenzter Langzeitspeicher

Wasserkraft oder geothermischer Energie, bereitgestellt wird. Der Einsatz fossiler Energieträger zur Reduktion der C1-Gase führt zu sehr ungünstigen Energie- und CO_2-Bilanzen und wird hier deshalb nicht weiter betrachtet.

▣ Tab. 13.1 zeigt deutlich die ökologischen Vorteile und die Besonderheiten der CO/CO_2-Nutzung, die hier nochmal gesondert dargestellt werden sollen. Verglichen mit anderen Kohlenstoffquellen weisen Kraftstoffe und Chemikalien auf Basis von CO/CO_2 in der Regel die geringsten THG-Emissionen auf (vgl. auch ► Abschn. 13.2). Dies liegt zum einen daran, dass sie keinen zusätzlichen fossilen Kohlenstoff freisetzen, und zum anderen, dass erneuerbare Energien die Solarstrahlung viel effizienter ernten als die natürliche Photosynthese, auf der die gesamte Biomasseproduktion aufbaut. Letzteres liegt am hohen solaren Wirkungsgrad und am geringen Flächenbedarf im Vergleich zur Biomasseproduktion. Diesen Punkt legen Searchinger et al. 2017 [4] in einer aktuellen Publikation ausführlich dar. Die Autoren rechnen vor, dass die Bioenergie-Konversionseffizienz nur bei 0,1 bis 0,2 % liegt, d. h., nur 0,1 bis 0,2 % der eingestrahlten Solarenergie finden sich im Endprodukt (z. B. Ethanol) wieder. Die Netto-Solar-Konversionseffizienz liegt dagegen zwischen 11 und 44 % und ist damit um den Faktor 122 bis 295 höher als bei der Biomassenutzung. Wird die Solarenergie mittels CCU-Technologien in flüssige Kraftstoffe umgewandelt, so sind schon heute Wirkungsgrade von über 50 % zu erzielen, d. h., die Konversionseffizienz von Solar-CCU bis zum flüssigen Kraftstoff ist etwa 50- bis 150-mal höher als über Biomasse.

» The increasing practicality of solar energy tilts the land use equation further against bioenergy whenever it can be used. Even if 100 ha of good land were to become theoretically available for climate mitigation, they could generally provide at least as much energy and at least 100 times more carbon mitigation if 1 ha were used for solar and 99 to restore forests. [4] Die zunehmende Funktionalität der Solarenergie kippt die Landnutzungsgleichung weiter gegen die Bioenergie, wann immer sie genutzt werden kann. Auch wenn 100 ha gutes Land theoretisch für die Klimaschutzminderung zur Verfügung stünden, könnte das Land in der Regel mindestens genauso viel Energie und mindestens 100-mal mehr Kohlendioxidminderung liefern, wenn 1 ha für Solar und 99 ha zur Wiederherstellung der Wälder verwendet würden (▣ Abb. 13.3).

Eine Besonderheit der CO/CO_2-Nutzung ist die zeitliche und volumenmäßige Unbegrenztheit dieser Kohlenstoffquelle. Zum einen ist auch langfristig genug CO_2 in der Atmosphäre, zum anderen wird der Kohlenstoff rezykliert: Er wird aus der Atmosphäre oder industriellen Quellen entnommen und bei (oder nach) der Nutzung wieder an die Atmosphäre zurückgegeben. Dadurch wird der CO_2-Speicher Atmosphäre wieder gefüllt. Auch sind die Potenziale der erneuerbaren Energien in Bezug auf den Bedarf der Menschheit nahezu unbegrenzt. Nach eigenen Rechnungen würden schon etwa 10 % der weltweiten Wüstenflächen ausreichen, um mit PV und CCU-Technologien auch im Jahr 2050 den gesamten Bedarf an Kraftstoffen und Chemikalien zu decken. Hinzu kommen noch zwei weitere Aspekte: Der Rohstoffzugang wird „demokratisiert". Künftig hat jeder Mensch an jedem Ort der Welt prinzipiell die Möglichkeit, mit erneuerbaren Energien und CCU Kohlenstoff zu ernten und daraus Kraftstoffe oder Chemikalien und Kunststoffe zu produzieren. In diesen Produkten kann die Solarenergie über lange Zeiten verlustfrei gespeichert werden.

Schon die bisherige Analyse zeigt, dass die CO/CO_2-Nutzung mit erneuerbaren Energien unter ökologischen Gesichtspunkten den nachhaltigsten Weg zu Kraftstoffen, Chemikalien und Kunststoffen darstellt und explizit einen erheblichen Beitrag zu einer

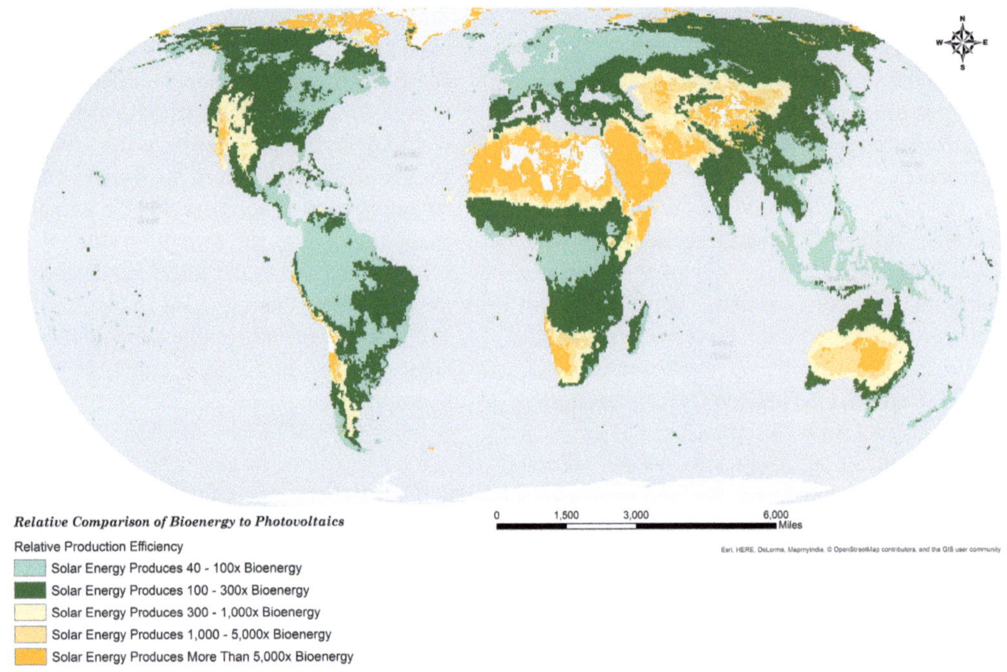

Abb. 13.3 Vergleich der Landnutzungseffizienz zwischen Photovoltaik (PV) heute gegenüber cellulosebasiertem Bioethanol morgen. Auf 73 % der weltweiten Flächen liegt der nutzbare Ertrag von PV um mehr als den Faktor 100 über dem Ertrag von Bioethanol. Auf 27 % der Landflächen liegt der Faktor unter 100, und im Mittel ist das Verhältnis 85: 1

nachhaltigen Wirtschaft leisten kann. Neun der 17 Nachhaltigkeitsziele der Vereinten Nationen werden unmittelbar durch die CO/CO_2-Nutzung mit erneuerbaren Energien adressiert. Die CO/CO_2-Nutzung steht im Einklang mit Effizienz- und Konsistenzstrategien, ohne allerdings eine strenge Suffizienzstrategie zu verlangen. Drohende Rohstoffengpässe, wie wir sie bei fossilen und biobasierten Systemen kennen, werden bei der CO/CO_2-Nutzung mit erneuerbaren Energien weitgehend überwunden.

13.3 Treibhausgasemissionen (THG-Emissionen)

Wie aber sehen die Treibhausbilanzen der CO/CO_2-Nutzung mit erneuerbaren Energien konkret aus? Gibt es hierzu schon belastbare Berechnungen? Treibhausgasbilanzen sind ein wesentlicher Bestandteil umfassender Ökobilanzen, in denen neben den THG-Bilanzen noch weitere Wirkkategorien, wie nichtfossiler Energiebedarf, Eutrophierungs- und Versauerungspotenzial, Photosmog etc., untersucht werden. In den letzten Jahren wurden bereits einige Ökobilanzen zu CO_2-basiertem Methanol, Kerosin, weiteren Kraftstoffen oder auch den Kunststoffbausteinen Polyolen und Polyurethanen durchgeführt. Die Ergebnisse sind vielversprechend. Je nach Produkt und Prozessweg lagen die THG-Einsparungen zwischen 20 und über 90 % verglichen mit dem jeweiligen fossilen Gegenstück. Leider können die Ergebnisse nicht direkt miteinander verglichen werden, da es zwischen den einzelnen Ökobilanzen methodische Unterschiede gibt.

Wenn mit Allokationen der Lasten gearbeitet wird, kann man nach Energie (sinnvoll bei Kraftstoffen), Masse (sinnvoll bei

Produkten) oder auch Ökonomie allozieren – mit jeweils anderen Ergebnissen. Auch die Allokation entlang der Wertschöpfungskette lässt Spielräume offen. Verliert z. B. das Kohlekraftwerk seine fossilen Emissionen (was ja real ist, wenn das CO_2 des Kraftwerks an einen CCU-Prozess weitergereicht wird) und bekommt der daraus hergestellte Kraftstoff die CO_2-Emissionen zugewiesen? Wie sollte man einen solchen Kraftstoff vermarkten können? Behält das Kraftwerk das CO_2, wäre der Kraftstoff fast CO_2-frei, aber was hätte der Kraftwerksbetreiber davon, das CO_2 zur Verfügung zu stellen? Einige Ökobilanzen arbeiten mit Systemraumerweiterungen, um solche Allokationsprobleme zu vermeiden. Ohne dies an dieser Stelle weiter vertiefen zu wollen, ahnt man die Herausforderungen, die diese neuen Technologien mit sich bringen.

Alle genannten methodischen Ansätze sind wissenschaftlich legitim, machen aber den Vergleich von Ergebnissen verschiedener Ökobilanzen schwierig. Die in ◘ Tab. 13.2 gezeigten prozentualen Einsparungen können daher nicht direkt miteinander verglichen werden.

13.4 CO- und CO_2-Nutzung und Kreislaufwirtschaft

Die Nutzung von CO und CO_2 ist ein integraler Bestandteil einer erweiterten Kreislaufwirtschaft. Während der Energie- und der Verkehrssektor zunehmend unabhängig von Kohlenstoff werden („Dekarbonisierung") und dazu auf Elektrizität (bzw. auch direkte solare Wärmenutzung) umstellen, werden wenige Bereiche der Mobilität weiter von C-haltigen Kraftstoffen abhängig sein, vor allem der Flugverkehr mit Kerosin sowie auch der gesamte Bereich der organischen Chemie- und Kunststoffindustrie, die dauerhaft auf eine erneuerbare Kohlenstoffquelle angewiesen bleiben werden. Für eine nachhaltige Rohstoffgewinnung spielt deshalb die zirkuläre Nutzung von Kohlenstoff, z. B. in Form von CO und CO_2, eine zentrale Rolle. Dazu soll der Kohlenstoff der Atmosphäre oder Industrieabgasen entzogen, umgewandelt und genutzt, am Ende der Nutzungsphase recycelt und schließlich am Ende des gesamten Lebenszyklus wieder an die Atmosphäre abgegeben werden. Dort kann er dann erneut als Rohstoff genutzt und dadurch rezykliert werden. ◘ Abb. 13.4 zeigt ein Bild einer umfassenden Kreislaufwirtschaft, in die verschiedene Rohstoff-, Prozess-, Produkt- und Recyclingpfade sowie neben Metallen, Mineralien, fossilen Energieträgern und Biomasse auch CO_2 als Rohstoff voll integriert sind.

Zusammenfassung

Die CO/CO_2-Nutzung zeigt deutliche ökologische Vorteile und Besonderheiten. Verglichen mit anderen Kohlenstoffquellen weisen Kraftstoffe und Chemikalien auf Basis von CO/CO_2 in der Regel die geringsten THG-Emissionen auf. Im Vergleich zur Biomassenutzung liegt die Landnutzungseffizienz bei solarem CCU um den Faktor 50 bis 150 höher als bei Biomasse. Eine Besonderheit der CO/CO_2-Nutzung ist die zeitliche und volumenmäßige Unbegrenztheit dieser Kohlenstoffquelle. Auch sind die Potenziale der erneuerbaren Energien in Bezug auf den Bedarf der Menschheit nahezu unbegrenzt. Mit CCU wird der Rohstoffzugang „demokratisiert". Künftig hat jeder Mensch an jedem Ort der Welt prinzipiell die Möglichkeit, mit erneuerbaren Energien und CCU Kohlenstoff zu ernten und daraus Kraftstoffe oder Chemikalien und Kunststoffe zu produzieren. In diesen Produkten kann die Solarenergie über lange Zeiten verlustfrei gespeichert werden. Die CO/CO_2-Nutzung mit erneuerbaren Energien stellt unter ökologischen Gesichtspunkten den nachhaltigsten Weg zu Kraftstoffen, Chemikalien und Kunststoffen dar und kann explizit einen erheblichen Beitrag zu einer nachhaltigen Wirtschaft leisten.

Tab. 13.2 THG-Minderungen in Prozent für unterschiedliche Produkte auf Basis von CO_2 und erneuerbaren Energien auf Basis unterschiedlicher Methoden und Quellen

Produkt	Minderung von THG-Emissionen in % gegenüber fossilem Gegenstück	Methodik der Lastenaufteilung, Quelle
Methanol aus Industrie, CO_2 und geothermischer Energie (Island)	90 (dieser Wert wurde von keinem Biokraftstoff, nach derselben Methode berechnet, je erreicht)	Allokation nach Energie, Methodik nach EU Renewable Energy Directive (RED), CO_2 lastfrei, da Emission/Abfall [5]
Kerosin via Fischer-Tropsch-Synthese oder Methanolroute	ca. 90	Allokation nach Energie, Methodik nach EU Renewable Energy Directive (RED), CO_2 lastfrei, da Emission/Abfall [6]
Power-to-Liquid mit CO_2 aus *Air Capture* gegenüber fossilem Diesel	40 bis 95 (je nach Strom- und Wärmequelle)	Allokation nach Energie, Methodik nach EU *Renewable Energy Directive* (RED), CO_2 lastfrei, da Emission/Abfall, aber: alle Lasten für die Abtrennung/Bereitstellung auf CO_2 alloziert [7]
Power-to-Liquid-Biogas-CO_2 und Windenergie gegenüber fossilem Benzin, nach 200.000 km	85	CCU-Prozess bekommt CO_2 lastfrei, Emissionen bleiben beim Kraftwerk [8]
CO_2-basierte Polyole mit 20 bzw. 30 % Anteil CO_2 gegenüber fossilem Polyol	20 bzw. 30	Systemraumerweiterung [9]
Polypropylencarbonat (PPC) gegenüber fossilbasiertem Polyethylen (PE) und Polyethylenterephthalat (PET)	50 (gegen PE) und 60 (gegen PET)	Sprecher unbekannt, SK Innovation [10]

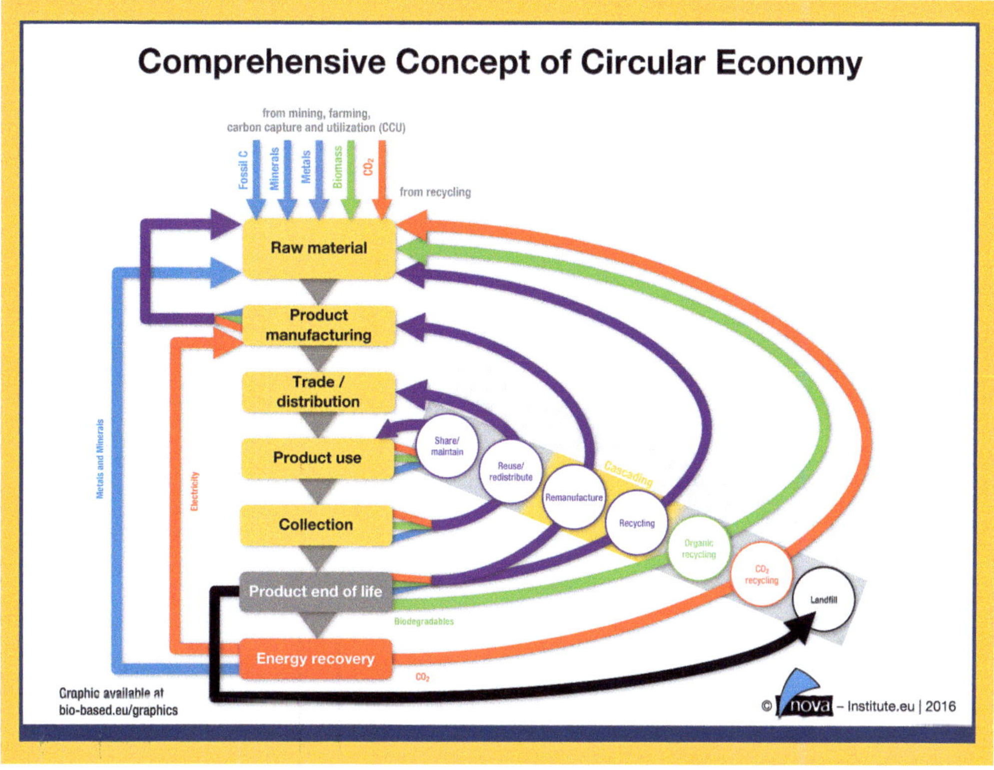

Abb. 13.4 Konzept einer zirkulären Ökonomie. (© nova-Institut)

Neun der 17 Nachhaltigkeitsziele der Vereinten Nationen werden unmittelbar durch die CO/CO_2-Nutzung mit erneuerbaren Energien adressiert. Die CO/CO_2-Nutzung steht im Einklang mit Effizienz- und Konsistenzstrategien, ohne allerdings eine strenge Suffizienzstrategie zu verlangen.

Literatur

1. von Carlowitz HC *Sylvicultura oeconomica*. Leipzig, Braun 1713, S. 105
2. World Commission on Environment and Development (1987) Our common future. Oxford University Press, Oxford (unter Leitung von Gro Harlem Brundtland)
3. Loske R, Bleischwit R (1996) Zukunftsfähiges Deutschland – ein Beitrag zu einer global nachhaltigen Entwicklung. Birkhäuser, Basel. ISBN 978-3-0348-5088-9
4. Searchinger TD, Beringer T, Strong A (2017) Does the world have low-carbon bioenergy potential from the dedicated use of land? Energ Policy 110:434–446
5. Schmitz N (2013) ISCC certification schemes for CO_2 based fuels and chemicals. ISCC. Präsentation auf der conference of CO_2: Carbon Dioxide as feedstock for chemistry and polymers 2013
6. DBFZ (2016) Erneuerbare Kraftstoffe für Mobilität und Industrie. ► http://www.fvee.de/fileadmin/publikationen/Themenhefte/th2016/th2016_07_05.pdf. Zugegriffen: 6. Aug. 2018
7. Universität Stuttgart (2015) Verbundprojekt sunfire – Herstellung von Kraftstoffen aus CO_2 und H_2O unter Nutzung regenerativer Energie, für das Bundesministerium für Bildung und Forschung (BMBF). Arbeitspaket D – Ökobilanz. ► http://ibp-gabi.de/files/sunfire_zusammenfassung.pdf. Zugegriffen: 29. März 2018
8. Audi (2015) Fuel of the future: research facility in Dresden produces first batch of Audi e-diesel. ► https://www.audi-mediacenter.com/en/

press-releases/fuel-of-the-future-research-facility-in-dresden-produces-first-batch-of-audi-e-diesel-352/download. Zugegriffen: 29. März 2018
9. Müller JL (2016) LCA of CO_2-based polyols and polyurethanes. RWTH Aachen. Präsentation auf der conference on Carbon Dioxide as feedstock for fuels, chemistry and polymers 2016
10. Ok M-A (2012) CO_2 embedded polyalkylene Carbonate GreenpolTM. SK innovation. Präsentation auf der conference on CO_2: Carbon Dioxide as feedstock for chemistry and polymers 2012

Regionalentwicklung

Dennis Herzberg und Manfred Kircher

Inhaltsverzeichnis

M. Kircher und T. Schwarz (Hrsg.), *CO_2 und CO – Nachhaltige Kohlenstoffquellen für die Kreislaufwirtschaft*, https://doi.org/10.1007/978-3-662-60649-0_14

14.1 Ausgangssituation

Industrie, Verkehr, Gewerbe, Handel, Dienstleistungen und Haushalte verbrauchen Rohstoffe, Treibstoffe, Wärme und Energie. Alle Bereiche, darunter das produzierende Gewerbe, kommunale und private Abfallwirtschaft, Kommunikations-, Energie-, Verkehrs-, Forst- und Landwirtschaft nutzen dafür heute direkt oder indirekt kohlenstoffhaltige Rohstoffe oder Produkte. So stammt die für die Stahlerzeugung notwendige Schmelzhitze meist aus Kohle; die Landwirtschaft braucht kohlenstoffhaltige Agrarchemie und Treibstoff und auch scheinbar fernstehende Sektoren wie die Kommunikationswirtschaft sind z. B. über Polymere für die Kabelisolierung mit der Chemieindustrie verknüpft und damit von Kohlenstoff abhängig. Gleiches gilt für die Immobilienwirtschaft, wo beim Bauen kohlenstoffhaltige Chemieprodukte zum Einsatz kommen und im Betrieb Heizwärme aus kohlenstoffhaltigen Energieträgern gewonnen wird.

Heute sind die Kohlenstoffquellen für die Erzeugung von Wärme, Energie, Treibstoff und organischen Chemikalien in Deutschland ganz überwiegend Kohle, Mineralöl und Erdgas und damit fossilen Ursprungs. Erdgas und Mineralöl werden fast vollständig importiert, nur die Förderung heimischer Kohle war bis 2018 relevant (176 Mio. t; 2016). Damit ist die deutsche Kohlenstoffwirtschaft ein integraler Bestandteil des weltweiten Handels, insbesondere von Mineralöl (■ Abb. 14.1) und Erdgas (■ Abb. 14.2). Beide verdeutlichen die Abhängigkeit Deutschland und Europas von weit entfernten Kohlenstoff- und Energiequellen.

Öl und Gas lassen sich über sehr weite Distanzen kostengünstig transportieren, weil sie eine hohe Kohlenstoff- und Energiedichte bieten, weitgehend homogen zusammengesetzt und biologisch/chemisch stabil zu lagern sind. Ein großvolumiges Logistiknetz über See mit Tankern und über Land via Pipelines gewährleistet die weltweite Versorgung. Auf Basis dieser globalen Infrastruktur für die Versorgung mit Kohlenstoff- und Energieträgern haben sich Industrieregionen mit Schwer- und Chemieindustrie sowie weiterverarbeitenden Betrieben etabliert. Ein Beispiel ist Nordrhein-Westfalen (NRW), wo ab dem 19. Jahrhundert zunächst auf Basis heimischer Kohle die Stahlindustrie Arbeitsplätze und Wohlstand geschaffen und später, im 20. Jahrhundert, die über die Rheinschiene und Pipelines mit Öl versorgte

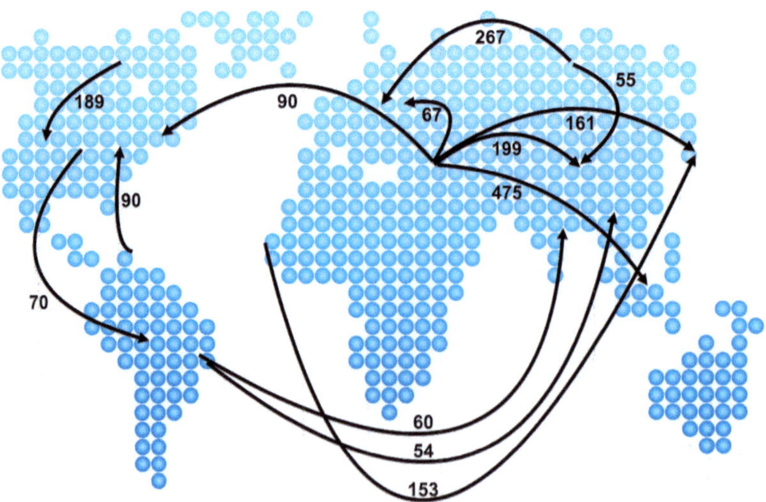

■ **Abb. 14.1** Routen und Volumen des globalen Handels von Rohöl (2015; in Millionen Tonnen; Daten aus [1])

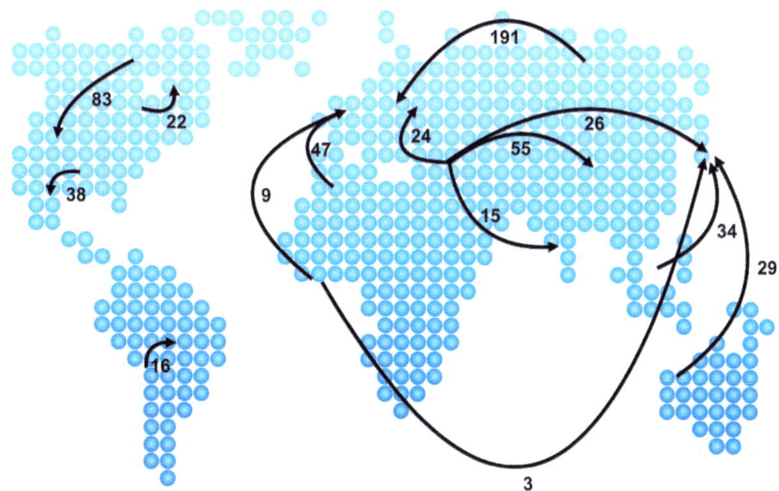

Abb. 14.2 Routen und Volumen des globalen Handels von Erdgas (2015; in Millionen Kubikmeter; Daten aus [1])

Chemieindustrie an Bedeutung gewonnen hat. Heute ist NRW in Deutschland die führende Chemieregion, die zusammen mit den benachbarten südlichen Niederlanden und Flandern für 30 % der europäischen Chemieproduktion steht. An Standorten mit direktem Zugang zur globalen Öllogistik (Seehäfen, Pipelines) sind Raffinerien großer Kapazität entstanden, die Treibstoff (Benzin, Diesel, Kerosin) und Produkte der Grundchemie (Ethylen, Propylen etc.) produzieren. Die bedeutendsten Chemiestandorte sind ihrerseits durch Pipelines für Rohöl und Produkte mit der Grundchemie verbunden (Abb. 14.3).

Die vielstufige Weiterverarbeitung der Grundchemikalien wird dagegen mit fortschreitender Wertschöpfungskette bis hin zum Konsumentenprodukt kleinvolumiger und ist damit nicht an große Standorte gebunden. Diese mehr mittelständische Industrie schafft Arbeitsplätze in der Fläche und ist deshalb zusammen mit der Großindustrie ein unverzichtbarer Teil des Wohlstands in Deutschland. Beide, Großindustrie und Mittelstand, bilden zusammen regionale Cluster und prägen ganze Regionen. NRW ist mit dem Schwerpunkt der Chemie- und Weiterverarbeitungsindustrie ein eindrucksvolles Beispiel für eine Chemieregion.

14.2 Problemstellung

Der unbestreitbare Klimawandel und das in diesem Zusammenhang 2015 vereinbarte und 2016 in Kraft getretene Pariser Klimaschutzabkommen [3] fordern bis 2050 eine weitgehende Abkehr von fossilen Rohstoffen (► Kap. 1). Damit kommt auf die bisher wesentlich auf fossilen Rohstoffen basierende Energie- und Chemiewirtschaft und die entsprechenden Regionen eine enorme Umstellung zu. Während mit alternativen Energien für die Energieerzeugung kohlenstofffreie Alternativen zur Verfügung stehen, bleibt die (Organische) Chemie von Kohlenstoff abhängig. Diese Industrie muss sich nachhaltige Alternativen zu fossilen Kohlenstoffquellen erschließen. Eine Option sind pflanzliche Inhaltsstoffe und Biomasse. Stärke, Zucker, pflanzliche Öle, tierische Fette und Cellulose stellen bereits heute 13 % der in Deutschland verarbeiteten Chemierohstoffe

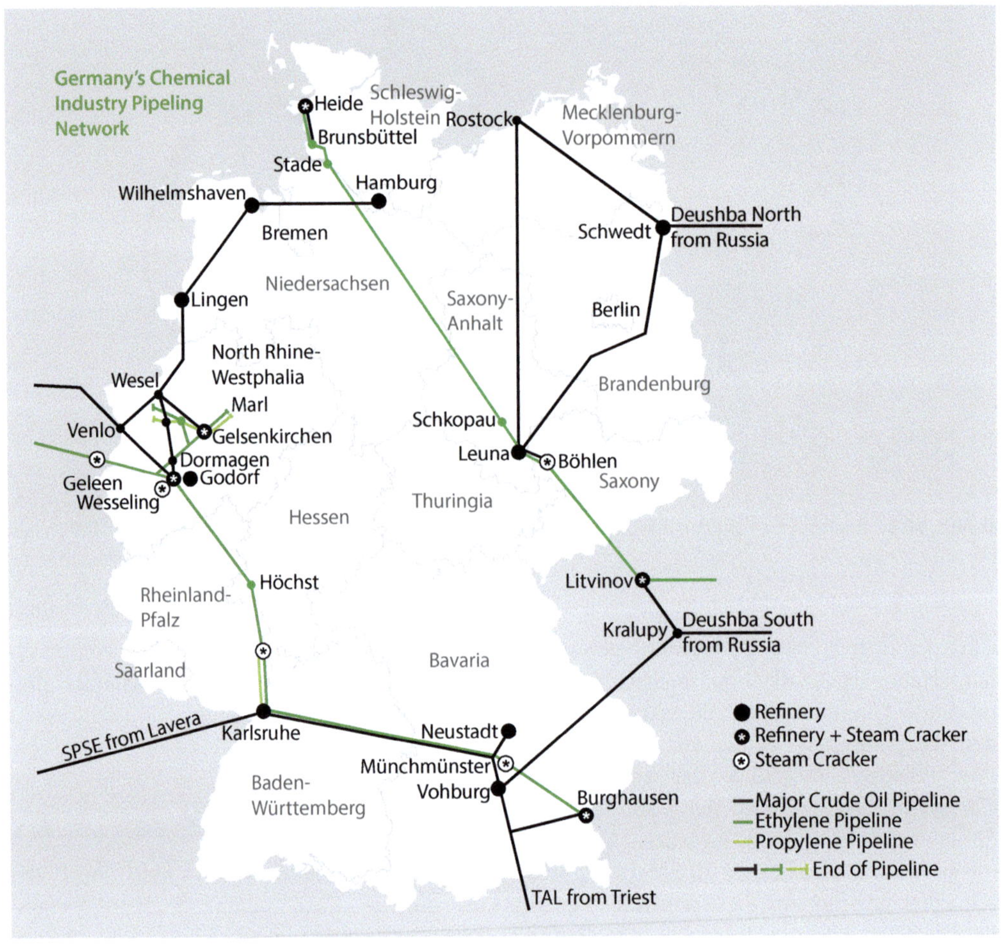

Abb. 14.3 Chemiepipelines in Deutschland [2]. (© Germany Trade and Invest)

14

[4]. Sie werden vor allem in Verfahren eingesetzt, für die sie technische Vorteile mitbringen. Im Kostenwettbewerb mit fossilen Kohlenstoffquellen können sie (noch) nicht bestehen, weil Produktion, Logistik und Verarbeitung Kostennachteile mit sich bringen. Im Vergleich zu Mineralöl weisen biobasierte Rohstoffe eine signifikant geringere Kohlenstoff- und Energiedichte auf, weshalb der Transport auf kleinvolumige Einheiten mit Schiff, Bahn und Lkw begrenzt ist. Die weitgehende Versorgung großer Industriezentren aus weit entfernten Biomasseregionen wird deshalb problematisch sein, und es ist absehbar, dass zumindest die ersten Verarbeitungsstufen in den Biomasseregionen dezentral und in relativ kleinen Anlagen erfolgen werden. Die heute noch in Europa angesiedelte Produktion von Grundchemie könnte deshalb in globale Biomasseregionen abwandern. Zum Beispiel ist Ethylen auf Basis von Bioethanol technisch einfach verfügbar. In Brasilien wird Ethylen bereits ausgehend von Zuckerrohr produziert, und es stellt sich die Frage, ob und wann auch weiterverarbeitende Industrien folgen werden. Damit kann auf die Chemieregionen Europas ein grundsätzlicher Wandel zukommen, wenn nicht neben Biomasse weitere nachhaltige Rohstoffe erschlossen werden. Tatsächlich spielen C1-Gase hier eine Schlüsselrolle.

14.3 Die Lösung

Heutige Produktions- und Konsumverfahren sind weitgehend linear geprägt. Rohstoffe werden zu Produkten verarbeitet und diese nach Gebrauch entsorgt bzw. energetisch verwertet. Zwar sind die Stoffströme der verschiedenen Verarbeitungsketten nach dem Prinzip des Produktionsverbunds sehr effizient miteinander verknüpft, aber durch die in der Produktion und spätestens bei der Entsorgung der Konsumentenprodukte (in Deutschland durch energetische Verwertung) anfallende Kohlenstoffemission wird letztlich der gesamte in die Chemieindustrie eingespeiste Kohlenstoff gasförmig in die Atmosphäre entlassen. Dies schädigt nicht nur das Klima, es ist auch ein großer Verlust. Gerade etablierten Industrieregionen hoher Emission bietet die Nutzung dieses Kohlenstoffs mittel- und langfristig ein enormes Potenzial (▶ Kap. 9 und 10). Dies gilt sowohl für die Übergangsphase in die Bioökonomie als auch danach, denn der bereits begonnene Rohstoffwandel ist bis 2050 als jahrzehntelanger Prozess zu gestalten, in dem fossile Kohlenstoffträger zwar mit abnehmender Tendenz, aber über lange Jahre parallel mit biobasierten verarbeitet werden. Die stoffliche Verwertung von CO und CO_2 bietet deshalb frühzeitig die Möglichkeit, die Emission und zugleich den Verbrauch fossiler Rohstoffe zu senken. Das für die Wirtschaftsregion entscheidende Potenzial liegt dabei darin, dass sich neue Kooperationsmöglichkeiten für die gesamte kohlenstoffverarbeitende Industrie vom Energie- über den Stahl- bis zum Chemiesektor ergeben. Kohlenstoffemittenten können sich zu Kohlenstofflieferanten wandeln, und CO_2-Emission wird zum regional verfügbaren Rohstoff. Dass dies keine ferne Vision ist, belegen Projekte wie „Dream Production“ (Covestro in Dormagen [5], ▶ Kap. 15), „CO-basiertes Ethanol“ (ArcelorMittal in Gent [6]), „Carbon2Chem“ (thyssenkrupp Steel Europe in Duisburg [7]) und „CO_2 zu Methanol“ (BASF in Ludwigshafen [8]).

Das entscheidende Stichwort bei diesen Verfahren heißt Rohstoffeffizienz, denn die primäre Kohlenstoffquelle wird mit Emissionsverwertung weitaus effizienter genutzt als zuvor. Damit tragen derartige Verfahren bleibend zur Nachhaltigkeit bei. Zwar werden heute noch Emissionsgase fossiler Herkunft rezykliert, aber zukünftige biobasierte Verfahren emittieren ebenfalls CO_2. So emittieren biotechnische Fermentationsanlagen zur Herstellung von Bioethanol, biobasierter Grundchemie, wie Milch- und Bernsteinsäure, oder Pharmaka auf Basis von Zucker erhebliche Mengen an CO_2. Auch die in Deutschland breit etablierten Biogasanlagen erzeugen eine Mischung aus Methan (50–60 %) und CO_2 (40–50 %). CO_2-Emission ist deshalb nicht nur eine Problematik fossiler Rohstoffe, sondern auch ein Thema für den Industrierohstoff Biomasse. Heute in Emissionsrecycling investierte Mittel werden sich deshalb auch langfristig nach erfolgtem Rohstoffwandel auszahlen. Außerdem ist auch bezüglich biobasierter Rohstoffe der Aspekt der Ressourceneffizienz relevant, denn sie sind begrenzt. Primär müssen sie die Ernährung einer wachsenden Weltbevölkerung sichern, und Flächen stehen weltweit nur begrenzt zur Verfügung. Zudem gebietet es einerseits die durch die Landwirtschaft verursachte Treibhausgasemission (global rund 30 % der Gesamtemission) und andererseits die bedrohte Biodiversität, Flächen zu schonen. Konsequenterweise sind Agrarrohstoffe so effizient wie möglich zu nutzen. Das gilt auch für forstwirtschaftliche und marine Biomasse, die ebenfalls industrielles Potenzial haben.

Ob fossil- oder biobasiert, die Nutzung bisher vernachlässigter kohlenstoffhaltiger Gase bietet gerade Industriestandorten, die üblicherweise starke Emissionsquellen sind, einen enormen Hebel zur Steigerung der Ressourceneffizienz. Es ist allerdings zu erwarten, dass das heute noch aus importierten fossilen Rohstoffen stammende Kohlenstoffvolumen mit fortschreitendem Rohstoffwandel zunehmend abnehmen wird und durch biobasierten Kohlenstoff nur auf-

■ Tab. 14.1 Wiederverwendungsquoten kohlenstoffhaltiger Materialien

Material	Bisher (%)	ab 2019 (%)	ab 2022 (%)
	75	80	90
Pappe, Papier, Karton	70	85	90
Getränkekartonverpackungen	60	75	80
Sonstige Verbundverpackungen	60	55	70
Kunststoffe (werkstoffliche Verwertung)	36	58,5	63

wendig ersetzt werden kann. Deshalb fordern die EU [9] und die deutsche Bundesregierung [10] eine weitere Steigerung der Rohstoffeffizienz. Um Müll in Wertstoffe umzuwidmen, wird unter dem Slogan „reduce, reuse, recycle" zum sparsamen Gebrauch von Produkten *(reduce),* zur Wiederverwendung *(reuse)* und zum Recycling *(recycle)* aufgerufen. Konsequenterweise schreibt das deutsche Verpackungsgesetz die kontinuierliche Steigerung der zum Teil werkstofflichen Wiederverwendungsquote von bestimmten Materialien, darunter auch von kohlenstoffhaltigen, vor (■ Tab. 14.1) [11].

„Reduce, reuse, recycle" steigert ohne Frage die Rohstoffeffizienz der betroffenen Prozessketten, aber auch Wiederverwendung und werkstoffliches Recycling sind endlich. Wenn durch Verunreinigungen und Verschleiß die Wiederverwendung nicht mehr möglich ist, bleibt die energetische Nutzung. Es kommt zur Verbrennung und damit je nach Verfahren zur Erzeugung von CO oder CO_2, das, wie oben erwähnt, stofflich verwertet werden kann. Auch nicht rezyklierbare feste Industrie- und Siedlungsabfälle können als Kohlenstoffquelle dienen (► Kap. 10 und 11). Sie werden zu Synthesegas gasifiziert, wie dies z. B. Concord Blue (Herne) [12] weltweit betreibt (► Kap. 5). Für die stoffliche Verwertung dieses CO-haltigen Gases kann dasselbe Verfahren eingesetzt werden, das auch CO aus Hüttengasen verarbeitet (s. o. ArcelorMittal; thyssenkrupp). Damit kommen neben gasförmigen auch weitere feste Kohlenstoffquellen in Reichweite. Es liegt auf der Hand, dass Abfälle ganz unabhängig von der ursprünglichen Kohlenstoffquelle (fossil- oder biobasiert) verwertet werden können. Gerade dicht besiedelten (Industrie-)Regionen eröffnet sich so ein weiteres Kohlenstoffpotenzial sowohl für die Übergangsphase des Rohstoffwandels als auch danach.

14

Nicht unerwähnt bleiben darf freilich, dass die Nutzung von CO und CO_2 auf die Verfügbarkeit von Wasserstoff angewiesen ist (► Kap. 3). An einzelnen Chemiestandorten stehen begrenzte Volumen als Nebenprodukt der Chloralkali-Elektrolyse zur Verfügung, aber für eine breite Anwendung muss Wasserstoff unter hohem Energieaufwand durch Wasserelektrolyse erzeugt werden. Was zunächst als Hemmnis erscheint, erweist sich allerdings bei näherer Betrachtung als Chance. Die mit dem Rohstoffwandel einhergehende Energiewende erzeugt nämlich volatilen Strom (Solar-, Windenergie), dessen Spitzenangebot zum Teil nicht verbraucht werden kann. Diese Spitzen können in der Wasserelektrolyse Verwendung finden und Wasserstoff erzeugen. Als *power2gas* bezeichnet, sind erste derartige Anlagen bereits in Betrieb [13]. Dieser Wasserstoff kann direkt als Energieträger oder als Reduktionsmittel für CO_2 (zu Methan) dienen. Auch diese „Methanisierung" ist bereits bis zum Pilotmaßstab gediehen [14]. Sie zeigt das Potenzial auf, das in der Verknüpfung des Energiesektors mit CO_2-erzeugenden Industrien liegt.

Wurde bisher vor allem auf technische Möglichkeiten der Rezyklierung hingewiesen, so kommen jetzt die Möglichkeiten der Politik und Gesetzgebung, die Transformation zu einer zirkulären Wertschöpfung zu beschleunigen, ins Spiel. Das Beispiel des Verpackungsgesetzes wurde oben bereits erwähnt. Auch der Handel von Emissionszertifikaten gehört zu den Schritten, welche die Rezyklierung von gasförmigem Kohlenstoff und damit die Verbesserung der Rohstoffeffizienz forcieren, denn die stoffliche Verwertung von Kohlenstoff reduziert die Emission und schafft die Kohlenstoffsenken, die das Pariser Klimaabkommen fordert (► Kap. 1).

Wie oben bereits erwähnt, haben insbesondere Industrieregionen hoher Emission und Bevölkerungsdichte das Potenzial für Gasströme mit einem für die wirtschaftliche Nutzung ausreichend hohen Gesamtvolumen und der erforderlichen CO- und CO_2-Konzentration. Eine weitere Voraussetzung sind CO- und CO_2-umsetzende Anlagen, also Chemieindustrie, in der Nähe der Gasentstehungsstellen, denn die weitere Umsetzung erfolgt vorzugsweise in derselben Region. Auf diese Weise können etablierte Regionen ihre vorhandene Infrastruktur (vielfältige Industrie, Integration entlang der Wertschöpfungskette, Fachpersonal, Forschungseinrichtungen, Behörden, Logistik-Infrastruktur etc.) als Vorteil ausspielen. Verwendung biobasierter Rohstoffe, Hebung der Rohstoffeffizienz, Abfallrecycling und die Nutzung von CO und CO_2 durch Integration der Schwerindustrie, Chemie- und Energiewirtschaft gehören dabei zu den erforderlichen Maßnahmen.

Dieses Szenario zeigt, dass die entsprechenden europäischen Industrieregionen dem Rohstoffwandel nicht hilflos ausgeliefert sind, sondern auch langfristig eine Zukunft haben. Eine Grundvoraussetzung für deren Umsetzung ist allerdings gesellschaftliche Akzeptanz. Wie wichtig dieser Faktor ist, zeigt das Beispiel einer 67 km langen CO-Pipeline in NRW. Obwohl bereits 2009 fertiggestellt, wurde sie wegen Anliegerprotesten und Rechtsverfahren bis heute nicht in Betrieb genommen [15, 16].

14.4 Das Regionale Innovationsnetzwerk (RIN) Stoffströme

Welche Faktoren für die Etablierung solcher regionalen Stoffstromkonzepte entscheidend sind, wird im Regionalen Innovationsnetzwerk (RIN) Stoffströme untersucht, das seit 2014 vom nordrheinwestfälischen Wissenschaftsministerium gefördert und vom Cluster Industrielle Biotechnologie (CLIB) in Kooperation mit den beiden Kernpartnern Deutsche Gesellschaft für Abfallwirtschaft (DGAW) und EnergieAgentur.NRW koordiniert wird. Der räumliche Fokus liegt dabei auf dem Rheinland. Es umfasst Städte und Kommunen des Mittel- und Niederrheins und vereint auf engem Raum sowohl dicht besiedelte Gebiete mit hoher industrieller Dichte als auch ländlich geprägte Räume mit intensiver landwirtschaftlicher Nutzung. Diese Kombination ist für das Ziel, bisher nicht oder kaum genutzte Seiten- und Reststoffströme unterschiedlicher Herkunft einer stofflichen Verwertung zuzuführen, von entscheidender Bedeutung. Dabei sollen in der Region verfügbare Stoffströme genutzt werden, und zwar unabhängig davon, ob sie aus der Region selbst stammen (z. B. biogene Reststoffe) oder erst in der Region einer sekundären Verwertung im Sinne der Kaskadennutzung zugeführt werden. Hierzu zählen z. B. städtische Abfälle oder eben CO und CO_2-Emissionen aus Prozessindustrie, Abfallverwertung und Landwirtschaft. Hierdurch sollen technische und biologische Kohlenstoffkreisläufe lokal geschlossen werden, um so die Ressourceneffizienz in der landwirtschaftlichen und industriellen Produktion zu erhöhen und Beiträge zur Rohstoffeinsparung und zum Klimaschutz zu entwickeln. Diese Konzepte sollen dabei ökonomisch, ökologisch und sozial nachhaltig sein.

Dies erfordert den Nachweis einer wirtschaftlichen Tragfähigkeit, zumindest mit einer mittelfristigen Perspektive. Neue, alternative Verfahren stehen stets in Konkurrenz zu bestehenden Prozessen. Aufgrund des technischen Vorsprungs etablierter Verfahren, die – z. B. im Falle der chemischen Industrie – über Jahrzehnte optimiert wurden, können innovative Prozesse in der Regel nicht von Beginn an konkurrenzfähig sein. Durch die möglichst frühzeitige Einbindung von Praktikern aus der Industrie können jedoch Auswahl und Entwicklung von Prozessen anhand relevanter Kriterien sowie die Ausrichtung auf vielversprechende Produkte sichergestellt werden. Hierdurch lassen sich Risiken in Entwicklung und Technologietransfer minimieren. Die Umweltverträglichkeit neuer Ansätze spielt eine ebenso große Rolle. Auch hier gilt es nachzuweisen, dass neue Verfahren einen geringeren ökologischen Fußabdruck aufweisen als bestehende. Dies kann zum einen durch die Nutzung von sekundären Rohstoffen (Seitenströme und Abgase) und zum anderen durch schonendere Prozessparameter erreicht werden. Insbesondere der erste Aspekt wird im RIN Stoffströme verfolgt, da hier im Hinblick auf die oben beschriebenen Strukturen in NRW große Potenziale gesehen werden. Letztlich bedarf es dann quantitativer Analysemethoden wie dem *Life-Cycle Assessment* (LCA), um eine bessere Umweltverträglichkeit im Vergleich zu fossilbasierten Verfahren nachzuweisen. Die soziale Nachhaltigkeit schließlich kann nur durch eine gesellschaftliche Akzeptanz der entwickelten Verfahren sichergestellt werden. Hierzu ist ein frühzeitiger Diskurs mit Bürgern und institutionalisierten Akteuren, schon bei der Erarbeitung der Ansätze, erforderlich. Hier zielt das RIN Stoffströme darauf ab, neue Wege für die Einbindung von Bürgern in solche Diskurse zu entwickeln. Aufbauend auf bestehenden Konzepten erfolgt dabei eine Anpassung auf die konkreten Themen des RIN Stoffströme.

Das RIN Stoffströme fokussiert zur Entwicklung dieser regionalen Konzepte auf die drei Themensäulen „Rohstoffpotenziale", „Technische Umsetzung" und „Vernetzung und Akzeptanz". Sie bauen auf dem eigentlichen Akteursnetzwerk auf, welches das Fundament dieser drei Säulen bildet. In allen drei Themensäulen konnten aus dem Netzwerk heraus konkrete Umsetzungsprojekte angebahnt werden, welche die unterschiedlichen Aspekte für die Etablierung lokaler Kreislaufkonzepte untersuchen. Beispielhaft seien hier Studien zu konkreten Reststoffpotenzialen aus der Landwirtschaft sowie der Lebens- und Futtermittelindustrie im Rheinland genannt. Auch Forschungsprojekte zur Nutzung unterschiedlicher landwirtschaftlicher Reststoffströme, zur Rückgewinnung von Phosphaten aus Presskuchen der Lebensmittelindustrie oder zur Entwicklung partizipativer Instrumente für die Einbindung einer breiten Öffentlichkeit in die Erarbeitung von Konzepten zur Rezyklierung von Kohlenstoff wurden initiiert. Weiterhin wurde die Einbindung öffentlicher Körperschaften wie Städten und Kommunen intensiv bearbeitet, insbesondere am Beispiel der Stadt Krefeld.

Die Erfahrungen aus dem Netzwerk und den Umsetzungsprojekten zeigen, dass regionale Standortfaktoren für die hier diskutierten Konzepte zur Rezyklierung von Kohlenstoffen eine entscheidende Rolle spielen. Dies bezieht sich nicht nur auf die räumliche Verteilung von Kohlenstoffquellen und -senken oder die vorhandene Infrastruktur. Auch die Kombination unterschiedlicher Wirtschaftszweige in der gegebenen Region, der direkte Zugriff auf wissenschaftliche Einrichtungen und nicht zuletzt etablierte Kommunikationswege, um die lokale Bevölkerung einzubeziehen, sind weitere entscheidende Faktoren.

Zusammenfassung
Nordrhein-Westfalen ist Deutschlands führende Chemie-, Energie- und Stahlregion und verfügt über eine umfassende Logistik-Infrastruktur für Energie- und Kohlenstoffquellen sowie Produkte der Grundchemie. Insbesondere Energie- und Stahlindustrien emittieren erhebliche Volumen an CO_2. Die Rezyklierung dieses CO_2 durch kohlenstoffaufnehmende Chemieindustrien könnte eine CO_2-Senke schaffen und CO_2-Emission in einen lokal verfügbaren Rohstoff verwandeln. C1-Chemie kann also gerade in industrialisierten Regionen hoher CO_2-Emission einen bedeutenden Beitrag zur Regionalentwicklung leisten.

Literatur

1. BP (2017) BP statistical review of world energy June 2017. ► https://www.bp.com/content/dam/bp/en/corporate/pdf/energy-economics/statistical-review-2017/bp-statistical-review-of-world-energy-2017-full-report.pdf
2. Germany Trade and Invest (2012) Germany's chemical industry pipeline network. ► https://www.gtai.de/GTAI/Content/EN/Invest/_SharedDocs/Downloads/GTAI/Maps/C-H/map-pipelines-for-germany-chemistry.pdf?v=4
3. Europäische Kommission. Pariser Übereinkommen. ► https://ec.europa.eu/clima/policies/international/negotiations/paris_de#tab-0-0
4. VCI (2019) Daten und Fakten – Rohstoffbasis der chemischen Industrie. ► https://www.vci.de/vci/downloads-vci/top-thema/daten-fakten-rohstoff-basis-der-chemischen-industrie-de.pdf
5. Covestro (2016) Kohlendioxid – ein neuer Rohstoff. ► https://www.covestro.de/de/projects-and-cooperations/co2-project
6. AcelorMittal (2015) AcelorMIttal, LanzaTech und Primetals Technologies investieren 87 Millionen Euro zum Bau einer bahnbrechenden Produktionsanlage für Biokraftstoffe. ► https://germany.arcelormittal.com/icc/arcelor/broker.jsp?uMen=d1a7069a-d644-9831-84a6-8e5207d7b2f2&uCon=39776b25-1396-e417-6d28-46407d7b2f25&uTem=aaaaaaaa-aaaa-aaaa-aaaa-000000000011
7. ThyssenKrupp. ► https://www.thyssenkrupp.com/media/c2c/presse/pm_carbon2chem_technikum.pdf
8. BASF (2017) Gemeinsame Presseinformation. ► https://www.basf.com/de/company/news-and-media/news-releases/2017/08/p-17-293.html
9. Europäische Kommission. Auf dem Weg zu einer Kreislaufwirtschaft. ► https://ec.europa.eu/commission/priorities/jobs-growth-and-investment/towards-circular-economy_de
10. BMU. Gesetzesübersicht Kreislaufwirtschaft. ► http://www.bmub.bund.de/themen/wasser-abfall-boden/abfallwirtschaft/abfallpolitik/kreislaufwirtschaft/
11. VERPACKG/Landbell AG. ► http://verpackungs-gesetz-info.de
12. Concord Blue (2016) Worldwide facilities. ► http://www.concordblueenergy.com/worldwide-facilities.aspx
13. Energiepark Mainz/Mainzer Stadtwerke AG. ► http://www.energiepark-mainz.de
14. BioPower2Gas. Microbenergy GmbH – Viessmann Group. ► http://www.biopower2gas.de/partner/microbenergy-gmbh-viessmann-group
15. BUND. Widerstand gegen CO-Pipeline. ► https://www.bund-nrw.de/themen/technischer-umwelt-schutz/im-fokus/co-pipeline/
16. Kölnische Rundschau (2017) Pläne der Bayer-Tochter Covestro – CO-Pipeline endgültig vor dem Aus? ► http://www.rundschau-online.de/wirtschaft/plaene-der-bayer-tochter-covestro-co-pipeline-endgueltig-vor-dem-aus–26695854

Regulatorische Rahmenbedingungen für die stoffliche Nutzung von CO_2

Jörg Rothermel, Dennis Krämer, Tilman Benzing und Tina Buchholz

Inhaltsverzeichnis

M. Kircher und T. Schwarz (Hrsg.), *CO_2 und CO – Nachhaltige Kohlenstoffquellen für die Kreislaufwirtschaft*, https://doi.org/10.1007/978-3-662-60649-0_15

15.1 Einleitung

Der Klimawandel und die damit einhergehende Energiewende sind Herausforderungen unserer Zeit, die durch eine nachhaltige stoffliche Nutzung von CO_2 adressiert und noch besser verknüpft werden können. Des Weiteren kann CO_2 als Kohlenstoffquelle für die chemische Industrie dienen und stellt somit eine Erweiterung der Rohstoffbasis dar. Einige Pfade zur stofflichen Nutzung von CO_2, insbesondere Pfade mit dem größten CO_2-Nutzungpotenzial, benötigen aufgrund des als Cofaktor erforderlichen Wasserstoffs, der CO_2-frei über eine Wasserselektrolyse erzeugt werden muss, eine erhebliche Menge an regenerativem Strom. Zudem sind die Möglichkeiten zur Wertschöpfung mit CO_2 als Kohlenstoffquelle für Produkte, die auf Kohlenstoff als wichtigem Element aufbauen, komplex. Die Motivationsgründe, CO_2 als Rohstoff zu nutzen, können zwischen Klimaschutz (Reduktion des Treibhausgases CO_2 durch Kreislaufführung) oder Nutzung einer alternativen Kohlenstoffquelle zur Schonung fossiler Ressourcen variieren.

Chemiker, Ingenieure, Biotechnologen sowie Ökobilanzierer, Ökonomen und Politiker müssen gemeinsam daran arbeiten, einen sinnvollen Rahmen für die stoffliche Nutzung von CO_2 zu identifizieren und zu setzen. Die Prozesse können durch Innovationen effizienter gestaltet werden, doch in vielen Fällen ist der technische Fortschritt im Sinne der Wirtschaftlichkeit nicht allein entscheidend. So gibt es Hürden für die CO_2-Nutzung, die aufgrund der aktuellen Marktlage vorhanden sind: Die Produktion kohlenstoffbasierter Produkte (vor allem in der Chemie und von Treibstoffen) wird teurer sein und bleiben als die Produktion auf Basis fossiler Rohstoffe. Deshalb wird es aus Wettbewerbsgründen zunächst einmal nur bei wenigen Produkten bleiben.

Bestehende europäische und nationale rechtliche Regelungen und Programme können bei entsprechender Ausgestaltung die Nutzung von CO_2 unterstützen, aber auch behindern. Beispiele sind der europäische Emissionshandel oder die relevanten Direktiven für Rohstoffe, Treibstoffe und Abfälle.

15.2 *Circular Economy Package* der Europäischen Union

Die Kreislaufwirtschaft ist ein System, in dem Ressourceneinsatz und Abfall, Emissionen und Energieverluste durch Schließung, Einschränkung und Verlangsamung von Stoff- und Energiekreisläufen minimiert werden, was durch langlebiges Design, Wartung, Instandhaltung, Reparatur, Wiederverwendung, Wiederaufbereitung, Aufarbeitung und Recycling erreicht werden kann. Dies steht im Gegensatz zu einer linearen Ökonomie, die ein *„take, make, dispose"*-Produktionsmodell darstellt.

Die Europäische Kommission (EC) hat 2015 das sogenannte *Circular Economy Package* vorgelegt – ein Programm zur Beschleunigung des Fortschritts in den Bereichen Produktion, Verbrauch, Abfallwirtschaft und Nutzung von Sekundärrohstoffen, die alle eine wichtige Rolle in einer Kreislaufwirtschaft spielen. Das Paket kann als Anregung zur Anwendung neuer horizontaler Arbeitsmethoden angesehen werden, wobei der gesamte Wirtschaftskreislauf und nicht nur die Ziele der Abfallvermeidung adressiert werden. Neben Änderungen der Abfallgesetzgebung beinhaltet das Paket einen umfangreichen Aktionsplan.

Die stoffliche Nutzung von CO_2 wird im *Circular Economy Package* in einer Fußnote erwähnt. Die eher geringe Positionierung für die CO_2-Verwertung wird durch das Fehlen einer Definition verursacht, was CO_2 genau ist: Abfall/Emission, ein Nebenprodukt oder eigentlich ein Rohstoff. Im Rahmen des Aktionsplans analysiert die EU-Kommission die rechtlichen Regelungen, die es im Chemikalienrecht und im Abfallrecht zu den Inhaltsstoffen der im Kreislauf zu führenden Produkte gibt. Ziel ist dabei die Stärkung des Recyclings.

Im Kreislaufwirtschaftspaket selbst sind keine Aktivitäten zur Unterstützung der Erforschung und Umsetzung von CO_2-Nutzungspfaden integriert, dennoch ist durch die bloße Benennung der Thematik im Text der Weg für Folgeaktivitäten geebnet. Der Einfluss wird sich in der Forschungsförderungslandschaft und bei der Gestaltung von EU-Regularien widerspiegeln. Des Weiteren werden Entscheidungsträger ermutigt, Aktivitäten im Bereich der CO_2-Nutzung zu verfolgen, um die CO_2-Nutzung als Chance zu sehen, den Kohlenstoffkreislauf zu schließen und damit zur Kreislaufwirtschaft beizutragen.

15.3 Die Erneuerbare-Energien-Richtlinie der EU

Die EU-Richtlinie zu Erneuerbaren Energien von 2009 (2009/28/EC) legt fest, dass die EU als Ganzes bis zum Jahr 2020 einen Anteil von 20 % Energie aus erneuerbaren Quellen am Bruttoendenergieverbrauch erreichen muss. Der Bruttoendenergieverbrauch ist definiert als „Energieprodukte, die der Industrie, dem Verkehrssektor, Haushalten, dem Dienstleistungssektor […] sowie der Land-, Forst- und Fischereiwirtschaft zu energetischen Zwecken geliefert werden" (Art. 2 f.).

Den Mitgliedsstaaten werden verbindliche nationale Ziele vorgegeben, die zwischen 10 % (Malta) und 49 % (Schweden) liegen. Zusätzlich muss jeder Mitgliedsstaat im Verkehrssektor einen Anteil von 10 % aus erneuerbaren Quellen gewährleisten. Für die Anrechnung von Biokraftstoffen und flüssigen Biobrennstoffen auf die Ziele gelten außerdem Anforderungen an einen nachhaltigen Anbau der Biomasse und seit 2015 an die Reduktion von Treibhausgasemissionen (Art. 17 ff.). Außerdem ermöglicht die Richtlinie Kooperationen zwischen Mitgliedsstaaten sowie zwischen Mitgliedsstaaten und Drittstaaten zur Erreichung der Ziele.

Die Mitgliedsstaaten regeln selbst, wie sie ihre Ziele erreichen. So wird in Deutschland etwa die Stromerzeugung aus erneuerbaren Energien über eine Einspeisevergütung nach dem Erneuerbare-Energien-Gesetz (EEG) gefördert und über eine Umlage der Kosten auf den Stromverbrauch finanziert (EEG-Umlage). Bei Kraftstoffen regelt dagegen das Bundes-Immissionsschutzgesetz (BImSchG) die Umsetzung der EU-Vorgaben: bis 2014 durch die Verpflichtung zur Beimischung von schrittweise steigenden Mindestanteilen an Biokraftstoffen und seit 2015 durch eine schrittweise steigende prozentuale Minderung der Treibhausgasemissionen der in Verkehr gebrachten Kraftstoffe.

15.3.1 Neugestaltung der Erneuerbare-Energien-Richtlinie

Da das Bezugsjahr 2020 für die Ziele der RED (*Renewable Energy Directive* der EU) demnächst erreicht wird, hat die Kommission Ende November 2016 ein Energiepaket vorgelegt, das einen Entwurf für eine neue Erneuerbare-Energien-Richtlinie enthält. Darin wird für das Jahr 2030 ein EU-weites Ziel von 27 % gesetzt, nationale Ziele sind nicht mehr vorgesehen. Vor dem Hintergrund der „Tank/Teller"-Kritik sollen im Verkehrssektor die Zielvorgaben für herkömmliche Biokraftstoffe abgesenkt werden und stattdessen vermehrt erneuerbare Alternativen, die nicht in Konkurrenz zu Lebens- und Futtermitteln stehen, zur Erfüllung der Ziele beitragen.

Da sich die RED II beim Verfassen dieses Beitrags noch im Gesetzgebungsverfahren befand und die Umsetzung durch nationale Regelungen erfolgen wird, kann die folgende Frage nur in allgemeiner Weise analysiert werden.

15.3.2 Welche Regelungsinhalte interagieren mit der stofflichen Nutzung von CO_2?

Für die als „Power-to-X" bezeichneten Technologien sind entlang der Prozesskette vier Ebenen zu unterscheiden (◘ Tab. 15.1).

Die Ebenen 1–3 betreffen alle *Power-to-X*-Verfahren. Kumuliert sind die Effekte negativ, da die Kosten für die Förderung der Stromerzeugung aus erneuerbaren Energien auf die Nutzung des Stroms umgelegt werden. Aufgrund dieser Belastung des Strompreises ist *Power-to-X* in Deutschland zu wettbewerbsfähigen Konditionen derzeit kaum realisierbar. Dazu bedürfte es einer grundlegenden Reform des EEG zur Reduzierung der Kosten bzw. mindestens einer Alternative zur bisherigen Umlagefinanzierung.

Ein ähnlicher Zielkonflikt tritt auf Ebene 4 auch zwischen den verschiedenen Nutzungen „horizontal" auf, wenn diese in unterschiedlicher Weise gefördert werden.

Abschließend sei auf die immense und mit jeder Novellierung steigende Komplexität der Regularien (EEG/BImSchG/BImSchVen) hingewiesen, die eine Folgenabschätzung der Effekte und ihrer Wechselwirkungen und Zielkonflikte zunehmend schwieriger machen.

15.4 EU-Emissionshandel

Das Europäische Emissionshandelssystem (EU-ETS) ist das erste mehrere Staaten umfassende und weltweit größte Handelssystem für Treibhausgas-Emissionsberechtigungen. Es reguliert den Beitrag des Emissionshandelssektors zu den EU-Klimaschutzzielen und ist damit das zentrale Klimaschutzinstrument der EU. Zum Emissionshandelssektor gehören die Energiewirtschaft sowie weite Teile der energieintensiven Industrie. Der EU-Emissionshandel wurde 2005 eingeführt und umfasst derzeit europaweit rund 12.000 Anlagen, die zusammen fast die Hälfte aller Treibhausgasemissionen in Europa verursachen. Das Grundprinzip des Emissionshandels bildet

◘ Tab. 15.1 Ebenen der *Power-to-X*-Technologien mit dem entsprechenden Effekt

Ebene	Effekt	Erläuterung
1. Erzeugung des EE-Stroms	Positiv	Förderung durch EEG-Einspeisevergütung
2. Erzeugung von erneuerbarem Wasserstoff aus EE-Strom und Wasser mittels Elektrolyse	Negativ	Belastung des Stromverbrauchs durch die EEG-Umlage (Umlage der Kosten aus Ebene 1 auf den Strompreis)
3. Synthese von Kohlenwasserstoffen aus CO_2 und Wasserstoff	Keine	CO2 wird nicht als „erneuerbare Energie" betrachtet
4. Nutzung der Kohlenwasserstoffe:		Unterschiedlich je nach Nutzung
a) im Verkehrssektor	Positiv	Können als alternative erneuerbare Kraftstoffe auf Quote angerechnet werden
b) energetisch (Nutzung nach Speicherung)	Keine	Förderung erneuerbarer Energien findet auf Ebene der Erzeugung statt (z. B. Biogas)
c) stofflich für Chemieprodukte	Keine oder negativ	Keine direkte Auswirkung, da es sinnvollerweise keine Ziele/Quoten gibt Evtl. Nutzungskonkurrenz, wenn die anderen Nutzungen gefördert und die Kohlenwasserstoffe dadurch teuer/knapp werden

15

ein *„cap and trade"*-System. Dies bedeutet, dass eine Obergrenze *(cap)* gesetzlich festlegt, wie viel Treibhausgasemissionen von den emissionshandelspflichtigen Anlagen jeweils noch ausgestoßen werden dürfen. Eine entsprechende Menge an Emissionsberechtigungen (= Zertifikaten) wird dafür vom Gesetzgeber auktioniert oder kostenlos an berechtigte Anlagebetreiber ausgegeben. Die Emissionsberechtigungen können auf dem Markt frei gehandelt werden *(trade)*. Das EU-Emissionshandelssystem ist daher ein Mengensystem, das die Zielerreichung unabhängig vom Preis eines Zertifikats garantiert.

15.4.1 Welche Regelungsinhalte interagieren mit der stofflichen Nutzung von CO_2?

In der derzeitigen Emissionshandelsrichtlinie, die den Emissionshandel noch bis Ende 2020 reguliert, ist nicht vorgesehen, dass Anlagenbetreiber, die CO_2 aus Punktquellen abscheiden und stofflich verwenden, in besonderer Weise behandelt werden. Das CO_2, das aus der Anlage entweicht, wird trotz der Abscheidung als Emission der erzeugenden Anlage betrachtet. Und nur wenn das abgeschiedene CO_2 in einem CCS-Projekt auch geologisch gelagert wird, erfolgt eine besondere Berücksichtigung. Das bedeutet, dass CO_2, das aus einer emissionshandelspflichtigen Anlage abgeschieden, weitergeleitet und stofflich verwertet wird, mit Emissionshandelskosten belastet ist. Die bisher einzige Ausnahme davon bildet die erst 2017 durch ein Urteil des Europäischen Gerichtshofes eröffnete Möglichkeit, Kohlendioxidemissionen zur Herstellung von gefälltem Calciumcarbonat in der Kalkindustrie zu verwenden. Dabei hat der Erzeuger der Kohlendioxidemissionen nun die Möglichkeit, die weitergeleitete Menge an CO_2 von seiner Gesamtmenge an Treibhausgasemissionen, für die er Zertifikate abgeben muss, abzuziehen. Der Anspruch auf kostenlose Zuteilung bleibt von dieser Regelung unberührt.

Für die zukünftigen Regelungen im EU-Emissionshandel wird im aktuell laufenden Gesetzgebungsverfahren zur Emissionshandelsrichtlinie ab 2021 diskutiert, CCU-Anwendungen stärker zu berücksichtigen, z. B. über Forschungsförderung im Rahmen eines neuen Innovationsfonds, der sich aus EU-Emissionshandelszertifikaten speist, sowie durch Möglichkeiten, CCU bei den Regelungen zur Monitoringverordnung zu berücksichtigen. Die Monitoringverordnung regelt die Überwachungspflichten der emissionshandelspflichtigen Anlagenbetreiber. Durch das vorgeschriebene Monitoring der Emissionen wird die Gesamtmenge an Emissionen ermittelt, für die die Anlage Zertifikate abgeben muss. Hier ließen sich Regelungen implementieren, welche die Abscheidung, Weiterleitung und stoffliche Verwendung von CO_2 anders berücksichtigen bzw. sogar fördern könnten. Eine weitere Berücksichtigung von CCU in der neuen Emissionshandelsrichtlinie kann über die Berechnung der Benchmarks erfolgen. Die Benchmarks legen auf Grundlage der obersten 10 % der effizientesten Anlagen in Europa fest, wie viele Zertifikate pro Tonne Produkt eine Anlage maximal erhalten kann. Hier sollen auch CCU-Anwendungen berücksichtigt werden. Es bleibt allerdings festzuhalten, dass sich CCU-Anwendungen oft nur in einem besonderen Umfeld (z. B. räumlich oder wirtschaftlich) (Absatzmärkte) wettbewerbsfähig realisieren lassen. Daher darf die Berücksichtigung von CCU-Anwendungen bei der Bestimmung der Benchmarks nicht zu einer ungerechtfertigten Zuteilungskürzung für Anlagen führen, denen diese Minderungspotenziale nicht offenstehen. Grundsätzlich kann das an den Punktquellen der emissionshandelspflichtigen Anlagen abgeschiedene und weitergeleitete CO_2 für die gesamte C1-Schiene verwendet werden.

Zusammenfassung
Der Klimawandel und die damit einhergehende Energiewende sind Herausforderungen unserer Zeit, die durch eine nachhaltige stoffliche Nutzung von CO_2 adressiert und noch besser verknüpft werden können. Bestehende europäische und nationale rechtliche Regelungen und Programme können bei entsprechender Ausgestaltung die Nutzung von CO_2 als Rohstoff unterstützen oder ggf. behindern. Beispiele wären der europäische Emissionshandel oder relevante Direktiven für Rohstoffe, Treibstoffe und Abfälle.
Das *Circular Economy Package,* das europäische Emissionshandelssystem (EU ETS) und die neue *Renewable Fuel Directive* (RED II) sind drei politische Instrumente, die einen besonderen Einfluss auf die CO_2-Nutzung haben können; diese politischen Rahmenbedingungen haben das größte Potenzial, die Realisierung von CO_2-Nutzungsprozessen zu beschleunigen.

Industriebeispiele und Anwendungsbereiche

Thomas Schwarz, Christoph Gürtler, Torsten Müller, Christophe Mihalcea, Freya Burton, Robert Conrado, Sean Simpson, Biniam T. Maru, Pradeep C. Munasinghe, Shawn W. Jones, Bryan P. Tracy, Ronnie Machielsen, Ross Gordon, Deepak Pant, Metin Bulut, Heleen De Wever, Frank Kensy, Stefan Verseck und Christian Janke

Inhaltsverzeichnis

M. Kircher und T. Schwarz (Hrsg.), *CO_2 und CO – Nachhaltige Kohlenstoffquellen für die Kreislaufwirtschaft*, https://doi.org/10.1007/978-3-662-60649-0_16

16.1 Einführung

Thomas Schwarz

Aktuell stehen mehrere Technologien zur chemischen oder biotechnologischen Konversion von C1-Gasen an der Schwelle zur Industrialisierung. Verschiedene Verfahrensentwicklungen haben inzwischen erfolgreich den Labor- und Pilotmaßstab durchlaufen und stehen nun vor der nächsten Phase auf dem Weg zur Industrialisierung: der Übertragung in den Demonstrations- bzw. Produktionsmaßstab. In diesem Kapitel werden einige solcher Projekte beispielhaft beschrieben.

Es kann zwischen Demonstrationsanlagen unterschieden werden, die nur für die Herstellung eines bestimmten chemischen Stoffes ausgelegt sind *(dedicated systems)* oder die variabel für die Herstellung verschiedener Produkte genutzt werden können *(multi-purpose systems)*. Gerade bei Mehrproduktanlagen empfiehlt es sich, auf modulare und flexibel adaptierbare Verfahrenseinheiten zu setzen. Die Bioraffinerieanlage der Global Bioenergies in Leuna zur Herstellung von Isobuten ist z. B. eine Monoproduktanlage, während die Anlage von BioBaseEurope in Ghent die Produktion im industriellen Maßstab demonstrieren kann.

Die Maßstabsvergrößerung *(Scale-up)* der Verfahren und die Integration der verschiedenen Verfahrensschritte zu einem Gesamtprozess zur Demonstration der technischen, ökonomischen und nachhaltigen Machbarkeit sind von essenzieller Bedeutung für die Kommerzialisierung und erfüllen mehrere wichtige Aufgaben. So wird sowohl die Eignung der Entwicklungen unter industriellen und zumindest produktionsnahen Bedingungen gezeigt, als auch durch eine weitere Verfahrensoptimierung *(economies of scale)* im Dauerbetrieb die Effizienz der Verfahren weiter erhöht. In jedem Fall dienen Demonstrationsanlagen dazu, die neu entwickelten Prozesse in einem industriellen Umfeld zu validieren und mehrere Chargen von Chemieprodukten in ausreichender Menge und Qualität spezifikationskonform für Testungen und die weitere Anwendung an die chemische Industrie liefern zu können.

Die technischen Risiken im Demonstrations- oder Industriemaßstab zu beherrschen und die Anlagen bei gleichbleibender Produktqualität und -ausbeute über längere Zeit zu betreiben ist die Grundvoraussetzung für eine nachhaltige Investitionsbereitschaft in weitere Entwicklungsarbeiten sowie Produktionsanlagen. Diese wichtige Schlüsselaufgabe erfüllen die in diesem Kapitel beschriebenen ersten großtechnischen Referenzprojekte mit industrieller Beteiligung. Es sind zum Teil reine Demonstrationsprojekte, aber auch erste industrielle Produktionsanlagen. Neben der industriellen Validierung und der Demonstration technischer Machbarkeit ist es wichtig, durch diese Leuchtturmprojekte das Zusammenspiel der verschiedenen Industriepartner (Rohstoffgeber, Technologieentwickler, Chemieindustrie, Anlagenbauer etc.) zu erproben und zu verbessern, um Beachtung und Akzeptanz bei Politikern und in der Bevölkerung zu finden. Die erfolgreiche Inbetriebnahme von Demonstrationsanlagen führt für die initiierenden Unternehmen häufig zur Anbahnung neuer Kooperationsvereinbarungen mit Industrieunternehmen und zur Akquise von weiterem Kapital über Investoren (VC, strategische Investoren) sowie seitens öffentlicher Fördermittelgeber. Letztendlich bedeutet dieser wichtige Meilenstein der erfolgreichen „Demonstration im Industriemaßstab" eine signifikante und sprunghafte Wertsteigerung der Technologie und damit des entwickelnden Unternehmens.

Letztendlich muss mit dem Betrieb der Demonstrationsanlage neben der ökologischen Sinnhaftigkeit durch z. B. die Schließung von Kohlenstoffkreisläufen und dem verbesserten *Carbon Footprint* der Produkte gezeigt werden, dass die Verfahren ein hinreichendes Wertschöpfungspotenzial und eine ausreichende Produktionseffizienz besitzen, um dauerhaft wettbewerbsfähig produzieren zu können. Sofern reine *drop-in*-Chemikalien (identischer chemischer Rohstoff zur Weiterverarbeitung über neuen Syntheseweg, z. B. Aceton oder Isobuten) hergestellt werden, müssen diese zumindest zu vergleichbaren Kosten oder sogar günstiger produziert werden können. Nur so lassen sich die hohen Anlageninvestitionen und die für die angefallenen enormen Kosten der getätigten und noch ausstehenden Entwicklungsarbeiten in den Unternehmen rechtfertigen. Die erhöhte Rohstoffflexibilität und die unbegrenzte Verfügbarkeit des „neuen" Rohstoffs C1-Gas sind zwar mittel- bis langfristig ein strategischer Mehrwert für die chemische Industrie, führen aber aktuell nur sehr bedingt zu einer Bereitschaft der Industrie, allein in großtechnische Anlagen zu investieren. Dies ist nicht zuletzt auf die aktuelle Preissituation bei fossilen Rohstoffen zurückzuführen. Die Bereitstellung von öffentlichen Fördermitteln für den Bau von Demonstrationsanlagen und die Mobilisierung von Risikokapital ist daher enorm wichtig. Dies gelingt aber häufig erst dann mit der notwendigen Dynamik, wenn die industrielle Machbarkeit durch erste Demonstrationsanlagen in der jeweiligen Chemieregion bzw. vor Ort gezeigt werden kann. Somit kommt den Pionierunternehmen und strategischen Investoren, die den Mut und die Vision haben, erstmals eine industrielle Demonstrationsanlage zu bauen, eine enorme Bedeutung zu, um diese neuen Technologien in die industrielle Praxis zu bringen. In dieser sensiblen Phase der Industrialisierung befinden sich aktuell die vorgestellten Technologien zur Konversion von C1-Gasen.

16

Die biotechnologische Produktion hochfunktionalisierter Moleküle, die bislang noch gar nicht oder nur in geringen Mengen am Markt verfügbar waren, aus C1-Gasen bietet eine Chance, das Wertschöpfungspotenzial und die Alleinstellung dieser Technologien deutlich zu steigern. Allerdings sind in diesem Fall die Zeiten bis zu einer erfolgreichen Markteinführung deutlich länger und die damit verbundenen Anlaufkosten deutlich höher.

16.2 Dream Production

Christoph Gürtler

16.2.1 Einleitung

Es ist eigentlich ein naheliegender Gedanke: Wenn die Menschheit schon zu viel Kohlendioxid (CO_2) produziert und damit ein Ungleichgewicht im natürlichen Kohlendioxidkreislauf erzeugt, warum sollte man dann nicht versuchen, zumindest einen kleinen Teil dieses an sich harmlosen Gases für etwas Nützliches einzusetzen? Dadurch könnte man andere Kohlenstoffquellen schonen und das „Abfallprodukt" CO_2 z. B. als Rohstoff für die chemische Wertschöpfungskette nutzen.

Mit diesem Traum sind Covestro (ehemals Bayer MaterialScience, BMS), Bayer Technology Services (BTS), RWTH Aachen University (vertreten durch das CAT Catalytic Center, AK Leitner, AK Liauw und AK Bardow) und RWE Power AG im Jahr 2010 in das vom Bundesministerium für Bildung und Forschung (BMBF) geförderte Projekt „Dream Production" gestartet. Gemeinsames Ziel war es,

1. CO_2 aus dem Abgasstrom eines Kohlekraftwerks in einer Reinheit bereitzustellen, die für Synthesechemie genügt *(pro synthesis)*,
2. CO_2 als C1-Baustein zur Herstellung von Polyethercarbonaten zu nutzen. Basis dafür sollten Katalysatoren sein, die u. a. im Rahmen des Vorläuferprojekts „Dream Reactions" bereits erarbeitet worden waren. Zudem sollten die neuartigen Polyethercarbonate bzw. deren Einsatz zur Herstellung von Polyurethanmustern getestet werden.

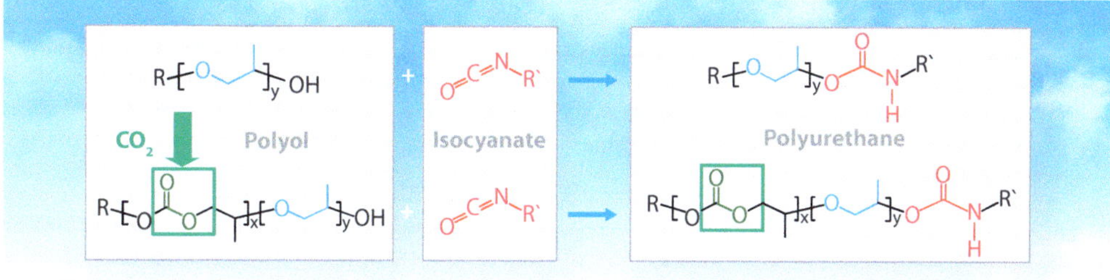

Abb. 16.1 Umsetzung von CO_2 mit Propylenoxid zu Polycarbonatpolyolen und weiter zu Polyurethanen für verschiedene Anwendungen. (© Covestro)

CO_2 als chemischen Baustein zu verwenden ist keine neue Idee. Chemiker haben bereits in den 1960er-Jahren auf diesem Gebiet geforscht. Die Herausforderung war es, ein wirtschaftlich und ökologisch sinnvolles Verfahren zur Nutzung des reaktionsträgen CO_2-Moleküls zu finden.

Vor Beginn des Projekts „Dream Production" befand sich die Abtrennung von CO_2 aus Kraftwerksrauchgasen in der Entwicklung (Pilotanlagenstadium). Hier wurde vorrangig an energieeffizienten Waschprozessen für CO_2 und an stabilen Waschmitteln gearbeitet, um Kraftwerke möglichst kostengünstig CO_2-arm zu stellen. Gleichzeitig musste die Qualität des abgetrennten CO_2 ausreichend für die entsprechende Nutzung sein.

Die angestrebten CO_2-haltigen Polyethercarbonate sollten eine Alternative zu den herkömmlichen Polyetherpolyolen darstellen, die vollständig auf fossilen Bausteinen basieren (Abb. 16.1). Erste Labormengen konnten im Vorgängerprojekt „Dream Reactions" hergestellt werden. Für eine Aufskalierung der Reaktion waren aufgrund der hohen Drücke neuartige reaktionstechnische Lösungen erforderlich. Außerdem war nicht geklärt, wie sich die Verunreinigungen im CO_2 aus der Rauchgasanlage auf das Katalysatorverhalten auswirken.

16.2.2 Projektbeschreibung

Das geplante Forschungsvorhaben „Dream Production" sollte Anreize und Impulse für anschließende Arbeiten geben, indem Innovationen vorbereitet und weiterführende Entwicklungen ermöglicht werden. Der Technologiestandort Deutschland sowie insbesondere die Konkurrenzfähigkeit deutscher Unternehmen auf dem Gebiet der Abtrennung und stofflichen Verwertung von CO_2 sollten durch das Projekt erheblich gestärkt werden.

Die Beteiligung einer international anerkannten und renommierten Hochschule am Projektkonsortium bot darüber hinaus die Möglichkeit, die technische Erschließung von

CO_2 als Synthesebaustein für Polymere auch im wissenschaftlichen Umfeld weiter voranzutreiben und zu etablieren.

Das Projekt wurde in sieben Arbeitspakete gegliedert, die von den jeweiligen Projektpartnern bearbeitet wurden. Arbeitspaket 1 (AP1) beschrieb die Abtrennung von CO_2 aus Kraftwerksrauchgasen, die Verflüssigung, Abfüllung und Bereitstellung dieses CO_2, die Versorgung der Partner und das Qualitätsmonitoring. Das abgetrennte CO_2 wurde in AP2 auf Kompatibilität mit chemischen Katalysatoren überprüft, und es wurden reaktionstechnische und mikrokinetische Daten ermittelt. Die spektroskopischen Messungen deckte AP5 ebenso ab wie die mathematische Modellierung. In AP3 wurde eine Miniplant-Anlage zur Reaktion von Propylenoxid mit CO_2 konzipiert, gebaut und betrieben.

Die hergestellten Materialmuster wurden in AP4 auf ihre Produkteigenschaften und technische Anwendbarkeit überprüft. AP6 umfasste grundlagenorientierte Untersuchungen zur Aktivierung von CO_2. Begleitend zum Projekt wurde in AP7 eine ökologische Bewertung (Ökoeffizienzanalyse) mittels Life Cycle Assessment durchgeführt.

16.2.3 Ergebnisse

Im Rahmen von „Dream Production“ wurde die Pilotanlage zur CO_2-Wäsche am Kraftwerk von RWE in Niederaußem durch eine Verflüssigungs- und Abfüllanlage erfolgreich ergänzt und in Betrieb genommen. Das abgetrennte CO_2 wurde nach der CO_2-Wäsche allen Projektpartnern zur Verfügung gestellt. Unabhängig von den verschiedenen erprobten Reinigungsmethoden war die Qualität des gewonnenen CO_2 stets so hoch, dass es für die geplanten Synthesen verwendet werden konnte.

Für die Herstellung von ausreichenden Mustermengen an Polyethercarbonatpolyolen wurde basierend auf den Ergebnissen aus dem Vorgängerprojekt eine Maßstabsvergrößerung der im Labormaßstab existierenden Anlage durchgeführt (◘ Abb. 16.2). Diese Miniplant-Anlage wurde genutzt, um die Verfahrens- und Rezepturentwicklung zur Herstellung der Polyethercarbonatpolyole voranzutreiben. Gemäß der steigenden Komplexität wurden zunächst ein „semi-batch“, dann ein „Continuous Addition of Starter (CAOS) semi-batch“ und abschließend ein „COAS conti“-Verfahren erfolgreich umgesetzt.

◘ Abb. 16.2 Fertiggestellte Miniplant-Anlage für die Produktion von CO_2-haltigen Polyolen. (© Covestro)

16

Mithilfe der Miniplant-Anlage konnten Mustermengen verschiedener Polyethercarbonatpolyol-Typen hergestellt und in verschiedenen Polyurethananwendungen getestet werden. Durch die zugänglichen Materialmengen war es möglich, Polyurethanwerkstoffe nicht nur im Labormaßstab, sondern auch in größerem Maßstab für die Hauptzielanwendung Weichschaum zu testen. Es zeigte sich, dass in Standardrezepturen das konventionelle, rein erdölbasierte Polyol durch den CO_2-Polyether sowohl in Teilen (als Abmischung mit konventionellem Polyol) als auch zu 100 % ersetzt werden kann. Die so erhaltenen Polyurethanwerkstoffe zeigten ähnliche Eigenschaftsprofile wie die aus rein erdölbasierten Polyolen hergestellten Werkstoffe. Zusätzlich wurde eine reduzierte Brandlast der auf den CO_2-Polyolen basierenden Schäume festgestellt.

Die begleitende Ökoeffizienzanalyse [1] zeigte eindeutig, dass die im Projekt „Dream Production“ mit rund 20 % CO_2-Anteil hergestellten Polyole im Vergleich zum konventionellen, erdölbasierten Polyol eine geringere Menge an Kilogramm CO_2-Äquivalenten pro Kilogramm hergestelltem Polyol erzeugen. Außerdem lässt sich der Verbrauch von fossilen Rohstoffen pro Kilogramm Produkt durch den Einbau von CO_2 signifikant senken.

16.2.4 Verwertung

In zahlreichen Veröffentlichungen, Vorträgen, Master- und Diplomarbeiten, Patenten und Messeauftritten wurden die erzielten Ergebnisse festgehalten und dem wissenschaftlichen Fachpublikum sowie der breiten Bevölkerung nähergebracht. Hierbei lag der Fokus nicht nur darauf, wissenschaftliche Diskussionen mit Fachleuten zu suchen, sondern auch darauf, die öffentliche Akzeptanz von CO_2 als nützlichem Baustein zu fördern (z. B. durch Teilnahme an *Roundtable*-Diskussionen des IASS, Rahmenaktivitäten der DECHEMA). Die detailliert ausgearbeitete Ökobilanz von Industrieprozessen zur Erstellung von CO_2-haltigen Produkten, wie den Polyethercarbonatpolyolen, war für die angesprochenen Diskussionen essenziell und bildet ein Basisverständnis für viele weitere Projekte (wie „Dream Polymers“, „Dream Polyols“ oder „Production Dreams“).

Darüber hinaus kommen die in „Dream Production“ gewonnenen Erkenntnisse bei der CO_2-Abtrennung, insbesondere bezüglich der CO_2-Qualität, bereits jetzt bei der Durchführung weiterer CO_2-Nutzungsprojekte zum Einsatz. Seit 2013 ist beispielsweise in Niederaußem ein Katalysator-Teststand in Betrieb, in dem die Umsetzung von Kraftwerks-CO_2 mit Wasserstoff zu Methan oder Methanol untersucht wird. Dieser Prozess ist u. a. als *Power-to-Gas* bekannt. Um reale Betriebsbedingungen abzubilden, wird auch hier das Kohlendioxid aus der CO_2-Verflüssigungs- und -Abfüllanlage eingesetzt. Die Bewertung dieses Prozesses kann sich auf die in „Dream Production“ erarbeiteten Ergebnisse stützen.

Die im Rahmen des Projekts erzielten chemisch-technischen, reaktionstechnischen und verfahrenstechnischen Ergebnisse zur Polyethercarbonatpolyol-Technologie stellten insgesamt die Grundlage für eine erfolgreiche Maßstabsvergrößerung hin zur Demonstrationsanlage dar. Covestro hat mit einer Investition von ca. 15 Mio. Euro eine Demonstrationsanlage mit einem Produktionsvolumen von rund 5000 t pro Jahr am Standort Dormagen erbaut und 2016 in Betrieb genommen. Unter dem Namen cardyon™ (beYONd CARbon Dioxide) wird das CO_2-haltige Polyol vertrieben (◘ Abb. 16.3). Unter den ersten Kunden sind Matratzenhersteller wie die Firma Recticel. Der Technologiestandort Deutschland sowie insbesondere die Konkurrenzfähigkeit deutscher Unternehmen auf dem Gebiet der Abtrennung und stofflichen Verwertung von CO_2 sind durch das Projekt erheblich gestärkt worden.

Anerkennung für die innovative Leistung dieses Projekts gab es durch verschiedene nationale und internationale Ehrungen: Top 3

Abb. 16.3 Vermarktung der CO_2-Polyole unter dem Namen cardyon™. (© Covestro)

Deutscher Nachhaltigkeitspreis/Initiativen (2011); Land der Ideen (2012), KlimaExpo. NRW (2015), Nachhaltigkeitspreis EUROPUR (2016), ICIS Innovation Award (2016), Sustainia100 (2016), CEFIC European Responsible Care Award, Kategorie: Environment Award (2016), Nominierung für den Deutschen Zukunftspreis (2019).

Zusammenfassung
Im Projekt „Dream Production" zeigen wir exemplarisch die Verwendung von CO_2 als Rohstoff für hochwertige Materialien – eine hochinteressante und visionäre Technologie für die Zukunft. Fossile Ressourcen sind endlich, damit ist die Nutzung von CO_2 als chemischem Rohstoff ein wichtiger ressourcenschonender Ansatz. Mit der cardyon®-Technologie konnten wir erstmals unter Verwendung von CO_2 als Rohstoff einen industriellen Prozess für die Herstellung von Polyolen für nachhaltige Polyurethananwendungen, insbesondere Schaumstoffe und thermoplastische Polyurethane, in Betrieb nehmen. LCA-Untersuchungen zeigen, dass die neuen Produkte auf Basis der CO_2-basierten Polyole ökologisch vorteilhafter sind als konventionell hergestellte Produkte.

16

16.3 Carbon2Chem

Torsten Müller

16.3.1 Einleitung

Der Erfolg der Energiewende und des Klimaschutzes kann nicht allein durch die Optimierung einzelner industrieller Systeme erreicht werden, sondern erfordert die Vernetzung zwischen den Branchen und Sektoren, um vorhandene Potenziale heben zu können. Im Rahmen des vom BMBF geförderten Verbundprojekts Carbon2Chem® arbeiten Unternehmen aus den Bereichen Chemie, Stahl, Energie und Anlagenbau daran, einen spürbaren Beitrag zu leisten. Zentrales Ziel ist die Reduktion der CO_2-Emissionen am Beispiel der Stahlindustrie durch eine wirtschaftliche stoffliche Nutzung der bei den Hüttenprozessen entstehenden Kuppelgase.

Bei den heutigen industriellen Anlagen ist in der Chemieproduktion, bei der Energieerzeugung und in der Stahlproduktion davon auszugehen, dass die Anlagen jeweils nah am technisch möglichen Optimum betrieben werden. Angesichts der weit fortgeschrittenen Optimierung ist eine weitere Senkung der CO_2-Emissionen in den Einzelprozessen technisch kaum zu realisieren, da z. B. bei der Stahlproduktion im Hochofenprozess aus thermodynamischen Gründen eine Mindestmenge an Kohle nicht unterschritten werden kann. Eine deutliche Verringerung der CO_2-Emissionen ließe sich jedoch durch die stoffliche Nutzung der bei diesem Prozess anfallenden CO- und CO_2-haltigen Kuppelgase erreichen.

Kenntnisse der kohlebasierten Chemie bilden die Grundlagen für die Herstellung von Chemieprodukten aus CO- und CO_2-haltigen Gasen. Teilweise wird hierbei auf schon seit 100 Jahren bekanntes Wissen zurückgegriffen. Viele chemische Prozesse können grundsätzlich auf der Basis von CO_2 als Ausgangsstoff betrieben werden. CO_2 kann somit zu einem wichtigen Rohstoff werden. Die Herstellung von Basischemikalien mittels CO_2-Recycling bietet die Chance, die gesamten CO_2-Emissionen zu reduzieren, da durch das Schließen von Kreisläufen fossile Rohstoffe wie Erdöl verdrängt werden. Durch den alternativen Einsatz von CO und CO_2 als Kohlenstoffträger der Chemieproduktion entsteht ein hoher Bedarf an Wasserstoff, der u. a. durch Elektrolyseverfahren bereitgestellt werden kann. Durch die Nutzung erneuerbarer Energien kann dieser Wasserstoff nachhaltig erzeugt werden; aufgrund der Volatilität der erneuerbaren Energien bringt dies eine zusätzliche Dynamik in das Verbundsystem ein.

Im Fall einer bisherigen energetischen Nutzung CO-haltiger Restgase, wie im Beispiel integrierter Hüttenwerke, die weitgehend energieautark arbeiten, erfordert die Umstellung auf eine stoffliche Nutzung der CO- und CO_2-haltigen Kuppelgase gleichzeitig eine ausreichende Energiebereitstellung aus erneuerbaren Quellen zur Deckung des Energiebedarfs der Hütte. Auch hierfür sind geeignete Konzepte zu entwickeln.

16.3.2 Das Projekt

Im Rahmen des Verbundprojekts Carbon2Chem® wird an der Bereitstellung der notwendigen Technologien zur stofflichen Nutzung der im Hüttenbetrieb anfallenden Kuppelgase gearbeitet. In mehreren Teilprojekten werden die notwendigen Technologien für ein auch unter dynamischen Randbedingungen erfolgversprechendes Verbundkonzept erarbeitet. Eine wesentliche Herausforderung ist die Reinigung und Aufbereitung der Kuppelgase, damit eine katalytische Umsetzung der Gase möglich wird. Einzelne Spurenkomponenten können an dieser Stelle die Prozesse erheblich stören.

Zusätzlich muss sich der Prozessverbund flexibel betreiben lassen, da sowohl die CO- und CO_2-haltigen Hüttengasströme als auch der für die Chemieproduktion benötigte nachhaltig erzeugte Wasserstoff in ihrer zeitlichen Bereitstellung stark schwanken können. Hierfür sind durch Kooperation von Wissenschaft und Industrie sowohl auf der technischen als auch auf der organisatorischen Ebene geeignete dynamische Konzepte zu entwickeln.

Die technische Entwicklung hat einen wesentlichen Schwerpunkt im Bereich der Katalyseforschung (Katalysatoren, Prozesse, Regeneration). Hierbei muss die Entwicklung teilweise auf der Laborebene starten und soll am Ende des Verbundprojekts auf der Produktionsebene abgeschlossen werden. Aus diesem Grund ist das Projekt in drei Projektphasen unterteilt, ausgehend von der Grundlagenforschung über die Erprobung im Technikumsmaßstab bis hin zur großtechnischen Umsetzung. Hierfür werden im Rahmen des Projekts gemeinsame Strukturen geschaffen, die eine enge Zusammenarbeit zwischen den Projektpartnern in sämtlichen Phasen ermöglichen.

Ein übergeordnetes Teilprojekt übernimmt hierfür die Aufgabe der Zusammenführung der Technologien aus den einzelnen Teilprojekten unter verfahrenstechnischen und energetischen Gesichtspunkten sowie unter Nachhaltigkeitskriterien. Ziel von Carbon2Chem® ist hierbei nicht das Finden einer singulären Lösung, sondern die Entwicklung eines modularen Konzepts, das weltweit im Bereich großer CO_2-Quellen einsetzbar ist. In allen Bereichen soll hierbei eine Verringerung des *Carbon Footprints* der Prozesse gegenüber fossilbasierten Referenzprozessen erreicht werden. Industrie und

Wissenschaft bereiten die hierfür erforderlichen Werkzeuge im Rahmen des Projekts gemeinsam vor.

Wesentliche Fragestellungen des Projekts beziehen sich auf die Kopplung von Elektrizitäts-, Wärme-, Stahl- und Chemieprozessen unter einer dynamischen Prozessführung. Aus wirtschaftlicher Sicht ist zu prüfen, wie Wechselwirkungen eines Anlagenverbunds aus z. B. einem integrierten Hüttenwerk und Chemieanlagen mit einem übergeordneten Energieverbund synergetisch genutzt werden können, um einen solchen Verbund auch wirtschaftlich betreiben zu können. Hierzu gehört die Frage nach den wirtschaftlich relevanten Produkten, die von einem solchen Anlagenverbund erzeugt werden können. Die Frage nach der Dimension der Prozesse und der Produktqualität ist hierbei wesentlich, da ein solcher Anlagenverbund erheblichen Einfluss auf bestehende Märkte haben kann, insbesondere im Bereich der Basischemikalien. Aufgrund der Kopplung unterschiedlicher Produktionsanlagen ist die Dimensionierung ein wichtiger Aspekt, damit ein effizienter Umsatz in Verbindung mit einer flexiblen Prozesssteuerung möglich wird.

Zusammenfassung

Bei der Reduktion von CO_2-Emissionen aus Industrieanlagen ist an vielen Stellen eine wirtschaftliche bzw. technische Grenze erreicht. Eine weitere spürbare Verringerung der Emissionen ist nur durch eine cross-industrielle Kooperation zwischen verschiedenen Industriebranchen zu erzielen. Die Kopplung von Prozessen erlaubt die stoffliche Nutzung von CO- und CO_2-haltigen Prozessgasen und Restgasen. Neben der Reduktion von CO_2-Emissionen kann somit auch eine Verringerung des Einsatzes fossiler Rohstoffe erreicht werden. Im Verbundprojekt Carbon2Chem® arbeiten Unternehmen aus verschiedenen Branchen sowie Wissenschaftler im Bereich der Grundlagenforschung und der angewandten Forschung daran, diese Kopplung zu realisieren. Das zentrale Ziel ist es, dass das angestrebte Verbundsystem aus Chemie, Stahlproduktion und Energieerzeugung am Ende wirtschaftlicher und nachhaltiger ist als die Summe der beteiligten Einzelsysteme. Neben der Aufbereitung eines für die stoffliche Nutzung geeigneten Synthesegases aus Hüttengasen stellen die Einbindung erneuerbarer Energien sowie der dynamische Anfall der Hüttengase eine große Herausforderung dar. Die hierfür erforderliche Flexibilisierung des Gesamtsystems erfordert neue technische und organisatorische Lösungen, die mit dem vom BMBF geförderten Projekt Carbon2Chem® im Industriemaßstab gefunden werden sollen.

16

16.4 LanzaTech

Christophe Mihalcea, Freya Burton, Robert Conrado und Sean Simpson

16.4.1 LanzaTech

2005 gegründet, kommerzialisiert LanzaTech eine bahnbrechende Technologie für die Abscheidung und Nutzung von Kohlenstoff aus energiereichen Abgasen, die Kohlenmonoxid, Kohlendioxid und/oder Wasserstoff enthalten. Das Produktspektrum reicht von Alltagsprodukten, wie Ethanol und Flugtreibstoff, bis hin zu Chemikalien für die Herstellung von Nylon und anderen Kunststoffen. Durch die Nutzung von Abgasen ist LanzaTech in der Lage, ökologisch nachhaltige Treibstoffe und Chemikalien

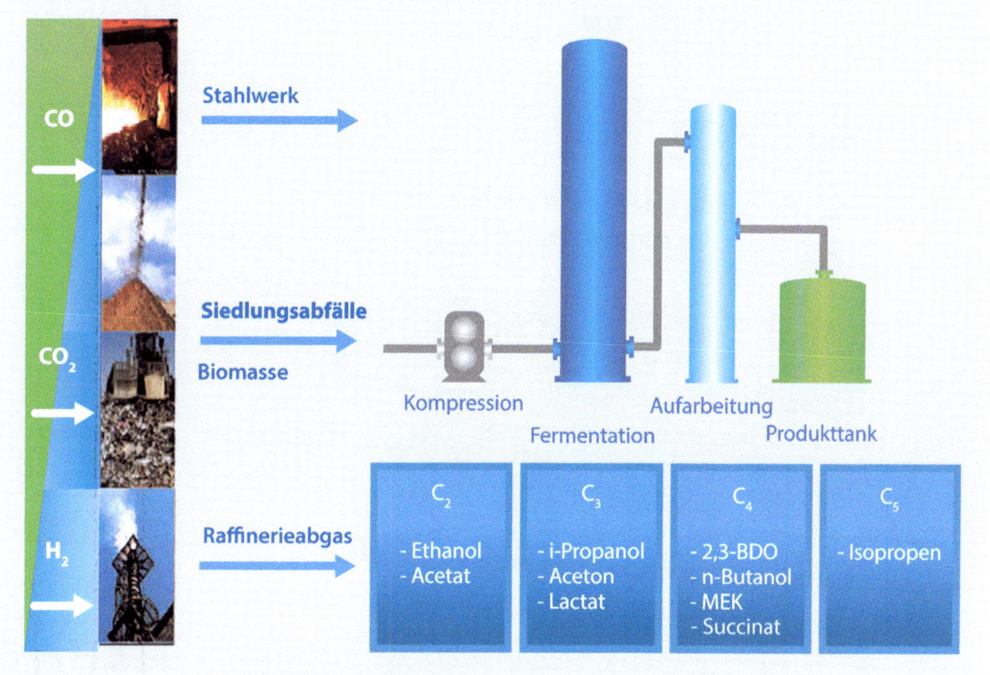

Abb. 16.4 LanzaTech-Verfahren: Die gasförmigen Rohstoffe können aus verschiedenen Industriesektoren und Verfahren stammen und haben deswegen generell eine unterschiedliche Zusammensetzung. Unabhängig davon können diese Gasgemische immer für die Fermentation zu Chemikalien mit einer Kohlenstoffkettenlänge von 2 bis 5 geeignet sein. (© LanzaTech)

anzubieten, die nicht mit Wertschöpfungsketten der Lebensmittelherstellung konkurrieren und keine Auswirkung auf Land- und Wassernutzung haben.

Das LanzaTech-Verfahren (Abb. 16.4) leitet energiereiche Abgas- oder Restgasströme kontinuierlich in einen Fermentationsreaktor, der LanzaTechs proprietäre Mikroorganismen enthält. Die Mikroorganismen wachsen und vermehren sich unter Verbrauch der Gasinhaltsstoffe und produzieren dabei Ethanol und/oder andere Chemikalien und Treibstoffe. Diese Produkte werden aus der Fermentationsbrühe abgetrennt und können unmittelbar verwertet oder zu Produkten wie Kunststoffen, Nylon, Kautschuk und *drop-in*-Treibstoffen, einschließlich Flugtreibstoff, weiterverarbeitet werden.

16.4.2 Stoffwechselwege der C1-Umsetzung zu Produkten

LanzaTechs Mikroorganismen für industrielle Verfahren gehören zu den Acetogenen. Acetogene Bakterien sind in der Lage, CO und/oder CO_2 mit H_2 umzusetzen. Im Gegensatz zur Energiequelle Zucker, in deren Verwertung Pyruvat das Schlüsselintermediat ist, führt die Verwertung von gasförmigem Kohlenstoff zunächst zu Acetyl-CoA, das über den reduktiven Acetyl-CoA-Stoffwechselweg (Wood-Ljungdahl-Biosynthese) zu Essigsäure, Ethanol und weiteren Endprodukten umgesetzt wird. Die Biochemie dieses Stoffwechselweges ist in zahlreichen Übersichtsartikeln umfassend dokumentiert, u. a. von

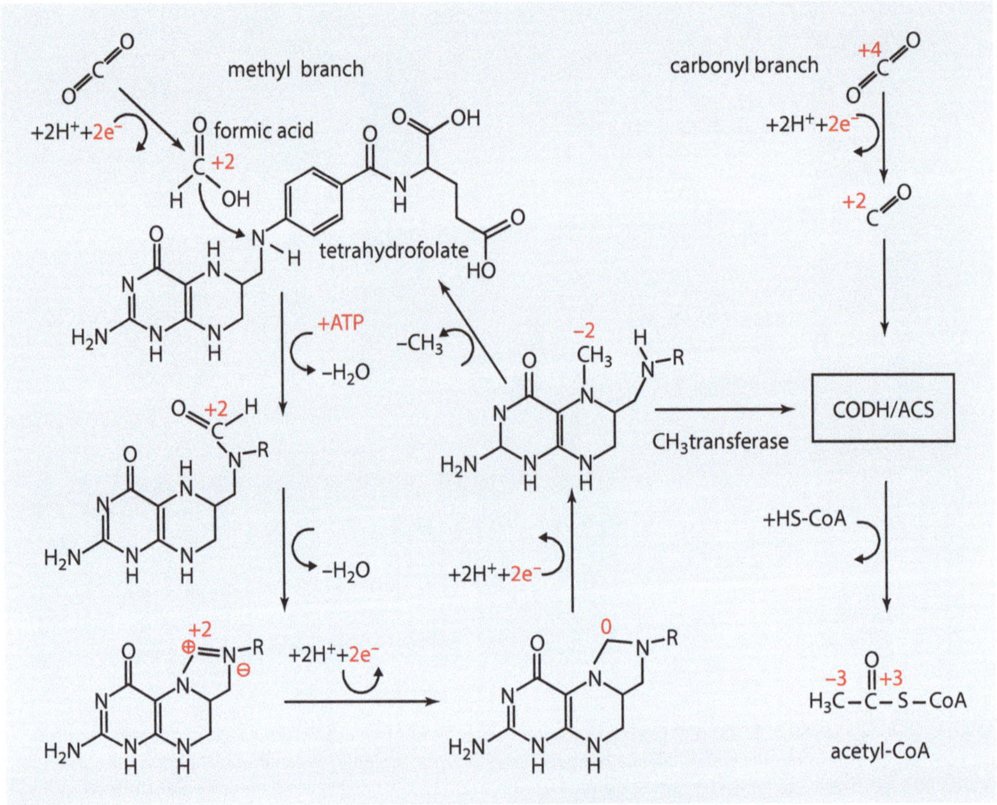

■ **Abb. 16.5** Ablauf des Wood-Ljungdahl- oder des reduktiven Acetyl-CoA-Stoffwechselweges. Im Methylweg wird CO_2 durch Integration in Tetrahydrofolat reduziert. Die Formylgruppe wird in mehreren Schritten zu einer Methylgruppe reduziert, die durch ein Methyl-Transferprotein übertragen wird. Ein weiteres CO_2-Molekül wird durch das Enzym CO-Dehydrogenase/Acetyl-CoA-Synthase (CODH/ACS) zu CO reduziert. Durch Verbindung mit der Methylgruppe und Coenzym A entsteht Acetyl-CoA. (© LanzaTech)

Ragsdale und Pierce (2008, [2]) sowie von De Tissera *et al.* (2017, [3]). ■ Abb. 16.5 zeigt den Stoffwechselweg einschließlich der Reduktionsäquivalente und des ATP-Verbrauchs für die einzelnen Schritte. Neben Essigsäure und Ethanol produziert der LanzaTech Organismus natürlicherweise auch 2,3-Butandiol, eine Verbindung, die sonst eher aus Pyruvat als aus Acetyl-CoA abgeleitet wird. Unter bestimmten Bedingungen wird auch Milchsäure, allerdings nur in geringen Mengen, gebildet. Einen Überblick über die Reaktionsschritte zu den wichtigsten Fermentationsprodukten gibt ■ Abb. 16.6.

16.4.3 Rohstoffflexibilität und *Scale-up*-Erfahrung

LanzaTech ist ein Pionier in der Entwicklung und Einführung der Gasfermentationstechnologie. Das Unternehmen hat mit einem Spektrum von Gasströmen unterschiedlicher Kohlenmonoxid-, Kohlendioxid- und Wasserstoffzusammensetzungen Erfahrungen gesammelt. ■ Abb. 16.7 zeigt Beispiele für Gasströme von unterschiedlichen Industrien und Verfahren. Dabei bevorzugt LanzaTech Abgase, die eine hohe Konzentration bezüglich a) Kohlenmonoxid, b) Kohlenmonoxid und Wasserstoff sowie c) Wasserstoff

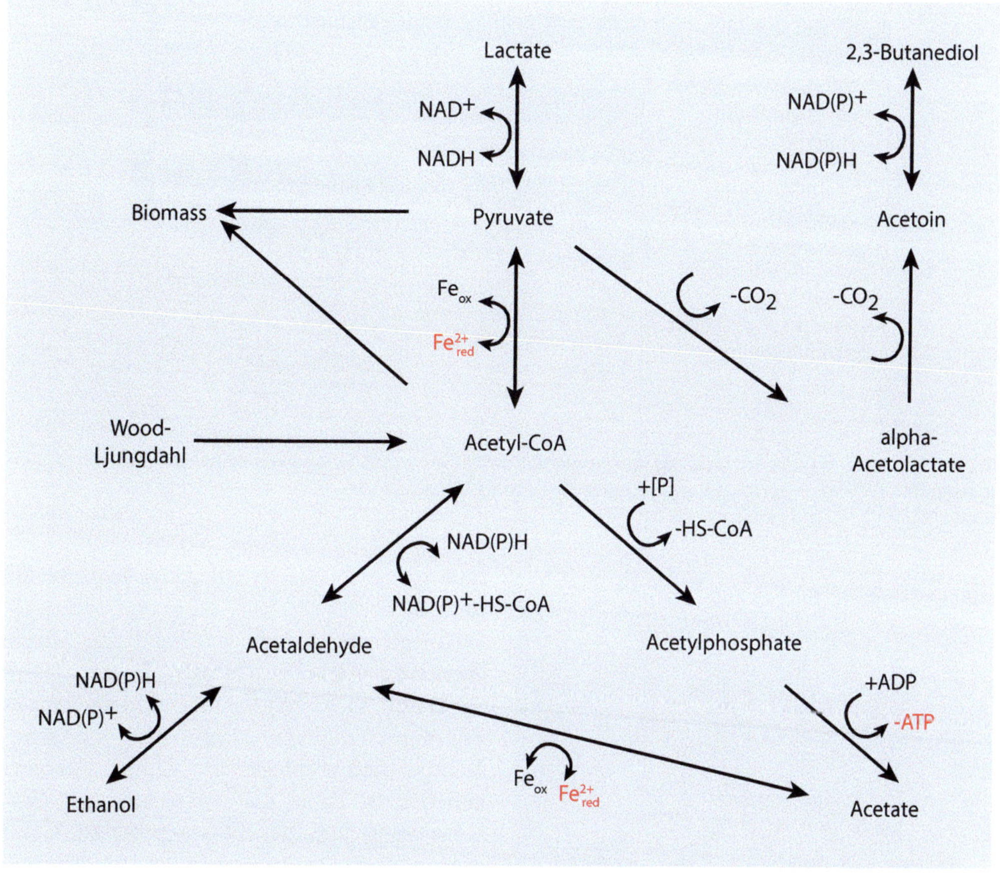

Abb. 16.6 Biosynthesewege und Reduktionsäquivalente, die in *Clostridium autoethanogenum* von Acetyl-CoA ausgehen. Acetat und Ethanol werden direkt aus Acetyl-CoA abgeleitet. Die Bildung von Biomasse und von 2,3-Butandiol benötigt die Synthese von Pyruvat als Intermediat. 2,3-Butandiol wird anschließend aus α-Acetolactat und Acetoin gebildet. (© LanzaTech)

aufweisen. Abb. 16.7 zeigt den zeitlichen Verlauf der Entwicklung der Gasfermentation aus verschiedenen Quellen.

Abgas mit hohem Kohlenmonoxidgehalt

Seit 2008 demonstriert LanzaTech erfolgreich die Gasfermentation von Ethanol auf Basis von Kohlenmonoxid mit vier Pilot- und *Scale-up*-Anlagen, an anlaufenden Industriestandorten rund um die Welt installiert wurden. Die Gesamtkapazität beträgt mehr als 700.000 Mio. L Ethanol. In mehr als 40.000 Betriebsstunden, darunter mehrere Fermentationen mit mehr als 2000 h Laufzeit, wurden alle angestrebten Leistungsparameter erreicht oder übertroffen.

Zurzeit betreibt LanzaTech zwei kommerzielle stahlbasierte Projekte, wobei das erste im Mai 2018 in Betrieb genommen wurde und jetzt kontinuierlich in China zur Ethanolproduktion eingesetzt wird. Abb. 16.8 zeigt ein kürzlich aufgenommenes Foto der Anlage in Caofedian, China. Das Engineering für das Projekt mit dem ArcelorMittal-Stahlwerk in Ghent, Belgien, wurde ebenfalls fertiggestellt, und die Konstruktionsvorbereitungen der Anlage sind

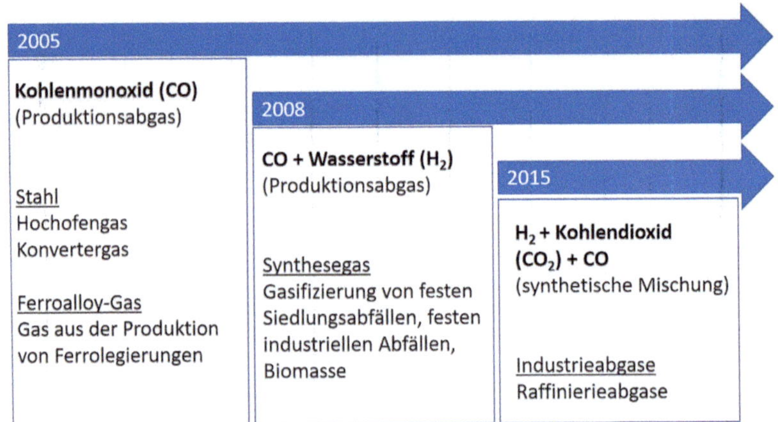

Abb. 16.7 LanzaTechs Entwicklung von Fermentationsverfahren ausgehend von Stahlwerksabgasen bis hin zu weiteren Abgasen unterschiedlicher Zusammensetzung. (© LanzaTech)

Abb. 16.8 Kommerzielle Shougang-Anlage von LanzaTech, die im Mai 2018 in Caofedian in China in Betrieb genommen wurde. (© Beijing Shougang LanzaTech New Energy Technology Co., Ltd.)

nun in Arbeit. Das grundlegende Engineering für ein drittes Projekt, basierend auf einer Ferrolegierung-Anlage in Südafrika, wurde ebenfalls bereits abgeschlossen.

Abb. 16.9 zeigt über einen langen Zeitraum erhaltene Daten der Shougang-Demonstrationsanlage in China. Hervorzuheben ist dabei die Fortsetzung der CO-Umsetzung und der Ethanolproduktion auf hohem Niveau trotz ungeplanter Produktionsunterbrechungen. Die kontinuierliche Produktion von Chemikalien mit Hilfe des LanzaTech Gasfermentationsverfahrens unter Realbedingungen eines Stahlwerks demonstriert die Robustheit des Verfahrens und damit die grundsätzliche Eignung für den kommerziellen Betrieb.

Synthesegas mit hohem Kohlenmonoxid- und Wasserstoffgehalt

Gasfermentation auf Basis von Synthesegas wird von LanzaTech seit 10 Jahren im Labormaßstab entwickelt. Das Verfahren wird seit 2014 in einer von Sekisui (Japan) gebauten Pilotanlage in

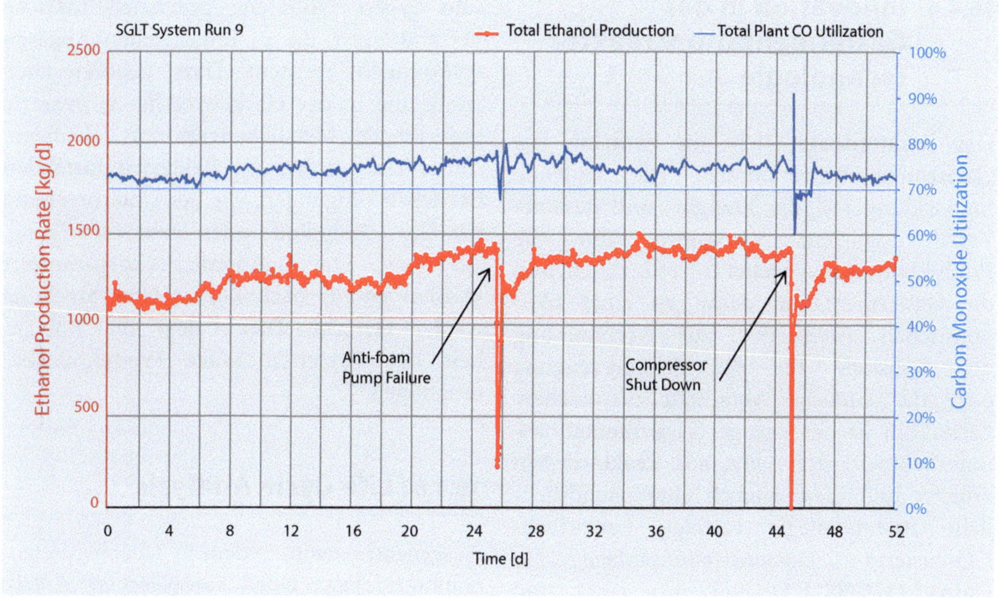

Abb. 16.9 Daten zur Ethanolproduktion und Gasumsetzung eines Fermentationslaufs in der Shougang-Demonstrationsanlage in China. Die horizontalen Linien geben die Zielgrößen des Unternehmens an. Sowohl die angestrebte Ethanolproduktivität als auch die Zielgröße für die Gasverwertung wurden über einen Zeitraum von länger als sechs Wochen erreicht. (© LanzaTech)

Japan getestet. Das dort verwendete Synthesegas wird durch Gasifizierung von städtischen Siedlungsabfällen (Hausmüll) erzeugt. Auch diese Pilotanlage hat die angestrebten Zielparameter erreicht oder übertroffen, u. a. im Langzeittest über 60 Tage. Zusätzlich wurde Synthesegas an Standorten weiterer Anbieter geprüft und erfolgreich fermentiert. Die unterschiedlichen Rohstoffe für die Gasifizierung führen zu einer jeweils unterschiedlichen Gaszusammensetzung und zu einem spezifischen Kontaminationsprofil. Die in der Gasfermentation verwendeten Mikroorganismen haben Synthesegas aus Fußbodenbelägen, Kautschuk und weiteren Abfällen erfolgreich fermentiert und damit die Robustheit der Bakterien und des gesamten Verfahrens nachgewiesen.

LanzaTech kooperiert auch mit einem führenden Ethanolhersteller in den USA, um dort eine von landwirtschaftlichen Reststoffen (Agrarabfälle, Biomasse) ausgehende Gasfermentationsanlage im kommerziellen Maßstab zu bauen. Die Inbetriebnahme ist für 2020 geplant.

Abgas mit hohem Wasserstoffgehalt

Viele industrielle Abgase enthalten signifikante Anteile an Wasserstoff und Kohlendioxid mit einem geringen Gehalt an Kohlenmonoxid. LanzaTech optimiert seit 2015 die Fermentation solcher Wasserstoff enthaltenden Gase. Dabei hat sich gezeigt, dass mehr als 80 % des in den Produkten gebundenen Kohlenstoffs aus dem CO_2-Anteil stammen. Im Labormaßstab konnten alle Leistungsparameter mit Gasgemischen mit einem hohen Wasserstoffanteil erreicht werden, und inzwischen wurde auch im Pilotmaßstab im Dauerbetrieb von fast 1000 h die Eignung für den kommerziellen Betrieb gezeigt. Ende 2017 wurde die technische Planung für eine derartige Gasfermentation mit der Indian Oil Company (IOC) begonnen; die Inbetriebnahme ist für 2020 vorgesehen.

16.4.4 Innovation in der Gasfermentationsreaktortechnologie

Das Reaktordesign steht im Zentrum des Gasfermentationsverfahrens. Die laufende Entwicklung soll die Energie- und gesamte Verfahrenseffizienz verbessern, um die Produktionskosten weiter zu reduzieren und die Gasfermentation damit zu einer ökonomischen Alternative zur Verbrennung der Rohstoffe für die Stromerzeugung oder das einfache Abfackeln zu machen. LanzaTech ist das einzige Gasfermentationsunternehmen, das selbst am Reaktordesign arbeitet und diesbezüglich eine nachdrückliche Patentstrategie verfolgt. LanzaTechs CO-basierte Demonstrationsanlage in China (370.000 L Ethanol pro Jahr) und die kommerzielle Produktion in Caofedian (China) (60 Mio. L Ethanol pro Jahr) stellen heute den Stand der Technik für den Gasfermentationsreaktor dar.

Die größte Herausforderung in der Gasfermentation ist die limitierte Gas-Flüssigkeit-Massentransferrate. LanzaTech hat eine Serie von Zwangsumlauf-Schlaufenreaktoren entwickelt, die in der CO-Gasfermentation erfolgreich eingesetzt werden. Um die Grundlagen dieses Reaktorkonzepts besser zu verstehen, werden Massentransfer und Strömungsdynamik mathematisch modelliert. Auf dieser Basis wurde der Reaktor für den Produktionsmaßstab entwickelt. ◘ Abb. 16.10 zeigt die Modellierung und Messdaten, die die theoretische Erwartung bestätigen. Der experimentell ermittelte CO-Umsatz konnte auf etwa 90 % erhöht werden, während gleichzeitig die gewünschten Produkttiter beibehalten wurden, was schließlich die Produktivität der Bioreaktoren verbesserte.

16.4.5 Robustheit der Bakterien

Als lebende Organismen sind die in der Gasfermentation eingesetzten Bakterien sich selbst replizierende Biokatalysatoren. Sie sind gegen zahlreiche potenziell toxische Verbindungen, die in industriellen Abgasen vorkommen, resistent. Dazu gehören auch Stoffe, die in der Gaskonversion eingesetzte traditionelle Metallkatalysatoren schädigen. Außerdem wurden die Bakterien instabilen Betriebsbedingungen, wie der Unterbrechung der Gas-, Nährstoff- oder Stromversorgung, ausgesetzt. Die Standardleistungsparameter wurden jeweils nach kurzer Unterbrechung wieder erreicht. Dies belegt die Robustheit der Bakterien unter Produktionsbedingungen.

16.4.6 Life Cycle Analysis

Ausgehend von dem (fossilbasierten) Stahlwerksabgas einer europäischen Anlage erreicht LanzaTechs Ethanol eine 70-prozentige Reduktion von Treibhausgasen im Vergleich zu der fossilbasierten Alternative. Dieser Durchschnittswert kann mit der Gasquelle, mit der Verfahrensvariante und mit den für den Standort spezifischen Emissionsfaktoren variieren. Der bedeutendste Emissionsfaktor der Gasfermentation ist heute der Stromverbrauch, der sich mit zunehmendem Angebot an erneuerbaren Energien reduzieren wird.

Eine weiter verbesserte Treibhausgasbilanz wird erreicht, wenn Synthesegas aus gasifizierter Biomasse oder festen Siedlungsabfällen zum Einsatz kommt. Das so produzierte Ethanol weist Emissionswerte von 1,5 bis 11,7 g CO_2eq/MJ auf. Dies entspricht im Vergleich zu Benzin einer Emissionsreduktion von 87 bis 98 %.

Da die Kosten kohlenstofffreier erneuerbarer Energien kontinuierlich sinken, ist es ökonomisch wenig sinnvoll, kohlenstoffhaltige Gase zu verbrennen, anstatt sie für die Produktion höherwertiger Produkte wie Ethanol einzusetzen. Außerdem ist die Gasfermentation im Vergleich zur Energieerzeugung hoch effizient. Während die energetische Verwertung zu 0,3 bis 0,4 MJ pro 1 MJ industriellen Abgases führt, erzeugt die Gasfermentation Ethanol mit

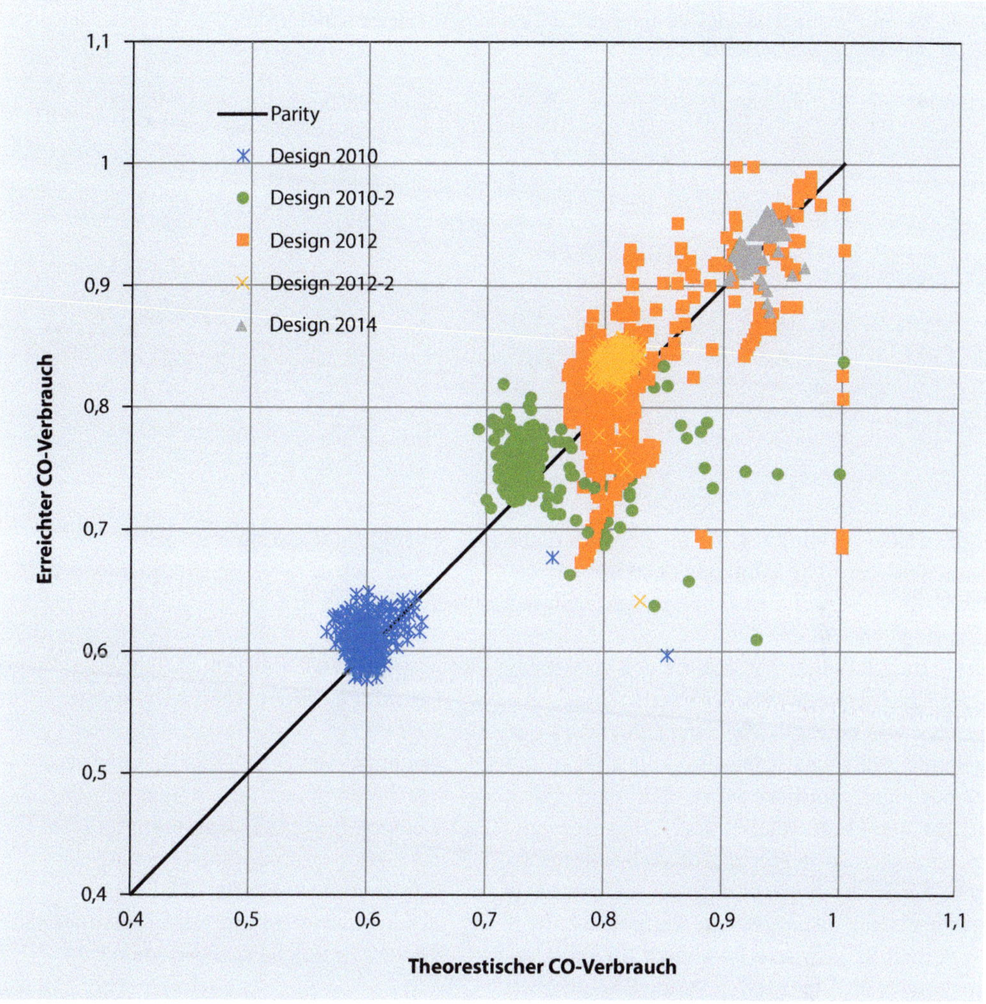

Abb. 16.10 Gezeigt werden Ergebnisse von LanzaTechs skalierbarem Bioreaktor und entsprechende Daten aus den sukzessive in Betrieb genommenen Fermentationsanlagen. kL*(1-Sat%) ist ein dimensionsloser Parameter, der alle den Massentransfer beeinflussenden Größen kombiniert. (© LanzaTech)

einem Energiegehalt von 0,6 bis 0,8 MJ. Die Fermentation kohlenstoffhaltiger Gase ist also sowohl aus ökologischen als auch aus ökonomischen Gründen der energetischen Verwertung zu Wärme und Strom vorzuziehen. Zudem erlaubt die stoffliche statt energetische Verwertung von Synthesegas die Herstellung von Ethanol als Energiespeicher, der im Gegensatz zu Strom gelagert und transportiert werden kann.

16.4.7 Globales Potenzial und Kreislaufwirtschaft

Für den Chemiesektor macht der LanzaTech-Prozess großvolumige Kohlenstoffquellen, wie Rauchgase und Synthesegas, zugänglich und zwar ohne die sonst für Rohstoffe zu beachtende Preisvolatilität oder ökologische und soziale Auswirkungen. Rauchgas ist ein nicht vermeidbarer Gasstrom

Tab. 16.1 Ethanol-Produktionspotenzial in Europa, dem Mittleren Osten, Afrika, Asien sowie Süd- und Nordamerika aus verschiedenen Gasen (1000 t pro Jahr)

Region	Blasstahlkonvertergas (Stahlwerk)	Gichtgas (Stahlwerk)	Abgas (Produktion von Ferro-Legierungen)	Synthesegas (aus festen Siedlungsabfällen)
Europa, Mittlerer Osten, Afrika	2844	11.796	1593	25.947
Asien	12.995	54.490	1040	28.759
Süd- und Nordamerika	1729	6828	239	23.813
Summe	17.568	73.114	2872	78.519

industrieller Produktion, der als Rohstoff nicht handelbar ist. Die Nutzung entkoppelt die Herstellungskosten von Ethanol und weiteren Chemikalien von den fluktuierenden Märkten der traditionellen Rohstoffe. Synthesegas wird üblicherweise zur Stromerzeugung eingesetzt, was zwangsläufig dazu führt, dass der gesamte enthaltene Kohlenstoff als CO_2 in die Atmosphäre emittiert wird. Mit dem Fortschritt der Photovoltaik- und Windturbinentechnologien kann Strom großskalig allerdings auch ohne die Freisetzung von CO_2 erzeugt werden. Aus ökologischer Perspektive liegt es deshalb nahe, diese Ressource für die Herstellung von Treibstoffen und Chemikalien einzusetzen. Tab. 16.1 vermittelt eine Vorstellung von dem enormen Potenzial. Allein Stahlwerksgase könnten die Kohlenstoffquelle für 90 Mio. t bzw. für 114 Mrd. L Ethanol bereitstellen. Das entspricht der heutigen Weltproduktion von Bioethanol.

16

Technologien wie die von LanzaTech ermöglichen durch die stoffliche Umsetzung von Abgasen zu Treibstoffen und Chemikalien unseres täglichen Bedarfs eine Kreislaufwirtschaft für Kohlenstoff. Kohlenstoff, der sonst als Treibhausgas in die Atmosphäre gelangt, wird so zu einem Rohstoff und in Produkten gebunden.

Zusammenfassung

LanzaTech ist das erste Unternehmen, das eine CO/H_2-Gasfermentation für die Herstellung von Ethanol kommerzialisiert. Über Ethanol hinaus entwickelt LanzaTech Fermentationsverfahren für weitere Chemikalien aus industriellen Abgasen, die CO, CO_2 und H_2 enthalten. Vor der Kommerzialisierung wurde die Technologie in Demonstrationsanlagen, die Gase von Stahlwerken oder aus der Gasifizierung von festen Siedlungsabfällen umsetzen, getestet. Abhängig von der Gasquelle kann sich das Gas von CO-reichen Gasmischungen bis hin zu solchen erstrecken, die im Wesentlichen H_2 enthalten. Für die Herstellung von Chemikalien ist das gesamte Gasspektrum geeignet. Mit der Herstellung von Chemikalien ermöglicht LanzaTech den Einstieg in die Kohlenstoff-Kreislaufwirtschaft. Abfallkohlenstoff wird in neuen Produkten wie Kunststoffen und synthetischen Fasern gebunden, die nach der Nutzung weiter rezykliert werden können. LanzaTech verwandelt damit Abfallkohlenstoff von einem Schadstoff in einen Rohstoff.

16.5 White Dog Labs

Biniam T. Maru , Pradeep C. Munasinghe , Shawn W. Jones und Bryan P. Tracy

16.5.1 Einleitung

Die anaerobe Fermentation von Zuckern ist bis heute eine primäre Prozesstechnologie für die Produktion von biobasierten Treibstoffen und Chemikalien, z. B. von Ethanol. Allerdings haben die meisten Moleküle von Interesse, insbesondere Alkohole und desoxygenierte Treibstoffmoleküle, einen höheren chemischen Reduktionsgrad als der Rohstoff Zucker. Daher muss zur Produktion dieser reduzierten Moleküle ein Teil des Zuckers zu CO_2 oxidiert werden, was wiederum in einem geringem Masseertrag des gewünschten Produkts resultiert. Um diese Limitierung zu überwinden, hat White Dog Labs (WDL) eine Technologie mit dem Namen MixoFerm™ entwickelt (auch bekannt als anaerobe, nicht photosynthetische Mixotrophie, ANP) [2, 4, 5]. Diese Technologie nutzt sogenannte Acetogene, also Mikroorganismen, die in der Lage sind, zeitgleich organische (Zucker) und anorganische (CO und H_2) Kohlenstoffquellen zu verstoffwechseln. Durch die zusätzliche Energie, die durch den anorganischen Eingangsstoff bereitgestellt wird, können die Erträge reduzierter Produkte gesteigert und damit die Wirtschaftlichkeit des Prozesses verbessert werden.

16.5.2 MixoFerm™-Plattform

Bei der MixoFerm™-Technologie werden gleichzeitig sowohl die Glykolyse als auch der Wood-Ljungdahl-Weg (WLP) verwendet, um die Mängel des jeweiligen Weges zu überwinden. So ist der WLP zwar ein energieeffizienter Stoffwechselweg zur Kohlenstofffixierung [6], aber energetisch ungünstig [2, 7], insbesondere bei der Produktion nichtnativer Metaboliten. Unterdessen produziert die Glykolyse überschüssiges ATP für das zelluläre Wachstum und die Instandhaltung der Zelle, generiert bei der Herstellung von Produkten auf Basis von Acetyl-CoA aber auch CO_2. Durch die Kombination beider Stoffwechselwege im selben Organismus kann das überschüssige ATP aus der Glykolyse im WLP eingesetzt werden, um das aus der Glykolyse entstehende CO_2 zu fixieren [8, 6, 5]. Dies resultiert in der maximalen Acetyl-CoA-Produktion von drei Mol pro Mol Glucose.

Um den maximalen Acetyl-CoA-Ertrag zu erreichen, werden alle aus der Glucose generierten Reduktionsäquivalente verstoffwechselt, womit kein Überschuss zur Produktion reduzierter Produkte übrigbleibt. In der Konsequenz heißt dies: Sobald das gewünschte Produkt einen höheren Oxidationsgrad als Acetyl-CoA aufweist (wie z. B. Ethanol), muss ein Teil des Kohlenstoffs aus der Glucose weiter oxidiert werden (in der Regel zu CO_2), wodurch es nicht in das eigentlich gewünschte Zielmolekül eingebaut werden kann. Gleichermaßen kann der maximale Kohlenstoffertrag nicht erreicht werden, wenn ein Decarboxylierungsschritt nach der Acetyl-CoA-Bildung erfolgt (wie z. B. bei der Acetonproduktion), sofern der Mikroorganismus nicht über einen Mechanismus zur Refixierung des entstehenden CO_2 verfügt. Für viele Zielmoleküle ergibt sich in der Praxis daher ein Mangel an Reduktionsmitteln bzw. eine Stoffwechselwegineffizienz, die nur durch eine CO_2-Fixierung bei gleichzeitiger Verstoffwechslung von anorganischen Reduktionsmitteln überwunden werden kann. MixoFerm™ erlaubt es, exogene Reduktionsmittel wie H_2 und CO zeitgleich zur Zuckerfermentation hinzuzugeben, wodurch der Produktertrag vieler verschiedener Zuckerquellen theoretisch maximiert werden kann [2, 5]. Zusätzlich kann durch MixoFerm™ weiteres CO_2 fixiert werden, das nicht aus der Glykolyse stammt, solange ausreichende Reduktionskraft vorhanden ist (z. B. bei reduzierten Syngasmischungen) und solange die Glykolyse eine positive ATP-Balance beibehalten kann, um die energetischen Restriktionen des WLP zu vermeiden.

16.5.3 Demonstration der Plattform

Wie beschrieben, zielt MixoFerm™ darauf ab, den Ertrag von Acetyl-CoA aus Zucker zu maximieren, und aus Acetyl-CoA wiederum kann eine Vielzahl interessanter Metaboliten hergestellt werden. MixoFerm™ kann daher eine robuste Plattformtechnologie zur Produktion von biobasierten Treibstoffen und Chemikalien darstellen. Um die verbesserten Erträge der Plattform zu demonstrieren, wurde die Produktion von Aceton in den Fokus genommen [5]. Aceton ist ein wichtiges industrielles Lösungsmittel und Grundbaustein für die Herstellung von Polymethylmethacrylat (PMMA). Aceton kann zwar durch die klassische Aceton-Butanol-Ethanol-Fermentation (ABE) sowie deren Modifikationen gewonnen werden, jedoch bringt der Stoffwechselweg geringe Masseerträge mit sich. Der Stoffwechselweg beginnt mit der Kondensation zweier Acetyl-CoA-Moleküle, gefolgt von der Decarboxylierung des resultierenden Acetoacetats. In konventionellen Fermentationen kann daher nur ein Mol Aceton pro Mol Glucose produziert werden. Daraus ergibt sich ein Masseertrag von 0,32 g Aceton/g Glucose. Zudem ist die Reaktion hinsichtlich ihrer Reduktionsenergie nicht ausgeglichen. Demzufolge müssen Nebenprodukte wie Ethanol, Buttersäure und/oder n-Butanol produziert werden, um die Reduktionskraft auszugleichen. Zudem entsteht CO_2 durch die Decarboxylierung von Acetoacetat und Pyruvat. Wenn sich die Bildung reduzierter Nebenprodukte, z. B. durch Genmanipulation, nun minimieren oder eliminieren ließe, könnte die überschüssige Reduktionsenergie in die CO_2-Fixierung durch den WLP geleitet und die Acetonmasseerträge könnten theoretisch um 50 % gesteigert werden (auf bis zu 0,48 g Aceton/g Glucose). Es ist zu betonen, dass ein solcher Fermentationsprozess auch keine Zugabe exogener reduzierter Gase erfordern würde. Kürzlich konnte WDL zeigen, dass ein genetisch modifizierter *Clostridium-ljungdahlii*-Stamm in der Tat Aceton mit einem Masseertrag von 0,45 g Aceton/g Glucose in einem kontinuierlichen Fermentationsprozess produzieren konnte [5]. Derselbe Stamm wurde auch eingesetzt, um MixoFerm™ mit exogener H_2-Zugabe zu testen. Durch die H_2-Zugabe wurde eine hoch reduzierte Umgebung geschaffen, wodurch die Zellen die Produktion von Ethanol anstelle von Aceton bevorzugten, jedoch konnten die Organismen das gesamte in der Glykolyse freigesetzte CO_2 fixieren. Dies resultierte in einem fast 100-prozentigen Einbau des aus dem Zucker stammenden Kohlenstoffs in die Metaboliten [5]. Diese Ergebnisse belegen die Eignung vom MixoFerm™, um sowohl die Erträge des Zielprodukts zu steigern als auch den Verlust von Kohlenstoff durch die Entstehung von CO_2 zu minimieren. WDL hat außerdem demonstriert, dass MixoFerm™ in einer Reihe von acetogenen Wirten möglich ist, die eine große Bandbreite sowohl an löslichen Substraten als auch an Gasen und Glycerol nutzen [9].

16.5.4 Künftige Applikationen

Während manche Metaboliten wie Essigsäure und Aceton eine signifikante Ertragsverbesserung ohne die Zugabe exogener Gase aufweisen, benötigen die meisten Metaboliten zusätzliche Reduktionsmittel, um eine Ertragsverbesserung zu realisieren [5]. Aktuell ist die Reformierung von Erdgas zu H_2 oder Synthesegas die ausgereifteste und ökonomisch tragfähigste Technologie, die zur Verfügung steht. Eine Reihe von weiteren Technologien entwickelt sich jedoch rasant weiter und erlaubt so die Vorstellung einer Zukunft, in der erneuerbare und nachhaltige Ressourcen genutzt werden. Zu diesen Technologien zählen die Gasifizierung

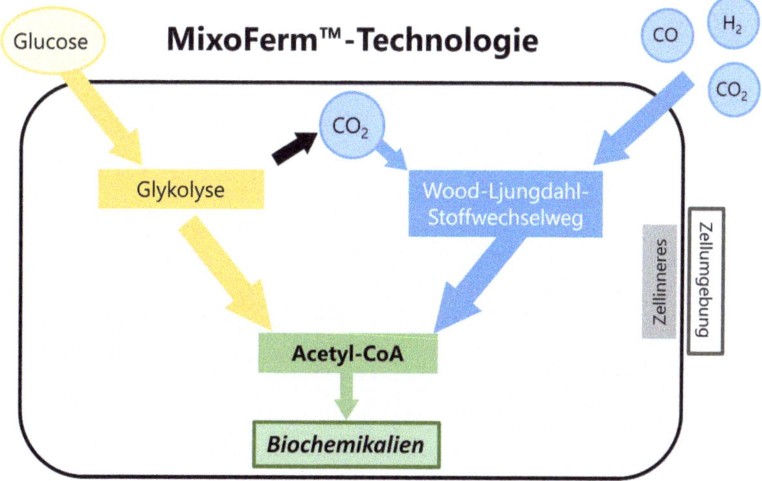

Abb. 16.11 Konzeptioneller Überblick von MixoFerm™. In der Glykolyse produziertes CO_2 wird fixiert, entweder durch überschüssige Reduktionsäquivalente aus der Glykolyse oder aus exogenen Quellen (wie z. B. CO und H_2). Für Letztere erfolgt die Umsetzung über den Wood-Ljungdahl-Weg in zusätzliches Acetyl-CoA. Exogenes CO_2 kann ebenfalls fixiert werden, wenn es zusammen mit CO oder H_2 zugegeben wird. (© White Dog Labs.)

von Biomasse und/oder Siedlungsabfällen, die Wasserelektrolyse auf Basis erneuerbarer Energien, wie Sonne oder Wind, und die biotechnologische Produktion von H_2. Diese Technologien könnten mit MixoFerm™ gekoppelt werden und so eine erneuerbare Produktionsplattform zur Herstellung biobasierter Treibstoffe und Chemikalien bereitstellen, die nie dagewesene Kohlenstoffausbeuten und CO_2-Nutzungsgrade aufweist (Abb. 16.11).

Zusammenfassung

White Dog Labs hat eine neuartige anaerobe, mixotrophe Fermentation unter der Bezeichnung MixoFerm™ entwickelt, bei der gleichzeitig Zucker und Gase im selben Mikroorganismus verstoffwechselt werden. Mit dieser Technologie können Masseausbeuten von Produkten auf Basis von Acetyl-CoA potenziell um 50 bis 100 % verbessert werden, ohne Kohlenstoff durch die Umsetzung in CO_2 zu verlieren.

16.6 Photanol: Technologie und Status

Ronnie Machielsen und Ross Gordon

Die wachsende Weltbevölkerung und der damit einhergehende steigende Materialbedarf treibt die Nachfrage nach nachhaltigeren Produktionsprozessen für Biokraftstoffe und Chemierohstoffe in die Höhe. Mikroorganismen wie *Saccharomyces cerevisiae* (Hefe) und *Escherichia coli*, die verbreitet in industriellen Prozessen eingesetzt werden, benötigen Zucker als Kohlenstoffquelle für die Produktion. Dieser Einsatz von Zuckern stellt eine sowohl ökonomische als auch soziale Herausforderung für die weitere Verbreitung der industriellen Biotechnologie dar.

Photanol begegnet dieser Herausforderung mit dem Ersatz von Zucker durch CO_2 und Sonnenlicht als Rohstoff, was durch den Einsatz von konstruierten cyanobakteriellen „Zellfabriken" erreicht wird. Dies geschieht durch die Kombination der Fähigkeiten von oxygener Photosynthese und Kohlenstofffixierung durch einen angepassten

Stoffwechselweg [10, 11]. Solche cyanobakteriellen „Zellfabriken" können für die Produktion einer großen Vielfalt an Biotreibstoffen, Biopolymeren und Basischemikalien konstruiert werden [12, 13, 14, 15, 16]. Darüber hinaus scheiden diese Zellfabriken die produzierten Verbindungen aus, wodurch das benötigte Downstream Processing vereinfacht wird. Die Unabhängigkeit von pflanzlichen Zuckern macht Cyanobakterien effizienter und nachhaltiger, da sie vorteilhaft in Bezug auf Landnutzung und Wasserbedarf sind sowie eine bessere Kohlenstoffbilanz durch die Nutzung von CO_2 als Substrat aufweisen. Außerdem wird die mit zuckerbasierten Fermentationen zusammenhängende Problematik der Preisvolatilität der Rohstoffe abgemildert und das Problem der „Teller/Tank" (oder Chemikalien)-Diskussion umgangen, was insbesondere für Markenhersteller von großer Bedeutung ist. Vor allem aber resultiert der Photanol-Ansatz in einer sehr wettbewerbsfähigen ökonomischen Leistung im Vergleich zu aktuellen Herstellungsverfahren und anderen aufkommenden neuen Produktionsrouten.

Photanol ist in der Lage, den Stoffwechsel von Cyanobakterien gezielt zu verändern, um eine große Vielfalt von Biokraftstoffen und Basischemikalien zu produzieren. Die Einbringung eines geeigneten heterologen Enzyms (oder heterologer Enzymgruppen) kann den Stoffwechsel, ausgehend von CO_2 aus Biomasse, zum gewünschten Zielprodukt umlenken. Bis heute verfügt Photanol über 17 Grundsatznachweise, mit denen demonstriert werden konnte, dass die Firma in der Lage ist, Cyanobakterien so zu modifizieren, dass sich Produkte verschiedener Klassen, wie organische Säuren, Alkohole, Polyole oder Terpene, herstellen lassen. Photanol steht bei der Entwicklung wirtschaftlich tragfähiger Produktionsprozesse für drei dieser Verbindungen in enger Kooperation mit Industriepartnern wie Akzo Nobel. Die Arbeiten mit Akzo Nobel werden voraussichtlich zur Kommerzialisierung der ersten Verbindung führen, dicht gefolgt von Entwicklungen für die kommerzielle Produktion von L-Milchsäure innerhalb eines PLA-Konsortiums.

Die Entwicklungen hin zu einer kommerziellen Produktion erfordern die weitere Optimierung der Produktionsstämme durch Stammentwicklung und die Verbesserung des großtechnischen Produktionsprozesses. Für beides liegen bei Photanol die erforderlichen Expertisen vor (▪ Abb. 16.12 verdeutlicht den Entwicklungszyklus bei Photanol). Die Entwicklung eines optimalen Downstream Processing für diese Technologie wird in enger Zusammenarbeit mit Industriepartnern vorangetrieben, die in diesem Feld über weitreichende Erfahrung verfügen.

Die Stammentwicklung zielt auf die Optimierung von neuen Biosyntheserouten ab, um den Metabolismus noch effizienter zu gestalten, insbesondere durch die Modifizierung von Triebkräften und den Gebrauch von Cofaktoren, die während der Lichtreaktion der Photosynthese produziert werden, was letztendlich zu höheren Produkttitern und hohen Kohlenstoffrückführungsraten führt. Dadurch wird eine fast vollständige Umsetzung des Kohlenstoffs zum Produkt anstatt zu Biomasse ermöglicht.

Die Optimierung der großvolumigen Produktion wird durch den Fokus auf das Photobioreaktor(PBR)-System in enger Zusammenarbeit mit den PBR-Anbietern erreicht, indem die Betriebsbedingungen im großen Maßstab, die Nährstoffzusammensetzung und die Prozessbedingungen für Produktion und Kontaminationskontrolle stetig verbessert werden. Photanol blickt auf mehrere Jahre an Erfahrungen mit Pilotanlagen zurück, die ein Volumen von bis zu 1000 L und ein Produktionslevel im Kilogrammbereich für unterschiedliche Zielsubstanzen besaßen. Die derzeitige Pilotanlage befindet sich in einem Gewächshaus, jedoch plant Photanol gegenwärtig auch den Betrieb einer außen gelegenen Pilotanlage. Als Nächstes wird Photanol 2019 die Konstruktion einer industriellen Pilotanlage (1 Hektar) starten, die 2020 in Betrieb gehen

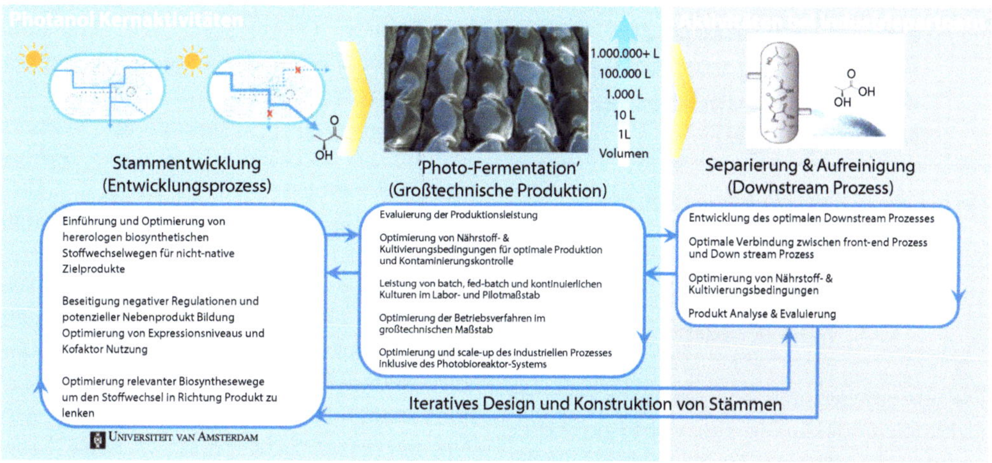

Abb. 16.12 Der Entwicklungszyklus bei Photanol. Die Kernaktivitäten bei Photanol sind Stammentwicklung und *Scale-up* des „Photofermentationsprozesses" im großtechnischen Maßstab. Das Downstream Processing wird in enger Kooperation mit Industriepartnern entwickelt. Die Abbildung ist eine modifizierte und auf Photanol angepasste Version einer Abbildung des systemischen *metabolic engineering frameworks* von Lee und Kim (2015; [17]). (© Photanol)

soll, um zu zeigen, dass eine großvolumige Produktion von bestimmten Zielprodukten im Tonnenmaßstab möglich ist.

Nachfolgend sind die Kernpunkte der Photanol-Technologie noch einmal aufgelistet:

- Sehr wettbewerbsfähig in Bezug auf die Gesamtproduktionskosten,
- Beseitigung von Preisschwankungen,
- Nutzung von Abfallströmen als Substrate und Reduktion der Kohlenstoffbilanz (CO_2 als Substrat),
- Umgehen der Problematik, biobasierte Treibstoffe oder Chemikalien aus Lebensmitteln herzustellen,
- Abkehr von fossilen Produktionsprozessen in der chemischen Produktion.

Zusammenfassung

Photanol entwickelt und kommerzialisiert eine bahnbrechende biobasierte Produktionstechnologie: einen CO_2-basierten Herstellungsprozess für chemische Rohstoffe wie z. B. L-Milchsäure, die zur Erzeugung des Biopolymers PLA eingesetzt wird, mit einer geringeren Umweltbelastung und hoch kompetitiver ökonomischer Leistungsfähigkeit im Vergleich zu aktuellen Herstellungsverfahren und anderen aufkommenden neuen Produktionsrouten. Die Technologie nutzt genetisch veränderte Cyanobakterien (früher Blaualgen genannt), die in der Lage sind, CO_2 mithilfe von Sonnenlicht als Energiequelle direkt in das gewünschte Zielprodukt umzusetzen (► Gl. 16.1).

$$\text{Wasser} + \text{Licht} + CO_2 \text{ à Produkt} + \text{Sauerstoff} \qquad (16.1)$$

Dieser CO_2-verbrauchende Prozess basiert auf Prinzipien der zirkulären Wertschöpfung, ist nachhaltig, weiträumig einsetzbar und unabhängig von der Ernährungswirtschaft.

16.7 Die CO_2-Elektroraffinerie – ein neues Konzept zur Abscheidung von Kohlendioxid (CO_2) und dessen Nutzung (CCU)

Deepak Pant , Metin Bulut und Heleen De Wever

16.7.1 Stromgetriebene CO_2-Konversion

Die aus erneuerbaren Energieträgern gespeiste Elektrobioproduktion ist eine vielversprechende Technologie, die viele Nachteile der Energieerzeugung aus landwirtschaftlichen Seitenströmen adressiert. Strom ist ein vielseitig einsetzbarer Energieträger, der mittelfristig im Überfluss aus erneuerbaren Energien vorhanden sein sollte. Er kann aus den meisten erneuerbaren Energiequellen jedoch nicht kontinuierlich produziert werden, sondern fällt stoßweise an. Somit muss Elektrizität bei Überproduktion gespeichert, und aus diesem Vorrat in Zeiten unzureichender Stromerzeugung rückgespeist werden. Strom kann zudem nicht direkt in das derzeit auf Treibstoff oder Chemie basierendem System integriert werden. Daher ist eine Technologie vonnöten, die Strom direkt in Kraftstoffe und Chemikalien umwandeln kann. Dies kann über photoelektrische, biologische, bioelektrochemische oder elektrokatalytische Verfahren, die entweder organometallische, organische oder bioorganische Katalysatoren verwenden, erreicht werden [18]. Eine CO_2-Elektroraffinerie, wie sie im Weiteren beschrieben wird, umfasst die letzten drei Optionen.

16

16.7.2 Bio-/elektrochemische Systeme und die Rolle von Gasdiffusionselektroden (GDE)

Die Reduktion von CO_2 durch bio-/elektrochemische Technologien wird voraussichtlich ein enormes Potenzial für den Bereich der erneuerbaren Chemikalien und Kraftstoffe haben. Dabei ist die Leistung der Elektroden nicht nur ein Schlüsselparameter für die technisch-operative Anwendung, sondern auch für die Wirtschaftlichkeit dieser Technologie. Die eingesetzten Elektroden sollten kostengünstig verfügbar sein, eine hohe Leistung (d. h. eine hohe Elektronentransferkapazität) aufbringen, sowie mit verschiedenen Prozessen (d. h. mit einem breiten Spektrum von Elektrolyten und mit bakterieller Kolonisierung bzw. Biofilmbildung) kompatibel und flexibel sein. Aus operativer Sicht bedarf es einer Langzeitanwendung mit geringer Wartung, ebenso einer guten Widerstandskraft gegen Schwankungen von Temperatur oder elektrischem Potenzial.

Die durch VITO unter den Markennamen VITO CORE® und VITO CASE® entwickelten Elektroden sind im Vergleich zu konventionellen Elektronen auf Basis von Platingruppenmetallen (PGM) effizient, günstig und haben einen ausreichenden Umfang für den schnell wachsenden Markt der Elektrosynthese. Als Ausgangsstoffe für diese Elektroden werden Aktivkohle, Polymerbinder und ein Edelstahlgewebe minimaler Dicke verwendet. Der Herstellungsprozess der VITO-Elektroden erfolgt nach einem Trockensyntheseverfahren, bei dem keine Lösungsmittel verwendet werden. Ein geringer Energieeinsatz durch mildere Temperaturbedingungen bei der Herstellung bedeutet gleichfalls niedrige CO_2-Emissionen. VITO-Elektroden haben im Vergleich zu anderen kommerziellen Elektroden (PGM-basierte Materialien) sowohl bei der Rohstoffsynthese als auch bei der Elektrodenfertigung einen geringeren CO_2-Fußabdruck [19].

Der hybride Aufbau der VITO-Elektroden, mit dem eine effiziente homogene Stromverteilung im Elektrodenmaterial erreicht wird, gewährleistet hohe Elektronentransferraten und minimiert die Energieverluste des Prozesses. Kohlenstoffgeträgerte Elektroden bewahren in unterschiedlichen

Tab. 16.2 Besondere Merkmale der VITO-Elektroden, essenzielle Komponenten der CO_2-Elektroraffinerie

USP VITO-Elektroden	CAPEX	OPEX
Geringe Kosten	Niedrige Investitionskosten	–
Lange Lebensdauer	–	Geringe Austauschraten
Große Oberfläche	Niedrige Investitionskosten	Hohe CO_2-Umsatzrate und Produktausbeute
Batch- zu kontinuierlichen Verfahren	Kleinere Installationsfläche (bei gleicher Produktivität wie im Batch)	Weniger Personenstunden/höhere Produktivität
Kompatibilität	–	–

Elektrolytbedingungen ihre hohe Effizienz und weisen eine hohe Elektronentransferrate auf. Elektroden aus Graphit, Aktivkohle oder anderen kohlenstoffbasierten Materialien haben den Nachteil, dass sie in ihrer reinen Form keine effektiven Stromkollektoren sind. Daher hat die von VITO entwickelte Elektrodentechnologie einen integrierten Stromkollektor, der einen effizienten Elektronentransfer und geringere Verluste durch elektrische Widerstände im System gewährleistet. Anpassungsmöglichkeiten, breite Anwendungsmöglichkeiten, Kosteneffizienz und ihre Gasdiffusionseigenschaften sind wichtige Vorteile der VITO-Elektroden, die in (Tab. 16.2) zusammengefasst sind. Potenzielle Anwendungsfelder der VITO-Elektroden sind sowohl bioelektrochemische Systeme (BES) als auch elektrochemische Systeme zur CO_2-Elektroreduktion, bei denen metallbasierte Elektroden eingesetzt werden.

16.7.3 CO_2-Elektroraffinerie

Als Elektroraffinerie wird ein Prozess der elektrolytischen Raffination definiert, bei dem ein Metall wie z. B. Kupfer durch Elektrolyse abgeschieden wird. Dabei wird das Rohmetall als Anode eingesetzt und geht dort in Lösung, während sich das Reinstmetall auf der Kathode abscheidet. Nach diesem Prinzip hat VITO 2015 das Konzept der CO_2-Elektroraffinerie vorgeschlagen. Diese soll eine Produktionsplattform zur Umwandlung von CO_2 zu Grundstoffchemikalien (sogenannten *building blocks*) sowie höherwertigen organischen Verbindungen ermöglichen (Abb. 16.13). Das Kernstück der CO_2-Elektroraffinerie ist ein industriell anwendbares, bio-/elektrochemisches System, wie in Abb. 16.13 beschrieben, das CO_2-Seiten- oder Abfallströme der Industrie in Kohlenwasserstoffe und/oder komplexere organische Verbindungen umwandeln kann. Der beschriebene Ansatz umfasst die gesamte Prozesskette von der CO_2-Abscheidung und -Aufreinigung, der Umsetzung in die Produkte sowie der Produktabtrennung und -aufreinigung. Dabei kann die Umsetzung entweder durch mikrobielle Elektrosynthese oder durch eine elektrokatalytische CO_2-Reduktion erfolgen. In beiden Fällen können die bereits beschriebenen VITO-Gasdiffusionselektroden (GDE) genutzt werden, die flexibel in verschiedenen Reaktordesigns eingesetzt werden können [20].

Als BES wird eine Bioreaktortechnologie bezeichnet, welche die Fähigkeit elektrochemisch aktiver Mikroorganismen zum Transport von Elektronen zu bzw. von einer Feststoffelektrode ausnutzt [21, 22]. Die Forschung in den letzten Jahren hat den Nutzen von BES über die Stromerzeugung in mikrobiellen Brennstoffzellen (MBZ)

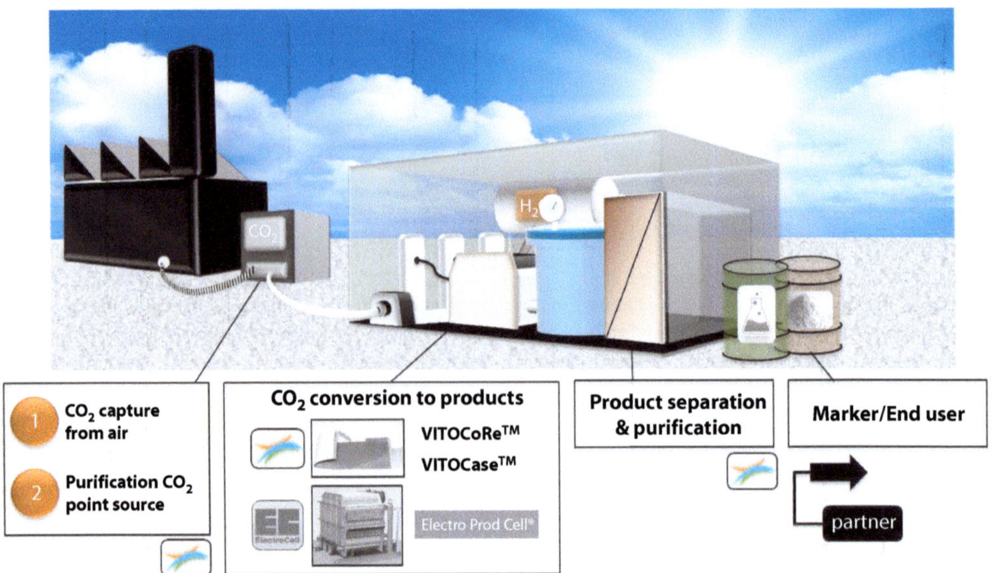

Abb. 16.13 Schematische Darstellung einer CO_2-Elektroraffinerie, die industrielles CO_2 in Chemikalien umwandelt

16

hinaus zu komplexeren Prozessen wie zur chemischen Synthese, Bioremediation und Ressourcenrückgewinnung erweitert. Einzigartig dabei ist, dass BES mit einer geringen Einspeisung von elektrischer Energie auch wertvolle Brennstoffe und Chemikalien aus geringwertigem Abfall oder CO_2 erzeugen können. Ein solches Produktionssystem ist als mikrobielle Elektrosynthese (MES) bekannt, bei der kathodische Biokatalysatoren den verfügbaren terminalen Elektronenakzeptor reduzieren, um hochwertige Produkte herzustellen [23]. Die Bioelektrosynthese hat gegenüber den elektrochemischen Syntheseverfahren mehrere Vorteile, da sie nur einen geringeren Energieeintrag benötigt [24], keine speziellen Katalysatoren erfordert und eine höhere Produktspezifität aufweist [25]. Bislang sind die meisten Forschungsanstrengungen im Bereich der MES auf den Labormaßstab beschränkt, wobei Acetat das Hauptprodukt ist [26].

Die elektrokatalytische Reduktion von CO_2 wurde an einer Vielzahl unterschiedlicher Elektrodenmaterialien nachgewiesen und ausführlich untersucht [27]. Abhängig vom Kathodenmaterial und vom verwendeten Elektrolyten können verschiedene Produkte, hauptsächlich Ameisensäure und CO, aber auch Kohlenwasserstoffe mit relativ niedrigen Molekularmassen, wie Methan oder Ethylen, erhalten werden. Die Verwendung einer Gasdiffusionselektrode in Kombination mit optimierten Katalysatorschichtabscheidungsverfahren hat häufig zu einer signifikanten Verbesserung der Elektrodenleistung für die CO_2-Reduktion geführt [28]. Mit dem Einsatz von Gasdiffusionselektroden konnten die Stromdichten in der CO_2-Elektroreduktion um ein bis zwei Größenordnungen erhöht werden [29]. Bei der elektrochemischen CO_2-Reduktion erzeugten GDEs mit einem Sn-Elektrokatalysator Formiat mit bis zu 2 kA/m^2 und einer Faraday-Effizienz von 90 % [30].

16.7.4 Wertschöpfungsperspektive

Mehrere Unternehmen, Forschungsinstitute und Universitäten konzentrieren sich derzeit auf die Kommerzialisierung von CO_2-basierten

Technologien. Unternehmen wie Audi, Siemens, Arcelor, Suez Environment usw. in Europa und die Indian Oil Corporation Limited (IOCL) in Indien, Sabic aus dem Nahen Osten und Singapur sind einige Beispiele für Unternehmen, die in die Forschung und Entwicklung von auf CO_2 basierenden elektrochemischen Technologien investiert haben. Beispiele, die eine Einschätzung der Technologiereife ermöglichen, sind etwa das Pilotprojekt von MANTRA Energy (Kanada) zu einer CO_2-Elektroreduktionstechnologie (*electro-reduction of carbon dioxide,* ERC), die auf einer 3D-Kathode für die Reduktion von CO_2 zu Ameisensäure basiert [31]. Ein weiteres Beispiel ist eine Elektroreduktionsanlage von DNV, die 350 kg Ameisensäure pro Jahr produzieren kann [32]. Die genannten Beispiele unterstreichen die Bedeutung von geeigneten Elektroden in diesen Prozessen. Eine vor Kurzem von VITO durchgeführte technoökonomische Analyse der Elektroraffinerie zur CO_2-Umwandlung stellte fest, dass der Erfolg eines *Business Case* von dem gewählten Produkt und dessen Marktgröße abhängt (◘ Tab. 16.3). Daher sollte bei den anvisierten Endprodukten diversifiziert werden, um eine Abhängigkeit von nur einem Produkt und dessen Marktpreis zu vermeiden [19].

■ **Danksagung**

Die Autoren danken dem INTERREG Flandern-Niederlande Projekt EnOp (CO_2 als Energiespeicher) für die Finanzierung dieser Arbeit.

Zusammenfassung

Unter den verfügbaren CO_2-Umwandlungsverfahren haben sich elektrochemische Technologien als effiziente Ansätze erwiesen, bei denen die Elektroden eine entscheidende Rolle spielen. Derzeit werden elektrochemische CO_2-Reduktionsprozesse für eine Vielzahl von Produkten wie Kraftstoffe, Grundchemikalien und Feinchemikalien eingesetzt. Für bio-/elektrochemische Technologien werden derzeit Machbarkeitsnachweise erbracht und geeignete Produkte ausgewählt. Weitere Studien zu den kommerziellen Aspekten dieser Technologie werden bei VITO durchgeführt.

◘ Tab. 16.3 CO_2-Reduktionsreaktionen zu verschiedenen Produkten in wässriger Lösung sowie Energieverbrauch (aus ElMekawy et al. 2016 [19], mit der Erlaubnis des Herausgebers)

Produkt	Reaktion	Energieaufwand			Wert
		$\Delta G^{25°C}$ [J/mol]	Elektrizität [MWh/t]	Kosten [EUR/t]	Marktpreis [EUR/t]
Ameisensäure	$2\,CO_2 + 2\,H_2O \rightarrow 2\,CH_2O_2 + O_2$	271	1,64	164	515
Essigsäure	$2\,CO_2 + 2\,H_2O \rightarrow C_2H_4O_2 + 2\,O_2$	876	4,06	406	650
Oxalsäure	$4\,CO_2 + 2\,H_2O \rightarrow 2\,C_2H_2O_4 + O_2$	328	1,01	101	725
Methanol	$CO_2 + 2\,H_2O \rightarrow CH_4O + 2\,O_2$	673	5,85	585	410
Ethanol	$2\,CO_2 + 3\,H_2O \rightarrow C_2H_6O + 2\,O_2$	1328	8,02	802	445

16.8 b.fab GmbH

Frank Kensy

16.8.1 Einleitung

Zucker oder zuckerähnliche Stoffe dienen seit Jahrhunderten als zentrale Substrate der Fermentation, um daraus werthaltige Produkte in Bioprozessen zu produzieren. Je größer die Stoffströme für derartige Anwendungen werden, desto mehr kommt die „Tank gegen Teller"-Diskussion zum Tragen. Darunter versteht man den Wettbewerb zwischen Nahrungsmittel- und Rohstoffproduktion für Treibstoffe und Chemikalien auf herkömmlichen Agrarflächen. In einer Welt mit einer zunehmenden Verknappung an natürlichen Ressourcen und einem absehbaren Bevölkerungswachstum von 7 auf 10 Mrd. Menschen bis 2050 [33] ist ein Umdenken erforderlich. Der Lösungsansatz der b.fab GmbH sieht vor, sich von der Abhängigkeit von Agrarflächen zu lösen und ein unbegrenzt verfügbares Substrat für Bioprozesse und den Aufbau von biotechnologischen Wertschöpfungsketten zu verwenden. Dabei setzt man auf die Nutzung von regenerativem Strom, Kohlendioxid (CO_2) und Wasser (H_2O) als Ausgangsquellen. Das einfachste chemische Molekül, das sich aus diesen Ausgangsquellen zusammensetzen lässt, ist die Ameisensäure/Formiat (engl. *formic acid/formate*). Die Ameisensäure kann elektrochemisch in einem Elektrolyseur aus CO_2 und H_2O hocheffizient erzeugt werden. Faraday Wirkungsgrade von 80 bis 90 % und energetische Wirkungsgrade von 40 bis 50 % wurden beschrieben [34]. Dies bedeutet, dass ein Substrat aus unbegrenzt verfügbaren Quellen zur Verfügung steht und effizient aus regenerativen Energiequellen hergestellt werden kann. Der Vorteil der Ameisensäure ist zudem, dass sie bei Raumtemperatur als Flüssigkeit vorliegt und somit einen flüssigen Wasserstoff- und zugleich einen CO_2-Speicher darstellt. Anders als bei gasförmigen Produkten der elektrochemischen Konversion, wie Wasserstoff oder Synthesegas, ist Ameisensäure speicherfähig und somit dezentral herstellbar. Als CO_2-Quellen sind zunächst Punktquellen wie Kraft-, Stahl- und Zementwerke angedacht. Bei weiterer Effizienzverbesserung von Luft-CO_2-Adsorbern (engl. *direct air capture*, DAC) ist sogar die direkte CO_2-Abscheidung aus der Luft möglich [35]. Die Gewinnung von regenerativem Strom kann über Photovoltaik oder Windkraft erfolgen, wobei man bevorzugt Wüsten, unfruchtbare Agrarflächen oder bebaute Flächen nutzen kann. Es ist sogar eine Kombination von Photovoltaik und herkömmlicher Landwirtschaft (Agro-Photovoltaik) möglich [36].

Mit diesem Ansatz sind Steigerungen von Flächenerträgen um das 30- bis 40-Fache gegenüber der Zuckergewinnung aus Zuckerrüben oder Zuckerrohr (z. B. in Brasilien) möglich, ohne bei Ameisensäure tatsächlich Agrarflächen zu nutzen (eigene Berechnungen).

Die Nutzung von Ameisensäure als Fermentationssubstrat ist bisher nur wenig beschrieben. Bei Anaerobiern sind formatotrophe Stoffwechselwege bekannt, die aber nur wenig beforscht wurden. Die Forschergruppe von Arren Bar-Even am Max-Planck-Institut in Golm/Potsdam hat als Erste die Formiat-Bioökonomie beschrieben und setzt auf das Design und die Verbesserung von Stoffwechselwegen zur Nutzung von Ameisensäure (Formiat) als einziger Kohlenstoff- und Energiequelle [37].

16.8.2 Formiat-Bioökonomie

Die b.fab GmbH hat es sich zur Aufgabe gemacht die Formiat-Bioökonomie kommerziell zu etablieren (◘ Abb. 16.14). Sie setzt dabei auf die Nutzung des reduktiven Glycinweges (RGP). Dieser synthetische Stoffwechselweg nutzt Ameisensäure als einzige Kohlenstoff- und Energiequelle. Über fünf enzymatische Schritte wird die Ameisensäure über Glycin und Serin zu Pyruvat umgesetzt. Das Pyruvat dient dann als Substrat zur Bildung von Biomasse oder Produkten. Auf dem reduktiven Glycinweg zu Pyruvat werden 2 ATP und 3 NAD(P)H benötigt. In der Betrachtung verschiedener natürlicher und synthetischer Stoffwechselwege erscheint der reduktive Glycinweg als einer der effizientesten mit nur wenigen Enzymschritten. Ein weiterer Vorteil dieses Stoffwechselweges ist die Sauerstofftoleranz der verwendeten Enzyme, sodass die Nutzung dieses Weges in anaeroben sowie aeroben Mikroorganismen möglich ist [38].

b.fab verwendet daher primär das Bakterium *Escherichia coli* und die Hefe *Saccharomyces cerevisiae* als Produktionsorganismen. Beide Organismen lassen sich einfach molekularbiologisch manipulieren, und die Fermentationsverfahren sind bereits großtechnisch etabliert, sodass eine schnelle Entwicklung bei der Generierung der Stämme und dem anschließenden Prozesstransfer zu erwarten ist.

Die Verwendung von Ameisensäure als Substrat in der Fermentation bietet gegenüber CO_2 und Wasserstoff (H_2) den Vorteil, dass sie unbegrenzt in Wasser löslich ist und damit nicht den Stofftransfer in der Fermentation limitiert. Des Weiteren umgeht man den Explosionsschutz, der bei der Verwendung von H_2 hohe Kosten für Sicherheitstechnik beansprucht und zudem das Prozessfenster einschränkt. Für eine großtechnische Anwendung bietet die Ameisensäure zudem den Vorteil, dass sie aufgrund ihrer starken Säureaktivität autosteril ist. Darüber hinaus kann der Produktionsfermenter ohne Sterilisation

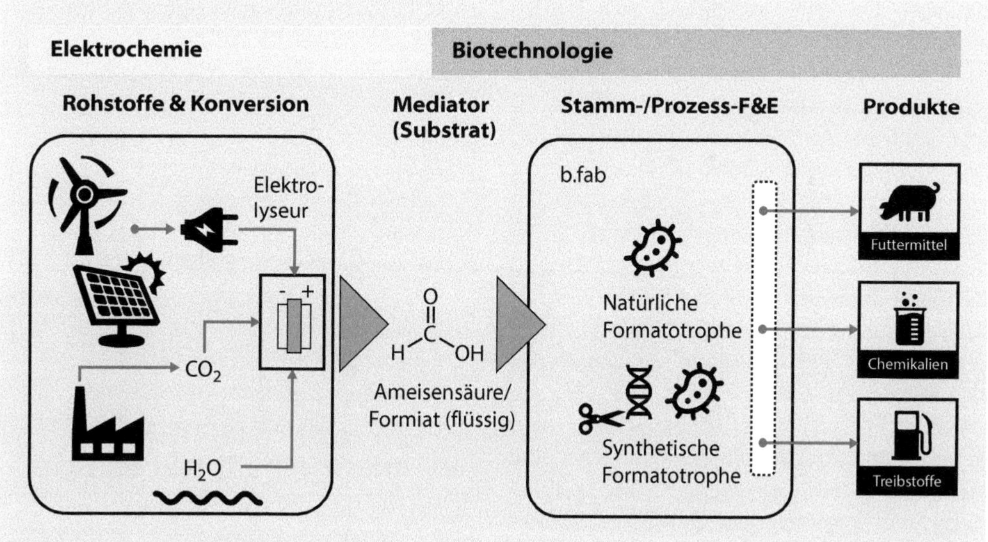

Abb. 16.14 Konzept der Formiat-Bioökonomie. Regenerativer Strom, CO_2 aus Industrieabgasen (oder DAC) und Wasser bilden die unbegrenzten Rohstoffquellen für die Formiat-Bioökonomie. Diese werden in einem Elektrolyseur zu Ameisensäure umgewandelt. Ameisensäure dient als Mediator zwischen der Elektrochemie und der Biotechnologie. Innerhalb der b.fab werden natürliche und synthetische Formatotrophe gescreent, designt und entwickelt, sodass sie Futtermittel, werthaltige Chemikalien oder Biotreibstoffe auf Basis des Substrats Ameisensäure produzieren

betrieben werden, da in der natürlichen Umgebung der Produktion keine formatotrophen Organismen zu erwarten sind (■ Abb. 16.14).

16.8.3 Potenzial der Technologie

Die Technologie der Formiat-Bioökonomie hat das Potenzial, die Herstellung von neuen Produkten über biotechnologische Verfahren zu revolutionieren. Einerseits wird auf einen annähernd unbegrenzten Rohstoff aus CO_2, Wasser und regenerativen Energien gesetzt, und andererseits bietet sich gleichzeitig eine Lösung zur Reduktion der CO_2-Emissionen (engl. *carbon capture and utilization*, CCU) an. Um bei den CO_2-Emissionen eine Nettoreduktion zu erzielen, ist es sinnvoll, Chemikalien und Treibstoffe aus fossilen Rohstoffen zu ersetzen oder das CO_2 in Produkte mit langfristigem/permanentem Nutzen einzubinden.

Die b.fab beabsichtigt die Technologie zunächst für die Produktion von Futtermitteln einzusetzen. Dies ist der einfachste Ansatz, da man im Bioreaktor nur Biomasse anziehen muss. Die Biomasse von Hefen ist sehr reich an Aminosäuren, Vitaminen und Peptiden und wird bereits in vielen Futtermitteln eingesetzt. Weitere Produkte werden Biopolymere sein, da sie zunehmend mehr Anerkennung bei Verbrauchern erfahren und in hohen Tonnagen produziert werden. Vielversprechend sind Polylaktide und Polymere auf Basis der Bernsteinsäure (Succinat). Zu einem späteren Zeitpunkt sind Biotreibstoffe anvisiert. Hier ist es ratsam, bereits sehr früh in der Entwicklung eine Life-Cycle-Analyse (LCA) begleitend anzuwenden und parallel stetig die Wirtschaftlichkeit des Prozesses zu analysieren, um den ökologischen Fußabdruck des Verfahrens möglichst klein zu halten und den Treibstoff am Ende zu wettbewerbsfähigen Preisen anbieten zu können.

Das langfristige Ziel der b.fab ist es, ein neues Bioraffineriekonzept auf Basis der Formiat-Bioökonomie aufzustellen und darzustellen, dass Prozesse mithilfe der künstlichen Photosynthese Sonne-zu-Produkt-Wirkungsgrade von >5 % erreichen können. Die natürliche Photosynthese der Pflanzen erreicht heutzutage einen Wirkungsgrad von ca. 1 % (Sonne-zu-Zucker) und verliert weitere Energie bei der Produktion der finalen Produkte (Gesamt-Wirkungsgrad < 0,2 %) [39].

Zusammenfassung

Die b.fab GmbH legt besonderen Wert darauf, eine nachhaltige Biotechnologie zu gestalten. Mit der Formiat-Bioökonomie wurde die Grundlage dafür geschaffen. Aus regenerativen Energien, CO_2 und Wasser wird mit der Ameisensäure ein annähernd unbegrenzt verfügbares Substrat für die Fermentation geschaffen, das formatotrophe Mikroorganismen zu werthaltigen Produkten umwandelt.
Die b.fab nutzt die synthetische Biologie, um natürliche und synthetische Stoffwechselwege in etablierten Produktionsorganismen zu implementieren. Der patentierte reduktive Glycinweg stellt dabei einen sehr einfachen und energieeffizienten Stoffwechselweg dar, der den Vorzug hat, sowohl anaerob als auch aerob betrieben werden zu können. Die breite Implementierung des reduktiven Glycinweges in potente Wirtsorganismen zur Etablierung von ökologischen und zugleich ökonomischen Bioproduktionen stellt eines der Ziele der b.fab in den nächsten Jahren dar.

16.9 Industriebeispiele zu Algen

Stefan Verseck

16.9.1 Einleitung

Seit den letzten beiden Jahrzehnten erfreut sich die Algenbiotechnologie einer immer größeren Aufmerksamkeit als Methodik zur

Produktion von Biomasse. Vorangetrieben wird diese Entwicklung durch die Identifizierung von CO_2 als einen Hauptverursacher des Klimawandels. Mikroalgen sind einzellige eukaryotische Organismen, die fähig sind, durch Photosynthese mit CO_2, Stickstoff, anorganischen Nährstoffen und Lichtenergie Biomasse aufzubauen. Die gute und günstige Verfügbarkeit von CO_2 als Kohlenstoffquelle aus der Luft sowie von Kraftwerken und anderen industriellen Seitenströmen machen Algen auch als Produktionsorganismen für Wertstoffe für die Spezialchemie interessant.

Die Vorteile der einzelligen Mikroalgen lassen sich wie folgt zusammenfassen [40, 41]:

- Bei gleicher Kultivierungsfläche erreichen Mikroalgen eine höhere Biomasse-Produktivität im Vergleich zu herkömmlichen Pflanzen.
- Sie nutzen leicht zugängliche Grundstoffe, wie anorganische Ausgangsstoffe und CO_2 als Kohlenstoffquelle aus der Luft oder von industriellen Emittenten, zum Aufbau der Biomasse.
- Für die Anzucht der Algen ist kein Ackerland erforderlich, somit schließt sich eine Konkurrenz zu kultivierbaren Flächen und deren Nährstoffen aus.

Zu den kommerziell interessanten Wertstoffen aus Algen (▶ Abschn. 16.9.3.3) zählen Proteine, Pigmente (natürliches β-Carotin oder Astaxanthin) sowie Lipide (im Besonderen mehrfach ungesättigte Omega-3-Fettsäuren). Die Anwendungsgebiete der Inhaltsstoffe erstrecken sich von Ernährungs- und Fischfutterzusätzen über kosmetische Inhaltsstoffe bis hin zu Medizinprodukten und Düngemitteln [42, 43]. Trotz der vielfältigen Anwendungsgebiete befindet sich die Produktion von industriell interessanten Stoffen in einer frühen Entwicklungsphase, und nur wenige verlässliche Daten zu Produktivitäten von Biomasse bzw. Produkten sowie zu den Kosten verschiedener Produktionssysteme sind öffentlich zugänglich.

16.9.2 Aktueller Stand der kommerziellen Nutzung von Mikroalgen

Um die Vorteile und Limitierungen der Produktion von Wertstoffen mittels Mikroalgen zu verstehen, betrachtet man zuallererst die bestehenden Kultivierungssysteme. Man unterscheidet grundsätzlich zwischen „offenen Systemen“ und geschlossenen Reaktorsystemen [44, 45, 46].

„Offene Systeme“ sind großflächige Kultivierungsbecken, wobei die sogenannten *Raceway- Ponds* bei etablierten Algenbiomasseherstellern weitverbreitet sind (z. B. Cyanotech). Offene Systeme zeichnen sich durch geringe Komplexität und daher niedrige Unterhalts- sowie Investitionskosten aus. Die Produktivität ist in diesen Systemen relativ gering, begründet durch ein ungünstiges Oberfläche-zu-Volumen-Verhältnis sowie die limitierte Durchmischung. Die Durchmischung des Anzuchtmediums wird in offenen Systemen z. B. durch das Einblasen von CO_2 oder durch die Bewegung der Flüssigkeit durch Paddel erreicht. Auch sind offene Systeme anfällig für unerwünschte Kontaminationen durch Fremdorganismen oder andere Verunreinigungen. Anwendung findet diese Kultivierungsform sowohl für die Produktion von *Chlorella-* oder *Spirulina*-Biomasse als auch bei robusten Produktionsprozessen wie dem von β-Carotin mittels *Dunaliella salina* [44, 45, 46]. Je nach kultiviertem Organismus und verwendetem System liegt die Produktivität von Algenbiomasse bei 0,02 bis 0,2 g L^{-1} d^{-1} [47].

Für ein anderes Konzept stehen die geschlossenen Reaktorsysteme, hauptsächlich repräsentiert durch tubuläre Röhrensysteme oder sogenannte *„Flat-Panel“*-Reaktoren. Bei Röhrenreaktoren wird das Kultivierungsmedium durch ein transparentes Rohrleitungssystem gepumpt, das z. B. flach auf dem Boden liegt oder in Stapeln angeordnet ist. Bei den *„Flat Panel*-Reaktoren“ wird die Flüssigkeit mit den Algen zwischen transparenten Platten geleitet. Eine Durchmischung des Kultivierungsmediums erfolgt in den meisten Fällen durch das Begasen mit einem CO_2-Gemisch (*Airlift*-Prinzip). Beide Reaktortypen besitzen aufgrund ihres Designs ein wesentlich besseres Oberfläche-zu-Volumen-Verhältnis. Zusammen mit einer verbesserten Durchmischung und der Möglichkeit, den Kultivierungsverlauf zu kontrollieren, erreicht die Biomasseproduktion ein Vielfaches der offenen Kultivierungssysteme [44, 45, 46]. Auch hier hängt die Produktivität stark vom kultivierten Organismus ab und erreicht je nach Reaktortyp eine Ausbeute an Algenbiomasse von 0,12 bis 2,4 g L^{-1} d^{-1} [47]. Die Vorteile der geschlossenen Systeme werden durch höhere Investitions- und Betriebskosten erkauft, z. B. für das transparente Material und die komplexere Technik. Da die geschlossenen Reaktorsysteme weniger anfällig gegenüber Kontaminationen sind, ermöglicht dieser Typ die Kultivierung von empfindlichen Algenspezies wie z. B. *Haematococcus,* dem Produzenten von Astaxanthin.

Es folgen ausgewählte Beispiele, in denen Mikroalgen zur kommerziellen Produktion von industriellen Wertstoffen genutzt werden. Dabei kommen die verschiedenen zuvor besprochenen Technologien zum Einsatz.

Algatechnologies wurde 1998 gegründet und hat seinen Sitz in der Arava-Wüste in Israel. Die Firma produziert vor allem hochreines Astaxanthin mittels *Haematococcus pluvialis* in geschlossenen Kultivierungssystemen. Die tubulären Reaktoren bedecken eine Fläche von ca. 6 ha nicht urbaren Wüstenbodens, wobei die transparenten Röhren sich zu einer Länge von mehr als 500 km aufaddieren. Der Kultivierungsprozess ist dabei vollkommen automatisiert und wird zentral gesteuert bzw. kontrolliert. Natürliches Astaxanthin findet Anwendung in verschiedenen Darreichungsformen in Kosmetika, *Human Nutrition, Healthcare* oder als *Nutraceuticals* [48].

Die kommerzielle Produktion von *Dunaliella salina* als Quelle natürlichen β-Carotins wurde 1986 von Western Biotechnology und Betatene in Australien etabliert. Die Produktionsanlagen gehören heute zur **BASF,** die damit der weltweit größte Produzent von natürlichem β-Carotin mittels *Dunaliella salina* ist. Die offenen Kultivierungssysteme liegen in Hutt Lagoon (Westaustralien) und Whyalla (Südaustralien) und erstrecken sich über jeweils ca. 400 ha. Es handelt sich dabei um eine Ansammlung von knietiefen künstlichen Becken von 40 bis 125 ha. Da diese Kultivierungsbecken einfach ausgebaggert werden, sind die Investitionskosten gering. Die Durchmischung erfolgt durch den Wind, und das salzhaltige Wasser kommt aus dem anliegenden Meer. Durch starke Sonneneinstrahlung und den durch Verdunstung steigenden Salzgehalt in den Becken wird die Bildung des β-Carotins in den Mikroalgen induziert. Natürliches β-Carotin findet Anwendung als Nahrungsmittelfarbstoff, als Antioxidans zum Schutz vor oxidativem Stress (bei Herz-Kreislauf-Erkrankungen, Hautalterung etc.), als Vorstufe für Vitamin A und als Zusatz in der Tierernährung [49].

Cellana wurde 2008 als Joint Venture von HR BioPetroleum und Shell Venture Funding gegründet. Die Firma unterhält eine Demonstrationsanlage in Kailua-Kona auf Big Island (Hawaii) und kultiviert Mikroalgen zur Produktion von Omega-3-Ölen (Eicosapentaensäure und Docosahexaensäure),, Zusatzstoffen für die Tierernährung (hauptsächlich proteinhaltiges Algenmehl) und biobasierten Kraftstoffen. Zum Einsatz kommt dabei das patentierte Hybridsystem ALDUO™, in dem die Mikroalgen zuerst in einem geschlossenen tubulären System angezogen und dann zur Bildung der Biomasse im kommerziellen Maßstab in *Raceway-Ponds* transferiert werden. Die Firma sieht in diesem Prozess die Möglichkeit, die Vorteile beider Systeme zu kombinieren (offenes System: geringe Kosten; tubuläre Reaktoren: kontaminationsfreie Biomasse als Inokulum für *Raceway-Ponds*). Durch die erhöhte Biomasseproduktion sollen so die Gesamtkosten für die Produkte gesenkt werden können. Die derzeitige Produktionsstätte umfasst ca. 2,4 ha mit einer Kapazität von 700.000 L Kultivierungsvolumen [50]. Cellana sucht zurzeit Investoren, um die drei oben genannten Produktklassen in Anlagen weltweit zu produzieren.

Die Firma **Cyanotech** wurde 1983 in Kailua-Kona auf Hawaii (Big Island) gegründet. Das Hauptprodukt von Cyanotech ist *Spirulina*-Biomasse für die Bereiche Humangesundheit und Nahrungsergänzungsmittel. Auf einem Gelände von ca. 36 ha sind 60 große offene *Raceway-Ponds* für die Kultivierung von *Spirulina* lokalisiert. Ein zweites Produkt der Firma ist natürliches Astaxanthin aus *Haematococcus pluvialis.* Für die Kultivierung dieser Mikroalge verwendet Cyanotech ein Hybridsystem, wobei der erste Schritt der Anzucht sich in einem geschlossenen Reaktor vollzieht und die Algen zur endgültigen Biomasseproduktion in ein offenes System übergeführt werden [51].

Wie schwierig das finanzielle Umfeld und der Kostendruck auf dem Gebiet der kommerziellen Algenbiotechnologie sind, sieht man an der Schließung der Firmen Aurora Algae [52] und Sapphire Energy [53] in den letzten Jahren. Beide Firmen planten große Produktionsanlagen, die mittels der „Economy of Scale"-Kosten für die Produktion von Biomasse in Bereiche führen sollten, die Mikroalgen auch für niederpreisige Produkte (z. B. *Biofuels*) attraktiv machen. Eine generelle Limitierung der Produktion mittels Mikroalgen ist für alle vorgestellten Systeme gleich: Alle Wertprodukte werden als Teil der Algenbiomasse gebildet. Das heißt, dass die primär interessanten Produkte von der restlichen Biomasse abgetrennt und die verbleibenden Reste entsorgt bzw. weitere Verwendungen identifiziert werden müssen. Zusammen mit den relativ niedrigen Ausbeuten, z. B. im Vergleich zur klassischen heterotrophen Fermentation, ergeben sich Produktionskosten, die sich zurzeit nur für Spezialitäten oder höherpreisige Produkte wie natürliche Pigmente, Omega-3-Öle etc. rechnen [41, 54]. Eine Lösung der oben beschriebenen Herausforderungen liegt in der konsequenten und kompletten Verwertung der Algenbiomasse, z. B. in speziell entworfenen Bioraffineriekonzepten [55]. Ein weiterer Lösungsansatz zur Senkung der Produktionskosten ist die Verwendung von genetisch optimierten Organismen, deren Produktbildung durch gezieltes *„pathway engineering"* erhöht wird (z. B. Lipide), oder die es den Organismen ermöglicht, das gewünschte Produkt ins Medium auszuscheiden [55–57]. Letzterer Ansatz ermöglicht die Entkopplung der direkten Produktbildung von der Algenbiomasse. Ein Beispiel hierfür liefert die Firma Algenol (Fort Myers, Florida), die optimierte Cyanobakterien in Folienreaktoren anzieht und sekretiertes Ethanol aus dem Medium extrahiert [58].

Eine der größten internationalen Forschungsaktivitäten, welche die ganzheitliche Optimierung der Produktion von Mikroalgen und Cyanobakterien untersucht und analysiert, ist das **AlgaeParc** Konsortium der Universität Wageningen in den Niederlanden. Das Konsortium ist eine Kooperation des universitären Forschungszentrums in Wageningen (WUR) mit 19 industriellen Partnern, die durch das niederländische Wirtschaftsministerium unterstützt wird. Das AlgaeParc-Forschungsprogramm soll die Lücke zwischen Grundlagenforschung und der Herstellung von Algenprodukten im Produktionsmaßstab schließen. Der Fokus liegt dabei auf der Bereitstellung und Entwicklung von Wissen, Technologien und Prozessstrategien, um Produktionsanlagen von Mikroalgen und deren Produkte unter industriellen Bedingungen zu skalieren und die Produktivität zu optimieren. Dabei sollen Produktionskosten und Energieverbrauch gesenkt werden [59, 60]. Folgende Forschungsfelder werden bearbeitet:

- Die Leistung verschiedener Reaktortypen (offene und geschlossene Systeme) wird im Pilotmaßstab untersucht, in dem diese parallel unter den gleichen Bedingungen betrieben und zusätzlich klimatische Einflüsse betrachtet werden.

- Einflüsse auf die Produktivität der Mikroalgen werden am Beispiel der Lipidbildung erforscht. Dazu gehört ein Screeningprogramm für geeignete Algenstämme und die Optimierung der Prozesse durch verfahrenstechnische Methoden.
- Um kommerzielle Szenarien ökonomischer Modelle erstellen zu können, werden alle Daten analysiert, die die verschiedenen Reaktortypen betreffen, und entsprechende Life-Cycle-Analysen durchgeführt.

Mit dem Ziel, ein optimiertes Bioraffineriekonzept zu entwickeln, werden Optionen der ganzheitlichen Nutzung der Algenbiomasse erforscht, indem unterschiedliche Aufarbeitungstechniken für unterschiedliche Organismen und Produkte untersucht werden. Die Ergebnisse dieses Konsortium sollten es in Zukunft ermöglichen, Engpässe und Bereiche zur Optimierung der kommerziellen Algenproduktion zu verstehen und geeignete Maßnahmen ableiten bzw. technische Lösungen bereitstellen zu können.

16.9.3 Spezialchemikalien aus Algen und deren Marktvolumina

Die früheste, fast 2000 Jahre zurückliegende Nutzung von Mikroalgen, wie z. B. *Nostoc und Spirulina (Arthrospira),* durch den Menschen ist die Verwendung als Nahrungsmittel. Die erste kommerzielle großtechnische Kultivierung begann aber erst in den frühen 1960er-Jahren mit der Anzucht von *Chlorella*-Biomasse in Japan [61, 62].

16

Die Summe des weltweiten Umsatzes aller durch Mikroalgen hergestellten Wertstoffe und Produkte wird zurzeit auf 1,2 Mrd. US$ pro Jahr geschätzt [63].

Mikroalgen-Biomasse

Die Biomasse der Grünalge *Chlorella* findet Anwendung als Nahrungsergänzungsmittel, in der Aquakultur und in der Kosmetik. Der größte Produzent ist dabei Taiwan Chlorella Manufacturing and Co. (Taiwan) mit einer Kapazität von 400 t/a [64, 65]. Weitere Hersteller, spezialisiert auf die Anzucht der Cyanobakterien *Arthrospira platensis* und *A. maxima* für den Lebensmittelsektor, sind z. B. Hainan DIC (China) oder Earthrise Nutritionals (USA). Dabei wird die Algenbiomasse dieser Gattungen aufgrund ihres hohen Gehalts an Protein, Vitamin A und Carotinoiden hauptsächlich für die Herstellung als Nahrungsergänzungsmittel (Reformkost) eingesetzt. Sie findet aber auch in Form von Extrakten Anwendung, z. B. als Zusatz in Nudeln, Getränken oder Kosmetika [65, 66].

Die Kultivierung der Mikroalgen findet in offenen Systemen wie *Raceway-Ponds* oder kleinen Seen statt. Die Produktivität erreicht bei Earthrise, dem größten Produzenten von *Spirulina*-Biomasse, 550 t/a und bei Hainan DIC 350 t/a [67]. Earthrise hat Produktionskosten von ca. 5 US$ pro Kilogramm Biomasse veröffentlicht [63].

Der Markt für *Spirulina*-Biomasse beläuft sich schätzungsweise auf etwa 3000 t/a Trockensubstanz und der für *Chlorella* auf ca. 2000 t/a. Zusammen generieren diese Produkte weltweit einen Jahresumsatz von ca. 80 Mio. US$ [43, 42, 68, 69].

Carotinoide

Mikroalgen sind in der Lage, verschiedene Klassen von Carotinoiden wie z. B. Astaxanthin, β-Carotin, Lutein oder Zeaxanthin zu bilden. Anwendung finden diese Produkte im Nahrungsmittelbereich, in der Tierernährung oder in der Kosmetik als Zusatzstoffe mit antioxidativer Wirkung oder als Farbstoff [64, 70, 66]. Der weltweite Markt für Carotinoide allgemein (natürlichen Ursprungs oder synthetisch hergestellt) wurde auf ca. 1,2 Mrd. US$ im Jahr 2010 geschätzt [66]. Da es hier eine spezielle Nachfrage nach Carotinoiden natürlichen Ursprungs gibt, sind diese Zielmärkte sehr attraktiv für Produkte aus Mikroalgen.

Die kommerzielle Produktion von *Dunaliella salina* als Quelle natürlichen β-Carotins wurde 1986 von Western Biotechnology und Betatene in Australien etabliert. Beide Firmen gehören heute zur BASF. Danach folgten weitere Produktionsanlagen in Israel (Nature Beta Technologies), Indien (Parry Nutraceuticals) und den USA (Cyanotech). Natürliches β-Carotin wird hauptsächlich als Nahrungsmittelzusatz als Vitamin-A-Vorstufe oder als Antioxidans eingesetzt, findet aber auch in der Tierernährung Anwendung [64, 65, 66]. Die jährliche Gesamtproduktion an *Dunaliella*-Biomasse wird mit 1200 t pro Jahr beziffert [64]. Der Preis von β-Carotin liegt je nach Anwendung, Konzentration und Formulierung zwischen 300 bis 3000 US$ pro Kilogramm. Der Gesamtmarkt für β-Carotin wurde auf ca. 270 Mio. US$ (2010) geschätzt, mit einem Anteil von 20 bis 30 % natürlichen β-Carotins [64, 65, 66, 69].

Die Produktion des Carotinoids Astaxanthin aus *Haematococcus pluvialis* ist bei Firmen wie Algatechnologies (Israel), Parry Nutraceuticals (Indien) und Cyanotech (USA) etabliert. Astaxanthin findet hauptsächlich in der Aquakultur als Quelle der Pigmentierung von Fischen Verwendung, beispielsweise in der Lachs- und Forellenzucht. Weitere Einsatzgebiete von Astaxanthin liegen in der Kosmetik, als Lebensmittelfarbstoff oder *Nutraceutical* mit antioxidativer Wirkung [71, 66, 63]. Der Gesamtmarkt für Astaxanthin beläuft sich schätzungsweise auf 200 bis 250 Mio. US$ mit Hauptanwendungsgebiet in der Aquakultur. Der Preis von Astaxanthin variiert dabei zwischen 2000 und 2500 US$ pro Kilogramm [71, 70, 68, 66, 63]. Die jährliche Produktion von *Haematococcus*-Biomasse wird mit 300 t angegeben [65]. Dabei ist hervorzuheben, dass mehr als 90 bis 95 % dieses Bedarfs über synthetisch hergestelltes Astaxanthin gedeckt wird, da dieses im Vergleich zum Carotinoid aus Algen zu signifikant niedrigeren Kosten hergestellt werden kann [65, 68]. Eine zunehmende Nachfrage der Kunden nach Astaxanthin natürlichen Ursprungs und damit nach größeren und günstigeren Produktionsanlagen könnte der *Haematococcus*-Technologie letztendlich zum Durchbruch verhelfen.

Weitere Carotinoide aus Mikroalgen, wie Canthaxanthin (*Chlorella* sp.), Zeaxanthin (*Chlorella ellopsoidea*) oder Fucoxanthin (*Phaeodactylum tricornutum*), werden intensiv hinsichtlich ihrer Kommerzialisierung als Farbstoffe oder Antioxidanzien untersucht. Lutein z. B. hat ein geschätztes Marktpotenzial von über 230 Mio. US$ [70, 73, 66]. Natürliches Lutein wird hauptsächlich aus der *Tagetes*-Pflanze gewonnen, aber auch Mikroalgen wie *Murellopsis* spp., *Scenedesmus almeriensis* oder *Chlorella* spp. wurden als alternative Produzenten von Lutein identifiziert. Zurzeit sind aber keine kommerziell signifikanten Produktionsmengen der oben genannten Carotinoide aus Algen bekannt [72, 70, 73, 66].

Produkte für Spezialanwendungen

Nischenmärkte bzw. Spezialanwendungen von kommerziell vertriebenen Algenprodukten sind z. B. Phycobiliproteine wie Phycoerthrin und Phycocyanin. Phycobiliproteine finden als natürliche Farbstoffe in der Lebensmittelindustrie Anwendung und in der Diagnostik als Fluoreszenzmarker bzw. Marker für Antikörper und Rezeptoren [65]. Vor allem Phycocyanin wird wegen der blauen Farbe als natürlicher Farbstoff in Nahrungsmitteln oder Kosmetika eingesetzt. Produziert wird Phycocyanin mittels *Spirulina*, z. B. von der Firma Cyanotech (USA). Dabei kann der Anteil des Farbstoffs an der Biotrockenmasse bis zu 46 % betragen [74]. Der Weltmarkt für Phycocyanin wird auf ca. 10 bis 60 Mio. US$ geschätzt. Der Preis für das Pigment hängt vor allem von der Reinheit ab und beträgt zwischen 500 und 100.000 US$ pro Kilogramm [64, 65, 66]. Auf dem Anwendungsgebiet der markierten Antikörper und Fluoreszenzmarker lassen sich für Derivate der Phycobiliproteine bis zu 1500 US$ pro Milligramm erzielen [65].

Zukünftige Herausforderungen

Wie oben beschrieben, wurde bereits eine große Anzahl an Mikroalgen als Ausgangsmaterial für ein breites Spektrum von kommerziellen Anwendungen identifiziert. Darüber hinaus wird weiterhin intensiv nach neuen Einsatzgebieten gesucht. Nichtsdestotrotz ist die Produktion von kommerziell etablierten Spezialchemikalien auf β-Carotin aus *Dunaliella salina* und Astaxanthin aus *Haematococcus pluvialis* beschränkt. Mikroalgenproduzenten bzw. Produktionsprozesse für andere Carotinoide, Pigmente oder mehrfach ungesättigte Fettsäuren (z. B. Omega-3-Fettsäuren) benötigen weitere signifikante Verbesserungen bezüglich Produktionskosten und -effizienz, um mit bestehenden Produkten für Anwendungen im Nahrungsmittelsektor, in der Kosmetikindustrie, Aquakultur und Agrarindustrie konkurrieren zu können. Der überaus größte Teil dieser Spezialchemikalien wird zurzeit synthetisch hergestellt oder aus natürlichen Quellen extrahiert [71, 66, 63].

Eine der Hauptherausforderungen, um Algen als industriell nutzbare Produktionsorganismen zu etablieren, liegt in der Entwicklung von günstigen und effizienten Prozessen. Angefangen bei verbesserten Reaktorkonzepten über optimierte Kultivierung der Organismen bis zu effektiveren Aufarbeitungsverfahren muss noch viel Entwicklungsarbeit geleistet werden.

16

Gleichermaßen ist die Entwicklung neuer Produktionsorganismen gefragt, die in der Lage sind, höhere Konzentrationen der zuvor beschriebenen Wertstoffe zu bilden. Auch die Suche nach neuen Produkten bzw. Anwendungen in den Bereichen Ernährung, Gesundheit und Kosmetik muss verstärkt werden, um die Algentechnologie auf eine breitere Basis zu stellen. Des Weiteren sollten Verfahren etabliert werden, die es ermöglichen, gleich mehrere Wertstoffe der Algen zu verwerten, um so die Biomasse besser nutzen zu können. Eine hohe Produktivität (Ausbeute pro Zeit) von einzelnen Wertstoffen ist auf lange Sicht unerlässlich, um rentabel produzieren zu können, auch in Bezug auf schon existierende Produkte.

Zusammenfassung

Die Algenbiotechnologie erfreut sich einer immer größeren Aufmerksamkeit als Methodik zur Produktion von Biomasse. Zu den kommerziell interessanten Wertstoffen aus Algen zählen Proteine, Pigmente sowie Lipide. Die Anwendungsgebiete der Inhaltsstoffe erstrecken sich von Ernährungs- und Fischfutterzusätzen über kosmetische Inhaltsstoffe bis hin zu Medizinprodukten und Düngemitteln. Obwohl eine große Anzahl an Mikroalgen als Ausgangsmaterial für kommerzielle Anwendungen identifiziert wurde, ist die kommerzielle Produktion auf β-Carotin und Astaxanthin bzw. auf die Biomasseherstellung beschränkt. Mikroalgenproduzenten bzw. -produktionsprozesse für andere Spezialchemikalien benötigen weitere signifikante Verbesserungen bezüglich Produktionskosten und -effizienz. Angefangen bei verbesserten Reaktorkonzepten über die optimierte Kultivierung der Organismen bis zu effektiveren Aufarbeitungsverfahren muss noch viel Entwicklungsarbeit geleistet werden.

16.10 Industriegase als Kohlenstoffquelle für die Terpenproduktion

Christian Janke

Klimawandel und Kohlendioxidausstoß sind seit Jahren ein vieldiskutiertes Thema in Politik, Medien, Umweltorganisationen und Forschung. Das Molekül Kohlendioxid (CO_2) hat die Eigenschaft, elektromagnetische Strahlung hauptsächlich im Infrarotbereich zu absorbieren, was seinen maßgeblichen Einfluss auf das Klima erklärt. Durch die schnell voranschreitende Industrialisierung der vergangenen 100 Jahre ist die Konzentration des Treibhausgases Kohlendioxid in der Atmosphäre um ca.100 ppm auf aktuell 410 ppm angestiegen [75], während diese die letzten Hunderttausende von Jahren konstant unter 300 ppm lag. Es besteht wenig Zweifel, dass dieser schnelle Anstieg durch anthropogene Einflüsse verursacht wird. Dabei ist CO_2 *per se* ein bei diesen Konzentrationen ungefährliches, geruchloses Gas, weshalb die Folgen des vermeintlich geringen Anstiegs in der Atmosphäre oft schwer nachvollziehbar erscheinen. Umgerechnet auf die Erdatmosphäre, sind Änderungen von ca.100 ppm gigantische Mengen einer Substanz, da die Atmosphäre eine Gesamtmasse von mehreren Billiarden Tonnen aufweist. Auch eine langfristige Senkung der Nahrungsmittelqualität von Pflanzen durch Erniedrigung des Protein- und Mineralstoffgehalts aufgrund höherer CO_2-Konzentrationen wird in der Literatur diskutiert [76]. Dies würde weltweit Unterernährungsprobleme verstärken. An diesem Beispiel sieht man, dass der Klimawandel sich als ein komplexes globales Problem offenbart. Die Industrien und auch wir Menschen können die CO_2-Emissionen nicht einfach von heute auf morgen abstellen, und zudem haben die Kohlenstoffgleichgewichte in der Natur für menschliches Empfinden sehr langsame Reaktionszeiten. Dennoch steht außer Frage, dass wir – gezwungen durch die befürchteten Folgen des Klimawandels – ein neues technologisches Niveau erreichen müssen. Seit Jahren ist deshalb weltweit die Forschung über verschiedene Strategien zur Dekarbonisierung vertieft worden. Man fasst CO_2 nicht als Klimakiller, sondern als neuen, nahezu unbegrenzten Rohstoff auf, den man auf mannigfaltige Weise nutzen möchte. Favorisieren würde man eine direkte Konversion von CO_2-haltigen Emissionen wie aus der Stahlproduktion in wertvolle Basis- und Feinchemikalien. CO_2 aus der Atmosphäre einzufangen, nachdem es emittiert wurde, ist deutlich schwerer und bei einer Gasmasse von mehreren Billiarden Tonnen wahrscheinlich durch rein technische Verfahren ohne die Bewahrung und massive Aufforstung von Wäldern nicht zu bewerkstelligen. Sowohl chemische als auch biologische Katalysatoren ermöglichen die direkte Konversion von Industrieabgasen schon heute. Die Entwicklung großtechnischer Prozesse ist hingegen bei vielen Ansätzen noch kaum fortgeschritten und vor allem durch die Verfügbarkeit großer Mengen an günstigen fossilen Rohstoffen (Öl, Gas, Kohle) gegenüber den gut etablierten petrochemischen Verfahren nicht kostenkompetitiv. Industriell relevante Chemikalien wie Isopren, die etablierte, im Besonderen Petrochemikalien, langfristig ersetzen könnten, findet man in großer Zahl bei den Terpenen und Terpenoiden. Diese Moleküle bilden eine riesige Naturstoffklasse mit einem hohen industriellen Potenzial. In diesem Kapitel soll anhand von Auszügen aus aktueller akademischer und industrieller Forschung erörtert werden, inwieweit eine Produktion von Terpenen aus Abgasen in biologischen Systemen industriell als realistisch einzuordnen ist und wie der aktuelle Stand der Forschung ist.

16.10.1 Die Bedeutung der Terpene

Terpene und die von ihnen abgeleiteten Terpenoide stellen eine sehr große und heterogene Naturstoffklasse mit bis zu 80.000 Vertretern dar [77]. Darin liegt ihr großes industrielles Potenzial, das bislang nur ansatzweise erschlossen wurde. Neben ihren vielfältigen (von der Abwehr von Fraßfeinden bei Pflanzen bis zur Bildung von Kondensationskeimen für die Entstehung von Wolken), oft nicht gänzlich verstandenen Rollen in der Natur (z. B. Akkumulation von Isopren in Pflanzen [78]) gibt es eine auch chemisch gesehen vielfältige Anzahl industriell relevanter Vertreter für Bulkchemikalien, Parfüm- und Aromastoffe, Vitamine und Pharmazeutika. Zu den industriell bereits genutzten Molekülen mit einem Marktpotenzial im Bereich von Millionen bis Milliarden US-Dollar pro Jahr gehören *Biofuels* wie Farnesene, Substanzen wie Isopren (Herstellung bislang als Nebenprodukt der Erdölverarbeitung), Vitamine wie β-Carotin als Nahrungsmittelzusätze und verschiedene pflanzliche Arzneimittel wie hexacyclische Ginkgolide in Ginkgo Extrakten als Antidementivum. Fast in jedem Parfüm sind Terpene enthalten. Mit einem Preis von mehreren Tausend Euro pro Liter sticht Rosenöl als hochpreisiger Geruchsstoff für die Parfümindustrie heraus. Im Alltag begegnen uns oft ganz unauffällig viele industriell relevante Terpene und Terpenoide: α-Farnesen in der Apfelschale, α-Bisabolol in der Echten Kamille als antiinflammatorischer Stoff für die Pharma- und Kosmetikindustrie sowie Carotinoide in Gemüse und Obst. Man ist sich oft nicht bewusst, dass sie uns überall umgeben und darüber hinaus wichtige Funktionen in unserem Körper erfüllen, etwa das Molekül Cholesterin. Selbst die Fähigkeit zu sehen wird erst durch das Carotinoid Retinal ermöglicht, indem es durch die kovalente Bindung an die ε-Aminogruppe des Lysins K256 im Opsin zur Ausbildung eines funktionellen Sehpigments führt. Das Grundgerüst von Terpenen besteht aus Isopreneinheiten. Der Grundbaustein Isopren ist ein Molekül aus fünf Kohlenstoffatomen (C5-Körper, ◘ Abb. 16.15). Deshalb erfolgt eine grundlegende Einteilung der Terpene auch nach der Anzahl der Isopreneinheiten: Hemiterpene (C5), Monoterpene (C10), Sesquiterpene (C15), Diterpene (C20), Sesterterpene (C25), Triterpene (C30) und Tetraterpene (C40). Es handelt sich bei den Terpenen um reine Kohlenwasserstoffe, und es existieren tausende Terpene. Allerdings erfolgt die Synthese von Terpenen nicht aus Isoprenmolekülen selbst, sondern aus dem phosphorylierten Vorläufermolekül Dimethylallylpyrophosphat (DMAPP) und seinem Isomer Isopentenylpyrophosphat (IPP). Beide Moleküle werden für die Terpensynthese durch den Mevalonatweg [79] oder den Methylerythritolphosphatweg [80] bereitgestellt. Durch weitere funktionelle Gruppen entstehen Terpenoide. Akademisch fanden diese strukturell mannigfaltigen Naturstoffe früh Wertschätzung. Für die grundlegenden Arbeiten auf dem Gebiet der Terpene wurden sowohl Otto Wallach 1910 als auch Leopold Ruzicka 1939 mit dem Nobelpreis für Chemie ausgezeichnet.

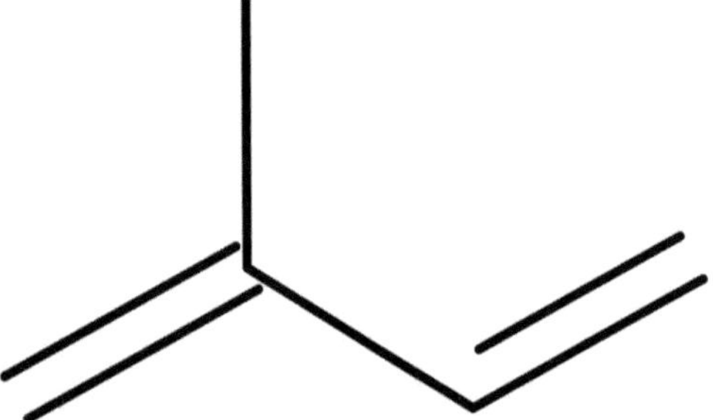

◘ Abb. 16.15 Isopren – ein Hemiterpen und gleichzeitig die Basiseinheit für alle weiteren Terpene und Terpenoide. Deren Biosynthese wird aus den phosphorylierten C5-Körpern Dimethylallylpyrophosphat und Isopentenylpyrophosphat realisiert

Im Bereich der Bulkchemikalien gehören das oben genannte Hemiterpen Isopren und die Stoffgruppe der Farnesene insbesondere aufgrund ihrer Polymerisierbarkeit zu den wichtigen industriell relevanten Verbindungen mit einem wachsenden Milliardenmarkt. Auch Squalen und seine hydrierte Form Squalan haben ein großes Potenzial, u. a. für den Einsatz als Transformatorenöl und Schmiermittel. Für medizinische und kosmetische Anwendungen werden sie bereits genutzt [81]. Hingegen spielen Moleküle wie das Artemisinin aus den Blättern und Blüten des Einjährigen Beifußes *(Artemisia annua)* durch seine Aktivität gegen den Malariaerreger *Plasmodium falciparum* und das Zytostatikum Paclitaxel (Taxol) aus der Rinde der Pazifischen Eibe *(Taxus brevifolia)* als Chemotherapeutikum ausschließlich pharmakologisch eine große Rolle. Wegen ihres hohen Preises von mehreren Hundert US$ pro Gramm sind sie deshalb trotz geringerer Bedarfsmengen wirtschaftlich interessant. Für die erstmalige Isolation des Artemisinins, das als wirksamste Substanz gegen den Malariaerreger gilt, wurde die chinesische Wissenschaftlerin Youyou Tu 2015 mit dem Nobelpreis für Physiologie und Medizin ausgezeichnet.

Es gibt noch ein weiteres spannendes Beispiel für essenzielle Terpene in unserem Alltag: Naturkautschuk. Jedem ist der Stoff ein Begriff. Weniger bekannt ist, dass es sich bei Naturkautschuk nicht nur um ein wichtiges Ausgangsprodukt für Autoreifen handelt, sondern auch um ein Polyterpen. Es besteht aus *cis*-1,4-verknüpften Isopreneinheiten und wird im Millionentonnenmaßstab pro Jahr produziert. Das Isoprenmonomer selbst hat darüber hinaus eine ökologische Bedeutung, da Pflanzen weltweit jedes Jahr Millionen Tonnen Isopren in die Atmosphäre emittieren [82]. Dies verleitete einst den ehemaligen US-Präsidenten Ronald Reagan zu der Aussage „Trees cause more pollution than automobiles do" [83]. Auch wenn diese Sichtweise viel zu einfach ist, so kann man doch festhalten, dass Terpene eine wichtige Rolle in den Stoffkreisläufen der Atmosphäre spielen [84]. Aber nicht nur Pflanzen, sondern selbst wir Menschen emittieren, ohne eine Terpensynthase zu besitzen, Spuren von Isopren im ppb-Bereich [85]. Die enzymatische Synthese des Hemiterpens Isopren ist vergleichsweise einfach. Isoprensynthasen katalysieren eine Eliminierung des Pyrophosphats vom Substrat DMAPP. Isoprensynthasen haben ihr pH-Optimum im leicht alkalischen pH-Bereich um 8 und einen k_{cat} von $\approx 0{,}5–2\ s^{-1}$. Im Gegensatz zu klassischen Lehrbuchbeispielen wie der Carboanhydrase mit einer Wechselzahl von bis zu $600.000\ s^{-1}$, tauchen diese Terpensynthasen somit am unteren Ende der Skala der Enzyme auf. Mit der katalytischen Effizienz der Enzyme verhält es sich ähnlich. Schaut man in die Natur, stellt man fest, dass die kinetischen Parameter nicht allein ausschlaggebend für eine erfolgreiche Produktion von Terpenen sind. Die Pflanze *Dictamus albus* bildet so große Mengen an Isopren, dass diese sich an windstillen heißen Tagen selbst entzünden kann [86]. Aufgrund der energieaufwendigen Stoffwechselwege zum DMAPP und IPP durch den hohen Verbrauch des zellulären universellen Energieträgers Adenosintriphosphat (ATP) ist ein allzu zugkräftiges Enzym nicht unbedingt wünschenswert. Ansonsten wäre die Zelle auf diese Weise sehr großem Stress – u. a. auch– durch einen hohen Pool an Intermediaten des Mevalonat- und Methylerythritolphosphat-Stoffwechselweges und einem schwer kontrollierbaren Verbrauch an ATP und Reduktionsäquivalenten ausgesetzt. Dies hätte dann einen negativen Selektionsdruck zur Folge. Diesen Effekt beobachtet man bei der heterologen Expression der Gene mit einem starken Promotersystem wie der T7-Polymerase in *Escherichia coli* durch das Auftreten von Mutationen in den Expressionsplasmiden oder einer Reduktion des Wachstums.

16.10.2 Produktion von Terpenen in biologischen Systemen

Phototrophe Organismen wie *Dictamus albus* regen wieder zum Nachdenken an, ob man Pflanzen nicht doch für die Produktion von Bulkchemikalien wie Isopren nutzen könnte. Eine Machbarkeitsstudie für die Isoprenproduktion aus Kohlendioxid wäre im Falle von *Dictamus albus* tatsächlich interessant, da phototrophe Organismen der Inbegriff einer grünen Technologie durch die Verwendung von Sonnenstrahlung, Fixierung von CO_2 und Generierung von Sauerstoff sind. Bislang ist die Datenlage im Bereich der großtechnischen Chemikalienproduktion in Pflanzen eher bescheiden. Bei der Verwendung von Abgasströmen mit multiplen Nebenprodukten wäre wahrscheinlich eine weitere genetische Anpassung obligat notwendig, um einen effizienteren Konversionsprozess für die Abgase in Isopren zu ermöglichen. Terpenextraktion aus Pflanzen im Allgemeinen ist hingegen Standard für z. B. α-Pinen und β-Pinen oder Eucalyptol. Aufgrund der Komplexität von Pflanzen und deren zeitaufwendiger, für viele Arten nicht etablierter Genmanipulation fokussiert die Industrie bevorzugt auf gängige Modellorganismen wie *Escherichia coli* oder *Saccharomyces cerevisiae,* die ausschließlich heterotrophes Wachstum zeigen [87]. Die Industrie hat schon lange die Relevanz von Terpenen erkannt, und es existieren bereits großtechnische Prozesse mit beiden Organismen. Die Firma Genencor (Rochester, New York, USA) und die Goodyear Tire & Rubber Company (Akron, Ohio, USA) haben das Produkt BioIsoprene entwickelt. Die kalifornische Firma Amyris (Emeryville, California, USA) entwickelte Verfahren für die großtechnische Produktion von Terpenen wie β-Farnesen, das als Vorläufermolekül für eine Vielzahl von Produkten dienen kann. Die vollständige Hydrierung zu Farnesan erzeugt einen nutzbaren Diesel- und *Jet-Fuel*-Ersatzstoff, der von der Lufthansa Group (Frankfurt am Main, Deutschland) im Jahre 2011 getestet wurde. Anfang 2018 wurde Amyris Produktionsanlage Brotas 1 für β-Farnesen in Brasilien von der niederländischen Firma DSM (Heerlen, Niederlande) für 96 Mio. US$ gekauft. Die Anlage produziert bis zu 24 kT pro Jahr. Darüber hinaus nutzt die Fa. Amyris ihr Know-how in der Terpenproduktion in Hefen zur Herstellung von hochwertigen Feinchemikalien. Mittlerweile liegt hier sogar der Hauptfokus. Ein weiteres prominentes Beispiel ist die Produktion von Artemisininsäure, einem Vorläufer des Antimalariamedikaments Artemisinin in Hefen [88]. Interessanterweise bekommt die klassische Produktion in rekombinanten Hefen Konkurrenz durch ein Verfahren mit Pflanzenrohextrakten [89]. Die Firma ArtemiFlow nutzt bereits diesen neuen Prozess. Denn aller Faszination für die Möglichkeiten gentechnisch veränderter Mikroorganismen oder biologischer Systeme im Allgemeinen zum Trotz muss man nüchtern feststellen, dass bislang viele Verfahren mit biologischen Katalysatoren oft nicht den wirtschaftlichen Ansprüchen gerecht werden. Auch der Kurssturz der Amyris-Aktie ist durch dieses nicht eingehaltene Versprechen nur wenige Jahre nach dem Börsengang zu erklären [90]. Im Jahre 2010 eingeführt, fiel der Kurs von einem kurzzeitigen Hoch bei 501,38 US$ auf heute unter 3 US$ (Stand 21.03.2019). Darüber hinaus ist eine Verwertung von Industrieabgasen durch *Escherichia coli* und *Saccharomyces cerevisiae* bislang nicht realisiert worden, obwohl die Implementierung von Stoffwechselwegen für die effiziente Fixierung von C1-Molekülen theoretisch ebenfalls für diese Produktionsstämme möglich wäre.

16

Neben dem eben genannten Beispiel von ArtemiFlow ist ein weiterer nachhaltiger Ansatz für die Terpen- und Terpenoidproduktion vom Fraunhofer IME, der Westfälischen Wilhelms-Universität Münster, dem Pflanzenzuchtunternehmen ESKUSA, der Continental Reifen GmbH Deutschland und dem Julius Kühn-Institut für die Isolation von Naturkautschuk aus dem Milchsaft des russischen Löwenzahns *(Taraxacum koksaghyz)* entwickelt worden [91]. Neben der CO_2-Einsparung durch die Möglichkeit, den Kautschukproduzenten auch in Deutschland großflächig anzubauen, stehen alle Zeichen für die Produktion des Kautschuks in industriellen Mengen für die Herstellung von Autoreifen gut. Darüber hinaus führt die heterologe Expression bekannter Gene des Mevalonatweges aus *Arabidopsis thaliana* im Löwenzahn zur Akkumulation des ungesättigten Triterpens Squalen [92]. Da Squalen immer noch aus Haifischen gewonnen wird [81], wäre die Herstellung in Pflanzen ein äußerst umweltschonendes und vielversprechendes Verfahren. Die Nutzung von Cyanobakterien ist eine weitere Alternative aus dem Bereich photosynthetischer Produktionsorganismen, und eine Machbarkeit wurde hier schon gezeigt [93]. In Bezug auf die Nutzung von Industrieabgasen als Kohlenstoffquelle gilt besonders bei Pflanzen und auch bei Cyanobakterien eine direkte Konversion von Industrieabgasen als schwieriger, nicht präferierter Weg, um CO_2-Emissionen der Industrie zu reduzieren, da die Prozessführung aufgrund des Licht- und Platzbedarfs als äußerst herausfordernd zu bewerten ist.

Berücksichtigt man die Folgen des Klimawandels mit Wasserverknappung und einem Anstieg der Weltbevölkerung auf knapp 10 Mrd. bis 2050, dann weisen alle bisher genannten biotechnologischen Ansätze in Bezug auf eine wirklich nachhaltige Terpenproduktion starke Schwachstellen auf. Entweder werden diese Prozesse mit Kohlenstoffquellen betrieben, die in irgendeiner Form in Konkurrenz zur Versorgung der Menschen stehen, oder sie brauchen nicht nur überaus viel Platz und Licht, sondern gerade bei Pflanzen auch viel Wasser. Außerdem ist eine direkte, wünschenswerte Kopplung der Produktionsprozesse mit klimaschädlichen Industrien oft nicht ohne Weiteres möglich. Der Mensch wird die CO_2-Emissionen seiner Industrien wie der Stahlproduktion, die jährlich im Gigatonnenbereich liegen, nie ganz auf null reduzieren können. Vorhandene chemische Verfahren, um diese Emissionen umzuwandeln, haben hier Vorteile in der schnellen Umsetzung, wie z. B. bei der Fischer-Tropsch-Synthese, aber auch gewaltige Nachteile. Biologische Systeme sind im Vergleich zu chemischen Katalysatoren spezifischer in der Synthese und anpassungsfähiger an Gasverunreinigungen. Sicherlich ist die Natur unseren Chemiekenntnissen bis heute oft noch überlegen, wenn es um die Synthese von Terpenen geht. Zudem sind gängige Verfahren wie die Fischer-Tropsch-Synthese gar nicht für die Terpenproduktion geeignet. Aus diesem Grund sind für die Terpenproduktion in den letzten zehn Jahren acetogene Mikroorganismen in den Fokus der Biotechnologie gerückt. Diese (meist) strikt anaeroben Mikroorganismen können nicht nur CO_2 und CO über den nach seinen Entdeckern benannten Wood-Ljungdahl-Weg (WLW) fixieren, sondern rund um die Uhr ein gewünschtes, definiertes Produkt enzymatisch herstellen. Zu ihnen zählen viele Clostridien-Spezies, wie *C. ljungdahlii, C. autoethanogenum* und *C. carboxidivorans,* und sogar aerobe Stämme wie *Oligotropha carboxidovorans* [94]. Erstere eignen sich besonders für die Produktion von Alkoholen von Ethanol bis Octanol [95, 96, 97, 98, 99] und sind prinzipiell dazu in der Lage, Terpene zu produzieren. Mit dem WLW greift man auf biologische Katalysatoren zurück, deren Ursprung in einer Zeit unseres Planeten liegt, in der es noch keine sauerstoffhaltige Atmosphäre gab [100]. Es wird angenommen, dass der gemeinsame Urvorfahre zellulären Lebens eine Form des WLW besaß. Nach dem basalen Beitrag zur Entwicklung von Leben auf unserem Planeten hofft man, mit dem WLW heute die Zukunft unseres Planeten mitzugestalten. Umfassende Machbarkeitsstudien, die das wahre Potenzial unter Zuhilfenahme moderner Methoden der Molekularbiologie ausloten, laufen seit mehreren Jahren und sind Thema vieler Diskussionen.

16.10.3 Machbarkeitsstudien einer Terpenproduktion aus Abgasen durch Acetogene

Etablierte Konzerne wie DuPont/Danisco [101] und Sekisui Chemicals [102], aber auch Startups wie LanzaTech [103] haben bislang durch Patente in diesem Bereich auf sich aufmerksam gemacht. Es ist demnach möglich, geringe Mengen im µg/L- bis mg/L-Bereich an Substanzen wie Isopren und Farnesene aus Industrieabgasen zu produzieren, wenn man die Gene für den Mevalonatweg und die entsprechenden Synthasen einbringt. Von industriell relevanten Produktionsmengen oder gar der Planung einer Pilotanlage ist bislang nichts bekannt. Eine Veröffentlichung im *Journal of Applied and Environmental Microbiology* bestätigt die Schwierigkeit der Terpenproduktion aus Synthesegas anhand von Isopren [104]. Limitierungen bei der Terpenproduktion gibt es sowohl bei Acetogenen durch die Energetik des chemotrophen Wachstums als auch durch die einzubringenden Gene und Stoffwechselwege. Wie von Bertsch und Müller 2015 diskutiert [105], stellt die ATP-Versorgung eine fundamentale Limitierung des acetogenen Stoffwechsels dar. Der Wood-Ljungdahl-Weg benötigt ein Molekül ATP, das durch die Acetatbildung generiert wird, sodass netto (fast) kein ATP durch das chemoautotrophe Wachstum gebildet wird. Über einen Ionengradienten (entweder Na^+-Ionen oder Protonen) und ATP-Synthasen, werden nur $\approx 0{,}3$ ATP/Acetat synthetisiert. Zudem konkurriert der Mevalonatweg direkt mit dem Stoffwechsel um das Acetyl-CoA, das der acetogene Mikroorganismus mühsam aus CO/CO_2 gewinnt. Eine Möglichkeit, die Terpenproduktion trotzdem zu steigern, wäre demnach eine Steigerung der Acetatproduktion. Zudem würde eine Änderung der Gaszusammensetzung hin zu Kohlenmonoxid die Energetik positiv beeinflussen. Allerdings wäre dann der Charme einer biologischen Abgasverwertung verschwunden, wenn die Gaszusammensetzung derart entscheidend ist und der Kohlenstoff hauptsächlich im Acetat fixiert wird. Eine evolutive Anpassung durch klassische Methoden der Stammverbesserung wie chemische Mutagenese, UV-Mutagenese oder Genom-Shuffling an eine gewünschte Gaszusammensetzung für einen Produktionsstamm ist als schwierig zu erachten, da erfahrungsgemäß ein negativer Selektionsdruck auf der heterologen Expression von Genen für die Terpenproduktion in einzelligen, nicht kompartimentierten Modellorganismen liegt. Während für Hefen und aerobe Prokaryoten wie *Escherichia coli* multiple gentechnische Werkzeuge existieren, ist eine komplexe Regulation eines Biosyntheseweges in Acetogenen bislang nur in Ansätzen möglich. Hinzu kommt eine problematische zeitliche Dimension für den Experimentator und die Prozessentwicklung. Während in *Escherichia coli* ein experimenteller Zyklus für die genetische Modifizierung inklusive Produkt- und Sequenzanalyse fünf Werktage in Anspruch nimmt, kann dies bei acetogenen Mikroorganismen bis zu einem Monat dauern, wenn Synthesegas als Kohlenstoffquelle verwendet wird.

Kurzum: Die direkte Produktion von Terpenen in Acetogenen erscheint auf den ersten Blick wenig sinnvoll. Dennoch ist das Potenzial, acetogene Mikroorganismen für CO_2-neutrale Prozesse oder Produktionsprozesse mit negativer CO_2-Bilanz in der Biotechnologie zu nutzen, groß, da die Organismen sehr robust, anspruchslos, divers und anpassungsfähig sind (wenn man Sauerstoff als Parameter außer Acht lässt). Zudem lässt sich eine ganze Reihe von (leicht) komplexeren Ansätzen als umsetzbar diskutieren. Eine Auswahl ist in ◘ Abb. 16.16 dargestellt. Die Zukunft der Terpen-Biotechnologie mit Acetogenen kann in der wirklichen Neuschaffung von Stoffwechselwegen bis hin zur Generierung ganzer artifizieller Mikroorganismen liegen. In diesem Zusammenhang könnte man über ein acetogenes Designer-Genom nachdenken. Der Fortschritt in der Gensynthese und die Generierung ganzer, optimierter Genome lassen Hoffnung auf eine derartige Lösung aufkommen. Auch Ansätze, die natürliche oder artifizielle Kompartimentstrukturen nutzen, wären ebenfalls von hohem Wert, um einen industriellen Produktionsstamm für Terpene in ihrer ganzen Bandbreite zu erzeugen. Während Isopren aufgrund seiner Flüchtigkeit schnell in den Gasraum entweicht, können langkettige Terpene wie Squalen in den Zellmembranen akkumulieren. Eine wichtige weitere Lösung für die Produktion von Terpenen aus Abgasen kann darüber hinaus ein mehrstufiger Prozess sein. Statt zu versuchen, CO_2/CO-Fixierung und Produktion in einem Stamm durchzuführen, verfolgen Firmen wie die b.fab GmbH (Dortmund, Deutschland) schon heute Ansätze, über Ameisensäure als Zwischenschritt wertvolle Chemikalien biosynthetisch aus CO_2 herzustellen. Dieses Konzept ließe sich auch auf die Terpenproduktion anwenden. In diesem Zusammenhang ist die Erwähnung des Enzyms HDCRs

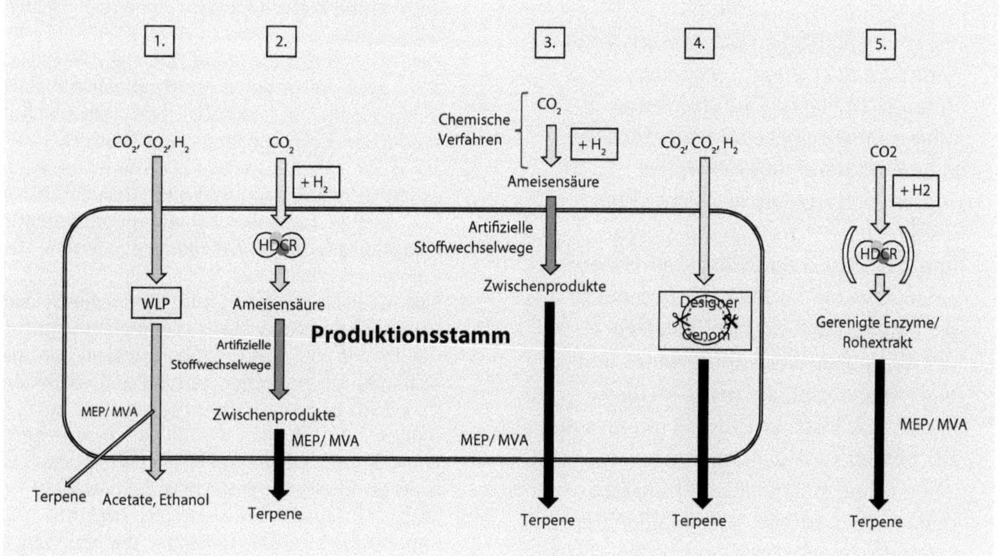

Abb. 16.16 Auswahl möglicher Strategien für die Umwandlung von CO_2/CO in Terpene durch Biokatalysatoren oder kombinierte Verfahren. Der Standardansatz verläuft über einen rekombinanten acetogenen Mikroorganismus 1), während modernere Ansätze auch das Potenzial des Enzymkomplexes HDCRs 2) oder chemischer Verfahren 3) für die Ameisensäureproduktion nutzen wollen. Die vierte Strategie nutzt umfangreiche bioinformatische Möglichkeiten, Werkzeuge für das Genomengineering und die Fortschritte in der Gensynthese um ein neues, optimiertes Genom zu erschaffen und weiterzuentwickeln. Darüber hinaus kommen auch zellfreie Systeme als Lösung in Betracht 5)

(hydrogen-dependent CO_2 reductase) wichtig, dessen katalytische Effizienz selbst chemische Katalysatoren für die Umwandlung von CO_2 in Ameisensäure übertrumpfen kann [105].

Neben den in Abb. 16.16 dargestellten Möglichkeiten wäre die einfachste Form eines zweistufigen Prozesses mit einem acetogenen Mikroorganismus, der den Kohlenstoff aus den Abgasen fixiert, und einem Produktionsstamm, der für die Terpenproduktion gut und schnell genetisch modifizierbar ist. Ein Produktionsstamm sollte optimalerweise schon von sich aus das gewünschte Terpen oder Terpenoid – zumindest in Spuren – herstellen.

Abschließend lässt sich sagen, dass klassische, lineare biotechnologische Ansätze, wie sie in den Machbarkeitsstudien der Firmen dargestellt sind, bislang nicht für die Etablierung eines industriellen Prozesses genügt zu haben scheinen. Trotz aller durch energetische Betrachtungen vorausgesagten und bereits in Publikationen und Patenten dokumentierten Probleme ist das letzte Wort für die Terpenproduktion aus Abgasen durch acetogene Mikroorganismen noch nicht gesprochen [106]. Wie soeben anhand von Beispielen dargestellt, gibt es viele Ansätze, die vielversprechend sein können, und es braucht vielleicht mehr Leute die sagen „DOCH".

Zusammenfassung

Biologische Katalysatoren, im Speziellen acetogene Mikroorganismen, für die Konversion von Abgasen in Terpene (und andere wertvolle Chemikalien) können einen Teil eines umfassenderen Dekarbonisierungsprogramms darstellen. Biotechnologie mit Acetogenen ist ein Entwicklungsfeld mit hohem Potenzial. Die bislang publizierte lineare Herangehensweise, um industriell relevante Mengen an den gewünschten Terpenen zu erzeugen, wird aller Voraussicht nach nicht zum Erfolg führen. Metabolische und energetische Limitierungen aktuell bekannter Organismen werden dies nicht ohne weitere genetische Manipulationen und Prozessstrategien zulassen. Unter einem linearen Ansatz ist in diesem Fall die heterologe Expression von Genen des Mevalonat-Biosyntheseweges und einer Terpensynthase gemeint, die zu einem gewünschten Produkt führen soll. Die bislang vorliegenden Ergebnisse zeigen, dass es innovativerer Ansätze bedarf, die moderne Technologien der synthetischen Biologie verwenden. Dazu gehören die Entwicklung neuartiger Enzyme und das Design komplexer artifizieller Biosynthesewege sowie deren Einbringung in Designerorganismen. Diese könnten mittels der Generierung von synthetischen Genomen oder CRISPR/Cas9 erzeugt werden. Die regulatorische Einbindung der Terpenbiosynthesewege in die vorherrschenden komplexen Zellstoffwechselzusammenhänge wäre ebenfalls wichtig. Vor allem braucht es aber Personen, die über die Grenzen des bislang Möglichen hinausgehen wollen.

Literatur

1. Van der Assen N, Bardow A (2014) Life cycle assessment of polyols for polyurethane production using CO_2 as feedstock: insight from an industrial case study. Green Chem 14:3272
2. Ragsdale SW, Pierce E (2008) Acetogenesis and the Wood-Jlungdahl pathway of CO_2 fixation. Biochim Biophys Acta, Proteins Proteomics 1784(12):1873–1898
3. De Tissera S, Köpke M, Simpson SD, Humphreys C, Minton NP, Dürre P (2017) Syngas biorefinery and syngas utilization. In: Wagemann K, Tippkötter N (Hrsg) Advances in biochemical engineering/biotechnology. Springer, Heidelberg, S 1–34
4. Fast AG, Schmidt ED, Jones SW, Tracy BP (2015) Acetogenic mixotrophy: novel options for yield improvement in biofuels and biochemical production. Curr Opin Biotechnol 33:60–72
5. Jones SW, Fast AG, Carlson ED, Wiedel CA, Au J, Antoniewicz MR, Papoutsakis ET, Tracy BP (2016) CO_2 fixation for anaerobic non-photosynthetic mixotrophy for improved carbon conversion. Nat Commun 7:12800
6. Fast AG, Papoutsakis ET (2012) Stoichiometric and energetic energetic analyses of non-photosynthetic CO_2-fixation pathways to support synthetic biology strategies for production of fuels and chemicals. Curr Opin Chem Eng 1:380–395
7. Bertsch J, Müller V (2015) Bioenergetic constraints for conversion of syngas to biofuels in acetogenic bacteria. Biotechnol Biofuels 8:210
8. Tracy BP, Jones SW, Fast AG, Indurthi DC, Papoutsakis ET (2012) Clostridia: the importance of their exceptional substrate and metabolite diversity for biofuel and biorefinery applications. Curr Opin Biotechnol 23:364–381
9. Maru BT, Manusinghe PC, Gilary H, Jones SW, Tracy BP (2018) Fixation of CO_2 and CO on a diverse range of carbohydrates using anaerobic, non-photosynthetic mixotrophy. FEMS Microbiol Lett. ► https://doi.org/10.1093/femsle/fny039
10. Dos Santos FB, Du W, Hellingwerf KJ (2014) *Synechocystis*: not just a plug-bug for CO_2, but a green *E. coli*. Front Bioeng Biotechnol. ► https://doi.org/10.3389/fbioe.2014.00036
11. Hellingwerf KJ, Teixeira de Mattos MJ (2009) Alternative routes to biofuels: light-driven biofuel formation from CO_2 and water based on the 'photanol' approach. J Bacteriol 142:87–90
12. Angermayr SA, van der Woude AD, Correddu D, Vreugdenhil A, Verrone V, Hellingwerf KJ (2014) Exploring metabolic engineering design principles for the photosynthetic production of lactic acid by *Synechocystis* sp. PCC6803. Biotechnol Biofuels. ► https://doi.org/10.1186/1754-6834-7-99
13. Angermayr SA, Gorchs Rovira A, Hellingwerf KJ (2015) Metabolic engineering of cyanobacteria for the synthesis of commodity products. Trends Biotechnol 33:352–361. ► https://doi.org/10.1016/j.tibtech.2015.03.009
14. Angermayr SA, van der Woude AD, Correddu D, Kern R, Hagemann M, Hellingwerf KJ (2016) Chirality matters: synthesis and consumption of the D-enantiomer of lactic acid by *Synechocystis* sp. strain PCC6803. Appl Environ Microbiol 82:1295–1304. ► https://doi.org/10.1128/aem.03379-15
15. van der Woude AD, Perez Gallego R, Vreugdenhil A, Puthan Veetil V, Chroumpi T, Hellingwerf KJ

(2016) Genetic engineering of *Synechocystis* PCC6803 for the photoautotrophic production of the sweetener erythritol. Microb Cell Fact 15:60. ▶ https://doi.org/10.1186/s12934-016-0458-y
16. Savakis P, Hellingwerf KJ (2015) Engineering cyanobacteria for direct biofuel production from CO_2. Curr Opin Biotechnol 33:8–14. ▶ https://doi.org/10.1016/j.copbio.2014.09.007
17. Lee SY, Kim HU (2015) Systems strategies for developing industrial microbial strains. Nature Biotechnol 33:1061–1072
18. Apaydin DH, Schlager S, Portenkirchner E, Sariciftci NS (2017) Organic, organometallic and bioorganic catalysts for electrochemical reduction of CO_2. Chem Phys Chem. ▶ https://doi.org/10.1002/cphc.201700148
19. ElMekawy A, Hegab HM, Mohanakrishna G, Elbaz AF, Bulut M, Pant D (2016) Technological advances in CO_2 conversion electro-biorefinery: a step toward commercialization. Bioresour Technol 215:357–370
20. Climate Launchpad (2015) CO_2ElectroRefinery – Electrochemistry driven conversion of carbon dioxide to chemicals. ▶ http://climatelaunchpad.org/finalists/co2electrorefinery/
21. Pant D, Van Bogaert G, Diels L, Vanbroekhoven K (2010) A review of the substrates used in microbial fuel cells (MFCs) for sustainable energy production. Bioresour Technol 101(6):1533–1543
22. Pandey P, Shinde VN, Deopurkar RL, Kale SP, Patil SA, Pant D (2016) Recent advances in the use of different substrates in microbial fuel cells toward wastewater treatment and simultaneous energy recovery. Appl Energy 168:706–723
23. Rabaey K, Rozendal RA (2010) Microbial electrosynthesis – revisiting the electrical route for microbial production. Nat Rev Microbiol 8:706–716
24. Lovley DR, Nevin KP (2011) A shift in the current: new applications and concepts for microbe-electrode electron exchange. Curr Opin Biotechnol 22:441–448
25. Bajracharya S, Srikanth S, Mohanakrishna G, Zacharia R, Strik DP, Pant D (2017) Biotransformation of carbon dioxide in bioelectrochemical systems: state of the art and future prospects. J Power Sources 356:256–273
26. May HD, Evans PJ, LaBelle EV (2016) The bioelectrosynthesis of acetate. Curr Opin Biotechnol 42:225–233
27. Lu Q, Rosen J, Zhou Y, Hutchings GS, Kimmel YC, Chen JG, Jiao F (2014) A selective and efficient electrocatalyst for carbon dioxide reduction. Nature Commun 5:3242
28. Jhong HR, Ma S, Kenis PJ (2013) Electrochemical conversion of CO_2 to useful chemicals: current status, remaining challenges, and future opportunities. Curr Opin Chem Eng 2(2):191–199
29. Mahmood MN, Masheder D, Harty CJ (1987) Use of gas-diffusion electrodes for high-rate electrochemical reduction of carbon dioxide. I. Reduction at lead, indium- and tin-impregnated electrodes. J Appl Electrochem 17:1159–1170
30. Kopljar D, Inan A, Vindayer P, Wagner N, Klemm E (2014) Electrochemical reduction of CO_2 to formate at high current density using gas diffusion electrodes. J Appl Electrochem 44:1107–1116
31. Mantra Energy (2014) ▶ http://mantraenergy.com/wp-content/uploads/brochure.pdf
32. DNV – Det Norske Veritas (2007) Positionspapier. Carbon dioxide utilisation: electrochemical conversion of CO_2 – opportunities and challenges
33. Abel GJ, Sander N (2014) Quantifying global international migration flows. Science 343(6178):1520–1522
34. Agarwal AS, Zhai Y, Hill D, Sridhar N (2011) The electrochemical reduction of carbon dioxide to formate/formic acid: engineering and economic feasibility. ChemSusChem 4:1301–1310
35. Marshall C (2017) In Switzerland, a giant new machine is sucking carbon directly from the air. ▶ http://www.sciencemag.org/news/2017/06/switzerland-giant-new machine-sucking-carbon-directly-air. ▶ https://doi.org/10.1126/science.aan6915
36. Goetzberger A, Zastrow A (1981) Kartoffeln unter dem Kollektor. Sonnenenergie 3:19–22
37. Yishai O, Lindner SN, Gonzalez de la Cruz J, Tenenboim H, Bar-Even A (2016) The formate bio-economy. Curr Opin Chem Biol 35:1–9
38. Bar-Even A (2016) Formate assimilation: the metabolic architecture of natural and synthetic pathways. Biochemistry 55:3851–3863
39. Hawkins AS, McTernan PM, Lian H, Kelly RM, Adams MWW (2013) Biological conversion of carbon dioxide and hydrogen into liquid fuels and industrial chemicals. Curr Opin Biotechnol 24:1–9
40. Chisti Y (2007) Biodiesel from microalgae. Biotechnol Adv 25:294–306
41. Leu S, Boussiba S (2014) Advances in the production of high-value product by microalgae. Ind Biotechnol 10(3):169–183
42. Spolaore P, Joannis-Cassan C, Duran E, Isambert A (2006) Commercial applications of microalgae. J Biosci Bioeng 101(2):87–96
43. Pulz O, Gross W (2004) Valuable products from biotechnology of microalgae. Appl Microbiol Biotechnol 65:635–648
44. Carvalho AP, Meireles LA, Malcata FX (2006) Microalgal reactors: a review of enclosed system designs and perfomances. Biotechnol Progress 22:1490–1506

45. Posten C (2009) Design principles of photo-bioreactors for cultivation of microalgae. Eng Life Sci 9(3):165–177
46. Pulz O (2001) Photobioreactors: production systems of phototrophic microorganisms. Appl Microbiol Biotechnol 57:287–293
47. Acién Fernández FG, Fernández Sevilla JM, Molina Grima E (2013) Photobioreactors for the production of microalgae. Rev Environ Sci Biotechnol 12:131–151
48. Algatech (2017) ► http://algatech.com
49. BASF (2017) Pretty in pink. ► https://www.basf.com/au/en/media/blog/pretty-in-pink.html
50. Cellana (2017) ► http://cellana.com
51. Cyanotech (2017) ► http://www.cyanotech.com
52. Lane J (2015) RIP, Aurora Algae: Algae and the Never-Never. Biofuels Digest (Hrsg). ► http://www.biofuelsdigest.com/bdigest/2015/07/22/rip-aurora-algae-algae-and-the-never-never/
53. Algaeworldnews (2017) What happened to Sapphire energy? ► http://news.algaeworld.org/2017/04/happened-sapphire-energy
54. Norsker NH, Barbosa MJ, Vermue MH, Wijffels RH (2011) Microalgal production – a close look at the economics. Biotechnol Adv 29:24–27
55. Wijffels RH, Barbosa MJ, Eppink MHM (2010) Microalgae for the production of bulk chemicals and biofuels. Biofpr 4:287–295. doi.org/► https://doi.org/10.1002/bbb.215
56. Gimpel JA, Henriquez V, Mayfield SP (2015) In metabolic engineering of eukaryotic microalgae: potential and challenges come with great diversity. Front Microbiol 6:1376–1376
57. Lü J, Sheahanb C, Fu P (2011) Metabolic engineering of algae for fourth generation biofuels production. Energy Environ Sci 4:2451–2466
58. Algenol (2017) ► http://algenol.com/biofuelproducts
59. AlgaePARC (2017) ► http://www.algaeparc.com/project/1/algaeparc
60. Bosma R, de Vree JH, Slegers PM, Janssen M, Wijffels RH, Barbosa MJ (2014) Design and construction of the microalgal pilot facility AlgaePARC. Algal Research. ► https://doi.org/10.1016/j.algal.2014.10.006
61. Borowitzka MA (1999) Commercial production of microalgae: ponds, tanks, tubes and fermenters. J Biotechnol 70:313–321
62. Jensen GS, Ginsberg DI, Drapeau MS (2001) Blue-green algae as an immuno-enhancer and bio-modulator. J Am Nutraceuticals Assoc 3(4):24–30
63. Leu S, Boussiba S (2014) Advances in the production of high-value products by microalgae. Industrial Biotechnology 10(3):169–183. ► https://doi.org/10.1089/ind.2013.0039
64. Pulz O, Gross W (2004) Valuable products from biotechnology of microalgae. Appl Microbiol Biotechnol 65:635–648. ► https://doi.org/10.1007/s00253-004-1647-x
65. Spolaore P, Joannis-Cassan C, Duran E, Isambert A (2006) Commercial application of microalgae. J Biosci Bioeng 101(2):87–96. ► https://doi.org/10.1263/jbb.101.87
66. Borowitzka MA (2013) High-value products from microalgae – their development ans commercialisation. J App Phycol 25:743–756. ► https://doi.org/10.1007/s10811-013-9983-9
67. DIC Lifetec (2017) ► http://www.dlt-spl.co.jp/business/en/spirulina/ecology.html#company. Zugegriffen: 12. Sept. 2017
68. Milledge JJ (2012) Microalgae: commercial potential for fuel, food and feed. Food Sci Technol 26(1):28–31
69. Vigani M, Parisi C, Rodríguez-Cerezo E, Barbosa MJ, Sijtsma L, Ploeg M, Enzing C (2015) Food and feed products from microalgae: market opportunities and challenges for the EU. Trends Food Sci Technol 42:81–92. ► https://doi.org/10.1016/j.tifs.2014.12.004
70. Del Campo JA, García-González M, Guerrero MG (2007) Outdoor cultivation of microalgae for carotenoid production: current state and perspectives. Appl Microbiol Biotechnol 74:1163–1174. ► https://doi.org/10.1007/s00253-007-0844-9
71. Boussiba S, Aflalo C (2005) An insight into the future of microalgal biotechnology. Innov Food Technol 28:37–39
72. Blanco AM, Moreno J, Del Campo JA, Rivas J, Guerrero MG (2007) Outdoor cultivation of lutein-rich cells of *Muriellopsis sp*. In open ponds. Appl Microbiol Biotechnol 73:1259–1266. ► https://doi.org/10.1007/s00253-006-0598-9
73. Lin JH, Duu-Jong Lee DJ, Chang JS (2007) Lutein production from biomass: Marigold flowers versus microalgae. Bioresource Technol 184:421–428. ► https://doi.org/10.1016/j.biortech.2014.09.099
74. Sekar S, Chandramohan M (2008) Phycobiliproteins as a commodity: trends in applied research, patents and commercialization. J Appl Phycol 20:113–136. ► https://doi.org/10.1007/s10811-007-9188-1
75. Keeling RF, Keeling CD (2017) Atmospheric monthly In Situ CO_2 Data – Mauna Loa Observatory, Hawaii. In: Scripps CO_2 Program Data, UC San Diego Library Digital Collections

16

76. Ebi KL, Ziska LH (2018) Increases in atmospheric carbon dioxide: Anticipated negative effects on food quality. PLoS Med 15^:e1002600
77. Christianson DW (2018) Correction to structural and chemical biology of terpenoid cyclases. Chem Rev 118(24):11795
78. Sharkey TD, Monson RK (2017) Isoprene research – 60 years later, the biology is still enigmatic. Plant Cell Environ 40:1671–1678
79. Miziorko HM (2011) Enzymes of the mevalonate pathway of isoprenoid biosynthesis. Arch Biochem Biophys 505:131–143
80. Zhao L, Chang WC, Xiao Y, Liu HW, Liu P (2013) Methylerythritol phosphate pathway of isoprenoid biosynthesis. Annu Rev Biochem 82:497–530
81. Spanova M, Daum G (2011) Squalene – biochemistry, molecular biology, process biotechnology, and applications. Eur J Lipid Sci Tech 113:1299–1320
82. Koksal M, Zimmer I, Schnitzler JP, Christianson DW (2010) Structure of isoprene synthase illuminates the chemical mechanism of teragram atmospheric carbon emission. J Mol Biol 402:363–373
83. Radford T (2004) Do trees pollute the atmosphere? The Guardian. ► https://www.theguardian.com/science/2004/may/13/thisweekssciencequestions3. Zugegriffen: 2. Apr. 2019
84. Kansal A (2009) Sources and reactivity of NMHCs and VOCs in the atmosphere: a review. J Hazard Mater 166:17–26
85. Cailleux A, Cogny M, Allain P (1992) Blood Isoprene concentrations in humans and in some animal species. Biochem Med Metab B 47:157–160
86. Fleisher A, Fleisher Z (2004) Study of Dictamnus gymnostylis volatiles and plausible explanation of the "burning Bush" phenomenon. J Essent Oil Res 16:1–3
87. Wang C, Liwei M, Park JB, Jeong SH, Wei G, Wang Y, Kim SW (2018) Microbial platform for terpenoid production: *Escherichia coli* and yeast. Front Microbiol 9:2460
88. Paddon CJ, Westfall PJ, Pitera DJ, Benjamin K, Fisher K, McPhee D, Leavell MD, Tai A, Main A, Eng D, Polichuk DR, Teoh KH, Reed DW, Treynor T, Lenihan J, Fleck M, Bajad S, Dang G, Dengrove D, Diola D, Dorin G, Ellens KW, Fickes S, Galazzo J, Gaucher SP, Geistlinger T, Henry R, Hepp M, Horning T, Iqbal T, Jiang H, Kizer L, Lieu B, Melis D, Moss N, Regentin R, Secrest S, Tsuruta H, Vazquez R, Westblade LF, Xu L, Yu M, Zhang Y, Zhao L, Lievense J, Covello PS, Keasling JD, Reiling KK, Renninger NS, Newman JD (2013) High-level semi-synthetic production of the potent antimalarial artemisinin. Nature 496:528–532
89. Triemer S, Gilmore K, Vu GT, Seeberger PH, Seidel-Morgenstern A (2018) Literally green chemical synthesis of artemisinin from plant extracts. Angew Chem Int Ed Engl 57:5525–5528
90. Grushkin D (2012) The rise and fall of the company that was going to have us all using biofuels. Fast company. ► https://www.fastcompany.com/3000040/rise-and-fall-company-was-going-have-us-all-using-biofuels. Zugegriffen: 5. Apr. 2019
91. Continental (2018) Continental eröffnet Forschungs- und Versuchslabor für Löwenzahnkautschuk „Taraxagum Lab Anklam". ► https://www.continental-reifen.de/autoreifen/media-services/archiv/archiv-2018/20181206-continental-eroeffnet-taraxagum-lab-anklam. Zugegriffen: 2. Apr. 2019
92. Putter KM, van Deenen N, Unland K, Prufer D, Schulze Gronover C (2017) Isoprenoid biosynthesis in dandelion latex is enhanced by the overexpression of three key enzymes involved in the mevalonate pathway. BMC Plant Biol 17:88
93. Chaves JE, Melis A (2018) Biotechnology of cyanobacterial isoprene production. Appl Microbiol Biotechnol 102:6451–6458
94. Paul D, Bridges S, Burgess SC, Dandass Y, Lawrence ML (2008) Genome sequence of the chemolithoautotrophic bacterium Oligotropha carboxidovorans OM5T. J Bacteriol 190:5531–5532
95. Richter H, Molitor B, Diender M, Sousa DZ, Angenent LT (2016) A narrow pH Range supports butanol, hexanol, and octanol production from syngas in a continuous co-culture of *Clostridium ljungdahlii* and *Clostridium kluyveri* with In-line product extraction. Front Microbiol 7:1773
96. Fernandez-Naveira A, Veiga MC, Kennes C (2019) Selective anaerobic fermentation of syngas into either C2-C6 organic acids or ethanol and higher alcohols. Bioresour Technol 280:387–395
97. Doll K, Ruckel A, Kampf P, Wende M, Weuster-Botz D (2018) Two stirred-tank bioreactors in series enable continuous production of alcohols from carbon monoxide with *Clostridium carboxidivorans*. Bioprocess Biosyst Eng 41:1403–1416
98. Abubackar HN, Veiga MC, Kennes C (2018) Production of acids and alcohols from syngas in a two-stage continuous fermentation process. Bioresour Technol 253:227–234
99. Cotter JL, Chinn MS, Grunden AM (2009) Ethanol and acetate production by *Clostridium ljungdahlii* and *Clostridium autoethanogenum* using resting cells. Bioprocess Biosyst Eng 32:369–380

100. Weiss MC, Sousa FL, Mrnjavac N, Neukirchen S, Roettger M, Nelson-Sathi S, Martin WF (2016) The physiology and habitat of the last universal common ancestor. Nat Microbiol 1:16116
101. Beck ZQ, Cervin MA, Chotani GK, Peres Caroline M, Sanford KJ, Scotcher MC, Wells DH, Whited GM (2013) Compositions and methods of producing isoprene and/or industrial bio-products using anaerobic microorganisms. WO/2013/181647
102. Masahiro F, Akihiro U, Koichiro I, Jennewein S, Fischer R (2013) Recombinant cell, and method for producing isoprene. US9783828B2
103. Chen W, Liew F, Köpke M (2013) Recombinant microorganisms and uses therefore. WO/2013/180584
104. Diner BA, Fan J, Scotcher MC, Wells DH, Whited GM (2018) Synthesis of heterologous mevalonic acid pathway enzymes in *Clostridium ljungdahlii* for the Conversion of fructose and of syngas to mevalonate and isoprene. Appl Environ Microbiol 84(1):e01723–17
105. Schuchmann K, Müller V (2013) Direct and reversible hydrogenation of CO_2 to formate by a bacterial carbon dioxide reductase. Science 342:1382 binant microorganisms and uses therefore1385
106. Emerson DF, Stephanopoulos G (2019) Limitations in converting waste gases to fuels and chemicals. Curr Opin Biotechnol 59:39binant microorganisms and uses therefore45. ► https://doi.org/10.1016/j.copbio.2019.02.004

Abschließende Bewertung und Zusammenfassung

Manfred Kircher

Inhaltsverzeichnis

M. Kircher und T. Schwarz (Hrsg.), *CO_2 und CO – Nachhaltige Kohlenstoffquellen für die Kreislaufwirtschaft*, https://doi.org/10.1007/978-3-662-60649-0_17

17.1 Einleitung

Alle Autoren sehen in dem in ▶ Kap. 1 vorgestellten Konzept eines technischen Kohlenstoffkreislaufs eine verfolgenswerte Option, mit der stofflichen Verwertung von C1-Gasen zu einer zirkulären Wertschöpfung beizutragen. Welche Gasquellen von den Autoren identifiziert werden, welche technischen Konversionstechnologien zur Verfügung stehen, welche Märkte sich anbieten, welche Rahmenbedingungen eine Wettbewerbsfähigkeit unterstützen und welche sonstigen Auswirkungen zu erwarten sind, wird im Folgenden zusammengefasst.

Eines der C1-Gase, das sich anbietet, ist CO_2, das in der Atmosphäre unseres Planeten mit einem Volumen von rund 3000 Gt [1] enthalten ist. Allerdings ist die Konzentration mit 0,04 % so gering, dass eine technische Verwertung von keinem der Autoren in Erwägung gezogen wird. Als eher für eine industrielle Verwertung geeignet werden Gasströme höherer CO_2-Konzentration eingeschätzt.

◘ Abb. 17.1 [2] zeigt die CO_2-Emission nach Sektor. Bedeutend ist die Emission im produzierenden Gewerbe und in Kraftwerken. Dort lassen sich großvolumige CO_2-Quellen, sogenannte Punktquellen, erwarten. Transport, Haushalte und Dienstleistungen sind zwar ebenfalls bedeutende CO_2-Emittenten, die einzelnen Emissionsquellen sind aber vergleichsweise kleinvolumig und über die Fläche verteilt und deshalb für eine wirtschaftliche C1-Konversion weniger attraktiv.

In Europa, insbesondere in Deutschland, den Benelux-Ländern, Großbritannien und Polen emittieren rund 2000 große Industrieanlagen jährlich 1800 Mio. t CO_2 (▶ Kap. 2, ▶ Abschn. 10.4). Großvolumige, hochkonzentrierte Emissionsströme mit bis zu 100 % CO_2 entstehen bei der Herstellung von Wasserstoff, Ethylenoxid und Ammoniak. Solche sehr attraktiven Punktquellen summieren sich in Europa heute zu einem Gesamtvolumen von jährlich 45,6 Mio. t CO_2, die 12,3 Mio. t Kohlenstoff enthalten. Dies entspricht dem Kohlenstoffgehalt von rund 14,5 Mio. t Erdöl. Dabei verdeutlicht der Vergleich mit dem Erdölbedarf der deutschen Chemieindustrie von 15,5 Mio. t (2017, [3]), dass es sich hier durchaus um industriell relevante Mengen handelt. Außerdem wird

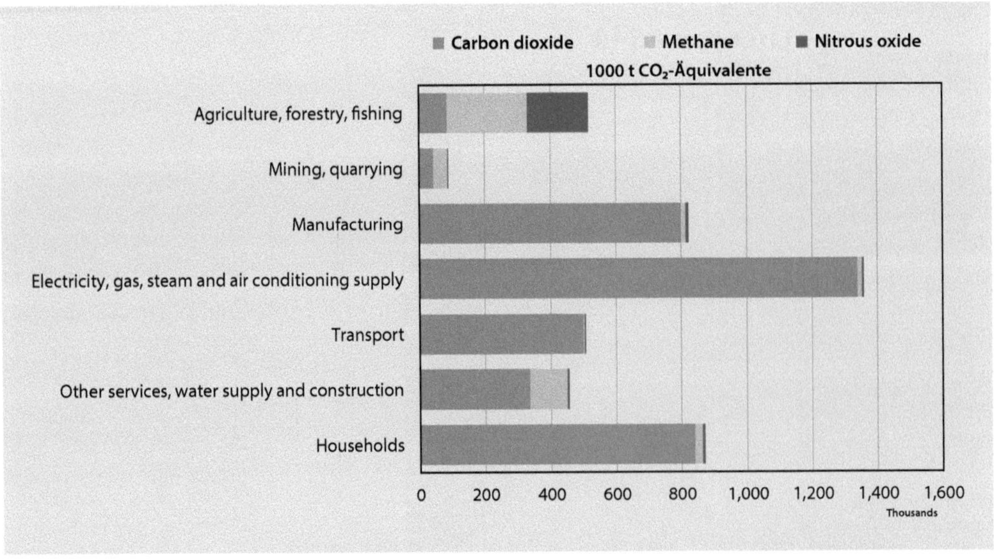

◘ **Abb. 17.1** Treibhausgase nach Sektor und Gas (EU-28, 2015). (© Europäische Union, 1995–2013)

17

der vorteilhafte Umstand angemerkt, dass diese Gasströme an Chemiestandorten anfallen, ihre Weiterverarbeitung also am gleichen Standort erfolgen könnte (▶ Kap. 2 und 6). Emissionsgase mit 20 bis 30 % CO_2 fallen in der Stahl- und Zementindustrie an (▶ Abschn. 10.1 und 10.2). Weitere große Emissionsströme mit bis zu 12 % CO_2 entstehen in Kraftwerken (▶ Abschn. 10.3). Auch die Erdgasförderung, in Europa vor allem in Norwegen, Großbritannien und den Niederlanden, ist eine CO_2-Quelle hoher Konzentration, weil CO_2 aus dem Roherdgas abgeschieden wird. Auch wenn Erdgas zum langfristig geplanten Energiemix der EU gehört, sollte für die europäischen Produktionsstandorte allerdings ein möglicher Rückgang einkalkuliert werden. Die Niederlande haben den Ausstieg aus der Gasförderung bis 2030 beschlossen und verbieten seit Juli 2018 Gasheizungen in Neubauten [4]. Insgesamt ist davon auszugehen, dass mit der Energiewende und dem Rohstoffwandel in der Chemieindustrie die CO_2-Emission aus fossilen Quellen bis 2050 zurückgehen wird.

Zunehmen wird dagegen das CO_2-Angebot aus biotechnologischen Anlagen (▶ Abschn. 10.4). So enthält Rohbiogas durchschnittlich 55 % CO_2. Über 90 % der weltweit 12.000 Anlagen stehen in Europa, davon rund 8000 Anlagen in Deutschland [5]. Das technische Potenzial für Biogas wird allein für Deutschland im Jahr 2030 auf bis zu 16,6 Mrd. m^3 [6] geschätzt, die 14,9 Mio. t CO_2 mit rund 4 Mio. t Kohlenstoff enthalten würden. Auch andere biotechnologische Verfahren emittieren CO_2 (▶ Abschn. 10.4). Derartige Anlagen sind im Vergleich zu den oben genannten fossilbetriebenen Standorten eher kleinvolumig und erfordern deshalb entweder eine Infrastruktur zur Zusammenführung des Gases in zentralen Weiterverarbeitungsanlagen oder Konversionsverfahren, die eine entsprechend kleinvolumige Betriebsweise ermöglichen.

Heute wird ein sehr kleiner Teil der oben erwähnten CO_2-Gasströme für Anwendungen in der Lebensmittelindustrie in Feuerlösch- und Kältemitteln oder als Schutzgas verwendet. Der CO_2-Transport vom Entstehungsort zum Verbraucher ist in Pipelines technisch etabliert; weltweit besteht ein CO_2-Pipelinenetz von 6500 km Länge [7].

17.2 Synthesegas

Während CO_2 in den oben genannten Prozessen als unvermeidbares Nebenprodukt anfällt, ist Kohlenmonoxid (CO) ein C1-Molekül, das als Hauptbestandteil von Synthesegas (30–60 % CO, 25–30 % Wasserstoff, CO_2, Methan) eigens für verschiedenste Umsetzungen großtechnisch erzeugt wird. Nach dem Stand der Technik wird Synthesegas heute bevorzugt durch Gasifizierung von Erdöl und Erdgas erzeugt. Da grundsätzlich jedes organische Material für die Gasifizierung geeignet ist, also auch beliebige Biomasse, biobasierte Produktionsseitenströme, Klärschlamm sowie organische Industrie- und Siedlungsabfälle, stellt die Gasifizierung eine Methode zur Standardisierung komplexer Stoffe dar (▶ Kap. 5 und 11, ▶ Abschn. 11.3). Damit hat Synthesegas, auch wenn fossile Rohstoffe zurückgedrängt worden sind, eine möglicherweise sogar wachsende Zukunft. Die Verteilung von Synthesegas in Pipelines ist Stand der Technik (▶ Kap. 14); Synthesegas ist also eine in die bestehende Infrastruktur passende Kohlenstoffquelle.

17.3 Methan

Methan ist der Hauptbestandteil von Biogas (durchschnittlich 55 % Methan, 45 % CO_2), das durch anaerobe Fermentation biologisch abbaubarer Materialien erzeugt wird. Geeignet sind Rest- und Abfallstoffe aus der Landwirtschaft einschließlich der Tierzucht, der Lebensmittelindustrie, der Entsorgungswirtschaft und aus biotechnologischen Verfahren (▶ Abschn. 11.2). Diese Fermentation kann damit ebenfalls eine Schlüsselrolle in der Standardisierung komplexer Stoffe übernehmen. Außerdem ist Methan der Hauptbestandteil von Klärgas, das durch spontanen mikrobiellen Abbau in Kläranlagen entsteht. Es lässt sich abtrennen und trägt in Deutschland mit 1,5 TWh (2017) zur Stromerzeugung bei.

Biogas wird auch deshalb eine zentrale Funktion in einem technischen Kohlenstoffkreislauf zugesprochen, weil es die vorhandene Speicher- und Transportinfrastruktur von Erdgas, dessen Energieträger Methan fossilen Ursprungs ist, nutzen kann.

17.4 Konversion von C1-Gasen

Kohlenstoffreiche Gase können chemisch-katalytisch oder biotechnologisch zu Treibstoffen, Grundchemie und höherwertigen Chemieprodukten konvertiert werden (▶ Kap. 6, 7, 8). Großtechnisch seit Langem etabliert ist die chemokatalytische Verwertung von fossilem Methan (Erdgas) und, unter Verbrauch von Wasserstoff, von CO (Synthesegas auf Basis fossiler Rohstoffe). In der Chemieindustrie ist Synthesegas eine bedeutende Kohlenstoffquelle für die Herstellung von Ammoniak (Haber-Bosch-Verfahren), Kohlenwasserstoffen (Fischer-Tropsch-Synthese), Aldehyden (Oxosynthese) und Methanol. Methanol kann erheblich an Bedeutung gewinnen, weil diesem C1-Alkohol das Potenzial zugesprochen wird, im Zuge des Rohstoffwandels Ethylen als heute wichtigste organische Grundchemikalie abzulösen (▶ Kap. 6 und 11; weiterführende Literatur siehe Bertau et al. 2014; [8]). Beide Gase, Methan und Synthesegas, sind auch aus erneuerbaren Kohlenstoffquellen zugänglich und können mit den etablierten chemokatalytischen Methoden zu den bekannten Produkten weiterverarbeitet werden. All diese chemokatalytischen Methoden haben gemeinsam, dass sie wirtschaftlich eher für großtechnische Anlagen und damit für die Herstellung von Bulkprodukten der Grundchemie geeignet sind.

Neue chemokatalytische Verfahren zur Verwertung von CO_2 sind in der Entwicklung und haben teilweise bereits den Demonstrationsmaßstab erreicht (▶ Abschn. 17.1). Einen weiterführenden Überblick über BMBF-geförderte Entwicklungsvorhaben haben Bazzanella und Krämer 2017 veröffentlicht [9].

Auch biologische Systeme sind in der Lage, CO und CO_2 zu verwerten. Dass Pflanzen atmosphärisches CO_2 photosynthetisch binden und konvertieren, ist Allgemeingut und soll hier nur der Vollständigkeit halber erwähnt werden. Mikroalgen binden CO_2 ebenfalls über die Photosynthese (▶ Kap. 12). Sie können in technischen Anlagen auch CO_2-Ströme, deren Konzentration höher als in der Atmosphäre ist, verwerten und produzieren Biomasse, Fettsäuren, Vitamine, Farbstoffe sowie weitere hochwertige Metaboliten (▶ Abschn. 17.4 und 17.5).

Über weitere Stoffwechselwege sind CO_2 und CO bestimmten Mikroorganismen zugänglich (▶ Kap. 7). Auch sie bilden aus diesen Kohlenstoffquellen Biomasse und sind in der Lage, sowohl einfache (z. B. Methan, Ethanol) als auch komplexe Produkte (z. B. Polymere) zu bilden (▶ Abschn. 8.2, 17.2, 17.3). Die Aufarbeitung aus den wässrigen Kulturmedien ist aufwendig (▶ Kap. 9). Je nach Verfahren ist die Fütterung von Wasserstoff notwendig. Auf diese Weise kann beispielsweise die CO_2-Emission einer Biogasanlage zu Methan verwertet und damit der CO_2-Ausstoß von durchschnittlich 55 % auf wenige Prozent gedrückt werden. Biotechnologische Anlagen sind im Vergleich zu chemokatalytischen Verfahren eher kleinskalig und daher auch für die Kopplung mit anderen relativ kleinskaligen Punktquellen, wie beispielsweise Biogasanlagen (biogenes CO_2) oder der dezentralen Gasifizierung von Siedlungsabfällen (biogenes und fossiles CO_2) zu Synthesegas, geeignet. In der Summe könnten so erhebliche Produktionskapazitäten aufgebaut werden.

Die Konversion von CO_2 und von CO benötigt grundsätzlich Reduktionsmittel. Bio- und elektrochemische Methoden werden derzeit entwickelt (► Abschn. 16.6, 16.7), Stand der Technik ist aber die Verwendung von Wasserstoff. ► Kap. 3 stellt deshalb die Produktion von Wasserstoff durch Dampfreformierung, Elektrolyse und die noch in einem frühen Forschungsstadium befindliche biotechnologische Wasserstoffproduktion dar. Die Reformierung geht heute von Erdgas, Erdöl oder Kohle aus und ist mit einer hohen CO_2-Emission verbunden. An manchen Chemiestandorten kann Wasserstoffüberschuss, z. B. aus der Chloralkali-Elektrolyse, genutzt werden. Grundsätzlich sind auch Biomasse oder das im Biogas enthaltene Methan geeignet. Emissionsfrei kann Wasserstoff mittels Wasserelektrolyse erzeugt werden, wenn der benötigte Strom ebenfalls emissionsfrei generiert wird. Die Wasserelektrolyse ist deshalb eine der Schnittstellen zwischen C1-Verwertung und dem Energiesektor.

17.5 Energiespeicherung

Wegen des hohen Energiegehalts sind Wasserstoff und mithilfe von Wasserstoff erzeugte CO- und CO_2-Derivate als Stoffe zu betrachten, die der Speicherung von Energie dienen können. Dabei muss allerdings berücksichtigt werden, dass bei der Konversion der Gase erhebliche Energieverluste von bis zu 80 % in Kauf zu nehmen sind (► Kap. 6). Die Konversion ist also nur sinnvoll, wenn der Stromverbrauch sozusagen „keine Rolle spielt". Genau an dieser Stelle kommen die Energiewende und der zunehmende Anteil erneuerbarer Energien, insbesondere der Solar- und Windenergie, ins Spiel. Beide Energiequellen sind volatil, d. h., sie generieren zeitweise mehr Strom, als gebraucht wird. Diese sogenannten Stromspitzen stellen Situationen dar, in denen der Verbrauch „keine Rolle spielt". Ganz im Gegenteil ist die Verwendung zur Elektrolyse von Wasser und die ggf. anschließende Konversion von CO und CO_2 eine sinnvolle Option zur Speicherung von Energie.

Damit aus der C1-Konversion resultierende Energieträger einen relevanten Baustein im zukünftigen Energiesystem bilden können, ist es also notwendig, den Energie- mit dem Chemiesektor zu koppeln (► Kap. 6). Tatsächlich wird 2019 in den Niederlanden eine Windkraftanlage, aus der nicht Strom, sondern Wasserstoff abgeführt wird, in Betrieb genommen [10], und am Hafen von Amsterdam ist ein Wasserstoffverbundnetz in Vorbereitung [11], das u. a. für die Reduktion von Stahlwerksgasen eingesetzt werden soll. Auch Vattenfall hat angekündigt, sich verstärkt in der Herstellung von Wasserstoff zu engagieren [12]. Die Industrie bereitet sich also auf die Nutzung von Wasserstoff als Energiespeicher und Reduktionsmittel vor, und auch viele Autoren des vorliegenden Buches empfehlen diese Route.

Übereinstimmend empfehlen diese Autoren auch die Verwendung erneuerbarer Energien, also von grundlastfähiger Wasserkraft, Geothermie sowie von volatiler Wind- und Solarenergie. Wasserkraft und Geothermie sind in Deutschland (zumindest für industrielle Zwecke) allerdings weitgehend ausgereizt. Für die volatilen Energien gehen die Erwartungen weit auseinander und reichen von „bei Weitem nicht ausreichend" (► Kap. 13) bis zu „nahezu unbegrenzt" (► Kap. 14). Deshalb soll ein nüchterner Blick auf den derzeitigen Stand der erneuerbaren Energien geworfen werden. ◘ Abb. 17.2 zeigt den Anteil der erneuerbaren Energien an der Stromerzeugung in Deutschland [13]. Im Jahr 2017 betrug er 33 %. Insbesondere die Bereiche der Wärmeerzeugung und des Transports sind nach wie vor wesentlich fossil basiert, sollen aber zukünftig u. a. elektrisch betrieben werden. Für den Anteil des Stroms am Energiemix ist also allein schon durch Übernahme heute anders versorgter Energieanwendungen ein stark steigender Bedarf anzunehmen, und die weitgehende Konversion von C1-Gasen ließe den Strombedarf

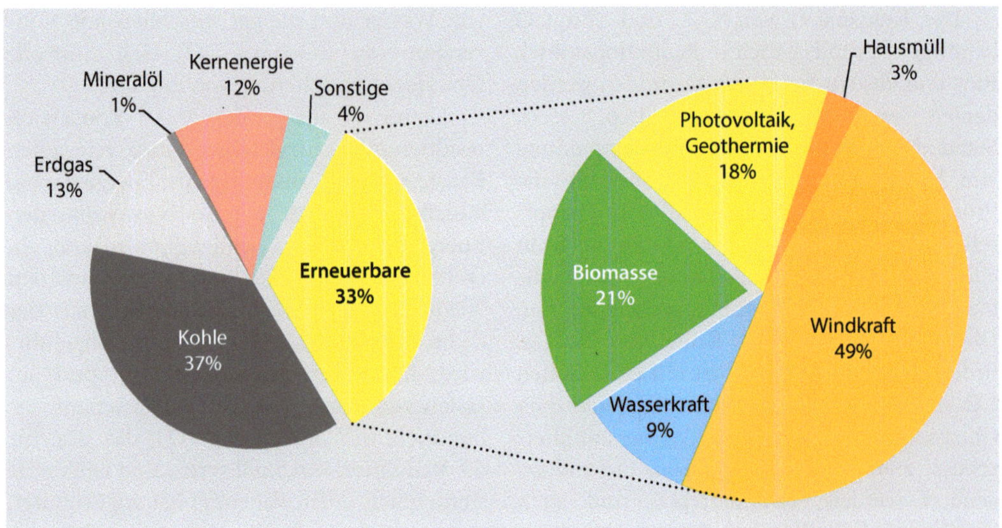

Abb. 17.2 Bruttostromerzeugung nach Quelle (Deutschland, 2017). (© Bundesministerium für Wirtschaft und Energie)

noch weiter anwachsen. So würde allein die Reduktion der Kohlenstofffracht der deutschen Stahl- und Zementindustrie 80 % des heutigen deutschen Stromverbrauchs benötigen (▶ Kap. 13), d. h. den deutschen Stromverbrauch fast verdoppeln. Deshalb ist es ratsam, den gesamten Energiemix zu betrachten. Hier lag der Anteil der erneuerbaren Energien 2017 bei 13,2 % (Abb. 17.3; [14]); die volatile Solarthermie, Photovoltaik und Windkraft haben zusammen 4,1 % beigetragen. Diese Zahlen machen das heute noch sehr begrenzte Angebot erneuerbarer Energien in Deutschland deutlich. Dies gilt umso mehr für Verbraucher, die wie der technische Kohlenstoffkreislauf zusätzlich auf den Strommarkt kommen.

17

Dies führt zu der Überlegung, ob die hier diskutierten energieintensiven Technologien in den größeren Markt europäischer emissionsfreier Energien integriert werden sollten. Die EU, die 2016 einen Anteil erneuerbarer Energien am gesamten Energiemix von 17,0 % berichtet hat [15], erwartet bis 2050 mindestens eine Verdoppelung des Stromverbrauchs. Der Bedarf an Strom, Treibstoff und Wärme soll durch einen Mix aus fossiler, erneuerbarer und nuklearer Energie gedeckt werden [16]. Zugleich soll die Stromspeicherkapazität bis 2050 um den Faktor 6 ausgebaut werden. Dazu gehört auch die explizit genannte Energiespeicherung in Wasserstoff und abgeleiteten Produkten. Beispiele dazu diskutiert ▶ Kap. 13.

17.6 Klimaschutz

▶ Kap. 1, 13 und 14 nennen als Treiber für die C1-Verwertung allgemein eine nachhaltige Produktionsweise und insbesondere den Klimaschutz, der gemäß dem Pariser Klimaabkommen eine Kombination aus der Reduktion von Treibhausgasen und der Schaffung von Senken erfordert. Ganz ohne Zweifel ist die Wiederverwertung von CO_2 direkt aus einem industriellen Emissionsstrom heraus ein Beitrag zur Reduktion der Klimagase. Allerdings muss realistischerweise angemerkt werden, dass dies – selbst wenn heute die gesamte Kohlenstoffversorgung der deutschen Chemieindustrie (▶ Kap. 13) auf diesem Weg erfolgen würde – nur 7,9 % der deutschen CO_2-Emissionen von 800 Mio. t

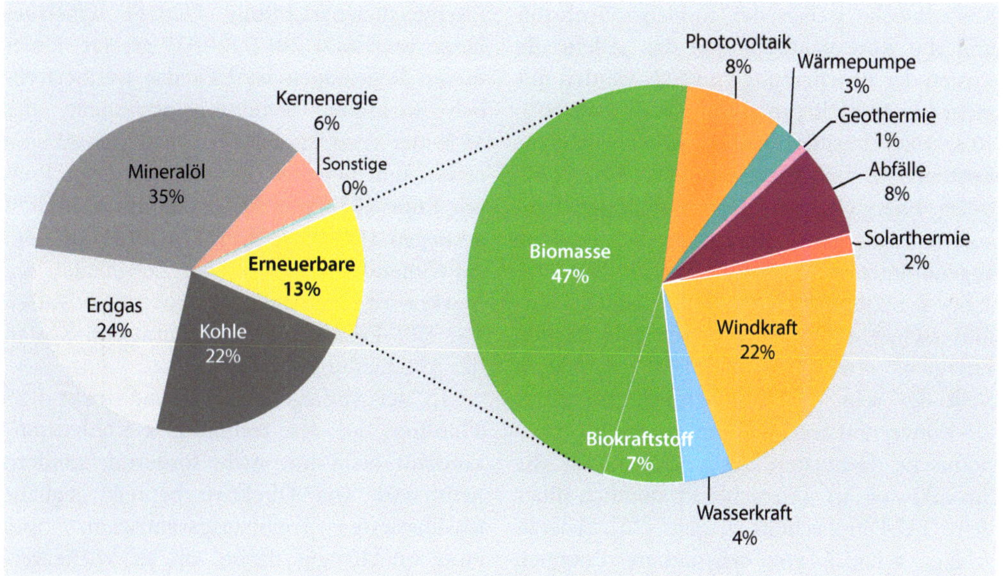

Abb. 17.3 Primärenergieverbrauch nach (Quelle (Deutschland, 2017). © Bundesministerium für Wirtschaft und Energie)

CO_2 im Jahr 2016 [17] entspräche. Vorrangig bleiben deshalb der Verzicht auf fossile Energiequellen in der Energiewirtschaft und der Rohstoffwandel von fossilen zu erneuerbaren Kohlenstoffquellen in der Chemieindustrie.

17.7 Bioökonomie

Erneuerbare Kohlenstoffquellen (Agrar-, Forst-, marine Biomasse und deren Derivate) produziert und verarbeitet die Bioökonomie, die deshalb von der EU neben der Kreislaufwirtschaft als unverzichtbarer Baustein einer klimaneutralen Wirtschaft genannt wird [16]. Die Bioökonomie (weiterführende Literatur siehe Pietzsch 2017; [18]) kann ebenso wie die fossilbasierte Wirtschaft Energie und Chemieprodukte bereitstellen. Das Rohstoffpotenzial ist allerdings wegen ökologischer Grenzen begrenzt, weshalb auch in der Bioökonomie die Konversion von C1-Gasen eine große Bedeutung hat. Die Bedeutung des Methans für die Integration verschiedener Kohlenstoffkreisläufe in der Landwirtschaft hat Abschn. 10.6. gezeigt und ▶ Kap. 5 ist u. a. auf die Standardisierung komplexer Biomassen durch Gasifizierung zu Synthesegas eingegangen. Die Verwertung von C1-Gasen reduziert also die CO_2-Emission nicht nur direkt, sondern trägt auch zur Schaffung von Senken (CO, Methan) und zur Entlastung der Produktion von Biomasse für industrielle Zwecke bei (▶ Kap. 1 und 13). Dies gilt für die Nutzung von C1-Gasen fossiler und biogener Herkunft gleichermaßen. So entspräche die konsequente biotechnologische Verwertung von fossilbasierten Stahlwerksgasen zu Ethanol der heutigen Weltproduktion an Bioethanol, ein Volumen, das u. a. in den USA 40 % der Maisernte bindet (▶ Kap. 16).

17.8 Wettbewerbsfähigkeit

Als hemmend für eine umfassende industrielle Realisierung der C1-Verwertung werden in ▶ Kap. 6 und 13 die Kosten der Konversionsverfahren diskutiert. Relevante

Kostenblöcke stellen der Kohlenstoffrohstoff und die Konversionsenergie dar. Allein die Kosten der Abscheidung von CO_2 werden mit mehr als 30 EUR pro Tonne (► Abschn. 10.2, 10.3, 10.4) beziffert. Ein weiterer wichtiger Kostenfaktor sind die Kosten emissionsfreier Energien. Für die Stromgestehungskosten wird eine abnehmende Tendenz angenommen, wobei für Photovoltaik mit 2 bis 4 EURcent/kWh bis 2034 die Kostenführerschaft auch im Vergleich mit fossilen Energien erwartet wird [19]. Trotzdem stellt der sehr hohe Energieaufwand vieler C1-Konversionstechnologien eine ökonomische Herausforderung dar, zumal die Stromkosten in Deutschland deutlich über dem EU-Durchschnitt liegen [20]. Hierzu schlägt ► Kap. 6 vor, erneuerbare Energien bzw. stoffliche Energieträger aus Regionen mit strukturellem Energieüberschuss zu importieren. Allerdings könnte das regional unterschiedliche Potenzial für erneuerbare Energien auch zur Abwanderung energieintensiver Industrien in diese Regionen führen. Die Energiewende, der Rohstoffwandel und die Konversion von C1-Gasen fordern deshalb auch von traditionellen Industriezentren, ihre Potenziale zu entwickeln (► Kap. 14). Die Wirtschaftspolitik sollte beide Optionen gestalten: die Weiterentwicklung eines europäischen Verbunds emissionsfreier Energien und den regionalen Strukturwandel energieintensiver Industrien, beides mit dem Ziel, die Etablierung des technischen Kohlenstoffkreislaufs voranzubringen.

17

17.9 Rahmenbedingungen

Die Rahmenbedingungen (► Kap. 15) für die Emission und Verwertung von Treibhausgasen werden vom Europäischen Emissionshandelssystem (*Emission Trading Scheme Directive* ([ETS] 2003/87/EC), von der Erneuerbare-Energien-Richtlinie (*Renewable Energy Directive* [RED]2009/28/EC) und der Energieeffizienzrichtlinie (*Energy Efficiency Directive* [EED] 2012/27/EU) gesetzt. Unter diesen Regelungen ist ETS das wettbewerblich wirksame Steuerungsinstrument, das 45 % der europäischen Treibhausgasemission erfasst und bepreist. Tatsächlich ist der Preis seit Ende 2017 von 5 EUR auf rund 20 EUR gestiegen (■ Abb. 17.4; [21]), und mit dem abnehmenden Angebot von Zertifikaten am Markt wird eine weitere Verteuerung erwartet. Der ETS-Preis nähert sich damit den Kosten der Abscheidung von CO_2.

In der vorliegenden Fassung wirkt ETS allerdings auf den technischen Kohlenstoffkreislauf nicht nur nicht fördernd, sondern hemmend. Die Direktive bepreist jegliche fossilbasierte Treibhausgasemission, und zwar unabhängig davon, ob sie wiederverwendet wird oder nicht. Nur die Speicherung (CCS) wird als emissionsmindernd anerkannt. Damit wird die Verwertung von CO_2 aus erfassten Quellen zusätzlich mit Emissionshandelskosten belastet. Immerhin fördert der ETS-begleitende Innovationsfond NER300 auch die Verwendung von Emissionsgasen (CCU).

Biogene Kohlenstoffemission wird von ETS gar nicht berücksichtigt. Die Minderung der CO_2-Emission aus biotechnologischen Anlagen bietet deshalb derzeit keinen wirtschaftlichen Vorteil, obwohl ihr Anteil im Zuge des Wandels von fossilen zu nachwachsenden Rohstoffen zunehmen wird. Nachwachsende Kohlenstoffquellen gelten zwar als klimaneutral, weil der enthaltene Kohlenstoff durch Photosynthese der Atmosphäre entzogen worden ist, aber dennoch wäre es sinnvoll, das resultierende CO_2 nach Möglichkeit im technischen Kreislauf zu halten, um die Produktionskapazitäten für Biomasse zu schonen.

Um die Verwendung von C1-Emission wettbewerblich zu fördern, wird in ► Kap. 6 und 13 deshalb eine Überarbeitung des ETS-Systems vorgeschlagen. Dies entspricht auch der Forderung einer Expertengruppe der EU-Kommission vom Mai 2018 [22].

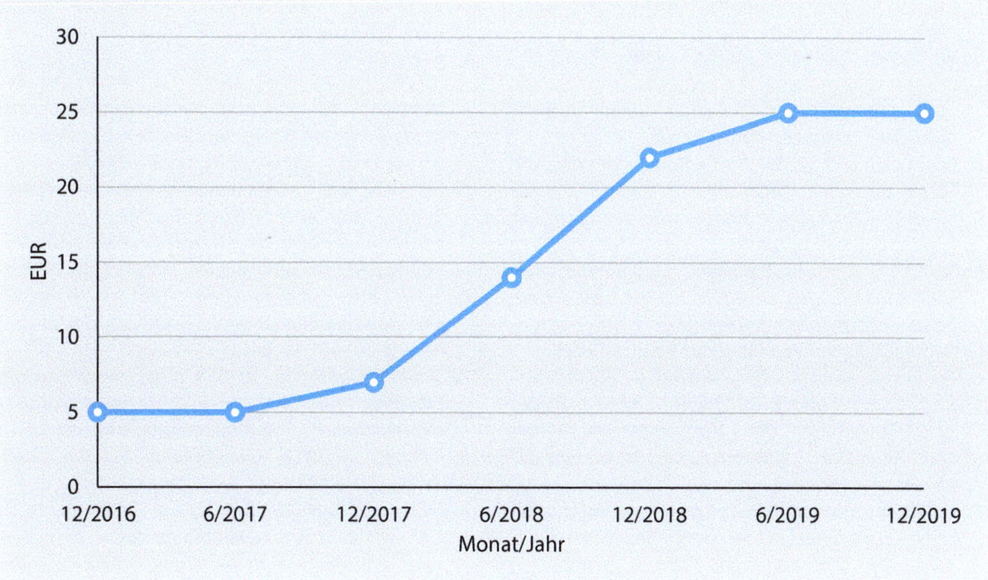

Abb. 17.4 Preisentwicklung von EU-Emissionszertifikaten seit 2015

Die kommenden Jahrzehnte werden eine Zeit des Übergangs von fossilen zu emissionsfreien Energien und von fossilbasierten zu erneuerbaren Kohlenstoffquellen für die Chemie und den Treibstoffsektor sein. „Alte" und „neue" Rohstoffe werden noch auf lange Zeit parallel verwendet werden. Für die Etablierung der in ▶ Kap. 1 geforderten zirkulären Kohlenstoffwertschöpfung sind deshalb heute beide Rohstoffe gleichwertig, auch wenn erneuerbare Primärquellen zu bevorzugen sind. Die Rahmenbedingungen sollten diese Offenheit ermöglichen, denn der technische Kohlenstoffkreislauf ist grundsätzlich ganz unabhängig von der Herkunft des Kohlenstoffs wünschenswert.

Zusammenfassung
Ein technischer Kohlenstoffkreislauf auf Basis von C1-Gasen ist möglich und beispielhaft etabliert, und zahlreiche Verfahren zu Energieträgern, Grundchemie und hochwertigen Chemieprodukten sind in der Entwicklung. Die meisten Verfahren sind sehr energieintensiv, weshalb Regionen mit einem strukturellen Energieüberschuss Vorteile bieten. Die so erzeugten Energieträger können eine Funktion als Energiespeicher übernehmen und damit den Energie- und den Chemiesektor koppeln. Hohe Rohstoff- und Energiekosten behindern allerdings die Wettbewerbsfähigkeit. Außerdem unterstützen die derzeitigen Rahmenbedingungen technische Kohlenstoffkreisläufe nicht und sollten deshalb entsprechend angepasst werden.

Literatur

1. Wikidot. Mass of atmospheric carbon dioxide. ▶ http://igss.wikidot.com/co2mass
2. Europäische Kommission/eurostat (2018) Greenhouse gas emissions by economic activity and by pollutant, EU-28, 2015. ▶ https://ec.europa.eu/eurostat/statistics-explained/index.php?title=File:Greenhouse_gas_emissions_by_economic_activity_and_by_pollutant,_

EU-28,_2015_(thousand_tonnes_of_CO2_equivalents)_YB17.png
3. VCI (2019) Daten und Fakten – Rohstoffbasis der chemischen Industrie. ► https://www.vci.de/vci/downloads-vci/top-thema/daten-fakten-rohstoffbasis-der-chemischen-industrie.pdf
4. Energiezukunft (2018) Niederlande beenden die Förderung von Erdgas. ► https://www.energiezukunft.eu/wirtschaft/niederlande-beenden-die-foerderung-von-erdgas/
5. BWK/VDI. Europa dominiert Zubau von Biogasanlagen bis 2025. ► https://www.energiefachmagazin.de/Branchen-News/Europa-dominiert-Zubau-von-Biogasanlagen-bis-2025
6. Fraunhofer-Institut für Umwelt-, Sicherheits- und Energietechnik UMSICHT (2006) Analyse und Bewertung der Nutzungsmöglichkeiten von Biomasse. ► http://publica.fraunhofer.de/dokumente/N-54117.html
7. Ecofys. ► https://www.ecofys.com/files/files/ghgt12-co2-PIPELine-infrastructure–lessons-learnt.pdf
8. Bertau M, Offermanns H, Plass L, Schmidt F, Wernicke H-J (2014) Methanol: the basic chemical and energy feedstock of the future. Springer, London
9. Bazzanella A, Krämer D (2017) Ergebnisse der BMBF-Fördermaßnahme Technologien für Nachhaltigkeit und Klimaschutz – Chemische Prozesse und stoffliche Nutzung von CO_2. Dechema, Frankfurt
10. Erneuerbare Energie & Speicher (2018) ► http://ees-ev.de/erste-wasserstoff-windturbine-fuer-gruenen-kraftstoff-in-den-niederlanden/
11. CHEManager 21/2018. Verbundnetz für grünen Wasserstoff in den Niederlanden
12. Magnus Hall (2018) Strom ist in Deutschland viel zu teuer. Frankfurter Allgemeine Sonntagszeitung (Hrsg) 17. Juni 2018
13. BMWi (2017) Erneuerbare Energien. ► https://www.bmwi.de/Redaktion/DE/Dossier/erneuerbare-energien.html
14. BMWi (2018) Energiedaten: Gesamtausgabe. ► https://www.bmwi.de/Redaktion/DE/Downloads/Energiedaten/energiedaten-gesamt-pdf-grafiken.pdf?__blob=publicationFile&v=38
15. Europäische Kommission/eurostat (2018) Statistik der erneuerbaren Energien. ► https://ec.europa.eu/eurostat/statistics-explained/index.php?title=Renewable_energy_statistics/de
16. Europäische Kommission (2018) ► https://ec.europa.eu/clima/sites/clima/files/docs/pages/com_2018_733_en.pdf
17. Umweltbundesamt (2018) ► https://www.umweltbundesamt.de/sites/default/files/medien/384/bilder/dateien/8_tab_thg-emi-kat_2018.pdf
18. Pietzsch J (2017) Bioökonomie für Einsteiger. Springer, Heidelberg
19. Fraunhofer-Institut für Solare Energiesysteme ISE (2018) Stromgestehungskosten Erneuerbare Energien. ► https://www.ise.fraunhofer.de/content/dam/ise/de/documents/publications/studies/DE2018_ISE_Studie_Stromgestehungskosten_Erneuerbare_Energien.pdf
20. 1-Stromvergleich. Strompreis in Deutschland. ► https://1-stromvergleich.com/strom-report/strompreis/
21. Finanzen.net. CO_2 European Emission Allowances. ► https://www.finanzen.net/rohstoffe/co2-emissionsrechte/chart
22. Europäische Kommission (2018) Novel carbon capture and utilisation technologies. ► https://ec.europa.eu/research/sam/pdf/sam_ccu_report.pdf

Serviceteil

M. Kircher und T. Schwarz (Hrsg *CO2 und CO - Nachhaltige Kohlenstoffquellen für die Kreislaufwirtschaft*, https://doi.org/10.1007/978-3-662-60649-0

Stichwortverzeichnis

S

T

U

V

W

Z

If you have any concerns about our products,
you can contact us on
ProductSafety@springernature.com

In case Publisher is established outside the EU,
the EU authorized representative is:
Springer Nature Customer Service Center GmbH
Europaplatz 3, 69115 Heidelberg, Germany

Printed by Libri Plureos GmbH
in Hamburg, Germany